Elisabeth Emter

Literatur und Quantentheorie

Quellen und Forschungen zur Literatur- und Kulturgeschichte

Begründet als

Quellen und Forschungen
zur Sprach- und Kulturgeschichte
der germanischen Völker

von

Bernhard Ten Brink und
Wilhelm Scherer

Herausgegeben von

Ernst Osterkamp und
Werner Röcke

2 (236)

Walter de Gruyter · Berlin · New York
1995

Literatur und Quantentheorie

Die Rezeption der modernen Physik in Schriften zur Literatur und Philosophie deutschsprachiger Autoren (1925–1970)

von

Elisabeth Emter

Walter de Gruyter · Berlin · New York

1995

♾ Gedruckt auf säurefreiem Papier,
das die US-ANSI-Norm über Haltbarkeit erfüllt.

Die Deutsche Bibliothek – CIP-Einheitsaufnahme

Emter, Elisabeth:
Literatur und Quantentheorie : die Rezeption der modernen Physik in Schriften zur Literatur und Philosophie deutschsprachiger Autoren (1925–1970) / von Elisabeth Emter. – Berlin ; New York : de Gruyter, 1995
(Quellen und Forschungen zur Literatur- und Kulturgeschichte ; 2 = (236))
Zugl.: Berlin, Univ., Diss., 1994
ISBN 3-11-014873-0
NE: GT

ISSN 0946-9419

Printed in Germany
Einbandgestaltung: Sigurd Wendland, Berlin
Druck: Werner Hildebrand, Berlin
Buchbinderische Verarbeitung: Lüderitz & Bauer-GmbH, Berlin

**Man entgeht nicht der Technik,
indem man die Physik verlernt.**

Max Bense,
Der geistige Mensch und die Technik

Vorwort

Die vorliegende Arbeit verdankt ihre Entstehung dem 'Zufall'. Als ich mich mit dem Problem des Zufalls sowohl in philosophischen als auch literarischen Kontexten beschäftigte, stieß ich auf die moderne Physik und ihre Beziehung zu den Begriffen 'Kausalität' und 'Wahrscheinlichkeit'. Die Entwicklung der Quantentheorie und ihr Einfluß auf die Naturphilosophie waren so spannend, daß die moderne Physik fortan mein Interesse einnahm. Auf die Frage, wie die zeitgenössischen Künstler und Schriftsteller auf den Paradigmenwechsel in den Naturwissenschaften reagiert haben, fand ich in der Sekundärliteratur keine befriedigende Antwort. In Anbetracht der Faszination, die die Quantentheorie auf mich ausübte, konnte ich mir jedoch nicht vorstellen, daß sich die physikalischen Erkenntnisse nicht in der Literatur niedergeschlagen haben.

Mein Lehrer Prof Dr. Horst Denkler unterstützte in seiner bewunderswerten Offenheit für Neues mein Vorhaben und nahm die Mühe auf sich, eine interdisziplinär angelegte Arbeit zu betreuen. Prof. Dr. Dipl.-Ing. Hans-Eckhart Gumlich sah geduldig mein Physik-Kapitel durch und nahm stets freundlich und interessiert an meiner Arbeit teil. Prof. Dr. Erika Kartschoke und Dr. Julia Bertschik, vor allem aber Prof. Dr. Bernd Balzer investierten Zeit und Arbeit und verhalfen zu einem schnellen und guten Ende. Prof. Dr. Sebastian Neumeister weckte in mir das Interesse an der Darstellung des Wissens und stellte die Weichen für die Realisierung meines Projekts. Ihnen allen sowie Dr. Helmut Rechenberg, der durch seine Kritik aus der Sicht des Spezialisten für die historische Entwicklung der Quantentheorie der Arbeit den letzten Schliff gab, sei an dieser Stelle gedankt. Darüber hinaus möchte ich ganz herzlich Prof. Dr. Elisabeth Walther-Bense für menschliche und fachliche Unterstützung danken, die sie mir in allen Phasen meiner Arbeit zukommen ließ. Dr. Rita Zimmermann, Dr. Jürgen Mahrt und Dr. Bernd Litzenburger danke ich für anregende Diskussionen über Wert und Unwert der Geistes- bzw. Naturwissenschaften. Meinem Vater und Markus Sahr schulde ich für das Korrekturlesen, der Kommission zur Förderung von Nachwuchswissenschaftlerinnen für ein zweijähriges Stipendium Dank. Den maßgeblichsten Beitrag leistete Dr. Johannes Graf, der meine Arbeit über alle Höhen und Tiefen hinweg begleitete und in jeder erdenklichen Art und Weise unterstützte. Ihm ist sie gewidmet.

Berlin, den 15. Mai 1995 — Elisabeth Emter

Inhaltsverzeichnis

1. Literatur und Naturwissenschaft

1. 1. Der Fall Wolfgang Koeppen

Der Schriftsteller Wolfgang Koeppen ist ein Fall für sich. Von der geheimnisvollen Aura des Schweigens umgeben, würde ein neu erscheinender Roman aus seiner Feder die Seiten der Feuilletons füllen wie bei kaum einem anderen Autor - oder anders gesagt: auch ohne eine Neuerscheinung ist der Schriftsteller Koeppen immer wieder Gegenstand der literarischen Diskussion.

Am 8.9.1961 konstatierte Marcel Reich-Ranicki in *Die Zeit* "den Fall Wolfgang Koeppen".[1] Schon 1972 konnte Helmut Heißenbüttel auf einen zehn Jahre währenden Versuch zurückblicken, Wolfgang Koeppen "zu einem Fall zu stempeln", "zum Fall eines Schriftstellers, der durch Umstände, die in verschiedenen Versionen kolportiert und interpretiert wurden, am Weiterschreiben gehindert worden ist; eines Schriftstellers, dessen Verstummen als symptomatisch für die aktuelle Situation der Literatur in der Bundesrepublik genommen werden könne."[2] Damals glaubte Heißenbüttel nicht an die Existenz eines Falles Koeppen. Er sah in den Reiseberichten die Konsequenz von Koeppens künstlerischer Weiterentwicklung[3] und nicht wie Reich-Ranicki eine Ausweichmöglichkeit, ein Nebenwerk und Indiz des Verstummens.[4] Allerdings erschien der letzte Reisebericht bereits 1961, und abgesehen von dem kurzen Erzählfragment *Jugend*[5], den zahlreichen Beiträgen in Zeitungen und Zeitschriften sowie einigen Vor- und Nachworten ist bis heute trotz wiederholter Ankündigungen kein längeres Werk unter Koeppens Namen erschienen. So haftet Koeppen hartnäckig der Ruf des Verstummens an.[6] Als sich 1992 *Jakob Littners Aufzeichnungen aus einem Erdloch* aus dem Jahre 1948 als ein Werk Koeppens entpuppte,[7] erwies sich, daß der Fall Koeppen bei

---

1 Marcel Reich-Ranicki: Der Fall Wolfgang Koeppen. Ein Lehrbeispiel dafür, wie man in Deutschland mit Talenten umgeht. In: Die Zeit vom 8.9.1961. Hier zitiert nach: Ders.: Literarisches Leben in Deutschland. München 1965, S. 26-35.

2 Helmut Heißenbüttel: Literatur als Aufschub von Literatur? Über den späten Wolfgang Koeppen. In: Text und Kritik 1972, H. 34: Wolfgang Koeppen, S. 33-37, hier S. 33.

3 Ebd.

4 Marcel Reich-Ranicki: Der Fall Wolfgang Koeppen, a. a. O., S. 34f.

5 Wolfgang Koeppen: Jugend. Frankfurt a. Main 1976.

6 Hans-Ulrich Treichel: Fragment ohne Ende. Eine Studie über Wolfgang Koeppen. Heidelberg 1984. Vgl. bes. Kap. 9: Schreiben und Schweigen, S. 191-219.

7 Wolfgang Koeppen: Jakob Littners Aufzeichnungen aus einem Erdloch. Roman. Frankfurt a. M. 1992.

weitem noch nicht abgeschlossen war. Die literarische Sensation war perfekt und das Schweigen Koeppens um so größer. Der Buchmarkt hatte, wenn auch nicht einen völlig neuen, so doch wenigstens einen neuen 'alten Koeppen'.

Die Verhandlung des Falles Koeppen hat die Erforschung von Koeppens Werk durch die Literaturwissenschaft nachhaltig geprägt. Gleichgültig, ob die Ursache des Schweigens auf persönliche Motive, auf die Resignation angesichts der politischen Lage und kulturellen Entwicklung der Bundesrepublik, zurückgeführt[8] oder ästhetische Probleme für das Schweigen verantwortlich gemacht werden,[9] Koeppen scheint Adornos Verdikt vom "Scheitern" als einzig noch möglicher Form von Kunst auf das Vollkommenste zu erfüllen. Dies mag mit ein Grund dafür sein, daß Koeppen stets mit der Krise des Romans und des Erzählens in Verbindung gebracht wird.[10] In Koeppens Verstummen scheint die vielbeschworene Krise der Moderne wieder einmal endgültig manifest geworden zu sein.

Trotz dieses sicherlich richtigen und interessanten Aspektes soll hier jedoch ein ganz anderer Fall Wolfgang Koeppen aufgerollt werden. Dabei wird nicht Koeppens Schweigen im Zentrum des Interesses stehen, sondern das Schweigen der Literaturwissenschaft gegenüber naturwissenschaftlichen Erkenntnissen, die in Koeppens Denken einflossen. Nicht Koeppens Geschriebenes oder Nicht-Geschriebenes wird hier zu einem Fall gestempelt, sondern die Art und Weise der literaturwissenschaftlichen Behandlung seines Werkes. Die Rezeption seines Werkes soll als symptomatisch für die Reaktion der Germanistik auf die Naturwissenschaften erörtert werden.

1. 2. Der Kronzeuge Koeppen und seine Interpreten im Verhör

In einem Gespräch mit Heinz Ludwig Arnold am 24. Januar 1974 äußerte sich Wolfgang Koeppen wie folgt:

> [...] Sie fragten zu Anfang unseres Gesprächs nach literarischen Vorbildern und Einflüssen auf mich - jetzt möchte ich Ihnen antworten, daß die neuen Erkenntnisse der Naturwissenschaft, besonders der modernen Physik, einen Einfluß auf meine Entwicklung gehabt haben, wenn ich auch leider gestehen muß, daß ich kein Mathematiker bin und keine mathematische Formel richtig lesen kann und man zum Begreifen etwa der Quantentheorie ein

8 Vgl.: Dietrich Erlach: Wolfgang Koeppen als zeitkritischer Erzähler. Uppsala 1973, S. 217ff.

9 Vgl.: Reinhard Döhl: Wolfgang Koeppen. In: Deutsche Literatur der Gegenwart in Einzeldarstellungen. Hg. von Dietrich Weber. 3. überarb. Aufl. Stuttgart 1976, S. 110-137, hier S. 112.

10 Vgl.: Martin Hielscher: Zitierte Moderne. Poetische Erfahrung und Reflexionen in Wolfgang Koeppens Nachkriegsromanen und in "Jugend". Heidelberg 1988, S. 18f.

Mathematiker sein muß. Aber ich empfange da ganz deutlich ein Weltbild, das meinen Ahnungen entspricht in vielem.[11]

Auf Arnolds Nachfrage, seit wann das so sei, antwortete Koeppen, daß dies schon immer so gewesen sei, er auf diesem Gebiet schon seit den zwanziger Jahren viel gelesen habe und eine ganze Reihe von Titeln nennen könne.[12] In der Tat hatte er schon 1951 anläßlich einer Umfrage in *Die Welt* die neue Physik als "die bedeutendste geistige Erscheinung unserer Tage" bezeichnet.[13]

Das Gespräch mit Arnold erschien 1975 bei Beck. Folglich war und ist es leicht zugänglich. Doch merkwürdigerweise wurde in keiner germanistischen Abhandlung zu Koeppen nach 1975 auf diese Stelle Rekurs genommen, und das, obwohl Wolfgang Koeppen seine Beeinflussung durch naturwissenschaftliche Schriften selbst in direkten Bezug zu seinem viel beachteten und analysierten Collagestil brachte. Das Desinteresse der Literaturwissenschaft gegenüber dieser Selbstaussage Koeppens ist kein Zufall. Dieser Teil des Gespräches hätte in der Forschung sicherlich mehr Beachtung gefunden, wenn sich Koeppen darin auf literarische Vorbilder wie Dos Passos und Döblin oder auf Philosophen wie Kierkegaard und Adorno berufen hätte. Anstelle von Literatur und Philosophie nannte Koeppen die Physik als Inspirationsquelle. Die Literaturwissenschaft reagiert darauf mit Schweigen.

Die Selbstaussagen Koeppens erhalten allerdings dann ihre besondere Relevanz, wenn man berücksichtigt, daß Koeppen in *Tauben im Gras* mehrfach die Namen der Physiker Albert Einstein, Max Planck, Erwin Schrödinger, Louis de Broglie, James Jeans und Pascual Jordan zitiert und auch 'Quanten springen' läßt.[14] Ulf Eisele, Hans-Edwin Friedrich und Dieter Kafitz erwähnen in ihren Studien zu Koeppen immerhin die Anspielungen auf naturwissenschaftliche Erkenntnisse in *Tauben im Gras.*[15] Die Bezugnahme

11 "Der Schriftsteller hat rücksichtslos zu sein." Gespräch mit Wolfgang Koeppen. München, 24. Januar 1974. Zuerst in: Heinz Ludwig Arnold: Gespräche mit Schriftstellern. Max Frisch, Günter Grass, Wolfgang Koeppen, Max von der Grün, Günter Wallraff. München 1975, S. 109-141. Hier zitiert nach: Schriftsteller im Gespräch mit Heinz Ludwig Arnold. Band I. Zürich 1990, S. 69-113, hier: S. 99.

12 Ebd.

13 Wolfgang Koeppen: Sein Geschöpf. Antwort auf eine Umfrage: Wie stehen Sie zu Gott? Zuerst in: Die Welt 300 (24.12.1951). Hier zitiert nach: Ders.: Gesammelte Werke in sechs Bänden. Hg. v. Marcel Reich-Ranicki in Verbindung mit Dagmar von Briel und Hans-Ulrich Treichel [im folgenden kurz: GW + Bandangabe]. Bd. 5: Berichte und Skizzen II. Frankfurt a. Main 1986, S. 229f., hier S. 230.

14 Wolfgang Koeppen: Tauben im Gras. In: GW 2: Romane II. Frankfurt a. Main 1986, S. 7-219, hier: bes. S. 16, 35, 36, 64, 122.

15 Ulf Eisele: Odysseus trinkt Coca-Cola. Wolfgang Koeppens "Tauben im Gras". In: Wolfgang Koeppen. Hg. v. Eckart Oehlenschläger. Frankfurt a. M. 1987, S. 258-274. - Hans-Edwin Friedrich: "Kreuzritter an Kreuzungen". Entsemantisierte Metaphorik als artistisches Verfahren in Wolfgang Koeppens "Tauben im Gras". Reaktion auf den Wertezerfall nach 1945. In: Internationales Archiv für Sozialgeschichte der deutschen Literatur 18 (1993), H. 1, S. 86-122, hier S. 118f. - Dieter Kafitz: Ästhetischer Radika-

auf die moderne Physik wäre ihnen wahrscheinlich mehr als nur einen kleinen Absatz wert gewesen, wenn sie das Zitierte vor dem Hintergrund des Gespräches zwischen Arnold und Koeppen betrachtet hätten. Die Arbeiten von Eisele, Friedrich und Kafitz erwecken den Eindruck, die Anspielungen aus dem physikalischen Wissensbereich hätten ihre Ursache in Koeppens Montagetechnik, dienten zur Veranschaulichung des Zeitkontextes und seien mehr oder weniger beliebig gewählt. So gilt für Eisele, Friedrich und Kafitz die Quantentheorie bzw. die Atomphysik lediglich als Sinnbild für eine zentrale Erfahrung der Moderne. Gemeint ist die Erfahrung der "Entgegenständlichung", die Auflösung des Körperlichen in abstrakte Strukturen, die durch die immer formaler werdenden Erkenntnisse der Wissenschaft vorangetrieben werde.[16]

Die Auflösung des Gegenständlichen wohnt der modernen Wirklichkeitserfahrung inne und ist durchaus im Konnex mit der Entwicklung der Naturwissenschaften zu sehen. Doch dies erklärt keineswegs, warum Koeppen immer wieder gerade auf die Quantenphysik verweist, obwohl die Entgegenständlichung als ein allgemeiner Zug des naturwissenschaftlichen Fortschritts betrachtet werden kann. Daß gerade mit der Quantenphysik ein ganz neues Niveau in der erkenntnistheoretischen Diskussion um den Substanz-Begriff erreicht worden ist, lassen Eisele, Friedrich und Kafitz außer acht. Das Potential der Konnotationen, die den Verweisen auf naturwissenschaftliche Erkenntnisse zugrunde liegen, wurde von ihnen nicht ausgeschöpft.

Noch deutlicher zeigt sich dieses Versäumnis, wenn man bedenkt, daß Ulf Eisele in seinem Aufsatz die Problematik des literarischen Diskurses hervorhebt, die sich in dem Roman *Tauben im Gras* auftue.[17] Dabei beruft sich Eisele auch auf die Figur Philipp, der in diesem Roman als schreibgehemmter Schriftsteller hauptsächlich erkenntnis- und erzähltheoretische Probleme reflektiere. Philipp, so erläutert Eisele, stoße an die Grenzen des Raummodells von Erkenntnis, auf dem jede Widerspiegelungskonzeption basiere, ohne sie zu überschreiten.[18] Da gerade die moderne Physik ganz neue Perspektiven im Hinblick auf eine Auseinandersetzung mit dem ästhetischen Konzept der Mimesis eröffnet, hätte eine Verknüpfung von Erkenntnisproblemen und Widerspiegelungskonzeptionen einerseits, von literarischem Diskurs und Montage-Stil andererseits, wie sie Eisele hier anstrebt, eine entscheidende Vertiefung erfahren, wenn Philipps Interesse an naturwissenschaftlichen Erkenntnissen aufgegriffen worden wäre.

Auch Martin Hielscher blendet Philipps Rezeption naturwissenschaftlicher Werke aus. Obwohl Hielscher den verdienstvollen Versuch unternimmt, den

---

lismus. Zur Kunstauffassung Wolfgang Koeppens. In: Wolfgang Koeppen. Hg. v. Eckart Oehlenschläger, a. a. O., S. 75-88.

16 Dieter Kafitz: Ästhetischer Radikalismus, a. a. O., S. 82.

17 Ulf Eisele: Odysseus trinkt Coca-Cola, a. a. O., S. 264.

18 Ebd., S. 263.

Zitatcharakter von Koeppens Nachkriegsromanen und der Erzählung *Jugend* systematisch zu interpretieren, geht er mit keinem Wort auf die Erwähnung naturwissenschaftlicher Gedanken ein.[19] Nun gehören Namen wie Erwin Schrödinger, Pascual Jordan, Louis de Broglie oder Max Planck vermutlich nicht in den Kontext "Zitierter Moderne", wie der Titel von Hielschers Monographie lautet. Trotzdem wäre es aufschlußreich gewesen, wenn Hielscher darauf hingewiesen hätte, daß die Artikulation einer "literarisierten Erfahrungsstruktur"[20] in Koeppens Romanen eine Reflexion naturwissenschaftlicher Schriften nicht ausschließen muß.

Hielschers selektiver Blick offenbart sich in seiner Interpretation von Emilias Monolog vor Philipps Bücherschrank, einer Stelle des Romans *Tauben im Gras*, der von vielen Interpreten eine zentrale Bedeutung zugemessen wird.[21] Dieser Monolog ist gespickt mit Zitaten aus den Büchern, die Emilia im Bücherschrank sieht. Daher ist der Monolog nicht nur aussagekräftig in bezug auf die Persönlichkeit der Betrachterin Emilia, sondern er enthüllt zudem den geistigen Horizont von Philipp, dem Eigentümer der Bücher und - wie ihn Hielscher nennt - der "Erzählerimago" des Romans.[22] Laut Hielscher erscheinen die Zitate in diesem Monolog wie "flüchtige Bruchstücke eines orientierungslosen, hastigen Blätterns im Kanon der Moderne", der hier versammelt sei.[23] Hielscher kommt zu dem Schluß, daß es sich bei dem Roman um "eine schon 'geschriebene Geschichte' (Foucault), eine schon geschriebene Welt, die hier fortgeschrieben wird",[24] handle. Bezeichnenderweise fällt in dem Textausschnitt, den Hielscher wählte, um diesen Kanon zu belegen, gerade Erwin Schrödingers *What is Life?* drei Auslassungspünktchen zum Opfer, obwohl dieses Werk im Text des Romans gleichberechtigt neben der Literatur der Moderne steht.[25] Es wäre interessant gewesen zu erfahren, in welchem Verhältnis dazu das Werk des Physikers Schrödinger steht.

Nun soll hier keineswegs der Eindruck entstehen, der Wert der Arbeiten von Eisele, Kafitz und Hielscher stehe oder falle mit der Berücksichtigung der naturwissenschaftlichen Bezüge in Koeppens Werk. Diese Arbeiten gehören mit zum Besten, was über Koeppen geschrieben wurde. Es sollte jedoch gezeigt werden, daß hier noch Lücken zu füllen sind, die gerade die Naturwissenschaften betreffen. Es stellt sich die Frage, ob nicht das Verständnis literarischer Werke unnötig eingeschränkt wird, wenn der literaturwissenschaftliche Beobachter wie im Fall Koeppen nur in den Spuren der Geisteswissenschaften wandelt. Gibt es einen zwingenden Grund, der Kierkegaard,

19 Martin Hielscher: Zitierte Moderne, a. a. O.
20 Ebd., S. 10.
21 Wolfgang Koeppen: Tauben im Gras, a. a. O., S. 33-36.
22 Martin Hielscher: Zitierte Moderne, a. a. O., S. 70
23 Ebd., S. 65.
24 Ebd., S. 66.
25 Vgl.: Ebd., S. 65 bzw.: Wolfgang Koeppen: Tauben im Gras, a. a. O., S. 35.

Heidegger, Gide oder Baudelaire als geistesgeschichtlichen Hintergrund für die Analyse eines poetischen Textes sinnvoller erscheinen läßt als Schrödinger, Jordan oder Planck? Dieser Frage soll im folgenden nachgegangen werden.

1. 3. Die 'Zwei Kulturen'

Für Eisele und Kafitz waren Koeppens Hinweise auf die moderne Physik in *Tauben im Gras* lediglich Anspielungen auf die als allgemein verstandene Welterfahrung einer zunehmenden 'Entgegenständlichung'. Hielscher spart sie ganz aus. Wie diese drei Beispiele zeigen, werden die Naturwissenschaften entweder gar nicht zur Kenntnis genommen oder wenn überhaupt, dann als Faktor für eine negative Wandlung unserer Lebenswelt. Nur die Folgen, nicht die Inhalte der Naturwissenschaften scheinen für die Analyse literarischer Texte relevant zu sein. Dies ist eine Tendenz, die für die deutschsprachige Literaturwissenschaft insgesamt festzustellen ist.

Wenn die modernen Naturwissenschaften in literaturwissenschaftlichen Analysen thematisiert werden, so vor allem unter dem Gesichtspunkt der Wissenschaftskritik. Dieser Blickwinkel macht sich hauptsächlich bei jenen Autoren bemerkbar, die sowohl geisteswissenschaftlich-literarisch als auch naturwissenschaftlich geprägt waren. Der Synthese von naturwissenschaftlicher und geisteswissenschaftlicher Intelligenz, wie sie bei dem Arzt Gottfried Benn, dem Textilingenieur Hermann Broch, dem Chemiker Elias Canetti, dem Entomologen Ernst Jünger und dem Ingenieur Robert Musil vorzufinden ist, wurde bislang zu wenig Beachtung geschenkt.

Es ist richtig, daß sich die Autoren Ernst Jünger, Hermann Broch und Gottfried Benn kritisch mit den Naturwissenschaften auseinandergesetzt haben. Sie forderten, den "unsichtbaren Plan"[26] einzubeziehen und hofften, "im Mythos die verlorengegangene Sprache wiederzufinden"[27], um durch den "konstruktive[n] Geist"[28] und "aus der Macht des alten abendländischen Denkens heraus die materialistisch-mechanische Formenwelt zu durchstoßen und aus einer sich selbst setzenden Idealität [...] die Bilder tiefer Welten zu entwerfen".[29] Es ist jedoch einseitig, diese Kritik an den exakten Wissenschaften durch die Aufwertung des Mythos und des Irrationalen allein auf ihre geisteswissenschaftliche Wurzeln in der Tradition des Kulturpessimismus

26 Ernst Jünger: Vorwort. In: Ders.: Sämtl. Werke. Bd. 2: Tagebücher II: Strahlungen I. Stuttgart 1979, S. 9-23, hier: S. 21.

27 Hermann Broch: Geist und Zeitgeist. Ein Vortrag. In: Ders.: Komm. Werkausgabe. Bd. 9/2: Schriften zur Literatur 2: Theorie. Frankfurt a. M. 1975, S. 177-201, hier: S. 196.

28 Gottfried Benn: Nach dem Nihilismus. In: Sämtliche Werke. Bd. III: Prosa 1. Stuttgart 1987, S. 394-403, hier S. 394.

29 Ebd.

zurückzuführen.[30] Es waren, wie noch zu zeigen sein wird, gerade die exakten Wissenschaften, allen voran die moderne Physik, die Material für eine Auseinandersetzung mit der Dichotomie zwischen Ratio und Mythos, zwischen Objektivität und Subjektivität boten. Um dies zu erkennen, bedarf es aber einer Auseinandersetzung mit den Inhalten der Naturwissenschaften.

Die Kritik an den Naturwissenschaften wird auch bei jenen literaturwissenschaftlichen Analysen betont, die vor allem dem Wandel der Produktionsbedingungen und der ästhetischen Kategorien in einer "industriellen Kultur"[31] aufgrund der Technikfolgen und der Bedrohung durch die Atombombe nachgehen.[32] Hierbei stehen die schöpferische Faszinationskraft, die der "Dämon" Technik auf Künstler ausübt,[33] sowie eine neuzeitlich veränderte Wirklichkeitsaneignung, die sich mit den großen Modernisierungsschüben

---

30 Vgl. dazu: Fritz Stern: Kulturpessimismus als politische Gefahr. Eine Analyse nationaler Ideologie in Deutschland (d. i.: The Politics of Cultural Despair, dt. v. A. P. Zeller). Bern/Stuttgart/Wien 1963. - Gerhard Schmidt-Henkel: Mythos und Literatur. In: Zwischen den Weltkriegen. Hg. v. Thomas Koebner (Neues Hb. d. Literaturwiss. Bd. 20). Wiesbaden 1983, S. 269-288. - Bernd Hüppauf: Mythisches Denken und Krisen der deutschen Literatur und Gesellschaft. In: Mythos und Moderne. Begriff und Bild einer Rekonstruktion. Hg. v. Karl Heinz Bohrer. Frankfurt a. M. 1983, S. 508-527. - Walter Hinderer: Reflexionen über den Mythos. In: Brochs theoretisches Werk. Hg. v. Paul Michael Lützeler. Frankfurt a. M. 1988, S. 49-68. - Volker Katzmann: Ernst Jüngers Magischer Realismus. Hildesheim 1975.

31 Reinhard Dithmar: Industrieliteratur. München 1973. - Volker Neuhaus: Zur Darstellung von Industrie und Technik in der deutschen Literatur. In: Die nützlichen Künste. Hrsg. v. Tilmann Buddensieg u. Henning Rogge. Berlin 1981, S. 228-236. - Erhard Schütz (Hg.): Willkommen und Abschied der Maschinen, Literatur und Technik. Bestandsaufnahme eines Themas. Essen 1988. - Harro Segeberg: Literarische Technik-Bilder. Studien zum Verhältnis von Technik- und Literaturgeschichte im 19. und frühen 20. Jahrhundert. Tübingen 1987. - Technik in der Literatur: ein Forschungsüberblick und 12 Aufsätze. Hg. v. Harro Segeberg. Frankfurt a. Main 1987. - Technik und Industrie in Kunst und Literatur. Opladen 1988 (5. Akademie-Forum/Rheinisch-Westfälische -Akademie der Wissenschaften). - Vgl. auch: Literatur im Industriezeitalter. Eine Ausstellung des Deutschen Literaturarchivs im Schiller-Nationalmuseum Marbach am Neckar. Zwei Bde. Marbach am Neckar 1987. - Götz Großklaus u. Eberhard Lämmert (Hg.). Literatur in einer industriellen Kultur. Stuttgart 1989.

32 Carl Pietzcker: Grenzen und Möglichkeiten der "Atomliteratur". In: Ders.: Trauma, Wunsch, Abkehr. Psychoanalytische Studien zu Goethe, Jean Paul, Brecht, zur Atomliteratur und zur literarischen Form. Würzburg 1985, S. 123-190. - Doris Berger: Vom schwierigen sprachlichen Umgang mit der Katastrophe. Texte von DDR-Autoren gegen die atomare Bedrohung. In: Die Literatur der DDR 1976-1986. Akten der internationalen Konferenz. Pisa, Mai 1987. Hg. v. Anna Chiarloni, Gemma Sartori u. Fabrizio Cambi. Pisa 1988, S. 177-186. - Wolfgang Reitzammer: Schriftsteller und Engagement. Zur literarischen Verarbeitung der Remilitarisierungs- und Atombewaffnungsdiskussion in der Bundesrepublik Deutschland der 50er Jahre. In: Diskussion Deutsch 18 (1987), S. 351-372 u. 408-411.

33 Eberhard Lämmert: Die Herausforderung der Künste durch die Technik. In: Literatur in einer industriellen Kultur. Hg. v. Götz Großklaus u. Eberhard Lämmert, a. a. O., S. 23-45, hier: S. 28. - Erhard Schütz (Hg.): HighTech - LowLit? Literatur und Technik. Autoren und Computer. Essen 1991.

durchsetzten,[34] im Mittelpunkt. Die Inhalte der Naturwissenschaft bleiben wiederum ausgeschlossen. Das Gleiche gilt auch für die zahlreichen Interpretationen des 'Physiker-Motivs' als literarische Verarbeitung des Problems der ethischen Verantwortung des Wissenschaftlers gegenüber der Menschheit.[35]

Die Darstellung der "Verwendung naturwissenschaftlicher Begriffe in literarischen Texten"[36] oder Untersuchungen zum Zusammenhang von Experiment in Wissenschaft und Kunst[37] sowie mehrere Einzelanalysen[38] können nicht darüber hinwegtäuschen, daß eine umfassende Untersuchung des direkten Einflusses naturwissenschaftlicher Erkenntnisse auf die Literatur und Ästhetik der Moderne mittels Lektüre, Translation und Transformation naturwissenschaftlicher Theorien bislang versäumt wurde. Wenn man die reichen Forschungsergebnisse zur Wechselbeziehung zwischen den klassischen Naturwissenschaften und der Literatur des 18. und 19. Jahrhunderts betrachtet,[39] verwundert es um so mehr, daß die Einflüsse der modernen

---

34 Götz Großklaus: Nähe und Ferne. Wahrnehmungswandel im Übergang zum elektronischen Zeitalter. In: Literatur in einer industriellen Kultur. Hg. v. Götz Großklaus u. Eberhard Lämmert, a. a. O., S. 489-520.

35 Hans Kügler: Dichtung und Naturwissenschaft. Einige Reflexionen zum Rollenspiel des Naturwissenschaftlers in B. Brecht, *Das Leben des Galilei*, F. Dürrenmatt, *Die Physiker*, H. Kipphardt, *In der Sache J. Oppenheimer*. In: Ders.: Weg und Weglosigkeit. Neun Essays zur Geschichte der deutschen Literatur im zwanzigsten Jahrhundert. Heidesheim 1970, S. 209-235. - Theodore Ziolkowski: The Ethics of Science from Adam to Einstein. Variations on a Theme. In: Ders.: Varieties of Literary Thematics. Princeton 1983, S. 175-197. - Karl Richter: Fortschritt ohne Zukunft: Literarische Prognosen in 'Physikerdramen' der Moderne. In: Berichte zur Wissenschaftsgeschichte 2 (1979), S. 125-134. - Herbert Knust: Aufstieg und Fall der Wissenschaftsapostel. Zur Literarisierung der 'Physiker' . In: Sprache im technischen Zeitalter 1986, H. 98, S. 120-134.

36 Joachim Thiele: Formen der Verwendung naturwissenschaftlicher Begriffe in literarischen Texten. In: Muttersprache 78 (1968), S. 333-341.

37 Walter Strolz (Hg.): Experiment und Erfahrung in Wissenschaft und Kunst. Freiburg/München 1963. - Hans Schwerte: Der Begriff des Experiments in der Dichtung. In: Literatur und Geistesgeschichte. Festgabe für Heinz Otto Burger. Hg. v. Reinhold Grimm u. Conrad Wiedemann. Berlin 1968, S. 387-405. - Siegfried Josef Schmidt: Das Experiment in Literatur und Kunst. München 1978. - Hans Otto Horch: Experiment. In: Moderne Literatur in Grundbegriffen. Hg. v. Dieter Borchmeyer u. Viktor Zmegac. Frankfurt a. Main 1987, S. 127ff.

38 Auf die Einzelanalysen wird jeweils in den entsprechenden Kapiteln der vorliegenden Studie hingewiesen. Darüber hinaus wäre zu nennen: Josefine Nettesheim: Ursprung und Sinn der Wissenschaftskunst in der Lyrik. In: Literaturwissenschaftliches Jahrbuch. N. F. 3 (1962), S. 315-333.

39 Vgl. dazu: Günther Schmid: Goethe und die Naturwissenschaften. Eine Bibliographie. Halle 1940. - Karl Richter: Literatur und Naturwissenschaft. Eine Studie zur Lyrik der Aufklärung. München 1972. - Horst Thomé: Roman und Naturwissenschaft. Eine Studie zur Vorgeschichte der deutschen Klassik. Frankfurt a. Main [u. a.] 1978. - Goethe und die Wissenschaften. Jena 1984. - Hartmut Böhme: Lebendige Natur- und Wissenschaftskritik. Naturforschung und allegorische Hermetik bei Goethe. In: DVjS 60 (1986), H. 2, S. 249-272. - Leopoldina-Meeting. Zur Edition naturwissenschaftlicher Texte der Goethezeit vom 22. bis 23. Mai 1992 in Halle (Saale). Hg. v. Wolf v. Engelhardt. Halle

Naturwissenschaften auf die Ästhetik und Literatur im 20. Jahrhundert nur unzureichend erforscht sind.

Es bieten sich zwei Möglichkeiten an, dies zu erklären: Entweder hatten die Schriftsteller bis auf die Wissenschaftskritik absolut kein Interesse an den Inhalten der modernen Naturwissenschaften, weshalb eine Erörterung des Zusammenhanges von moderner Naturwissenschaft und moderner Literatur außerhalb des Science-Fiction-Genres[40] wahrhaft unproduktiv wäre, oder aber das Desinteresse lag auf der Seite der Literaturwissenschaftler. In beiden Fällen wird das Problem der 'Zwei Kulturen' tangiert.

Als Sir Charles P. Snow 1959 in seinem Vortrag *The Two Cultures and the Scientific Revolution* die These vertrat, daß die literarisch-geisteswissenschaftliche Intelligenz und die naturwissenschaftliche Intelligenz zwei grundverschiedene Kulturen innerhalb der westlichen Industriegesellschaft verkörperten,[41] löste er eine heftige Diskussion aus.[42] Snow warf den beiden Parteien eine wechselseitige Entfremdung, eine Kluft des Unverständnisses, der Gleichgültigkeit und der Aversion vor. Dabei kritisierte er vor allem die veraltete Bildungsvorstellung auf Seiten der literarisch-geisteswissenschaftlichen Intelligenz. Der literarisch Gebildete bezeichne den Naturwissenschaftler, der bedeutende Werke der Literatur nicht kenne, als ungebildeten Spezialisten, ohne zu bemerken, daß er selbst ein Ignorant und Spezialist sei, da er meist nicht einmal den zweiten Hauptsatz der Thermodynamik angeben könne.[43]

Snow hat mit seinem provokanten Vorwurf einen interessanten Aspekt innerhalb der Differenzen zwischen den zwei Geistesrichtungen angesprochen. Während sich die meisten in der Diskussion um die 'Zwei Kulturen' über die Verschiedenheit der beiden Wissenszweige einigen können, scheiden sich die

---

(Saale) 1992 [Acta historica Leopoldina Nr. 20]. - Christoph Hoffmann: Goethes Wahlverwandtschaften im Fokus des chemischen Paradigmenwechsels. In: DVjS 67 (1993), S. 417-450. - Herminio Schmidt: Heinrich v. Kleist. Naturwissenschaft als Dichtungsprinzip. Bern/Stuttgart 1978. - Heinz-Georg Brands: Theorie und Stil des sogenannten 'konsequenten Naturalismus' von Arno Holz und Johannes Schlaf. Bonn 1978. - Johannes J. Braakenburg (Hg.): Die naturwissenschaftlichen Grundlagen der Poesie. Tübingen 1976. - Hanno Möbius: Der Positivismus in der Literatur des Naturalismus. Wissenschaft, Kunst und soziale Frage bei Arno Holz. München 1980. - Klaus Bohnen (Hg.): Fin de siècle. Zur Naturwissenschaft und Literatur der Jahrhundertwende im deutsch-skandinavischen Kontext. Kopenhagen 1984. - Antoon [!] Berentsen: "Vom Urnebel zum Zukunftsstaat." Zum Problem der Popularisierung der Naturwissenschaften in der deutschen Literatur (1880-1910). Berlin 1986.

40 Ulrich Snerbaum, Ulrich Broich, Raimund Borgmeier: Science Fiction. Theorie und Geschichte, Themen und Typen, Form und Weltbild. Stuttgart 1981. - Hans-Joachim Schulz: Science Fiction. Stuttgart 1986.

41 Charles Percy Snow: Die zwei Kulturen. Literarische und naturwissenschaftliche Intelligenz [d. i.: The Two Cultures: and A Second Look, dt. v. Grete und Karl-Eberhardt Felten]. Stuttgart 1967, S. 18.

42 Vgl.: Literarische und naturwissenschaftliche Intelligenz. Dialog über die »zwei Kulturen«. Hg. v. Helmut Kreuzer. Stuttgart 1969.

43 Charles Percy Snow: Die zwei Kulturen, a. a. O., S. 21.

Geister über deren jeweiligen Wert und Unwert für den Menschen. In seinem Aufsatz *Literarisches Sprechen im Zeitalter der Wissenschaften*[44] präzisiert Josef Kopperschmidt die von Snow polemisch vorgetragene Kritik. Der literarisch-geisteswissenschaftliche Bildungs- und Kulturbegriff sperre sich, so Kopperschmidt, gegen die Beschäftigung mit der Naturwissenschaft als einem Bildungswert. Die historische Begründung für diesen Vorbehalt liege in dem von Humboldt und Fichte geprägten Verständnis von Bildung als einer durch Wissenschaft ermöglichten Entfaltung zur sittlichen Individualität. Von diesem Standpunkt aus kann nach Kopperschmidt die Naturwissenschaft keinen Bildungswert besitzen, weil sie schon ihrer methodischen Erkenntnisgewinnung nach technisch, das heißt, ihrer Verwertung nach praktisch orientiert sei.[45]

Kopperschmidt spricht hier einen wesentlichen Punkt in der Diskussion über Wert und Unwert der Naturwissenschaft an. Die naturwissenschaftliche Erkenntnismethode beruht auf der strikten Trennung zwischen Beobachter und Beobachtetem und auf der Forderung nach Wiederholbarkeit der Beobachtung. Ersteres kann sich nicht mit der Idee einer freien Entfaltung der Persönlichkeit vertragen, weil die Erkenntnis über das Objekt völlig vom beobachtenden Subjekt losgelöst ist. Die Forderung nach Wiederholbarkeit und nach Objektivität verlangt Vereinfachung und Schematisierung. Individualität, Vieldeutigkeit, Einmaligkeit und Unberechenbarkeit, alles was man gemeinhin für das Menschliche hält, stehen dem entgegen. Sie müssen infolge der naturwissenschaftlichen Erkenntnismethode ausgeschlossen werden. Der Naturwissenschaftler steht also seinem Forschungsgegenstand gegenüber, ohne die Auswertung seiner Erkenntnis mit persönlichen und sittlichen, sprich subjektiven, Argumenten zu regulieren.

Demnach treffen Erfolg und Mißerfolg der Naturwissenschaft in ihrer Anwendbarkeit zusammen. Der Ausrichtung auf zweckrationales Handeln verdankt die Naturwissenschaft einerseits ihre vorrangige Stellung in der industriellen Gesellschaft, andererseits aber den Vorwurf, daß sich die angestrebte Beherrschung der Natur schließlich in einen Herrschaftsanspruch gegenüber dem Menschen verkehre. In diesem Sinne konstatiert Herbert Marcuse:

> Die Prinzipien der modernen Wissenschaft waren *a priori* so strukturiert, daß sie als begriffliche Instrumente einem Universum sich automatisch vollziehender, produktiver Kontrolle dienen konnten; der theoretische Operationalismus entsprach schließlich dem praktischen. Die wissenschaftliche Methode, die zur stets wirksamer werdenden Naturbeherrschung führte, lieferte dann auch die reinen Begriffe wie die Instrumente zur stets

---

44 Josef Kopperschmidt: Literarisches Sprechen im Zeitalter der Wissenschaften. In: Sprachnot und Wirklichkeitszerfall. Dargestellt an Beispielen neuerer Literatur. Hg. v. Elisabeth Meier. Düsseldorf 1972, S. 62-97.

45 Ebd., S. 77.

wirksamer werdenden Herrschaft des Menschen über den Menschen *vermittels* der Naturbeherrschung.[46]

Die "technokratische Intention" der Naturwissenschaft als Gefahr für die freie Entfaltung des Menschen wird von Habermas noch genauer gefaßt. Auch für ihn objektiviert sich der Mensch, "soweit er *homo faber* ist, zum erstenmal vollständig" und tritt "den in seinen Produkten verselbständigten Leistungen" gegenüber. Darüber hinaus werde der Mensch als *homo fabricatus* seinen technischen Anlagen selber integriert, wenn es gelinge, die Struktur zweckrationalen Handelns auf die Ebene von Gesellschaftsstrukturen abzubilden.[47] Darin kann Habermas nur zugestimmt werden. Doch ebenso wie die literarisch-geisteswissenschaftliche Bildungsvorstellung zeigt seine Wissenschaftskritik eine Tendenz, die der literaturwissenschaftlichen Reaktion auf die Naturwissenschaft durchaus vergleichbar ist. Die Kritik zielt weniger auf die Inhalte der Naturwissenschaft als auf deren Folgen, die sich zwingend aus den von ihr angewandten Erkenntnismethoden zu ergeben scheinen.

Diese Symmetrie zwischen dem literaturwissenschaftlichen Umgang mit den Naturwissenschaften und der von Habermas geübten Wissenschaftskritik, die in ihrer Form paradigmatisch ist,[48] findet ihren besonderen Ausdruck darin, daß Habermas die Übersetzbarkeit naturwissenschaftlicher Erkenntnisse in Literatur außerhalb ihrer technischen Anwendung grundsätzlich bestreitet:

> Die Erkenntnisse der Atomphysik bleiben, für sich genommen, ohne Folgen für die Interpretation unserer Lebenswelt - insofern ist die Kluft zwischen jenen beiden Kulturen unvermeidlich. Erst wenn wir mit Hilfe der physikalischen Theorien Kernspaltungen durchführen, erst wenn die Informationen für die Entfaltung produktiver oder destruktiver Kräfte verwertet werden, können ihre umwälzenden *praktischen Folgen* in das literarische Bewußtsein der Lebenswelt eindringen - Gedichte entstehen im Anblick von Hiroshima und nicht durch die Verarbeitung von Hypothesen über die Umwandlung von Masse in Energie.[49]

Habermas behauptet, daß der Informationsgehalt der Wissenschaften nicht unvermittelt relevant sei, sondern nur auf dem Umweg über die praktischen Folgen des technischen Fortschritts für die soziale Lebenswelt Bedeutung erlange und in das öffentliche Bewußtsein treten könne.[50] Insofern wäre die literaturwissenschaftliche Sicht auf die Naturwissenschaften in ihrer Beschränkung auf die Technikfolgen nur konsequent.

---

46 Herbert Marcuse: Der eindimensionale Mensch. Studien zur Ideologie der fortgeschrittenen Industriegesellschaft. Neuwied/Berlin 1967, S. 172f.

47 Jürgen Habermas: Technik und Wissenschaft als »Ideologie«. In: Ders.: Technik und Wissenschaft als Ideologie. Frankfurt a. Main 1968, S. 48-103, hier: S. 82f.

48 Habermas' Wissenschaftskritik steht in einer Tradition, die von Francis Bacon über Karl Marx, Max Weber und Edmund Husserl reicht, mit anderen Intentionen aber auch bei Friedrich Nietzsche, Ludwig Klages und Martin Heidegger geübt wurde.

49 Jürgen Habermas: Technischer Fortschritt und soziale Lebenswelt. In: Ders.: Technik und Wissenschaft als Ideologie, a. a. O., S. 104-119, hier: S. 107.

50 Ebd., S. 106f.

In Habermas' Denkansatz kommt allein dem Relevanz zu, was die soziale Lebenswelt unmittelbar betrifft. Schließlich geht es Habermas in seinem Beitrag zu den 'Zwei Kulturen' vor allem darum, die Notwendigkeit darzustellen, die "ungeplanten soziokulturellen Folgen des technischen Fortschritts" beherrschen zu lernen und das "gesellschaftliche Potential an technischem Wissen und Können zu unserem praktischen Wissen und Wollen rational verbindlich in Beziehung"[51] zu setzen. Man lasse es einmal dahingestellt, inwieweit dieser Forderung entsprochen werden kann, ohne die Inhalte der Naturwissenschaften der Allgemeinheit zugänglich zu machen. Es soll auch vorerst nicht erörtert werden, ob eine hypothesen-verarbeitende Atomdichtung von gesellschaftlicher Relevanz sein kann. Sie jedoch von vornherein für unmöglich zu halten, entspringt weniger einem Erfahrungswert als einem normativen Postulat.

Zum einen verkennt Habermas die utopische Funktion der Literatur als Schrittmacher gesellschaftlicher Umwälzungen, wenn er ihr lediglich die Reaktion auf soziale Veränderungen zugesteht, die sich bereits vollzogen haben. Wenn Literatur die Möglichkeit abgesprochen wird, Aussagen über das zu machen, was noch nicht als allgemeines Bewußtsein fundiert ist, liegt es nahe, sie auf die Rolle der Kompensation der naturwissenschaftlichen Folgen und der Bewahrung traditioneller Bildungswerte festzulegen. Eine Trennung der beiden Kulturen wäre dann nicht nur unvermeidlich, sondern, wie man Odo Marquards[52] und Heinz Schlaffers[53] Aufsätze zur gegenwärtigen Funktion der Geisteswissenschaften interpretieren könnte, geradezu notwendig.

Zum anderen ist Habermas' Diktum, daß Gedichte nur im Anblick Hiroshimas und nicht durch die Verarbeitung von Hypothesen entstünden, recht mißverständlich. Habermas scheint in fast positivistischer Manier alle unmittelbaren Auswirkungen von Theorien, die sich nicht in irgendeiner Art und Weise in der sozialen Lebenswelt manifestiert haben, auf das Denken auszuschließen. Dem zuzustimmen, hieße, das menschliche Reflexionsvermögen geringer zu schätzen, als es in Wahrheit ist. Spinnt man diesen Gedanken weiter, so muß man sich fragen, wie es zu einer 'Kopernikanischen Wende' kommen konnte. Schließlich ging auch nach den Berechnungen des Gestirnenverlaufs durch Kopernikus die Sonne immer noch hinter dem Horizont unter. Da die Planetenbewegung anhand des alten ptolemäischen Weltbildes empirisch viel exakter beschrieben werden konnte als im kopernikanischen Weltbild, war der Informationsgehalt der Berechnungen von Kopernikus für die praktische Verwertung in der Schiffsnavigation nicht

51 Ebd., S. 118.

52 Odo Marquard: Die Unvermeidlichkeit der Geisteswissenschaften. In: Universitas 42 (1987), Bd. 1, S. 18-25.

53 Heinz Schlaffer: Kritik und Rettung der Bücher. Zum geschichtlichen Verhältnis von Naturwissenschaften und Geisteswissenschaften. In: Medien und Maschinen. Literatur im technischen Zeitalter. Hg. v. Theo Elm u. Hans Helmut Hiebel. Freiburg 1991, S. 19-26.

unmittelbar brauchbar.[54] So gesehen hätten die Ergebnisse der kopernikanischen Naturbetrachtung nach Habermas eigentlich nie in ein literarisches Bewußtsein treten können. Im Grunde genommen hätte es den Menschen egal sein können, ob sich die Erde um die Sonne oder die Sonne um die Erde dreht. Von Kopernikus wurde die soziale Lebenswelt, wenn man von der Fernrohrproduktion absieht, zunächst nicht tangiert. Und doch mußte das bis dahin tradierte Verständnis von der Stellung des Menschen im Universum aufgrund der Naturerkenntnisse von Kopernikus modifiziert werden.[55] Ein Wandel des Welt- und Menschenbildes war unumgänglich geworden.

Zugegebenermaßen hinkt dieser Vergleich und wird Habermas nicht gerecht. Die Kritik an einer Naturwissenschaft, die sich dazu mißbrauchen läßt, einen Fortschritt um des Fortschritts willen zu legitimieren, ohne moralisch-praktische Folgen zu thematisieren,[56] ist zweifellos berechtigt. Das Beispiel von Kopernikus veranschaulicht jedoch recht plastisch, daß es zu einseitig ist, die Naturwissenschaften lediglich mittels ihrer Folgen für die soziale Lebenswelt zu definieren. Es reicht nicht aus, den Vergleich mit der 'Kopernikanischen Wende' als inadäquat abzuweisen, indem man den "Fetischcharakter" (Marcuse) der modernen Naturwissenschaft im Gegensatz zur klassischen Naturwissenschaft, der Kopernikus zuzurechnen ist, unterstreicht. Es ist nicht berechtigt, aufgrund dieser Kritik diejenigen Erkenntnisse der Naturwissenschaft zu ignorieren, die sich in einem naturwissenschaftlichen Weltbild niederschlagen. Wie im Falle des Kopernikanischen Weltbildes kann man nicht davon ausgehen, daß das Wissen von der Konstitution der Natur unbedingt belanglos für das Selbstverständnis des Menschen ist.[57] Es hieße,

---

54 Vgl. dazu: Hans-Dieter Mutschler: Spekulative und empirische Physik. Aktualität und Grenzen der Naturphilosophie Schellings. Stuttgart/Berlin/Köln 1990, S. 140. - Vgl. auch Karl Richter: Literatur und Naturwissenschaft, a. a. O., S. 42f. sowie Horst Thomé: Roman und Naturwissenschaft, a. a. O., S. 15ff.

55 Vgl. dazu: Hans Blumenberg: Die kopernikanische Wende. Frankfurt a. Main 1965.

56 Detlev Horster: Jürgen Habermas. Mit einer Bibliographie von René Görtzen. Stuttgart 1991, S. 34.

57 Ein ganz anderer Streitpunkt ist es, ob man dem Naturwissenschaftler die philosophische Ausdeutung seiner Erkenntnisse zugestehen will oder wie Husserl meint, dies dem Philosophen vorbehalten bleiben müsse. Selbst der gegen die exakten Wissenschaften so kritisch eingestellte Husserl stand dem Erkenntniswissen der Spezialwissenschaften philosophische Gehalte zu, auch wenn er die Naturwissenschaftler selbst für inkompetent hielt. Weshalb er sie für inkompetent hielt, geht aus seiner Bezeichnung der Naturwissenschaftler als geniale geistige Techniker hervor. Auch hier steht die Motivation der Naturaneignung der 'wahren Erkenntnis' entgegen: "Das betrifft auch die mächtigen Umwälzungen der Physik der Gegenwart. Ihre Aufregungen und Entdeckungen sind noch keine Aufregungen und Entdeckungen für die Philosophie. [...] Erheben diese aber den Anspruch auf Wissenschaftlichkeit im alten, im philosophischen Sinne, den Anspruch auf ein Wissen vom Seienden selbst, ein Wissen, das als universales oder speziales ursprünglich allem Erkenntnisstreben seinen Sinn gab, und sprechen ihre Forscher als Philosophen über ihre Sphäre und deren Weltbedeutung, so müssen wir erst fragen, ob sie überhaupt ein Verständnis für den Sinn der Aufgabe haben, mit dem Philosophie historisch geworden ist [...]. Es wäre naiv, die Autorität der genialen

Natur und Mensch, Natur und Geist ungerechtfertigt zu trennen, wollte man ihren Schnittpunkt nur in der materiellen Aneignung von Natur durch den Menschen sehen.

Hans-Dieter Mutschlers Kritik an einer einseitigen Interpretation der Naturwissenschaften als Moment im Prozeß materieller Naturaneignung geht genau auf diesen Punkt ein. Er sieht darin die Vernachlässigung jener Komponente, die Naturwissenschaft zugleich ausmache: die Kontemplation. Naturwissenschaft sei die paradoxe Vereinigung von Stoffbearbeitung mit dem zugrundeliegenden Motiv der Subsistenzsicherung einerseits und der theoretisch abgehobenen Kontemplation des Universums als reiner Form, als Beitrag zur theoretischen Welterklärung andererseits.[58] Da die kritische Theorie nur das erste Moment heraushebe, entfalle für sie die Notwendigkeit, Entwürfe theoretischer Welterklärung, die auf naturwissenschaftlichen Erkenntnissen basierten, auf ihre Wahrheit hin zu untersuchen. Die Inhalte der Naturwissenschaft würden gar nicht in ihrem Wahrheitsanspruch ernstgenommen und als Beitrag zum Selbstverständnis des Menschen angesehen.[59]

Mutschlers Kritik an der Auseinandersetzung der kritischen Theorie mit den Naturwissenschaften kann analog auf die Literaturwissenschaft übertragen werden. Die Inhalte der Naturwissenschaft werden gar nicht in ihrem Wahrheitsanspruch ernstgenommen und als Beitrag zu einem Selbstverständnis von Kunst und Literatur in Betracht gezogen und somit auch nicht für die Interpretation fruchtbar gemacht. Sie werden lediglich im "Funktionskreis instrumentellen Handelns" (Habermas) angesprochen.

So streng formuliert gilt diese Behauptung allerdings nicht. Zum einen hat die englischsprachige Literaturwissenschaft ein ganz anderes Verhältnis zu den modernen Naturwissenschaften. Als habe Snows Rüge Wunder gewirkt, ist hier eine Vielzahl neuerer Arbeiten zu verzeichnen, die unabhängig von den Technikfolgen der Wirkung naturwissenschaftlicher Erkenntnisse auf Literatur

---

geistigen Techniker für philosophisches Fragestellen ohne weiteres gelten zu lassen, etwa darum, weil sie auf Grund ihrer allgemeinen, von traditionellen Anklängen durchsetzten Bildung ihre Ergebnisse selbst glauben philosophisch interpretieren zu können. Es wird schon so sein, daß in den Lehrgebäuden der Spezialwissenschaften und in jeder ihrer ganz großen Entdeckungen in besonderem Maß auch bedeutende philosophische Gehalte beschlossen sind. Aber sie zu interpretieren kann nur der befähigt sein, der in der Philosophie seine Lebensaufgabe hat und befähigt ist, die geistige Sinnbildung der Methode zu klären und auf den universalen Sinn der Philosophie zurückzubeziehen." (Edmund Husserl: Über die gegenwärtige Aufgabe der Philosophie (1934). In: Ders.: Aufsätze und Vorträge (1922-1937). Hg. v. Thomas Nenon u. Hans Rainer Sepp. Dordrecht/Boston/London 1989 (Husserliana. Gesammelte Werke, Bd. XXVII), S. 184-221, hier S. 215).

58 Hans-Dieter Mutschler: Spekulative und empirische Physik, a. a. O., S. 140f.

59 So weist Mutschler auf das Zustandekommen des Paradoxons hin, daß jene Theorie, die sich selber für materialistisch halte, gerade die Wissenschaft ignoriere, die sich auf die Materie beziehe (Ebd., S. 141).

und Kunst nachgehen.[60] Titel wie *When the Quarks Come Marching Home, Again*[61] und *'Three Quarks for Muster Mark': Quantum Wordplay and Nuclear Discourse in Russell Hoban's Riddley Walker*[62] zeugen von einem Interesse, das keine Berührungsängste kennt. Den englischsprachigen Studien in ihrer Offenheit gegenüber den Naturwissenschaften vergleichbar, dokumentieren Waltraud Seidelhofers Arbeit *Physik, Geometrie und Literatur. Spuren von Berührung*[63] und Joachim Metzners Aufsatz *Die Bedeutung physikalischer Sätze für die Literatur*[64], daß auch von Seiten der Germanistik der Konnex zwischen moderner Naturwissenschaft und Literatur thematisiert werden kann. Zudem gibt es in der deutschen Literaturwissenschaft immer wieder ernstzunehmende Versuche, naturwissenschaftliche Erkenntnisse und Arbeitsweisen in die eigene Methode zu integrieren. Dazu zählen zum Beispiel die Systemtheorie[65] und die Texttheorie bzw. mathematische Formanalysen[66].

Doch neben dem gelegentlichen Wunsch, die Literaturwissenschaft an die Exaktheit der Naturwissenschaften anzupassen, haben die Naturwissenschaften in weit subtilerer Form in literaturwissenschaftlichen Werken weitergewirkt. Viele Interpreten der Literatur des 20. Jahrhunderts gebrauchen sehr gerne Schlagworte, die auf das moderne naturwissenschaftliche Weltbild anspielen, um die eigene Interpretation zu untermauern. Begriffe wie 'Atomisierung des Ich', 'Wirklichkeitsverlust', 'Zerfall der Wirklichkeit', 'Aufwertung des Wahrscheinlichen' oder 'Auflösung der Kausalzusammenhänge' dienen dazu, das

60 Bezeichnenderweise gibt es hier schon mehrere Bibliographien zur Beziehung zwischen Literatur und Naturwissenschaft. Vgl.: The Relations of Literature and Science: A Selected Bibliographie 1930-1967. Edited by Fred A. Dudley. Ann Arbor 1968. - The Relations of Literature and Science. An Annotated Bibliography of Scholarship, 1880-1980. Edited by Walter Schatzberg, Ronald A. Waite, Jonathan K. Johnson. New York 1987.

61 Mel Seesholtz: When the Quarks Come Marching Home, Again. In: Mosaic 21 (1988), H. 2/3, S. 178-192.

62 Jeffrey Porter: 'Three Quarks for Muster Mark': Quantum Wordplay and Nuclear Discourse in Russell Hoban' s Riddley Walker. In: Contemporary Literature 31 (1990), H. 4, S. 448-469.

63 Waltraud Seidelhofer: Physik, Geometrie und Literatur. Spuren von Berührung. In: Freibord 14 (1989), H. 70, S. 127-186. Seidelhofers Verdienst liegt darin, eine Vielfalt von möglichen Berührungspunkten zwischen den modernen Naturwissenschaften und Literatur zusammengestellt und damit Anregungen für eine vertiefende Analyse und den Nachweis direkter Einflüsse gegeben zu haben.

64 Joachim Metzner: Die Bedeutung physikalischer Sätze für die Literatur. In: DVjS 53 (1979), S. 1-34. Ausgehend von der These, daß in der Literatur "weniger die Naturwissenschaft an sich, sondern eher der einzelne von einer ihrer Disziplinen formulierte Satz, das neue, bahnbrechende Theorem, das die Wissenschaftsstrukturen bestimmende Axiom", wirksam wird, [ebd., S. 3] untersucht Metzner, inwieweit der zweite Hauptsatz der Thermodynamik durch Autoren des 20. Jahrhunderts rezipiert und in ihr Werk eingearbeitet wurde.

65 Vgl. dazu: Dietrich Schwanitz: Systemtheorie und Literatur. Ein neues Paradigma. Opladen 1990.

66 Rul Gunzenhäuser, Helmut Kreuzer (Hg.): Mathematik und Dichtung. Versuche zur Frage einer exakten Literaturwissenschaft. 3. durchges. Aufl. München 1969.

Bewußtsein des modernen Individuums, das sich in der literarischen Darstellung und Darstellungsweise niederschlägt, zu charakterisieren.[67] Dabei bleibt meist völlig unklar, inwieweit diese Topoi noch dem naturwissenschaftlichen Kontext entsprechen, mit dem sie assoziativ verbunden sind. Da jedoch, um die Argumentation zu stützen, häufig auf ein 'ähnliches' Moment in der modernen Physik zu Beginn des 20. Jahrhunderts hingewiesen wird, ist zu vermuten, daß mit diesen Schlagworten gezielt Assoziationen zum modernen naturwissenschaftlichen Weltbild geweckt werden sollen.[68] Die Feststellung von Parallelen in der Entwicklung der modernen Physik und der Literatur des 20. Jahrhunderts ist nicht unbedingt eine sensationelle Erkenntnis der neueren Literaturwissenschaft. Schon 1957 hat Arnold Gehlen in seiner Studie *Die Seele im technischen Zeitalter* auf analoge Phänomene in Physik und Kunst wie die Entsinnlichung, die Verwischung der Grenzen zwischen Subjekt und Objekt und die Unbestimmtheit aufmerksam gemacht.[69] Es wird demnach zwar erkannt, daß die Relativitätstheorie und die Quantentheorie das bis dahin geltende Verständnis von der Erkenntnis der Wirklichkeit verändert haben, doch wird dies lediglich als eine Parallelerscheinung der zeitgenössischen philosophischen Erkenntniskritik[70] oder anderer "krisenhafter Zusammenbrüche traditioneller Vorstellungen"[71] gewertet, auf die man lediglich im Rahmen ihres populären Gehaltes oder, wie es Gehlen schon getan hat, als "Zeitsignatur"[72] hinzuweisen braucht. Ob die Auflösung des Erzähl- und Sprachzusammenhanges etwas mit der Erschütterung des Kausaldenkens in der Physik oder ob die 'Atomisierung des Ich' etwas mit der physikalischen

---

67 Vgl.: Jürgen Schramke: Zur Theorie des modernen Romans. München 1974 (S. 61: Realitätsverlust; S. 74: Zerfall der Objektwelt; S. 76: Subjekt-Objekt-Vermischung; S. 104: Diskontinuität; S. 140: Welt = atomisiertes Chaos). - Vgl.: Hans Kügler: Der Bau der Modelle (1912-1960). In: Ders.: Weg und Weglosigkeit, a. a. O., S. 27-49, hier S. 27: "[...] so läßt sich für die deutsche Literatur der ersten beiden Jahrzehnte eine Konstellation erkennen, die von einem einzigen Ereignis her bestimmt ist: dem progressiven Zerfall der gegenständlichen Wirklichkeitsstruktur."; Ebd., S. 37: Verlust der Subjekt-Objekt-Relation.

68 Vgl.: Erich Köhler: Der literarische Zufall, das Mögliche und die Notwendigkeit. München 1973, hier S. 86. - Sigrid Schmid-Bortenschlager: Konstruktive Literatur. Gesellschaftliche Relevanz und literarische Tradition experimenteller Prosa-Großformen im deutschen, englischen und französischen Sprachraum nach 1945. Bonn 1985, hier S. 65-94. - Manfred Schmeling: Die Entgrenzung des "sprachlichen Kunstwerks". Alternatives Erzählen im 20. Jahrhundert. In: Funktion und Funktionswandel der Literatur im Geistes- und Gesellschaftsleben. Akten des Internationalen Symposiums Saarbrücken 1987. Hg. v. Manfred Schmeling. Bern u. a. 1989, S. 129-152, hier: S. 146f. - Jürgen Hans Petersen: Der deutsche Roman der Moderne. Grundlegung - Typologie - Entwicklung. Stuttgart 1991, S. 23f., Fußnote 56.

69 Arnold Gehlen: Die Seele im technischen Zeitalter. Reinbek 1957, S. 25f. u. 90.

70 Vgl.: Silvio Vietta, Hans Georg Kemper: Expressionismus. 4. Aufl. München 1990, S. 146-150.

71 Thomas Anz: Literatur der Existenz. Literarische Psychopathographie und ihre soziale Bedeutung im Frühexpressionismus. Stuttgart 1977, S. 165.

72 Arnold Gehlen: Die Seele im technischen Zeitalter, a. a. O., S. 90.

Atombetrachtung außer einer klugen Assoziation zu tun hat, bleibt meist ungeklärt. Es macht jedoch einen Unterschied, ob es sich hierbei um eine "Synchronizität der Ereignisse"(C. G. Jung) oder um einen direkten Einfluß naturwissenschaftlicher Erkenntnisse auf andere Gebiete geistiger Betätigung handelt. Wenn es sich lediglich um Analogien handelte, würde Snows These von der Geschiedenheit der 'Zwei Kulturen' voll und ganz gestützt und die Überzeugung von Habermas, daß Gedichte nicht durch die Verarbeitung von Hypothesen entstünden, gestärkt. Dies ist jedoch von der Literaturwissenschaft bislang noch keineswegs geklärt worden. Das bloße Konstatieren von Analogien beweist weder, daß eine wirkliche Beziehung zwischen Naturwissenschaft und Literatur existiert, noch daß es diese nicht gibt. Sich dieser Frage nicht zu stellen, erweckt den Anschein, als wolle man trotz der entdeckten Ähnlichkeiten die Autonomie der Kunst und Literatur in einem Zeitalter, das von Technik und Naturwissenschaft beherrscht ist, zwanghaft wahren. So hat Karl Schwedhelms Erklärungsversuch für die Ähnlichkeit mancher Phänomene zwischen Physik und Literatur eher den Charakter einer Entschuldigung:

> Nicht snobistischer Überdruß oder experimentierende Willkür also waren es, die auf eine Wandlung [i. d. Kunst u. Literatur] hindrängten, sondern die Erkenntnis, daß das schöpferische Ich seiner Zeit nur dann gewachsen sei, wenn es ihm gelänge, mit neuen Mitteln das noch Wortlose und Bildlose zu sagen und darzustellen. [...]
> Ich würde es als glücklich ansehen für den Fortgang unserer Betrachtung, wenn wir uns nun den Veränderungen in den beiden Grund-Koordinaten zuwenden wollten, denen die menschliche Existenz ebenso unterworfen ist wie die Dinge in der unbelebten Erscheinungswelt: den Kategorien von Raum und Zeit. Für uns, die wir nicht Naturwissenschaftler sind, werden die Veränderungen der klassischen Physik seit wenig mehr als einem halben Jahrhundert in ihren Ursachen und Folgerungen auch künftig weitgehend undurchschaubar bleiben. Wenn uns ein theoretischer Physiker vom Range Heisenbergs versichert, daß die Formel, auf die man zusteuert, 'schön' sein werde - schön im Sinne äußerster Einfachheit und damit mathematischer Vollkommenheit -, so bedient er sich mit diesem Worte einer Kennzeichnung, die im Zeitalter des Positivismus als Ausdruck für ein naturwissenschaftliches Theorem noch undenkbar gewesen wäre. Der Künstler ist von diesem esoterischen Bereich nebelhaft-schwieriger Funktionen und Differentialgleichungen genauso wie wir anderen ausgeschlossen. Wie ist es da zu erklären, daß er in seinem Ausdruck bereits nach einer Entsprechung für diese Erkenntnisse suchte, zu einer Zeit, da ihm die Tatsache der forschenden Bemühung noch gar nicht bewußt war, geschweige denn, daß er ihre Folgerungen hätte überblicken können? - Jede Veränderung des Lebensgefühls und Bewußtseins einer Zeit registriert er mit ungleich sensibleren Nerven als die Mehrzahl seiner Zeitgenossen. Und allein die Tatsache des Zweifels am Bisherigen und die tastende Annäherung an ein Neues bei wenigen verändert zu seinem Teil auch den Zustand des allgemeinen Bewußtseins.[73]

Was das Bild- und Wortlose, das mit neuen Mitteln dargestellt werden muß, mit den Veränderungen der klassischen Physik zu tun hat, verschweigt

73 Karl Schwedhelm: Das Gedicht in einer veränderten Wirklichkeit. In: Zeitalter des Fragments. Literatur in unserer Zeit. Hg. v. Horst Lehner. Herrenalb (Schwarzwald) o. J. (1964), S.143-158, hier S. 146.

Schwedhelm. Für ihn ist die Analogie mit dem Hinweis auf die hohe Sensibilität der Künstler und den unverständlichen Formelkram der Physiker erledigt. Sensible Nerven und Formeln: das geht nicht zusammen. Trotz der Analogien bleiben Kunst und Naturwissenschaft in den Augen Schwedhelms unüberbrückbar getrennt. Schwedhelm schließt von vornherein die Reflexion naturwissenschaftlicher Erkenntnisse durch Künstler mit einer Selbstverständlichkeit aus, als könne es anders gar nicht sein. Diese Selbstverständlichkeit, mit der Schwedhelm diese Behauptung geäußert hat, markiert einen Punkt in der Kontroverse zwischen Natur- und Literaturwissenschaft, der im Untergrund der bisherigen Betrachtung zwar immer mitschwang, aber noch nicht deutlich herausgestellt wurde. Obwohl Schwedhelm von den Folgen der Naturwissenschaft völlig absieht, er folglich nicht an die Wissenschaftskritik von Marcuse oder Habermas anknüpft, kommt es ihm gar nicht in den Sinn, daß Dichter, anders als intuitiv, naturwissenschaftliche Erkenntnisse erfassen könnten. Dem Dichter kommen sensible Nerven, nicht Reflexions- und Abstraktionsvermögen zu.

Möglicherweise ist die Beschränkung der Literaturwissenschaft auf die technischen Folgen nicht allein aus einem soziologisch fundierten Erkenntnisinteresse heraus entstanden, sondern aus einem normativ bestimmten Konzept von Kunst, einem Konzept, das auf den Antagonismen irrational-rational, Anschaulichkeit-Abstraktion, Mythos-Logos, Einbildungskraft-Ratio und Dichtung und (Natur-)Wissenschaft beruht. Nun soll hier nicht die Behauptung aufgestellt werden, in der Literaturwissenschaft halte man noch immer an der Idee des Originalgenies fest, indem Gefühl und Intuition dem Intellekt gegenübergestellt und der 'Geist als Widersacher der Dichtung'[74] deklariert werde. Spätestens seit Adorno ist eine solche Polarisierung nicht mehr aktuell.[75] Dennoch muß man sich fragen, ob dieses Kunst-Konzept nicht unbewußt doch noch vorhanden ist und als Bereitschaft weiterwirkt, Adornos Verdikt, Wissenschaft und Kunst seien nicht zu verschmelzen,[76] dahingehend zu mißdeuten, daß Literatur und Naturwissenschaft keinerlei Beziehung zueinander haben können.

Atombombe, Supergau, Gentechnologie und Rationalisierung machen es nicht leicht, sich den Inhalten der Naturwissenschaften zu nähern. Spezialisierung und die abschreckende Formelsprache tun das ihrige. Um allen Mißverständnissen vorzubeugen: Es soll nicht beschönigt werden, daß (Natur-) Wissenschaft vielfach von rein ökonomischen Motiven determiniert und mißbraucht wird. Es geht auch nicht darum, der Literaturwissenschaft samt Literatur in einer Welt der Technik einen Platz zu konservieren, indem man sie

---

74 Hier sei eine Anspielung auf die Ratio-Kritik von Ludwig Klages erlaubt. Vgl. Ludwig Klages: Der Geist als Widersacher der Seele. 5. ungek. Aufl. Bonn 1972.

75 Vgl. zum Originalgenie: Theodor W. Adorno: Ästhetische Theorie. Frankfurt a. Main 1970 (Ges. Schriften, Bd. 7), S. 257-260.

76 Ebd., S. 344.

zur Naturwissenschaft verpflichtet. Doch man sollte nicht voreilig Erkenntnismöglichkeiten, sei es für die Interpretation eines Textes, sei es für das Denken prinzipiell, verschenken und mögliche Synthesen aus reiner Gewohnheit oder durch die Einengung des Blickwinkels dort verhindern, wo sie produktiv wären. Ohne einem 'Anything goes', dem Motto einer falsch verstandenen Postmoderne, das Wort reden zu wollen, wird hiermit für eine Überwindung der Fachgrenzen plädiert.[77] Wie der Fall Koeppen angedeutet hat, gibt es die Chance, die Trennung der 'Zwei Kulturen', zumindest was Literatur angeht, nicht für wesensgemäß zu halten.

Die vorliegende Studie wurde mit dem Ziel konzipiert, die Grundlagen dafür zu schaffen, daß der Zusammenhang zwischen dem modernen physikalischen Weltbild und der deutschsprachigen Literatur erkannt werden kann. Um dies zu leisten, wurde ein anderer Weg als der in literaturwissenschaftlichen Betrachtungen sonst übliche gewählt. Die Analyse beschränkt sich ganz bewußt auf theoretische Texte und sieht, bis auf wenige Ausnahmen, von der Interpretation literarischer Texte ab. Dies geschieht nicht, weil sich keine Strukturanalogien zwischen den physikalischen Erkenntnissen und literarischen Erscheinungen herstellen ließen. Die Möglichkeit solcher Analogien wurde, wie als eines der frühsten Dokumente das Beispiel von Schwedhelm zeigt, nie bezweifelt. Gerade aber weil in literaturwissenschaftlichen Arbeiten häufig Analogien zwischen der modernen Physik und Literatur behauptet werden, schien es unumgänglich, auf die Interpretation literarischer Texte zu verzichten, um auf möglichst breiter Basis zu belegen, daß die Autoren die Ergebnisse der modernen Physik rezipierten und in ihre Literaturkonzeptionen einarbeiteten. Es soll hier zum ersten Mal in der Literaturgeschichtsschreibung der Behauptung entgegengetreten werden, daß es sich bei den Analogien zwischen moderner Physik und literarischen Phänomenen lediglich um Parallelerscheinungen handelt. Nur wenn eine **direkte** Einwirkung der modernen Physik auf das Denken der Schriftsteller nachgewiesen werden kann, ist die Voraussetzung gegeben, von einem expliziten Zusammenhang zwischen modernem physikalischen Weltbild und Literatur zu sprechen. Erst wenn von literaturwissenschaftlicher Seite anerkannt wird, daß die Autoren die naturwissenschaftlichen Erkenntnisse aufnahmen und verarbeiteten, kann davon ausgegangen werden, daß die Kluft zwischen den 'Zwei Kulturen' überwindbar ist.

Als erster Schritt auf diesem Weg wird im anschließenden Kapitel gezeigt, daß auch der Nicht-Naturwissenschaftler trotz des 'esoterischen Bereich(s) nebelhaft schwieriger Funktionen und Differentialgleichungen' nicht so vollkommen von den Veränderungen der Physik ausgeschlossen ist, wie es Schwedhelm behauptet.

---

77 Zu einer möglichen Annäherung der Naturwissenschaften an die Geisteswissenschaften vgl.: Erhard Scheibe: Gibt es eine Annäherung der Naturwissenschaften an die Geisteswissenschaften? In: Universitas 42 (1987), Bd. 1, S. 5-18.

2. Das neue Denken der modernen Physik

Man erinnere sich noch einmal an die Stelle, die aus Karl Schwedhelms Beitrag zitiert wurde. Schwedhelm spricht davon, daß dem Nicht-Naturwissenschaftler die Veränderungen der klassischen Physik seit Beginn dieses Jahrhunderts undurchschaubar blieben. Welche Veränderungen er damit genau meint, verschweigt er. Seinen Ausführungen ist lediglich zu entnehmen, daß sie in irgendeiner Form die Koordinaten Raum und Zeit betreffen.[1] Obwohl er es nicht für nötig erachtet, genauer auf die Physik einzugehen, glaubt er den Neuerungen in diesem Forschungsbereich dennoch einen Hinweis schuldig zu sein. Wie Schwedhelm bezogen sich auch die anderen Interpreten, die Analogien zwischen neuen Erscheinungen in der Literatur und Neuerungen in den Naturwissenschaften herstellten, auf die Physik.[2] Die Umwälzungen in der Physik müssen so gravierend gewesen sein, daß auch der ausgeschlossene Nicht-Naturwissenschaftler nicht umhin konnte, sie in irgendeiner Form zur Kenntnis zu nehmen. Sie sind folglich nicht gänzlich im 'Nebel von Funktionen und Differentialgleichungen' verschwunden.

Da im vorigen Kapitel für eine Auseinandersetzung mit den Inhalten der Naturwissenschaft plädiert wurde, scheint es angebracht, nun zu klären, was es mit den Veränderungen der klassischen Physik auf sich hat.[3]

---

1 Karl Schwedhelm: Das Gedicht in einer veränderten Wirklichkeit, a. a. O., S. 146. Die Koordinaten Raum und Zeit werden in der Relativitätstheorie neu gefaßt. Da Schwedhelm aber auch auf die Verwischung der Grenzen zwischen Subjekt und Objekt eingeht, könnte er bei den Veränderungen der klassischen Physik auch die Quantentheorie im Blick gehabt haben.

2 Vgl.: Punkt 1. 3., Anmerkung 67-71.

3 Selbstverständlich kann im Rahmen dieser Arbeit die historische Entwicklung der Physik im 20. Jahrhundert nicht in allen Einzelheiten dargestellt werden. Vieles muß aus pragmatischen Gründen verkürzt dargelegt werden. Es geht jedoch darum, möglichst verständlich die Grundzüge dieser Entwicklungen herauszuarbeiten, um dem Leser für das Verständnis der folgenden Argumentationszusammenhänge eine Wissensgrundlage zu vermitteln, ohne ihn unnötig auf die Lektüre der einschlägigen Werke zu verweisen. Zum Einstieg in die Problematik und zur weiterführenden Lektüre seien nachstehende Werke empfohlen, die auch die Grundlage des folgenden bilden: John Gribbin: Auf der Suche nach Schrödingers Katze. Quantenphysik und Wirklichkeit. 5. Aufl. München 1993 (ED München 1987). - Franco Selleri: Die Debatte um die Quantentheorie. 3. überarb. Aufl. Braunschweig 1990 (ED: Braunschweig/Wiesbaden 1983). - Kurt Baumann/ Roman U. Sexl: Die Deutungen der Quantentheorie. Braunschweig/Wiesbaden 1984. - Heinz Pagels: Quantenphysik als Sprache der Natur. Berlin/Frankfurt a. M./Wien 1983. - Paul Erbrich: Zufall. Eine naturwissenschaftlich-philosophische Untersuchung. Berlin 1988. - Bernulf Kanitscheider: Wissenschafts-

2.1. Klassische Physik

Die Physik gilt im allgemeinen als die naturwissenschaftliche Disziplin schlechthin. Der Hinweis auf den etymologischen Zusammenhang der Begriffe 'Physik' und 'Naturwissenschaft' reicht nicht aus,[4] um zu erklären, warum für den Laien die Physik noch mehr als die anderen Disziplinen einen streng naturwissenschaftlichen Eindruck vermittelt . Dennoch berührt dieser Zusammenhang das Wesentliche.

Physik, griech. die Lehre von den Naturdingen, erforscht nach dem heute noch weithin gültigen Verständnis den Bereich der Wirklichkeit, der ohne Zutun des Menschen entsteht bzw. existiert: die physikalische Welt, die materielle Wirklichkeit, die Natur. Diese landläufige Charakterisierung des physikalischen Forschungsgegenstandes ist auf das engste mit der Entwicklung der Physik, wie sie sich in der Neuzeit vollzog, verknüpft. Im 17. und 18. Jahrhundert bildete sich eine Form der Naturbetrachtung aus, die sowohl das Verständnis von Natur als auch von Naturwissenschaft bis in unsere Zeit hinein prägt.

Mit Kopernikus' Astronomie setzte eine Phase der Naturbetrachtung ein, die durch den Glauben an eine Übereinstimmung der Geometrie mit den ontologischen Grundlagen der Natur bestimmt war. Die Gesetze der Geometrie wurden zunehmend zur Voraussetzung für die Beschreibung der Natur. Die Überzeugung vom Vorhandensein einer der Welt innewohnenden geometrischen Ordnung machte den Weg frei für ein Naturverständnis, das Natur als gesetzmäßig und mathematisch erklärbar begriff. Kopernikus schaffte so die Grundlage dafür, daß die Suche nach einheitlichen Prinzipien unabhängig von Gott Sinn bekommen konnte.

Galilei begann einzelne Naturvorgänge aus dem Ganzen des Naturgeschehens durch Experimente herauszulösen, mathematisch zu beschreiben und in ihren Gesetzmäßigkeiten zu verstehen. Dabei hat er, wie Werner Heisenberg kommentiert, ein Grundprinzip des modernen naturwissenschaftlichen Denkens aufgestellt, indem er die Wechselbeziehung von Hypothese und Erfahrung exakt bestimmte.[5] Für Heisenberg liegt die entscheidende Neuerung von Galileis Naturvorstellung in der Forderung, daß der menschliche Geist für

---

theorie der Naturwissenschaft. Berlin/New York 1981. - Michael Drieschner: Voraussage-Wahrscheinlichkeit-Objekt. Über die begrifflichen Grundlagen der Quantentheorie. Berlin/Heidelberg/New York 1979. - Horst B. Hiller: Die modernen Naturwissenschaften. Stuttgart 1974. - D. ter Haar: Quantentheorie. Einführung und Originaltexte. Braunschweig 1969. - Albert Einstein/Leopold Infeld: Die Evolution der Physik. Hamburg 1956.

4 Vgl.: G. König: Naturwissenschaften. In: Historisches Wörterbuch der Philosophie. Hg. v. Joachim Ritter u. Karlfried Gründer. Bd. 6: Mo - 0. Darmstadt 1984, S. 642-650. Hier wird u. a. darauf hingewiesen, daß die Begriffe Physik und Naturwissenschaft im 17. Jahrhundert als Synonyme gebraucht wurden.

5 Werner Heisenberg: Das Naturbild der heutigen Physik. Hamburg 1955, S. 60.

die Beobachtung der Natur Voraussetzungen entwickeln müsse, die in sich mathematisch, logisch schlüssig seien. Diesen Voraussetzungen würden die mathematischen Beweise gelten.[6] Mit deren Schlüssigkeit sei aber noch nichts über das wirkliche Vorhandensein solcher Beziehungen in der Natur ausgesagt, wie sie in den Voraussetzungen gedacht würden. Erst wenn die Voraussetzungen als Hypothesen in der empirischen Erfahrung verwendet und dort bestätigt würden, gewännen sie den Charakter von Naturgesetzen. Es ist ganz offensichtlich, und Heisenberg hat auch darauf hingewiesen, daß Galileis Reflexionen am Beginn eines Prozesses stehen, mit dem die Mathematik zum "Bindeglied" zwischen dem menschlichen Geist und der Wirklichkeit von Natur wurde.[7] Statt 'Bindeglied' könnte man auch sagen, die Mathematik trat zwischen den Menschen und die Natur, indem sie Voraussetzung von Naturbeschreibung wurde. Von diesem Zeitpunkt an unterwirft sich der naturwissenschaftliche Beobachter bestimmten Denkregeln. Er tritt hinter die mathematische Formulierung zurück, das heißt, er objektiviert seine Beobachtung. Diese Objektivierung ist wiederum die Voraussetzung dafür, daß die Gesetzmäßigkeiten in der Natur überhaupt als solche erkannt werden können. Sie macht eine Überprüfung in der empirischen Erfahrung erst möglich, indem die einzelne Beobachtung und der einzelne Beobachter an Bedeutung verlieren. Anders gesagt: Vor der Suche nach Gesetzmäßigkeiten im Naturgeschehen muß ein Abstraktionsprozeß erfolgt sein. Natur muß auf das reduziert werden, was meßbar und in Zahlen ausdrückbar ist. Alle Elemente, die vom individuellen Erleben des Beobachters abhängig sind, müssen auf diese Weise ausgesondert werden, um Allgemeinheit und unbedingte Geltung der Gesetze zu garantieren.

Galilei kombinierte als erster empirisches Wissen mit Mathematik. Daher gilt er als der Vater der neuzeitlichen Naturwissenschaft und als Wegbereiter für eine objektive Naturbetrachtung. Zur philosophischen Fundierung der objektiven Naturbetrachtung trug vor allem René Descartes' radikale Formulierung des Dualismus Geist - Materie bei. Descartes teilte die Welt der Erscheinungen in die beiden völlig getrennten und unabhängigen Bereiche 'res cogitans' (Geist) und 'res extensa' (Materie). Diese Teilung gestattete dem Naturwissenschaftler, die Natur als tote und völlig vom Beobachter geschiedene Materie zu behandeln.

Berechenbarkeit, Gesetzmäßigkeit und objektive Beschreibbarkeit der Natur sind die Fundamente von Newtons Mechanik. Newton reduzierte alle physikalischen Erscheinungen auf die Bewegung von Massepunkten im Raum, die durch ihre gegenseitige Anziehung, die Gravitation, verursacht werden. Die von ihm aufgestellten Gesetze der Mechanik hielten, wie Galilei forderte, der Überprüfung in der empirischen Erfahrung stand, was für ihren schlagenden

6 Ebd.
7 Ebd.- Der Richtigkeit halber muß man hinzufügen, daß schon bei Platon in Form der Geometrie die Mathematik als 'Bindeglied' zwischen Mensch und Natur fungierte.

Erfolg in der Welt der Wissenschaft sorgte. Man betrachtete sie in der Folge als feste Gesetze, anhand derer man nicht nur die Bewegung der Planeten, sondern alle Veränderungen in der physikalischen Welt erklären zu können glaubte. Die Natur erschien wie ein riesiges Uhrwerk, das, einmal in Gang gesetzt, nach unveränderlichen Gesetzen abläuft, die jedem Materieteilchen seinen Weg für alle Zeiten genau vorschreiben. Wie in der stereotypen Veranschaulichung mechanistischen Denkens, in dem Bild vom Uhrwerk oder von einer Maschine, bereits deutlich wird, wurde das Naturgeschehen als völlig kausal und determiniert angesehen. Die viel zitierte Fiktion des 'Laplaceschen Dämons' spiegelt die Gewißheit wider, mit der das mechanistische Denken die Erkennbarkeit von Natur anhand der Gesetze der Mechanik vertrat. Bei Laplace heißt es:

> Wir müssen also den gegenwärtigen Zustand des Weltalls als die Wirkung seines früheren Zustandes und andererseits als die Ursache dessen, der folgen wird, betrachten. Eine Intelligenz, welche für einen gegebenen Augenblick alle Kräfte, von denen die Natur belebt ist, sowie die gegenseitige Lage der Wesen, die sie zusammensetzen, kennen würde, und überdies umfassend genug wäre, um diese gegebenen Größen einer Analyse zu unterwerfen, würde in derselben Formel die Bewegungen der größten Weltkörper wie die des leichtesten Atoms ausdrücken: nichts würde für sie ungewiss sein und Zukunft wie Vergangenheit ihr offen vor Augen liegen.[8]

Im Glauben, daß alles eine definitive Ursache und eine definitive Wirkung habe, ging man davon aus, daß der Zustand eines Systems exakt vorhergesagt werden könnte, wenn man über alle Details des Zustandes zu einem früheren Zeitpunkt und die Kenntnis der herrschenden Gesetze (Kräfte) verfügen würde. Die Überzeugung von der völligen Determiniertheit allen Naturgeschehens, die hier zum Ausdruck kommt, offenbart, welche Relevanz dem mechanistischen Naturverständnis im Hinblick auf ein universelles Wissen zugewiesen wurde. Mit Newtons Mechanik schien man dem Traum des Naturwissenschaftlers von einer alles erklärenden Weltformel ein Stück nähergekommen zu sein. Wie produktiv dieser Ansatz war, läßt sich daran ermessen, daß die Methode der Newtonschen Mechanik auf immer weitere Bereiche der Natur angewandt wurde - und das sehr erfolgreich. Die Fortschritte, die zum Beispiel auf dem Gebiet der Technik aufgrund der Fortführung von Newtons Methode erzielt wurden, beweisen das. Der Erfolg von Newtons Methode blieb jedoch nicht auf die Physik beschränkt. Das ging schon aus der oben zitierten, von Pierre Simon de Laplace aufgestellten Fiktion eines allwissenden 'Dämons' hervor. Das mechanistische Denken gab den Anstoß zu einer sich allmählich durchsetzenden kausal-mechanistischen Weltauffassung. Vor allem Voltaire und D'Alembert prägten die Aufklärung in Frankreich, indem sie die Newtonsche Mechanik popularisierten und Newtons Gesetze zu einem universellen philosophischen Prinzip verallgemeinerten, dessen Gültigkeit sich sowohl auf

8 Zitiert nach: Bernulf Kanitscheider: Wissenschaftstheorie der Naturwissenschaft, a. a. O., S. 45.

die Natur als auch auf den Menschen erstrecken sollte. Darüber hinaus ist Kants Erkenntnistheorie ohne den Einfluß der Newtonschen Mechanik nicht zu denken. Durch die Übernahme der mechanistischen Denkweise auf alle Bereiche des menschlichen Lebens formierte sich nach und nach ein mechanistisch-materialistisches Weltbild, das bis zum Ende des 19. Jahrhunderts bestimmend blieb.

Die strikte Scheidung von Beobachter und Beobachtetem und die Suche nach allgemeingültigen Kausalzusammenhängen prägen noch heute weitgehend unser Verständnis von (Natur-)Wissenschaft. Da sich diese Prinzipien im Wechselspiel von Naturbeobachtung und Herausbildung der Methode von Naturbeobachtung formierten, ist es nur zu verständlich, daß dem Laien die Physik als die naturwissenschaftliche Disziplin schlechthin erscheint. Die einleitende Definition von Physik in einer 1990 veröffentlichten Enzyklopädie zu Philosophie und Wissenschaften scheint auf den ersten Blick diesem Eindruck nicht zu widersprechen:

> Physik [...] ist eine Wissenschaft, die danach strebt, durch eine Kombination empirischer und theoretischer Untersuchungen die allgemeinsten Gesetze, die die Bildung und Entwicklung materieller Strukturen und Systeme regeln, mit ständig steigender Genauigkeit und Adäquatheit aufzudecken.[9]

Laut dieser Definition beschäftigt sich Physik mit der Suche nach **allgemeinsten Gesetzen**, die die Bildung und Entwicklung **materieller** Strukturen regeln. Für den Laien, der nur die klassische Physik im Blick hat, scheint diese Definition vollauf mit den Prinzipien der Newtonschen Mechanik vereinbar zu sein. Die Begrenzung des Forschungsgegenstandes auf materielle Strukturen deutet auf eine vorgegebene Scheidung von Beobachter und Beobachtetem hin, wenn man den cartesianischen Dualismus von Geist und Materie zugrunde legt. Die Suche nach allgemeinsten Gesetzen suggeriert die Vorstellung von einem exakt definierten Ursache-Wirkungs-Zusammenhang. Wie groß muß das Erstaunen sein, wenn man bei der Beschäftigung mit der Entwicklung der Physik im 20. Jahrhundert feststellen muß, daß die oben genannte Definition der Physik zwar der Newtonschen Mechanik nicht widerspricht, sie jedoch nicht so gelesen werden darf, als wären deren Prinzipien unvermindert gültig, daß vielmehr die bis dahin so erfolgreiche Newtonsche Mechanik, an der sich nicht nur die naturwissenschaftliche Methode, sondern auch eine mechanistische Natur- und Weltanschauung ausgebildet hatte, heute nicht mehr uneingeschränkte Gültigkeit besitzt. Das Erstaunen muß um so größer sein, wenn man darüber hinaus erfährt, daß sich die neuen Erkenntnisse der Physik, die den Dualismus Geist - Materie sowie die Kausalität einschränken, aus der konsequenten Anwendung einer Methode ergaben, die auf diesen Prinzipien basiert. Es ist verständlich, daß sich die Physiker mit den neuen Entdeckungen

9 Erwin Marquit: Physik. In: Europäische Enzyklopädie zu Philosophie und Wissenschaften. Hg. v. Hans Jörg Sandkühler. Bd. 3: L - Q. Hamburg 1990, S. 713-723, hier: S. 713.

schwertaten, die Zweifel an der Exaktheit der eigenen Grundlagen aufkommen ließen. Die neuen Entdeckungen machten es erforderlich, zwischen einer klassischen Physik, in der das Kausalitätsprinzip und der Dualismus Subjekt - Objekt uneingeschränkt Gültigkeit besitzt, und einer modernen Physik, die mit neuen Paradigmen arbeitet, zu unterscheiden.

Doch welcher Nicht-Naturwissenschaftler beschäftigt sich schon intensiver mit den Entwicklungen der Physik im 20. Jahrhundert? Was der Nicht-Naturwissenschaftler über die Physik weiß, beschränkt sich meist auf die klassische Physik. Um so verblüffter ist er, wenn gerade aus dem Mund des Physikers Zweifel an den Fundamenten der exakten Wissenschaften laut werden. Bemerkungen wie die folgende, die aus einem Artikel im *Handbuch philosophischer Grundbegriffe* entnommen wurde, zeigen deutlich, daß die Veränderungen in der Physik dazu angetan sind, einen Wandel traditioneller Denkkategorien von seiner anscheinend spektakulärsten Seite darzustellen:

> Bezeichnenderweise war es die im Laufe der Neuzeit zur Königin der Wissenschaften emporgestiegene Physik, die das fast unangreifbar erscheinende Ansehen ihres eigenen philosophischen Geschöpfes in den letzten Jahrzehnten erschütterte: die moderne Mikrophysik, deren Beobachtungs- und vorherrschende Deutungsergebnisse eine Akausalität oder zumindest eine nicht streng eindeutige Kausalkonsequenz nahe zu legen scheinen.[10]

2. 2. Moderne Physik

In den ersten Jahrzehnten des 20. Jahrhunderts gingen in der Physik zwei mehr oder weniger voneinander unabhängige, schwerwiegende Veränderungen vonstatten, die sich zum einen in der Relativitätstheorie, zum anderen in der Quantentheorie manifestierten. Während die Relativitätstheorie die klassische Physik zwar bis in ihre Grundlagen erschütterte, jedoch in dem Sinne, daß sie die klassische Physik erweiterte und vervollständigte, schränkte die Quantentheorie den Geltungsbereich der klassischen Physik radikal ein. Obwohl die Relativitätstheorie zum ersten Mal den Standpunkt des Beobachters miteinbezieht, greift sie die Auffassung von Naturgesetzlichkeit sowie die Möglichkeit objektiver Naturbeschreibung nicht an. Daher wird die Relativitätstheorie noch vielfach zur klassischen Physik gezählt. Der Quantentheorie kann ein größeres Potential an 'revolutionären' Ideen zugeschrieben werden.[11] Daher soll im

10 Béla von Brandenstein: Kausalität. In: Handbuch philosophischer Grundbegriffe. Hg. v. Hermann Krings, Hans Michael Baumgartner u. Christoph Wild. Studienausgabe Bd. 3: Gesetz - Materie. München 1973, S. 779-791, hier: S. 784.

11 John Gribbin schreibt über die Bedeutung der Quantentheorie, daß sie die größte wissenschaftliche Errungenschaft, weitaus bedeutsamer und von sehr viel direkterem praktischen Nutzen als die Relativitätstheorie sei. Vgl. John Gribbin: Auf der Suche nach Schrödingers Katze, a a. O., S. 15.

folgenden nur kurz auf die Relativitätstheorie eingegangen werden, um dann die Erkenntnisse der Mikrophysik darzulegen.

2. 2. 1. Relativitätstheorie

Genau genommen wurden die Festen des mechanistischen Denkens schon in der zweiten Hälfte des 19. Jahrhunderts erschüttert. Allerdings wurden diese Erschütterungen erst mit der Formulierung der Relativitätstheorie in ihrer ganzen Tragweite wahrgenommen. Im 19. Jahrhundert glaubte man fest daran, daß das Universum ein mächtiges System sei, das nach den Gesetzen Newtons, die als grundlegende Naturgesetze angesehen wurden, funktioniere. Newtons Mechanik galt als die endgültige Theorie der Naturerscheinungen, so daß man davon überzeugt war, auch die elektromagnetischen Erscheinungen damit erklären zu können. Doch die Anziehungskräfte zwischen einem positiv und einem negativ geladenen Körper zum Beispiel ließen sich nicht mit dieser traditionellen Vorstellung, sondern nur mittels des von Faraday und Maxwell formulierten Feldbegriffes verstehen.

Aus der Newtonschen Sicht hängen die Kräfte starr mit den Körpern, auf die sie wirken, zusammen. Faraday ersetzte den Begriff Kraft durch den des (Kraft-)Feldes, wobei diesem Feld eine eigene Realität zukommen sollte. Die Felder sollten unabhängig vom materiellen Körper sein, daß heißt, Kräfte sollten quasi im leeren Raum ohne vermittelnden Träger wirken. Daß es eine andere Form von Wirklichkeit als Atome, so eine Art 'Nichts' geben sollte, stand dem mechanistischen Denken konträr entgegen. Die Physiker griffen auf die schon von Newton gebrauchte Idee des Äthers zurück, der den ganzen Raum erfüllen sollte. Dennoch ließen sich die elektromagnetischen Phänomene nicht zufriedenstellend mit der Newtonschen Mechanik vereinen. Als alle Versuche, den Äther zu beweisen, fehlschlugen, schien es, als müßten die Gesetze der Elektrodynamik eigenständig neben die der Newtonschen Mechanik treten.

Die Newtonsche Mechanik basiert auf der Vorstellung von festen Körpern, deren Bewegung sich relativ zu anderen Körpern bzw. absolut in bezug auf den mit Äther erfüllten leeren Raum messen ließe. Raum und Zeit waren für Newton absolut. Die Zeit sollte keinerlei Beziehung zum Raum, zur Materie oder zur Bewegung haben. Sie sollte unabhängig vom physikalischen Geschehen verfließen. Ebenso sollte der Raum unabhängig von der Materie, der Zeit und dem physikalischen Geschehen sein. Dem widersprachen jedoch die elektromagnetischen Phänomene.[12] Sie legten den Schluß nahe, daß der

12 Der wohl wichtigste Versuch ist jener von Albert Michelson und Edward Morley im Jahre 1887, die die Lichtgeschwindigkeit in Richtung der Erdbewegung mit der im rechten Winkel zur Erdbewegung verglichen. Dabei stellten sie fest, daß beide Geschwindigkeiten identisch waren. Bei der Bewegung der Erde durch den sie umgeben-

Raum die physikalische Eigenschaft besitzt, elektromagnetische Wellen unvermittelt weiterzuleiten. Dies war nur eines der Paradoxa, die aus der Elektrodynamik erfolgten und eine neue Vorstellung von Raum und Zeit notwendig machten.

Mit der Relativitätstheorie schuf Albert Einstein die gemeinsame Grundlage für die sich bis dahin einander ausschließenden Erklärungsmuster der Elektrodynamik und der Mechanik von Teilchensystemen. Indem Einstein im Effekt ein vierdimensionales Raum-Zeit-Kontinuum postulierte und die Lichtgeschwindigkeit *c* als Naturkonstante einführte, ließ er den Äther, dessen Existenz physikalisch nicht nachweisbar war, als Erklärungsmoment überflüssig werden.

Gäbe es, wie Newton glaubte, eine absolute Zeit, so müßte man davon ausgehen, daß der Zeitabstand zwischen zwei Ereignissen exakt bestimmt werden könnte und diese Zeit immer dieselbe bliebe, egal wo und von wem sie gemessen würde. Niemand würde daran zweifeln, daß ein 'Jetzt' an einem bestimmten Ort auch ein 'Jetzt' für das gesamte Universum definieren würde. Nach der Formulierung der Relativitätstheorie durch Einstein stellten sich jedoch solche Zweifel ein. Aus den Überlegungen, die Einstein anstellte, um die im Anschluß an die Erscheinungen des Elektromagnetismus und der Theorie des Lichts entstandenen Probleme zu lösen, ging unter anderem hervor, daß der Begriff der 'Gleichzeitigkeit', der von großer Bedeutung für die Beschreibung physikalischer Ereignisse ist, neu überdacht werden muß. Einstein machte darauf aufmerksam, daß die Gleichzeitigkeit zweier Ereignisse von Beobachtern zweier gegeneinander bewegter Systeme ganz unterschiedlich beurteilt wird. Zwei Beobachter werden ein Ereignis verschieden in der Zeit einordnen, wenn sie sich relativ zu dem beobachteten Ereignis mit verschiedenen Geschwindigkeiten bewegen.[13] Dabei ist nicht zu entscheiden, welche Zeiteinordnung die richtigere ist. Jeder Beobachter scheint ein eigenes Zeitmaß bzw. seine eigene Uhr zu besitzen. Der Zeitabstand zwischen zwei Ereignissen ist folglich nicht unabhängig vom Bewegungszustand des Bezugssystems. Zwei Uhren, die unterschiedlich schnell bewegt werden, sind nicht synchron. Das gleiche gilt auch für den räumlichen Abstand zwischen zwei Punkten eines starren Körpers. Auch er ist abhängig vom Bewegungszustand des Bezugssystems, was bedeutet, daß zum Beispiel zwei Meßlatten, die

---

den Äther hätte die gemessene Lichtgeschwindigkeit in Richtung der Erdbewegung größer sein müssen als im rechten Winkel dazu.

13 Experiment: Ein Beobachter sitzt in der Mitte zwischen den beiden Orten, wo die Ereignisse stattfinden. Im Augenblick des Geschehens wird je ein Lichtsignal zum Beobachter geschickt. Treffen diese Signale gleichzeitig ein, was nachprüfbar ist, werden die Ereignisse gleichzeitig genannt. Bewegt sich der Beobachter aber in Richtung der einen Signalquelle, so eilt er ihr entgegen, während er sich von der anderen entfernt. Die beiden Ereignisse erscheinen ihm dann nicht mehr gleichzeitig. (Vgl.: Horst B. Hiller: Die modernen Naturwissenschaften, a. a. O., S. 22).

unterschiedlich schnell bewegt werden, nicht die gleiche Länge haben, die sie im Ruhezustand hätten.[14]

Gemäß den Erkenntnissen der Relativitätstheorie hängt die Definition von Gleichzeitigkeit oder räumlicher Entfernung von der Wahl des Bezugssystems ab. Sie ist relativ zum Bezugssystem. Damit finden Elemente, die den Zustand des Beobachters miteinbeziehen, Eingang in die Beobachtung, denn das Bezugssystem wird durch den Beobachter festgelegt. Die Relevanz, die dem Beobachter in Einsteins Theorie zuerkannt wurde, war mit ein Grund dafür, daß die Relativitätstheorie nach ihrer Veröffentlichung in der wissenschaftlichen Welt heftig umstritten war. Relativierende Elemente paßten nicht in die am mechanistischen Weltbild orientierten Denkgewohnheiten. Viele der Kritiker der Relativitätstheorie verkannten, daß der Forderung nach einer objektiven Naturbeschreibung gerade dadurch Rechnung getragen wird, daß der Beobachter in die Beschreibung mit einbezogen wird. Es herrscht zwar zwischen den Beobachtern gegeneinander bewegter Bezugssysteme keine Einigkeit mehr über eine Universalzeit oder über einen absoluten Raum, doch dafür ist die Lichtgeschwindigkeit gemeinsame Grundlage, da sie in jedem Bezugssystem die gleiche sein muß. Die Äquivalenz der Bezugssysteme ist nur unter der Voraussetzung gegeben, daß die Vorstellung von einer absoluten Zeit und einem absoluten Raum aufgegeben wird. Auf dieser Basis läßt sich jedoch nach Naturgesetzen forschen, die unabhängig von den jeweiligen Bezugssystemen sind und überall im Universum Gültigkeit besitzen.

Die klassische Mechanik bedurfte einer Modifikation, um mit den Phänomenen der Elektrodynamik und der Theorie zur Ausbreitung des Lichts harmonisiert werden zu können. Diese Modifikationen betreffen im wesentlichen die Gesetze, bei denen die Geschwindigkeit im Vergleich zur Lichtgeschwindigkeit (300 000 km/s) nicht verschwindend klein ist. Da in nächster Zukunft Verkehrsmittel, die sich mit annähernder Lichtgeschwindigkeit bewegen, wohl kaum gebaut werden können, werden die Abweichungen von den Gesetzen der klassischen Mechanik im Alltagsleben weiterhin zu gering bleiben, um sich praktisch bemerkbar zu machen. Die Uhr des im Zug Reisenden und die Uhr des auf dem Bahnsteig Zurückbleibenden werden auch in der Zukunft näherungsweise synchron erscheinen. Die Newtonsche Mechanik besitzt nach der Relativitätstheorie für Bewegungen mit kleinen Geschwindigkeiten, die unsere Alltagserfahrung ausmachen, weiterhin Gültigkeit. Sie muß als Grenzfall der relativistischen Physik betrachtet werden.

Die veränderte Zeit- und Raumauffassung, die auf der Vorstellung von einem vierdimensionalen Raum-Zeit-Kontinuum basiert, hatte wichtige Konsequenzen für das physikalische Weltbild. Die Äquivalenz von Masse und

---

14 Messungen, sei es einer Zeit oder einer Entfernung, müssen immer in Beziehung zu einem Bezugskörper, zu einem Anfangszeitpunkt, einem Anfangspunkt oder einer Ausgangsrichtung gesetzt werden, um sinnvoll zu sein. Daher die Notwendigkeit eines Bezugssystems.

Energie, die Einstein in der Formel $E = m c^2$ zusammenfaßte, ist wohl die bekannteste. Nach dem alten Verständnis war Masse etwas Konstantes, das zwar geteilt, aber nicht verringert oder vermehrt werden konnte. Aus den Erkenntnissen der Relativitätstheorie mußte jedoch gefolgert werden, daß Masse verlorengehen kann, wenn sie sich in Energie verwandelt, bzw. daß sie sich vergrößert, wenn Energie hinzugefügt wird. Aufgrund der Äquivalenz von Energie und Masse muß die Energie, die ein Objekt durch seine Bewegung besitzt, zu seiner Masse hinzugerechnet werden. Daher wird es mit zunehmender Geschwindigkeit immer schwerer, die Geschwindigkeit noch zu steigern. Denn je mehr sich ein Objekt der Lichtgeschwindigkeit nähert, desto rascher wächst seine träge Masse und um so mehr Energie wird benötigt, um noch weiter zu beschleunigen. Es wäre unendlich viel - unendlich im mathematischen Sinne und nicht als Umschreibung einer für den Menschen unvorstellbaren Größe - Energiezufuhr nötig, um die Lichtgeschwindigkeit zu erreichen.[15] Daraus ergibt sich zwangsläufig, daß die Lichtgeschwindigkeit für physikalische Wirkungen die "obere Geschwindigkeitsgrenze schlechthin" ist.[16]

Wenn von Relativitätstheorie gesprochen wird, bezieht man sich zumeist auf die spezielle Relativitätstheorie, die Einstein im Jahre 1905 formulierte. Das bisher Dargestellte war eine knappe Skizzierung der speziellen Relativitätstheorie. Bei allen neuen Erkenntnissen, die die spezielle Relativitätstheorie erbrachte, hat sie einen Nachteil: Sie ist nur auf Inertialsysteme anwendbar. Inertialsysteme sind Systeme, in denen sich Körper gleichförmig bewegen und auf die keine äußeren Kräfte einwirken. Nach Newtons Gravitationstheorie ziehen sich Körper mit einer Kraft an, die genau umgekehrt proportional zum Quadrat der Entfernung ist. Wenn ein Körper eine Ortsveränderung erfährt, müßte sich nach Newton die Kraft, die auf den anderen Körper wirkt, sofort verändern. 1915 veröffentlichte Albert Einstein die allgemeine Relativitätstheorie, deren Gültigkeit sich nicht mehr auf gleichförmig bewegte Inertialsysteme beschränkt, sondern auf alle beliebig gegeneinander bewegte Systeme anwendbar ist. Die spezielle Relativitätstheorie ist als Grenzfall in der allgemeinen aufgehoben.

Die wohl wichtigste Folgerung der allgemeinen Relativitätstheorie besteht darin, daß das Raum-Zeit-Kontinuum nicht mehr eben, sondern gekrümmt verstanden wird. Der speziellen Relativitätstheorie liegt eine Raum-Zeit-Vorstellung zugrunde, die als vierdimensionaler Minkowski-Raum mit drei Raumkoordinaten und einer Zeitkoordinate beschrieben werden kann. Aber im Gegensatz zu Minkowskis Raum-Zeit kann das Raum-Zeit-Kontinuum der allgemeinen Relativitätstheorie, der Riemannsche Raum, nicht mehr als vierdimensionales euklidisches Kontinuum aufgefaßt werden. Man muß sich

---

15 Dies gilt allerdings nicht für Lichtquanten, d. h. für Teilchen, deren Ruhemasse Null ist, die stets Lichtgeschwindigkeit haben.

16 Albert Einstein/Leopold Infeld: Die Evolution der modernen Physik, a. a. O., S. 132.

das so vorstellen, daß im Riemannschen Raum keine starren Bezugskörper mehr benutzt werden können, sondern nur noch nicht-starre, welche "nicht nur als Ganzes beliebig bewegt sind, sondern auch während ihrer Bewegung beliebige Gestaltsveränderungen erleiden."[17] Das Koordinatensystem ändert sich von Punkt zu Punkt, so wie sich die Krümmung der Raum-Zeit von Punkt zu Punkt ändert. Raum und Zeit wirken nicht nur auf alles Geschehen im Universum ein, sondern werden von diesem Geschehen selbst beeinflußt.

Mit der speziellen und der allgemeinen Relativitätstheorie wandelte sich nicht nur die Vorstellung von Raum und Zeit, sondern auch die Auffassung vom Universum. Die Idee von einem im wesentlichen unveränderlichen und ewig bestehenden Universum machte der Auffassung von einem Universum Platz, das dynamisch ist, das sich ausdehnt und vielleicht auch wieder zusammenfällt, das folglich Anfang und Ende hat.

Die Relativitätstheorie hat die physikalischen Vorgänge in ganz neuer Art und Weise in Raum und Zeit eingeordnet. Der Grundsatz, daß das physikalische Geschehen gesetzmäßig abläuft und der objektiven Beobachtung zugänglich ist, blieb davon jedoch unberührt. Wie die klassische Physik rechnet auch die Relativitätstheorie damit, daß sich jeder Naturvorgang in einem zeitlichen Zusammenhang vollzieht. Nur wenn dieser Zusammenhang durch keine Unstetigkeiten unterbrochen wird, ist es möglich, von einem Zeitpunkt auf den nächstfolgenden zu schließen. Dies gehört zur Grundauffassung der klassischen Physik **und** der Relativitätstheorie. Die Erkenntnisse, die zur Quantentheorie führen sollten, zeigten jedoch, daß man nicht mit einer grundsätzlichen Stetigkeit des Naturgeschehens rechnen kann.

2. 2. 2. Quantentheorie

Die Entwicklung der Relativitätstheorie begann damit, daß die Erklärungsmöglichkeiten der klassischen Physik nicht ausreichten, um Meßergebnisse widerspruchsfrei deuten und richtig berechnen zu können. Trug die konstante Lichtgeschwindigkeit, die Morley und Michelson gemessen hatten, bedeutend zum Durchbruch der Relativitätstheorie bei, so war es für die Quantentheorie u. a. die 'Strahlung schwarzer Körper' die schwerwiegende Auswirkungen für das physikalische Weltbild nach sich ziehen sollte.

Noch vor Ablauf des ersten Jahres im neuen Jahrhundert, am 14. Dezember 1900, trat Max Planck mit einer Arbeit an die Öffentlichkeit, mit der die Entwicklung der Quantentheorie ihren Lauf nahm. Max Planck hatte sich mit der Wärmestrahlung beschäftigt, um dem Verhältnis von Temperatur, Strahlenfrequenz und Energie nachzugehen. Die von einem erhitzten Körper

---

17 Albert Einstein: Über die spezielle und allgemeine Relativitätstheorie (Gemeinverständlich). 9. Aufl. Braunschweig 1920, S. 67.

ausgesandte Energie ist mit der Temperatur und der Strahlenfrequenz veränderlich. Verkürzt dargestellt, bestand die Schwierigkeit bei der Behandlung der Wärmestrahlung darin, daß die Strahlungsformel von Wilhelm Wien sich hervorragend für den kurzwelligen Bereich bewährte, jedoch zum infraroten Bereich, zum Bereich langer Wellen, hin zunehmend unzutreffend wurde. Die Messungen im Bereich langer Wellen durch Otto Lummer und Ernst Pringsheim wiesen Abweichungen von Wiens Strahlungsgesetz auf, die nicht auf experimentelle Fehler zurückzuführen waren.[18] Wiens Folgerung, daß seine Formel nur die Energie-Verteilung für den kurzwelligen, nicht aber für den langwelligen Bereich beschreibt, wurde durch die Messungen von Heinrich Rubens und Ferdinand Kurlbaum bestätigt.[19] Max Plancks Arbeiten auf diesem Gebiet waren in doppelter Hinsicht folgenschwer: Zum einen fand er eine Strahlungsformel, die den lang- und den kurzwelligen Bereich umfaßte. Zum anderen mußte er, damit dies gelingen konnte, eine Hypothese aufstellen, die sich im nachhinein als die Entdeckung einer universellen Naturkonstante erwies.

Die überlieferte Auffassung war, daß die Emission und Absorption von Strahlung wie alles physikalische Geschehen auf einem stetig verlaufenden Prozeß beruhen müsse. Max Planck mußte jedoch, um seine Formel theoretisch begründen zu können, von der Annahme ausgehen, daß Atome Energie nicht in kontinuierlich größer und kleiner werdenden Mengen, sondern in Form kleiner 'Pakete', in Form kleinster, nicht weiter unterteilbarer Energieeinheiten aufnehmen und abgeben. Der Energiezustand der Atome eines strahlenden Körpers sollte sich folglich ruckweise um solche kleinen Energiepakete vermindern oder vermehren und keine Zwischenstufen einnehmen können. Die Emission und Absorption von Lichtenergie war laut Plancks Hypothese kein stetiger Vorgang, wie man bisher gemeint hatte, sondern ging sprunghaft vonstatten.

Für die Größe der Quanten, so hatte man die kleinen Energiepakete genannt, fand Planck die Formel $E = h \cdot \nu$, wobei ν die Frequenz des Lichtes, das emittiert oder absorbiert wird, und h das Plancksche Wirkungsquantum, eine winzig kleine unveränderliche Größe vom Betrag $6{,}6 \cdot 10^{-34}$J·s, bezeichnet. Fürs erste schien das Plancksche Wirkungsquantum das Maß für die 'Sprünge' beim Energieaustausch der Atome zu sein. Mit Hilfe dieser festen Größe ließen sich, wenn man sie mit der Frequenz des Lichtes multiplizierte, die Energieeinheiten feststellen, deren Vielfache allein in den Absorptions- und Emissionsvorgang eingehen.

---

18 Jagdish Mehra/Helmut Rechenberg: The Historical Development of Quantum Theory. Volume 1, Part 1: The Quantum Theory of Planck, Einstein, Bohr and Sommerfeld: Its Foundation and the Rise of Its Difficulties 1900-1925. New York/Heidelberg/Berlin 1982, S. 41.

19 Ebd. S. 43.

Planck war später mit der Entdeckung seines Wirkungsquantums nicht zufrieden, weil er die alten Vorstellungen aufgeben mußte. Vergeblich bemühte er sich, das Wirkungsquantum in das System der klassischen Physik zu integrieren, indem er nach neuen, 'besseren' Formulierungen suchte. Die Unsicherheit im Umgang mit der eigenen Entdeckung faßte Planck in seiner berühmten und viel zitierten Nobelpreisrede wie folgt zusammen:

> [...] entweder war das Wirkungsquantum nur eine fiktive Größe; dann war die ganze Deduktion des Strahlungsgesetzes prinzipiell illusorisch und stellte weiter nichts vor als eine inhaltsleere Formelspielerei, oder aber der Ableitung des Strahlungsgesetzes lag ein wirklich physikalischer Gedanke zugrunde; dann mußte das Wirkungsquantum in der Physik eine fundamentale Rolle spielen, dann kündigte sich mit ihm etwas ganz Neues, bis dahin Unerhörtes an, das berufen schien, unser physikalisches Denken, welches seit der Begründung der Infinitesimalrechnung durch Leibniz und Newton sich auf der Annahme der Stetigkeit aller ursächlichen Zusammenhänge aufbaut, von Grund auf umzugestalten.[20]

Max Planck war sich also ganz und gar nicht sicher gewesen, ob er mit der Einführung der Quantenvorstellung für die Erzeugung und die Umwandlung von Licht beim Strahlungsprozeß eine neue Einsicht in die Natur gewonnen hatte oder ob er nur einer "inhaltslosen Formelspielerei" erlegen war. Es erwies sich jedoch schnell, daß Planck mit dem Wirkungsquantum keine fiktive Größe geschaffen, sondern tatsächlich eine universelle Naturkonstante entdeckt hatte.

Als Planck am 14. Dezember 1900 seine Hypothese der Öffentlichkeit vorstellte, bezog er seine Annahme von einer Quantelung der Lichtenergie nur auf den Vorgang des Energieaustausches, nicht auf die Eigenschaften des Lichtes selbst. Obwohl laut Plancks Hypothese die Lichtenergie quasi 'päckchenweise' aufgenommen und abgegeben werden sollte, wollte niemand so recht an der Wellennatur des Lichtes zweifeln. Seit Thomas Young und Augustin Jean Fresnel im Anschluß an die Arbeiten von Christiaan Huygens die Korpuskeltheorie des Lichtes von Newton mit ihrer Wellentheorie verdrängt hatten und nachdem Maxwell und Faraday diese Ergebnisse in die Theorie des allgemeinen Elektromagnetismus eingliedern konnten, galt die Wellennatur des Lichtes als eine unwiderlegbare Naturerkenntnis. Neben der Materie, die aus kleinsten Teilchen (Korpuskeln) aufgebaut sein sollte, stand das Licht als andere Wesenheit. Bei Untersuchungen über das Verhalten von Licht, die in den Jahren nach Plancks Formulierung seiner Hypothese gemacht wurden, stieß man auf die Tatsache, daß nicht alle Phänomene des Lichts anhand der Wellentheorie erklärt werden konnten. So waren zum Beispiel die Ergebnisse der Experimente, die Philipp Lenard 1902 zum lichtelektrischen Effekt durchführte, nicht aus der Wellennatur des Lichtes heraus verständlich.

---

20 Max Planck: Die Entstehung und die bisherige Entwicklung der Quantentheorie. In: Vorträge und Erinnerungen. 5. Aufl. der "Wege zur physikalischen Erkenntnis". Volksausgabe. Stuttgart 1949, S. 125-138, hier S. 131.

Der licht- oder auch photoelektrische Effekt stellt sich ein, wenn Licht auf eine Metallplatte fällt und sich dadurch Elektronen aus dem Metall herauslösen. Mit der Wellentheorie hätte man den Austritt der Elektronen so erklären können, daß die auffallenden Lichtwellen die Elektronen des Metalls in Schwingungen versetzen, die, wenn die Energieaufnahme groß genug ist, zu einer Überwindung der Elektronenbindung an das Metallatom führt. Wäre diese Erklärung sinnvoll gewesen, dann hätte die Geschwindigkeit der Elektronen von der Intensität des Lichtes abhängen müssen. Die Geschwindigkeit der Elektronen hing jedoch nicht von der Intensität des auffallenden Lichtes, sondern nur von seiner Frequenz ab. Lediglich die Anzahl der austretenden Elektronen variierte mit der Lichtintensität, die Geschwindigkeit bzw. die kinetische Energie der Elektronen wurde jedoch von der Wellenlänge des Lichtes bestimmt. Damit wies der lichtelektrische Effekt auf eine Beziehung zwischen der Menge an kinetischer Energie und der Frequenz hin, wie es die vom Strahlungsgesetz abgeleitete Plancksche Formel $E = h \cdot \nu$ erwarten läßt. In der Tat war der Effekt nur erklärbar, wenn man davon ausging, daß das Metallatom Licht nicht stetig, sondern in Form von Lichtquanten absorbierte, deren Größe mit der Frequenz des Lichtes zu- oder abnimmt. Das Elektron hatte die Energie 'päckchenweise aufgeschluckt', wobei die Größe der 'Päckchen' von der Frequenz des Lichtes abhing. Dies bedeutete aber nichts anderes, als daß man von der Wellennatur des Lichtes absehen und eine korpuskulare/teilchenhafte Beschaffenheit des Lichtes annehmen mußte. Genau das hatte Albert Einstein gemacht, als er in seiner Arbeit *Über einen die Erzeugung und Verwandlung des Lichtes betreffenden heuristischen Gesichtspunkt*[21], für die er im übrigen im Jahre 1921 den Nobelpreis erhielt, Plancks Hypothese von der quantenhaften Natur der Strahlung auf das Wesen des Lichtes übertrug.

Einstein machte den Vorschlag, die Wellennatur des Lichtes einmal unbeachtet zu lassen, um Phänomene wie die des lichtelektrischen Effekts erklären zu können. Bei seinen Überlegungen ging er davon aus, daß sich Licht nicht in Wellen, sondern in Quanten von der Größe $E = h \cdot \nu$ als Lichtquanten fortpflanzt. Aus dieser Sicht konnte der lichtelektrische Effekt so gedeutet werden, "daß die Lichtenergie auf einen sehr kleinen Raum konzentriert ist und bei Auftreffen auf dem Metall ähnlich wie eine Korpuskel wirkt, die einzelne Elektronen aus dem Metallverband einfach herausschlägt."[22]

Die Beobachtung des Verhaltens von Licht stellte die Physiker vor das Problem, daß Licht bei der Ausbreitung im Raum alle Eigenschaften eines Wellenvorganges zeigte, daß sich aber viele Prozesse, in denen es mit Materie in Wechselwirkung tritt, so abspielen, als ob es aus Korpuskeln bestünde. Ersteres hatten Young und Fresnel mit der Wellentheorie begründet, die von

---

21 Albert Einstein: Über einen die Erzeugung und Verwandlung des Lichtes betreffenden heuristischen Gesichtspunkt. In: D. ter Haar: Quantentheorie, a. a. O., S. 118-148.

22 Bernulf Kanitscheider: Wissenschaftstheorie der Naturwissenschaften, a. a. O., S. 145.

Maxwell und Faraday bestätigt und erweitert wurde. Die beobachtbaren Beugungs-[23] und Interferenzerscheinungen[24] bei Strahlungen aller Art schienen jeden Zweifel an der Richtigkeit der Wellentheorie auszuschließen. Die Experimente zum lichtelektrischen Effekt, die zur Lichtquantenlehre Einsteins geführt haben, zeigten jedoch, daß der Wellentheorie kein Ausschließlichkeitsanspruch zukam. Spätestens nach der Bestätigung der Lichtquantenlehre durch den berühmten Compton-Effekt[25] mußte dies akzeptiert werden.

Die Problematik, die sich aus dem licht- oder photoelektrischen Effekt ergab, wurde deshalb etwas ausführlicher vorgestellt, weil sich an ihr der Antagonismus Welle-Teilchen, dessen Auflösung die weitere Entwicklung der Quantentheorie prägen sollte, anschaulich vermitteln ließ. Den ersten Schritt zu einer Auflösung des Antagonismus hatte Einstein schon gemacht, indem er die Größe der Lichtquanten von der **Wellen**länge des Lichtes abhängig sah. Seine Lichtquantenlehre war also kein Rückschritt zu der in Vergessenheit geratenen Korpuskeltheorie Newtons. Vielmehr enthielt seine Lichtquantenlehre begriffliche Elemente sowohl der Wellen- als auch der Teilchenvorstellung. In seinen Ausführungen *Über die Entwicklung unserer Anschauungen über das Wesen und die Konstitution der Strahlung*[26] aus dem Jahre 1909 kam er konsequenterweise zu der Auffassung, daß der Strahlung eine Doppelnatur eigen ist, oder wie Einstein selbst ausführte:

> [...] daß die beiden Struktureigenschaften (Undulationsstruktur und Quantenstruktur)[Wellen- und Teilchenstruktur], welche gemäß der Planckschen Formel beide der Strahlung zukommen sollen, nicht als miteinander unvereinbar anzusehen sind.[27]

In früheren Stellungnahmen zur Lichtquantenlehre hatte Einstein noch vermutet, daß sich aus einer teilchenhaften Struktur des Lichtes als Näherung für viele Teilchen die Wellentheorie ableiten lasse. Doch dann stand für ihn

---

23 Beugungserscheinungen des Lichtes nennt man die Ablenkung der Strahlen von der geradlinigen Fortpflanzung beim Passieren kleiner Öffnungen oder beim Auftreffen auf kleine Objekte.

24 Interferenzerscheinungen werden durch die Überlagerung von Wellen hervorgerufen. Fallen zwei Wellenberge zusammen, verstärkt sich die Strahlung. Fallen ein Wellenberg und ein Wellental zusammen, so heben sie sich in ihrer Wirkung auf.

25 Beim Compton-Effekt werden parallele Röntgenstrahlen auf einen Streuungskörper geschickt. Dann wird die unter einem bestimmten Winkel gestreute Strahlung gemessen. Entsprechend der Vorstellung des Beugungsphänomens in der Wellentheorie hätten die gebeugten Wellen in allen Richtungen die gleiche Wellenlänge wie die auffallende Strahlung haben müssen. Die Experimentalergebnisse zeigten aber eine vom Streuwinkel abhängige Vergrößerung der Wellenlänge. Der Physiker Arthur Compton deutete das Ergebnis so, daß hierbei ein Stoßvorgang vorliegen müsse. Ein Lichtquant erteilt dem Elektron einen Stoß, worauf das Elektron mit einer bestimmten Geschwindigkeit in einem Winkel zur Stoßrichtung weggeschleudert wird. Damit wird die Teilchennatur der elektromagnetischen Strahlung enthüllt. (Vgl. dazu: Bernulf Kanitscheider: Wissenschaftstheorie der Naturwissenschaften, a. a. O., S. 147f.)

26 Albert Einstein: Über die Entwicklung unserer Anschauungen über das Wesen und die Konstitution der Strahlung. In: Physikalische Zeitschrift 10 (1909), Nr. 22, S. 817-825.

27 Ebd., S. 825.

fest, daß zwischen der Wellen- und der Teilchentheorie kein hierarchisches Verhältnis in dem Sinne herrschte, daß die eine die genauere Fassung der anderen wäre, sondern daß beide gleichberechtigt nebeneinander existieren müssen, weil dem Wesen des Lichtes der Dualismus Teilchen-Welle innewohnt. Das Licht mußte **sowohl** als Teilchen **als auch** als Welle betrachtet werden. Doch bevor dieser für die klassische Physik völlig inakzeptable Gedanke eines 'sowohl als auch' seine Wirkung auf das physikalische Denken entfalten konnte, erbrachte die Quantenvorstellung erste Erfolge bei der Ermittlung eines Atommodells.

Ernest Rutherford hatte in Anlehnung an die Bewegung der Planeten und ausgehend von Messungen der Streuungen von Alphateilchen an Atomen ein Atommodell entwickelt, nach dem ein kleiner Atomkern mit der gesamten positiven Ladung von einer entsprechenden Anzahl negativ geladener Elektronen umkreist wird. Dieses recht plastische Modell, das dem menschlichen Bedürfnis nach Vereinheitlichung der Naturerkenntnisse so gut entgegengekommen wäre, indem eine perfekte Analogie zwischen dem Makro- und dem Mikrokosmos hätte angenommen werden können, hatte jedoch den Nachteil, daß es die große Beständigkeit von Atomen nicht erklären konnte. Im Gegensatz zu Planeten trägt das Elektron eine Ladung. Nach den Gesetzen der klassischen Elektrodynamik muß eine Ladung, die sich kreisförmig, also beschleunigt bewegt, Energie abstrahlen. Atome strahlen aber nicht fortwährend Energie ab. Würden sie das tun, dann würde das Elektron immer energieärmer und dadurch immer näher vom Kern angezogen werden, bis es schließlich auf ihn abstürzen würde. Atome könnten daher nie so stabil sein, wie sie sich in der Erfahrung darstellen. 1913 gelang es dem dänischen Physiker Niels Bohr, das Rutherfordsche Atommodell zu modifizieren, indem er auf die Quantenhypothese Plancks und Einsteins Lichtquantenlehre zurückgriff.

Bohr behielt das Anziehungsgesetz der elektrischen Ladungen aus der klassischen Elektrodynamik und damit die Drehung des Elektrons um den Kern bei. Doch anders als bei der Bewegung der Planeten um die Sonne, die sich auf allen möglichen Kreisbahnen mit beliebigen Radien drehen können, weil alle Energiebeträge möglich sind, sollten für das Atom nur bestimmte Bahnen realisierbar sein. Weil sich der Energiezustand eines Atoms nicht stetig, sondern in der Absorption und Emission diskreter Quanten der Größe $h \cdot \nu$ verändert, folglich nicht alle Energiebeträge möglich sind, ordnete Bohr stationäre Energiezustände bestimmten Bahnen zu, auf denen die Elektronen den Kern umlaufen können, ohne Energie in Form von Strahlung abzugeben. Nur die Bahnen, bei denen das Produkt aus Impuls $m \cdot \mathrm{v}$ und Bahnlänge $2\pi r$ ein Vielfaches des Wirkungsquantums ist, sind zugelassen.[28] Aus der Formel $2\pi r \cdot m \cdot \mathrm{v} = n \cdot h$ ($n = 1, 2, 3, \ldots$; d. h. ganze Zahlen) läßt sich zum einen ableiten, daß die Energie und der Impuls 'gequantelt' sind. Zum anderen läßt sich

28 Bernulf Kanitscheider: Wissenschaftstheorie der Naturwissenschaften, a. a. O., S. 153.

daraus folgern, daß die Frequenz der emittierten Strahlung nicht, wie in der klassischen Elektrodynamik angenommen, vom Umlaufrhythmus des Elektrons, sondern vom Energieunterschied zwischen den Bahnen bestimmt wird. Die Strahlungsemission und -absorption ist nach dem Bohrschen Atommodell mit der Veränderung der stabilen Bahn des Elektrons verbunden:

> Nur wenn dieses [das Elektron] von einer energetisch höheren Bahn als dem Grundzustand zurückspringt, gibt das Atom ein Photon $h \cdot \nu$ ab, bzw. läßt sich durch ein solches in einen angeregten Zustand bringen [...].[29]

Anschaulich ausgedrückt,[30] vollziehen sich Strahlungsprozesse dadurch, daß ein Elektron von einer dem Kern näheren Bahn zu einer erlaubten ferneren springt, wenn ein Photon $h \cdot \nu$ absorbiert wird, oder ein Elektron aus der kernfernen in die kernnähere Bahn zurückspringt und dabei ein Photon $h \cdot \nu$ emittiert wird. Der Energiezustand eines Atoms verändert sich folglich, indem das Elektron Sprünge von einer Bahn in eine andere vollführt. Damit ist Plancks Quantenvorstellung, die Unstetigkeit der Übergänge bei Energiezustandsveränderungen, fest in das Bohrsche Atommodell integriert.

Da sich anhand des Bohrschen Atommodells die Spektrallinien des Wasserstoffs erklären ließen, war dieses Modell nicht aus der Luft gegriffen. Die klassische Physik hatte bei der Deutung der Spektrallinien des Wasserstoffs versagt. Sie hatte die Frequenz der Strahlung für kontinuierlich veränderbar angenommen, was der beobachtbaren Schärfe der Spektrallinien widersprach. Die Bestätigung, die das Bohrsche Atommodell dadurch erfuhr, und seine fruchtbare Erweiterung durch Arnold Sommerfeld, der die Rechnungen mit Ellipsen anstatt wie Bohr mit Kreisen durchführte, hinterließen einen tiefen Eindruck in der physikalischen Welt. Es hatte sich gezeigt, welche enorme Bedeutung der neuen Konstante h, dem Wirkungsquantum, im atomaren Bereich zukommt. Von einer "inhaltslosen Formelspielerei" konnte nicht mehr die Rede sein. Doch obwohl man durch Bohr ein tieferes Verständnis vom Aufbau der Atome erhalten hatte, drängten sich den Physikern nun neue Probleme auf, die nicht zuletzt mit der Dominanz des Wirkungsquantums und seiner beunruhigenden Verbindung zu unstetigen Vorgängen zusammenhingen.

Beim Versuch, das Bohrsche Atommodell auf komplexere Atome als die des Wasserstoffs anzuwenden, stieß man auf die Grenzen des Modells. Schon bei der Berechnung der energetischen Zustände des Heliumatoms fanden sich die Physiker vor unüberwindliche Schwierigkeiten gestellt. Das Atommodell lieferte zwar viele richtige Einzelerkenntnisse, war jedoch nicht geeignet, ein widerspruchfreies Bild von den Atomvorgängen zu entwerfen, das allen

---

29 Ebd.

30 'Anschaulich ausgedrückt' bedeutet in diesem Zusammenhang auch, daß es sich hier um ein Gedankenmodell handelt. Die folgenden Ausführungen werden zeigen, daß die anschauliche Vorstellung von Elektronen als hüpfenden Miniplaneten ganz und gar nicht der physikalischen Realität entspricht.

experimentellen Erfahrungen gerecht wurde. Letztendlich bestand seine Funktion darin, eine fruchtbare, aber dennoch an ihre Grenzen stoßende Arbeitshypothese zu sein. Anhand des Atommodells konnten Formeln zur Erklärung der Spektrallinien des Wasserstoffs erstellt und Energiezustände von Wasserstoffatomen errechnet werden, doch konnte damit die Bewegung des Elektrons auf seiner Bahn nicht bestimmt werden. Angaben zum Ort des Elektrons auf seiner Bahn zu einem bestimmten Augenblick tauchten in keiner der Formeln zur Deutung der Spektrallinien auf. Für ein mechanistisches Bild der Bewegung der Elektronen wäre es aber notwendig gewesen, wie bei den Planeten Aussagen über den Ort und die Geschwindigkeit des Elektrons auf seiner Bahn zu einem bestimmten Zeitpunkt machen zu können. Ebenso ungeklärt war es, wie der Sprung des Elektrons von einer Bahn in die andere vonstatten gehen sollte. Das Elektron hätte im mechanistischen Sinne 'verbotenen' Raum durchqueren müssen, um von einer Bahn in die nächste gelangen zu können. Es drängte sich immer mehr die Frage auf, ob die Bewegung des Elektrons in der klassischen Raum-Zeit-Vorstellung beschreibbar ist, ob man überhaupt von Bahnen und Teilchen sprechen kann und ob unsere Vorstellungen, die sich an der Makrowelt ausgebildet haben, überhaupt in den Dimensionen des Atoms anwendbar sind.

Die Physiker gelangten angesichts dieser Probleme allmählich zu der Überzeugung, daß die klassische Physik im atomaren Bereich unzulänglich ist. Es schien notwendig, für die Vorgänge in der Atomphysik neue theoretische Voraussetzungen zu schaffen. Bei diesen Überlegungen galt es die Schwierigkeit zu überwinden, daß man die Gesetze der klassischen Physik benutzte, um dann ihre Unzulänglichkeit mit der Einführung der Unstetigkeit, mit der Konstante *h*, zu beweisen. Um das Verhältnis der notwendig gewordenen neuen Grundlagen der Mikrophysik zu jenen der klassischen Physik zu definieren, formulierte Niels Bohr das Korrespondenzprinzip. Korrespondenz bedeutete zunächst die Übereinstimmung zwischen quantentheoretischen und klassischen Beschreibungen von Atomphänomenen im Grenzwert hoher Quantenzahlen. Ab 1924 wurde das Korrespondenzprinzip so verstanden, daß man darauf verzichtete, die mikrophysikalischen Gesetzlichkeiten künstlich auf ein nach klassischen Gesetzen funktionierendes Modell zurückzuführen, die Entwicklung der neuen und eigenen Begriffe der Mikrophysik aber dennoch in Analogie zur klassischen Theorie vollzog. Es sollten nicht eigentlich neue Begriffe, sondern bisher unbemerkte Voraussetzungen der klassischen Begriffe aufgedeckt werden. Die klassische Theorie besitzt nach Bohrs Korrespondenzprinzip als Grenzfall Gültigkeit, indem man sozusagen die Probleme im mikrophysikalischen Bereich zuerst klassisch löst und dann bestimmte klassische Größen durch Quantenbegriffe ersetzt.[31] Um dieses

31 Ebd., S. 166f.

Prinzip zu erfüllen, mußte man eine neue Mechanik, eine Quantenmechanik, schaffen.

Die Voraussetzungen für den Aufbau einer Theorie, die nur die wirklich beobachtbaren Dinge aufnimmt und nicht Vorstellungen wie die von Atombahnen, von Ort und Impuls eines Elektrons zugrunde legt, die empirisch nicht feststellbar sind, erbrachte die Zusammenfassung der quantitativen Gesetzmäßigkeiten der Atomphysik in einem abstrakten mathematischen Formalismus. Die Bewegung eines Elektrons war nicht beobachtbar. Empirisch festgestellt wurden die Intensitäten und Frequenzen der Emissions- und Absorptionslinien, d. h. die Übergänge von einem Energiezustand des Atoms in einen anderen. Dies ließ sich jedoch nicht mit gewöhnlichen Zahlen darstellen, sondern erforderte komplizierte mathematische Anordnungen und Tabellen. Der hierfür notwendige Formalismus, der sich vor allem um den Begriff der 'Matrix' dreht, war aus einer bahnbrechenden Idee von Werner Heisenberg im Jahre 1925 entstanden und von ihm und den Forschern Max Born und Pascual Jordan zur Quantenmechanik ausgearbeitet und von Paul Dirac zur Quantenalgebra vervollkommnet worden. Matrizen sind tabellenmäßige Anordnungen von Zahlen, mit denen man nach Rechenregeln, die zum Teil von denen, die für einfache Zahlen gelten, abweichen, rechnen kann.[32] Indem die Matrizen an die Stelle der Größen traten, die in der klassischen Mechanik Ort, Geschwindigkeit und Impuls des Elektrons bestimmten, konnten diejenigen Elemente, die eine raumzeitliche Bedeutung hatten und in Experimenten nicht festgestellt werden konnten, umgangen werden. Die Aufstellung von Matrizen erlaubte es, die Grundgesetze der neuen Mechanik in Gleichungen zu formulieren, welche denen der klassischen Mechanik engstens entsprachen und somit das Bohrsche Korrespondenzprinzip erfüllten, ohne auf nicht-beobachtbare Größen und Vorstellungen zurückgreifen zu müssen. Mit der Matrizenmechanik hatte man eine Möglichkeit gefunden, die Spektren auch der höheren, komplexeren Atome im Prinzip richtig zu berechnen. Doch dies gelang eigentlich nur, indem man die Frage nach dem anschaulichen Aufbau der Atome umging.

Heisenberg und seine Mitarbeiter waren nicht die einzigen, die in den zwanziger Jahren nach einer Lösung der Probleme suchten, vor die das Atom die Physiker stellte. Verblüffenderweise kam der österreichische Physiker Erwin Schrödinger mit seiner Theorie der Wellenmechanik zu praktisch denselben Ergebnissen wie Heisenberg, obwohl sich seine Herangehensweise erheblich von der Heisenbergs unterschied. Um dies zu verstehen, ist es

---

32 John Gribbin verwendet zur Veranschaulichung der Matrizen den Vergleich mit einem Schachbrett, bei dem jedes Feld mit Hilfe einer Paarkombination aus Buchstaben und Zahlen identifiziert werden kann (John Gribbin: Auf der Suche nach Schrödingers Katze, a. a. O., S. 119f.). Im Gegensatz zu den herkömmlichen Rechenregeln hängt das Ergebnis der Multiplikation bei Matrizen von der Reihenfolge der Multiplikation ab, d. h., im allgemeinen gilt $a \cdot b \neq b \cdot a$.

notwendig, sich noch einmal an den Antagonismus Welle - Teilchen zu erinnern, hinter dem die in der klassischen Physik angenommenen zwei Wesenheiten der Natur, das Licht und die Materie, stehen.

Mit Einsteins Arbeiten zum photoelektrischen Effekt und seiner Lehre von den Lichtquanten hatte der Dualismus Licht - Materie eine erste Annäherung erfahren, indem die Doppelnatur der Strahlung, ihre Eigenschaften als Teilchen und Welle, erkannt wurde. Der Physiker Louis de Broglie griff 1923 die für das Licht formulierten Beziehungen auf und übertrug sie auf die Materie. Nach de Broglie sollte das Elektron, das um den Kern rotiert, nicht mehr wie noch bei Niels Bohr als Teilchen, sondern als eine dauernd die ganze Bahn erfüllende Welle gedacht werden. Mit dieser Vorstellung wird die Frage nach dem Ort des Elektrons auf seiner Bahn zu einem bestimmten Zeitpunkt im vornherein ausgeschlossen, weil es ja als Welle überall zugleich sein müßte. Wird das Elektron als Welle definiert, kommt ihm auch eine bestimmte Wellenlänge zu. Soll immer eine ganzzahlige Frequenz auf der Kreisbahn Platz haben, können nicht alle möglichen Bahnen in Frage kommen. So erklärte de Broglie die Forderung nach stationären Bahnen im Bohrschen Atommodell auf recht einfache Weise: Die Frequenz von Wellen, die sich dauernd auf geschlossenen Bahnen halten sollen, kann nicht anders als gequantelt sein. In de Broglies Theorie der Materiewellen kam der Konstante h die fundamentale Rolle zu, die Größen der Teilchenauffassung mit jenen der Wellenauffassung zu verbinden. Die korpuskularen Größen E (Energie) und p (Impuls) wurden in den Gleichungen $E = h \cdot \nu$ und $p = h/\lambda$ durch h mit den wellenhaften Größen ν (Frequenz) und λ (Wellenlänge) verbunden. War der physikalischen Welt zuvor schon in Einsteins Deutung des photoelektrischen Effekts die Doppelnatur des Lichtes zugemutet worden, sollte gemäß de Broglies Theorie nun auch der Materie eine Doppelnatur zugestanden werden. Im Jahre 1927 konnten Interferenzen, also Welleneigenschaften, bei Elektronenstrahlen nachgewiesen werden, so daß an der Richtigkeit von de Broglies Theorie nicht weiter gezweifelt werden konnte.

Während Heisenberg und seine Mitarbeiter von der Teilchennatur der Atome ausgegangen waren, arbeitete Erwin Schrödinger mit der Wellenvorstellung. Auf diesem Weg gelang es ihm, dieselben Ergebnisse, die man mit der komplizierten Matrizenmechanik erhalten hatte, mit einer viel einfacheren Handhabung, durch die Aufstellung der nach ihm benannten Schrödingergleichung, zu erzielen. Weil er im Gegensatz zur Quantenmechanik, die auf alle Größen mit raumzeitlicher Bedeutung und somit auf eine Modellvorstellung verzichtet hatte, das Bohrsche Atommodell aufgrund von de Broglies Wellenvorstellung modifizierte, mutete seine Theorie viel anschaulicher an, so daß man die Hoffnung hegte, die Quantenphänomene mittels der Schrödingerschen Wellenmechanik wieder in die klassische Physik integrieren zu können. Dieser Wunsch erfüllte sich nicht. Dazu hätte es der Klärung bedurft, was da eigentlich schwingt. Zunächst stellte sich die Frage, welchem der beiden, ob der Welle oder dem Teilchen, alleinige Realität hätte zugesprochen werden können. Schrödinger sah in der Welle eine Erscheinung der Wirklichkeit und nahm an, daß die Teilcheneigenschaften durch Interferenzen, durch Überlagerung von Wellen, hervorgerufen würden. Diese Deutung mußte jedoch fallengelassen werden, weil solche Teilchenerscheinungen nicht beständig genug gewesen wären, um die beobachtbaren Teilcheneigenschaften erklären zu können. Zudem enthielt die Schrödingergleichung für die Amplitude der Wellen die Größe Ψ, für die Schrödinger keine schlüssige Erklärung finden konnte. Die Wellengleichungen gaben zwar Vorschriften, wie man gegebene klassische Bewegungsgleichungen in entsprechende Wellengleichungen transferieren kann, doch war dies nur durch die Annahme eines abstrakten mathematischen Raumes, im allgemeinen eines mehrdimensionalen Konfigurationsraumes, möglich. Wellen, die sich in einem mehrdimensionalen Konfigurationsraum bewegen, sind allerdings nach klassischen Vorstellungen äußerst unanschaulich. Die Wellenvorstellung war wie die quantenmechanischen Größen nur ein mathematischer Ausdruck und letztlich genauso unanschaulich wie die Matrizen Heisenbergs. Schrödingers elektrodynamische Deutungen der Wellen waren zwar unhaltbar, aber seine mathematischen Formulierungen lieferten wie jene der Quantenmechanik eine einwandfreie Fassung der Gesetze der Mikrowelt.

Beide Theorien, die Quantenmechanik und die Wellenmechanik, stellen mit unterschiedlichen Formalismen zwei verschiedene Seiten ein und desselben abstrakten Sachverhaltes dar. Die Natur kann sowohl durch ein Wellen- als auch durch ein Teilchenbild erfaßt werden. Obwohl sich diese beiden Bilder nach der klassischen Vorstellung widersprechen, kommt man zu vergleichbaren Ergebnissen. Mit den Anschauungen der klassischen Physik, die an der Erfahrung der Alltagswelt und nicht der Welt der kleinsten Teilchen geschult war, konnte dieses Paradox nicht aufgeklärt werden. Im Jahre 1926 eröffnete Max Born mit einer Hypothese zur Klärung der Doppelnatur von Strahlung und Materie neue Möglichkeiten der Deutung.

Max Born ging im Gegensatz zu Schrödinger davon aus, daß der Teilchenvorstellung Realität zukomme. Born übernahm jedoch Schrödingers Konzept der 'Welle im Konfigurationsraum', wie dieser es nannte, insofern er den Vorschlag machte, die Wellen der Strahlung und der Materie als Wahrscheinlichkeitswellen und das Quadrat der Größe Ψ, das Quadrat der Wellenamplitude, als Wahrscheinlichkeitsfunktion zu deuten. Die Wellen sollten das Maß für die zu erwartende Verteilung von Photonen und Elektronen angeben, also eine mathematische Formulierung der Wahrscheinlichkeitsdichte von Teilchen darstellen. Die Schwierigkeiten, die sich aus Schrödingers Annahme eines mehrdimensionalen Raumes ergaben, waren damit aus dem Weg geräumt, denn Wahrscheinlichkeitswellen sind etwas Formales, Mathematisches, das nicht auf dreidimensionale Räume beschränkt ist. Borns Theorie machte es möglich, die Begriffe Welle und Teilchen nebeneinander zu benutzen. Aber dies hatte seinen Preis. Von einer Bahn, auf der sich das Elektron um den Kern oder das Photon durch den Raum bewegt, zu sprechen, war bei Annahme einer Wahrscheinlichkeitswelle natürlich sinnlos. Borns Theorie machte keine Aussagen über die Bewegung eines einzelnen Teilchens, ließ keine Berechnung des Aufenthaltortes eines Teilchens zu einem bestimmten Zeitpunkt zu, sondern gab lediglich an, mit welcher Wahrscheinlichkeit das Teilchen in einem bestimmten Raum anzutreffen war und welche Meßergebnisse man statistisch zu erwarten hatte.

Zwar nahm Born das Teilchen als reale physikalische Erscheinung an, aber indem er das Teilchen mit einer Wahrscheinlichkeitswelle im mehrdimensionalen Konfigurationsraum verknüpfte und so die beiden Beschreibungsarten Welle und Teilchen miteinander verband, blieb das Teilchen wie in der Matrizenmechanik unanschaulich. Denn auch mit Borns Theorie ließ sich die Bewegung eines Elektrons zum Beispiel auf dem Weg durch eine Nebelkammer nicht berechnen. Es gab keine Möglichkeit, den Ort des Elektrons zu einem bestimmten Zeitpunkt zu bestimmen. Darüber waren nur Wahrscheinlichkeitsaussagen anhand der Wahrscheinlichkeitswellen möglich. Der Dualismus Welle - Teilchen, der im Sinne der klassischen Physik zwei sich widersprechende Erklärungsmuster provoziert hatte, war folglich noch immer nicht zugunsten der einen oder der anderen Vorstellung aufgelöst worden. Die nächste Phase, in die die Entwicklung der Quantentheorie trat, betraf genau dieses Problem. Aufgrund von Werner Heisenbergs Formulierung der Unschärfe- oder Unbestimmtheitsrelation wurden die Grenzen der Beschreibung mikrophysikalischer Strukturen mittels der Begriffe Welle und Teilchen gleichsam als Naturgesetz festgeschrieben. Da dieser nächste Schritt in der Entwicklung der Quantentheorie, was die physikalischen Formalismen betrifft, ihren Höhepunkt darstellt, soll hier noch einmal die Situation, vor der die Physiker standen, knapp zusammengefaßt werden. Die enorme Bedeutung der Unbestimmtheitsrelation verlangt dies, denn gerade sie wird grundsätzlich angeführt, um das Neue in der modernen Physik zu beschreiben und philosophisch zu deuten.

Nach den Grundrelationen der Quantentheorie, der Planckschen Formel $E = h \cdot \nu$ und der de Broglie-Beziehung $p = h/\lambda$, ist das sich frei bewegende Elektron einerseits ein kleines Teilchen, das auch eine genau bestimmte Energie E und einen genau bestimmten Impuls p hat. Andererseits wird sein Aufenthalt dargestellt durch eine den ganzen Raum erfüllende Welle, deren Frequenz ν und Wellenlänge λ sich aus den Werten E und p berechnen lassen. Den genau bekannten Werten Energie E und Impuls p für das Elektron entspricht also eine vollkommene Unbestimmtheit des Ortes, an dem es sich zu irgendeiner Zeit aufhält. Erst wenn man mehrere Wellen, deren Wellenlängen in einem gewissen Bereich verschieden voneinander sind, überlagert, erhält man ein Wellenpaket, räumlich konzentrierte Wellen, die sich, solange sie zusammenhalten, miteinander vorwärtsbewegen. Je mehr verschiedene Wellen das Paket bilden, um so bestimmter ist dessen Bahn. Mit der Unbestimmtheit von Wellenlänge λ und Frequenz ν das heißt, mit zunehmender Ungenauigkeit eines Mittelwertes für λ und ν, wächst auch nach den beiden Grundrelationen die Unbestimmtheit von E und p. Wenn man den Ort genau bestimmen kann, muß folglich der Impuls und die Energie unbestimmt bleiben. Kann man aber Energie und Impuls exakt angeben, bleibt die Ortsangabe ungenau.

Dieses Ineinandergreifen der beiden Beschreibungsarten Welle und Teilchen, das eine gleichzeitige Messung der Größen Energie/Impuls und Raum/Zeit nicht erlaubt, faßte Werner Heisenberg in der mathematischen Formulierung $\Delta p \cdot \Delta q \geq h$ zusammen, was bedeutet, daß das Produkt der Unschärfen zweier komplementärer Größen nie kleiner als das Plancksche Wirkungsquantum sein kann. Die Unschärfe-, Ungenauigkeits- oder Unbestimmtheitsrelation sagt folglich aus, daß die Genauigkeit bei der gleichzeitigen Messung zweier komplementärer Größen begrenzt ist und nie beliebig exakt sein kann. Für die komplementären Größen Ort und Impuls lautet die Unbestimmtheitsrelation $\Delta x \cdot \Delta p \geq h$, wobei Δx die Unschärfe der Ortsbestimmung und Δp die Unschärfe des Impulses bezeichnet. Die Genauigkeit bei einer gleichzeitigen Orts- und Impulsbestimmung ist stets mindestens um den Betrag des Planckschen Wirkungsquantums begrenzt. Das heißt aber auch, daß man je nach der Versuchsanordnung andere Ergebnisse erhält. Entweder wird der Ort genau bestimmt und der Impuls bleibt daher unscharf oder man führt eine exakte Impulsbestimmung durch und versagt sich so die genaue Ortsangabe. Im ersten Fall gewinnt man durch die genaue Lokalisierung den Hinweis auf ein Teilchen, das sich mit unbekannter Geschwindigkeit durch den Raum bewegt. Im zweiten Fall wird man das Ergebnis als eine Wellenbewegung im Raum deuten, da die Welle Ausdehnung und somit keinen bestimmten Ort hat.

Die Unbestimmtheitsrelation läßt zwar Raum für beide Beschreibungsmodi, sie zeigt jedoch in der Schärfe einer mathematischen Formulierung, die Experimenten standhält, daß die Begriffe Teilchen und Welle nicht im klassischen Sinne auf mikrophysikalische Strukturen anwendbar sind. Um von Teilchen oder Welle nach den traditionellen Vorstellungen der klassischen Physik sprechen zu können, hätte es möglich sein müssen, zwei komplementäre Größen nicht nur für sich zu messen, sondern auch die genauen Werte dieser beiden Größen zugleich festzustellen. Die Heisenbergsche Unbestimmtheitsrelation - und das ist ihre wichtigste und für die Physiker auch die erschreckendste Konsequenz - legt fest, daß mit der Doppelnatur von Strahlung und Materie dem Forscher unüberwindbare Erkenntnisschranken auferlegt werden: Die Unsicherheit hinsichtlich der Position oder hinsichtlich des Impulses eines Teilchens kann nie den Wert des Planckschen Wirkungsquantums unterschreiten. Nicht unzureichende Messungsinstrumente oder ungenügendes Wissen, sondern die Eigenschaften der Natur selbst hindern daran, daß genaue Voraussagen über den Weg, den ein einzelnes Elektron oder Photon nimmt, gemacht werden können.

Die Heisenbergsche Unbestimmtheitsrelation ist eine fundamentale Eigenschaft,[33] die im mikrophysikalischen Bereich keine raumzeitliche Beschreibung eines Bewegungsvorganges im klassischen Sinne zuläßt, die das A und O der physikalischen Naturerkenntnis seit Galilei und Newton dargestellt hatte. So hatte man doch seit Newton geglaubt, daß der Zustand eines Systems exakt vorhergesagt werden könnte, wenn man über alle Details des Zustandes zu einem früheren Zeitpunkt verfügen würde. Stattdessen muß im mikrophysikalischen Bereich anhand von Wahrscheinlichkeitsaussagen mit Hilfe der Statistik operiert werden, weil nie alle Details des Zustandes eines mikrophysikalischen Systems durch Messungen in beliebiger Genauigkeit zu ermitteln sind, um den Zustand zu einem späteren Zeitpunkt voraussagen zu können. Daß man gezwungen war, die Statistik zu Hilfe zunehmen, wäre an sich keine beunruhigende Tatsache gewesen. Die Statistik gebrauchte man bereits, als noch keinerlei Zweifel an der unbeschränkten Gültigkeit der klassischen Physik bestanden, zum Beispiel bei der Betrachtung von Gasen. Weil es meßtechnisch aufgrund der vielen Teilchen nicht möglich ist, jedem einzelnen Gasmolekül eine bestimmte Geschwindigkeit zuzuschreiben, ermittelt man statistische Mittelwerte und erhält auf diesem Weg zutreffende Werte zur Bestimmung des Gasdruckes. Aber in der Quantenmechanik liegt kein meßtechnisches Unvermögen vor. Die Phänomene selbst zwingen zur Statistik. Und das sagt die Unbestimmtheitsrelation mit aller Deutlichkeit aus. Die Konsequenzen, die sich daraus ergeben, sprach Heisenberg in der Abhandlung, die die erste Formulierung der Unbestimmtheitsrelation enthält, an:

> Aber an der scharfen Formulierung des Kausalgesetzes: 'Wenn wir die Gegenwart genau kennen, können wir die Zukunft berechnen', ist nicht der Nachsatz, sondern die Voraussetzung falsch. Wir *können* die Gegenwart in allen Bestimmungsstücken prinzipiell *nicht* kennenlernen.[34]

Die Quantenmechanik, die infolge der hier dargelegten Erkenntnisse (Plancks Quantenhypothese, Einsteins Lichtquantenlehre, Bohrs Atommodell des Wasserstoffs und des von ihm formulierten Korrespondenzprinzips, de Broglies Lehre von den Materiewellen und der darauf aufbauenden Wellenmechanik Schrödingers sowie Borns Wahrscheinlichkeitswellen und Heisenbergs Unbestimmtheitsrelation) ausgearbeitet wurde, lieferte und liefert bis heute Ergebnisse, die mit allen experimentellen Daten übereinstimmen. Sie kommt nicht nur in anderen naturwissenschaftlichen Disziplinen wie der

33 Die Unschärferelation gilt nicht nur für das Größenpaar Ort/Impuls, sondern auch für Energie/Zeit und Winkelgeschwindigkeit/Drehimpuls, also für alle Größenpaare, deren Produkt eine Wirkung ist.

34 Werner Heisenberg: Über den anschaulichen Inhalt der quantenmechanischen Kinematik und Mechanik. In: Zeitschrift für Physik 43 (1927), S. 172-198, hier S. 197.

Biologie und Chemie zum Einsatz, sondern bewährt sich auch in der technischen Anwendung, im besonderen in der Elektronik und in der Lasertechnik. [35]

Die Quantenmechanik arbeitet damit, daß sie die Erkenntnisschranke, die ihr der atomare Bereich auferlegt, akzeptiert. Aber wie war dies mit dem bisher gültigen Bild von der Natur in Einklang zu bringen? Wie sollte man die neuen Begriffe wie Unstetigkeit, Doppelnatur und Wahrscheinlichkeit in bezug auf das Naturverständnis deuten? Und auf welche Weise sollte der Gegensatz zur klassischen Physik, der sich hier auftat, der Gegensatz zu den Vorstellungen, die so gut unsere Beobachtungen der Welt beschreiben und die nicht einmal von der Relativitätstheorie in dieser Form angezweifelt worden waren, interpretiert werden? Mit diesen Fragen beschäftigten sich insbesondere Niels Bohr und Werner Heisenberg. Diese beiden Physiker hatten erkannt, daß die Physik hier an erkenntnistheoretische Probleme gestoßen war, die einer Deutung bedurften. In enger Zusammenarbeit entwarfen sie die sogenannte Kopenhagener Deutung der Quantenmechanik und ließen das entstehen, was in verkürzten Darstellungen gerne als die Erkenntnisse der Quantentheorie schlechthin angeführt wird.

2. 2. 3. Die Kopenhagener Interpretation der Quantenmechanik

In den Jahren 1926 und 1927 führten Niels Bohr und Werner Heisenberg in Kopenhagen viele Gespräche darüber, wie die Ergebnisse der Quantenmechanik zu deuten seien. Ihre Interpretation darzustellen, ist nicht ganz einfach, da die beiden Forscher, obwohl sie daran gemeinsam gearbeitet haben, in ihren Deutungen anfangs ganz verschiedene Schwerpunkte setzten, ihre Standpunkte dann aber im Laufe von zwei Jahren aneinander anglichen. Die grundlegenden Dokumente für die frühe Kopenhagener Deutung, Heisenbergs Abhandlung *Über den anschaulichen Inhalt der quantenmechanischen Kinematik und Mechanik*[36]und Bohrs Arbeit *Das Quantenpostulat und die neuere Entwicklung der Atomistik*[37], lassen jedoch erkennen, daß das Problem der Komplementarität und der objektiven physikalischen Betrachtung im Zentrum ihres beiderseitigen Interesses stand.

---

35 John Gribbin geht in seiner Studie ausführlich auf die Dinge unseres täglichen Lebens ein, die "ihre Wurzeln in der Quantenmechanik haben", einer Wissenschaft, die im Gegensatz zur Relativitätstheorie, die im täglichen Leben keine Rolle spiele, kaum einer kenne (John Gribbin: Auf der Suche nach Schrödingers Katze, a. a. O., S. 168). Zu den Auswirkungen der Quantenmechanik auf die Dinge unseres täglichen Lebens vgl. auch ebd., S. 149-168.

36 Werner Heisenberg: Über den anschaulichen Inhalt der quantenmechanischen Kinematik und Mechanik, a. a. O.

37 Niels Bohr: Das Quantenpostulat und die neuere Entwicklung der Atomistik. In: Die Naturwissenschaft 16 (1928), H. 15, S. 245-257.

Für Niels Bohr stellte vor allem der Begriff 'Komplementarität', den er im Anschluß an Heisenbergs Unbestimmtheitsrelation prägte, einen Schwerpunkt seiner Interpretation dar. Bei der Erläuterung der Unbestimmtheitsrelation war immer wieder die Bezeichnung 'komplementäre Größen' für Größenpaare gebraucht worden, deren Produkt die Dimension einer Wirkung hat. Damit ist der Begriff 'Komplementarität' noch nicht ganz im Sinne Bohrs gefaßt. Nach der Bohrschen Definition wird 'Komplementarität' nicht nur verwandt, um das gegenseitige Sichausschließen von Messungsprozessen sowie von Eigenschaften und Verhaltensweisen mikrophysikalischer Objekte und Systeme und deren Beschreibungsformen zum Ausdruck zu bringen. Mehr noch als die Komponente des sich gegenseitig Ausschließens hebt Bohr die Zusammengehörigkeit der sich "in Bereichen unserer Anschauung eine vollständige Disjunktion"[38] bildenden Eigenschaften und Beschreibungsmodi hervor. So sind zum Beispiel die Beschreibungsformen 'Welle' und 'Teilchen' nach dem Bohrschen Komplementaritätsprinzip für sich genommen nur teilweise richtig. Nur wenn beide zusammen berücksichtigt, wenn sie als untrennbares Ganzes genommen werden, wird die mikrophysikalische Wirklichkeit richtig und vollständig dargestellt. Die Einheit des Widersprüchlichen wurde von Bohr im Laufe der Jahre zunehmend als universales Erkenntnisprinzip begriffen. Analogien zu den Lehren des Buddhismus, der Einheit von Yin und Yang, wurden von Bohr, wenn auch mit Vorbehalten und sehr vorsichtig, selbst hergestellt.[39]

Die frühe Kopenhagener Interpretation machte im Zusammenhang mit der Komplementarität auf ein weiteres Moment der quantenmechanischen Erkenntnisse aufmerksam. Dafür spielte ein Experiment, das sogenannte Doppelspaltexperiment, eine große Rolle. Es war zuerst in Diskussionen zwischen Einstein und Bohr sowie deren Mitarbeitern im Oktober 1927 auf dem 5. Physikalischen Kongreß des Solvay-Instituts als Gedankenexperiment entwickelt worden.[40] Inzwischen wurde dieses Experiment realisiert und die quantenmechanische Deutung bestätigt. Es verfügt, obwohl es das durchaus unanschauliche Phänomen der Komplementarität behandelt, über eine große Anschaulichkeit. Vermutlich wird es deshalb in den meisten Arbeiten über die Quantenphänomene erwähnt.[41]

---

38 Meyers Physik-Lexikon. Hg. von der Fachredaktion für Naturwissenschaft und Technik des Bibliographischen Instituts. Mannheim/Wien/Zürich 1973. Stichwort: Komplementarität, S. 477.

39 Vgl. dazu: Niels Bohr: Atomphysik und menschliche Erkenntnis I. Aufsätze und Vorträge aus den Jahren 1933-1955. 2. Aufl. Braunschweig 1964. - Ders.: Atomphysik und menschliche Erkenntnis II. Aufsätze und Vorträge aus den Jahren 1952-1962. Braunschweig 1966.

40 Vgl.: Ders.: Diskussion mit Einstein über erkenntnistheoretische Probleme in der Atomphysik. In: Ders.: Atomphysik und menschliche Erkenntnis I, a. a. O., S. 32-67.

41 Vgl. dazu: John Gribbin: Auf der Suche nach Schrödingers Katze, a. a. O., S. 179-191. - Paul Erbrich: Zufall, a. a. O., S. 28-33. - Horst B. Hiller: Die modernen Naturwissenschaften, a. a. O., S. 68. - Kurt Baumann/ Roman U. Sexl: Die Deutungen der Quantentheorie, a. a. O., S. 14f.

Um dieses dreiteilige Experiment in Gedanken nachzuvollziehen, stelle man sich zunächst eine Trennwand mit zwei kleinen, parallelen Spalten vor. Auf der einen Seite dieser Trennwand befindet sich eine monochromatische Lichtquelle, das heißt eine Lichtquelle, die Licht von einer bestimmten Wellenlänge ausstrahlt. Auf der anderen Seite der Trennwand befindet sich ein Sichtschirm. Während der größte Teil des Lichtes von der Trennwand absorbiert wird, dringt eine geringe Menge der Strahlung durch die beiden Schlitze. Als Ergebnis wird sich ein charakteristisches Interferenzmuster von hellen und dunklen Streifen mit einem Intensitätsmaximum auf der Symmetrieachse zwischen den Spalten abbilden. Das ist nicht weiter verwunderlich, denn nach der Wellenlehre des Lichtes ist nichts anderes zu erwarten, als daß sich die Wellen, die unterschiedliche Entfernungen zurücklegen, an einigen Stellen aufheben und an anderen Stellen verstärken. Das gleiche Ergebnis hatte schon Thomas Young erhalten, als er Licht durch einen Doppelspalt schickte. Die von ihm dabei festgestellten Interferenzerscheinungen hatten die frühere Korpuskeltheorie des Lichtes nach Newton verdrängt, indem sie die Wellenvorstellung Huygens bestätigten.

Man ersetze nun den Sichtschirm durch eine Photoplatte. Zudem verschließe man einen der Spalte und verringere die Intensität des Lichtes so, daß nur ein Photon nach dem anderen in Sekundenabstand durch den Spalt tritt. Dauert dieser Vorgang lange genug an, erhält man ein recht gleichförmiges Bild. Die Photoplatte wird durch das Auftreffen der Photonen einen Schwärzungsstrich bzw. ein Intensitätsmaximum genau gegenüber dem Spalt zeigen. Bei der ersten Versuchsanordnung erscheint das Licht als Welle, während es sich bei der zweiten Versuchsanordnung gemäß der Teilchenvorstellung verhält. Auch dieses Ergebnis entspricht ganz den Erwartungen und hat nichts Verwunderliches an sich, denn Einsteins Schlußfolgerungen sprachen ja vom Teilcheneffekt. Daß Licht beide Eigenschaften besitzt, wurde ja im Vorangegangenen oft genug betont.

Für die nächste Phase des Doppelspaltexperiments behalten wir die Photoplatte bei, öffnen aber beide Schlitze. Die Lichtintensität ist noch immer so gering, daß sich jeweils nur ein Photon auf der Höhe der Trennwand befindet und durch einen der Schlitze treten kann. Es wäre daher zu erwarten, daß sich das Photon wie ein Teilchen verhält. Das Ergebnis gegenüber der letzten Versuchsanordnung dürfte sich nur insofern verändern, als nun zwei Schwärzungsstriche, zwei Intensitätsmaxima, genau jeweils gegenüber den zwei Schlitzen zu sehen sein müßten. Im Grunde genommen müßten die Photonen entweder den einen oder den anderen Schlitz passieren und dahinter auf der Photoplatte auftreffen. Die Tatsache, daß zwei Schlitze vorhanden sind, dürfte das Verhalten des einzelnen Photons nicht weiter betreffen. Dennoch fällt das Ergebnis anders aus als erwartet. Man erhält wie bei der ersten Versuchsanordnung das charakteristische Muster von hellen und dunklen Interferenzstreifen mit einem Intensitätsmaximum auf der Symmetrieachse zwischen den

Spalten. Da die Teilchen ihren Weg von der Trennwand zur Photoplatte einzeln zurücklegen, stellt sich die Frage, wie es zu Interferenzen kommen kann. Das Photon müßte mit sich selbst interferieren, das heißt, es müßte durch beide Schlitze gleichzeitig gegangen sein. Das klingt so unglaublich, daß man versucht sein wird, die Teilchenvorstellung des Lichtes aufzugeben, um auf eine plausible Erklärung durch eine umfassende Wellentheorie des Lichtes zu hoffen. So leicht kann man es sich aber nicht machen, denn der Doppelspaltversuch läßt sich auch durchführen, wenn die Lichtquelle durch eine Quelle ersetzt wird, die Elektronen aussendet. Doch selbst wenn man das Elektron oder Photon anhand der Schrödingerschen Wellenfunktion mit einer breiten ebenen Welle assoziiert, kann nicht erklärt werden, wieso das Interferenzmuster einer Welle, die einen Doppelspalt passiert hat, verschieden ist von der Überlagerung zweier Beugungsbilder für je einen Spalt.

Die drei Versuchsanordnungen am Doppelspalt, ob nun mit Elektronen oder Photonen ausgeführt, zeigen recht anschaulich, welchen Schwierigkeiten sich der Physiker beim Dualismus Welle - Teilchen, beim Phänomen der Komplementarität, gegenübergestellt sieht. Es liegen zwei Verhaltensweisen und zwei dazugehörige Beschreibungsmodi vor, die sich gegenseitig ausschließen, die, will man sie auf eine einheitliche Sichtweise zurückführen, unweigerlich Paradoxien hervorrufen. Und dennoch gehören beide Verhaltensweisen von Photonen oder Elektronen zusammen, auch wenn dies der traditionellen physikalischen Anschauung und unserer Alltagserfahrung vollkommen widerspricht. Das Doppelspaltexperiment weist ferner einen eigentümlichen Zusammenhang zwischen der Versuchsanordnung und dem beobachteten Ergebnis auf, da es anscheinend nicht gleichgültig ist, ob sich in der Trennwand ein oder zwei Schlitze befinden. Paul Erbrich, der sich in seiner Arbeit über den Zufall im Kontext naturwissenschaftlicher Erkenntnisse mit dem Doppelspaltexperiment beschäftigt hat, führt weitere Versuchsanordnungen an, bei denen Elektronen durch den Doppelspalt geschickt werden und die verblüffende Ergebnisse zeigen:

> Was geschieht, wenn wir das Elektron zu lokalisieren versuchen, *bevor* es durch einen oder beide Spalten tritt? Wir stellen ein Zählrohr vor den Spalt A [...]. Die Ankunft jedes Elektrons wird auf einer eigenen Photoplatte festgehalten. Diese wird markiert, falls das Zählrohr angesprochen hat [...]. Reagiert das Zählrohr, dann wissen wir, daß das Elektron in diesem Augenblick sich vor dem Spalt A befand. Ihm muß nun eine neue Welle (Ψ-Funktion) zugeschrieben werden, die diesem neuen Wissen entspricht. Die bisher breit ausgedehnte Welle kollabiert zu einer Kugelwelle so geringen Ausmaßes, daß sie nur noch durch den Spalt A treten kann und sich hinter ihm kugelförmig ausbreitet. Wir erwarten und beobachten in der Tat ein Schwärzungsmaximum genau gegenüber dem Spalt, wenn wir die vielen markierten Photoplatten übereinanderlegen. Was beobachten wir, wenn wir die nichtmarkierten Photoplatten übereinanderlegen, also die Platten mit den Spuren jener Elektronen, die nicht mit dem Zählrohr reagiert haben? Wir haben keine Veranlassung, die breit ausgedehnte Welle des Elektrons zu einer kompakten Kugelwelle vor dem Spalt B kollabieren zu lassen. Es fand keine Wechselwirkung mit dem Zählrohr statt. Wir erwarten, daß das Elektron als ebener Wellenzug durch beide Spalten tritt [...]. Die Gesamtheit dieser

Elektronen wird eine Doppelspaltinterferenz erzeugen mit dem Intensitätsmaximum zwischen den Spaltachsen. Merkwürdigerweise ist dies nicht der Fall. Das Intensitätsmaximum liegt genau gegenüber dem Spalt B [...]. Offensichtlich wurde auch die Wellenfunktion der nicht mit dem Zählrohr reagierenden Elektronen reduziert. Es sieht so aus, als ob das Wissen des Beobachters zur Reduktion der Welle geführt hat, als ob die mit dem Elektron assoziierte Welle eben doch nur eine bloße Wahrscheinlichkeitswelle darstellt, die unsere Erwartung aufgrund eines partiellen Wissens zum Ausdruck bringt. Wir wissen nämlich, daß das Elektron nicht mit dem Zählrohr reagierte, folglich muß es doch durch den unteren Schlitz B gezogen sein. Wenn wir diesen Spalt nun durch einen Doppelspalt ersetzen, so daß drei Spalten untereinander stehen, wissen wir im Fall des schweigenden Zählrohrs nicht mehr, ob das Elektron durch den Spalt B oder C gezogen ist. Eine Reduktion der Welle ist nicht angezeigt, und wir beobachten in der Tat ein Interferenzmaximum zwischen den beiden Achsen der Spalten B und C.[42]

Ohne nun Erbrichs Beschreibungen im einzelnen genau kommentieren zu wollen, so wird doch anhand seiner Darstellung von Versuchen am Doppelspalt, die in den fünfziger Jahren realisiert wurden und die Voraussagen durch die Quantenmechanik bestätigten, sowie anhand der vorangegangenen Ausführungen deutlich, daß hier eine merkwürdige Wechselwirkung zwischen dem Beobachter und dem beobachteten Mikroobjekt stattfindet. Es scheint gerade so, als mache das Elektron sein Verhalten von dem abhängig, was der Beobachter weiß. Solange man nicht beobachtet, durch welchen Spalt das Elektron (oder Photon) hindurchtritt, kann ihm keine feste Bahn zugeschrieben werden. Es scheint wellenhaft im Raum ausgedehnt zu sein und durch die beiden Spalte gleichzeitig hindurchzuziehen. Beobachtet man jedoch die Bahn des Elektrons, indem einfach ein Spalt geschlossen oder ein Zählrohr aufgestellt wird, verschwinden die Interferenzerscheinungen. Damit wird aber die Frage, durch welchen der beiden Schlitze das Elektron vor seinem Auftreffen auf der Photoplatte hindurchgegangen ist, damit wird die Frage, mittels derer man sich eine Aufklärung der Interferenzerscheinungen erhoffte, gegenstandslos. Die beiden Versuchsanordnungen sind komplementär zueinander. Sie schließen sich gegenseitig aus.

In seinem Rückblick auf die Gespräche mit Einstein kommentierte Niels Bohr die Ergebnisse des Doppelspaltexperiments als die "Unmöglichkeit, eine scharfe Trennungslinie zwischen einem unabhängigen Verhalten atomarer Objekte und ihrer Wechselwirkung mit den Meßgeräten zu ziehen".[43] In seinem Vortrag *Das Quantenpostulat und die neuere Entwicklung der Atomistik*, den Bohr kurz vor den besagten Diskussionen mit Einstein im September 1927 in Como gehalten hatte, brachte er seine Meinung, die er dann durch das Doppelspaltexperiment bekräftigt fand, in noch schärferer Form zum Ausdruck:

---

42 Paul Erbrich: Zufall. Eine naturwissenschaftliche Untersuchung, a. a. O., S. 30f.

43 Niels Bohr: Diskussion mit Einstein über erkenntnistheoretische Probleme in der Atomphysik, a. a. O., S. 46f.

> Nun bedeutet aber das Quantenpostulat, daß jede Beobachtung atomarer Phänomene eine nicht zu vernachlässigende Wechselwirkung mit dem Messungsmittel fordert, und daß also weder den Phänomenen noch dem Beobachtungsmittel eine selbständige physikalische Realität im gewöhnlichen Sinne zugeschrieben werden kann. Überhaupt enthält der Begriff der Beobachtung eine Willkür, indem er wesentlich darauf beruht, welche Gegenstände mit zu dem beobachtenden System gerechnet werden.[44]

Bohr hat hier auf das 'subjektive' Element, das der Beobachtung eines mikrophysikalischen Systems seiner Ansicht nach innewohnt, aufmerksam gemacht. Indem sich der Physiker für eine bestimmte Versuchsanordnung entscheidet, indem er festlegen muß, ob er einen oder zwei Spalte öffnet, ob er den Ort des Mikroobjekts exakt mißt und dafür eine Unschärfe des Impulses in Kauf nimmt, oder ob er den Impuls genau bestimmt und die Werte für die Ortsangabe unscharf bleiben, nimmt er Einfluß auf die Beobachtung. Es kann folglich keine Antwort darauf gegeben werden, wie sich die Elektronen oder Photonen ohne äußere Beeinflussungen verhalten. Die Konsequenzen, die sich aus diesem Sachverhalt ergeben, charakterisierte Bohr wie folgt:

> Einerseits verlangt die Definition des Zustandes eines physikalischen Systems, wie gewöhnlich aufgefaßt, das Ausschließen aller äußeren Beeinflussungen; dann ist aber nach dem Quantenpostulat auch jede Möglichkeit der Beobachtung ausgeschlossen, und vor allem verlieren die Begriffe Zeit und Raum ihren unmittelbaren Sinn. Lassen wir andererseits, um Beobachtungen zu ermöglichen, eventuelle Wechselwirkungen mit geeigneten, nicht zum System gehörigen, äußeren Messungsmitteln zu, so ist der Natur der Sache nach eine eindeutige Definition des Zustandes des Systems nicht mehr möglich, und es kann von Kausalität im gewöhnlichen Sinne keine Rede sein. Nach dem Wesen der Quantentheorie müssen wir uns also damit begnügen, die Raum-Zeit-Darstellung und die Forderung der Kausalität, deren Vereinigung für die klassischen Theorien kennzeichnend ist, als komplementäre aber einander ausschließende Züge der Beschreibung des Inhalts der Erfahrung aufzufassen, die die Idealisation der Beobachtungs- bzw. Definitionsmöglichkeiten symbolisieren.[45]

Mit diesen Äußerungen stellt sich Bohr gegen die Anhänger der klassischen Physik. Indem für ihn das physikalische Geschehen nicht mehr als unabhängig vom Beobachtungsvorgang gedacht werden kann und dadurch auch kein lückenloser Ursache-Wirkungs-Zusammenhang mehr gegeben scheint, weil "wegen der nicht zu vernachlässigenden Wechselwirkung mit dem Meßmittel bei jeder Beobachtung ein ganz neues unkontrollierbares Element hinzu[kommt]"[46], zweifelt Bohr an nichts Geringerem als an den Grundlagen und Voraussetzungen der Physik, denen man bisher die Möglichkeit von Naturerkenntnis zu verdanken glaubte: Er zweifelte an der Objektivierbarkeit und der Determiniertheit des Naturgeschehens. Ein unfehlbarer und nie versagender Ursache-Wirkungs-Zusammenhang und die strikte Trennung

---

44 Niels Bohr: Das Quantenpostulat und die neuere Entwicklung der Atomistik, a. a. O., S. 245. Der historischen Genauigkeit zuliebe, muß hinzugefügt werden, daß hier die überarbeitete Druckfassung des Vortrags aus dem Jahre 1928 zitiert wird.

45 Ebd.

46 Ebd., S. 250.

zwischen Subjekt und Objekt hatten es möglich gemacht, die Natur als objektive physikalische Welt vorzustellen, die durch ihre eindeutige Bestimmtheit mittels eines immer dichteren Netzes von Beobachtungen und immer genauerer Ermittlungen bis ins letzte Detail erforscht werden könnte. Nichts hatte dieser Vorstellung, die sich in der Alltagserfahrung so gut bewährte, entgegengestanden - bis zur Entdeckung der Quantenphänomene. Nun sollte auf einmal die Welt der kleinsten Teilchen, aus der man sich die Welt unserer Erfahrung aufgebaut dachte, der objektiven Beobachtung nicht mehr zugänglich und von Akausalität bestimmt sein. Nun sollte ein Zustand eines Systems nicht mehr als Wirkung eines früheren Zustandes und als Ursache eines folgenden betrachtet werden können. Um den Zustand eines Systems zu definieren, hätte eine kausale Raum-Zeit-Darstellung gegeben werden müssen. Dafür wären aber Beobachtungen notwendig gewesen, die unkontrollierbare Elemente eingeführt und somit Voraussagen über den Zustand eines Systems zu einem späteren Zeitpunkt unmöglich gemacht hätten.

Albert Einstein lehnte diese Deutung der Quantenmechanik strikt ab. Er war fest davon überzeugt, daß diese Interpretation unhaltbar war und nur aufgrund fehlenden Wissens zustandegekommen sein konnte. Bis 1930 hatte er noch angenommen, daß die Quantenmechanik unrichtige Ergebnisse bringen könnte. Nach 1930 vertrat er den Standpunkt, daß die Quantenmechanik die reale Welt nicht vollständig beschreibt. Er hoffte, daß früher oder später durch den Gewinn neuer Erkenntnisse die Quantenmechanik wieder mit den Grundlagen der klassischen Physik in Einklang gebracht werden könnte. Obwohl seine Versuche, die Unvollständigkeit der Quantenmechanik nachzuweisen,[47] von Bohr stets widerlegt werden konnten, wollte Einstein sich nicht mit einer Theorie abfinden, die auf eine Beschreibung der Natur 'an sich' verzichtet und von indeterministischen Elementen geprägt war. Seine Ablehnung soll er durch den berühmt gewordenen Ausspruch: "Gott würfelt nicht!" bekundet haben.[48] Man darf jedoch angesichts dieses Ausspruchs nicht den Fehler begehen zu vermuten, die Quantenphänomene hätten die absolute Regellosigkeit, die Herrschaft des Zufalls oder das Chaos im Weltgeschehen aufgewiesen. Keiner der Anhänger der Kopenhagener Schule hat dies je behauptet. Vielmehr handelt es sich bei dem Angriff auf das Kausalitätsprinzip durch die Kopenhagener Deutung um eine Einschränkung des streng deterministischen, des kausal-mechanistischen Weltbildes, das im Kausalitätsprinzip ein a priori gegebenes Naturgesetz von unfehlbarer Gültigkeit gesehen hatte. Bohr spricht

---

47 Vgl.: Albert Einstein: Quantenmechanik und Wirklichkeit. In: Dialectica 2 (1948), No. 3/4, S. 320-324. - Albert Einstein, Boris Podolsky u. Nathan Rosen: Kann man die quantenmechanische Beschreibung der physikalischen Wirklichkeit als vollständig betrachten? In: Kurt Baumann/ Roman U. Sexl: Die Deutungen der Quantentheorie, a. a. O., S. 80-86.

48 Vgl.: Niels Bohr: Diskussion mit Einstein über erkenntnistheoretische Probleme in der Atomphysik, a. a. O., S. 47.

davon, daß die experimentellen Untersuchungen der atomaren Teilchen eine neuartige, mit der deterministischen Analyse unvereinbare Gesetzmäßigkeit gezeigt hätten, die bestimmend für die eigentümliche Stabilität und die Reaktionen atomarer Systeme und daher letzten Endes verantwortlich für die Eigenschaften der Materie seien, von denen unsere Beobachtungsmittel abhingen.[49] Trotz dieser Einschätzung setzt er die Unvereinbarkeit mit der deterministischen Analyse weder mit einer totalen Gesetzlosigkeit noch mit einem vollkommenen Verzicht auf Vorhersagen in eins. Zum einen beruht die Quantenmechanik auch für Bohr durchaus auf erkennbaren Gesetzmäßigkeiten. Auch wenn diese statistischer Art sind, lassen sie Voraussagen auf die möglichen Beobachtungsergebnisse zu. Zum anderen wird die Gültigkeit der klassischen Physik außerhalb der Welt der Quantenmechanik, dem Bereich unserer Alltagswirklichkeit, keineswegs von den Vertretern der Kopenhagener Deutung angezweifelt.

Was Einsteins anderen Kritikpunkt, den Vorwurf, Bohr würde auf eine Beschreibung der Natur 'an sich' verzichten, angeht, so ist darauf hinzuweisen, daß Bohr bestrebt war, das 'subjektive' Element in der Beobachtung auszuschalten. Die Wechselwirkung von Objekt und Meßinstrument wird in der Quantenphysik nicht wie in der klassischen Physik vernachlässigt, sondern findet in jede Beschreibung Eingang.[50] Paul Erbrich macht darauf aufmerksam, daß Einsteins Vorwurf, Bohrs Deutung sei subjektivistisch, was Bohr strikt verneinte, möglicherweise darauf beruht habe, daß beide Physiker unter 'objektiv' etwas anderes verstanden haben könnten. Für Bohr und seine Anhänger bedeute 'objektiv' eigentlich nur 'intersubjektiv', also lediglich die Unabhängigkeit davon, wer etwas beobachte, während für Einstein nur objektiv sei, was auch unabhängig von der Existenz eines Beobachters sei.[51] Dem muß hinzugefügt werden, daß die frühe Kopenhagener Deutung auch von empiristischen und positivistischen Elementen geprägt war.[52] Die Matrizenmechanik Heisenbergs war aus dem Ansatz entstanden, nur die Größen zu berücksichtigen, die beobachtbar waren, und von Vorstellungen wie 'Bahn' und 'Teilchen' abzusehen. Doch ist es sicherlich richtig, daß im Laufe der Jahre die positivistische Sicht auf die Erkenntnisse der Quantenmechanik

---

49 Ders.: Atomphysik und Philosophie. Kausalität und Komplementarität (1958). In: Ders.: Atomphysik und menschliche Erkenntnis II, a. a. O., S. 1-7, hier S. 2.

50 Ebd., S. 4.

51 Paul Erbrich: Zufall. Eine naturwissenschaftliche Untersuchung, a. a. O., S. 37.

52 Dennoch sollte man nicht leichtfertig behaupten, die Kopenhagener Auffassung sei rein positivistisch gewesen. Carl Friedrich von Weizsäcker hat darauf hingewiesen, daß die Kopenhagener Deutung nicht behaupte, daß das, was nicht beobachtet werden könne, nicht existiere. Laut Weizsäcker verwende sie vielmehr nur eine schwächere Aussage, die besage, was beobachtet worden sei, existiere gewiß, was nicht beobachtet worden sei, ließe noch die Freiheit, Annahmen über seine Existenz oder Nichtexistenz einzuführen (Carl Friedrich von Weizsäcker: Die Quantentheorie. In: Die Einheit der Natur. Studien von Carl Friedrich von Weizsäcker. München 1971, S. 223-275, hier S. 226).

zunehmend durch einen "starken Willen zur intersubjektiven Objektivität"[53] ersetzt wurde. In der Tat war Einsteins Kritik nicht unbegründet gewesen. Sowohl bei Bohr als auch bei Heisenberg läßt sich eine starke Verschiebung des Wirklichkeitsbegriffes feststellen. Dies war und ist noch heute ein Hauptstreitpunkt bei den Diskussionen um die Deutung der Quantenmechanik.

Bohrs und Heisenbergs eigene Ausführungen sind nicht ganz unschuldig daran, daß ihre Definition von Wirklichkeit aus der Interpretation der Quantenphänomene mißverstanden werden kann. Formulierungen Bohrs wie die Verneinung einer "selbständige[n] physikalischen Realität"[54] des Atomgeschehens haben seiner Theorie nicht nur den Vorwurf eingehandelt, positivistische Züge, sondern auch idealistische Elemente zu tragen.[55] Zwar haben Arbeiten von Carl Friedrich von Weizsäcker[56] und Ernst Scheibe[57] gezeigt, daß sich der Idealismusverdacht bei Bohr nicht belegen läßt. Dennoch muß man zugeben, daß sich bei einer weniger gründlichen Lektüre von Bohrs Schriften, als sie Weizsäcker und Scheibe geleistet haben, leicht der Eindruck einer Wiederbelebung idealistischer Ideen durch die Kopenhagener Deutung einstellen kann. Ob es sich nun um eine Fehlinterpretation handelt oder nicht, es gibt zumindest genügend Schriften, in denen die moderne Physik im Kontext idealistischer Ideen behandelt wird.[58] Dies hat seine Ursache vor allem darin, daß die Kopenhagener Interpretation, wie Heisenberg bemerkte, philosophische Probleme tangiert und sich nicht auf die Physik allein beschränkt. Das, was 1927 in Kopenhagen entstanden war, sei nicht nur eine eindeutige Vorschrift zur Interpretation von Experimenten, sondern auch eine Sprache gewesen, in der über die Natur im atomaren Bereich gesprochen wurde, und insofern ein Teil der Philosophie. Daher habe sich für Bohr die neue Deutung der Quantentheorie auch in einer philosophischen Sprache geformt, die aber nicht die Sprache einer der traditionellen philosophischen Richtungen, des Positivismus, des Materialismus oder des Idealismus gewesen sei. Obwohl sie Elemente aller dieser Denksysteme enthalten habe, sei Bohrs Sprache von einer anderen

---

53 Bernulf Kanitscheider: Wissenschaftstheorie der Naturwissenschaften, a. a. O., S. 174.

54 Niels Bohr: Das Quantenpostulat und die neuere Entwicklung der Atomistik, a. a. O., S. 245.

55 Vgl.: Wladimir Fock: Kritik der Anschauungen Bohrs über die Quantenmechanik. In: Kurt Baumann/ Roman U. Sexl: Die Deutungen der Quantentheorie, a. a. O., S. 98-129. - Mario Bunge: Physik und Wirklichkeit. In: Erkenntnisprobleme der Naturwissenschaften. Texte zur Einführung in die Philosophie der Wissenschaft. Hg. v. Lorenz Krüger. Köln/Berlin 1970, S.435-457.

56 Carl Friedrich v. Weizsäcker: Niels Bohr and Complementarity. The Place of the Classical Language. In: Ted Basin (Hg.): Quantum Theory and Beyond. Cambridge 1971, S. 23-31.

57 Ernst Scheibe: Logical Analysis of Quantum Theory. Oxford 1973, S. 23f.

58 Vgl. dazu: Arthur Stanley Eddington: Das Weltbild der Physik und ein Versuch seiner philosophischen Deutung. Braunschweig 1931. - Bela Fogarasi: Kritik des physikalischen Idealismus. Berlin 1953. - Horst B. Hiller: Die moderne Naturwissenschaft, a. a. O., S. 125f. - Franco Selleri: Die Debatte um die Quantentheorie, a. a. O., S. 159-167.

Substanz gewesen.[59] Den Abhandlungen Bohrs zur Deutung der Quantenmechanik wohnt folglich eine gewisse Offenheit gegenüber philosophischen Fragestellungen inne, die Analogien zu traditionellen philosophischen Ideen wachruft. Das Gleiche gilt allerdings auch für Heisenberg.

Feststellungen wie die folgende, die aus Heisenbergs erster Abhandlung im Zusammenhang mit der Unbestimmtheitsrelation stammt, haben eine idealistische Sichtweise auf die Ergebnisse der Quantenmechanik sicherlich begünstigt:

> Ich glaube, daß man die Entstehung der klassischen 'Bahn' prägnant so formulieren kann: *Die 'Bahn' entsteht erst dadurch, daß wir sie beobachten*: [...].[60]

Mit solch einer Formulierung hatte Heisenberg den Kritikern der Kopenhagener Schule geradezu Tür und Tor geöffnet, die Quantentheorie des Idealismus zu verdächtigen. Ob man es nun Idealismus oder anders nennen mag, für Heisenbergs Auffassung der Quantenmechanik wurde in der Tat die Verschiebung des Wirklichkeitsbegriffes besonders bedeutsam. Im Gegensatz zu Bohr, der in der Komplementarität den Schlüssel zum Verständnis der Quantenmechanik und später für die menschliche Erkenntnis prinzipiell gefunden zu haben glaubte, sah Heisenberg in der Unbestimmtheitsrelation bzw. im mathematischen Formalismus das Wesentliche der neuen physikalischen Erkenntnisse für das menschliche Verständnis von Natur und Wirklichkeit. Die Entdeckung, daß der Bereich des mikrophysikalischen Geschehens einerseits unmöglich im Sinne der gewohnten Realitätsvorstellung beschrieben werden kann, andererseits aber einer mathematischen Beschreibung zugänglich ist, führte Heisenberg in den fünfziger Jahren zu einer Wirklichkeitsauffassung, die es ihm erlaubte, vor dem Hintergrund der Elementarteilchentheorie an die Naturphilosophie von Aristoteles, Pythagoras und Platon anzuknüpfen. Wie aus seinem Aufsatz über *Die Entwicklung der Deutung der Quantentheorie* hervorgeht, gewann für Heisenberg die 'Wahrscheinlichkeit', deren mathematischer Ausdruck die Wellenfunktion ist, die Qualität einer "neuen Art von 'objektiver' physikalischer Realität".[61] Dieser neue Wahrscheinlichkeitsbegriff sei, so Heisenberg, eng mit dem Begriff der Möglichkeit, der 'Potentia', in der antiken Naturphilosophie, wie zum Beispiel bei Aristoteles, verwandt und gewissermaßen die Wendung des antiken Möglichkeitsbegriffes vom Qualitativen ins Quantitative.[62] Dem Begriff des 'Wahrscheinlichen' oder 'Möglichen' setzt Heisenberg den des 'Faktischen' gegenüber. Dabei ist besonders

59 Werner Heisenberg: Die Entwicklung der Deutung der Quantentheorie. In: Kurt Baumann/ Roman U. Sexl: Die Deutungen der Quantentheorie, a. a. O., S. 140-155, hier S. 144.

60 Ders.: Über den anschaulichen Inhalt der quantenmechanischen Kinematik und Mechanik, a. a. O., S. 185.

61 Ders.: Die Entwicklung der Deutung der Quantentheorie, a. a. O., S. 140.

62 Ebd.

interessant, wie Heisenberg aufgrund der Erkenntnisse der Quantenmechanik den Übergang vom Möglichen zum Faktischen definiert:

> Der Übergang vom Möglichen zum Faktischen findet also während des Beobachtungsaktes statt. Wenn wir beschreiben wollen, was in einem Atomvorgang geschieht, so müssen wir davon ausgehen, daß das Wort 'geschieht' sich nur auf die Beobachtung beziehen kann, nicht auf die Situation zwischen zwei Beobachtungen. Es bezeichnet dabei den physikalischen, nicht den psychischen Akt der Beobachtung, und wir können sagen, daß der Übergang vom Möglichen zum Faktischen stattfindet, sobald die Wechselwirkung des Gegenstandes mit der Meßanordnung, und dadurch mit der übrigen Welt, ins Spiel gekommen ist.[63]

Wenn der Übergang auch nicht mit der "Registrierung des Beobachtungsergebnisses im Geiste des Beobachters"[64] verknüpft ist, so findet er dennoch laut Heisenberg durch den Akt der Registrierung statt. So gesehen nimmt das Faktische - das, was wir beobachten können und was die Realität unserer Erfahrungswelt ausmacht - zumindest im mikrophysikalischen Bereich ungewöhnlich intersubjektive Züge an. Wenn aus der Gesamtheit des Möglichen ein Vorgang aufgrund der Wechselwirkung mit der Meßanordnung ausgesondert wird und dadurch 'geschieht', stattfindet oder zum Faktischen wird, so kann dies nur als ein Teil der Wirklichkeit betrachtet werden. Das Wahrscheinliche dagegen erscheint als das eigentlich 'Objektive', als das von der Beobachtung Unabhängige, das die gesamte Wirklichkeit umfaßt.[65] Diesen Gedanken führt Heisenberg fort, wenn er anmerkt, daß die klassische Physik auf der "Illusion" beruht habe, wir könnten die Welt beschreiben, "ohne von uns selbst zu sprechen",[66] und im weiteren betont, daß "das, was wir beobachten, nicht die Natur selbst ist, sondern Natur, die unserer Art der Fragestellung ausgesetzt ist."[67] Ähnlich äußert sich Heisenberg in einem eher populärwissenschaftlich gehaltenen Werk über *Das Naturbild der heutigen Physik.* Da die Bausteine der Materie, die ursprünglich als die letzte objektive Realität gedacht gewesen seien, überhaupt nicht mehr 'an sich' betrachtet werden könnten, da sie sich irgendeiner objektiven Festlegung in Raum und Zeit entzögen, könnten wir im Grunde immer nur unsere Kenntnis dieser Teilchen zum Gegenstand der Wissenschaft machen. Gegenstand der Forschung sei nicht mehr die Natur an sich, sondern die der menschlichen Fragestellung

---

63 Ders.: Die Kopenhagener Deutung der Quantentheorie. In: Ders.: Physik und Philosophie. Stuttgart 1959, S. 27-42, hier S. 38.

64 Ebd.

65 Eng mit dieser Deutung ist die Tatsache verbunden, daß das Unbestimmtheitsprinzip nur in bezug auf die Zukunft gilt, d. h. vom Zeitpfeil abhängig ist. Ort und Impuls eines Elektrons können nicht gleichzeitig vorausgesagt werden. Nach der Beobachtung, also wenn die Bewegung des Elektrons stattgefunden hat und Fakt geworden ist, können die Werte jedoch exakt berechnet werden. Die Zukunft ist zwar unbestimmt, aber die Vergangenheit ist eindeutig definiert (Vgl. dazu: John Gribbin: Auf der Suche nach Schrödingers Katze, a. a. O., S. 175).

66 Werner Heisenberg: Die Kopenhagener Deutung der Quantentheorie, a. a. O., S. 38.

67 Ebd., S. 41.

ausgesetzte Natur. Insofern begegne sich der Mensch hier selbst.[68] Wenn von einem Naturbild der exakten Naturwissenschaft in unserer Zeit gesprochen werden könne, so handle es sich eigentlich nicht mehr um ein Bild der Natur, sondern um ein Bild unserer Beziehungen zur Natur.[69] Von einer Betrachtung der Wirklichkeit 'an sich' durch die Naturwissenschaft kann auf dieser Grundlage nicht mehr gesprochen werden. Heisenberg kommt konsequenterweise zu dem Schluß, daß die Kenntnis des Faktischen, von der Quantentheorie aus gesehen, ihrem Wesen nach stets eine unvollständige Kenntnis sei.[70] Von diesem Standpunkt aus betrachtet, verfehlt die Kritik, die Einstein und viele andere mit ihm an der Kopenhagener Deutung der Quantenphänomene formulierten, das eigentliche Problem:

> Die Kritik an der Kopenhagener Deutung der Quantentheorie beruht ganz allgemein auf der Sorge, daß bei dieser Deutung der Begriff der 'objektivrealen Wirklichkeit', der die Grundlage der klassischen Physik bildet, aus der Physik verdrängt werden könnte. Diese Sorge ist [...] unbegründet; denn das 'Faktische' spielt in der Quantentheorie die gleiche, entscheidende Rolle wie in der klassischen Physik. Allerdings ist es in der Kopenhagener Deutung beschränkt auf die Vorgänge, die sich anschaulich in Raum und Zeit, d. h. in den klassischen Begriffen, beschreiben lassen, die also unsere 'Wirklichkeit' im eigentlichen Sinne ausmachen. Wenn man versucht, hinter dieser Wirklichkeit in die Einzelheiten des atomaren Geschehens vorzudringen, so lösen sich die Konturen dieser 'objektivrealen' Welt auf - nicht in dem Nebel einer neuen und noch unklaren Wirklichkeitsvorstellung, sondern in der durchsichtigen Klarheit einer Mathematik, die das Mögliche, nicht das Faktische, gesetzmäßig verknüpft. Daß die 'objektiv-reale Wirklichkeit' auf den Bereich des vom Menschen anschaulich in Raum und Zeit Beschreibbaren beschränkt wird, ist natürlich kein Zufall. Vielmehr äußert sich an dieser Stelle die einfache Tatsache, daß die Naturwissenschaft ein Teil der Auseinandersetzung des Menschen mit der Natur und insofern vom Menschen abhängig ist.[71]

Einsteins Vorwurf, die Kopenhagener Deutung der Quantenmechanik würde auf eine Beschreibung der Natur 'an sich' verzichten, greift nicht, da Heisenberg in der Vorstellung einer 'objektiv-realen' Wirklichkeit eine Kategorie unserer Anschauung, eine Kategorie unserer Fragestellung an die Natur sieht, die die Wirklichkeit nicht bis ins letzte Detail erschließt.[72] Dringt der Naturfor-

---

68 Ders.: Das Naturbild der heutigen Physik. Hamburg 1955, S. 18.

69 Ebd., S. 21.

70 Ders.: Die Entwicklung der Deutung der Quantentheorie, a. a. O., S. 154.

71 Ebd., S. 154. Im Anschluß an das oben Zitierte nimmt Heisenberg direkt Stellung zum Idealismus. Das Argument des Idealismus, daß gewisse Vorstellungen a priori, d. h. insbesondere auch vor aller Naturwissenschaft seien, bestehe zu Recht. Die Ontologie des Materialismus habe auf der Illusion beruht, daß man die Art der Existenz, das unmittelbare Faktische der uns umgebenden Welt, auf die Verhältnisse im atomaren Bereich extrapolieren könne. Diese Extrapolation sei, so Heisenberg, unmöglich (Ebd.).

72 Heisenberg unterscheidet zwischen einem dogmatischen Realismus und einem praktischen Realismus. Der dogmatische Realismus behaupte, daß es keine sinnvollen Aussagen über die materielle Welt gäbe, die nicht objektiviert werden könnten. Der praktische Realismus nehme dagegen an, daß es Feststellungen gebe, die objektiviert werden könnten, und daß tatsächlich ein großer Teil unserer Erfahrungen im täglichen Leben aus solchen Feststellungen bestehe. Wenn Einstein die Quantentheorie kritisiere, so habe er

scher an die Ränder dieser 'objektiv-realen' Wirklichkeit vor, untersucht er die kleinsten Bestandteile der Welt, die kleinsten Bauteile, die als ewige und unzerstörbare Einheiten der Materie gedacht wurden, so muß er laut Heisenberg erkennen, daß sich die Konturen der 'objektiv-realen' Welt auflösen. Den Elementarteilchen können gemäß den Erkenntnissen der Quantenmechanik keine Eigenschaften wie räumliche Ausdehnung und Bewegung, die eine klassisch-objektive Beschreibung zulassen, zugesprochen werden.

In einem Aufsatz über *Die Quantentheorie und die Anfänge der Atomlehre* unterstreicht Heisenberg, daß "das einzige, was als Beschreibung niedergeschrieben werden kann, die Wahrscheinlichkeitsfunktion" ist.[73] Aber daraus erkenne man, folgert Heisenberg, daß nicht einmal die Eigenschaft des 'Seins' dem Elementarteilchen ohne Einschränkung zukomme. Es sei eine "Möglichkeit oder eine Tendenz zum Sein".[74] Zusammen mit den vorangegangenen Aussagen Heisenbergs ist dies eine eindeutige Absage an die Atomlehre Demokrits, die in den materialistischen Anschauungen und Atomvorstellungen der Physik bis ins 20. Jahrhundert weitergewirkt hatte. Insofern für Heisenberg bei den Elementarteilchen keine ewige und unzerstörbare Einheit vorliegt, kann nicht mehr von Bestandteilen der Materie im gewöhnlichen Sinne gesprochen werden. Sind sie aber nichts Materielles, liegt es nahe, in ihnen etwas Geistiges zu sehen. Und genau in diese Richtung stößt Heisenberg vor, wenn er argumentiert, daß sich die Konturen der 'objektiv-realen' Welt nicht in den Nebel einer neuen und unklaren Wirklichkeitsauffassung, sondern in die Klarheit einer Mathematik auflöse, die das Mögliche, nicht das Faktische verknüpfe. Es verwundert daher nicht, wenn Heisenberg Analogien zwischen den Ideen von Pythagoras und Plato und den Erkenntnissen der Quantentheorie herstellt:

> Aber die Ähnlichkeit der modernen Anschauungen zu denen Platos und der Pythagoreer geht noch weiter. Die Elementarteilchen in Platos Dialog Timaios sind ja letzten Endes nicht Stoff, sondern mathematische Form. 'Alle Dinge sind Zahlen' ist ein Satz, der dem Pythagoras zugeschrieben wird. [...] In der heutigen Quantentheorie können wir kaum daran zweifeln, daß die Elementarteilchen letzten Endes auch mathematische Formen sind, aber solche einer sehr viel komplizierteren und abstrakteren Art.[75]

Um dies verständlich zu machen, sollte zu diesem Zitat angemerkt werden, daß Heisenberg seine Auffassung von einer Absage an den Materialismus

es von der Grundauffassung des dogmatischen Realismus aus getan. Die Quantentheorie sei aber selbst ein Beispiel für die Möglichkeit, die Naturwissenschaft auch ohne Grundlage eines dogmatischen Realismus durch einfache mathematische Gesetze zu erklären (Vgl.: Ders.: Die Entwicklung der philosophischen Ideen seit Descartes im Vergleich zu der neuen Lage in der Quantentheorie. In: Ders.: Physik und Philosophie, a. a. O., S. 61-79, hier S. 68-70).

73 Ders.: Die Quantentheorie und die Anfänge der Atomlehre. In: Ders.: Physik und Philosophie, a. a. O., S. 43-60, hier S. 55.

74 Ebd.

75 Ebd., S. 56.

Demokrits und einer Entscheidung für Plato und die Pythagoreer durch die moderne Physik in der Tatsache bestätigt fand, daß viele neue Elementarteilchen entstehen können, wenn zwei Teilchen mit hoher Geschwindigkeit aufeinanderstoßen. Dadurch schien für ihn bewiesen, daß es sich bei den Elementarteilchen nicht um ewige, unzerstörbare Einheiten der Materie handeln könne. Wären sie unzerstörbare Einheiten gewesen, dann hätten sie nicht ineinander umwandelbar sein können. Da die Elementarteilchen aber ineinander umwandelbar wären, liefere dies den Beweis, daß alle Teilchen aus der gleichen Substanz, aus Energie bestünden.[76] Heisenberg sieht in der Energie den einzigen Grundstoff beziehungsweise die einzige Substanz - Substanz muß hier im Sinne Kants als etwas, das bei allen physikalischen und chemischen Veränderungen gleich bleibt, als Träger von physikalischen Eigenschaften verstanden werden -, aus der alles Wirkliche besteht. Dabei beruft sich Heisenberg auch auf die Erkenntnisse der Relativitätstheorie, auf die Äquivalenz von Masse und Energie.[77] Die Energie könne, so kommentiert Heisenberg in einem Vortrag aus dem Jahre 1948, verschiedene Formen annehmen, die sich als die verschiedenen Elementarteilchen manifestierten.[78] Die Mannigfaltigkeit der Erscheinungen der Welt komme also, so wie es die griechischen Naturphilosophen vorausgeahnt hätten, durch die Fülle der verschiedenen Formen zustande, in denen die Energie erscheinen könne. Diese könnten jedoch nur in den mathematischen Gestalten festgehalten werden. Daraus folgert Heisenberg, daß mit der Feststellung des einen Grundstoffes nur wenig gewonnen sei, daß vielmehr der ganze Reichtum erst in den Formen stecke. Was man bisher an Verständnis der Materie errungen habe, sei laut Heisenberg in mathematischen Gleichungen niedergeschrieben worden, weil keine andere Sprache einen derartigen Reichtum an Formen aufweisen könne.[79] In diesem Sinne befindet sich der Atomforscher nicht auf der Suche nach etwas Stofflichem, sondern nach mathematischen Strukturen.

Auch wenn Heisenberg Begriffe wie 'Substanz' und 'Grundstoff' gebraucht, so erteilt er dennoch der Substanzidee, wie sie traditionell in der Philosophie gebraucht wurde, eine Absage. Was er unter Substanz versteht, weicht erheblich vom Kantschen Substanzbegriff ab, denn es handelt sich bei ihm nicht nur um einen abstrahierten Begriff, sondern, als Energie, um eine physikalische Wirklichkeit, eine meßbare Größe.[80] Für Heisenberg sind nicht der Grundstoff oder die Substanz das Primäre, sondern die mathematischen Formen, die die Elementarteilchen darstellen und von denen er hofft, daß sie "letzten Endes

76 Ebd.

77 Ebd., S. 55.

78 Ders.: Die gegenwärtigen Grundprobleme der Atomphysik. In: Ders.: Wandlungen in den Grundlagen der Naturwissenschaft. 8 Vorträge von Werner Heisenberg. 8. erw. Aufl. Stuttgart 1949, S. 89-101, hier S. 97.

79 Ebd.

80 Vgl.: Horst B. Hiller: Die modernen Naturwissenschaften, a. a. O., S. 115f.

Lösungen eines unveränderlichen Bewegungsgesetzes für die Materie" seien.[81] Demzufolge stößt man bei der Suche nach den Baustoffen der Welt nicht auf eine naturgegebene Materie, deren Zustandsformen, die Elementarteilchen, mit Hilfe physikalischer Gesetze beschrieben werden können, sondern man stößt auf naturgegebene Gesetze, **infolge** derer sich die Elementarteilchen in den uns bekannten meßbaren Strukturen materialisieren.[82]

Man erinnere sich noch einmal an die Frage, was da eigentlich schwingt, die aufgrund der Schrödingerschen Gleichung im vorangegangenen Unterpunkt gestellt wurde. Mit Heisenbergs Elementarteilchentheorie hat diese Frage eine radikale Antwort erhalten. Die Naturforscher waren aufgebrochen, um den Aufbau der Materie, der Wirklichkeit zu erkunden. Dabei hat sich ihr Gegenstand eigenartig entstofflicht, entmaterialisiert oder entsubstantialisiert, wie immer man es auch bezeichnen mag. Letztendlich ist die mathematische Gleichung, eine substanzlose Struktur, als Forschungsgegenstand übriggeblieben, was Heisenberg zu einer Umformulierung des Wirklichkeitsbegriffes veranlaßte.

Der Überblick über die Kopenhagener Deutung der Quantenmechanik anhand der Darstellung spezifisch ausgeprägter Ideenkomplexe ihrer beiden Hauptvertreter Niels Bohr und Werner Heisenberg hat deutlich gezeigt, daß die Erkenntnisse, die aus der Quantenmechanik gewonnen wurden, zu Wandlungen in den Grundlagen der Naturwissenschaften geführt haben, die reichlich Material für weiterführende Reflexionen und Fragestellungen boten. Besonders erwähnenswert sind hierbei die Vorschläge der Physiker George David Birkhoff, John von Neumann und Carl Friedrich von Weizsäcker, die klassische Logik, deren wesentliches Element der Satz vom 'Ausgeschlossenen Dritten' ist, zugunsten einer Quantenlogik, einer dreiwertigen Logik, zu modifizieren. Abgesehen davon, inwieweit man sich einzelnen Aspekten der Kopenhagener Interpretation anschließen mag, war es ihr Verdienst, daß die Grundlagen wissenschaftlicher Erkenntnis, deren Gültigkeit bis dahin - zumindest in den Naturwissenschaften - unbestritten gegolten hatte, von Seiten der Physiker neu diskutiert wurden.

2. 3. Zusammenfassung

Zu Beginn dieses Kapitels wurde davon gesprochen, daß dem Nicht-Naturwissenschaftler die Physik oft als die naturwissenschaftliche Disziplin schlechthin erscheine. Es wurde vermutet, daß dieser Eindruck möglicherweise dadurch zustandegekommen sein könnte, daß die Physik denjenigen Teil der Wirklichkeit zum Gegenstand ihrer Forschung macht, der als unabhängig vom

81 Werner Heisenberg: Die Quantentheorie und die Anfänge der Atomlehre, a. a. O., S. 56.
82 Vgl.: Horst B. Hiller: Die modernen Naturwissenschaften, a. a. O., S. 126.

Menschen existent betrachtet wird. Wäre diese Vermutung bis in den Bereich der kleinsten Teilchen zutreffend gewesen, hätte die Physik die Anwendung der naturwissenschaftlichen Prinzipien, der objektiven Beobachtung und der Rückführung des beobachteten Geschehens auf kausale Zusammenhänge, in Idealform repräsentiert. Nach dem Überblick über die Entwicklung der Quantentheorie dürfte jedoch deutlich geworden sein, daß der Eindruck einer 'Übererfüllung' der Forderung nach Naturwissenschaftlichkeit durch die moderne Physik nicht ganz den Tatsachen entspricht.

Begriffe wie Unstetigkeit, Wahrscheinlichkeit und Wechselwirkung mit den Meßinstrumenten, die aufgrund der Erkenntnisse der Quantenmechanik in die physikalische Betrachtung eingeführt werden mußten, lassen erkennen, daß der Optimismus, der die Naturforscher im 18. und 19. Jahrhundert noch zum Traum vom Laplaceschen Dämon animierte, merklich gebremst wurde, auch wenn er nicht ganz erloschen ist. Es dürfte auch klar geworden sein, warum selbst der Nicht-Naturwissenschaftler nicht umhin kann, die Neuerungen in der Physik zur Kenntnis zu nehmen, auch wenn diese, um noch einmal auf Karl Schwedhelm Bezug zu nehmen, in einem Nebel von Funktionen und Differentialgleichungen verschwinden.[83] Die neuen Erkenntnisse der Physik sind nicht auf die Formulierung von Differentialgleichungen und Funktionen beschränkt gewesen. Vielmehr wurden in einer wissenschaftlichen Disziplin Zweifel an den Grundlagen des naturwissenschaftlichen Denkens laut, die eben diese Grundlagen anhand der Naturbetrachtung formuliert und zu allgemeingültigen Gesetzen, zur Voraussetzung von Naturerkenntnis gemacht hatte. Wenn folglich die Disziplin, die aus ihrer Geschichte heraus so leicht den Eindruck vermittelt, die naturwissenschaftlichste zu sein, Kritik an der Vorstellung äußert, die Welt funktioniere wie ein Uhrwerk und könne bis in alle Einzelheiten genau berechnet werden, muß dies das Interesse des Nicht-Naturwissenschaftlers wecken. Genau diese Vorstellung einer Welt als determinierter Maschine hatte nicht nur die Physik und die Naturwissenschaften, sondern viel weitere Bereiche der menschlichen Auseinandersetzung mit der Wirklichkeit geprägt. Man betrachte im folgenden diesen Zusammenhang noch einmal in umgekehrter Form mit einem Blick auf die Naturwissenschaftler, auf die Physiker, die die neuen Erkenntnisse in das Gedankengebäude der Naturwissenschaft einzuordnen hatten.

Die Konsequenzen, die sich mit der Entdeckung der Quanten ergaben, stellten die Physiker vor eine große Herausforderung. Die fundamentalen Meinungsverschiedenheiten, die sich unter den Physikern einstellten, sind ein Indiz für die Tragweite, die Plancks Entdeckung des Wirkungsquantums zukam. Die Physiker hatten sich in zwei Lager, in die Gegner der Quantenmechanik und in die Anhänger der Quantenmechanik, gespalten. Zu den Gegnern gehörten Albert Einstein, Max Planck, Paul Ehrenfest, Erwin

83 Karl Schwedhelm: Das Gedicht in einer veränderten Wirklichkeit, a. a. O., S. 146.

Schrödinger und Louis de Broglie. Obwohl diese Physiker maßgeblich an der Ausarbeitung der Grundlagen der Quantenmechanik beteiligt gewesen waren, nahmen sie ihr gegenüber eine kritische Haltung ein. Daß es sich die Physiker dabei nicht einfach machten, beweist die Tatsache, daß manche der Gegner ihre kritische Haltung gegenüber der Quantenmechanik aufgaben. Das gilt für de Broglie, der in den Jahren nach 1927 die Quantenmechanik akzeptierte, später aber wieder zu seiner ursprünglichen Ablehnung zurückkehrte.[84] Die Gegner der Quantenmechanik waren sich darüber einig, daß sie die Überzeugung von einer unabhängig existierenden Außenwelt, die objektiv und kausal beschreibbar ist, nicht aufgeben wollten. Die Quantenmechanik in der Kopenhagener Interpretation als vollständig hinzunehmen, wäre ihnen wie eine Hinwendung zur Metaphysik vorgekommen. Von einer objektiven Naturwissenschaft hätte ihrer Ansicht nach unter diesen Voraussetzungen nicht mehr gesprochen werden können.

Zu den Anhängern der Quantenmechanik gehörten neben Niels Bohr und Werner Heisenberg Arnold Sommerfeld, Max Born, Wolfgang Pauli, Pascual Jordan und Paul Adrien Dirac. Sie scheuten sich nicht, eine Physik zu betreiben, die keine anschaulichen Erklärungsmuster des Naturgeschehens bietet und die keinen Zusammenhang zwischen dem Naturgeschehen im mikrophysikalischen Bereich und dem weiten Bereich der sinnlichen Wahrnehmung herzustellen anstrebt. Zum Teil lag dies sicher daran, daß sie wie die beiden Naturwissenschaftler Sommerfeld und Dirac wenig Interesse für die philosophischen Fragen, die die Quantenmechanik provoziert, empfanden und sich stattdessen auf die rein mathematischen Aspekte konzentrierten. Doch für Bohr, Heisenberg, Jordan und Born war ein Desinteresse an den philosophischen Problemen nicht die Ursache, warum sie relativ schnell bereit waren, die Grundlagen der klassischen Physik über Bord zu werfen. Allein die vielen Schriften dieser Physiker, die von dem Bemühen zeugen, ein Verständnis der Quantentheorie aus naturphilosophischer Sicht zu erreichen,[85] widersprechen solch einer Annahme. Es wäre wahrscheinlich zutreffender, wenn man das Gegenteil annähme und behaupten würde, daß ein starkes Interesse an der Philosophie, eine große Anteilnahme an den geistigen Strömungen der Zeit, eine Rolle gespielt habe.

Franco Selleri weist in seiner Studie *Die Debatte um die Quantentheorie* auf Bohrs Mitgliedschaft in dem Kopenhagener Intellektuellen-Club 'Ekliptica' hin, in dem philosophische und erkenntnistheoretische Fragen diskutiert wurden und dessen führende Persönlichkeit Harald Høffding, ein Anhänger

84 Vgl.: Franco Selleri: Die Debatte um die Quantentheorie, a. a. O., S. 35.

85 Vgl. zum Beispiel die Literaturangaben in den Anmerkungen 34 und 59 dieses Kapitels sowie: Max Born: Physik im Wandel meiner Zeit. Wiesbaden 1959. - Pascual Jordan: Physik im Wandel des 20. Jahrhunderts. Braunschweig 1943. - Ders.: Das Bild der modernen Physik. Frankfurt a. M. 1958.

Sören Kierkegaards war.[86] Selleri glaubt, eine starke Beeinflussung Bohrs durch die Lektüre der Schriften Kierkegaards nachweisen zu können. Selleri verweist in diesem Zusammenhang auf einen bedenkenswerten Aspekt: die nahe Verwandtschaft zwischen einigen grundlegenden Ideen Kierkegaards und Bohrs Komplementaritätsprinzip. Kierkegaards "qualitative Dialektik" bestehe aus der Feststellung, daß Widersprüche im Leben und in der Natur starr und unüberwindlich seien. Nach Selleri drängt sich hier "die Analogie zwischen dem Verzicht auf eine vollständige Lösung der grundlegenden Probleme der Atomphysik und der irrationalen Philosophie von Kierkegaard und Høffding auf".[87] Es herrsche ein fundamentaler Unterschied zwischen der Lösung eines Dilemmas und dem Entschluß, damit zu leben.[88] In der Tat stellt Bohrs Komplementaritätsprinzip den Entschluß dar, das Dilemma der Atomphysik, die Widersprüche zwischen der Wellen- und der Teilchenvorstellung, als starr und unüberwindlich zu akzeptieren. Dem entgegengesetzt steht die Position Einsteins, der mit diesem Dilemma 'nicht leben' zu können glaubte und stattdessen eine Lösung der grundlegenden Probleme der Atomphysik anstrebte.

Einen ähnlichen Einfluß philosophischer Ideen auf die Entstehung einer neuen physikalischen Theorie konstatiert Paul Forman in einer Arbeit über die Geschichte der Quantenmechanik im Kontext des kulturellen und sozialen Umfeldes der Weimarer Republik.[89] Forman behauptet, daß die Physiker unter der Einwirkung geistiger Strömungen gestanden hätten, die nur unwesentlich mit den Entwicklungen innerhalb ihrer eigenen Disziplin zusammenhingen. Dabei weist Forman auf die kritische Haltung vieler Intellektueller in der Weimarer Republik gegenüber dem Rationalismus im allgemeinen und den exakten Wissenschaften im besonderen hin. Den Ursprung dieses anti-rationalistischen geistigen Klimas sieht Forman in der Verbreitung der Ideen der Lebensphilosophie. Die Rationalismus- und Wissenschaftskritik sowie die dagegengehaltene positive Einschätzung alles Irrationalen, wie sie im Werk von Oswald Spengler zu finden sind, hätte laut Forman ein geistiges Klima geschaffen, das sich gegen jede rationale Weltanschauung, gegen alle logischen Systeme, kausale Erklärungen, Mathematik usw. gewandt und einen so starken intellektuellen Druck ausgeübt habe, daß viele Physiker eine akausale Quantenmechanik glühend erhofft, aktiv danach gesucht und sie gerne

86 Franco Selleri: Die Debatte um die Quantentheorie, a. a. O., S. 22. Zur geistigen Beziehung zwischen Bohr und Høffding vgl. auch: Jan Faye: Niels Bohr. His Heritage and Legacy: An Anti-Realist View of Quantummechanics. Dordrecht/Boston/London 1991.

87 Franco Selleri: Die Debatte um die Quantentheorie, a. a. O., S. 84.

88 Ebd.

89 Paul Forman: Weimar Culture, Causality, and Quantum Theory, 1918-1927: Adaptation by German Physicists and Mathematicians to a Hostile Intellectual Environment. In: Historical Studies in the Physical Sciences 3 (1971), S. 1-115. - Vgl. auch: Ders.: The Enviroment and Practise of Atomic Physics in Weimar Germany: A Study in the History of Science. Ph. D., Ann Arbor 1967, bes. S. 11-24.

akzeptiert hätten.[90] Diesem Druck sei von den Naturwissenschaftlern kein einheitlicher Widerstand entgegengesetzt worden. Einige hätten wie Albert Einstein und Max Planck ihr Welt- und Wissenschaftsverständnis verteidigt, während andere gemischte Gefühle gehabt oder sich gleich mit den neuen Ideen angefreundet hätten. Manche Physiker sollen gar ihre Forschungen mit antikausalen Ideen begonnen haben, die noch aus ihrer Zeit politischer und sozialer Aktivitäten vor ihrer physikalischen Tätigkeit stammten. Hierfür nennt Forman das Beispiel des jungen Werner Heisenberg, der Mitglied in der rechtsorientierten Jugendbewegung 'Weißer Ritter' gewesen war. Heisenberg habe dort seine Entscheidung, Physiker zu werden, damit verteidigt, daß in der theoretischen Physik Probleme aufgenommen worden seien, die die gesamte philosophische Grundlage der Wissenschaft, die Strukturen von Raum und Zeit und sogar die Gültigkeit des Kausalgesetzes in Frage stellten.[91]

Man lasse es einmal dahingestellt sein, wie subjektiv und milieubedingt auch die Erkenntnisse der sogenannten exakten Wissenschaften sind,[92] oder, um es wie John Gribbin neutraler zu formulieren, in welcher Weise einfach eine neue, von den Denkschemen der klassischen Physik unbelastete Generation von Physikern notwendig war, um Fortschritte auf diesem Wissensgebiet zu erzielen.[93] Eines hat die Studie Formans jedoch mit Sicherheit dargelegt: Die Erkenntnisse der Atomphysik können nicht mit einem Blick auf ihre Funktionen und Differentialgleichungen ad acta gelegt werden. Es ist nicht von der Hand zu weisen, daß die Quantentheorie zu einer Zeit - zwischen 1900 und 1927 - entstand, in der von vielen Intellektuellen antirationalistische, irrationalistische Ideen favorisiert wurden. Entscheidend ist nicht, ob nun die Physiker vom 'Zeitgeist' beeinflußt waren oder nicht, sondern daß die Zweifel am Determinismus des Naturgeschehens und an der Geschiedenheit von Subjekt und Objekt durch die 'naturwissenschaftlichste' aller Wissenschaften auf einen fruchtbaren Boden fielen. Besonders die Nicht-Naturwissenschaftler, die dem 'Geist als Widersacher der Seele', die der Naturwissenschafts- und Fortschrittsgläubigkeit des 19. Jahrhunderts ablehnend gegenüber standen, fanden in den Zweifeln der Physiker eine willkommene Bestätigung. Daß daher Habermas' Diktum, die Erkenntnisse der Atomphysik blieben für sich genommen ohne Folgen für die soziale Lebenswelt und würden erst mit der Entfaltung produktiver und destruktiver Kräfte, erst durch ihre praktischen Folgen

90 Ders.: Weimar Culture, Causality, and Quantum Theory, a. a. O., S. 3f.

91 Ebd., S. 105f.

92 John Hendry übt in seinem Aufsatz "Weimar Culture and Quantum Causality" (in: History of Science 18 (1980), S. 155-180) scharfe Kritik an Formans Thesen. Hendry stellt klar, daß die Auseinandersetzung der Physiker mit dem Kausalitätsprinzip auf keinen Fall, wie es Formans Arbeit suggeriert, allein unter dem Druck eines anti-rationalen geistigen Klimas, sondern vor allem unter dem Eindruck der atomaren Tatsachen erfolgte.

93 John Gribbin: Auf der Suche nach Schrödingers Katze, a. a. O., S. 74.

ins literarische, das heißt nicht-naturwissenschaftliche, Bewußtsein treten,[94] im engen Sinne nicht aufrecht erhalten werden kann, soll im nächsten Kapitel gezeigt werden.

94 Jürgen Habermas: Technischer Fortschritt und soziale Lebenswelt. In: Ders.: Technik und Wissenschaft als Ideologie. Frankfurt a. M. 1968, S. 104-119, hier S. 107.

3. Die Resonanz der literarischen Intelligenz auf das neue Denken der modernen Physik. Ein Überblick mit Schwerpunkt auf den zwanziger, dreißiger und vierziger Jahren

Wer glaubt, die Physiker hätten die Probleme, die sich mit der Entdeckung des Planckschen Wirkungsquantums einstellten, als 'top secret' behandelt und wären darauf bedacht gewesen, möglichst nur 'Insidern' Informationen über die Erschütterungen des naturwissenschaftlichen Weltbildes zukommen zu lassen, hat sich geirrt. Eine auf Stichproben beschränkte Recherche anhand der *Internationalen Bibliographie der Zeitschriftenliteratur*[1] für den Zeitraum von 1918 bis 1932 hat ergeben, daß in repräsentativen Tageszeitungen nicht nur anläßlich einer Verleihung des Nobelpreises an einen deutschen Physiker oder anläßlich eines Jubiläums von den Entwicklungen der Physik berichtet wurde. Die mit Hilfe der Schlagworte 'Atom',[2] 'Kausalität',[3] 'Quanten'[4] und 'Welle'[5]

---

1 Internationale Bibliographie der Zeitschriftenliteratur. Begr. von Felix Dietrich. Abt. A. Leipzig 1918-1932.

2 W. A. Doppler: Ein Blick ins Unendliche. Plauderei über Atome und Elektronen. In: Chemnitzer Tageblatt 29.8.1920. - Paul Ludewig: Zerlegung der Atome. In: Daheim 55 (1920) Nr. 24. - Paul Kirchberger: Entwicklung der Atomtheorie. In: Deutsche Allgemeine Zeitung 20.5.1922. - Ders.: Moderne Atomtheorie. In: Berliner Tageblatt 16.8.1922.

3 Otto Müller: Los vom Banne der Kausalität. In: Königsberger Hartung'sche Zeitung 2.4.1927. - Bernhard Bavink: Zweifel am Kausalgesetz. Neuer Gedanke der naturwissenschaftlichen Forschung. In: Hannoverscher Kurier 3.6.1927. - Erwin Schrödinger: Gesetz der Zufälle. Der Kampf um die Kausalität. In: Vossische Zeitung 12.12.1929. - Herman Weyl: Kausalitätskrisis. In: Neue Züricher Zeitung 24.7.1928. - Rich. Wolf: Willensfreiheit im Atom? Zum Streit der Physiker um das Kausalprinzip. In: Deutsche Allgemeine Zeitung 12.1.1930. - J. Rosenthal-Schneider: Kausalität oder Wahrscheinlichkeit. In: Vossische Zeitung 21.10.1931.

4 Bruno Borchardt: Max Plancks Quanten-Theorie. In: Vossische Zeitung 23.4.1918. - Alexander Moszkowski: Entdeckung und Weltanschauung. Zu den Entdeckungen Plancks und Einsteins. In: Berliner Tageblatt 25.12.1920. - R. Lewinsohn: Max Plancks Quantentheorie. In: Berliner Tageblatt 14.1.1921. - August Becker: Wesen der Quanten-Theorie. In: Rheinisch-Westfälische Zeitung 10.1.1922. - Anonym: Die Quantentheorie. In: Neue Preußische Zeitung 20.3.1926. - Lulu von Strauss und Torney: Die Quantentheorie. In: Neue Preußische Zeitung 29.5.1926. - Erich Marx: Lichtquanten und Lichttheorie. In: Leipziger Neueste Nachrichten 21.12.1927. - Martin Wagenschein: Quantentheorie. In: Königsberger Hartung'sche Zeitung 22.9.1928. - Wilhelm Westphal: Naturwissenschaftliche Berichte: Die Wandlungen der herkömmlichen Begriffe in der

ermittelten Zeitungsbeiträge sind der Beweis dafür, daß zumindest auf Seiten der Presse ein Interesse an den neuen Erkenntnissen auf dem Gebiet der Physik vorhanden war.

Dieses Interesse hat auch während der Zeit der Nazi-Herrschaft in Deutschland nicht nachgelassen. Obwohl viele Physiker wegen der Rassenverfolgung Deutschland verlassen mußten[6] oder aufgrund ihrer Ablehnung des Terror-Regimes mehr oder minder freiwillig verließen,[7] wurde diesem Thema noch immer eine große Aufmerksamkeit zuteil. Zwar wurde im Kreis um Philipp Lenard eine "deutsche Physik" propagiert und die Relativitätstheorie sowie die Atomphysik als "jüdische und entartete Wissenschaft" diffamiert,[8] dennoch ging die Diskussion der philosophischen Probleme der modernen Physik auch im nationalsozialistischen Deutschland unvermindert weiter.[9] Es ist im Gegen-

---

Quantentheorie. In: Frankfurter Zeitung 23.12.1930. - Adolf Koelsch: Relativitätstheorie und Quantenphysik. In: Neue Züricher Zeitung 26.1.1932.

5 Wilhelm Westphal: Die neue Wellenmechanik. In: Frankfurter Zeitung 26.6.1928. - Ders.: Wellenmechanik und Fermische Statistik. In: Frankfurter Zeitung 24.7.1928. - Gregor Wentzel: Vereinigung der Wellen- und Korpuskulartheorie in der modernen Physik. In: Neue Züricher Zeitung 1.12.1928. - Louis de Broglie: Die Zukunft der Wellenbewegungslehre. In: Neue Freie Presse 14.12.1930.

6 Dazu gehörten u. a. Albert Einstein, Lise Meitner, Max Born und Wolfgang Pauli. Vgl.: Biographisches Handbuch der deutschsprachigen Emigration nach 1933. Hg. v. Werner Röder u. Herbert A. Strauss. 3 Bde. München, New York, London, Paris 1983.

7 Erwin Schrödinger verließ nach der Machtübergabe an die Nationalsozialisten Deutschland und ging nach Oxford. Obwohl er als Katholik nicht von den Nürnberger Rassegesetzen betroffen war, verließ er 1938 nach der Annexion Österreichs Graz, wo er einen Lehrstuhl innehatte. Vgl.: Wissenschaft in Berlin. Von den Anfängen bis zum Neubeginn nach 1945. Berlin 1987, S. 518.

8 Vgl. den Artikel zu Philipp Lenard in: Armin Hermann: Lexikon Geschichte der Physik A-Z: Biographien, Sachwörter, Orig.-Schr. u. Sekundärliteratur. 3. erg. Aufl. Köln 1987, S. 203f., hier bes. S. 204. - Curt Wallach: Völkische Wissenschaft - Deutsche Physik. In: Deutsche Rundschau 69 (1946), H. 5, S. 126-141.

9 Mit 'unvermindert' ist hier der quantitative und nicht der qualitative Aspekt gemeint. In vielen Beiträgen wird der Forderung nach einer "deutschen Physik" nachgekommen, indem Einsteins Beitrag für die moderne Physik entweder nicht erwähnt oder heruntergespielt wird. Häufig schwingen sich die Autoren zu Verteidigungsreden für die Physik als einer nicht von rassischem Ideengut negativ beeinflußten Wissenschaft auf. Folgende Passage aus einem Artikel in der Kölnischen Zeitung ist für die eben geschilderte Tendenz symptomatisch: "Nun über den Anteil der Juden am Aufbau der modernen Physik. Es wird hier gerne auf Einstein verwiesen. Zweifellos hat er einen bedeutenden Anteil genommen. Aber der Deutsche Ernst Mach hat die philosophischen, der Deutsche Bernhard Riemann die mathematischen, der Holländer H. A. Lorentz die physikalischen Grundlagen zu seiner Relativitätstheorie geschaffen. Der Vater der Wellenmechanik ist der französische Physiker Herzog Louis de Broglie, ihre wesentliche Form erhielt sie durch den Deutschen Erwin Schrödinger; sie entbehrte also durchaus der jüdischen Geburtshilfe. Es geht nicht an, das Werk dieser Männer als jüdisch zu bezeichnen. Der Anteil der Juden am Aufbau der modernen Physik ist nicht größer als auf anderen Gebieten der Wissenschaften und die Verwerfung der modernen Physik als spezifisch jüdisch nicht gerechtfertigt. " (R. Wiemann: Die Rechte der Physik. In: Kölnische Zeitung 1. März 1936, Nr. 104, 4. Beiblatt.) Es ist bezeichnend, daß sich der Verfasser dieses Artikels um die gerechte Einschätzung der modernen Physik, nicht aber um die

teil ein noch weitaus stärkeres Bemühen festzustellen, die neuen Ideen einem größeren Publikum zugänglich zu machen. Zum einen handelt es sich bei den Versuchen, die Entwicklung der physikalischen Theorien einer nicht naturwissenschaftlich gebildeten Leserschaft näherzubringen, um gemeinverständlich geschriebene Monographien, die zwischen 1933 und 1945 zahlreich und in recht hohen Auflagen erschienen sind.[10] Zum anderen läßt sich eine große Anzahl von Artikeln in repräsentativen Periodika wie der *Kölnischen Zeitung*,[11] dem *Berliner Tageblatt*,[12] dem *Reich*,[13] der *Neuen Rundschau*[14], der

---

Rechte der jüdischen Physiker sorgt. Auch wenn er damit die moderne Physik vor der offiziellen 'Deutschen Physik' in Schutz nehmen wollte, kann dies nicht die Übernahme der rassistischen Argumentation von den Nationalsozialisten entschuldigen.

10 Vgl.: Arthur March: Einführung in die moderne Atomphysik in allgemein verständlicher Darstellung. Leipzig 1933. - Gustav Mie: Die geistige Struktur der Physik. Gütersloh 1934. - Alfred Kühn: Die Materie in Atomen und Sternen. Berlin 1934. - Werner Heisenberg: Wandlungen in den Grundlagen der Naturwissenschaft. Acht Vorträge. 8. erw. Aufl. Stuttgart 1949 (EA 1935). - Pascual Jordan: Physikalisches Denken in der neuen Zeit. Hamburg 1935. - Aloys Wenzl: Wissenschaft und Weltanschauung. Leipzig 1936. - Bruno H. Bürgel: Das Weltbild des modernen Menschen. Das All. Die Erde. Der Mensch. Der Sinn des Lebens. 46. - 60. Tsd. Berlin 1937. - Gustav Mie: Die Denkweise der Physik und ihr Einfluß auf die geistige Einstellung des heutigen Menschen. Stuttgart 1937. - Kurt von Neergaard: Die Aufgabe des 20. Jahrhunderts. Das Weltbild der modernen Physik und seine Bedeutung für die geistige Situation unserer Zeit und für die kulturelle Entwicklung und Zukunft. Erlenbach 1940. - Hans-Joachim Flechtner: Atomzertrümmerung. Zauberei? Alchimie? Wissenschaft! Berlin 1940. - Franz Krbek: Erlebte Physik. Wandel in den Naturwissenschaften. Berlin 1942. - Carl Friedrich von Weizsäcker: Zum Weltbild der Physik. Leipzig 1943. - Ernst Zimmer: Umsturz im Weltbild der Physik. Gemeinverständlich dargestellt. 5. erw. Aufl. 17-21. Tausend. München 1940 (EA 1934). - Paul Karlson: An den Grenzen unseres Wissens. Feldpost-Ausgabe. Berlin 1943. - Bernhard Bavink: Ergebnisse und Probleme der Naturwissenschaften. Eine Einführung in die heutige Naturphilosophie. 7. verb. Aufl. Leipzig 1941.

11 Vgl.: Max Bense: Was ist Substanz? Zwischen Elektron und Feld. - Spekulationen und Tatsachen aus der modernen Physik. In: Kölnische Zeitung Nr. 344 (11.7.1937). - H. S. [d. i.: Herbert Saekel] (Rez.): Werner Heisenberg, Erwin Schrödinger und P.[aul] A. M. Dirac: Die moderne Atomtheorie. In: Kölnische Zeitung Nr. 352 (15. 7.1934). - MB [d. i.: Max Bense] (Rez.): Heisenbergs Weltbild. In: Kölnische Zeitung 310 (21.6.1942). - Dr. Gerhard Hennemann: Die Einheit der Naturwissenschaft [Rez. v.: Werner Heisenberg: Die Einheit des naturwissenschaftlichen Weltbildes]. In: Kölnische Zeitung Nr. 148 (21.3.1942).

12 Vgl.: Hans-Joachim Flechtner: Kommen Atomteilchen vor? In: Berliner Tageblatt Nr. 32 (19. Jan. 1936). - Ders.: Bausteine der Materie. In: Berliner Tageblatt Nr. 214 (6. Mai 1936). - Ders. (Rez.): Deutung der neuen Naturwissenschaften. In: Berliner Tageblatt Nr. 68 (9. Febr. 1936). - Ders.: Das Neutrino - ein neuer Atombaustein? In: Berliner Tageblatt Nr. 209 (3. Mai 1936).

13 Vgl.: Hans-Joachim Flechtner: Wo steht die deutsche Physik? In: Das Reich Nr. 16 (8. Sept. 1940). - Franz v. Krbek: Was ist Wahrscheinlichkeit? In: Das Reich Nr. 5 (2. Febr. 1941). - Ders.: Die neue Welt der Physik. Literatur, Kunst, Wissenschaft. In: Das Reich Nr. 8 (22. Febr. 1942). - Carl P. [vielmehr: Friedrich] von Weizsäcker: Das Atom in Physik, Chemie und Philosophie. In: Das Reich Nr. 24 (14. Juni 1942). - Hermann Schüller: Kosmos, Atom. In: Das Reich Nr. 37 (12. Sept. 1943). - Pascual Jordan: Physik im Vormarsch. In: Das Reich Nr. 1 (2. Jan. 1944). - Arthur March: Die kleinste Länge - Die Physik an der Grenze des Messbaren. In: Das Reich Nr. 46 (14. Nov. 1943). -

Kolonne[15], der *Europäischen Revue*[16], der *Deutschen Zukunft*[17] und der *Leipziger Illustrirten*[18] nachweisen. Folglich waren die Mitteilungen aus der physikalischen Welt nicht auf die spezifisch naturwissenschaftlichen Foren, die physikalischen Fachzeitschriften und Breviere beschränkt, sondern drangen durchaus an die Öffentlichkeit. Daß die literarische, nicht-naturwissenschaftliche Intelligenz die bereitgestellten Informationen auch zur Kenntnis genommen hat, demonstrieren Spuren in zeitgenössischen literarischen und philosophischen Texten.

3. 1. Die Reaktion auf die Erkenntnisse der modernen Physik in philosophischen Texten

Die Spuren einer Auseinandersetzung mit den neuen Ideen der modernen Physik in den zeitgenössischen Philosophien offenbaren auf recht eindrucksvolle Weise, daß die physikalischen Erkenntnisse nicht nur zur Kenntnis genommen wurden, sondern daß sie sich hervorragend dazu eigneten, in ganz unterschiedlicher Akzentuierung in die jeweiligen philosophischen Denksysteme integriert zu werden. Berücksichtigt man nur die Äußerungen, die sich direkt auf die moderne Physik beziehen - und dies ist in vorliegender Studie aus heuristischen Gesichtspunkten unbedingt notwendig, da ansonsten nur eine sorgfältige biographische und werkgeschichtliche Analyse Rückschlüsse auf die Reflexion und Einflußnahme physikalischer Erkenntnisse erlaubte -, finden sich Hinweise auf die Quantentheorie bei so unterschiedlichen Denkern wie Hans Driesch, Martin Heidegger, Max Scheler, Edmund Husserl, Ernst Cassirer, Moritz Schlick, Karl Raimund Popper, Hans Reichenbach, Theodor

---

Wilhelm Westphal: Probleme der Physik. In: Das Reich Nr. 41 (10. Okt. 1943). - Ders.: An der Grenze des Unerforschlichen - Physikalische Modellvorstellungen. In: Das Reich Nr. 30 (23. Juli 1944).

14 Vgl.: Hans Reichenbach: Vom Bau der Welt. Grundgedanken der Physik. In: Die neue Rundschau XLIV (1933), Bd. II, S. 39-60. - Pascual Jordan. Die physikalische Unterwelt. In: Die neue Rundschau 52 (1941), S. 16-22. - Ders.: Am Rande der Welt. In: Die neue Rundschau 52 (1941), S. 290-297. - Adolf Meyer-Abich: Ist die Natur eine Einheit, eine Vielheit oder eine Ganzheit? In: Die neue Rundschau 54 (1943), S. 26-33 u. 73-79.

15 Vgl.: Anonym: Eine Zeitungsmeldung. In: Die Kolonne 2 (1931), Nr. 6, S. 69.

16 Vgl.: Max Planck: Determination oder Indetermination? In: Europäische Revue 14 (1938), S. 958-972. - Ders.: Sinn und Grenzen der exakten Wissenschaften. In: Europäische Revue 18 (1942), S. 75-88.

17 Vgl.: Hans-Joachim Flechtner: Der Weg in die Atome. In: Deutsche Zukunft Nr. 3 (16. Jan. 1938), S. 7. - Ders.: Die Architekten der Atome. In: Deutsche Zukunft Nr. 8 (20. Febr. 1938), S. 7. - Ders.: Der Zusammenbruch des Elements. In: Deutsche Zukunft Nr. 5 (30. Jan. 1938), S. 8. - Ders.: Das Licht und die Energiequanten. In: Deutsche Zukunft Nr. 17 (24. Apr. 1938), S. 8.

18 Vgl.: Hans Hartmann: Das naturwissenschaftliche Weltbild und sein Werden im Wettstreit der europäischen Nationen. In: Illustrirte Zeitung Leipzig, Weihnachten 1942, S. 140f.

W. Adorno, Max Horkheimer, Hermann Weyl, Ernst Bloch, Eduard Spranger und José Ortega y Gasset. Die Liste dieser Namen ist nicht vollständig und könnte noch erweitert werden. Dennoch bietet sie Aufschluß darüber, wie viele Philosophen auf die Quantentheorie aufmerksam wurden. Die Aufstellung demonstriert zugleich, daß es sich dabei durchaus um Namen handelt, denen höchste Relevanz auf dem Gebiet der Philosophie zukommt. Kaum jemand wird bestreiten, daß die Werke der oben genannten Philosophen von vielen Intellektuellen rezipiert wurden und so einen großen Einfluß auf das Denken der Zeit genommen haben. Ohne die Popularität dieser Philosophen überzubewerten, muß davon ausgegangen werden, daß die Ideen der Quantentheorie über ihre Werke mittelbar an die Leser weitergegeben wurden. Möglicherweise wurde gar das Interesse an den Entwicklungen der Physik seit der Jahrhundertwende bei vielen Rezipienten erst dadurch geweckt. Um wenigstens einen Eindruck davon zu vermitteln, wie die Philosophen auf das Neue in der Physik reagierten, sollen nun einige Verweise auf die moderne Physik in philosophischen Abhandlungen der Zeit vorgestellt und kommentiert werden.

3. 1. 1. Max Scheler

Eine der frühesten Bezugnahmen auf die moderne Physik dürfte in Max Schelers Beitrag *Deutsche Philosophie der Gegenwart* in dem von Philipp Witkop herausgegebenen Sammelband *Deutsches Leben der Gegenwart* aus dem Jahre 1922 enthalten sein.[19] In diesem Beitrag konstatiert Scheler, daß es eine universale Philosophie, eine Philosophie, die in ihren Problemen sowohl geistes- als auch naturwissenschaftlich orientiert sei, zu dieser Zeit nicht gäbe.[20] Eine Ausdehnung und Verabsolutierung von Gegebenheiten und Grundbegriffen einer Einzelwissenschaft, wie sie Scheler in der Energetik Ostwalds, im Empfindungsmonismus Machs oder in der Lebensphilosophie gegeben sieht, hält er als eine Form der Erkenntnisverengung für grundsätzlich falsch.[21] Die Philosophie habe nicht eine die Einzelwissenschaften erdrückende Despotin wie zur Zeit Hegels zu sein, noch weniger aber ihre Dienerin, sondern "Königin" in jenem letzten Sinne, der die wohlerworbenen Rechte der Fachwissenschaften von einem eigenen, eben nur philosophischen Standpunkt aus selbständig würdige und achte und sie für das Ganze unseres Weltbegriffes und unserer Weltanschauung fruchtbar mache.[22] Die Notwendigkeit einer "universalen Philosophie" findet Scheler unter anderem auch durch die Plancksche Quantentheorie bestätigt:

19 Max Scheler: Die deutsche Philosophie. In: Deutsches Leben der Gegenwart. Hg. v. Philipp Witkop. Berlin 1922, S. 127-224.

20 Ebd., S. 137.

21 Ebd.

22 Ebd., S. 138.

> Die gegenwärtige Überwindung der Galilei-Newtonschen Naturansicht durch die vier großen naturwissenschaftlichen philosophischen Fermente unserer Zeit: die Elektronentheorie, die Einsteinsche Relativitätstheorie, die Plancksche Quantentheorie und die positivwissenschaftlichen und neuvitalistischen Versuche, den Organismus mit übermechanischen Agenzien zu erklären, sollten *Jedem* zeigen, was aus einer Philosophie werden muß, die nur objektiv logische Voraussetzungen einer fälschlich verabsolutierten Wissenschaftsstufe zu suchen pflegt. Sie hört mit der Überwindung dieser Wissenschaftsstufe eben auf, irgendeine Bedeutung zu haben.[23]

Man mag Scheler vielleicht nicht ganz zustimmen, wenn er impliziert, daß die Galilei-Newtonsche Naturansicht und eine Philosophie, die deren Begriffe verabsolutiert, durch die neuen Entwicklungen in den Naturwissenschaften völlig an Bedeutung verloren hätten. Dennoch sollte die von ihm hier geübte Kritik an der zeitgenössischen Philosophie in bezug auf seinen eigenen Standpunkt nicht unterschätzt werden. Sich selbst rechnet Scheler der Gruppe von Philosophen zu, die er "Wiedererwecker der Metaphysik" nennt.[24] Er charakterisiert diese Philosophen als erkenntnistheoretische Realisten, die bezeichnenderweise keine Metaphysik aus reinen Begriffen wollten, sondern eine Metaphysik, die auf dem Boden der Erfahrungswissenschaft ruhe. Diese besitze aber in einer apriorischen Bedeutungslehre gleichzeitig ein Sprungbrett, um mit Hilfe der Methode der Analogie über das direkt und indirekt Erfahrbare der positiven Wissenschaften noch hinauszugehen.[25] Es hat ganz den Anschein, als sähe Scheler die von ihm kritisierte Einseitigkeit in philosophischen Entwürfen, die seinem eigenen nahestehen, überwunden.

In der Tat versucht Scheler, den von ihm postulierten Anspruch, die Erkenntnisse der Fachwissenschaften von einem philosophischen Standpunkt aus für ein Ganzes einer Weltanschauung fruchtbar zu machen, zu erfüllen. Er schließt dabei auch die Ergebnisse der Physik nicht aus. In seiner unvollendet gebliebenen Anthropologie *Die Stellung des Menschen im Kosmos*[26] (1928) verweist Scheler mehrmals auf die Quantentheorie.[27] Da bei dieser Abhandlung vor allem eine Neufassung des Verhältnisses von Geist und Leben im Zentrum steht, ist es besonders interessant, daß sich Scheler hierbei explizit auf die Mikrophysik beruft.

Für Scheler sind Leben und Geist gegenseitig durchdrungen und aufeinander angewiesen. Der Geist sei ursprünglich ohnmächtig, das Leben aber allen geistigen Ideen und Werken gegenüber blind. Scheler sieht "Ziel und Ende endlichen Seins und Geschehens" erfüllt, wenn einerseits der Geist das Leben bzw. die es verkörpernde Kraft, die Scheler als "Drang" bezeichnet, mit Ideen durchdringe und so erst bedeutsam mache, während andererseits das Leben

---

23 Ebd., S. 138f.
24 Ebd., S. 205.
25 Ebd.
26 Ders.: Die Stellung des Menschen im Kosmos. In: Ders.: Ges. Werke Bd. 9: Späte Schriften. Hg. v. Manfred. S. Frings. Bern/München 1976, S. 7-71.
27 Vgl.: Ebd., S. 18, 56f.

dem Geist erst ermögliche, tätig zu werden und Ideen zu verwirklichen.[28] Dieses gegenseitige Abhängigkeitsverhältnis der niedrigen Seinsform Leben und der höheren Seinsform Geist findet Scheler in den neuen Erkenntnissen der Mikrophysik bestätigt:

> Das Mächtigste, was es in der Welt gibt, sind die ideen-, formen- und gestalt'blinden' *Kraftzentren* der anorganischen Welt als unterste Wirkpunkte dieses Dranges. Nach einer immer stärker sich verbreitenden Auffassung unserer heutigen theoretischen Physik unterliegen diese Zentren wahrscheinlich überhaupt keiner ontischen Gesetzlichkeit in ihrem Zu- und Gegeneinander, sondern nur einer Zufallsgesetzlichkeit statistischer Art. Erst der Mensch als Lebewesen bringt - nicht aus rationaler, sondern biologischer Notwendigkeit, d. h. um *handeln* zu können - dadurch, daß seine Sinnesorgane und -funktionen mehr die regelmäßigen als die unregelmäßigen Vorgänge der Welt indizieren, jene 'Naturgesetzlichkeit' in die Welt hinein, die der Verstand nachher abliest. Nicht das Gesetz ist es, das hinter dem Chaos von Zufall und Willkür im ontologischen Sinne liegt, sondern das Chaos ist es, das sich hinter dem Gesetz formalmechanischer Art türmt![29]

Was Scheler an den Erkenntnissen der theoretischen Physik interessiert, ist die Tatsache, daß innerhalb des Bereichs der kleinsten Teilchen der anorganischen Welt nicht die Gesetze eines strengen Ursache-Wirkungs-Zusammenhanges, sondern statistische Gesetze gelten. Daraus folgert er, daß Naturgesetzlichkeit keine ontische Kategorie der anorganischen Welt, keine Gesetzlichkeit an sich oder jenseits des Menschen, sondern dessen Produkt sei. Bedeutsam ist hierbei, daß Scheler in der Naturgesetzlichkeit nicht das Produkt des menschlichen Geistes sieht. Es sei nicht eine rationale, sondern eine biologische Notwendigkeit, wenn die Sinnesorgane und -funktionen regelmäßige Abläufe in die Welt indizierten. Die durch die Quantenphänomene als falsch entlarvte Verabsolutierung des Kausalgesetzes deutet Scheler in Anlehnung an die Kategorien des Pragmatismus[30] als Voraussetzung für menschliches Handeln. Schließlich ließe sich auf der Basis von Wahrscheinlichkeiten und Zufällen nicht operieren.[31]

---

28 Ebd., S. 56.

29 Ebd., S. 52f.

30 Scheler beruft sich in anderen Zusammenhängen des öfteren auf die Pragmatiker Charles S. Peirce, William James, F. C. Schiller und J. Dewey. Vgl.: Ebd., S. 63.

31 In der Schrift "Philosophische Weltanschauung" führte Scheler den Zusammenhang zwischen der biologischen Notwendigkeit der Indizierung von Naturgesetzlichkeit und Handeln deutlicher aus: "Solche Gesetze suchen wir keineswegs darum, weil wir ein besonderes Vergnügen an Gesetzen haben; sondern um willen unserer *Herrschaft* über die Welt und über uns selbst. Nur das, was gesetzmäßig wiederkehrt, läßt sich vorhersagen; und nur was sich vorhersagen läßt, läßt sich beherrschen. [...] Aber immer muß es prinzipiell möglich sein, solche Gesetze zu finden. Grund dafür ist, daß schon die sinnlichen Funktionen aller Art (Sehen, Hören, Riechen usw.), die wir zu allen möglichen *Beobachtungen* und Messungen gebrauchen, beim Menschen und bei jedem Tiere unter dem Antriebe und in den Richtungen ihres *Trieb-* und *Bedürfnis*systemes ausgebildet worden sind. So hört die Eidechse zwar jedes leiseste Rascheln, nicht aber einen Pistolenschuß. Da nun die Machtausübung eines Organismus nur diejenigen Elemente und Seiten der wirklichen Welt betreffen kann, die gleichförmig wiederkehren nach der Regel »ähnliche Ursachen, ähnliche Wirkungen«, darum ist schon unsere, ja jede *mögliche* sinnliche Erfahrung eines Tieres selbst von dem inneren Gesetze beherrscht, mehr die

Die traditionell große Bedeutung des Kausalgesetzes entspringt folglich nach Scheler keiner Fehlannahme der menschlichen Vernunft, denn diese liest nur ab, was der Mensch als Lebewesen schon in die Welt hineingebracht hat. Hier verbirgt sich ganz deutlich das Schelersche Verständnis von der gegenseitigen Abhängigkeit zwischen Geist und Leben. Erst indem der Mensch als Lebewesen eine "Naturgesetzlichkeit" mittels der sinnlichen Erfahrung in die Welt hineinträgt, wird es dem Geist möglich, tätig zu werden, das Chaos von Zufall und Willkür mit der Idee des Gesetzes zu durchdringen und ihm Bedeutung zu geben. Würde sich, so argumentiert Scheler weiter, die Lehre durchsetzen, daß alle Naturgesetzlichkeiten im letzten Grunde nur statistische Bedeutung hätten, daß alle Naturvorgänge (auch in der Mikrosphäre) schon Gesamtvorgänge seien, die aus der Wechselwirkung willkürlicher Krafteinheiten resultierten, so würde unser gesamtes Naturbild eine ungeheure Wandlung erfahren. Als die wahren ontischen Gesetze erwiesen sich dann die sogenannten Gestaltgesetze, das heißt, Gesetze, die eine gewisse Zeitrhythmik des Geschehens und, von ihr abhängig, wieder gewisse statische Gestalten des körperlichen Daseins vorschrieben.[32] Da innerhalb der physiologischen wie der psychischen Lebenssphäre nur Gesetze von der Art der Gestaltgesetze gelten würden, wäre die Gesetzlichkeit der Natur durch diese Auffassung wieder eine streng einheitliche.[33] Dies führt Scheler zu dem Schluß, daß der Begriff der "Sublimierung" auf alles Weltgeschehen formalisiert werden könnte:

> Sublimierung fände dann in jedem Grundvorgang statt, durch den Kräfte einer niedrigeren Sphäre des Seins im Werdeprozeß der Welt allmählich in den Dienst eines höher gestalteten Seins und Werdens gestellt würden, wie z. B. die zwischen den Elektronen sich abspielenden Kräfte in den Dienst der Atom*gestalt*, oder die innerhalb der anorganischen Welt tätigen Kräfte in den Dienst der Lebens*struktur*. Die Menschwerdung und die Geistwerdung müßte dann als der *bislang letzte Sublimierungsvorgang der Natur* angesehen werden (...).[34]

Scheler spinnt den von der modernen Physik aufgegriffenen Gedanken einer Ablösung der Gesetze formalmechanischer Art durch statistische weiter. Er vermutet in den Gestaltgesetzen eine neue einheitliche Gesetzlichkeit der Natur. Dies wiederum erscheint ihm als Möglichkeit, den Begriff der "Sublimierung" als Weltprinzip vorzustellen. Wie die zuletzt zitierten Ausführungen Schelers zeigen, mündet sein Rückgriff auf die Zweifel an der mechanistischen Naturgesetzlichkeit durch die Physik in die Beschreibung der Sublimierung des Anorganischen zum Leben und des Lebens zum Geiste. Diese Stufenfolge der Organisationsformen des lebendigen Daseins stellt einen der Hauptgedanken von Schelers philosophischer Anthropologie dar, mit der er

gleichförmigen als die ungleichförmigen Teile des Weltgeschehens anzumelden." (Max Scheler: Philosophische Weltanschauung. In: Ders.: Ges. Werke Bd. 9, a. a. O., S. 75-84, hier S. 77.) Bezeichnenderweise fährt Scheler auch hier mit einem Verweis auf die neuen Erkenntnisse der Physik in seiner Argumentation fort (Ebd., S. 77f.).

32 Ders.: Die Stellung des Menschen im Kosmos, a. a. O., S. 53.

33 Ebd.

34 Ebd.

gegen den angeblichen Irrtum der gesamten Philosophie des Abendlandes, gegen die Lehre von der "*Selbstmacht* der Idee" bzw. des Geistes gegenüber dem Leben, anzugehen versuchte.[35]

Natürlich ist Schelers Werk *Die Stellung des Menschen im Kosmos* mit dieser kurzen Skizzierung nicht umfassend erschlossen. Dennoch dürfte deutlich geworden sein, daß sein Vorhaben, "auf breitester Grundlage einen neuen Versuch einer Philosophischen Anthropologie zu geben"[36], wobei breiteste Grundlage für ihn bedeutet, die verschiedensten Ergebnisse der empirischen Forschung dafür fruchtbar zu machen, neben Wolfgang Köhlers Versuchen mit Affen und Arbeiten des amerikanischen Zoologen Jennings maßgeblich durch die Erkenntnisse der modernen Physik geprägt wurde. Da es sich hier nicht nur um ein marginales Werk des Philosophen Scheler handelt, sondern um eine Schrift, die nach ihrer Veröffentlichung einen großen Erfolg hatte,[37] scheint es berechtigt, diesen Aspekt hervorzuheben, zumal viele Verweise auf die Quantentheorie in den nachgelassenen Schriften die Bedeutung der modernen Physik für Schelers Spätwerk unterstützen.[38]

Für Scheler sind die Erkenntnisse der theoretischen Physik nur Erkenntnisse einer Einzelwissenschaft, die man in Rücksicht auf eine Universalphilosophie reflektieren kann oder muß - wenn sie der eigenen Argumentation zuträglich sind -, die aber nicht verabsolutiert werden dürfen. Konsequenterweise widmete Scheler den neuen Ideen der Physik auch keine eigenständige Abhandlung. Andere Philosophen wie Ernst Cassirer und Moritz Schlick haben der modernen Physik einen breiteren Raum in ihren Werken zugestanden. Auch der englische Astronom und Astrophysiker Arthur Stanley Eddington hat in einigen seiner Schriften die moderne Physik allein zum Gegenstand philosophischer Reflexionen gemacht. Da sich sowohl Cassirer als auch Schlick auf Eddington beziehen, soll im folgenden kurz skizziert werden, wie Eddington die moderne Physik unabhängig von der Kopenhagener Deutung der Quantenmechanik interpretierte.

3. 1. 2. Arthur Stanley Eddington

Arthur Stanley Eddington, der durch seine bedeutenden Arbeiten auf dem Gebiet der Astrophysik, aber auch durch seine Beiträge zur Relativitätstheorie und zur Quantenphysik zu den führenden Köpfen unter den naturwissenschaft-

---

35 Ebd., S. 50.

36 Ebd., S. 11.

37 Vgl. hierzu: Otto Friedrich Bollnow: Die Angst ist der Schwindel der Freiheit. In: Jahrhundertwende. Der Aufbruch in die Moderne. 1880-1930. Hg. v. August Nitschke u. a. 2 Bde. Reinbek bei Hamburg 1990, S. 141-169, hier S. 149.

38 Vgl.: Max Scheler: Manuskripte zu den Metaszienzien. In: Ders.: Ges. Werke Bd. 11: Schriften aus dem Nachlass Bd. II: Erkenntnisse und Metaphysik. Hg. v. Manfred S. Frings. Bern/München 1979, S. 125-184, hier bes. S. 125-156.

lichen Forschern der Zeit zählte, sah sich wie Bohr und Heisenberg durch die unvermeidlichen Anforderungen des eigenen Gegenstandes gezwungen, Erkenntnistheoretiker zu werden. So rechtfertigte er seine philosophischen Forschungen in seinem 1939 erschienenen Buch *Die Philosophie der Naturwissenschaft*,[39] in dem er darlegte, wie wichtig es für die Physik sei, "nach dem Plan im Geiste des Beobachters" zu suchen.[40] Doch schon 1928 hatte Eddington seine Interpretation der modernen Physik in der über 300 Seiten starken populärwissenschaftlichen Abhandlung *Das Weltbild der modernen Physik und ein Versuch seiner philosophischen Deutung*[41] dargelegt. Die Erkenntnisse der Relativitätstheorie einerseits und der Quantentheorie andererseits ließen ihn zu dem Schluß kommen, daß "die Welt, welche die Physik zu beschreiben versucht, aus der Vereinigung zweier Baupläne entsteht", dem Bauplan der objektiven Welt und dem Bauplan unseres Bewußtseins.[42] Der Geist habe alles Naturgeschehen vermöge seiner selektiven Kraft einem Gerüst von Gesetzen eingepaßt, dessen Plan in weitgehendem Maße seine ureigenste Schöpfung sei. Deshalb gewänne er bei der Entdeckung dieser Gesetze nur das von der Natur zurück, was er vorher in sie hineingelegt habe.[43] Eddington geht ähnlich wie Scheler davon aus, daß der Mensch die Naturgesetzlichkeit selbst hervorgebracht und insofern mit der Entdeckung dieser Gesetzlichkeit kein ontologisches Wissen erlangt hat. Vergleichbar mit Scheler vertritt Eddington folglich die Ansicht, daß die von der Physik aufgefundenen Gesetze keine Gesetze der Natur, keine Gesetze unabhängig vom Menschen sind. Er sieht darin allerdings, im Gegensatz zu Scheler, keine biologische Notwendigkeit. Vielmehr wurzelt für Eddington der subjektive Charakter der physikalischen Gesetze im menschlichen Denken. Daher liegt die revolutionäre Leistung der Relativitätstheorie und der Quantentheorie seiner Meinung nach darin, daß sie die erkenntnistheoretische Problematik für die Physik wiederentdeckt haben.[44]

Vor dem Hintergrund dieser erkenntnistheoretischen Deutung der modernen Physik, die Eddington später als eine Philosophie zwischen "selektivem Subjektivismus" und "Strukturalismus" bezeichnete,[45] verteidigte er sowohl idealistische als auch mystische Gedanken. Deutlich wird dies, wenn Eddington in *Das Weltbild der Physik* davon spricht, daß der Stoff der Welt "Geist-Stoff" sei.[46] Damit meint er, wie er später in *Die Philosophie der Naturwissen-*

---

39 Arthur Stanley Eddington: Die Philosophie der Naturwissenschaft. (Das ist: The Philosophy of Physical Science. London 1939.) Bern 1949, S. 15.

40 Ebd., S. 37.

41 Ders.: Das Weltbild der Physik und ein Versuch seiner philosophischen Deutung. Braunschweig 1931. (Das ist: The Nature of the Physical World. London 1928.)

42 Ebd., S. 237.

43 Ebd., S. 241.

44 Vgl.: Ders.: Die Philosophie der Naturwissenschaft, a. a. O., S. 225.

45 Ebd., S. 7.

46 Ders.: Das Weltbild der Physik, a. a. O., S. 271.

schaft präziser ausführte, daß wir nur die Struktur der objektiven Welt kennen würden, diese Struktur aber letzten Endes nur unser eigenes Bewußtsein widerspiegle.[47] Er folgert daraus, daß mit dieser Erkenntnis der Dualismus Bewußtsein - Materie abgeschafft sei.[48] An einer anderen Stelle in *Das Weltbild der Physik* bemerkt Eddington, daß wir die geistigen Phantasiegebilde ausgemerzt hätten, um zu der ihnen zugrundeliegenden Realität zu gelangen. Dabei hätten wir entdeckt, daß die Realität des Urgrundes unlösbar mit einer ihm innewohnenden Fähigkeit, eben diese Phantasiegebilde im Geiste zu erwecken, verknüpft sei.[49] Könnte man diese Formulierungen noch als bloße Anklänge an Idealismus und Mystizismus verstehen, so wird bei folgendem Zitat offensichtlich, daß Eddington den Mystizismus bewußt verteidigt:

> Wenn wir an die glitzernden Wellen denken, die sich zu einem Lächeln kräuseln, so erteilen wir dieser Naturszene offenbar eine Bedeutung, die nicht in ihr war. Den physikalischen Elementen des Wassers - den kleinen bewegten elektrischen Ladungen - lag sicher jede Absicht fern, den Eindruck zu erwecken, daß sie glücklich seien. Aber ebenso fern lag ihnen die Absicht, den Eindruck von Substanz oder Farbe oder geometrischer Wellenform zu vermitteln. Wenn überhaupt in diesem Zusammenhang von einer Absicht die Rede sein kann, so war es die Absicht, gewissen Differentialgleichungen zu genügen, und auch das nur, weil sie Geschöpfe des Mathematikers sind, der nun einmal eine Vorliebe für Differentialgleichungen hat. Weder die physikalische noch die mystische Bedeutung der Szene liegt dort in der Außenwelt, sie ist hier, in unserem Geist.[50]

Es bedarf angesichts dieser Äußerungen keiner böswilligen Interpretation, die einen Vertreter der exakten Wissenschaften durch den Nachweis latenter Neigung zum Mystizismus diffamieren will, um eine Verteidigung mystischer und idealistischer Inhalte durch Eddington gegeben zu sehen.[51] Eddington stellt das mathematische Verfahren, die Beschreibungsmethoden der Naturwissenschaften auf die gleiche Ebene mit mystischen Erlebnissen. Er sieht keinen Unterschied zwischen einer Beschreibung von Wasserwellen mit Hilfe von Bewegungsgleichungen oder mittels einer Projektion menschlicher Gefühle. Beide Beschreibungsarten, die eine nicht mehr als die andere, sind für Eddington subjektiven Ursprungs, sind dem menschlichen Geist entsprungen.

Diesem Gedankengang folgend, kommt Eddington am Ende seines Buches *Das Weltbild der Physik* zu einem optimistischen Resümee. Indem wir erkennen würden, daß die physikalische Welt vollkommen abstrakt sei und, abgesehen von ihrer Bindung zum Bewußtsein, 'keinerlei Tatsächlichkeit' besitze, setzten wir das Bewußtsein wieder in eine fundamentale Stellung ein, anstatt es als unwesentliche Komplikation anzusehen, die in einem späten Entwicklungsstadium inmitten der anorganischen Natur dann und wann

---

47 Ders.: Die Philosophie der Naturwissenschaft, a. a. O., S. 181.
48 Ebd., S. 190.
49 Ders.: Das Weltbild der Physik, a. a. O., S. 313.
50 Ebd., S. 322.
51 Eine 'böswillige' Interpretation ist schon deshalb nicht notwendig, weil Eddington selbst von einer "Verteidigung des Mystizismus" spricht. Vgl. ebd., S. 316.

angetroffen würde.[52] Es hat fast den Anschein, als sei Eddington sichtlich erleichtert, nach einer langen Phase des Irrtums, nach der fälschlichen Trennung von Subjekt und Objekt, nun endlich dem menschlichen Geist die ihm rechtmäßig zukommende Rolle in allen Wissensgebieten zurückerstatten zu können. Zu dieser Befreiung der Naturwissenschaft vom materialistisch-mechanistischen Weltbild sieht sich Eddington hauptsächlich dadurch gerechtfertigt, daß durch die Entwicklung der modernen Physik der "symbolische Charakter der physikalischen Größen" allgemein erkannt worden sei.[53] Wie mit der Formulierung 'symbolischer Charakter' schon anklingt, verfolgt Eddington mit der von ihm als notwendig erachteten Verschiebung der Frage nach dem Wissen über die objektive Realität zu der Frage nach dem Wissen des Beobachters eine ähnliche Intention wie Ernst Cassirer. So ist es auch nicht weiter verwunderlich, wenn sich dieser Philosoph sowohl mit der Relativitäts- als auch mit der Quantentheorie intensiv auseinandersetzte und dabei auch auf die Schriften Eddingtons zurückgriff.[54]

3. 1. 3. Ernst Cassirer

In seinem Hauptwerk *Philosophie der symbolischen Formen*[55] hat Cassirer seine Philosophie vom Menschen als symbolschaffendem Wesen niedergelegt. Dabei faßte er unter dem Begriff des Symbols den Gesamtbereich der menschlichen Wirklichkeitsdeutung. Sprache, Kunst, Mythos, Religion und Wissenschaft sind für Cassirer Ausdruck der symbolschaffenden Tätigkeit des Menschen. Weniger bekannt als seine *Philosophie der symbolischen Formen* sind seine erkenntnistheoretischen Arbeiten, die sich speziell auf die naturwissenschaftliche Erkenntnis beziehen. Schon 1910 hat Cassirer in seiner Abhandlung *Substanzbegriff und Funktionsbegriff. Untersuchungen über die Grundfragen der Erkenntniskritik*[56] die naturwissenschaftliche Erkenntnis als ein Operieren mit funktionsbestimmten Symbolen definiert. 1921 veröffentlichte er eine Arbeit *Zur Einsteinschen Relativitätstheorie. Erkenntnistheoretische Betrachtungen*[57], in der er die neuen Erkenntnisse durch die Relativitätstheorie bei der Analyse der mathematischen und naturwissenschaftlichen Begriffsbildung berücksichtigte. Bei dem großen erkenntnistheoretischen Interesse, das

52 Ebd., S. 325.

53 Ebd., S. 324.

54 Vgl. z. B. die Literaturliste in Ernst Cassirer: Determinismus und Indeterminismus in der modernen Physik. In: Zur modernen Physik. Darmstadt 1957 [zuerst: Göteborg 1937], S. 127-376, hier S. 394-397.

55 Ders.: Philosophie der symbolischen Formen. 3 Bde. Berlin 1923. 2. Aufl. Oxford 1954.

56 Ders.: Substanzbegriff und Funktionsbegriff. Untersuchungen über die Grundfragen der Erkenntniskritik. Berlin 1910.

57 Ders.: Zur Einsteinschen Relativitätstheorie. Erkenntnistheoretische Betrachtungen. Berlin 1921.

Cassirer gerade den Naturwissenschaften - und nicht nur dem Mythos, wie manch einer glauben mag - entgegenbrachte, konnte Cassirer die zweite entscheidende Entwicklung, die die theoretische Physik zu Beginn des 20. Jahrhunderts nahm, nicht ignorieren. Dementsprechend bekennt er in der Vorrede zu der 1937 veröffentlichten Abhandlung *Determinismus und Indeterminismus in der modernen Physik*[58], daß sich die Erkenntnistheorie der "Bereicherung und Vertiefung, die die moderne theoretische Physik durch die neue und schärfere Fassung ihrer Grundbegriffe erfahren hat", nicht verschließen könne und solle.[59] Was seine eigene Grundanschauung betrifft, bemerkt er in dieser Vorrede, daß sie sich in den eigentlich wesentlichen Zügen gegenüber seiner Schrift *Substanzbegriff und Funktionsbegriff* nicht geändert habe. Er glaube, diese Anschauung auch heute noch aufrechterhalten zu können, ja "sie auf Grund der Entwicklung der modernen Physik schärfer formulieren und besser begründen zu können, als es früher der Fall war."[60]

Bevor sich Cassirer jedoch den erkenntnistheoretischen Problemen der Quantentheorie zuwendet, stellt er seinen Standpunkt durch eine historische Betrachtung des Kausalitätsgedankens in der abendländischen Philosophie und klassischen Physik dar. Für Cassirer handelt es sich bei dem Kausalitätsgesetz um ein "a priori gegebenes, ein transzendentales Gesetz", weil das Suchen nach immer allgemeineren Gesetzen ein Grundzug bzw. ein "regulatives / [!] Prinzip unseres Denkens" sei.[61] Insofern sei der Kausalsatz ein Satz über Erkenntnisse und nicht ein Satz über Dinge und Ereignisse.[62] Jeder echte Kausalsatz, jedes Naturgesetz enthalte nicht eine Voraussage künftiger Ereignisse, sondern ein Versprechen künftiger Erkenntnisse.[63] Von dieser Position aus betrachtet, stellt die viel beklagte Kausalitätskrise der Quantenphysik für Cassirer gar keine Krise dar. Ganz im Gegenteil sieht Cassirer in der Umbildung des Kausalschemas in der Quantentheorie den Beweis für die Richtigkeit seiner Modifikation der Kantschen Vernunftkritik in eine dynamische Sicht der Organisationsprinzipien menschlichen Denkens. Wenn die Physik aufgrund des neuen Tatsachenmaterials und der neuen theoretischen Aufgaben ihren Begriffsapparat erweitert und umgebildet habe, so gebe sie damit ihre allgemeine Struktur nicht auf, sondern zeige nur, daß diese nicht starr, sondern beweglich zu denken sei.[64] Ganz zu Recht weist Cassirer an

---

58 Ders.: Determinismus und Indeterminismus in der modernen Physik, a. a. O.
59 Ebd., S. 131.
60 Ebd.
61 Ebd., S. 200.
62 Ebd., S. 203.
63 Ebd., S. 203f.
64 Ebd., S. 212. An einer anderen Stelle führt Cassirer diesen Gedanken explizit aus: "Von all den verschiedenen Erklärungen des Kausalbegriffs, die die 'Kritik der reinen Vernunft' gegeben hat, ist vielleicht die genaueste und be/friedigenste [sic!] die, in der gesagt wird, daß dieser Begriff nichts anderes als eine *Anweisung zur Bildung bestimmter Erfahrungsbegriffe* bedeute. 'Daß alles, was geschieht, eine Ursache habe, kann gar nicht aus dem Begriff dessen, was überhaupt geschieht, geschlossen werden; vielmehr zeigt

einer anderen Stelle darauf hin, daß die Forderung nach Gesetzlichkeit, nach funktionaler Bestimmung, durch die Quantentheorie überhaupt nicht in Frage gestellt wird.[65] Die wesentlichen Probleme, die die Quantenmechanik der Erkenntnistheorie stelle, beträfen in erster Linie nicht die Kategorie von 'Ursache' und 'Wirkung', sondern die Kategorie von 'Ding' und 'Eigenschaft', von 'Substanz' und 'Accidens'.[66] Die Um- und Neubestimmung des physikalischen Objektbegriffes, die der radikal veränderten erkenntnistheoretischen Situation der Physik Rechnung tragen soll, charakterisiert Cassirer wie folgt:

> Wir *besitzen* nicht länger ein an sich bestehendes, absolut-determiniertes Sein, von dem wir die Gesetze unmittelbar ablesen und dem wir sie als seine Attribute 'anheften' können. Was in Wahrheit den Inhalt unseres empirischen Wissens ausmacht, ist vielmehr der Inbegriff der Beobachtungen, die wir zu bestimmten Ordnungen zusammenfassen und die wir, dieser Ordnung gemäß, durch theoretische Gesetzesbegriffe darstellen können. So weit die Herrschaft dieser Begriffe reicht, so weit reicht unser objektives Wissen. Es gibt 'Gegenständlichkeit' oder objektive 'Wirklichkeit', weil und sofern es Gesetzlichkeit gibt - nicht umgekehrt.[67]

Demnach ist die objektive Wirklichkeit, also das, was die Physik zum Gegenstand ihrer Untersuchung macht, nicht unabhängig und zuvor gegeben. Das physikalische Sein wird erst durch die empirische und theoretische Bestimmbarkeit konstituiert. Für Cassirer besteht das Bedeutende der modernen Physik darin, daß sie gezwungen wurde, ihre Begriffs- und Messungsverfahren einer kritischen Analyse zu unterwerfen. Innerhalb ihrer

---

der Grundsatz, wie man allererst von dem, was geschieht, einen bestimmten Erfahrungsbegriff bekommen könne.' Die Unbestimmtheits-Relationen haben dieser Feststellung etwas Neues und erkenntnistheoretisch sehr Bedeutsames hinzugefügt. Sie haben gezeigt, daß beim Übergang zu neuen Problemkreisen der naturwissenschaftlichen Erkenntnis die alten Begriffe nicht einfach übernommen und mitgeführt werden dürfen, sondern daß sie in jedem Falle einer neuen Bestimmung und Deutung bedürfen, um ohne Widerspruch anwendbar zu sein. Auch wenn wir den allgemeinen Kausalsatz festhalten, haben wir uns daher, beim Fortgang zu den Phänomenen und Problemen der Atomphysik, zunächst darüber Rechenschaft zu geben, wie wir, unter den veränderten Bedingungen, diesen Satz so benutzen können, daß er seiner allgemeinen Aufgabe gerecht wird - daß er uns lehrt, von dem, was geschieht, einen 'bestimmten Erfahrungsbegriff' zu bekommen. Wir können die Erreichung dieses Ziels nicht durch einen dogmatischen Machtspruch erzwingen; wir müssen uns in der Aufstellung bestimmter Erfahrungsbegriffe von der Erfahrung selbst leiten lassen. Zeigt die Erfahrung, daß unserer Beobachtung ganz bestimmte, exakt-formulierbare Grenzen gesetzt sind, so dürfen wir uns in unserer empirischen Begriffsbildung über diese Grenzen nicht willkürlich hinwegsetzen. Wir müssen vielmehr unseren kausalen Urteilen eine solche Fassung geben, daß sie mit ihnen verträglich bleiben: daß sie die neuen Bedingungen, die jetzt für die Anwendung des kausalen Denkens und Schließens aufgewiesen sind, respektieren. Eben dies ist, wie mir scheint, der Weg gewesen, den die Quantenmechanik gegangen ist. Auf die Forderung der *Determination* als solche hat sie keineswegs verzichtet; aber sie hat neue Begriffsmittel ausarbeiten müssen, um ihr gerecht zu werden und, mittels ihrer, in den neuerschlossenen Tatsachenbereich erfolgreich vordringen zu können." (Ebd., S. 272f.).

65 Ebd., S. 319.

66 Ebd., S. 346.

67 Ebd., S. 279.

Entwicklung seien die Unbestimmtheits-Relationen ein bedeutsamer Schritt gewesen.[68] Dieser Prozeß habe zu einer Umkehrung des Verhältnisses von Gegenstandsbegriff und Gesetzesbegriff geführt, indem nun der Gesetzesbegriff dem Gegenstandsbegriff vorgeordnet und nicht mehr wie früher nach- und untergeordnet sei.[69] Zu jenem "naiven Realismus", der von einem festbestimmten Sein ausgegangen sei, das gewisse konstante Eigenschaften besitze und mit anderem Sein in bestimmte Beziehungen trete, die durch Naturgesetze ausgedrückt würden, führe nach den neuen Erkenntnissen der Physik kein Weg mehr zurück.[70] Und so fühlt sich Cassirer durch die Probleme der Atomphysik darin betätigt, auf eine Formulierung zurückzugreifen[71], die er bereits 1910 in seiner Schrift *Substanzbegriff und Funktionsbegriff* verwendet hatte. Seiner Meinung nach gebe sie in aller Deutlichkeit Einblick in seine Auffassung von der menschlichen Wirklichkeitsaneignung:

> Wir erkennen somit nicht 'die Gegenstände' - als wären sie schon zuvor und unabhängig *als Gegenstände bestimmt* und gegeben -, sondern wir erkennen *gegenständlich*, indem wir innerhalb des gleichförmigen Ablaufs des Erfahrungsinhalts bestimmte Abgrenzungen schaffen und bestimmte dauernde Elemente und Verknüpfungszusammenhänge fixieren. Der Begriff des Gegenstandes ist, in diesem Sinne genommen, keine letzte *Schranke* des Wissens mehr... Er bezeichnet den logischen Besitzstand des Wissens selbst - nicht ein dunkles Jenseits, das sich ihm jetzt und für immer entzieht. So ist das 'Ding' nicht mehr die unbekannte Sache, die als bloßer Stoff vor uns liegt, sondern ein Ausdruck für die Form und den Modus des Begreifens selbst. [...] Aus diesem Zusammenhang heraus erklärt sich erst die eigentümliche Wandelbarkeit, die sich im *Inhalt* der wissenschaftlichen Objektbegriffe kundtut [...].[72]

Faßt man die Schlußfolgerungen, die Cassirer aus der Entwicklung der Physik infolge der Quantentheorie zieht, vor dem Hintergrund seines Hauptwerkes zusammen, so kann man sagen, daß er in den Problemen der Atomphysik eine Bestätigung seiner Philosophie der symbolischen Formen sieht. In diesem Sinne stellt sich die naturwissenschaftliche Bearbeitung und Darstellung der Außenwelt als ein Erzeugen von Symbolen dar, die die objektive Welt nicht widerspiegeln, sondern konstituieren. Cassirers Verständnis der (Natur-) Wissenschaft als fundamentale Funktion der symbolbildenden Tätigkeit des Menschen tangiert einen zentralen Aspekt seiner Kulturphilosophie: das Vermögen des Menschen, ein 'Ideal', eine eigene symbolische Welt, die Kultur des Menschen zu schaffen.

Blickt man noch einmal auf die hier vorgestellten philosophischen Erörterungen zur modernen Physik zurück, so fällt auf, daß Scheler, Eddington und Cassirer darin übereinstimmen, in den Erkenntnissen der Relativitäts- und der Quantentheorie einen Beweis dafür zu erblicken, daß auch die naturwissen-

68 Ebd., S. 278.
69 Ebd.
70 Ebd.
71 Ebd., S. 286.
72 Ebd.

schaftlichen Erkenntnisse nicht unabhängig vom Menschen verstanden werden können. Trotz dieser Gemeinsamkeit sollen die sicherlich bestehenden und auch gravierenden Unterschiede zwischen den einzelnen philosophischen Konzepten nicht verwischt werden. Dennoch sei es erlaubt, den gerade von Eddington und Cassirer so betonten apriorischen Charakter des physikalischen Wissens, die untergeordnete Rolle der Sinnenbeobachtung vor dem denkenden Bewußtsein, einmal besonders hervorzuheben, denn diese Deutung der modernen Physik war weit verbreitet. Nicht nur Eddington und Cassirer, auch José Ortega y Gasset, der vor allem in den dreißiger, vierziger und fünfziger Jahren in Deutschland viel rezipiert wurde,[73] unterstreicht die Wiederentdeckung des Subjekts beim Erkenntnisprozeß durch die Physik. Schon 1928 ist bei Ortega zu lesen, daß Wissenschaft nie Empirie, Beobachtung und Gegebenheit a posteriori, sondern Konstruktion a priori bedeute[74]. In keiner empirischen Wissenschaft spielten Tatsachen eine bescheidenere Rolle als in der Physik,[75] da sie sich auf "die am wenigsten determinierte Eigenform", die Materie und damit auf die Mikrophysik beziehe.[76]

Der Grundgedanke in all diesen Kommentaren zur modernen Physik - daß die viel gepriesene Objektivität der Naturwissenschaften nicht unproblematisch ist - findet sich in ähnlicher Form schon bei Heisenberg, wenn er zu bedenken gibt, daß das, was die Physik beobachte, nicht die Natur an sich, sondern die unserer Fragestellung ausgesetzte Natur sei.[77] Und im Grunde genommen schlägt Edmund Husserl mit seiner Wissenschaftskritik in die gleiche Kerbe, wenn er den von den Wissenschaften erzeugten Schein des Objektivismus in seiner Abhandlung *Die Krisis der europäischen Wissenschaften und die transzendentale Phänomenologie* kritisiert. Gerechterweise muß man dazu sagen, daß er in der neuen Atomphysik keine Überwindung dieser Krise sah.[78] Husserl schätzte die neuen Entwicklungen in den Grundlagen der Physik weniger optimistisch ein als zum Beispiel Eddington.

---

73 Vgl. dazu: Gesamtverzeichnis des deutschsprachigen Schrifttums (GV) 1911-1965. Hg. v. Reinhard Oberschelp. Bd. 97: On-Oz. München u. a. 1979, S. 176-179. Die Vielzahl der Werke und die hohen Auflagen einiger Bücher zeugen von der Relevanz Ortegas im deutschsprachigen Raum.

74 José Ortega y Gasset: Hegels Philosophie der Geschichte und die Historiologie. (1928). In: Ders.: Ges. Werke Bd. 3. Stuttgart 1978, S. 360-385, hier S. 367. Dieser Aufsatz wurde von Helene Weyl, der Frau Hermann Weyls, übersetzt. Ortega war mit dem Ehepaar Weyl befreundet. Hermann Weyl war ein Schüler von Albert Einstein und wurde durch seine Philosophie der Mathematik und Naturwissenschaften bekannt. Auf ihn bezieht sich Ortega bei seinen Äußerungen zur modernen Physik.

75 Ebd., S. 368. Vgl. auch: Ders.: Was ist Philosophie (1958). In: Ders.: Ges. Werke, Bd. 5, a. a. O., S. 313-515, hier vor allem S. 345-377.

76 Ders.: Hegels Philosophie der Geschichte, a. a. O., S. 373.

77 Werner Heisenberg: Die Kopenhagener Deutung der Quantentheorie. In: Ders.: Physik und Philosophie. Stuttgart 1959, S. 27-42, hier S. 41. Vgl. auch Kapitel 2. 2. 3. der vorliegenden Studie.

78 "Er [Galilei] entdeckt gegenüber der *universalen Kausalität der anschaulichen Welt* (als ihrer invarianten Form) das, was seither ohne weiteres das *Kausalgesetz* heißt, die

3. 1. 4. Moritz Schlick

Einen ganz anderen Zugang zu den Problemen, die die moderne Physik aufwarf, suchte Moritz Schlick, der Begründer des Wiener Kreises. Die Art, wie Scheler die Erkenntnisse der Quantenphysik in sein philosophisches Konzept einbaute und sie aus der Sicht eines "Erweckers der Metaphysik" deutete, oder wie Eddington, Cassirer und Ortega mittels ihrer Interpretation der Wandlung des naturwissenschaftlichen Weltbildes Ideen des Idealismus transportierten, waren mit dem logischen Empirismus, der Philosophie des Wiener Kreises, nur schwer zu vereinen.

Von einem empiristischen Standpunkt aus betrachtet, muß Cassirers oder Ortegas Schlußfolgerung, daß eine Erkenntnis der objektiven Wirklichkeit durch Beobachtung, durch Urteile a posteriori, nicht möglich und dies durch die neuesten Entwicklungen in der Physik bestätigt sei, auf den schärfsten Widerspruch des Empiristen Schlick stoßen. Schlicks Auseinandersetzung mit zwei philosophischen Abhandlungen, Hugo Bergmanns *Der Kampf um das Kausalgesetz in der jüngsten Physik*[79] und Thilo Vogels *Zur Erkenntnistheorie der quantentheoretischen Grundbegriffe*[80] können diese Behauptung erhärten. Die beiden Autoren Bergmann und Vogel verträten, so referiert Schlick, in ihren Arbeiten die Meinung, daß die Quantentheorie weder die Richtigkeit noch die Falschheit des Kausalprinzips ermittelt habe. Der Kausalsatz sei ihrer Meinung nach ein synthetisches Urteil a priori im Sinne Kants. Weil auf ihm schließlich die Möglichkeit der Erfahrung beruhe, könne er durch Erfahrung weder bestätigt noch widerlegt werden.[81] So wie Schlick es darstellt, äußern Bergmann und Vogel eine ähnliche Ansicht wie Cassirer, der mit den gleichen Argumenten eine Kausalitätskrise durch die moderne Physik nicht gegeben sah. Schlick lehnt diesen Standpunkt ab. Für ihn gibt es kein synthetisches Urteil a priori, das eine echte Erkenntnis ausspricht, wie es mit dem Wort

---

'apriorische Form' der 'wahren' (idealisierten und mathematisierten) *Welt*, das 'Gesetz der exakten Gesetzlichkeit', wonach *jedes Geschehen* der 'Natur' - der idealisierten - *unter exakten Gesetzen* stehen muß. Das alles ist Entdeckung-Verdeckung, und wir nehmen das bis heute als schlichte Wahrheit. Es ändert sich ja im Prinzipiellen nichts durch die angeblich philosophisch umstürzende Kritik 'des klassischen Kausalgesetzes' von Seiten der neuen Atomphysik. Denn bei allem Neuen verbleibt doch, wie mir scheint, das *prinzipiell Wesentliche*: die *an sich mathematische Natur*, die in Formeln gegebene, aus den Formeln erst heraus zu interpretierende." (Edmund Husserl: Die Krisis der europäischen Wissenschaften und die transzendentale Phänomenologie. Eine Einleitung in die phänomenologische Philosophie. Hg., eingel. u. mit Registern versehen v. Elisabeth Ströker. 2. verb. Aufl. Hamburg 1982, S. 57).

79 Hugo Bergmann: Der Kampf um das Kausalgesetz in der jüngsten Physik. Braunschweig 1929.

80 Thilo Vogel: Zur Erkenntnistheorie der quantentheoretischen Grundbegriffe. Diss. Gießen 1928.

81 Moritz Schlick: Das Kausalgesetz in der gegenwärtigen Physik (1931). In: Ders.: Gesetz, Kausalität und Wahrscheinlichkeit [Zuerst erschienen als: Gesammelte Aufsätze. 1926-1936. Wien 1938]. Wien 1948, S. 3-55, hier S. 30.

'synthetisch' anklingen soll. Vielmehr enthielte ein Satz nur dann eine Erkenntnis, wenn er überhaupt etwas über die Wirklichkeit aussage. Deshalb müsse sich auch durch Beobachtung der Wirklichkeit feststellen lassen, ob die Aussage wahr oder falsch sei. Bestehe eine Möglichkeit der Prüfung prinzipiell nicht, so müsse der Satz nichtssagend sein und könne keine Naturerkenntnis enthalten.[82] Folglich sind nur diejenigen Sätze für Schlick erkenntniserweiternd, die durch eine Beobachtung überprüfbar sind. In diesem Sinne liegt der Erkenntnisfortschritt der Quantentheorie für Schlick darin, daß mittels der Unschärferelationen nun von einer "empirischen Prüfung des Kausalprinzips"[83] gesprochen werden könne:

> Das Neue, was die jüngste Physik zur Kausalitätsfrage beiträgt, besteht nicht darin, daß die Geltung des Kausalsatzes überhaupt bestritten wird, auch nicht darin, daß etwa die Mikrostruktur der Natur durch statistische statt durch kausale Regelmäßigkeiten beschrieben würde, oder darin, daß die Einsicht in eine bloß wahrscheinliche Geltung der Naturgesetze den Glauben an ihre absolute Gültigkeit verdrängt hätte - alle diese Gedanken sind schon früher, zum Teil vor langer Zeit, ausgesprochen worden -, sondern das Neue besteht in der bis dahin nie vorausgeahnten Entdeckung, daß durch die Naturgesetze selbst eine prinzipielle Grenze der Genauigkeit von Voraussagen festgesetzt ist. Das ist etwas ganz anderes als der naheliegende Gedanke, daß tatsächlich und praktisch eine Genauigkeitsgrenze von Beobachtungen vorhanden sei, und daß die Annahme absolut genauer Naturgesetze auf jeden Fall entbehrlich sei, um von allen Erfahrungen Rechenschaft zu geben.[84]

Die Errungenschaft der modernen Physik besteht für Schlick darin, daß mit Hilfe eines Naturgesetzes, der Heisenbergschen Unschärferelationen, genau festgelegt ist, in welchen Grenzen das Kausalitätsprinzip gültig ist. Das bedeutet mit anderen Worten: Wenn wir in einem Bereich der Natur Kausalzusammenhänge beobachten und in einem anderen Bereich entdecken, daß diese Kausalzusammenhänge dort nicht gegeben sind, dann beruht Erfahrung nicht auf dem Kausalitätsprinzip. Folglich kann das Kausalprinzip auch kein unüberprüfbares synthetisches Urteil a priori sein.

Man darf Schlick allerdings nicht dahingehend mißverstehen, daß er das Kausalprinzip für eine Aussage über die Wirklichkeit halte. Für ihn entpuppen sich Naturgesetze bei strenger Analyse nicht als Aussagen, die wahr oder falsch sind, sondern als "Anweisungen" zur Bildung von solchen Aussagen.[85] Der Kausalsatz teile uns nicht direkt eine Tatsache mit, etwa die Regelmäßigkeit der Welt, sondern er stelle eine Aufforderung, eine Vorschrift dar, "Regelmäßigkeit zu suchen, die Ereignisse durch Gesetze zu beschreiben." Eine solche Anweisung sei nicht wahr oder falsch, sondern gut oder schlecht, nützlich oder zwecklos. Die Quantenphysik lehre uns, daß das Prinzip innerhalb der durch die Unbestimmtheitsrelationen genau festgelegten Grenzen schlecht, nutz- oder zwecklos sei. Innerhalb jener Grenzen sei es unmöglich,

---

82 Ebd.
83 Ebd., S. 28.
84 Ebd., S. 27f.
85 So wie das folgende ebd., S. 35.

nach Ursachen zu suchen. Die Quantenphysik gebe uns einen Leitfaden zu jenem Tun, das man Naturforschung nenne, da sie eine Vorschrift gegen das Kausalprinzip sei. Wenn Schlick das Kausalprinzip als eine Art 'regulatives Prinzip' versteht, nähert er sich einerseits wieder Kant an;[86] andererseits kehrt er aber die Schlußfolgerung, die Cassirer aus dieser Vorstellung gezogen hatte, gerade um:

> (...): das Kausalprinzip ist kein *Postulat* in dem Sinne, wie dieser Begriff bei früheren Philosophen auftritt, denn dort bedeutet es eine Regel, an der wir *unter allen Umständen* festhalten müssen. Über das Kausalprinzip aber entscheidet die Erfahrung; zwar nicht über seine Wahrheit oder Falschheit - das wäre sinnlos -, sondern über seine Brauchbarkeit. Und die Naturgesetze selbst entscheiden über die Grenzen der Brauchbarkeit: darin liegt das Neue der Situation. Postulate im Sinne der alten Philosophie gibt es gar nicht. Jedes Postulat kann vielmehr durch eine aus der Erfahrung gewonnene Gegenvorschrift begrenzt, d. h. als unzweckmäßig erkannt und dadurch aufgehoben werden.[87]

Ähnlich wie Cassirer sieht Schlick das 'regulative Prinzip' einem stetigen Umwandlungsprozeß unterworfen. Cassirer deutet die Unschärferelation jedoch so, daß die Erfahrung gezeigt habe, daß unserer Beobachtung "ganz bestimmte, exakt-formulierbare Grenzen gesetzt" seien. Wir dürften uns infolgedessen in unserer empirischen Begriffsbildung nicht willkürlich über diese Grenzen hinwegsetzen, sondern müßten uns bei der Aufstellung bestimmter Erfahrungsbegriffe von der Erfahrung selbst leiten lassen. Dabei müßten wir unseren kausalen Urteilen eine solche Fassung geben, daß sie die neuen Bedingungen, die jetzt für die Anwendung des kausalen Denkens und Schließens aufgewiesen seien, respektierten.[88] Die Modifikation der empirischen Begriffsbildung wird für Cassirer durch die Beschränkung der Beobachtung erzwungen. Ganz anders bei Schlick: Für ihn setzen die Unschärferelationen nicht Genauigkeitsgrenzen für die Beobachtung fest, sondern die Entdeckung eines bis dahin unbekannten physikalischen Wirklichkeitsbereiches. Die Beobachtung, die Erfahrung selbst begrenzt das Postulat des Kausalitätsprinzips und macht die Einführung von Quantenbegriffen notwendig, um die Mikrosphäre zu erschließen.

Die von Cassirer und Schlick vorgenommene unterschiedliche Gewichtung dessen, was durch die Unschärferelationen letztendlich begrenzt wird, mag wie eine etwas spitzfindige Unterscheidung anmuten, ist jedoch für den jeweiligen Erkenntnisbegriff ausschlaggebend: Gestützt von den Erkenntnissen der Quantenphysik, vertritt Cassirer die Meinung, daß das 'Ding an sich' nicht mehr wie bei Kant als letzte Schranke des Wissens zu sehen sei. Der Begriff des Gegenstandes bezeichne den logischen Besitzstand des Wissens selbst. Das

---

86 Diese Annäherung an Kant deutet Schlick selbst an (Ebd., S. 31), obwohl er sich natürlich bei dem Gedanken, daß Naturgesetze keine Aussagen seien, sondern Anweisungen, solche zu bilden, an Wittgenstein anschließt (Vgl. ebd., S. 23).

87 Ebd., S. 35f.

88 Ernst Cassirer: Determinismus und Indeterminismus in der modernen Physik, a. a. O., S. 272f.

Ding könne nicht mehr die unbekannte Sache sein, weil es Ausdruck für Form und Modus des Begreifens selbst sei.[89] Dagegen behauptet Schlick in seinem Aufsatz *Quantentheorie und Erkennbarkeit der Natur*[90], daß die in der Quantentheorie formulierte Erkenntnisgrenze etwas gänzlich anderes sei als die von Kant gelehrte Unmöglichkeit, Kausalaussagen über 'Dinge an sich' zu machen.[91] Wenn die Quantentheorie die Vorausberechenbarkeit von Ereignissen innerhalb gewisser Grenzen prinzipiell leugne, so bedeute dies keine zu beklagende Begrenzung menschlicher Erkenntnisfähigkeit, sondern drücke eine objektiv bestehende Eigenschaft der Natur aus. Das hieße eben nicht, daß uns eine vollkommene Einsicht in bestehende Zusammenhänge im Prinzip verschlossen sei, sondern daß gewisse Zusammenhänge nicht bestünden.[92] Die Unbrauchbarkeit klassischer Begriffe bedeute keine Einschränkung der Erkennbarkeit der Naturvorgänge. Statt ihrer hätten wir die Quantenbegriffe, die eine restlose Naturbeschreibung in dem Sinne lieferten, daß sie keine Lücken ließen und so eine Ergänzung zu einer kausalen Beschreibung im alten Sinne gestatten würden.[93] Ganz anders als bei Cassirer wird bei Schlick die objektive physikalische Realität nicht durch die empirische und theoretische Bestimmbarkeit konstituiert. Schlick wendet sich auch gegen die Ansicht einiger moderner Autoren, die meinten, durch die von der neuen Physik aufgezeigten Lücken der Kausalität Spielraum für gewisse "metaphysische Lieblingsideen", wie die sogenannte Willensfreiheit oder die Annahme von geistigen Substanzen, zu finden.[94] Die Erkenntnisse der modernen Physik werden von Schlick vielmehr genutzt, um die Richtigkeit des philosophischen Ansatzes des Wiener Kreises zu betonen:

> Die ganze Frage stellt ein schönes Beispiel für einen wichtigen Grundsatz des konsequenten Empirismus dar, wie er z. B. von der Wiener Schule vertreten wird, für den Grundsatz nämlich, daß nichts in der Welt *prinzipiell* unerkennbar sei. Es gibt zwar viele Fragen, die aus praktischen, technischen Gründen niemals beantwortet werden, aber prinzipiell unlösbar ist eine Frage nur in dem einzigen Falle, daß sie gar keine Frage ist, daß es sich also um ein falsch gestelltes Problem handelt. Die Grenze der Erkennbarkeit ist nur dort, wo nichts mehr da ist, worauf eine Erkenntnis sich richten könnte. Wo die Quantentheorie eine Grenze der Kausalerkenntnis setzt, wo sie uns das Suchen nach weiteren Ursachen aufgeben heißt, da bedeutet das nicht, daß die weiteren noch vorhandenen Gesetzmäßigkeiten uns unbekannt bleiben müßten, sondern es bedeutet, daß weitere Gesetzmäßigkeiten nicht bestehen und nicht gesetzt werden können, weil die Frage nach ihnen sinnlos wäre.[95]

---

89 Ebd., S. 286.
90 Moritz Schlick: Quantentheorie und Erkennbarkeit der Natur (1937). In: Ders.: Gesetz, Kausalität und Wahrscheinlichkeit, a. a. O., S. 104-116.
91 Ebd., S. 106.
92 Ebd.
93 Ebd., S. 111.
94 Ebd., S. 105. An dieser Stelle verweist Schlick auf Eddington als einen zur Mystik und Metaphysik neigenden Forscher.
95 Ebd., S. 115f.

Dieses Bekenntnis zur Philosophie des logischen Empirismus zeigt ganz offensichtlich, welche Bedeutung Schlick der Beobachtung, der Erfahrung im menschlichen Erkenntnisprozeß einräumt und welchen Beitrag für die Erkenntnistheorie er durch die Quantentheorie geleistet sieht. Für Schlick hat die Quantentheorie dokumentiert, daß es sinnlos ist, im Bereich der kleinsten Teilchen nach Gesetzmäßigkeiten Ausschau zu halten. Diese Suche ist für ihn jedoch nicht sinnlos, weil wir nicht in der Lage wären, eine solche zu erkennen, sondern weil es sinnlos ist, nach etwas zu forschen, was es in diesem Bereich nicht gibt. Daher scheint die Frage nach kausalen Zusammenhängen, nach der Gültigkeit des Kausalsatzes, ebenso wie die Frage nach der Existenz von Teilchen, die eine bestimmte Bahn zurücklegen, vom Standpunkt Schlicks aus für die Mikrosphäre einfach nur falsch gestellt zu sein. Die 'Verhaltensmaßregel des Forschers', nach Kausalprinzipien zu suchen, hat sich auf diesem Gebiet als unbrauchbar erwiesen. Daher bestätigen die Erkenntnisse der Quantentheorie für Schlick, daß es sich beim Kausalsatz nicht um eine Aussage über die Wirklichkeit handelt, sondern daß dieser Satz wie alle Naturgesetze nur eine Hypothese, nur eine Annahme ist, dessen Richtigkeit immer wieder in der Erfahrung empirisch überprüft werden muß.[96]

Die Begriffe 'Verifizierung' und 'Falsifizierung' wurden in dem kurzen Überblick über Schlicks Äußerungen zur Quantentheorie nicht explizit erwähnt, obwohl es nahegelegen hätte. Dies hat seinen Grund. Der Begriff 'Verifizierung' und noch mehr der Begriff 'Falsifizierung' ist in den meisten Köpfen aufs engste mit Karl Raimund Poppers Werk verbunden. Um nicht vorzeitig Assoziationen zu den Aussagen dieses Philosophen zu wecken und damit den Blick auf Schlicks spezifischen Umgang mit der modernen Physik zu verstellen, wurde auf den Gebrauch dieser beiden Termini verzichtet. Obwohl sich Popper an den Diskussionen des Wiener Kreises beteiligte, war er kein Mitglied. In vielen Punkten stimmte Popper auch nicht mit dessen Ansichten überein. Inwieweit er von Schlicks Gedanken zu seiner *Logik der Forschung*[97] inspiriert gewesen sein könnte, muß hier unerörtert bleiben. Dennoch darf ein Hinweis auf Popper nicht fehlen, da auch er die Quantentheorie anführt.

3. 1. 5. Karl Raimund Popper

In seinem Werk *Logik der Forschung* beschäftigte sich Popper mit dem Problem, wie Pseudowissenschaften bzw. Metaphysik von einer empirischen Wissenschaft, die unsere Erfahrungswelt darstellt, unterschieden werden

96 Vgl. dazu: Ders.: Grundzüge der Naturphilosophie. Aus dem Nachlaß hg. v. Walter Hollitscher und Josef Rauscher. Wien 1948, S. 2 u. 18f.

97 Karl Raimund Popper: Logik der Forschung. Wien 1935. Hier zitiert nach der 3. verm. Aufl. Tübingen 1969.

können.[98] Dabei kommt Popper zu dem Schluß, daß ein empirisch-wissenschaftliches System nicht durch seine Überprüfbarkeit (Verifizierbarkeit) gekennzeichnet ist, sondern dadurch, daß es von der Erfahrung widerlegt werden können muß.[99] Es muß falsifizierbar sein. Die Überprüfbarkeit allein reicht Popper nicht aus. Auch wenn eine Aussage durch noch so viele Beobachtungen bestätigt sei, könne man niemals ausschließen, nicht doch unter anderen Bedingungen, zu einer anderen Zeit eine Beobachtung zu machen, die die Falschheit dieser Aussage, ihre nicht unumschränkte Gültigkeit, an den Tag bringe.[100] Insofern sieht Popper in der Induktionsmethode, für die besonders der Positivismus eine Vorliebe habe, kein geeignetes Kriterium, um eine empirische Wissenschaft von metaphysischen Systemen abzugrenzen.[101]

Was nun die Erkenntnisse der Quantentheorie betrifft, kann es für Popper nicht weiter verwunderlich sein, wenn Bereiche der physikalischen Wirklichkeit entdeckt werden, in denen die Kausalgesetze nicht gelten. Die Überzeugung der klassischen Physik, daß der Ursache-Wirkungs-Zusammenhang des physikalischen Geschehens in der gesamten physikalischen Wirklichkeit gelten müsse, so wie man das aus der Newtonschen Mechanik, aus der Welt der Makrogesetze, gewohnt war, bezeichnet Popper als eine deterministische Metaphysik.[102] Doch obwohl er die Leistungen der Schöpfer der modernen Quantentheorie zu den größten zählt, die wissenschaftlicher Geist je hervorgebracht habe,[103] setzt hier die Kritik Poppers an der Quantentheorie, speziell an der Kopenhagener Deutung, ein. Der deterministischen Metaphysik stellt er die indeterministische Metaphysik gegenüber, die die Auffassung vom Zufall verabsolutiert. Er kritisiert die Behauptung der Quantentheoretiker, daß es auf einem Gebiet keine Gesetzmäßigkeiten gäbe, solange mit solch einer Behauptung die Möglichkeit ausgeschlossen wird, daß Prognosen vielleicht nur deshalb keinen Erfolg hatten, weil die geeigneten Gesetze bislang noch nicht gefunden waren bzw. der eigene Kenntnisstand versagt hat.[104] Bezüglich des Streits um die Kausalität infolge der Quantentheorie fordert Popper in diesem Sinne eine "Ausschaltung der gegenwärtig beliebten indeterministischen Metaphysik"[105]. Dafür erachtet er es als notwendig, zwischen den Heisenbergschen Unschärferelationen und der von Heisenberg gegebenen Interpretation dieser Formeln zu unterscheiden. Seit Heisenberg gelte es als erwiesen, daß eine gleichzeitige Orts- und Impulsmessung, die genauer sei, als es die Unbestimmtheitsrelationen zuließen, der Quantentheorie widersprechen würde,

---

98 Vgl. ebd., S. 19.
99 Ebd.
100 Vgl. ebd., S. 3.
101 Ebd., S. 9.
102 Ebd., S. 168.
103 Ebd.
104 Vgl. ebd., S. 159.
105 Ebd., S. 168.

daß das 'Verbot' einer genaueren Messung aus der Quantenmechanik deduzierbar sei.[106] Dies, so Popper, sei falsch. Die Heisenbergschen Formeln seien wohl aus der Theorie streng deduzierbar, aber die Interpretation dieser Formeln als Genauigkeitsbeschränkungen sei es nicht.[107] Daraus schließt Popper:

> Daß die Heisenberg-Formeln und ähnliche Aussagen, die sich nur durch ihre statistischen Konsequenzen bewähren können, keine indeterministischen Konsequenzen haben, wäre nun noch kein Beweis, daß es auch sonst keine empirischen Sätze geben kann, die ähnliche Schlüsse gestatten; etwa den, daß jede methodologische Regel verfehlt ist, da es zwecklos, sinnlos oder 'unmöglich' ist [...], nach Gesetzen und nach Einzelprognosen zu suchen. Aber einen *empirischen* Satz, der eine *methodologische* Konsequenz hat, die uns bestimmen könnte, das Suchen nach Gesetzen einzustellen, kann es nicht geben. Denn soll dieser Satz keine metaphysischen Bestandteile enthalten, so müßte auch seine indeterministische Konsequenz falsifizierbar sein. Dies könnte aber offenbar nur dadurch als unrichtig erwiesen werden, daß es gelingt, Gesetze aufzustellen und Prognosen zu deduzieren, die sich bewähren. Soll nun jene indeterministische Konsequenz als *empirische Hypothese* auftreten, so müßten wir uns bemühen, sie zu überprüfen, zu falsifizieren, d. h. aber: wir müßten eben nach Gesetzen und Prognosen *suchen*; und wir könnten einer Aufforderung, dieses Suchen einzustellen, nicht nachkommen, ohne den empirischen Charakter jeder Hypothese preiszugeben. Die Annahme, daß es eine empirische Hypothese geben kann, die uns veranlassen könnte, das Suchen nach Gesetzen aufzugeben, ist also widerspruchsvoll.[108]

In diesem Zitat führt Popper vor, wie die Quantentheorie nach den von ihm erarbeiteten Kriterien einer *Logik der Forschung* zu bewerten ist. Für ihn weist die Kopenhagener Deutung der Quantenmechanik metaphysische Züge auf. Sie verrät "nicht so sehr eine 'indeterministische', sondern eher eine deterministisch-metaphysische Einstellung".[109] Heisenberg versuche, kausal zu erklären, daß und warum es keine kausale Erklärung geben könne. Mit seiner Kritik an der Quantentheorie macht Popper darauf aufmerksam, wie leicht der forschende Mensch dazu neigt, Erkenntnisse zu verabsolutieren. Diese Gefahr sieht er auch in den Deutungen der Quantenmechanik gegeben. Er vertraut nicht darauf, daß die seiner Ansicht nach falsche Überzeugung, Wissenschaft

---

106 Wie auch das folgende: Ebd., S. 174.

107 Popper erklärt dies wie folgt: "Wenn wir von der Annahme ausgehen, daß die spezifisch quantenmechanischen Formeln Wahrscheinlichkeitshypothesen, statistische Aussagen sind, so ist nicht einzusehen, welche Einzelverbote aus einer derartigen Theorie (abgesehen von den extremen Fällen der Wahrscheinlichkeit 1 und 0) deduzierbar sein sollen; einen Widerspruch zwischen einzelnen Messungsergebnissen und den Formeln der Quantenphysik zu konstruieren, ist logisch ebensowenig möglich, wie etwa einen Widerspruch der formalistischen Wahrscheinlichkeitsaussage [...] (der Würfelwurf [...] ist mit der Wahrscheinlichkeit 1/6 ein Fünferwurf) und einem der beiden folgenden Sätze: [...] (der Würfelwurf [...] ist ein Fünferwurf) oder [...] (der Würfelwurf [...] ist kein Fünferwurf)." (Ebd., S. 178).

108 Ebd., S. 196.

109 Ebd. Heisenbergs Gedankengang läßt sich nach Popper so zusammenfassen, daß Kausalität unmöglich sei, weil wir das beobachtete Objekt störten. Das hieße aber, Kausalität sei wegen einer bestimmten kausalen Wechselwirkung unmöglich (Ebd., Fußnote 5).

strebe auf absolute Wahrheit zu, nun überholt ist, nur weil die Entdeckung der Quantenphänomene gezeigt hat, wie zweifelhaft die Verabsolutierung des Kausalprinzips durch die klassische Physik gewesen war. Die Quantenmechanik ist für Popper ein geeignetes Objekt, um seine Vorstellung von einer objektiven Wissenschaft zu vermitteln, indem er davor warnt, aufgrund der neuen Entwicklungen in der Physik ein ungesichertes Wissen (das mechanistische physikalische Weltbild) gegen ein anderes ebenso ungesichertes Wissen (das indeterministische physikalische Weltbild) einzutauschen und die neuen Erkenntnisse als ein endlich erlangtes, gesichertes Wissen auszugeben. Daß der Umbruch im Denken der modernen Physik zudem mehr als nur ein geeignetes Demonstrationsobjekt für einen neuen Wissenschaftsbegriff war, daß die Quantenmechanik und die Verwirrungen, die von ihr ausgingen, vielmehr Popper zu Reflexionen über die Unsicherheit des Wissens und zu der Ausarbeitung der *Logik der Forschung* veranlaßte, hat Popper selbst in einem Rückblick auf seine intellektuelle Entwicklung betont.[110]

Legt man Poppers *Logik der Forschung* für den Aufbau einer Theorie der Quanten zugrunde, so müßten sich die Quantentheoretiker von Poppers Wissenschaftsideal leiten lassen, das besagt, daß sich das absolute Wissen als "Idol" erwiesen habe und jeder wissenschaftliche Satz nur vorläufig sei.[111] Die Physiker müßten dann ihre neuen Erkenntnisse als "Antizipationen der Wissenschaft"[112] verstehen, an denen nicht dogmatisch festgehalten werden dürfte. Die weitere Forschung auf diesem Gebiet dürfte nicht versuchen, diese Antizipationen, diese Annahmen zu verteidigen. Sie dürfte nicht versuchen rechtzubehalten, sondern müßte mit allen Mitteln ihres logischen, ihres mathematischen und ihres technisch-experimentellen Apparates versuchen, sie zu widerlegen, um zu neuen unbegründeten und unbegründbaren Antizipationen vorzudringen.[113] In diesem Sinne wäre die Lehre zu formulieren, welche die Quantentheoretiker aus der Logik der Forschung zu ziehen hätten, wenn Popper angesichts der Heisenbergschen Deutung der Unschärferelationen, angesichts des Auftauchens einer "indeterministischen Metaphysik" fordert:

---

110 Ders.: Ausgangspunkte: Meine intellektuelle Entwicklung [Aus d. Englischen v. Friedrich Griese u. d. Autor. Die dt. Fassung v. Autor überarb.]. Hamburg 1979. Hier bes. S. 125-133. Wie wichtig die Quantenmechanik für Poppers Denken war, beweist auch die Tatsache, daß er sich immer wieder mit ihr beschäftigte, seine Ansichten über sie zum Teil auch mehrmals veränderte. Vgl. dazu: Ders.: Zur Kritik der Ungenauigkeitsrelationen. In: Die Naturwissenschaften 22 (1934), H. 48, S. 807-808. - Ders.: Indeterminism in Quantum Physics and in Classical Physics. In: The British Journal for the Philosophy of Science 1 (1950), S. 117-133 u. S. 173-195. - Ders.: Quantum Theory and the Schism in Physics. From the Postscript to the Logic of Scientific Discovery. Ed. by W. W. Bartley, III. London u. a. 1982.

111 Ders.: Logik der Forschung, a. a. O., S. 225.

112 Ebd., S. 223.

113 Ebd.

> Wir können hier nur die eine Forderung erheben: Versuchen wir, strenge, beschränkende Gesetze, Verbote aufzustellen, die an der Erfahrung scheitern können; die Forschung durch Verbote zu beschränken, sollten wir unterlassen.[114]

Gern wird Poppers *Logik der Forschung* als eine Kritik an der Philosophie des Wiener Kreises gelesen. Obwohl Popper dies nicht als das wesentliche Moment seines Werkes ansieht,[115] ist seine kritische Haltung gegenüber dem logischen Positivismus bzw. dem logischen Empirismus nicht zu übersehen. Für ihn ist die Abgrenzung einer objektiven Wissenschaft von der Metaphysik keine, wie der Positivismus laut Popper glauben mache, naturgegebene Sache, sondern eine Sache der Definition.[116] Popper negiert nicht nur, daß Wissenschaft Wahrheit erreichen kann, sondern er lehnt sogar eine vermittelnde Position wie die des ebenfalls zum Wiener Kreis zählenden Wissenschaftsphilosophen Hans Reichenbach ab.

3. 1. 6. Hans Reichenbach

Hans Reichenbach, der zusammen mit Rudolf Carnap das offizielle Organ des logischen Positivismus, die Zeitschrift *Erkenntnis. Annalen der Philosophie*[117], seit 1930 herausgab, vertrat die Ansicht, daß induktive Schlüsse zwar keine strenge Gültigkeit, dafür aber einen gewissen Grad an Sicherheit bzw. Wahrscheinlichkeit vermittelten.[118] Popper lehnte diese Kombination von Wahrheits- und Wahrscheinlichkeitsbegriff ab, weil ihm das Induktionsproblem, die Frage nach der Berechtigung des induktiven Schlusses, damit keineswegs gelöst schien.[119] Ein Wissenschaftsbegriff, der den Fortschritt der Forschung an einer größeren Wahrscheinlichkeit der Richtigkeit von Prognosen mißt, lag Popper fern. Deshalb konnte die Einführung des Wahrscheinlichkeitsbegriffes in die Grundlagen der Physik von Popper nicht wie bei vielen anderen Denkern mit Enthusiasmus aufgenommen werden. Auch Reichenbach hatte sich wie Popper intensiv mit dem Begriff der Wahrscheinlichkeit beschäftigt.[120] Aus dem Konzept einer Wahrscheinlichkeitslogik ist dann auch

---

114 Ebd., S. 197.

115 Ders.: Ausgangspunkte, a. a. O., S. 125.

116 Ders.: Logik der Forschung, a. a. O., S. 11.

117 In dieser Zeitschrift veröffentlichte Werner Heisenberg: Kausalgesetz und Quantenmechanik. In: Erkenntnis 2 (1931), S. 172-182.

118 Hans Reichenbach: Kausalität und Wahrscheinlichkeit. In: Erkenntnis 1 (1930), S. 158-188, hier S. 186.

119 Karl Raimund Popper: Logik der Forschung, a. a. O., S. 5.

120 Hans Reichenbach: Der Begriff der Wahrscheinlichkeit für die mathematische Darstellung der Wirklichkeit (Diss. Uni. Erlangen). Leipzig 1916. - Ders.: Wahrscheinlichkeitslehre. Eine Untersuchung über die logischen und mathematischen Grundlagen der Wahrscheinlichkeitsrechnung. Leiden 1935. Erweiterte Aufl. (d. i.: The Theory of Probability. Berkeley 1949, dt.) In: Ges. Werke in 9 Bänden. Hg. v. Andreas Kamlah u. Maria Reichenbach. Bd. 7. Braunschweig/Wiesbaden 1994, S. 1-518.

neben mehreren Arbeiten, die sich um einen gemeinverständlichen Zugang zu den Theorien der modernen Physik und ihren philosophischen Implikationen verdient gemacht haben,[121] eine beachtenswerte Neuinterpretation der Quantenmechanik entstanden. Im Gegensatz zu Popper lag für Reichenbach der essentielle Erkenntnisfortschritt der Quantenmechanik darin, die Frage, ob die Kausalität ein grundlegendes Prinzip oder nur eine Idealisierung sei, zugunsten der Wahrscheinlichkeitsgesetze entschieden zu haben.[122]

In seiner Studie *Philosophische Grundlagen der Quantenmechanik*[123] aus dem Jahre 1944 glaubt er aus den Prinzipien der Quantenmechanik ableiten zu können, daß die physikalische Welt in die "Welt der Phänomene", die wir beobachten könnten (wie z. B. die Schwärzungsspur eines Elektrons auf der Photoplatte), und die "Welt der Interphänomene", die nur im Sinne einer auf Definitionen gegründeten Interpolation eingeführt werden könne (wie z. B. die Bewegung eines Elektrons zwischen zwei Messungen), aufgeteilt sei.[124] In seiner Abhandlung *Aufstieg der wissenschaftlichen Philosophie*[125] erläutert er diesen Gedanken in allgemeinverständlicher Form. Sowohl das Reich der großen als auch das Reich der kleinen Dinge werde auf der Grundlage der beobachtbaren Dinge konstruiert, indem wir unbeobachtete Dinge hinzufügten. Doch während in der Welt des Großen diese Ergänzungen keine Schwierigkeiten machten, könnten die beobachtbaren Erscheinungen in der Welt der kleinen Dinge nicht in vernünftiger Weise durch unbeobachtbare ergänzt werden.[126] In der Welt des Großen machten die Ergänzungen keine Schwierigkeiten, weil die unbeobachteten Dinge sich wie die beobachteten verhielten. Um dies plausibel zu machen, führt Reichenbach das Beispiel von Steinen, Bäumen und Häusern an, die sich ja auch vernünftig benehmen würden, wenn wir einmal nicht hinsähen. Die Dinge des täglichen Lebens spielten schließlich keine Streiche hinter unserem Rücken.[127] Für die Welt im Kleinen, die Welt der Quantenmechanik, gelte das jedoch nicht. Hier folgten die unbeobachtbaren Dinge nicht den beobachtbaren. Die atomaren Dimensionen seien einer eindeutigen Bestimmung der unbeobachtbaren Erscheinungen im Gegensatz zu

---

121 Ders.: Atom und Kosmos. Das physikalische Weltbild der Gegenwart. Berlin 1930. - Ders.: Ziele und Wege der heutigen Naturphilosophie. Leipzig 1931.

122 Ders.: Aufstieg der wissenschaftlichen Philosophie [The Rise of Scientific Philosophy. Berkeley, Los Angeles 1951, dt. Berlin-Grunewald o. J. (1953)]. In: Ders.: Ges. Werke in 9 Bden. Hg. v. Andreas Kumlah u. Maria Reichenbach. Bd. 1. Braunschweig 1977, S. 85-450, hier S. 266f.

123 Ders.: Philosophische Grundlagen der Quantenmechanik [Philosophic Foundation of Quantum Mechanics. Berkeley/Los Angeles 1944, dt. Basel 1949]. In: Ders.: Ges. Werke in 9 Bänden. Hg. v. Andreas Kumlah und Maria Reichenbach. Bd. 5. Braunschweig 1989, S. 3-196.

124 Ebd., S. 194.

125 Hans Reichenbach: Aufstieg der wissenschaftlichen Philosophie, a. a. O.

126 Ebd., S. 290.

127 Ebd., S. 292.

den beobachtbaren nicht zugänglich.[128] Reichenbach kommt zu der Schlußfolgerung, wir müßten lernen, daß die unbeobachtbaren Größen der Mikrowelt in drei verschiedenen Sprachen beschrieben werden könnten. Zu diesen drei Sprachen zählt er die Korpuskelsprache, die Wellensprache und die neutrale Sprache. Auch wenn er behauptet, daß wir nicht fragen dürften, welche davon die richtige Sprache sei,[129] favorisiert er eindeutig die neutrale Sprache. Er versteht darunter eine Sprache, die einer dreiwertigen Logik gehorcht, einer Logik, die neben den Werten 'wahr' und 'falsch' auch noch den Wert 'unbestimmt' enthält. Mit Hilfe dieser Sprache könnte man Aussagen machen, die es offen ließen, was zwischen zwei Beobachtungen geschieht.[130]

Die Interphänomene erhalten, wie aus Reichenbachs Ausführungen hervorgeht, den Wahrheitswert 'unbestimmt'. Unbestimmt ist damit aber auch die Antwort auf die Frage nach der Existenz von Elementarteilchen im Sinne einer Existenz, wie wir sie aus der Makrowelt kennen. Folgerichtig stellt sich Reichenbach gegen die Kantsche Auffassung von der Substanz als synthetisch a priori. Es habe sich herausgestellt, daß die Substanz der Welt einen recht fragwürdigen Charakter habe.[131] Wir wüßten jetzt, daß die Auffassung einer körperlichen Substanz, die der konkreten Substanz unseres täglichen Lebens vergleichbar sei, eine Extrapolation, eine Ausdehnung unserer Sinneserfahrungen auf den Mikrokosmos sei. Was dem philosophischen Rationalismus als eine Forderung der Vernunft erscheine, müsse als das Erzeugnis einer Gewöhnung angesehen werden, der wir unter dem Einfluß unserer Umwelt unterlägen. Die Erfahrungen, welche atomare Erscheinungen lieferten, nötigten uns, den Gedanken an eine körperliche Substanz aufzugeben. Sie verlangten nach einer ganz neuen Art von Beschreibung der physikalischen Wirklichkeit. Mit der körperlichen Substanz ginge der zweiwertige Charakter unserer Sprache verloren, so daß sich sogar die Grundlage der Logik als ein Produkt der Anpassung an die einfache Umgebung, in die wir hineingeboren würden, herausstelle.[132] Hier verrät sich der Blick des Empiristen auf die Quantenmechanik. Da sich der menschliche Geist durch die Quantenmechanik an den Umgang mit Wahrscheinlichkeiten, mit Unbestimmtheiten und einer dreiwertigen Logik gewöhnen müsse, glaubt Reichenbach den Bankrott der spekulativen Philosophie verkünden zu können. Weil diese im Gegensatz zu der von Reichenbach propagierten wissenschaftlichen Philosophie das Bewußtsein über die Erfahrung stellt, erweist sie sich für ihn der Verschiedenartigkeit

128 Ebd.

129 Ebd.

130 Ebd., S. 293f. Reichenbach nähert sich hier stark an die Interpretation der Quantenmechanik durch Heisenberg mittels des aristotelischen 'potentia'-Begriffes an.

131 Ebd., S. 294.

132 Ebd., S. 294f.

möglicher Erfahrungen nicht gewachsen.[133] Aus Reichenbachs Sicht muß sich der Mensch auf der Suche nach Wahrheit von der Erfahrung leiten lassen.

3. 1. 7. Max Horkheimer, Theodor W. Adorno und Herbert Marcuse

Während die bisher genannten Hinweise auf die moderne Physik im Kontext philosophischer Betrachtungen darin übereinstimmen, daß in ihnen die neuen physikalischen Erkenntnisse tendenziell eher als Gewinn und Erkenntnisfortschritt - Fortschritt auch im Sinne einer Wiederentdeckung alter Wahrheiten - bewertet wurden, gibt es daneben auch Stimmen aus dem Kreise der Philosophen, die aufgrund des Neuen in der Physik keine Befreiung aus den Fängen der zerstörenden Kräfte des wissenschaftlichen Zeitalters verkünden mochten. Zu ihnen gehören zwei Vertreter der Kritischen Theorie, die im amerikanischen Exil einem Vortrag von Hans Reichenbach über den Indeterminismus in der modernen Physik an der University of California beiwohnten. Bertolt Brechts Eintragungen in sein *Arbeitsjournal* ist zu entnehmen, daß Max Horkheimer und Theodor W. Adorno durch die Ausführungen Reichenbachs regelrecht ins "grübeln" kamen.[134] Doch obwohl die Quantentheorie allem Anschein nach gegen das kausal-mechanistische Weltbild angeht, mochten Horkheimer und Adorno in der neuen Physik keine Wende in dem von ihnen konstatierten Prozeß der Umwandlung der Aufklärung "zum totalen Betrug der Massen",[135] wie sie es in ihrer *Dialektik der Aufklärung* formulierten, sehen:

> Natur ist, vor und nach der Quantentheorie, das mathematisch zu Erfassende; selbst was nicht eingeht, Unauflöslichkeit und Irrationalität, wird von mathematischen Theoremen umstellt.[136]

Dadurch, daß mit der Unschärferelation das Unbestimmte gleichsam mit Formeln und Gleichungen eingekreist und mit Hilfe der Wahrscheinlichkeitsrechnung handhabbar gemacht wird, stellt sich die Quantentheorie in den Augen Horkheimers und Adornos nicht gegen, sondern in den Prozeß einer Aufklärung, die sich als Aneignung der Weltherrschaft über die Natur begreift und damit Gefahr läuft, sich gegen das denkende Subjekt selbst zu wenden.

Zu einer ähnlichen Schlußfolgerung gelangt auch Herbert Marcuse. Die Neufassung des Subjekt-Objekt-Verhältnisses durch die moderne Physik birgt für ihn keine Chance, die bestehende Bindung von "Naturbeherrschung mit der

---

133 Vgl.: Ebd., S. 295.

134 Bertolt Brecht: Eintragung vom 18. 3. 1942. In: Arbeitsjournal. Hg. v. Werner Hecht. 2 Bde. Frankfurt a. M. 1973, hier Bd. 1, S. 389.

135 Theodor W. Adorno/ Max Horkheimer: Die Dialektik der Aufklärung. Mit e. Nachwort v. Jürgen Habermas. Frankfurt a. M. 1969, S. 49.

136 Ebd., S. 31.

Beherrschung des Menschen"[137] zu lösen. Er sieht im Gegenteil sogar diese Bindung gestärkt, indem die Physik das Objekt nicht mehr streng vom Subjekt unabhängig gegeben betrachtet. Der Zerfall des "Begriff[s] einer objektiven Substanz, die sich gegen das Subjekt abhebt"[138], der "Prozeß, der mit der Beseitigung unabhängiger Substanzen und Endursachen beginnt",[139] führt seiner Meinung nach zu einer "Vergeistigung der Objektivität"[140] und zu einem Entwurf der bloßen Form/Materie, die "praktisch allen Zwecken unterworfen werden kann."[141]

3. 1. 8. Martin Heidegger

Indem Horkheimer, Adorno und Marcuse in der Quantentheorie keine neue Form der wissenschaftlichen Weltaneignung repräsentiert sehen, stimmen sie nicht nur mit Edmund Husserl überein, der in seiner Auseinandersetzung mit der Krisis der europäischen Wissenschaft zu einem ähnlichen Urteil kam,[142] sondern auch mit Martin Heidegger. Heidegger sieht bei der modernen Physik trotz der Unterschiede zur klassischen das gleiche Vergegenständlichungs- und Berechenbarkeitsverfahren am Werke. Er kritisiert die nachstellende Sicherstellung eines Bestandes, mit dem man rechnen, den man in Erwartung stellen und in Betracht ziehen, den man bestellen kann.[143] Die der Quantentheorie zugrundeliegende Neufassung der Subjekt-Objekt-Beziehung und die von ihr betonte Entstofflichung des Forschungsgegenstandes werden von Heidegger nicht als Weg zu einer möglichen Erkenntnis über das menschliche Sein und das der Dinge, sondern vielmehr als die Gefahr gedeutet, daß der Mensch selbst zu einem bestellenden Bestand wird.[144] In seinem Vortrag *Die Frage nach der Technik* hat Heidegger dies wie folgt dargelegt:

> Sobald das Unverborgene nicht einmal mehr als Gegenstand, sondern ausschließlich als Bestand den Menschen angeht und der Mensch innerhalb des Gegenstandslosen nur noch der Besteller des Bestandes ist,- geht der Mensch am äußersten Rand des Absturzes, dorthin nämlich, wo er selber nur noch als Bestand genommen werden soll. Indessen spreizt sich

137 Herbert Marcuse: Der eindimensionale Mensch. Studien zur Ideologie der fortgeschrittenen Industriegesellschaft. Neuwied/Berlin 1967, S. 180.

138 Ebd., S. 163.

139 Ebd., S. 170.

140 Ebd.

141 Ebd., S. 171.

142 Edmund Husserl: Die Krisis der europäischen Wissenschaften und die transzendentale Phänomenologie, a. a. O., S. 57.

143 Martin Heidegger: Wissenschaft und Besinnung. In: Ders.: Vorträge und Aufsätze. 5. Aufl. Pfullingen 1985 (ED 1954), S. 41-66. - Zum Wesen der Wissenschaft als nachstellende Sicherstellung eines bestellbaren Bestandes vgl. ebd., S. 54; zur Tatsache, daß dies alle Zweige der Wissenschaft betrifft, vgl. ebd., S. 59-61; zur modernen Physik im Unterschied zur klassischen vgl. ebd., S. 57.

144 Ebd., S. 57.

gerade der so bedrohte Mensch in die Gestalt des Herrn der Erde auf. Dadurch macht sich der Anschein breit, alles was begegne, bestehe nur, insofern es ein Gemächte des Menschen sei. Dieser Anschein zeitigt einen letzten trügerischen Schein. Nach ihm sieht es so aus, als begegne der Mensch überall nur noch sich selbst. Heisenberg hat mit vollem Recht darauf hingewiesen, daß sich dem heutigen Menschen das Wirkliche so darstellen muß [...]. *Indessen begegnet der Mensch heute in Wahrheit gerade nirgends mehr sich selber, d. h. seinem Wesen.* Der Mensch steht so entschieden im Gefolge der Herausforderung des Gestells, daß er dieses nicht als einen Anspruch vernimmt, daß er sich selber als den Angesprochenen übersieht und damit auch jede Weise überhört, inwiefern er aus seinem Wesen her im Bereich eines Zuspruchs ek-sistiert und darum *niemals nur* sich selber begegnen *kann.*[145]

Statt zu erkennen, daß "sowohl das Subjekt als auch das Objekt als Bestände aufgesogen werden",[146] wenn die Subjekt-Objekt-Beziehung vor dem Objekt und vor dem Subjekt Vorrang gewinnt und der Gegenstand nur noch in einem Bestand von Formeln und Gleichungen aufgeht, glaubt der Mensch, Herr über das Geschehen zu sein, glaubt er, er könne sich selbst, sich alleine begegnen. Statt zu erkennen, daß er selbst angesprochen ist, denkt der Mensch, er spreche die Natur an, damit sie ihm Antworten über sich gibt. Für Heidegger kann sich der Mensch nicht selbst allein begegnen, da er Dasein als ein In-der-Welt-Sein definiert. Welt und Dasein sind für ihn gleich ursprünglich. Die Physik und die Wissenschaft allgemein gehen am Wesentlichen vorbei, weil sie so tun, als sei da zuerst der Mensch und dann die Natur, der er gegenübertreten kann. Sie klären nicht den Bezug des Seins zum Wesen des Menschen, sie beantworten nicht die Frage nach dem Wesen dessen, der die Fragen an die Natur zu stellen glaubt. Daran ändert für Heidegger auch die Unschärferelation mit ihrem Anspruch, das Subjekt in die physikalische Betrachtung einzubeziehen, nichts. Der Unschärferelation geht eine Seinsvorstellung voraus, die vom Vergegenständlichungswillen bestimmt ist. So leistet auch die moderne Physik, vom Standpunkt Heideggers aus betrachtet, eher einen Beitrag zur anstatt gegen die "Seinsvergessenheit."[147]

3. 1. 9. Ernst Bloch

Auch Ernst Bloch kommt zu der Schlußfolgerung, daß die Theoretiker der modernen Physik versagen. Doch ist sein Urteil gänzlich anders motiviert als das von Heidegger. Im Rahmen seiner Erörterung *Das Materialismusproblem*

145 Ders.: Die Frage nach der Technik. In: Ders.: Vorträge und Aufsätze, a. a. O., S. 9-40, hier S. 30f.

146 Ders.: Wissenschaft und Besinnung, a. a. O., S. 57.

147 Vgl. zu diesem Abschnitt: Hans-Peter Hempel: Natur und Geschichte. Der Jahrhundertdialog zwischen Heidegger und Heisenberg. Frankfurt a. M. 1990.

hat Bloch den Erkenntnissen der modernen Physik ein Kapitel gewidmet.[148] Darin gibt Bloch zu bedenken, daß die Physik in dem, was sie an Erkenntnissen zutage fördert, von der Gesellschaft abhängig ist. Bestimmte Erfahrungen würden nur gemacht, beobachtet und theoretisch ausgewertet, "nachdem ideologisch soviel Festes, das im Wege war, sich verunsichert sieht."[149] Bestimmte Schwierigkeiten, die zur modernen Physik geführt hätten, seien schon der klassischen Mechanik bekannt gewesen, doch sei der sprengende Erfahrungsinhalt damals unbeachtet geblieben. Da sich die Gesellschaft, die die Fragen an die Natur stelle, gewandelt habe, sei mit ihr auch der Raum des Erfahrbaren, der hörbaren Antworten verändert worden. So gesehen kann Bloch einen Zusammenhang zwischen der von ihm beobachteten Krise der bürgerlichen Gesellschaft und den neuen Entdeckungen der Physik herstellen. Im Gegensatz zu Adorno und Horkheimer, aber auch im Gegensatz zu Heidegger sind für Bloch die Erkenntnisse der modernen Physik ein positives Potential. Doch - und das ist die andere Seite des Problems - gerade die Abhängigkeit der Physik von der Gesellschaft verhindert es, daß dieses Potential positiv im Sinne Blochs genutzt wird. Die neue Physik meide als etablierte Wissenschaft trotz ihres »Umsturzes« gerade die Fragen, die in ihrer Energetik doch mitangelegt seien und die zu wirklichem, nämlich dialektischem Umsturz führen könnten.[150] Der negative Einfluß der bürgerlichen Gesellschaft auf die moderne Physik besteht für Bloch darin, daß deren "halbstatisches Kalkulationsinteresse", das heißt, "das Interesse an einem geschlossenen System, das keine Widersprüche aufweist und aus möglichst wenigen einfachen, untereinander verbundenen Prinzipien sich entwickelt", weiterwirkt. Dies halte die moderne Physik davon ab, das falsche"»Ideal«", "Kontinuität zu werden", aufzugeben.[151] Kurzum, für Bloch weichen die Physiker vor der materialistischen Dialektik aus.

Obwohl Bloch einschränkend bemerkt, daß Vorsicht geboten sein müsse, wenn man den Versuch unternehme, die Ergebnisse der modernen Physik zur "dialektischen Verwertung" heranzuziehen, denn Widersprüche in den physikalischen Begriffen (z. B.: Welle-Partikel) seien nicht unbedingt Widersprüche in der Sache selbst,[152] glaubt er dennoch, daß die Ergebnisse der Physik zur Naturdialektik weiter ausgeführt werden könnten.[153] Wenn man wie Bloch materialistische Dialektik als "Bewegungsform der Sache selbst"

---

148 Ernst Bloch: Das Materialismusproblem, seine Geschichte und Substanz (1936/37). Durchges. und erw. Ausgabe. In: Ders.: Gesamtausgabe Bd. 7. Frankfurt a. M. 1972, bes. S. 316-358.

149 Ebenso wie das folgende: Ebd., S. 341.

150 Ebd., S. 342.

151 Ebd., S. 353.

152 Ebd., S. 354.

153 Ebd., S. 355.

ansieht,[154] dann erhält man seiner Meinung nach ein ganz besonderes Beobachtungsmaterial:

Ist diese Reserve bewußt, dann freilich liefert die physikalische Forschung - cum grano salis - dialektisches Beobachtungsmaterial, von dem Hegelianer kaum zu träumen wagten. Es ist ein ganz anderes Material, als es Engels in seiner Naturdialektik zur Verfügung stand; ein durchaus nicht mehr mechanisches. Natura facit saltus - die Quantentheorie sagt es jetzt selbst; das ist Physik des immerhin fortgeschrittensten Bewußtseins. Hört man Weyls philosophierende Beleuchtungen des derzeitigen Theorien-Bestandes, so steht Dialektik tatsächlich vor der Tür. Das heißt: in den - gegebenenfalls ephemeren - Hilfsbegriffen gegenwärtiger Physik und ihren »Widersprüchen« meldet sich ein Widerspruch ohne Anführungszeichen, einer in einer Sache. Er steht vor der Tür und ist infolgedessen noch undeutlich, doch er steht im Haus oder vor ihm, und das Tohuwabohu der Hilfsbegriffe kann nicht umhin, auf den zwiespältigen Gast sich vorzubereiten und dialektisch sich zu sammeln.[155]

Der "Widerspruch ohne Anführungszeichen", der Widerspruch in der Sache, auf den die moderne Physik gestoßen ist, führt für Bloch zur Dialektik. Der Widerspruch in der Sache stellt für ihn von der Physik aus betrachtet den Schlüssel zur utopischen Funktion des historisch-dialektischen Materialismus dar, indem er den Weg zu einem Materiebegriff weist, der in Materie das aristotelische 'dynamei on' (In-Möglichkeit-Sein) erkennt, anstatt sie wie in der mechanistischen Auffassung zu einem starren, geschichtsfremden Klotz zu degenerieren. Der hier erfolgte Sprung von der Physik zum 'Prinzip Hoffnung' mag im ersten Augenblick nicht sonderlich einsichtig sein, doch die folgenden Ausführungen werden zeigen, daß für Bloch ein Zusammenhang zwischen Antizipation und Natur besteht.

Dialektisch gesehen, so Bloch, sei das Alternieren von Welle und Partikel nicht, wie die bürgerlichen Physiker glaubten, ein Rätsel, sondern Teil der Lösung.[156] Welle und Partikel seien keine starren Gegensätze, sondern Wechselmomente, die einander bedingen und ineinander umschlagen.[157] Die Durchdringung der Gegensätze, wie sie in der Schrödingerschen Vorstellung des Partikels als Wellenpaket angelegt ist, eröffnet für Bloch die Möglichkeit, an ein Umschlagen von Quantität in eine neue Qualität zu denken. Bloch spielt hierfür folgende Gedankenkette durch: Die größeren Körper, für die die Gesetze der klassischen Mechanik gelten und die den Grundstock für die Welt des Mesokosmos ausmachen, erscheinen als neue Qualität, wenn man sie als Wellengruppen betrachtet, die wegen ihrer größeren Masse bei der Fortbewegung besser zusammenhalten als das Wellenpaket, das ein Elementarteilchen repräsentiert und das den Gesetzen der Quantenmechanik, den Gesetzen des Mikrokosmos gehorcht.[158] Das Umschlagen der größeren Quantität zu der

154 Ebd.
155 Ebd.
156 Ebd., S. 356.
157 Ebd.
158 Ebd.

neuen Qualität des mesokosmischen Körpers bedeutet für Bloch jedoch nicht, daß Dialektik damit aufhört. Die an das Wirkungsquantum gebundene Dialektik gehe nur zur spezifischen Dialektik der klassischen Mechanik über, wie sie bei Hegel und - materialistisch - in Engels' Arbeit *Dialektik der Natur* versucht worden sei. Die Materie steige dabei zu immer entwickelteren Bewegungsformen auf, zu "organischen, ökonomisch-historischen, mit immer qualifizierteren »starting points« einsetzend (Atom, Zelle, homo oeconomicus, homo liber bis hin zum Marx-Chiasmus: Naturalisierung des Menschen - Humanisierung der Natur)"[159]. Vor diesem Hintergrund wird das Atom für Bloch zum "Begriff einer Keimlage zu den Weiterungen unserer Welt",[160] zum Anfangspunkt allen Seins. Das Atom könnte, so betrachtet, als die Wurzel prozessual fortdauernder Erscheinungen auf immer wieder neuer Qualitätsstufe erscheinen.

Die Idee vom Atom als 'Keimlage' allen Seins darf jedoch nicht so verstanden werden, daß sich etwas im Atom klein Vorhandenes auswachsen, entfalten oder ausschütten würde.[161] Das wäre starr mechanistisch gedacht. Die Materie wäre dann als statische Wirklichkeit aufgefaßt, die einer Entwicklung zu neuen Inhalten nicht fähig wäre. Bloch kommt es gerade darauf an, die Offenheit der Materie vorzustellen. Daher gewinnt für ihn die sich in den Ergebnissen der modernen Physik ankündigende Auffindung des Widerspruchs in einer Sache überhaupt erst an Bedeutung. "Daß den Quantitäten an bestimmten »Knotenpunkten« Qualitäten entspringen, und überdies nie dagewesene",[162] unterscheidet seiner Meinung nach mechanischen Materialismus von dialektischen Einsichten in die Materie. Die Fähigkeit zum Novum sei einer der Hauptunterschiede zwischen Dialektik und Mechanistik, behauptet Bloch konsequenterweise.[163] Nach Blochs Konzeption löst ein dialektisch abgeklärter Materialismusbegriff, der in der Materie den Drang zu ihrer "Ausgebärung, Hellwerdung" erkennt, den Riß zwischen Stoff und Geist auf.[164] Natur und Mensch, Körper und Geist, Sein und Bewußtsein scheinen im Einblick in den dialektisch vermittelten Sprung von Quantität zu Qualität ineinandergeführt zu sein.

Ein dialektisch abgeklärter Materialismusbegriff ist notwendig, damit die Hoffnung auf eine Veränderung bestehender Verhältnisse Sinn erhält. Er ist die Voraussetzung, damit man dem in Blochs Augen bedeutungsvollsten der "philosophischen Umkreisungen " der Materie, "dem bis heute noch nicht abgegoltenen Begriff der »objektiven Möglichkeit«", gerecht werden kann.[165]

---

159 Ebd.

160 Ebd., S. 358.

161 Ders.: Das Prinzip Hoffnung. Durchges. Ausgabe. In: Ders.: Gesamtausgabe Bd. 5.1.2. Frankfurt a. M. 1959 , hier Bd. 5.2., S. 1626.

162 Ders.: Das Materialismusproblem, seine Geschichte und Substanz, a. a. O., S. 375.

163 Ebd., S. 371.

164 Vgl.: Ebd., S. 472.

165 Ebd., S. 358.

Was Bloch unter einer "real-objektiven Möglichkeit" versteht und was sie seinem Gedankengang zufolge mit der utopischen Funktion des historisch-dialektischen Materialismus zu tun hat, hat er in seinem Werk *Das Prinzip Hoffnung*[166] ausgeführt. Der "Übergang aus dem Reich der Notwendigkeit in das der Freiheit"[167] sei nur denkbar, wenn Materie nicht begriffen werde als ein "geschichtsfremder Klotz, dem seine ganze reale Möglichkeit bereits statische Wirklichkeit geworden ist, im Sinn eines gleichsam von Geburt an erfrorenen Anfangs"[168]. In Anlehnung an Aristoteles müsse Materie als 'dynamei on', als "die reale Möglichkeit zu all den Gestalten, die in ihrem Schoß latent sind und durch den Prozeß aus ihr entbunden werden",[169] gesehen werden. Zudem muß sich die Erkenntnis durchsetzen, daß "der Schoß auch weiter fruchtbar bleibt, die Tendenz-Latenz dessen, was realiter werden kann, im materiellen Substrat nicht abgeschlossen ist."[170] Demzufolge kann die Unabgeschlossenheit der Materie die Unabgeschlossenheit der menschlichen Geschichte bedingen. Der Natur wohnt in unbewußter Form ebenso wie dem Menschen als dem höchst bewußten, "von der übrigen Natur keinesfalls abgetrennte[n] Teil des universalen materiellen Agens"[171] die Potenz inne, die Dinge zu wenden, das Mögliche zu verwirklichen und das Noch-Nicht-Gewordene in ein Gewordenes zu überführen. Garantie hierfür ist die als reale Möglichkeit erkannte Materie, die potentielle Veränderbarkeit sowohl der Dinge des Menschen als auch der Natur. Die Leistung des historisch-dialektischen Materialismus könnte im Sinne Blochs daher als der Einblick in die "tendenzgestaltige Materie" beschrieben werden:

> Genau die bisher entferntest gehaltenen Extreme: Zukunft und Natur, Antizipation und Materie - schlagen in der fälligen Gründlichkeit des historisch-dialektischen Materialismus zusammen. *Ohne Materie ist kein Boden der (realen) Antizipation, ohne (reale) Antizipation kein Horizont der Materie erfaßbar.* Die reale Möglichkeit wohnt derart in keiner fertig gemachten Ontologie des Seins des bisher Seienden, sondern in der stets neu zu begründenden Ontologie des Seins des Noch-Nicht-Seienden, wie sie Zukunft selbst noch in der Vergangenheit entdeckt und in der ganzen Natur.[172]

Der wirklich revolutionäre Umbruch - d. h. ein Ausbruch aus dem bürgerlichen Denken - wäre für Bloch von der modernen Physik erst dann vollzogen worden, wenn sie die Entdeckungen im Mikrokosmos mit der historischen Materie in Zusammenhang gebracht hätte und die quantifizierende Beschreibung in eine qualitative Deutung umgeschlagen wäre.[173] Nur wenn der beschränkte Blick auf die Natur vom rein Faktischen, vom Gewordenen, das

166 Ders.: Das Prinzip Hoffnung, a. a. O.
167 Ebd., S. 273.
168 Ebd.
169 Ebd., S. 271.
170 Ebd., S. 273.
171 Ebd., S. 287.
172 Ebd., S. 273f.
173 Vgl.: Ders.: Das Materialismusproblem, a. a. O., S. 358.

der empirischen Beobachtung und der Berechnung zugänglich ist, auf das Noch-Nicht-Gewordene, ausgedehnt wird, kann die Physik im Sinne Blochs das revolutionäre Potential ihrer Entdeckungen entfalten und die Vermittlung zwischen Mensch und Natur herbeiführen. Aus seiner Sicht würde nur eine neugewonnene Naturdialektik, in der Immanenz und Transzendenz zusammenfallen, die Chance eröffnen, daß Natur "nicht mehr nur als technisch auszubeutende Umwelt in der Geschichte erscheint, sondern - objektiv - also atomares Alpha wie noch ausstehendes sozusagen apokalyptisches Omega unserer allemal materiellen Geschichte",[174] als Muttergrund und offenbarte Zukunft. Dann könnte sich auch die Hoffnung auf eine "Technik ohne Vergewaltigung"[175] erfüllen:

> *Die endgültig manifestierte Natur liegt nicht anders wie die endgültig manifestierte Geschichte im Horizont der Zukunft,* und nur auf diesen Horizont laufen auch die künftig wohlerwartbaren Vermittlungskategorien konkreter Technik zu. Je mehr gerade statt der äußerlichen eine Allianztechnik möglich werden sollte, eine mit der Mitproduktivität der Natur vermittelte, desto sicherer werden die Bildekräfte einer gefrorenen Natur erneut freigesetzt. Natur ist kein Vorbei, sondern *der noch gar nicht geräumte Bauplatz, das noch gar nicht adäquat vorhandene Bauzeug für das noch gar nicht adäquat vorhandene menschliche Haus.* Die Fähigkeit des problemhaften Natursubjekts, dieses Haus mitzubilden, ist eben das objektiv-utopische Korrelat der human-utopischen Phantasie, als einer konkreten. Darum ist es sicher, daß das menschliche Haus nicht nur in der Geschichte steht und auf dem Grund der menschlichen Tätigkeit, es steht vor allem auch auf dem *Grund eines vermittelten Natursubjekts und auf dem Bauplatz der Natur.*[176]

Bevor für Bloch die Utopie von "Heimat", das Heimischwerden des Menschen in der Welt mit einer geläuterten Technik realisiert werden kann, muß auch der physikalische Materiebegriff das Noch-Nicht als das Eigentliche und Wesentliche anerkennen. Die Überführung der neuen physikalischen Erkenntnisse aus den Zwängen eines bürgerlichen in die Freiheit eines dialektischen Denkens steht für Bloch jedoch noch aus. Wie nahe er mit seiner dialektischen Materieauffassung der des bürgerlichen Physikers Heisenberg kam, der sich auch am aristotelischen Potentia-Begriff orientierte, hat Bloch nicht erkannt oder zumindest nicht erwähnt.

3. 1. 10. Zusammenfassung

An dieser Stelle soll nun die deskriptive Sammlung von Reaktionen der Philosophen auf das Neue in der Physik unterbrochen werden. Hans Drieschs[177], Erich Kahlers[178] und Eduard Sprangers[179] Hinweise auf die

---

174 Ebd.

175 Ders.: Das Prinzip Hoffnung, a a. O., S. 807.

176 Ebd.

177 Vgl.: Hans Driesch: Der Mensch und die Welt. Leipzig 1928, S. 45. - Ders.: Philosophische Gegenwartsfragen. Leipzig 1933, S. 175-177. - In seiner Arbeit zu den philosophi-

Quantenphysik sowie die Arbeiten des Mathematikers, Physikers und Wissenschaftsphilosophen Hermann Weyl zu dieser Problematik[180] können nur am Rande erwähnt werden.

Es konnte gezeigt werden, daß auch im Kreis der Philosophen die Entwicklung der Physik aufmerksam verfolgt wurde. Die zum Teil äußerst heterogenen Auslegungen der quantentheoretischen Zweifel am Kausalitätsprinzip und Substanzbegriff sowie die manchmal geradezu verblüffende Art und Weise, wie die mit der Quantenphysik und -theorie verbundenen Ideen herangezogen wurden, um das jeweils eigene philosophische Gedankengebäude zu stützen, belegen, daß naturwissenschaftliche Erkenntnisse durchaus als Katalysator für weitergehende Reflexionen außerhalb des rein naturwissenschaftlichen Kontextes dienen können. Die Divergenz der hier vorgestellten philosophischen Überlegungen zur modernen Physik ist einerseits in den sehr unterschiedlichen Positionen der Philosophen begründet. Andererseits ist sie auch durch die Unsicherheit der Physiker im Umgang mit den Quantenphänomen, d. h. mit der Deutung der Beobachtungen im Mikrobereich und den daraus abgeleiteten Formeln bedingt. Letzteres demonstrierte Heisenbergs Interpretation der Quantenmechanik, in der sowohl positivistische als auch idealistische Ideen geborgen zu sein scheinen. Doch sollte hier keineswegs der Nachweis geführt werden, daß die Entstehung naturwissenschaftlicher Theorien und mehr noch deren Aufnahme in die zeitgenössischen philosophischen Denkrichtungen nur innerhalb des Beziehungsgeflechtes abendländischer Philosophietradition verstanden werden könne. Viel wichtiger war es, darauf aufmerksam gemacht zu haben, daß die moderne Physik nicht auf Differentialgleichungen und dem Laien unverständliche Formeln reduziert

---

schen Gegenwartsfragen versucht Driesch in dem Unterpunkt "Wahrscheinlichkeit und Freiheit", den Nachweis zu führen, daß die Unbestimmtheit des Elektrons nichts mit der Willensfreiheit des Menschen zu tun haben kann. Er geht damit gegen den vielfach gemachten Versuch an, aus einer nun nicht mehr am strengen Determinismus festhaltenden Physik heraus die Willensfreiheit des Menschen zu erklären.

178 Vgl. dazu: Unterpunkt 3. 2. 2. (Hermann Broch) der vorliegenden Studie.

179 In mehreren seiner Werke stellt Spranger eine Analogie zwischen der neuen Erkenntnis der Naturwissenschaften, vor allem der Physik, daß der Naturforscher selbst ein Glied seines Beobachtungsgegenstandes Natur sei, mit der von ihm behaupteten Abhängigkeit des geisteswissenschaftlichen Forschers von den gesellschaftlichen Bedingtheiten her. Er faßt dieses Problem mit dem Terminus "Standortproblem der Wissenschaft". Vgl. dazu: Eduard Spranger: Wissenschaft - Ideologie - Gesellschaft (1931). In: Ders.: Kulturphilosophie und Kulturkritik. Ges. Schriften Bd. V, hrsg. v. Hans Wenke. Tübingen 1969, S. 233-246, hier v. a. S. 244-246. - Ders.: Die Geburt des philosophischen Denkens (1954). In: Ebd., S. 194-210, hier v. a., S. 196. - Ders.: Das Historismusproblem an der Universität Berlin seit 1900 (1960). In: Ebd., S. 430-446, hier v. a. S. 436. - Ders.: Die Einheit der Wissenschaft (1952). In: Ders.: Grundlagen der Geisteswissenschaft. Ges. Schriften Bd. VI, hrsg. v. Walter Bähr. Tübingen 1980, S. 43-73, hier v. a., S. 59f.

180 Hermann Weyl: Gruppentheorie und Quantenmechanik. Leipzig 1928. - Ders.: Philosophy and Natural Science (vom Autor durchges. u. verm. Übersetzung von: Philosophie der Mathematik und Naturwissenschaft. München 1927). Princeton 1949.

werden darf. Man braucht sich nicht gerade der Ansicht Reichenbachs anzuschließen, der die "große denkerzieherische, denkbildnerische Auswirkung"[181] oder die "Auswirkung physikalischen Denkens auf die Struktur des denkenden Geistes"[182] hervorhebt. Dennoch kann nicht geleugnet werden, daß die moderne Physik und die Quantenphysik im speziellen noch vor der technischen Verwertung ihrer Erkenntnisse in das Bewußtsein der nicht-naturwissenschaftlichen Intelligenz trat und zum Gedankenspiel mit den physikalischen Ideen anregte.

Ganz recht hat derjenige, der nun moniert, daß es gewagt sei, bei den hier vorgeführten Denkern durchweg von einer nicht-naturwissenschaftlichen Intelligenz zu sprechen. Bei Eddington ist es sicherlich schlicht unzutreffend; aber auch bei Popper, der in Wien Physik und Mathematik studierte, ist solch eine Zuordnung eher fragwürdig. Das gleiche gilt für Schlick, der bei Max Planck über die Lichtreflexion promovierte. Ebenso mußte auch Hans Reichenbach, der ein Schüler Albert Einsteins war, als Vertreter des logischen Empirismus sozusagen von Haus aus ein Interesse an den Entwicklungen der modernen Physik bekunden. Da es wahrscheinlich kaum genügen wird, diese Einwände mit dem Hinweis darauf zu entkräften, daß Wissenschafts- und Naturphilosophie trotz allem unter der Kategorie Philosophie subsumiert werden können, soll im folgenden der Nachweis erbracht werden, daß die zeitgenössischen Schriftsteller ebenfalls auf das Neue in der Physik reagierten. Auch hier wird sich die Unterscheidung zwischen literarisch-geisteswissenschaftlicher und naturwissenschaftlicher Intelligenz als problematisch erweisen. Doch schließlich ist es das Anliegen dieser Studie, Zweifel an einer Unterscheidung zu wecken, die hauptsächlich den Zweck erfüllt, den Schriftstellern Ignoranz in Sachen naturwissenschaftlicher Erkenntnis zu bescheinigen, wenn nicht gar eine unüberwindbare Kluft zwischen den beiden Wissensbereichen und ihren jeweiligen Vertretern zu postulieren.

3. 2. Die Reaktion auf die Erkenntnisse der modernen Physik in Texten von Musil, Broch, Jünger, Benn, Einstein und Brecht

Schon in Punkt 1. 3. dieser Arbeit war darauf hingewiesen worden, daß die literarische Szene der ersten Hälfte des 20. Jahrhunderts von Autoren geprägt war, die sowohl geisteswissenschaftlich-literarisch als auch naturwissenschaftlich gebildet waren. Zu diesen Autoren zählen neben anderen der Arzt Gottfried Benn, der Textilingenieur Hermann Broch, der Ingenieur Robert Musil und der Entomologe Ernst Jünger. Bei der Synthese der beiden so gerne auseinanderdividierten Wissensbereiche handelt es sich nicht um eine nur

181 Hans Reichenbach: Atom und Kosmos, a. a. O., S. 315.
182 Ebd., S. 317.

biographisch bedeutsame Komponente, um eine schnell vorübergegangene, durch die berufliche Ausbildung erzwungene Beschäftigung mit der nichtliterarischen Materie. Besonders bei den hier genannten Autoren kann die Auseinandersetzung mit den Naturwissenschaften nicht als eine zeitweilige Verirrung abgetan werden, die mit der Hinwendung zu den schöngeistigen Dingen ad acta gelegt worden wäre. Eine Hinwendung zu Literatur und Poesie bedeutet in diesen Fällen keinesfalls eine totale Abkehr von den Naturwissenschaften. Dazu sind die Spuren zu zahlreich, die ein über das Berufliche hinausgehendes Interesse an den Methoden und Inhalten der exakten Wissenschaften verraten. Zu deutlich sind diese Spuren gerade in jenen Zeugnissen, die gemeinhin als das Produkt einer literarischen Intelligenz eingestuft werden.

3. 2. 1. Robert Musil[183]

Wenn Musil nach seinem Ingenieurstudium die naturwissenschaftliche Materie ein für alle Mal aus dem Blick verloren und jeden naturwissenschaftlichen Gedanken aus seinem Kopf verbannt hätte, würde dieser vielzitierte Satz wohl kaum aus seiner Feder stammen:

> [...] die Anpassung an das naturwissenschaftliche Weltbild kann der Literatur nicht erspart bleiben und ein gut Teil ihrer heutigen Gegenstandslosigkeit geht darauf zurück, daß sie sich dabei verspätet hat.[184]

Es ist nicht anzunehmen, daß Musil mit dieser Kritik an der zeitgenössischen Literatur indirekt auch sein eigenes literarisches Schaffen der Gegenstandslosigkeit bezichtigt hat. Ganz im Gegenteil kann man davon ausgehen, daß Musil hier einen Anspruch an Literatur formulierte, den er der eigenen Arbeit zugrunde legte und zu verwirklichen suchte: im dichterischen Werk nicht Biographien und Stimmungen wiederzugeben, sondern das für eine Zeit bedeutsame Wissen, die naturwissenschaftlichen Erkenntnisse eingeschlossen, aufzunehmen und zu reflektieren. Die vielen Anspielungen, die Musil vor allem in seinem Hauptwerk *Der Mann ohne Eigenschaften* auf die Naturwissenschaften machte,[185] zeigen, daß er diesen Anspruch erfüllen wollte. Es wäre allerdings verfehlt, wollte man Musil aufgrund der wenigen Hinweise in seinen Schriften, die sein Wissen um die neuen Entwicklungen in der Physik beweisen, zu einem eifrigen Rezipienten quantenphysikalischer Abhandlungen stilisieren. Wird dennoch ein kurzer Blick auf diejenigen Belege gewagt, in

---

183 Musils Schriften werden zitiert nach: Robert Musil: Gesammelte Werke in 9 Bänden. Hg. v. Adolf Frisé. 9 Bde. 2. verb. Aufl. Reinbek bei Hamburg 1981 (im folgenden kurz: GW + Bandangabe).

184 Ders.: Zu Kerrs 60. Geburtstag (1927). In: GW 8, S. 1180-1186, hier S. 1183.

185 Ders.: Der Mann ohne Eigenschaften. In: GW 1-4, hier z. B. Bd. I, S. 9, 39f., 66, 156, 255f u. 314f.

denen Musil eindeutig auf die Quanten- oder Atomphysik Bezug nimmt, so vor allem, weil sie neben Anknüpfungsmöglichkeiten für die weitere Musil-Forschung Licht auf eine ganz typische wissenschaftskritische Haltung werfen, wie sie auch bei Hermann Broch oder Ernst Jünger festgestellt werden kann.

Bei dem Versuch, die geistige Situation seiner Zeit und damit auch die eigene intellektuelle Position zu bestimmen, die zwischen den Polaritäten Rationalismus - Irrationalismus, Logik - Mythos, Wissenschaft - Religion oder wissenschaftlicher Erkenntnis - mystischem Erlebnis hin- und hergerissen war, und dabei den Weg zu einer Überwindung dieser intellektuellen Orientierungslosigkeit in der Darstellung neuer Erkenntnis- und Wahrnehmungsformen zu weisen, orientierte sich Musil hauptsächlich an Überlegungen, deren Entstehungs- und Wirkungszeit mit der Jahrhundertwende fixiert werden könnte. Die Musil-Forschung hat mit mehreren Beiträgen die herausragende Rolle aufgezeigt, welche Ernst Machs Empiriokritizismus und die Gestaltpsychologie in der Nachfolge Franz Brentanos für Musils geistige Entwicklung und Herausbildung seiner Ästhetik gespielt haben.[186] Die Gedanken Machs gewannen jedoch nicht nur Einfluß auf Musil, der 1908 mit einer erkenntnistheoretischen Arbeit über Mach promovierte.[187] Sie wirkten auch im logischen Empirismus des Wiener Kreises, in der Kulturszene Wiens insgesamt[188] und, was in diesem Zusammenhang besonders wichtig ist, bei der Generation von Physikern fort, die maßgeblich an den zwei revolutionären Entwicklungen in der Physik, der Relativitätstheorie und der Quantentheorie, beteiligt war. In Machs Empiriokritizismus könnte daher eine gemeinsame Wurzel für bestehende Analogien zwischen Ideen der modernen Physik und Momenten, die in Musils Werk zur Wirkung kommen, gesehen werden.

186 Vgl. dazu: Gerhard Meisel: Liebe im Zeitalter der Wissenschaften vom Menschen. Das Prosawerk Robert Musils. Opladen 1991, S. 18-24. - Thomas Rentsch: Wie ist ein Mann ohne Eigenschaften überhaupt möglich? Philosophische Bemerkungen zu Musil. In: Paradigmen der Moderne. Hg. v. Helmut Bachmaier. Amsterdam u. a. 1990, S. 49-76. - Hannah Hickman: Musils Essay 'Literat und Literatur'. Form und Gestalt in Wissenschaft und Kunst. In: Kunst, Wissenschaft und Politik von Robert Musil bis Ingeborg Bachmann. Hg. v. Josef Strutz. München 1986, S. 34-50. - Roger Willemsen: Robert Musil. Vom intellektuellen Eros. München/Zürich 1985. Hier bes. S. 54-86. - Manfred Frank: Auf der Suche nach einem Grund. Über den Umschlag von Erkenntniskritik in Mythologie bei Musil. In: Mythos und Moderne. Begriff und Bilder einer Rekonstruktion. Hg. v. Karl-Heinz Bohrer. Frankfurt a. M. 1983, S. 318-362.

187 Robert Musil: Beitrag zur Beurteilung der Lehren Machs und Studien zur Technik und Psychotechnik. - Und: Studien zur Technik und Psychotechnik. Reinbek b. Hamburg 1980.

188 Vgl.: Manfred Diersch: Draußen, Drinnen und Ich. Ernst Machs "Spiegel der Erkenntnis" als Anregung für österreichische Erzählkunst des 20. Jahrhunderts. In: Genauigkeit und Seele. Zur Österreichischen Literatur seit dem Fin de siècle. Hg. v. Josef Strutz und Endre Kiss. München 1990, S. 29-42.

Mach hat vor allem in seiner Abhandlung *Die Analyse der Empfindungen*[189] Kritikpunkte am mechanistischen Weltbild vorweggenommen, die für die Kopenhagener Deutung der Quantenmechanik von zentraler Bedeutung sind. Für Mach besteht die Welt der erfahrbaren Dinge ebenso wie das Ich aus Komplexen, die aus mehr oder weniger unbeständigen Empfindungselementen zusammengesetzt sind. Mach sieht keinen grundsätzlichen Gegensatz zwischen Gegenstand und Erscheinung, zwischen Welt und Ich. Er erachtet es als Irrtum der Naturwissenschaften, kausale Beziehungen zwischen einzelnen beobachteten Phänomenen anzunehmen. Folglich konzentriert sich Machs Kritik genau auf die Faktoren, die in die Quantentheorie als Wechselwirkung zwischen Beobachter und Beobachtetem und als das Versagen der kausalen Beschreibung der Bewegung von Elementarteilchen zwischen zwei Beobachtungen eingingen. Die Auflösung fester Grenzen zwischen Subjekt und Objekt sind aber auch für Musils Definition des "anderen Zustandes" von Belang.[190] Desgleichen problematisiert Musil den Kausalgedanken, wenn er den "Möglichkeitssinn" gegen den "Wirklichkeitssinn"[191] setzt oder wenn er die kausale Erzählweise[192] in Frage stellt. Ähnlichkeiten zwischen der modernen Physik und Musils Darstellungsweisen und Ideen sind also durchaus vorhanden. Diese Übereinstimmungen verführen die Literaturforschung gerne zu dem Urteil, im Paradigmenwechsel der Naturwissenschaften und in charakteristischen Elementen der Literatur der klassischen Moderne ein zeitspezifisches Symptom für die Krise der Moderne entdeckt zu haben.

Der Zusammenhang zwischen moderner Physik und der Musilschen Gedankenwelt läßt sich aber noch über den Rückbezug auf Machs Lehre hinaus vertiefen. Bezeichnenderweise schließen an Musils Aufzeichnungen zu dem Verhältnis von Kausalität und traditioneller Erzählweise in seinen Tagebüchern direkt Notizen an, die eine intensivere Auseinandersetzung mit dem Verhältnis von Induktion und Wahrscheinlichkeit,[193] mit der Willkürlich-

189 Ernst Mach: Beiträge zur Analyse der Empfindungen. Jena 1886. - Erw. Ausgabe u. d. T.: Ders.: Die Analyse der Empfindungen und das Verhältnis des Physischen zum Psychischen. Jena 1900.

190 Vgl. dazu folgende charakteristische Beschreibung in Musils "Mann ohne Eigenschaften": "In diesem Zustand speiste [...] Paul Arnheim [...]; aber man konnte sagen, daß es dabei von ihm zu ihm ebensoweit war wie zum nächsten Menschen oder Ding, daß die Außenwelt nicht an seiner Haut aufhörte und die Innenwelt nicht bloß durch das Fenster der Überlegung hinausleuchtete, sondern daß sie beide sich zu einer ungeteilten Abgeschiedenheit und Anwesenheit vereinten, die so mild, ruhig und hoch war wie ein traumloser Schlaf." (Robert Musil: Der Mann ohne Eigenschaften, a. a. O., hier Bd. 2, S. 386. - Vgl. auch: Ders.: Der deutsche Mensch als Symptom. In: GW 8, S. 1364-1400, hier bes. S. 1392-1394).

191 Ders.: Der Mann ohne Eigenschaften, a. a. O., Bd. 1, S. 16-18.

192 Vgl.: Ders.: Tagebücher. Hg. v. Adolf Frisé. 2 Bde. Reinbek b. Hamburg 1976, hier [Bd. 1], Heft 10: 1918-1921 (1929,1939), S. 450f.

193 Ebd., S. 459.

keit der Naturgesetze,[194] mit dem Zufallsbegriff,[195] mit der statistischen Methode[196] und dem Gesetz der großen Zahlen[197] sowie dem Problem gleich möglicher Fälle[198] belegen. Die in diesem Zusammenhang von Musil aufgestellte Liste mit Literaturhinweisen zum Wahrscheinlichkeitsbegriff enthält Abhandlungen, die den Wahrscheinlichkeitsbegriff sowohl vom Standpunkt erkenntnistheoretischer als auch physikalischer Probleme aus beleuchten. Die im Anmerkungsapparat zu den Tagebüchern gegebenen Hinweise auf Textstellen in *Der Mann ohne Eigenschaften* demonstrieren, daß Musils Interesse am Wahrscheinlichkeitsbegriff in seinem Werk weiterwirkte.[199]

Auf der Grundlage dieses Materials und durch die aufschlußreiche Analyse des Romanbeginns von *Der Mann ohne Eigenschaften* hat Gerhard Meisel[200] in einleuchtender Form gezeigt, wie Erkenntnisse der Thermodynamik und Wahrscheinlichkeitsrechnung bei Musil miteinander verbunden werden. Das von Meisel dabei beachtete Zusammenspiel von Ordnung, Chaos und statistischer Wahrscheinlichkeit, das sowohl auf inhaltlicher als auch auf erzähltechnischer Ebene in *Der Mann ohne Eigenschaften* eine wichtige Funktion übernimmt, wird von ihm im Zusammenhang mit dem physikalischen Entropiebegriff der Boltzmannschen statistischen Wärmelehre einerseits und dem Entropiebegriff der Informationstheorie nach Shannon und Bense andererseits gesehen. Vor dem Hintergrund der Informationstheorie markiert daher der "Brückenschlag" zwischen avanciertester zeitgenössischer Naturwissenschaft bzw. Erkenntnistheorie und Literatur für Meisel das "Zentrum von Musils Poetologie".[201] Musils initiale Grundformel des Romanfragments laute, daß in ästhetischer Schöpfung, informationstheoretisch besehen, ideale Ordnung mit einem Maximum an Störung identisch sei.[202]

Der von Meisel geleistete Brückenschlag von der Thermodynamik zur Informationstheorie mag nicht für jeden gleich einleuchtend sein, obwohl es durchaus eine Verbindung zwischen diesen beiden Bereichen unabhängig von Musil gibt.[203] Meisels Interpretation ist eine Möglichkeit, die Unabgeschlossenheit des Romans nicht als ein Scheitern, sondern als ein Einmünden in die

---

194 Ebd.

195 Ebd., S. 464.

196 Ebd.

197 Ebd., S. 465.

198 Ebd., S. 467.

199 Vgl.: Ders.: Tagebücher, a. a. O., hier [Bd. 2:] Anmerkungen. Anhang. Register, S. 297 u. 299.

200 Gerhard Meisel: Verkehr und Entropie in Robert Musils "Kakanien". In: Medien und Maschinen. Literatur im technischen Zeitalter. Hg. v. Theo Elm u. Hans H. Hiebel. Freiburg i. Br. 1991, S. 304-332. - Vgl. auch: Ders.: Liebe im Zeitalter der Wissenschaften vom Menschen, a. a. O., S. 118-294.

201 Ders.: Verkehr und Entropie in Robert Musils "Kakanien", a. a. O., S. 320.

202 Ebd., S. 331.

203 Vgl.: Johannes Peters: Information und Signal. In: Philosophie und Kybernetik. Hg. v. Karl Steinbuch u. Simon Moser. München 1970, S. 163-173.

größte Wahrscheinlichkeit, in das Chaos zu deuten, das als entropisches Maximum verstanden wird.[204] Darüber hinaus ist es Meisels Verdienst, darauf aufmerksam gemacht zu haben, daß Musil die Erkenntnisse der zeitgenössischen Naturwissenschaft zur Kenntnis genommen und in sein Werk eingearbeitet hat. Es soll nun nicht auch noch der Zusammenhang zwischen dem Entropiebegriff der Thermodynamik und der Quantentheorie bemüht werden.[205] Doch könnte Meisels Arbeit dahingehend ergänzt werden, daß sich Musil in seinem Interesse für die Wahrscheinlichkeit dadurch bestätigt sah, daß die Physik aufgrund der Quantenphänomene die Frage nach der Kausalität des physikalischen Geschehens neu aufrollen mußte.

Bereits 1923 erwähnt Robert Musil in zwei kurz aufeinanderfolgenden Briefen an seine Stieftochter Annina Marcovaldi die Quantentheorie. Wie aus diesen Briefen hervorgeht, hat Musil eine Notiz über die Quantentheorie, die er in seinen Papieren fand,[206] mit einigen erklärenden Worten versehen und an seine Stieftochter gesandt.[207] Diese Notiz ist leider nicht erhalten.[208] Was ihren Inhalt angeht, kann daher nur angemerkt werden, daß darin über einen Stand der Quantentheorie referiert worden sein muß, der noch nicht den Höhepunkt in der Entwicklung dieser Theorie durch die Formulierung der Unschärferelation im Jahre 1927 darstellte. Auch wenn aus den Passagen der beiden gleichen Briefe, die von Martha Musil stammen, zu entnehmen ist, daß sich Robert Musil zu dieser Zeit intensiv mit der Einsteinschen Relativitätstheorie auseinandersetzte,[209] geht aus dem Hinweis Musils auf die Quantentheorie hervor, daß sie keine von den Physikern geheimgehaltene Sache war, sondern wie die Relativitätstheorie in der Öffentlichkeit diskutiert und von Nicht-Naturwissenschaftlern zur Kenntnis genommen wurde.

In noch weit stärkerem Maße bestätigen dies Aufzeichnungen, die sich am Ende jenes Tagebuchheftes finden, in denen auch Musils Notizen zum Wahrscheinlichkeitsbegriff stehen:

---

204 Vgl.: Gerhard Meisel: Verkehr und Entropie in Robert Musils 'Kakanien', a. a. O., S. 311.

205 Vgl.: Bernulf Kanitscheider: Wissenschaftstheorie der Naturwissenschaften. Berlin/ New York 1981, S. 174-176.

206 Brief v. Martha und Robert Musil an Annina Marcovaldi v. 10.V.1923. In: Robert Musil: Briefe 1901-1942. Hg. v. Adolf Frisé. 2 Bde. Reinbek bei Hamburg 1981, [Bd. 1], S. 297f., hier S. 298.

207 Brief v. Robert und Martha Musil an Annina Marcovaldi v. 17.V.1923, a. a. O., S. 300f., hier S. 301.

208 Ders.: Briefe 1901-1942, a. a. O., hier [Bd. 2:] Kommentar. Register, S. 177.

209 Brief v. Robert und Martha Musil an Annina Marcovaldi v. 10.V.1923, a. a. O., S. 297. - Brief v. Robert und Martha Musil an Annina Marcovaldi v. 17.V.1923, a. a. O., S. 301.

Ich lese - nach Abschluß des I Bdes. MoE. - in Der Koralle (Dez. 1929) eine Plauderei von Erwin *Schrödinger* Mitgl. d. Preuss. Ak. d. Wiss. über »*Das Gesetz der Zufälle*« Danach ist die Frage Kausal- oder statistisches Gesetz jetzt sehr aktuell.[210]

Dank dieser Eintragung kann man sich nun auch auf die Autorität Musil berufen, um die Aktualität des Kausalproblems um das Jahr 1929 zu belegen. Doch das ist nicht die einzige Schlußfolgerung, die sich aus dieser Tagebucheintragung ziehen läßt. Die von Musil in Parenthese gesetzte Bemerkung "nach Abschluß des I Bdes MoE" gibt Anlaß zu der Vermutung, daß er in Schrödingers Stellungnahme zu dem unter den Naturwissenschaftlern entbrannten Streit um das Verhältnis von Ursache und Wirkung nicht nur ein Indiz für die Aktualität der Frage nach Kausalität oder Wahrscheinlichkeit sah. Musil stellt selbst einen Zusammenhang zwischen Schrödingers Artikel und dem *Mann ohne Eigenschaften* her, wenn er anfügt, daß er direkt nach der Niederschrift des ersten Bandes auf den Artikel gestoßen sei. Musil sah folglich in Schrödingers "Plauderei" eine Bestätigung für sein eigenes Interesse an dieser Fragestellung, wenn nicht gar eine Bestätigung für die Aktualität seines *Mann ohne Eigenschaften*. Musil fand Schrödingers Artikel sogar so interessant, daß er daraus einen Absatz bis auf zwei Abweichungen wörtlich in sein Tagebuch übertragen hat.[211] In diesem von Musil exzerpierten Abschnitt spricht Schrödinger von dem Obergesetz, von dem gemeinsamen Grundcharakter allen Geschehens, das in einem ständigen Fortschreiten von der Ordnung zur Unordnung bestünde. Schrödinger hebt anschließend den statistischen Charakter der exakten Gesetze, die die Naturwissenschaften beobachteten, hervor und schließt mit der Behauptung, daß vom Standpunkt des Physikers die Wurzel der Kausalität der Zufall sei.

So wie der Physiker Schrödinger in seinem Artikel in *Die Koralle* zur Kausalfrage Stellung bezog, mußte dies Musils Aufmerksamkeit erregen. Zur Rechtfertigung dieser Behauptung würde Gerhard Meisel, der Musils Poetologie vor dem Hintergrund des Entropiesatzes sieht, auf das von Schrödinger formulierte Obergesetz verweisen, das dieser in bezug auf den Entropiesatz als ständiges Fortschreiten von der Ordnung zur Unordnung bestimmt hat. In der Tat fragt sich auch Musil, ob Schrödingers Ausdrucksweise "vielleicht allzusehr nach dem Entropiesatz orientiert"[212] ist. Wenn Schrödinger von der Auffassung des Physikers spricht, daß auf dem Fortschreiten von der Ordnung zur Unordnung die "sehr ausgesprochene einseitige Richtungstendenz aller Naturvorgänge"[213] beruhe, dann spielt er natürlich auf den zweiten Hauptsatz der Wärmelehre an, der aufgrund von statistischen Überlegungen eine Gerich-

210 Robert Musil: Tagebücher, a. a. O., hier [Bd. 1], Heft 10: 1918-1921 (1929,1939), S. 524. - Vgl. dazu: Erwin Schrödinger: Das Gesetz der Zufälle. Der Kampf um Ursache und Wirkung in den modernen Naturwissenschaften. In: Koralle 5 (1929/30), H. 9, S. 417f.

211 Ebd., S. 524f. Vgl. auch: Ders.: Tagebücher, a. a. O., hier [Bd. 2], S. 348.

212 Robert Musil: Tagebücher, a. a. O., hier [Bd. 1] Heft 10: 1918-1921 (1929,1939), S. 524.

213 Ebd.

tetheit allen Geschehens postuliert. Daher ist es auch berechtigt, daß Meisel zur Untermauerung seines Interpretationsansatzes auf diese Tagebuchstelle hinweist.[214] Ohne nun Meisels Interpretation abschwächen zu wollen, muß sein Hinweis dennoch dahingehend ergänzt werden, daß die Aktualität der Frage nach der Naturgesetzlichkeit nicht in erster Linie durch Erkenntnisse der Thermodynamik, sondern vor allem durch die Erkenntnisse der Quantenmechanik und ihre Deutung in der Quantentheorie bedingt war. Das geht selbst aus dem kleinen Abschnitt, den Musil in sein Tagebuch übertragen hat, hervor, wenn Schrödinger nicht nur von "Molekül-", sondern auch von "Atomschwärmen" und vom nicht streng determinierten, vom Zufall bestimmten Verhalten des einzelnen Individuums spricht.[215]

Diese kleine Ergänzung, die den Bezug zur Quantentheorie und deren Position zur Kausalitätsfrage herstellt, wirft zusammen mit dem ungefähr zehn Jahre später angefügten Exzerpt aus Ernst Cassirers Descartes-Studie[216] zu Platons *Timaeus* ein neues Licht auf Musils Kritik an den exakten Wissenschaften. Musil notierte sich folgendes:

> Nach dem Timaeus kann sich die Physik über die Gewißheitsstufe der «Wahrscheinlichkeiten» nicht erheben. Die Welt des Werdens ist keiner wirklichen Gewißheit fähig. [...] Das physikal. Wissen bleibt im Kreise der bloßen Wahrscheinlichkeit (ειπασια) [...] Die Cartesische Methode schließt dagegen alle Wahrscheinlichkeiten aus u. beschränkt sich auf das Gebiet der strengen Gewißheit. [...] Die Analogie (zw. der Erscheinungswelt u der Welt der reinen Formen) müßte nach Pl. Analogie bleiben [...].[217]

Aus dem Originaltext von Cassirer[218] geht hervor, daß es sich bei der Begrenztheit des physikalischen Wissens um den Grad des Wahrscheinlichen wie in Platons *Timaeus* handelt und nicht um die Unfähigkeit des Menschen, vorhandene exakte Kausalzusammenhänge zu erkennen, wie es zum Beispiel in der Thermodynamik der Fall ist. In Cassirers Darstellung kann sich die Physik des Timaeus nicht über die Gewißheitsstufe der Wahrscheinlichkeit erheben, weil die Welt des Werdens keiner wirklichen Gewißheit fähig ist, weil sich das Bestimmungslose nicht mit dem Bestimmten vereinen und weil sich kein fester und distinkter Begriff von dem gewinnen lassen kann, was "keinen Augenblick »sich selbst gleich ist«, sondern seiner Natur nach in schwankender Erscheinung schwebt".[219] Hierin sieht Cassirer den entscheidenden Unterschied zwischen der Physik Platons und der Physik von Descartes, die für die weitere Entwicklung der Naturwissenschaft bestimmend wurde.

214 Vgl.: Gerhard Meisel: Verkehr und Entropie in Robert Musils 'Kakanien', a. a. O., S. 314.

215 Robert Musil: Tagebücher, a. a. O., hier [Bd. 1] Heft 10: 1918-1921 (1929,1939), a. a. O., S. 524.

216 Ernst Cassirer: Descartes. Lehre - Persönlichkeit - Wirkung. Stockholm 1939.

217 Robert Musil: Tagebücher, a. a. O., hier [Bd. 1] Heft 10: 1918-1921 (1929,1939), a. a. O., S. 525.

218 Ernst Cassirer: Descartes, a. a. O., S. 16-20.

219 Wie auch das folgende: Ebd., S. 17f.

Danach entspricht für Platon die Reduktion der Natur auf geometrische Verhältnisse, auf reine Formen, nicht dem Wesen der Natur, weil sie unbestimmt und nicht fest ist. Der in Analogie mit der Geometrie gewonnene Begriff von der Natur kann folglich kein wahres Abbild sein, sondern muß Analogie bleiben. Cassirer stellt daher fest, daß für Platon die scharfe Grenze zwischen der Erscheinungswelt und der Welt der reinen Formen durch die Vermittlung des Raumes niemals verwischt werden könne. Dagegen sieht Cassirer bei Descartes die wirkliche Synthese von Natur und Mathematik vollzogen, indem die Natur mit der geometrischen Form identifiziert und die mathematische Beschreibung als wahres Abbild der Natur verstanden wird.[220] Wenn die cartesische Methode, wie Musil Cassirers Darstellung in seinen Tagebuchexzerpten zusammenfaßt, alle Wahrscheinlichkeiten ausschließt und sich auf das Gebiet der strengen Gewißheit beschränkt, dann geht sie vom platonischen Standpunkt aus am Wesen der Natur vorbei. Die Vernachlässigung des Wahrscheinlichen ist der Punkt, an dem Musils Kritik an der zeitgenössischen Wissenschaft einsetzt, mit dem aber auch erklärt werden kann, weshalb die Diskussion der Kausalitätsfrage im Hinblick auf die Quantenphänomene Musils Interesse wecken mußte.

Entscheidender Aspekt der Diskussionen um die Deutung der Quantenphänomene war die von Bohr und Heisenberg in Opposition zu Einstein vertretene Ansicht, daß die klassische physikalische Beschreibung im Mikrobereich versagt, weil sie dem Wesen der kleinsten Teilchen nicht entspricht. Nach der Kopenhagener Deutung operiert die Quantenmechanik mit Wahrscheinlichkeiten nicht etwa, weil vorhandene Gesetzmäßigkeiten nicht erkannt werden können, sondern weil keine vorhanden sind. So gesehen mußte die Physik die von Descartes vorgenommene Beschränkung auf das Gebiet der strengen Gewißheit relativieren und Wahrscheinlichkeiten berücksichtigen, um der Unbestimmtheit der Natur - zumindest im Bereich der kleinsten Teilchen - gerecht zu werden.

Mit dem Übergang von den exakten zu den statistischen Gesetzen zeichneten sich in der Entwicklung der Physik Tendenzen ab, die den Lösungsversuchen entgegenkamen, die Ulrich, der Protagonist in *Der Mann ohne Eigenschaften,* zur Befreiung aus der intellektuellen Zwickmühle Rationalismus - Irrationalismus gedanklich durchspielt. Es ist deshalb folgerichtig, daß Musil Schrödingers Formulierung, vom Standpunkt des Physikers sei die Wurzel der Kausalität der Zufall, in sein Tagebuch aufgenommen hat.

Im zentralen 62. Kapitel des *Der Mann ohne Eigenschaften* entwickelt Ulrich die "Utopie des Essayismus".[221] Ulrich geht davon aus, daß es zwei verschiedene Geistesverfassungen gibt, die einander unvermittelt gegenüberstehen bzw. die einander unvermittelt gegenübergestellt werden. Die eine

---

220 Ebd., S. 18.

221 Robert Musil: Der Mann ohne Eigenschaften, a. a. O., hier Bd. 1, S. 247-257.

begnüge sich damit, genau zu sein, und halte sich an die Tatsachen, die andere schaue immer auf das Ganze und leite ihre Erkenntnisse von sogenannten ewigen und großen Wahrheiten her.[222] Die erste von Ulrich vorgestellte Geistesverfassung spielt auf den Geist der Wissenschaft und ihre induktive Methode an, die sich im Anschluß an Galilei und Descartes herausgebildet hat. Die Tatsachenwissenschaften, auf den Bereich der strengen Gewißheit verwiesen, interessieren sich nur für den beobachteten Einzelfall, für das, was faktisch geworden ist, ohne zu bedenken, daß der Einzelfall auch ganz anders hätte aussehen können. Die Beziehung des Besonderen, des Einzelnen zum Allgemeinen wird nicht dadurch hergestellt, daß alles Mögliche im Einzelnen selbst angelegt sein könnte, sondern aus der Zusammenfassung von wiederholbaren Einzelbeobachtungen gewonnen, die aus dem Geflecht möglicher, anders gearteter Beziehungen herausgetrennt wurden. Die Welt der Erscheinungen wird nur unter dem Blickwinkel des Festgefügten, des Statischen betrachtet. Ebenso erstarrt scheint auch die zweite von Ulrich angesprochene Geistesverfassung zu sein, die spekulativ vorgeht. Darunter fallen die Metaphysik, die Religion, die Dichtung, also jene Erkenntnissysteme, die nicht an den Tatsachen orientiert sind, sondern, wie Ulrich es formuliert, das Unsichere repräsentieren.[223] Aber auch hier wird dem Möglichen nicht genügend Spielraum eingeräumt. Die Ableitung der Erkenntnisse von ewigen Wahrheiten ist an sich schon eine Erstarrung, eine Verfestigung, da das Denken nicht kontinuierlich an die Tatsachen angepaßt wird. Zudem wird das Einzelne nicht als Potential begriffen. Das Besondere gilt nur als eine Ausprägung des Allgemeinen.

Diesen beiden Geistesverfassungen setzt Ulrich eine dritte entgegen, mit der das Pendeln zwischen "den beiden Polen dieses Weder-Noch"[224] beendet werden könnte. In seiner Jugend hatte Ulrich die Vorstellung des "hypothetisch leben" entworfen.[225] Diese Vorstellung habe er aus der Ahnung heraus gewonnen, daß alles, was ihm entgegentrete, nur so tue, als ob es vollendet sei, daß diese Ordnung nicht so fest sei, wie sie sich gebe, daß kein Ding, kein Ich, keine Form, kein Grundsatz sicher seien, sondern alles in einer unsichtbaren, aber niemals ruhenden Wandlung begriffen sei und im Unfesten mehr von der Zukunft als im Festen liege.[226] Später, "bei gemehrtem geistigen Vermögen", verfeinerte Ulrich diesen Entwurf, indem er das unsichere Wort Hypothese durch den Begriff Essay ersetzte.[227] Wie aus Ulrichs Reflexionen zu ersehen ist, liegt dem Essay eine Geisteshaltung zugrunde, die "ein Ding von vielen Seiten nimmt", ohne es in einen Begriff einzuschmelzen und als ein ganz

222 Ebd., S. 248.
223 Vgl.: Ebd., S. 249.
224 Ebd., S. 248.
225 Ebd., S. 249.
226 Ebd., S. 250.
227 Ebd.

erfaßtes Ding seines Umfanges zu berauben.[228] Vielmehr wird im Essay ein "unendliches System von Zusammenhängen" geschaffen, so daß das "scheinbare Feste [...] zum durchlässigen Vorwand für viele Bedeutungen, das Geschehende zum Symbol von etwas [wurde], das vielleicht nicht geschah, aber hindurch gefühlt wurde, und der Mensch als Inbegriff seiner Möglichkeiten, der potentielle Mensch" entgegentritt.[229] Folgt man Ulrichs Charakteristik des Essays, so wird darin der behandelte Gegenstand nicht als etwas Festes betrachtet, als etwas, das so geschehen ist und nicht hätte anders geschehen können, als etwas, das so zu beurteilen ist und nicht auch anders beurteilt werden könnte, sondern als etwas Bewegliches und Veränderliches, als etwas, das abhängig ist von einem "bald so, bald anders beschaffenen Ganzen", dem es angehört.[230] Der Essayismus beschränkt sich folglich nicht auf das Gebiet strenger Gewißheit. Er betrachtet den zu erörternden Gegenstand im Feld seiner Möglichkeiten und wird so der "Beweglichkeit der Tatsachen" gerecht.[231] Damit sind aber auch die gewonnenen Erkenntnisse keine Inhalte, die zur Wahrheit erhoben oder des Irrtums überführt werden können. Dementsprechend verneint Ulrich, daß die Begriffe wahr und falsch auf die im Essay formulierten Gedanken anwendbar seien.[232] Wenn die Begriffe wahr und falsch nicht zutreffend sind, liegt es nahe, die Begriffe wahrscheinlich oder möglich heranzuziehen. Sie entsprechen dem Schwebezustand zwischen wahr und falsch.

Die von Ulrich in *Der Mann ohne Eigenschaften* entworfene "Utopie des Essayismus" wird von ihm nicht in erster Linie im Hinblick auf die literarische Praxis entwickelt,[233] sondern als Konzept einer bestimmten Lebenshaltung, die

228 Ebd.

229 Ebd., S. 251.

230 Ebd., S. 250.

231 Ebd., S. 252.

232 Ebd., S. 253.

233 Es steht natürlich außer Frage, daß hier wie im ganzen Roman die dichterische Erkenntnis mitreflektiert wird (Vgl. dazu: Josef Strutz: Der Mann ohne Konzessionen. Essayismus als poetisches Prinzip bei Musil und Altenberg. In: Genauigkeit und Seele, a. a. O., S. 11-27). Strutz weist darauf hin, daß der Essayismus sowohl poetisches Prinzip als auch Reflexionsqualität umfaßt (Ebd., S. 13). - Vgl. auch: Dietrich Hochstätter: Sprache des Möglichen. Stilistischer Perspektivismus in Robert Musils "Der Mann ohne Eigenschaften". Frankfurt a. M. 1972. Hochstätter bemerkt, daß eine Utopie der Exaktheit in der Sprache schon antizipiert sei (Ebd., S. 230). - Vgl. auch: Walter Moser: Zwischen Wissenschaft und Literatur. Zu Robert Musils Essayismus. In: Verabschiedung der (Post-) Moderne? Eine interdisziplinäre Debatte. Hg. v. Jacques Le Rider und Gérard Raulet. Tübingen 1987, S. 167-196. Moser vertritt die Ansicht, daß Musils Essayismus eine Schreibweise und mehr noch eine Schreibstrategie sei, die sich in der gleichen Distanz von der Wissenschaft und von der Literatur situiere, obwohl sie praktisch im Romantext von "Der Mann ohne Eigenschaften" angesiedelt sei (Ebd., S. 194). Des weiteren konstatiert Moser in Musils Roman eine Interaktion von Literatur und Naturwissenschaft (Ebd., S. 168), eine dynamische Interdiskursivität (Ebd., S. 169). Musils Essayismus sei wohl als Strategie des literarischen Schreibens in der Literatur angesiedelt und verwirk-

eine "Verbindung von exakt und nicht-exakt, von Genauigkeit und Leidenschaft"[234] anstrebt. Diese Bedeutung tritt nicht unmittelbar zutage, da Ulrich den Essayismus nicht anhand von Problemen der Naturbetrachtung, sondern anhand von Fragen der Moral erörtert. Dennoch eignet sich dieses Kapitel, um Ulrichs Widerwillen gegen jede gedankliche Verfestigung und Erstarrung, gegen die Betrachtung des Gegenstandes als etwas Festes und gegen die einseitige Festlegung des Betrachters auf den Bereich des Wissens oder den Bereich des Spekulativen zu demonstrieren. Dieser Widerwillen kulminiert in der "Utopie des Essayismus", deren Nähe zum "Möglichkeitssinn", zum Möglichkeitsdenken nicht zu übersehen ist.

Dem Geist der Wissenschaft fehlt der Möglichkeitssinn, denn sie richtet den Blick nur auf das Feste. Dies ist zumindest ein Teilaspekt der im 72. Kapitel von *Der Mann ohne Eigenschaften* geäußerten Wissenschaftskritik. In diesem Kapitel wird die "Verehrung für Maß und Zahl" durch die Wissenschaft als "schärfster Ausdruck des Mißtrauens gegen alles Ungewisse" gewertet. Zudem wird der Grundgedanke der Wissenschaft, daß "man sich im Leben auf nichts verlassen könne, als was niet- und nagelfest sei", in Beziehung mit einer Steigerung zum "Heroismus der Bitterkeit" gesetzt.[235] Der Wissenschaft wird vorgeworfen, sich selbst auf das Gebiet strenger Gewißheit eingeschränkt zu haben. Die Kritik an einer Wissenschaft, die allem mißtraut, was ungewiß ist, die nur dem Vertrauen schenkt, was niet- und nagelfest ist, und daher versucht, alles unter die Kategorie Ding einzuordnen, wiederholt Musil in einer Tagebuchnotiz, die sich direkt auf die Atomphysik bezieht:

> *Atomare Physik, gelegentlich ihrer*: Atomon, das Unteilbare, gehört als Vorstellung in die Kategorie Ding, widerspricht ihr aber schon im Grunde. Es ist das gleiche, wie daß es der makroskopischen Erfahrung widerspricht. Die Unterscheidung von Atomkern, Proton usw. geht weiter in die Dingkategorie, die höchstens eine Annäherung sein kann, gewonnen aus dem Makroskopischen. Das Doppelbild der Wellenmechanik ist nichts als dieser Widerspruch. Nicht sowohl gegen die klassische Physik als vielmehr gegen die Bindung der Erscheinungen an die Dingkategorie. Was nur aus Welle, Quantelung udgl. zu erklären ist, bedeutet eine andere Bindung der Erscheinungen. Kein Widerspruch, wenn man nach Mach nicht mehr fordert als irgendeine eindeutige Bindung. Natürlich darf man dann auch nur mit Vorbehalt von Projektilen sprechen udgl. Die Schwierigkeiten entstehen aus dem (berechtigten oder nicht) Suchen nach einem dinglichen Modell. Begriffliche Fassung der kleinsten Teilchen als unteilbar u teilbar?[236]

Musil führt die Schwierigkeiten bei der Interpretation der Quantenphänomene auf die Suche nach einem dinglichen Modell und die Bindung der Erscheinungen an die Dingkategorie zurück. Hiermit spricht Musil das Problem des

---

licht, er bezeichne aber eher eine Position, die in Literatur und Wissenschaft zu liegen komme (Ebd., S. 169).

234 Robert Musil: Der Mann ohne Eigenschaften, a. a. O., hier Bd. 1, S. 252.

235 Ebd., S. 303.

236 Ders.: Tagebücher, a. a. O., hier [Bd.1], H. 30: Etwa März 1929 - Nov. 1941 oder später, S. 788.

Substanzbegriffes an, das auch innerhalb der Diskussionen um die Deutung der Quantenphänomene im Kontext der Frage nach der Existenz der Elementarteilchen behandelt wurde. Es wurde dort eine Existenzvorstellung problematisiert, die aus der Erfahrungswelt abgeleitet ist und der die Eigenschaften 'Konstanz' und 'Diskretheit' zugrunde liegen. Insofern zielen Musils Kommentare zur Atomphysik wie die vorangegangenen Belegstellen darauf ab, die Intention der Wissenschaft zu kritisieren, alles niet- und nagelfest zu machen bzw. es unter dieser Voraussetzung zu beschreiben.

Trotz aller Kritik an der Wissenschaft, wie sie aus dem 62. und 72. Kapitel des *Der Mann ohne Eigenschaften*, aber auch aus Musils sonstigen Stellungnahmen zur Physik herausgelesen werden kann, wird weder in *Der Mann ohne Eigenschaften* noch von Musil selbst eine radikale Abkehr vom wissenschaftlichen Denken propagiert. Musil lehnte es ab, den "Geist der Tatsachen und Zahlen" zu bekämpfen, ohne daß man ihm mehr als die Negation entgegensetzt, und sah "in jedem Entweder-Oder eine gewisse Naivität".[237] Seine Wissenschaftskritik kann deshalb nicht als Absage an die Rationalität verstanden werden. Musil arbeitete vielmehr gegen den begrenzten Ratio-Begriff seiner Zeit, nicht gegen die Ratio und nicht gegen die Wissenschaft an sich. Es ist Claudia Monti zuzustimmen, wenn sie argumentiert, daß für Musil die moderne instrumentelle Rationalität ein "bloßes *eidos* [...] der Ratio ist, eine Analogie von ihr und vielleicht auch eine sehr approximative Analogie, mit der sich die Ratio ganz und gar nicht identifiziert noch erschöpft."[238] Die in der "Utopie des Essayismus" geborgene Synthese von spekulativem Wissen und Tatsachenwissen, die sich ja schon in der Anspielung auf die literarische Form des Essays als Mittelding zwischen Wissenschaft und Literatur andeutet, kann daher durchaus als Korrelat zur Position Musils gegenüber der Geistesverfassung der exakten Wissenschaften verstanden werden. Es muß allerdings offenbleiben, ob Musil in den neuen Ideen der Physik, in dem Vorstoß einer Tatsachenwissenschaft, die das Nicht-Faktische und Nicht-Feste aufgrund der Beobachtung von Tatsachen und nicht aus rein spekulativen Überlegungen heraus einbezieht, eine erste Annäherung an einen Rationalitätsbegriff sah, der nicht mehr nur Analogie ist, sondern der die Ratio durch eine "Verbindung von Genauigkeit und Unbestimmtheit"[239] erschöpft. Es ist im nachhinein nicht mehr überprüfbar, inwieweit Musil in der Quantentheorie den

237 Ders.: Das hilflose Europa oder Reise vom Hundertsten ins Tausendste. In: Ders.: GW 8, S. 1075-1094, hier S. 1087. Wenn sich Musil hierbei auf Mach beruft, so ist dies nur folgerichtig, da sich der Empiriokritizismus auf das Schärfste gegen den Substanzbegriff gewandt hat.

238 Claudia Monti: Musils "Ratioid", oder Wissenschaft als Analogie der Ratio. In: Philologie und Kritik. Klagenfurter Vorträge zur Musilforschung. Hg. u. eingel. v. Wolfgang Freese. München/Salzburg 1981, S. 195-222, hier S. 206.

239 Robert Musil: Der Mann ohne Eigenschaften, a. a. O., hier Bd. 1, S. 246.

Weg zu einem "Überrationalismus"[240], wie er es in seiner kritischen Auseinandersetzung mit Spengler forderte, vorgezeichnet fand.[241]

Obwohl auch Dieter P. Farda in seiner Monographie über den *Mann ohne Eigenschaften*[242] keine intensivere Beschäftigung Musils mit der Quantentheorie nachweisen kann, konstatiert er dennoch einen Zusammenhang zwischen Musils "Theorie der Dichtung" und den Schwierigkeiten der Physik, wenn er seine Poetik als ein "Plädoyer sowohl für die Ratio [...] als auch für die Wiedergewinnung der Weite und Kraft der Transzendenz"[243] versteht.

---

240 Ders.: Geist und Erfahrung. Anmerkungen für Leser, welche dem Untergang des Abendlandes entronnen sind. In: Ders.: GW 8, S. 1042-1059, hier S. 1050.

241 Der einzige Nachweis über den Besitz quantentheoretischer Schriften findet sich in einem Brief an den Verleger Eugen Claassen, worin sich Musil für die Zusendung von de Broglies "Licht und Materie" bedankt. In: Ders.: Tagebücher, a. a. O., hier [Bd. 2], S. 1264.

242 Dieter P. Farda: Mundus pluralis. Robert Musils "Der Mann ohne Eigenschaften" im Wechselspiel von Reflexion und Phantasie. Heidelberg 1988.

243 Ebd., S. 151. Im ersten Teil seiner Abhandlung entwickelt Farda eine Theorie der Kunst, die den Wirklichkeitsbezug und die Möglichkeit der Ausweisbarkeit der Seinsvariationen von Kunst vorstellig machen möchte (Ebd., S. 17). Bei der Bestimmung des Wechselverhältnisses von Kunst als Antizipation und Rezipation, als Utopie und Kopie, beruft sich Farda auch auf die Leistungen der modernen Physik. Die moderne Physik habe aufgrund ihrer unabweisbaren Erfahrungen wieder die Erkenntnis auf den Weg gebracht, daß sich die naiv dogmatische Unterscheidung von Subjekt und Objekt nicht aufrecht erhalten lasse. Zudem habe sie mit ihren Ergebnissen unser traditionelles Denken prinzipiell in Frage gestellt (Ebd., S. 58). In Anlehnung an W. Szilasi, der das Verhältnis von Phantasie und Erkenntnis auch unter dem Aspekt der modernen Physik reflektiert (Vgl. Wilhelm Szilasi: Phantasie und Erkenntnis. Bern/München 1969), kommt Farda zu dem Schluß, daß Realität erst im Zusammenhang und Zusammenspiel von ontischer und ontologischer Erfahrung als objektiv-real Mögliches aufscheine (Dieter P. Farda: mundis pluralis, a. a. O., S. 60). Darin liegen für Farda Möglichkeiten einer neuen Mimesis-Konzeption, die er auch bei Musil wiederzufinden glaubt (Ebd., S. 61). Für Farda basiert Musils Kritik an der traditionellen Dichtung einerseits und der positivistisch-funktionalistischen Wissenschaft andererseits darauf, daß beide das produktive Vermögen des Menschen auf ein rezeptiv hinnehmendes beschränken, auf ein an vorhandene und gegebene 'Dinge als Objekte' gebundenes und also nachschaffendes Vermögen reduzieren (Ebd., S. 132). Die oben zitierte Tagebuchnotiz Musils 'gelegentlich der Atomphysik' deutet Farda in diesem Zusammenhang als den "naturwissenschaftlichen Anstoß" zu einem neuen Vernunftbegriff, der eine "apriorisch-transzendentale Erfahrung" miteinschließt (P. D. Farda: mundis pluralis, a. a. O., S. 133). Farda verweist hier noch auf eine weitere Tagebuchnotiz Musils: "Es ist der kirchliche Glaube und seine strenge Schule [...] wovon die sich mächtig entwickelnde Autonomie der Vernunft ihren tiefen und gewissenhaften Ernst empfangen hat. Drei Jahrhunderte später muß ein ähnlicher Ernst (Husserl) schon als Renaissance auf Cartesius zurückgreifen. Aus dem Gleichzeitigen empfängt er einen ähnlich strengen Ernst nicht mehr. Es könnte dieser Ernst aus den Schwierigkeiten der Physik entstehen. Dazwischen liegt aber der Bruch mit der Philosophie. " (Robert Musil: Tagebücher, a. a. O., hier [Bd. 1:] H. 30: Etwa März 1929-November 1941 oder später, S. 776). Mit den Schwierigkeiten sind laut Farda die Probleme der Quantenphysik gemeint. Zumindest bezieht er Musils Tagebuchnotiz 'gelegentlich der Atomphysik' direkt auf diese Stelle (Vgl.: Dieter P. Farda: mundis pluralis, a. a. O., S. 133). Die apriorisch-transzendentale Erfahrung setzt Farda analog mit der gegenseitigen Durchdringung von ontischer Erfahrung des Gegenständlichen, Materiellen und der ontologischen Erfahrung

Betrachtet man Musils Stellungnahmen zur modernen Physik etwas weniger abgehoben als Farda, so geben sie Anlaß zu der Behauptung, daß Musil die moderne Physik nicht unvoreingenommen zur Kenntnis nehmen konnte. Musils Denken war von der Frage nach dem Verhältnis von Rationalität und Irrationalität, von Geist und Seele, Logos und Mythos durchdrungen. Dies bestimmte auch seinen Blick auf die moderne Physik. Die Physik bot mit den von ihr geäußerten Zweifeln an den Grundlagen der Naturwissenschaft und traditionellen Denkstrukturen genügend Anknüpfungspunkte, die es Musil ermöglichten, sich der Aktualität der Fragestellung, die sein Denken und Schreiben beherrschte, zu versichern.

Die Belege, die sich für Musils Auseinandersetzung mit dem damals neuesten Stand der Physik finden lassen, mögen marginal erscheinen. Sie verlieren jedoch ihren marginalen Charakter, wenn man sie in Verbindung mit denjenigen Arbeiten der Musil-Forschung sieht, die die Nähe der Musilschen Gedanken zu den zeitgleichen Entwicklungen in den Naturwissenschaften hervorheben oder gar eine Interpretation des Musilschen Werkes vor dem Hintergrund einer Theorie wagen, die explizit auf die Erkenntnisse der modernen Physik verweist. Dies gilt nicht nur für die schon erwähnten Arbeiten von Meisel und Farda, sondern auch für diejenigen Guntram Vogts oder Gabrielle Majovseks.

Guntram Vogt vertritt die These, daß die Kernfragen in *Der Mann ohne Eigenschaften* mit Grundprinzipien der Systemtheorie nicht nur erstaunlich übereinstimmten, sondern im Licht dieser theoretischen Anschauung ihren verborgenen Sinn oft erst enthüllten.[244] Leider verweist Vogt nicht auf Musils Notizen, die Bezug auf die Quantentheorie oder Atomphysik nehmen. Vogt hätte damit seine These stützen können, daß der Rückzug auf Mach zwar anregend sei, aber allein nicht ausreiche. Seiner Ansicht nach ließe sich, vorsichtig aufgefaßt, behaupten, Musil hätte auf dem Gebiet der dichterischen Erkenntnis zeit seines Lebens weithin isoliert an einer vergleichbaren Frage gearbeitet, wie sie von der modernen Physik der Quanten und der Relativität auf ihrem Gebiet erforscht würde.[245] Diese, wenn auch vorsichtige, Behauptung kommt nicht überraschend, wenn man weiß, daß sich Vogt bei der

des ungegenständlichen Naturvorganges der Strukturregeln der Quantenphysik, die aber die erste dingliche mitenthielte. Versteht man Farda richtig, so holt Musils Theorie der Dichtung die Forderung einer apriorisch-transzendentalen Erfahrung ein, indem Musil den Geist in der Synthese von wissenschaftlichem Können und intuitiver Erkenntnis als die aus der Reproduktivität befreite Phantasie, als die wachsende Fertigkeit begreift, sich durch Ideenbildung (nach der Realität, Seinsmäßigkeit der Dinge) die eigene Offenheit anzueignen und dadurch den Stand des Geschehens in positiver, ausweisbarer Weise zu überholen (Ebd., S. 150).

244 Guntram Vogt: Robert Musil: Politik als Methode. Zum Kontext von Kunst, Wissenschaft und Politik. In: Kunst, Wissenschaft und Politik von Robert Musil bis Ingeborg Bachmann, a. a. O., S. 146-164, hier S. 146.

245 Ebd., S. 153.

Systemtheorie unter anderem auf Fritjof Capra bezieht, der die quantentheoretischen Erkenntnisse als "Tao der Physik" auslegte und so für einen publikumswirksamen esoterischen Zugang zur Quantentheorie sorgte.[246] Der Rückzug auf Mach mag in der Tat nicht ausreichen, aber der Vorgriff auf die Systemtheorie hätte mit einem Verweis auf die Rolle, welche die Quantentheorie im öffentlichen Bewußtsein über den kleinen Kreis von Physikern hinaus spielte, gestützt werden können.

Auch Gabriele Majovsek[247] glaubt bei Musil Bemühungen wahrzunehmen, die sich mit Heisenbergs Forderung nach einer radikalen Veränderung der Denkstrukturen treffen.[248] In ihrer Untersuchung, die dem Einfluß der von Carl Stumpf erarbeiteten experimentell-phänomenologischen Klassifikationskategorien von Wahrnehmung auf Musils Schaffen nachgeht, zieht Gabriele Majovsek zur Veranschaulichung ihrer eigenen Argumentation mehrmals Aspekte aus der Quantentheorie heran.[249] Mögliche Berührungspunkte zwischen Musils Konzeption eines 'anfänglichen Denkens bei der Erstellung eines beweglichen Gleichgewichts' und den Überlegungen der Quantentheoretiker werden von ihr nicht angesprochen.

Musils Kommentare zur modernen Physik wurden nicht ins Visier genommen, um Ergänzungsvorschläge für die hier stellvertretend erwähnten Arbeiten der Musil-Forschung auszubreiten. Es sollte vielmehr der Nachweis erbracht werden, daß Musil nicht als ein Autor bezeichnet werden kann, der zwar eine wissenschaftliche oder technische Ausbildung hat, in dessen Werk aber "nicht mehr viel davon zu spüren ist".[250] Musils Forderung nach einer Anpassung der Literatur an das naturwissenschaftliche Weltbild war keine Farce. Es stand die eigene Auseinandersetzung mit den naturwissenschaftlichen Erkenntnissen dahinter. Die Spuren, die sich davon in seinem Werk finden lassen, sind zu offensichtlich, als daß man sagen könnte, Musil hätte nach einem kurzen Gastspiel im naturwissenschaftlichen Bereich eine volle Kehrtwendung gemacht und seine wahre Erfüllung im literarisch-geisteswissenschaftlichen

---

246 Vgl.: Fritjof Capra. Das Tao der Physik. Die Konvergenz von westlicher Wissenschaft und östlicher Weisheit. Rev. u. erw. Neuausgabe. München 1984. - Ders.: Wendezeit. Bausteine für ein neues Weltbild. Bern/München/Wien 1982. - Vgl. auch: Guntram Vogt: Robert Musils »dichterische Erkenntnis«. Vom mechanistischen zum kybernetischen Denken. In: Mechanik in den Künsten. Studien zur ästhetischen Bedeutung von Naturwissenschaft und Technologie. Hg. v. Hanno Möbius u. Jörg Jochen Berns. Marburg 1990, S. 267-280.

247 Gabriele Majovsek: Das Modell der Gestalt als Prinzip 'anfänglichen Denkens' bei Musils Versuch der Erstellung eines 'beweglichen Gleichgewichts'. In: Robert Musils "Kakanien" - Subjekt und Geschichte. Festschrift für Karl Dinklage zum 80. Geburtstag. Internationales Robert-Musil-Sommerseminar 1986. Hg. v. Josef Strutz. München 1987, S. 273-292.

248 Ebd., S. 290.

249 Vgl.: Ebd., S. 277 und 284.

250 Remy Charbon: Die Naturwissenschaften im modernen deutschen Drama. Zürich/München 1974, S. 53f.

Sektor gefunden. Musil als "Heimatlose[n] im Spannungsfeld von Mathematik und Dichtung, Abstraktion und Mythos"[251] zu betrachten, anhand dessen Werk beispielhaft die Wende vom logischen zum mythischen Denken nachgezeichnet werden kann, ist ein durchaus überzeugender Zugang zum Verständnis der Musilschen Texte. Weniger überzeugend ist es, wenn das unerwartete "Zurückverwiesensein der Naturwissenschaft auf das mythische Denken" in einer "Zeit, in der das Mythische allgemein [...] in den Vordergrund gerückt ist", zu der Feststellung genutzt wird, daß die Kunst der Wissenschaft nicht nachhinke, sondern ihr eher voraus sei.[252] Die Naturwissenschaft auf die Position des Nachzüglers zu verweisen, ist eine grobe Vereinfachung der komplexen Wechselbeziehung zwischen literarischer und naturwissenschaftlicher Erkenntnis. Das ist auch dann so, wenn eingeräumt wird, daß die Wende der Naturwissenschaft nicht unter dem Einfluß der mythischen Bewegungen stattgefunden habe.[253] Es wird Musils Reflexion naturwissenschaftlicher Erkenntnisse nicht gerecht, wenn die Vorreiterstellung der Kunst und Literatur bei der Wende vom logischen zum mythischen Denken einseitig hervorgehoben wird.

3. 2. 2. Hermann Broch[254]

Hermann Broch und Robert Musil zu vergleichen, ist "in der Germanistik längst zum Gemeinplatz geworden."[255] Vergleiche bieten sich immer dann an, wenn es neben Unterschieden auch Gemeinsamkeiten gibt. Offensichtliche Übereinstimmungen zwischen Broch und Musil finden sich genügend. Beide haben eine technisch-naturwissenschaftliche Ausbildung genossen. Beide haben sich gegen den technischen Beruf und für Dichtung und Literatur entschieden. Und so wie sich Musil mit dieser Entscheidung nicht gegen die Wissenschaft und die Rationalität im allgemeinen gewandt hat, sondern nach

---

251 Michael Hochgesang: Mythos und Logik im 20. Jahrhundert. Eine Auseinandersetzung mit der neuen Naturwissenschaft, Literatur, Kunst und Philosophie. 2. Aufl. München 1969, S. 58.

252 Ebd., S. 85f.

253 Vgl.: Ebd., S. 85. - Vgl. ebenfalls: Paul Forman: Weimar Culture, Causality, and Quantum Theory, 1918-1927: Adaptation by German Physicists and Mathematicians to a Hostile Intellectual Environment. In: Historical Studies in the Physical Sciences 3 (1971), S. 1-115. Forman nimmt im Gegensatz zu Hochgesang sehr wohl einen Einfluß der mythischen Bewegungen auf die Naturwissenschaften an.

254 Brochs Werk wird im folgenden zitiert nach: Hermann Broch: Kommentierte Werkausgabe. Hg. v. Paul Michael Lützeler. 16 in 13 Bden. Frankfurt a. M. 1974-1981 (kurz: KW + Bandangabe).

255 Dietmar Goltschnigg: Robert Musil und Hermann Broch - (K)Ein Vergleich unter besonderer Berücksichtigung von Elias Canettis Autobiographie. In: Romanstruktur und Menschenrecht bei Hermann Broch. Hg. v. Hartmut Steinecke und Josef Strelka. Bern u. a. 1990, S. 135-151, hier S. 135.

einer Synthese von literarischer und wissenschaftlicher Erkenntnis suchte, ist auch in Brochs Schriften der Wunsch nach einer Verbindung der 'zwei Kulturen' stets gegenwärtig. Sowohl für Musil als auch für Broch konzentriert sich ein wesentlicher Teil der Reflexionen auf die Überwindung der Antinomie zwischen Rationalität und Irrationalität.

Die in *Der Mann ohne Eigenschaften* konzipierte Utopie einer Vereinigung von Exaktem und Unexaktem, die in den vorangegangenen Abschnitten im Kontext von Musils Bemühungen um eine Vermittlung zwischen Rationalität und Irrationalität gesehen worden waren, findet sich in ähnlicher Form auch bei Broch wieder. In einem Brief an Egon Vietta aus dem Jahre 1934 verwirft Broch eine einseitige Negation des Logos, der Rationalität oder des Exakten zugunsten des Irrationalen:

> Mit einer beinahe aggressiv rhetorischen Frage wenden Sie sich gegen Verwirklichung des Logos in der Welt und setzen den Durchbruch des Irrationalen als das Positive dagegen. [...] Nun glaube ich, - und darüber dürften wir uns einig sein -, daß das Irrationale etwas sehr Exaktes ist, d. h., daß es Aufgabe des erkennenden Menschen ist, das Rationale bis zur äußersten Grenze zu verfolgen, um erst von hier aus den Bereich des Irrationalen eben »abzugrenzen«. Die Untersuchungen über die physikalische Feinstruktur liegen in dieser Richtung, die Mengenlehre ist auf diesem Weg und noch vieles mehr. Reale Erkenntnis spielt sich im Bereich des Rationalen ab, und das ist ja auch gar nicht anders möglich, weil formulierbare Erkenntnis wesenhaft rational sein muß. Die Entdeckung des »schweren Wassers«, der Heisenbergschen Antinomie, das sind reale Erkenntnisse, und daher auch mein Unbehagen vor allem Geisteswissenschaftlichen, mein ewiger Wunsch, wieder ins Exakte einzubiegen und in eine Realität, die man wohl dichterisch entstehen lassen kann, die aber durch die dichterische Arbeit nicht erweitert, sondern höchstens beleuchtet wird. Der Weg des Logos ist eine Erweiterung der Realität, und sei es selbst nur mithilfe von Modellen, wie es die Physik tut.[256]

Aus dieser Briefpassage geht hervor, daß sich Broch keineswegs für eine radikale Abkehr vom Rationalen einsetzt. Das Rationale ist für Broch notwendig, weil es der Erweiterung der Realität dient, einer Erweiterung, die das Dichterische seiner Ansicht nach nicht zu leisten vermag. Zur Erweiterung der Realität gehört für Broch auch die exakte Abgrenzung des Irrationalen mittels der Ausschöpfung des Rationalen. Besonders bedeutsam im hier behandelten Zusammenhang ist es, daß Broch die Bestimmung des Irrationalen als etwas Exaktes, als das Abschreiten des Rationalen bis zu seiner äußersten Grenze in der Mikrophysik widergespiegelt findet. Die Entdeckung der Heisenbergschen Antinomie, womit Broch die Heisenbergschen Unschärfe-relationen meint, stellt für ihn eine "reale Erkenntnis" dar, die dennoch eine Verbindung zum Irrationalen aufweist. Die Unschärferelation steckt in der Präzision einer mathematischen Formulierung exakt jenen Bereich ab, wo die Begriffe Teilchen und Welle im klassischen Sinne nicht mehr auf die mikrophysikalische Struktur anwendbar sind, wo die raumzeitliche Beschrei-

256 Brief von Hermann Broch an Egon Vietta vom 19. Nov. 1934. In: Ders.: KW 13/1, S. 317-321, hier S. 319f.

bung versagt und wo eine an der klassischen Logik und Kausalität orientierte Rationalität an ihre Grenzen stößt. Argumentiert man mit Broch, so wird mit der Unschärferelation das Rationale bis zur äußersten Grenze verfolgt, um erst von hier aus den Bereich des Irrationalen abzugrenzen. Brochs Wunsch, "wieder ins Exakte einzubiegen", kann auf diesem Hintergrund nicht als ein Zurückschrecken vor dem Irrationalen gewertet, sondern muß als der Wunsch nach einer Erschließung des Irrationalen vermittels des Rationalen betrachtet werden.

Die Zusammenführung von Rationalem und Irrationalem thematisiert Broch auch in dem Essay *Denkerische und dichterische Erkenntnis.*[257] Wie schon der Titel andeutet, ging es Broch bei seinem Wunsch, "wieder ins Exakte einzubiegen", nicht um eine Abwertung der dichterischen Arbeit. So betont Broch in diesem Essay, daß wissenschaftliche und künstlerische Erkenntnis "Zweige eines *einzigen* Stammes" seien. Dieser Stamm sei "die Erkenntnis schlechthin".[258] Den Beweis für die gemeinsame Wurzel von wissenschaftlicher und künstlerischer Erkenntnis sieht Broch darin, daß Kunst selbst dann von der Wissenschaft beeinflußt ist, wenn sie mit dem Prinzip des 'l'art pour l'art' vorgibt, völlig autonom zu sein.[259] Broch erachtet es als durchaus legitim, einen Zusammenhang zwischen der Undulationstheorie, der Wellentheorie des Lichtes, und dem Impressionismus bzw. zwischen dem Fortschritt der Undulationstheorie zur Quantentheorie[260] und der Hinführung von der "flimmernden Bildwirkung der Impressionisten und Neoimpressionisten zur harten Gestaltkontuierung der neuen Sachlichkeit" herzustellen. Ebenso ist es laut Broch gestattet, die Integration des Beobachters in das Beobachtungsfeld durch die Relativitätstheorie mit Tendenzen der neuen Erzählkunst zu parallelisieren, die "alte Guckkastenmanier der Darstellung" aufzugeben oder wie bei Joyce zu einem Konzept des 'work in progress' zu gelangen.[261]

Andererseits liegt für Broch die eigentliche Bindung zwischen wissenschaftlicher und künstlerischer Erkenntnis in einem viel gewichtigeren Moment, als es mit solchen Parallelisierungen erschlossen werden könnte. So berechtigt solche Parallelisierungen und Analogieschlüsse auch sein mögen, sie würden, laut Broch, das Wesentliche nicht herausheben.[262] Die Parallelität müßte tiefer begründet sein. Es genüge nicht mehr, nur formale Übereinstimmungen aufzuweisen. Als Grund hierfür gibt Broch an, daß die "apodiktische Stellung", welche die Naturwissenschaft im 19. Jahrhundert eingenommen habe, kraft der "Selbstrevision des wissenschaftlichen Denkens"

257 Ders.: Denkerische und dichterische Erkenntnis (1933). In: Ders.: KW 9/2, S. 43-49.
258 Ebd., S. 48.
259 Ebd., S. 46f.
260 Mit Quantentheorie meint Broch hier die Anfänge der Quantentheorie, die mit Einsteins Teilchenvorstellung des Lichtes verbunden ist.
261 Ebd., S. 47.
262 Ebenso wie das folgende: Ebd., S. 48.

erschüttert worden sei. Eine Neufundierung der Wissenschaftlichkeit sei daher als solche notwendig geworden. Der Begriff des Gesetzes und des Naturgesetzes, ja sogar der des logischen Gesetzes habe seine Unantastbarkeit verloren. Alles sei wieder in Fluß geraten. Das Leben sei heute unbegreiflicher denn je. Broch kommt zu dem Schluß, daß der neue, nicht minder wissenschaftliche Lebenssinn über das Rationale hinausziehe. Hier versage das Formale. In dieser tieferen Schicht müsse die eigentliche Bindung gesucht werden, die neuerdings wieder zwischen den beiden großen Erkenntnisgruppen hergestellt sei. Auch die Kunst und die Dichtung seien mehr denn je auf ihren ursprünglichen Lebensgrund, auf das Irrationale an sich, auf ihre tiefste Erkenntnisquelle zurückverwiesen.[263] Broch betrachtet folglich den von der Wissenschaft zu Beginn des 20. Jahrhunderts selbst eingeleiteten Ablösungsprozeß von einer Wissenschaftsgläubigkeit, die meinte, alles mit rationalen Prinzipien erklären und das Irrationale verleugnen zu können, als das Wesentliche, dem eine Parallelisierung von Wissenschaft und Kunst nicht genügend gerecht wird.

Von einer Selbstrevision des wissenschaftlichen Denkens war auch die moderne Physik betroffen, obwohl die Quantentheoretiker ein Versagen des Formalen, wie Broch es konstatierte, verneinen würden. Es wäre auch ganz verfehlt, wollte man behaupten, Broch habe mit dieser Selbstrevision explizit auf die Erkenntnisse der Quantenphysik rekurriert. Broch zielte mit seiner Äußerung auf etwas viel allgemeineres. Er deutet die Abhängigkeit der Wissenschaft vom Irrationalen als Befreiung von einer Weltsicht, die mit der Überbewertung des Rationalen den Blick auf das Transzendentale verstellt. Daher ist es für Broch bedeutsam, den Schnittpunkt von Wissenschaft und Kunst an der Grenze zum Irrationalen festzumachen. In seinem Brief an Vietta hatte Broch das Rationale verteidigt, indem er die exakte Abgrenzung des Irrationalen mittels Ausschöpfung des Rationalen forderte. Die Vorstellung eines kontinuierlichen Vordringens des Rationalen zum Irrationalen, das Broch unter anderem in der Mikrophysik wahrzunehmen glaubte, entspricht der von ihm am Ende seines Aufsatzes *Denkerische und dichterische Erkenntnis* gegebenen Definition der Aufgaben von wissenschaftlicher und künstlerischer Erkenntnis. Es sei die Aufgabe der wissenschaftlichen Erkenntnis, zur Totalität der Welt in unendlich vielen, unendlich kleinen rationalen Schritten vorzudringen, sich ihr ewig anzunähern, ohne sie jemals zu erreichen.[264] Dagegen sei es die Aufgabe der künstlerischen Erkenntnis, den von der Wissenschaft unerreichbaren »Weltrest« ahnen zu lassen, der doch vorhanden, der doch gewußt und den zu erfassen die ewige Sehnsucht des Menschen sei. Dichten ist nach Broch immer eine Ungeduld der Erkenntnis und jedes Kunstwerk ahnendes Symbol der geahnten Totalität.

---

263 Ebd.

264 Ebenso wie das folgende: Ebd., S. 48f.

In der Broch-Forschung wird diese Definition wissenschaftlicher Erkenntnis zumeist als Kritik an einer Wissenschaft, die mit ihren rationalen Prinzipien bei der Erfassung einer Welttotalität versagt, gedeutet.[265] Betrachtet man Brochs Aussage einmal weniger als Kritik, sondern wendet sie ins Positive, erkennt man, daß er hinter der wissenschaftlichen und künstlerischen Erkenntnis nicht nur das gleiche Bemühen, die "Einheit des Logos"[266] verborgen sieht. Neben dem Aspekt, daß Broch Kunst und Dichtung aufwertet, indem er ihnen Erkenntniswert zuspricht, charakterisiert Broch auch an dieser Stelle die Wissenschaft als ein stetiges Vordringen des Rationalen zum Irrationalen. Es sollte bedacht werden, daß zu dem bloß erahnbaren Weltrest auch ein zweiter, ein rational erschließbarer Teil der Welt gehört. Erst beide zusammen ergeben eine Welttotalität. Und auf die Totalität kam es Broch letztendlich an.

Die hier vorgebrachte Behauptung, daß es Broch nicht nur um die Legitimation des Dichterischen im 20. Jahrhundert ging, sondern auch um die Beziehung der Wissenschaft zum Irrationalen, der Hinwendung des Rationalem zum Transzendentalen, mag mit Blick auf den erwähnten Aufsatz wie eine gewagte Überinterpretation von Brochs Aussagen erscheinen. Dieser Zusammenhang wird aber, wenn auch Jahre später, in Brochs *Gründungsaufruf für eine Internationale Universität*[267] explizit ausgesprochen. Als er dort die Beziehung der Wissenschaft zum Religiösen im 20. Jahrhundert erörtert, eine Bindung, die laut Broch bis zum 19. Jahrhundert grundlegend für die Wissenschaft war,[268] kommt er zu folgender Feststellung:

> [...] Die Wissenschaft vermag bloß auf den leeren Platz hinzuweisen, dorthin wo Gott thronen sollte, thronen könnte.
> Es ist ein abstrakter Hinweis, und dementsprechend ist es auch nicht ihr Streben nach Humanität, durch das die Wissenschaft sich mit Gott konfrontiert fühlt. Freilich aber liegt die Konfrontierungsursache auch nicht, wie so oft angenommen wird, in dem allzu einfachen, allzu seichten Ignoramus, das nichts als ein verwundertes Kopfschütteln ob der selbstverständlich vorhandenen, selbstverständlich unergründlichen, materialen Geschehensrätsel ist; nein, das wahre Staunen und Verwundern liegt im Scimus, denn dies allein erschauert wahrhaft über das Unergründliche in der eigenen Erkenntnisfähigkeit, über das Unergründliche in der Einheit von Sein und Erkenntnis, über deren letzte Grenzen im Unendlichen, das des Menschen letzte Erforschungsaufgabe bildet. Indem die Wissenschaft ihren eigenen Unendlichkeitsvorstoß zu begreifen trachtet und damit zur Grundlagenforschung wird, betritt sie zwar nicht religiöses Gebiet, wohl aber das der Ideen, und eben hier, eben in ihnen, die das Sein und das Nichtsein, das Scimus und das Ignoramus gleicherweise umfassen, findet sie ahnend das nicht mehr ausdenkbare, nicht mehr

265 Vgl.: Walter Hinderer: Reflexionen über den Mythos. In: Brochs theoretisches Werk. Hg. v. Paul Michael Lützeler u. Michael Kessler. Frankfurt a. M. 1988, S. 49-68, hier S. 57.

266 Hermann Broch: Denkerische und dichterische Erkenntnis, a. a. O., S. 49.

267 Ders.: Philosophische Aufgaben einer Internationalen Akademie. Gründungsaufruf für eine Internationale Universität (1946). In: KW 10/1, S. 67-112.

268 Ebd., S. 80.

ausdrückbare Axiom der Axiome, dessen Geheimnis göttlich zu nennen auch sie sich nicht scheut.[269]

Diese Ausführungen zeigen deutlich, daß Broch den Zugang zu Gott, zu einem Göttlichen oder Unendlichen nicht allein durch den Glauben gewährleistet sah. Die Konfrontation mit Gott kommt laut Broch allerdings nicht zustande, indem aufgrund der Fakten lediglich ein Nicht-Wissen (ignoramus)[270] konstatiert wird. Es ist das Wissen (scimus) um das Nicht-Wissen, das zum Letzten vorstößt. Auch hier ist es der Vorstoß des Rationalen an die Grenze zum Irrationalen, der für Broch wichtig wurde. Aufschlußreich in diesem Zusammenhang ist auch, daß das Gebiet, welches die Wissenschaft betritt, wenn sie an die Grenze zum Irrationalen stößt, wenn sie "ihren Unendlichkeitsvorstoß zu begreifen trachtet", von Broch das Gebiet der Ideen genannt wird. Bezeichnenderweise charakterisiert Broch das Gebiet der Ideen als den Bereich, wo Wissen (scimus) und Nicht-Wissen (ignoramus) ineinandergehen. Es ist eben nicht das Gebiet des Religiösen, des reinen Glaubens, in das die Wissenschaft eindringt, um dann mit Gott konfrontiert zu werden. Das Gebiet, in dem Wissen und Nicht-Wissen gleichermaßen enthalten sind, wird beschritten, indem das erkennende Subjekt in den Vordergrund gerückt wird, indem die Voraussetzung von Erkenntnis überprüft wird oder, wie Broch selbst sagt, indem Grundlagenforschung betrieben wird. Was Broch hier beschreibt, ist ein ähnlicher Prozeß wie jener, der zur Entstehung der Quantentheorie führte. Die Quantenphänomene, sprich die Fakten, zwangen zur Überprüfung der Grundlagen von physikalischer Forschung. Auch wenn Broch an dieser Stelle nicht direkt auf die moderne Physik Bezug nimmt, entspricht das Anerkennen einer Erkenntnisschranke, wie sie vor allem die Kopenhagener Interpretation der Quantenphänomene beinhaltet, in gewisser Weise der Brochschen Forderung eines Wissens um das Nicht-Wissen. Es ist die Öffnung der exakten Wissenschaften gegenüber metaphysischen Fragen auf der Basis einer Gewißheit über das Ungewisse, wie sie sich auch in der Quantentheorie bemerkbar machte, die Broch als Ursache einer Konfrontation mit dem Göttlichen ausmacht.

Doch es sind nicht in erster Linie *Gottbekenntnisse moderner Naturforscher*[271], die Broch im Kontext seines Gründungsaufrufes für eine Internatio-

269 Ebd., S. 81

270 Der Terminus 'ignoramus' bezieht sich auf einen Satz von Emil Du Bois-Reymond: "ignoramus et ignorabimus" (wir wissen nicht und werden es nie wissen), mit dem dieser in seinem Werk "Die sieben Welträtsel" (Leipzig 1880) bzw. aus seinem als "Ignorabimus-Rede" in die Wissenschaftsgeschichte eingegangenen Vortrag "Über die Grenzen der Naturerkenntnis" (Vgl.: Ders.: Vorträge über Philosophie und Gesellschaft. Eingel. u. m. erklär. Anm. hg. v. Siegfried Wollgast. Hamburg 1974, S. 54-77) die Sinnlosigkeit der Suche nach einem Wissen vom Transzendentalen zusammenfaßt.

271 Vgl. dazu die Zitatcollage aus den Abhandlungen berühmter Naturforscher, die deren Beziehung zu Gott und Schöpfung aufzeigen soll: Hubert Muschalek: Gottbekenntnisse moderner Naturforscher. Berlin 1952.

nale Universität wichtig schienen. Der Entwurf einer "Wissenschaftsunifikation"[272], die den "methodologischen Trennungsstrich zwischen den Geistes- und den Naturwissenschaften"[273] überwinden soll, um so der "menschliche[n] Sehnsucht nach Ganzheitswissen"[274] gerecht zu werden, nimmt einen wesentlichen Teil von Brochs Aufruf ein. Dabei geht Broch auch auf "Symptome einer Umorientierung" in den Wissenschaften ein, "die im letzten zu einer allgemeinen, methodologischen Unifizierung führen könnte."[275] Die Ursache für das "wahre Staunen " der Wissenschaft, das sogenannte "Unergründliche in der eigenen Erkenntnisfähigkeit", das "Unergründliche in der Einheit von Sein und Erkenntnis", erfährt an dieser Stelle eine bedeutsame Präzisierung.

Die von Broch ausgesprochene Umorientierung innerhalb der exakten Wissenschaften, die, wie er betont, "nicht etwa nach einem vorgefaßten Programm, wohl aber weil es die empirischen Fakten unabweislich so verlangt haben",[276] stattgefunden hätte, kann durchaus mit der Entdeckung eines "Unergründlichen in der Einheit von Sein und Erkenntnis" parallelisiert werden. Broch erblickt in den "von der modernen Naturwissenschaft zutage geförderten »subjektoiden« Elementen"[277] die Chance zu einer möglichen Einheitsstiftung. Nach Brochs Ansicht habe die moderne Physik gezeigt, daß die Schranke, die nach Meinung des 19. Jahrhunderts zwischen dem Menschen und den von ihm untersuchten Naturphänomenen, zwischen dem Beobachtungssubjekt und dem objektiven Beobachtungsfeld hätte bestehen sollen, gefallen sei.[278] Er rekurriert dabei auf die Tatsache, daß die physikalischen Phänomene in zunehmendem Maße als Wahrscheinlichkeitsfakten (mit der dem Wahrscheinlichkeitscharakter eigentümlichen Verquickung objektiver und subjektiver Elemente) interpretiert werden müßte. Das Heisenbergsche Unsicherheitsprinzip beziehe den zwar abstrakten, dennoch sozusagen "subjektoiden" Experimentator in das Experiment ein. Folglich setze die Relativitätstheorie den nicht minder »subjektoiden« Sehakt als physikalischen Grundkoeffizienten in alle Berechnungen ein.

Wenn Broch an diesem Punkt genau auf jene Aspekte in der Entwicklung der modernen Naturwissenschaften zurückgreift, auf die er schon 1933 in seinem Aufsatz *Denkerische und dichterische Erkenntnis* hingewiesen hat, darf dies nicht als Kriterium für einen Mangel an überzeugenden Argumenten gewertet werden. Vielmehr handelt es sich bei dieser Wiederholung um ein Indiz dafür, wie wichtig Broch die neuen Erkenntnisse der Physik nahm. Ansonsten hätte er dem Neuen in der Physik wohl kaum eine solch zentrale

---

272 Hermann Broch: Philosophische Aufgaben einer Internationalen Akademie, a. a. O., S. 84-100.
273 Ebd., S. 84.
274 Ebd.
275 Ebd., S. 87.
276 Ebd., S. 88.
277 Ebd., S. 89f.
278 Wie das folgende: Ebd., S. 88.

Bedeutung für jede Wissenschaft zugesprochen, wie sie im folgenden Zitat deutlich wird:

> Es findet also innerhalb der Physik, und zwar in der ihr wesensgemäßesten scharf abstrakten und mathematischen Form, ein »Sich-selbst-als-Objekt-Sehen« des Menschen statt, und wenn es in einem Hauptgebiet des geistigen Verhaltens, wie es eben das der naturwissenschaftlichen Weltbewältigung ist, unter dem Diktat der Realität eine derart radikale Umstellung der Erkenntnissicht stattfindet, so ist anzunehmen, daß hierin eine weit über das rein Physikalische hinausreichende Bedeutung liegt, also auch die andern Wissenschaften dem nämlichen Realitätsdruck folgen und - Symptome dafür sind bereits angebbar - zu ähnlicher Umorientierung gelangen werden. M. a. W., das alte »Guckkastenverhältnis«, das bisher zwischen Beobachtungssubjekt und -objekt bestanden hat, scheint allüberall einem wesentlich »dynamischeren« Verhältnis weichen zu sollen, nämlich einem, in dem der Beobachter selber im Beobachtungsfeld wirksam wird, und wenn auch jenem »statischeren« Verhältnis infolge seiner Allgemeingültigkeit eine gewisse methodologische Einheitlichkeit zuzugestehen ist, so wird dieselbe gerade durch den Umorientierungsprozeß jetzt um vieles akzentuierter, so daß man mit Fug von einer sich vorbereitenden, neuen Wissenschaftsunifizierung sprechen darf, einer methodologischen Unifizierung, die aus der empirischen Realitätserkenntnis selber, d. h. deren Autonomie sich entwickelt, ohne daß hiezu [!] die Philosophie irgendwie einzugreifen braucht.[279]

Die Ablösung der strikten Trennung von Subjekt und Objekt durch ein dynamischeres Verhältnis in der Physik aufgrund der Relativitäts- und der Quantentheorie hielt Broch für eine so entscheidende Veränderung der erkenntnistheoretischen Voraussetzungen, daß er davon überzeugt war, auch die anderen Disziplinen müßten dieser Umorientierung folgen und sich dem Realitätsdruck beugen. Zusammen mit der angeblich analogen Entdeckung eines "»objektoiden«" Gegenstandsbereiches durch die Philosophie[280] glaubte Broch, in den neuen Ideen der Physik eine reale Chance für einen "methodologische[n] Zusammenschluß von philosophischer und empirischer Erkenntnis"[281] gefunden zu haben.

In bezug auf Musil mußte es eine Vermutung bleiben, ob dieser in der modernen Physik ein Potential für eine Vermittlung von Rationalem und Irrationalem wahrgenommen hatte. Für Broch dagegen waren die neuen Erkenntnisse der Physik das Signal für einen Neuaufbruch in Sachen Wissenschaft. Dies geht aus dem oben genannten Zitat eindeutig hervor. Mit der Preisgabe des "Guckkastenverhältnisses" durch die Physik glaubte Broch jedoch nicht nur die praktische Lösung einer Wissenschaftsunifikation gefunden zu haben. Broch spricht auch davon, daß der empirischen Wissenschaft durch die ihr von der Realität gestellten Aufgaben eine Revision ihres Axiombestandes auferlegt worden und sie mit dieser, beinahe wider Willen, in "transzendente Absolutheitssphären" hineingewachsen sei.[282] Da Broch die Umorientierung der empirischen Wissenschaft selbst mit einem Vorstoß in

---

279 Ebd., S. 88f.
280 Ebd., S. 90f.
281 Ebd., S. 92.
282 Ebd.

transzendente Absolutheitssphären in Beziehung setzt, erscheint es durchaus angebracht, Brochs Metapher für das neue Subjekt-Objekt-Verhältnis, daß die Guckkastenbühne der Erkenntnis neuen Regiemethoden folge und der Zuschauer zum Akteur auf der Szene geworden sei,[283] in Verbindung mit dem von ihm an anderer Stelle vermerkten wahren Staunen der Wissenschaft über das "Unergründliche in der Einheit von Sein und Erkenntnis"[284] zu deuten. Für eine Einheit von Sein und Erkenntnis muß die "Guckkasten-Schranke"[285], die strikte Trennung zwischen erkennendem Subjekt und beobachtetem Objekt, gefallen sein.

In seiner Rezension von Erich Kahlers *Man the Measure* aus dem Jahre 1949[286] stellt Broch diese Rückkehr zu einem transzendentalen Bewußtsein in der Einheit von Sein und Erkenntnis und in der Einheit von Ich und Außenwelt in den Mittelpunkt seiner Argumentation. Nach einem Hinweis auf die Umorientierung in der Physik[287] schließt Broch wie folgt an:

> Durchaus im Einklang hiermit steht Kahlers Grundthese von der Selbstbewußtwerdung des Menschen: der Mensch besitzt die wundersame Kraft [...] über sich selbst hinauszugelangen, und vermöge dieser stetig in ihm arbeitenden Kraft des »Transzendierens«, die ihm [...] zur Lebensbewältigung verliehen worden ist, wird er sich nicht nur der Welt, sondern auch seiner selbst bewußt; je weiter die Erkenntnis fortschreitet, desto mehr verschmelzen die beiden Bewußtseinsformen, verschmelzen die beiden Bewußtseinsinhalte, desto mehr geht die Welt in den Menschen, der Mensch in die Welt ein, desto inniger wird die gegenseitige Zugehörigkeit, so daß (voraussichtlich niemals erreichbar, dennoch ewig angenähert) als letztes Ziel sich ein einheitlich umfassendes Erfahrungs- und Erlebenssystem abzeichnet.[288]

Einerseits findet Broch Kahlers These von der zunehmenden Selbstbewußtwerdung des Menschen durch die Neuerungen in der Physik bestätigt. Andererseits sieht er aber auch Kahlers These in dessen eigener Methodologie verwirklicht. Broch behauptet, daß sowohl die Wendung der modernen Physik als auch Kahlers eigene wissenschaftliche Leistung in der Gestaltung seiner Methoden und Strukturen in die von ihm angegebene Richtung wiesen.[289]

Dieser Vergleich zwischen der modernen Physik und Kahlers Methodologie ist insofern interessant, als Broch zu Beginn seiner Rezension Kahler als einen Seher charakterisiert, dessen Blick "zugleich dem geöffneten Auge des Wissenschaftlers und dem geschlossenen des Dichters" entstamme.[290] Broch definiert hierbei Sehertum als eine Verknüpfung von "analytischer Schärfe und synthetischer Zusammenschau", als eine Art Wissenschaft, deren "intuitives

283 Ebd., S. 97.
284 Ebd., S. 81.
285 Ebd., S. 89.
286 Ders.: Geschichte als moralische Anthropologie. Erich Kahlers "Scienza Nuova" (E. K., Man the Measure). In: Ders.: KW 10/1, S. 298-311.
287 Ebd., S. 305f.
288 Ebd., S. 306.
289 Ebd.
290 Ebd., S. 298f.

Wissen um die ewig unveränderliche, göttlich-ungöttliche Menschennatur weit über das bloß Rationale" hinausreiche.[291] Diese Definition bleibt nicht auf den Einzelfall Kahler beschränkt. Wenn Kahlers Methode ebenso wie das Neue in der Physik den Akt der Selbstbewußtwerdung des Menschen repräsentiert, so ist die Doppelung von analytischem und intuitivem Wissen in Kahlers Sehertum auch in bezug auf das aussagekräftig, was sich Broch generell von dem Selbstbewußtwerdungsprozeß erhofft.

Broch sieht in der Berücksichtigung des erkennenden Subjekts beim Erkenntnisprozeß den Schlüssel, um die Einheit von Erkenntnis wiederherzustellen. Er glaubt in Kahlers Werken die Zielsetzung zu erkennen, die Zersplitterung der Wissenschaften aufzuheben und die Teilhabe des einzelnen Individuums an einer Ganzheits-Erkenntnis zu realisieren. Kahlers "Zukunftsvision von der menschlichen Ratio und ihrer Entwicklung"[292] harmonisiert, wie unschwer zu erkennen ist, auf das beste mit Brochs Zukunftsentwürfen, die er in seinem Gründungsaufruf für eine Internationale Universität entwickelte. Indem Broch bei Kahler eine Entwicklungsperspektive für die menschliche Ratio aufdeckt, die zugleich seinen eigenen Vorstellungen entspricht, gibt er zusammen mit seiner Beschreibung von Kahlers Sehertum das Stichwort für eine Konkretisierung seiner persönlichen Zukunftsvision: Sein Augenmerk richtet sich auf die Weiterentwicklung der menschlichen Ratio. Wie schon bei der Analyse des Gründungsaufrufes herausgestellt wurde, bemüht sich Broch nicht nur um eine Vereinheitlichung der Wissenschaft, sondern um eine neue Einheit des Wissens. Broch strebt nach einem neuen Rationalitätsbegriff, der den traditionellen Rahmen des Ratioverständnisses, die Antinomie von Irrationalität und Rationalität, wenn nicht sprengt, so doch wesentlich verfeinert. Die Einheit von Wissenschaftler und Dichter, die Broch in dem Anthropologen Kahler erblickt, läßt den Bogen zurück zu Brochs Brief an Egon Vietta und zu seinem Aufsatz *Denkerische und dichterische Erkenntnis* schlagen. Es ist die sowohl in dem Brief als auch in dem Aufsatz intendierte Verbindung von Exaktem und Nicht-Exaktem, eine Verbindung von Empirie und Spekulation, die Broch als eine Weiterentwicklung der menschlichen Ratio und als eine neue Form von Wissenschaft vorschwebt. Die angestrebte Kombination von Nicht-Exaktem und Exaktem zeigt sich vor allem dann überdeutlich, wenn Broch folgende Behauptung aufstellt:

> Denn Wissenschaft wird erst zur Wissenschaft, wenn ihre Zielsetzungen eine praktikable, technische Methode zeitigen; erst hieran vermag Sehertum heute sich zu legitimieren.[293]

Dieser recht unvermittelt erscheinende Sprung von dem, was Wissenschaft zur Wissenschaft machen soll, und dem, was Sehertum heute legitimieren soll, beweist, wie wenig Broch an einer Trennung von Wissenschaft und Sehertum

291 Ebd., S. 298.
292 Ebd., S. 306.
293 Ebd., S. 299.

gelegen war. Wissenschaft als Sehertum und Sehertum als Wissenschaft praktiziert, dieser Aufgabe ist Kahler laut Broch gerecht geworden.[294] Doch wiesen, wie Broch selbst betonte, nicht nur die wissenschaftliche Leistung Kahlers, sondern auch die Wendung der Physik in eine ähnliche Richtung.[295] Um noch an einen weiteren wichtigen Text von Broch anzuknüpfen und das Bild mit einem Blick auf sein Dichtungskonzept abzurunden, könnte der Gang in diese Richtung auch als ein Fortschreiten zu einer »logischen Prophetie« betrachtet werden.

Auch in dem Essay *Die mythische Erbschaft der Dichtung*[296] nimmt die Synthese von Wissenschaft und Sehertum bzw. Prophetie eine herausragende Bedeutung ein. Broch geht in diesem Essay davon aus, daß Mythos und Logos einst in der "Ahnung der Unendlichkeit" "prophetisch vereint" und gemeinsam ins Unbekannte vorgestoßen seien.[297] Diese Einheit habe sich jedoch laut Broch in zwei Zweige, den Zweig der "»mythischen Prophetie«" und den Zweig der "»logische[n] Prophetie«", aufgespalten. Dem modernen Menschen sei dabei das Wissen um das Prophetische verlorengegangen. Die "mythische Prophetie" sei entweder gänzlich vergessen oder in eine "Fabelgegend", in das Reich der Wunder abgeschoben worden. Die "logische Prophetie", die "in Gestalt der logisch-kausalen Frage und der logisch-kausalen Induktion, in Gestalt der logisch-kausalen Wissenschaft und ihrer stets zeitüberwindenden Gesetzlichkeit" auftrete, werde als so banale und selbstverständliche Alltäglichkeit empfunden, daß keinerlei prophetische Qualitäten darin erkannt würden.

Vor dem Hintergrund der bisher untersuchten Texte kann die »logische Prophetie« als eine neu gefaßte Rationalität verstanden werden, die über das vordergründig Endliche der empirischen Welt hinaus das Unendliche und damit die Beziehung der Wissenschaft zum Unendlichen, die schon in ihrem Verfahren, dem Streben nach Allgemeingültigkeit angelegt ist, stärker in den Vordergrund rückt. Man darf Brochs Ausführungen nicht mißverstehen, indem man annimmt, die zeitgenössische Wissenschaft habe für ihn die endgültige Gestalt der "logischen Prophetie" repräsentiert. Nur aus dem Wachstum und der Vertiefung der Grundlagenforschung, die eine "zunehmende Aufdeckung des Zusammenhanges zwischen der logischen und allgemein geistigen und schließlich ethischen Struktur der Menschenseele",[298] also des Zusammenhanges von erkennendem/handelndem Subjekt und Erkenntnis bzw. Handlung, erwarten lasse, kann Wissenschaft laut Broch die ethische Verantwortung übernehmen, zu der sie "wahrscheinlich einmal berufen sein wird".[299] Aus

294 Ebd.
295 Ebd., S. 306.
296 Ders.: Die mythische Erbschaft der Dichtung. In: KW 9/2, S. 202-211.
297 So wie das folgende: Ebd., S. 207f.
298 Ebd., S. 209.
299 Ebd., S. 208.

dieser Zukunftsperspektive ergibt sich für Broch unmittelbar die Aufgabe der Dichtung:

> Gerade weil der »Geist« der Epoche, den die Dichtung, will sie ihrer Pflicht zur Weltendarstellung genügen, in ihr Totalbild aufzunehmen hat, zu einem Zwittergeist, ja zum Ungeist geworden ist, wird sie zur ethischen Warnung getrieben, die sie freilich nicht mehr als »mythische Prophetie« vorbringen kann und darf: trotz aller Verwandtschaft mit dem Mythischen muß sich die Dichtung auch hierin dem Geist der Epoche, muß sich seiner Wissenschaftlichkeit unterordnen, um solcherart sich der geahnten, künftigen »logischen Prophetie« annähern zu können, und sie besorgt dies, indem sie polyhistorisch wird.[300]

Das Polyhistorische könnte mit Begriffen wie Simultanität, Gleichzeitigkeit, Überzeitlichkeit, Überführung des Nacheinander der Eindrücke und des Erlebens zu einer Einheit und Zusammendrängung der Geschehnisse auf einen Tag umrissen werden. Broch fand das Polyhistorische bei Joyce und Thomas Mann realisiert und versuchte es vor allem in seinem *Tod des Vergil* selbst umzusetzen. Indem Dichtung polyhistorisch wird, arbeitet sie im Sinne Brochs nicht etwa einer »mythischen Prophetie«, sondern einer zukünftigen »logischen Prophetie« vor. Da Dichtung, so wie sie Broch versteht, nicht in kleinen rationalen Schritten zu einem Totalwissen vorzudringen versucht, sondern in der "Ungeduld der Erkenntnis"[301] stets nach einer erahnbaren Totalität strebt, ist sie nicht den Verendlichungstendenzen der Wissenschaft unterlegen, die den Logos zum "Ungeist" macht. Indem Dichtung nach Broch die Welt über die empirischen Bedingtheiten hinaus und das Unendliche stets mit zu erfassen versucht, scheint sie sich im Gegensatz zur Wissenschaft nicht dem irrationalen Rest verschlossen zu haben. Durch ihre "Verwandtschaft mit dem Mythischen"[302], durch ihre "Verwandtschaft mit allem Seherischen",[303] weiß Dichtung laut Broch ahnend um die Prophetie und um ihre ethischen Zukunftsaufgaben. Dichtung scheint daher für Broch geradezu prädestiniert zu sein, um Zukünftiges vorzubereiten. Das Zukünftige besteht jedoch nicht in der Herausbildung eines neuen Mythos. Trotz der Verwandtschaft mit dem Mythischen darf Dichtung, wie Broch ausdrücklich betont, ihre ethischen Aufgaben nicht als »mythische Prophetie« erfüllen, sondern muß sich dem Geist der Epoche, der Wissenschaftlichkeit, beugen. Broch wünscht sich wie bei Joyce und Thomas Mann eine Dichtung, die "mythisch im Ansatz und dennoch durchaus »logische Prophetie«" ist, indem sie auf "polyhistorischem Grund gewachsen ist."[304]

Es sind folglich zwei Wege, die beschritten werden müßten, damit sich Brochs Zukunftsvisionen von der Entwicklung der menschlichen Ratio erfüllen könnten. Die Dichtung müßte wissenschaftlich werden und die Wissenschaft

300 Ebd., S. 209.

301 Ebd. - Vgl. auch: Ders.: James Joyce und die Gegenwart. Rede zu Joyce's 50. Geburtstag. In: KW 9/1, S. 63-94, vor allem S. 86.

302 Ders.: Die mythische Erbschaft der Dichtung, a. a. O., S. 209.

303 Ebd.

304 Ebd., S. 210f.

müßte zu einem seherischen Bewußtsein,[305] zu einer Anerkennung eines nicht rational zugänglichen Unendlichen zurückfinden, woraus ihre ethische Verantwortung und das Wissen um etwas Göttliches erwachsen könnte. Als einen Kreuzungspunkt dieser beiden Wege wären die Entdeckung des subjektoiden Elements in der Physik und die von Broch selbst dazu in Beziehung gesetzten neu herausgebildeten Erzählweisen zu verstehen. Seine Forderung nach einer Durchdringung der Dichtung und ihrer Darstellung mit dem Geist wissenschaftlichen Denkens[306] erklärt, weshalb Broch "die Verbundenheit der Joyceschen Methode mit der wissenschaftlichen Situation",[307] explizit mit der Situation der modernen Physik, mehrfach in seinen kritischen Texten würdigte.[308]

Die Skizzierung von Brochs Reflexionen im Zusammenhang mit der modernen Physik erhebt nicht den Anspruch, eine umfassende Interpretation des Brochschen Werkes geleistet zu haben. Dazu wäre eine eingehende

---

305 Vgl. auch: Hartmut Steinecke: Kunstwerk der Erkenntnis. Hermann Brochs Verständnis des Romans im historischen Kontext. In: Romanstruktur und Menschenrecht bei Hermann Broch, a. a. O., S. 121-131. Für Steinecke bildet die Vereinigung von Kunst und Wissenschaft in Rückbezug auf die Tradition des Wissenschafts- und Kunstverständnisses der Romantik eine Grundvoraussetzung für Brochs Erkenntnisziel (Vgl.: Ebd., v. a. S. 127). - Vgl. auch: Knut Radbruch: Mathematik in den Geisteswissenschaften. Göttingen 1989. Radbruch weist darauf hin, daß auch durch eine additive Zusammenfassung von dichterischer und wissenschaftlicher Erkenntnis für Broch die eigentliche Erkenntnis nicht zu erreichen ist. Vielmehr müßten beide Erkenntnisformen ihre traditionellen Grenzen überschreiten. Kunst müsse dieselbe zwingende Gültigkeit anstreben wie Wissenschaft und Wissenschaft das "Ganze der Welt" miteinbeziehen. Im Idealfall gelange man durch die simultane Realisierung von Kunst und Wissenschaft zu einer einheitlichen Erkenntnis (Ebd., S. 55).

306 Brochs kritische Auseinandersetzung mit Joyce zeigt ganz deutlich, daß Broch die Dichtung keineswegs als ein Medium verstand, das sich ganz vom Geist der Wissenschaft abzuwenden hätte. In seinem Joyce-Aufsatz fordert Broch explizit die Einbeziehung des wissenschaftlichen Denkens in die Dichtung. Bevor Broch Parallelen zwischen der modernen Physik und Darstellungsmethoden von Joyce hervorhebt, stellt er in diesem Aufsatz folgende Forderung auf: "Denn wenn es überhaupt so etwas wie Zeitgerechtheit gibt, so kann es nicht an der Wahl der Themen liegen [...], sondern es muß aus einem bestimmten Zustand des Bewußtseins, aus einem bestimmten Zustand der Logik, kurzum einer bestimmten Technik des Denkens herstammen, aus einer Logik, die für die betreffende Zeit verbindlich ist und die damit automatisch zu ihren Themen und den ihr eigentümlichen Inhalten hinführt." (Ders.: James Joyce und die Gegenwart, a. a. O., S. 76) Wenn Broch im folgenden eine Parallele zwischen der Physik, die eine "theoretische Einheit von physikalischem Objekt und physikalischem Subjekt" (Ebd., S. 77) fordert und eine "Auflösung der physikalischen Materie durch mathematische Funktionen" (Ebd., S. 79) legitimiert, und der Joyceschen Darstellungsmethode zieht, beweist dies, daß Broch in den neuen Ideen der Physik einen für seine Zeit verbindlichen Zustand des Bewußtseins sah, dem auch Dichtung gerecht werden sollte. Leo Kreutzer entwickelt die Romantheorie Brochs u. a. anhand einer immanenten Interpretation von Brochs Analogiebildung zwischen Joycescher Erzählmethode und der Relativitätstheorie (Leo Kreutzer: Erkenntnistheorie und Prophetie. Hermann Brochs Romantrilogie 'Die Schlafwandler'. Tübingen 1966, v. a. S. 15-48).

307 Hermann Broch: James Joyce und die Gegenwart, a. a. O., S. 79.

308 Vgl.: Ebd., sowie: Ders.: Denkerische und dichterische Erkenntnis, a. a. O., S. 47.

Analyse von Brochs poetischen Texten,[309] seiner Mythos-Konzeption sowie seiner Werttheorie notwendig gewesen. Vor allem hätte auch die Genese der

309 Neben den Anspielungen auf die moderne Physik in Brochs Schlafwandlertriologie (Ders.: Die Schlafwandler. Eine Romantrilogie. In: KW 1, hier S. 470-475) ragen vor allem jene Anspielungen in Brochs weniger bekanntem Roman *Die unbekannte Größe* heraus (KW 2, S. 11-142). Zum einen lassen die Bezüge zur Quantentheorie genau erkennen, daß Broch zumindest, was die offensichtlichen Probleme der Quantenphysik betrifft, die auch in den nicht-naturwissenschaftlichen Medien diskutiert wurden, eine genaue Kenntnis gehabt haben mußte (Vgl.: Ebd., S. 20: "Quanteninterferenzen"; S. 40: Kausalitätskrise; S. 48: "[...] alles ist Ergebnis eines Zufalls", "Gesetz der großen Zahlen"; S. 55 "[...] die neue Mitteilung von Bohr [...]" ; S. 71: "wellenmechanische Arbeiten", "quantentheoretische [Arbeiten]"; S. 121: "[...] die Mathematik und die Physik trotz ihrer scheinbar unanfechtbaren Exaktheit immer aufs neue zu diesen letzten Grenzproblemen der Erkenntnis hinführten [...]"). Bei diesen Anspielungen handelt es sich keineswegs um bloße Wissenseinsprengsel, die für einen höheren Authentizitätsgrad zu sorgen hätten, da der Roman im Wissenschaftsmilieu spielt. Der Roman habe sich, so kommentiert Broch, mit der Mathematik so weit zu beschäftigen, als sie zum Kristallisationspunkt jener seelischen Urkräfte geworden sei, soweit sie in der Mechanik seelischen Geschehens selber Symbolwert besitze und den Erkenntnisvorgang der Mathematik als Exponent der tieferen Seelendynamik diene (Ders.: Grundzüge zum Roman "Die unbekannte Größe". In: KW 2, S. 243-246, hier S. 244). Dies kann auch auf die Inhalte der modernen Physik ausgeweitet werden. Ernestine Schlant hat darauf hingewiesen, daß es kein Zufall sei, daß der Roman, der den Durchbruch irrationaler Kräfte im Leben des Mathematikers Richard Hieck thematisiert, während des Jahreswechsels 1926/1927 spielt, zu der Zeit, als Bohr und Heisenberg die Grundlagen der Quantentheorie, sozusagen den Durchbruch des Unexakten in die exakte Wissenschaft, formulierten (Vgl. Ernestine Schlant: Hermann Broch and Modern Physics. In: Germanic Review 53 (1978), S. 69-75, hier S. 70). Was Schlant nur im Hinblick auf die Kompetenz Brochs als Kenner der modernen Physik erwähnt, berührt jedoch im wesentlichen das Verhältnis des Exakten zum Nicht-Exakten. Richard Hieck, der von Broch als ein Suchender nach einer Gesamterkenntnis charakterisiert wird, scheitert, wie Broch selbst kommentiert, bei dem Versuch, eine Lösung des rational unbewältigbaren Erkenntnisrestes vom mathematischen Gebiet aus zu finden, hoffend, daß die fluktuierenden Grenzen der Wissenschaft, d. h. die mathematischen Probleme der Unendlichkeit zugleich auch die Probleme des unendlichen Lebens seien (Hermann Broch: Grundzüge zum Roman "Die unbekannte Größe", a. a. O., S. 245). Richard Hieck scheitert, weil er nach einer "Erfassung des Unberechenbaren durch das Berechenbare" strebt (Ders.: Die unbekannte Größe, a. a. O., S. 129). Obwohl Broch den Protagonisten erst durch den Tod des jüngeren Bruders zum rational unbewältigbaren Erkenntnisrest vordringen läßt und er dabei erfährt, "daß die rationale und wissenschaftliche Erkenntnis bloß ein Teil einer größeren und zugleich einfältigeren Erkenntnis darstellt, einer wahrhaft mystischen Erkenntnis, die beweislos und doch evident ist, weil sie Leben und Tod, Rationales und Irrationales umschließt" (Ders.: Grundzüge zum Roman *Die unbekannte Größe*, a. a. O., S. 245), ist dies keine Absage an die Ratio oder die Wissenschaft schlechthin. In der "Vorbemerkung zum Filmskript 'Das Unbekannte X'"(In: KW 2, S. 247-252), das in Anlehnung an den oben genannten Roman entstand, stellt Broch dies klar: "Der Roman zeigt, daß es neben dieser [der reinen Erkenntnis mittels der Mathematik] auch eine »Erkenntnis des Gefühls« gibt, unerfaßbar für den Verstand, dennoch gleichberechtigt, und daß erst in der Verbindung beider das wahre Wissen um das Leben erreicht wird." (Ebd., S. 247). Es ist nicht die Entscheidung zwischen den beiden Erkenntnisweisen, sondern der Durchbruch zu ihrer Verbindung, der hier thematisiert wird. Dies geht auch aus einem Brief von Hermann Broch an Gottfried Bermann Fischer vom 5. Nov. 1933 hervor (In: KW 13/1, S. 259f.). Es sei ihm darauf angekommen, schreibt Broch hier, zu sagen, daß in jedem wahrhaften

Brochschen Gedankenwelt berücksichtigt werden müssen.[310] Letzteres wurde jedoch bewußt vernachlässigt, um Konstanten in Brochs Denken besser herausarbeiten zu können, die sich um das Verhältnis des Exakten zum Nicht-Exakten zentrierten und dabei Bezüge zur modernen Physik herstellten. Durch den spezifischen Blickwinkel, unter dem Brochs theoretisches Werk hier betrachtet wurde, konnte gezeigt werden, wie Broch die neuen Erkenntnisse der Physik bewertete und inwieweit er sie in die eigene Arbeit integrierte.

Aus vorangehenden Darlegungen darf im Gegensatz zur frühen Broch-Forschung nicht geschlossen werden, Broch habe herausragende naturwissenschaftliche Fähigkeiten besessen. Wie dem Artikel *Mathematik und Physik bei Hermann Broch*[311] von Willy Riemer zu entnehmen ist, wurde Broch anfangs zu einem 'poeta doctus' stilisiert, dem ungeprüft Fachkenntnisse zugestanden wurden. Heute ist dieses naive Verständnis einer zunehmend kritischen Sicht auf Brochs Kenntnisse mathematischer und physikalischer Zusammenhänge gewichen. Diese Verschiebung war angebracht, zumal Brochs sowohl auf die Relativitäts- als auch auf die Quantentheorie angewandter Terminus des 'Beobachters im Beobachtungsfeld' nicht exakt ist.[312] Darauf haben bereits Karl Menges,[313] Paul Michael Lützeler[314] und Ernestine Schlant[315] in ihren Arbeiten hingewiesen. Zu Brochs Verteidigung ließe sich sagen, daß auch die Relativitätstheorie mittels der Einbeziehung des Bezugssystems in gewisser Weise ein subjektives Element aufnimmt, um eine objektive Beschreibung zu garantieren. In der Quantentheorie geht man dagegen davon aus, daß eine objektive Beobachtung im traditionellen Sinne gar nicht möglich ist. Von einer prinzipiellen Fehlerquelle beim Sehakt oder gar von einer Einheit zwischen physikalischem Objekt und physikalischem Subjekt im Zusammenhang mit der Relativitätstheorie zu sprechen, wie Broch es zum Beispiel in seinem Joyce-

---

Erkenntnisstreben, bei aller notwendigen Rationalität, ja, vielleicht sogar am stärksten bei so maximaler Rationalität, wie sie von der Mathematik dargestellt wird, unabweislich der Strom mystischer Erkenntnis mitfließt, aus den gleichen Seinsgründen gespeist wie das Rationale selber (Ebd., S. 260).

310 So ist im Laufe der 30er Jahre eine zunehmende Skepsis Brochs gegenüber den Möglichkeiten der Dichtung und des Romans festzustellen. Vgl. dazu: Hartmut Steinecke: Kunstwerk der Erkenntnis, a. a. O., S. 125.

311 Willy Riemer: Mathematik und Physik bei Hermann Broch. In: Hermann Broch. Hg. v. Paul Michael Lützeler. Frankfurt a. M. 1986, S. 260-271, hier bes. S. 260f.

312 Eine Überprüfung ist schon deshalb notwendig, da mehrere Arbeiten auf diesem Terminus aufbauend die Romantheorie Brochs entwickelten. Vgl. dazu: Leo Kreutzer: Erkenntnistheorie und Prophetie, a. a. O., hier v. a. S. 15-48. - Theodor Ziolkowski: Hermann Broch and Relativity in Fiction. In: Wisconsin Studies in Contemporary Literature 8 (1967), S. 365-376.

313 Karl Menges: Kritische Studien zur Wertphilosophie Hermann Brochs. Tübingen 1970, S. 108.

314 Paul Michael Lützeler: Hermann Broch. Ethik und Politik. Studien zu seinem Frühwerk und zur Romantrilogie 'Die Schlafwandler'. München 1973, S. 30 u. 148.

315 Ernestine Schlant: Hermann Broch and Modern Physics, a. a. O., S. 69f.

Aufsatz tat, ist falsch.[316] Dies gehört in den Bereich der Quantentheorie, denn die Relativitätstheorie hielt an der strikten Trennung von Subjekt und Objekt ebenso wie an der Kausalität des physikalischen Geschehens unabdingbar fest. Die Entdeckung eines 'subjektoiden Elements' durch die Physik könnte durchaus im Sinne Brochs als ein Symptom für einen allgemeinen Denkumbruch genommen werden, der sowohl in der Relativitätstheorie als auch in der Quantentheorie sich seinen Weg bahnte. Die beiden Theorien jedoch so undifferenziert nebeneinanderzustellen, wie Broch es in einigen Texten wagte,[317] mutet, wenn nicht verfälschend, so zumindest leichtfertig an. Eine Überprüfung von Brochs Voraussetzungen zum 'poeta doctus' erscheint folglich durchaus gerechtfertigt.

Neben dem Beitrag Willy Riemers gehört Ernestine Schlants Artikel *Hermann Broch and Modern Physics* zu den Arbeiten, die am sorgfältigsten Brochs naturwissenschaftlichem Wissensstand nachgegangen sind. Während Dagmar Barnouw, ohne Belege anzuführen, Broch eine tiefergehende Kenntnis der zeitgenössischen Mathematik und Physik abspricht und ihn des Eklektizismus bezichtigt,[318] kommt Schlant zu dem Ergebnis, daß Brochs Wissen um die Entwicklungen der Physik während seines Studiums an der Universität Wien zwischen 1925 und 1930[319] auf der Höhe der Zeit war, dann jedoch nicht weiter aktualisiert wurde. Ausgehend von der Frage, warum Broch den Unterschied zwischen der Quanten- und der Relativitätstheorie überging, wird dies von Schlant anhand eines Vergleichs der von Broch besuchten Universitätsveranstaltungen und den Anspielungen auf die moderne Physik in dem Roman *Die unbekannte Größe,* in zwei Prosatexten aus dem Jahre 1949[320], im Joyce-Essay und in dem Fragment *Politik. Ein Kondensat*[321] behandelt. Vor dem Hintergrund der an einer anderen Textgrundlage ausgeführten Untersuchungen kann Schlant in gewisser Weise zugestimmt werden. Die Entwicklung der Quantentheorie vor allem in der Deutung Heisenbergs nach 1930,

316 Hermann Broch: James Joyce und die Gegenwart, a. a. O., S. 77.

317 Vgl. dazu v. a.: Ders.: Philosophische Aufgaben einer Internationalen Akademie, a. a. O., S. 88.

318 Dagmar Barnouw: Hermann Broch - das autonome Ich. Zur Ausgabe seiner kritischen und theoretischen Schriften. In: Neue Rundschau 87 (1976), S. 326-333, bes. S. 329.

319 Von November 1925 bis Ostern 1930 war Broch als ordentlicher Student an der Universität Wien eingeschrieben und belegte vor allem mathematische und philosophische Vorlesungen und Seminare. In der Fakultät für Physik soll er bei Arthur Haas "Die Welt der Atome gemeinverständlich für Hörer aller Fakultäten" belegt haben, sich für die Vorlesung von Hans Thirring "Relativitätstheorie" eingeschrieben, dann jedoch wieder gestrichen haben (Vgl. dazu: Paul Michael Lützeler: Hermann Broch. Eine Biographie. Frankfurt a. M. 1985, S. 98; Willy Riemer: Mathematik und Physik bei Hermann Broch, a. a. O., S. 267; Ernestine Schlant: Hermann Broch and Modern Physics, a. a. O., S. 71).

320 Bei den beiden Prosatexten "Erkaufte Mutter" und "Steinerner Gast" handelt es sich um Teile aus "Die Schuldlosen", die Broch 1949 neu hinzugefügt hat (In: KW 5, S. 185-233 u. S. 245-278).

321 Hermann Broch: Politik. Ein Kondensat. In: Ders.: Erkennen und Handeln. Essays Bd. 2. Hg. u. eingel. v. Hannah Arendt. Zürich 1955 (Gesammelte Werke, Bd. 7), S. 203-255.

nach Brochs Studienende, hätten Broch bei weitem mehr Anknüpfungspunkte geboten, als er in den hier besprochenen Texten für seine eigene Argumentation fruchtbar machte. Brochs aktive Auseinandersetzung mit der modernen Physik brach sicherlich um das Jahr 1930 ab. Doch sollte auch bedacht werden, daß Broch während seines Exils in Kontakt zu Hermann Weyl stand,[322] den Schlant in ihrer Studie vor allem als Mathematiker und als Kenner der Relativitätstheorie berücksichtigte, der aber auch wichtige Beiträge zur Quantentheorie verfaßte. Darüber hinaus war Broch auch mit Ernst Kahler befreundet,[323] der in seinem Werk selbst auf die moderne Physik Bezug nahm,[324] weshalb Brochs Analogie zwischen der Methode Kahlers und dem

---

322 Hermann Weyl: Gruppentheorie und Quantenmechanik. Leipzig 1928. - Weyls 'Philosophie der Mathematik und Naturwissenschaft' (München 1927) wurde geschrieben, bevor die philosophischen Implikationen der Quantentheorie deutlich zutage traten. Für die englische Ausgabe von 1949 fügte Weyl jedoch mehrere Anhänge an, die diese Lücke schlossen. Besonders die Überwindung des Subjekt-Objekt-Dualismus durch die Quantentheorie wird darin von Weyl hervorgehoben (Ders.: Philosophy of Mathematics and Natural Science. Dt. u. d. T.: Philosophie der Mathematik und Naturwissenschaft. 3. wesentl. erw. Aufl. München/Wien 1966. Vgl. hier v. a.: Anhang C: 0pu. Kausalität. S. 324-240, bes. S. 337f.).

323 Vgl. zur Freundschaft Brochs mit Kahler: Anna Kiel: Erich Kahler. Ein »uomo universale« des zwanzigsten Jahrhunderts - seine Begegnungen mit bedeutenden Zeitgenossen. Vom Georgekreis bis Hermann Broch und Thomas Mann. Bern u. a. 1989, bes. S. 135-173.

324 Vgl. ebd., S. 221 bzw. Erich Kahler: Das Fortleben des Mythos (1945). In: Ders.: Die Verantwortung des Geistes. Gesammelte Aufsätze. Frankfurt a. M. 1952, S. 201-213, hier bes. S. 210f. Kahler kommt zu dem Schluß, daß das menschliche Bedürfnis nach einem irrational, unverrückbar geltenden Lebensgrund nicht abgeleugnet werden dürfe, sondern daß man es anerkennen, auf es achthaben und in unsere Voraussicht einbeziehen müsse (S. 210f.). Dabei beruft er sich auch auf die moderne Physik. Auch Kahler glaubt in der Fortentwicklung der modernen Physik die Rückverwiesenheit des Menschen auf den Mythus erkennen zu können. Die Grenzen unserer Ratio würden mehr und mehr deutlich, und die vergessene rationalistische Hoffnung einer unumschränkten Naturbeherrschung durch die Vernunft sei von der naturwissenschaftlichen Forschung selbst zunichte gemacht worden. Durch ihre mächtigen Fortschritte sei, so Kahler, die Physik auf jene Grenzschicht gestoßen, die sich einer völligen rationalen Durchdringung verweigere. Unter Berufung auf die von der Physik festgestellte Wechselwirkung von Subjekt und Objekt konstatiert Kahler im folgenden, daß Physik sogar dabei sei, auf neuer Ebene die innere und die äußere Welt zu verschmelzen. Sie postuliere auf erkenntnistheoretischer Basis eine Einheit, wie sie in frühen, religiösen Zeitaltern naiv angenommen worden sei. Die Forschungsergebnisse, die das greifbare Objekt immer mehr in einen Komplex von Beziehungen verwandelten, entführten die Physik weiter und weiter aus der Sphäre der Wahrnehmung heraus in eine Region des visuell, auch durch geistige Vision, Unfaßbaren (S. 211f.). Kahler argumentiert weiter, daß die Physik ebenso wie die Psychoanalyse gezeigt hätte, daß die Ängste von außen und innen nur Funktionen voneinander sind, beide jene eine und gleiche Angst vor dem Ungewußten, Unwißbaren, die die wahre Quelle des Mythos sei (S. 212). Es gäbe eine Grundschicht des Kosmos und des Menschen, die der Ratio nicht zugänglich sei. Die wissenschaftlich festgestellte Tatsache, daß es eine transrationale Schicht der Realität gebe, mache die Gültigkeit rein rationaler Ordnung überhaupt und generell verdächtig. So begegne man bei fortgeschrittenen Geistern der Naturwissenschaft auch schon der wachsenden Einsicht, daß zum Begreifen

Umbruch in der modernen Physik keineswegs aus der Luft gegriffen war. Es ist daher zu vermuten, daß Brochs Interesse an der modernen Physik nie ganz verloschen ist. Wie sein Gründungsaufruf für eine Internationale Akademie, die Rezension von Kahlers *Men the Measure* und die beiden Prosastücke *Erkaufte Mutter* und *Der steinerne Gast* nahelegen, war die moderne Physik gerade in den Vierziger Jahren stärker in Brochs Blickfeld geraten.[325] Doch selbst wenn Brochs Kenntnis über quantenmechanische Probleme größer gewesen sein sollte, als es Ernestine Schlant vermutete, war Broch keineswegs ein Spezialist für Fragen der modernen Physik. Vielmehr muß man Willy Riemer zustimmen, der in seinem Aufsatz zu dem Ergebnis kommt, daß es Broch in seiner Beschäftigung mit der Mathematik oder der Physik nicht um systematisch ausgearbeitete Beiträge ging, sondern um historisch orientierte, informierte Übersichtsstudien einerseits und um die Auseinandersetzung mit der erkenntnistheoretischen Grundlagenproblematik andererseits.[326]

Dieser Einschätzung waren auch die vorangegangenen Untersuchungen von Brochs Stellungnahmen zur modernen Physik gefolgt. Eines haben diese Untersuchungen dabei sicherlich deutlich werden lassen: Behauptungen wie jene von Wulf D. Hund, die besagen, Broch habe "sich *ganz* von der *Wissenschaft*" abgewandt,[327] sind falsch, da Broch sich um eine neue Wissenschaftskonzeption bemühte. Das bedeutet allerdings noch lange nicht, daß man die dazu entgegengesetzte Position von Miklós Baklay gutheißen muß, der bei Broch eine Übernahme der Unschärferelation als Strukturprinzip mutmaßt und

---

der uns heute als Wirklichkeit erscheinenden Welt neue suprarationale Konzeptionen und Methoden erforderlich seien.

325 Gerade der Prosatext "Der Steinerne Gast" könnte als Beleg dienen, um ein wiedererwachtes Interesse speziell an der Quantentheorie auszumachen. Schlant zitiert aus diesem Prosastück folgende Passage: "[...] sie [die Personen im Garten] waren allesamt in einen Stand tieferer und realerer Nacktheit versetzt, waren in ihrem Äußeren wie in ihrem Inneren nichts als Partikel und Tropfen der großen, vieldimensionalen Welle, die durch sie hindurchging und dennoch sie hochhob, waren ungeachtet ihrer sonstigen Dinglichkeit [...] ununterscheidbar ins Dynamische unendlich vieler Dimensionen gebracht [...]." (Hermann Broch: Erkaufte Mutter, a. a. O., S. 190). Schlant benutzt diese Passage, um erneut Brochs Ignoranz gegenüber der Differenz zwischen Relativitäts- und Quantentheorie zu beweisen, indem sie einerseits Brochs eindeutige Anspielung auf die Quantentheorie durch die Termini Welle und Partikel herausstreicht, andererseits aber zu bedenken gibt, daß eine vieldimensionale Welle in der Relativitätstheorie eine Unmöglichkeit darstellt (Ernestine Schlant: Hermann Broch and Modern Physics., a. a. O., S. 73). Das ist sicher richtig. Es könnte jedoch auch durchaus möglich sein, daß Broch sich auf die Schrödingersche Wellenamplitude bezog, die durchaus mehrdimensional ist und die von Max Born als Wahrscheinlichkeitswelle gedeutet wurde. Der von Schlant in diesem Zitat beanstandete Widerspruch zwischen der Auflösung des Subjekt-Objekt-Dualismus und einer vieldimensionalen Welle - ersteres ihrer Meinung nach der Quantentheorie, letzteres aber der Relativitätstheorie entnommen - bestünde dann gar nicht.

326 Willy Riemer: Mathematik und Physik bei Hermann Broch, a. a. O., S. 270.

327 Wulf D. Hund: Zerfall der Werte 1-10. Über den erkenntnistheoretischen Ansatz bei Hermann Broch. In: Literatur und Kritik 4 (1969), H. 36/37, S. 400-410, hier S. 408.

dabei eine unfundierte Analogie zwischen außerphysikalischen Strukturprinzipien und der Heisenbergschen Unschärferelation herstellt, ohne zu klären, ob Broch bewußt oder unbewußt die behauptete Anleihe bei der Physik gemacht hat.[328] Es steht jedoch außer Frage, daß die Erkenntnisse der modernen Physik in Brochs Gedankenwelt eingedrungen sind und weitergewirkt haben.

3. 2. 3. Ernst Jünger[329]

Die Suche nach Gemeinsamkeiten im Denken von Musil und Broch mit dem Ernst Jüngers ist in der Literaturwissenschaft zwar nicht wie der Vergleich zwischen Broch und Musil zum Gemeinplatz avanciert, dennoch sind Parallelen erkennbar. Biographisch gesehen hat Jünger einen ähnlichen Werdegang beschritten wie Broch und Musil. Durch sein Studium der Zoologie in Leipzig und Neapel wäre auch er in der Lage gewesen, auf dem naturwissenschaftlichen Sektor Karriere zu machen. Noch weitaus deutlicher als die beiden anderen Autoren ist er nicht vom Lager der naturwissenschaftlichen Intelligenz in das der literarischen Intelligenz übergewechselt, sondern beiden Wissensbereichen treu geblieben. Die von ihm angefertigten entomologischen Studien wurden in Fachkreisen mit Anerkennung aufgenommen. So wurden fünf Käfer, zwei Schmetterlinge und ein Sporentierchen nach ihm benannt.[330] Trotz seiner naturwissenschaftlichen Arbeiten stand Jünger der Wissenschaft nie unkritisch gegenüber. Und das ist neben den biographischen Parallelen der eigentliche Punkt, an dem Übereinstimmungen zwischen Broch, Musil und Jünger ausgemacht werden können. Kritik an der Wissenschaft ist auch im Falle Jüngers keineswegs mit einer radikalen Abkehr von der Wissenschaft gleichzusetzen. In einer Ansprache auf einem Entomologen-Kongreß aus dem Jahre 1965 mit dem aussagekräftigen Titel *Forscher und Liebhaber* stellte Jünger seine Auffassung von Wissenschaft prägnant dar:

> Es wäre gewiß verfehlt, sich gegen Maß und Zahl zu wenden, etwa unter Berufung auf irrationale Größen, wohl aber muß ihre einseitige Anwendung oder gar ihre Verehrung als Irrweg erkannt werden. Er gehört zu den Anzeichen des Schwundes, der geistigen Verkümmerung. Ex negativo erkennt man das am Fehlen des souveränen Einzelnen, der das Weltbild beherrscht. Hier sind Goethe, Alexander von Humboldt, Schelling und Hegel zu nennen, aber auch neben und nach ihnen eine Fülle von Geistern, denen in der Philosophie, der Geschichte, den Einzelwissenschaften bis tief in das vorige Jahrhundert hinein die Synopsis gelang. Sie waren sowohl Wissende als Ahnende, Forscher und Liebhaber,

---

328 Miklós Baklay: Das - früher - sogenannte Böse. Drei Unbestimmtheitsrelationen bei Hermann Broch. In: Romanstruktur und Menschenrecht bei Hermann Broch, a. a. O., S. 99-108, hier bes. S. 100.

329 Jüngers Schriften werden zitiert nach: Ernst Jünger: Sämtliche Werke. Bd. 1-18. Stuttgart 1978-83 (im folgenden kurz: SW + Bandangabe).

330 Vgl.: Dieter Zissler: In der Mannigfaltigkeit die Einheit zu erkennen. Über Natur und Naturwissenschaft im Werk Ernst Jüngers. In: Text und Kritik: Ernst Jünger, H. 105/106 (Jan. 1990), S. 125-140, hier S. 138.

Erkennende und Verehrende zugleich. Daß dem die Meßkunst, ja selbst mathematisches Genie nicht widerspricht, das zu bezeugen, bedürfen wird nicht des großen Pythagoras. Auch Leibniz und Pascal sind Beispiele.[331]

Jünger spricht sich gegen Einseitigkeit aus. Er ist gegen eine einseitige Favorisierung der Berechenbarkeit. Er ist aber auch gegen eine einseitige Haltung zugunsten des Irrationalen. Es ist kein Zufall, daß Jünger das Fehlen geistiger Größen beklagt, denen ein "sowohl als auch" gelingt, die sowohl Wissende als auch Ahnende sind. Mit der Forderung nach einer Synthese dieser beiden Erkenntnisformen befindet sich Jünger in unmittelbarer Nachbarschaft zu Broch. Broch hatte in Kahler einen Mann der Wissenschaft begrüßt, der seiner Meinung nach Wissen und Ahnung vereinte. Gleichgültig, ob Jünger dem nun zugestimmt hätte oder nicht, seine und Brochs Vorstellung kongruieren darin, daß nach einer Erkenntnis gestrebt werden muß, die über den Bereich des empirisch Zugänglichen hinausreicht, ohne auf ihn zu verzichten.

Jünger hat nicht erst in den sechziger Jahren zu dieser Position gefunden. Das beweist sein Essay *Sizilianischer Brief an den Mann im Mond*[332] aus dem Jahre 1930. Darin schreibt Jünger zwar, daß es nicht darauf ankomme, die Lösung, sondern das Rätsel zu sehen,[333] doch darf dies nicht als eine Absage an das Streben nach Wissen schlechthin gewertet werden. Vielmehr wird eine neue Sicht auf die Dinge propagiert, die Jünger als "stereoskopischen Blick" bezeichnet. Der Text fordert die Verschmelzung des kindlichen Blickes, der dazu befähigt, "auf den Dingen die Sprache der Runen zu lesen, die Kunde geben von einer tieferen Brüderschaft des Seins",[334] mit dem Blick des aufgeklärten Erwachsenen, der nicht mehr den Mann im Mond vermutet, sondern weiß, daß "die Mondlandschaft mit ihren Felsen und Tälern [...] eine Fläche [ist], die der astronomischen Topographie ihre Aufgaben stellt"[335]. Das Sehen der Rätsel muß als ein Wissen um die Rätsel oder - in Anlehnung an das zu Broch Gesagte - als ein Wissen um das Nicht-Wissen gedeutet werden. Die Verknüpfung der Ahnung um ein Unendliches, um das "mehr, als *gewußt* werden kann",[336] mit dem Wissen um das, was berechenbar und dem wissenschaftlichen Geist zugänglich ist, wird in diesem Essay als Befreiung aus der Zwickmühle konkurrierender Weltbilder vorgeführt, in der sich der Briefschreiber gefangen fühlt:

Aber das Unerhörte für mich in diesem Augenblicke war, diese beiden Masken ein und desselben Seins unzertrennlich ineinander einschmelzen zu sehen. Denn zum ersten Male löste sich hier ein quälender Zwiespalt auf, den ich, Urenkel eines idealistischen, Enkel eines romantischen und Sohn eines materialistischen Geschlechtes, bislang für unlösbar

331 Ernst Jünger: Forscher und Liebhaber. Ansprache vor den Bayrischen Entomologen. In: SW 10, S. 328-341, hier S. 333.
332 Ders.: Sizilianischer Brief an den Mann im Mond. In: SW 9, S. 9-22.
333 Ebd., S. 15.
334 Ebd., S. 12.
335 Ebd., S. 22.
336 Ebd., S. 11.

gehalten hatte. Das geschah nicht etwa so, daß sich ein Entweder-Oder in ein Sowohl-Als-auch verwandelte. Nein, das Wirkliche ist ebenso zauberhaft, wie das Zauberhafte wirklich ist.[337]

Der Briefschreiber fühlt sich Idealismus, Romantik und Materialismus als den traditionellen Anschauungsmodellen verbunden. Er kann sich aber nicht zwischen ihnen entscheiden, weil jedes für sich genommen unbefriedigend zu sein scheint. Sie werden erst durch eine neue Sehweise - Sehweise im buchstäblichen und übertragenen Sinn - überwunden. Die neue Sehweise, die sich Jünger im stereoskopischen Blick erschließt,[338] "der die Dinge in ihrer geheimeren, ruhenderen Körperlichkeit erfaßt"[339], bindet Ahnung und Wissen zu einer Einheit zusammen. Das Wirkliche, das Materielle, wird in seiner Rätselhaftigkeit begriffen, und das Rätselhafte erlangt die Gewißheit einer Realität, eines Faktums.

Auch bei Jünger manifestiert sich folglich die eigentümliche Verbindung von Rationalem und Irrationalem, von Exaktem und Nicht-Exaktem, wie sie schon in den Texten Musils und Brochs aufgewiesen werden konnte. Daher verwundert es nicht, daß auch sein Blick auf die moderne Physik ganz ähnlich ausgerichtet ist. Dies deutet sich schon in der zweiten Fassung von *Das abenteuerliche Herz*[340] (1938) an, in dem eine literarische Umsetzung des stereoskopischen Blickes unternommen wird. Hier versucht Jünger, das Geheimnisvolle der Wirklichkeit sowie die Wirklichkeit der Träume und Phantasien aufscheinen zu lassen, wenn er die genaue Beschreibung von Traumwelten und Beobachtungen der empirischen Erfahrungswelt ineinander übergehen läßt.

In diesem Kontext nimmt das mit *Zweiter Nachtrag zur Aprikose* überschriebene Kapitel eine zentrale Stellung ein,[341] in dem ein möglicher Zusammenhang zwischen exakter Beschreibung und Traumwelt explizit angesprochen wird. Jünger leitet dieses Kapitel mit dem Vorschlag ein, einen Bezug zwischen dem Wissen vom Traum und der Physik herzustellen. Man habe das Wissen vom Traum im Laufe der Zeiten den verschiedensten Disziplinen, der Mantik, der Symbolik, der Medizin und zuletzt der Psychologie unterstellt.[342] Der Versuch, den Traum zur Physik in Beziehung zu setzen, erschiene dem Geist vielleicht noch sonderbar und fern. Und doch würde er hier eine Ausbeute finden, die ihn überrasche und wohl auch erschrecke. Nachdem Jünger die vorgebliche Beziehung zwischen Traum und Physik mit Hinweisen auf die Photographie,[343] auf phosphorische Substan-

---

337 Ebd., S. 22.
338 Vgl.: Ebd.
339 Ebd., S. 20.
340 Ders.: Das abenteuerliche Herz. In: SW 9, S. 177-330.
341 Ebd., S. 305-308.
342 Wie das folgende: Ebd., S. 305.
343 Ebd., S. 305f.

zen[344] sowie auf den elektrischen Strom[345] exzemplifiziert hat, fügt er folgende Überlegung an:

> Hier ließe sich, freilich mit Vorsicht, noch folgende Perspektive andeuten: Es wäre möglich, daß einem Versuche, den Traum mit exakten Mitteln zu erfassen, wie jeder geistigen Bewegung ein Spiegelbild sich zuordnete. Das würde dann ungefähr so aussehen, daß fremde Elemente ihrerseits in die meßbare Welt eindrängen. In diesem Sinne fordern die Bemühungen unserer Physiker zu einer besonderen Art der Aufmerksamkeit heraus. Es gibt hier kühne Geister - kühner noch als jene, die sich zuerst auf das offene Meer hinauswagten, dringen sie in tiefstverborgene Räume vor. Dieser einsamen Anstrengung entspricht, wie dem Pochen im Inneren der Bergwerke, ein Echo, das aus dem Unbekannten wiederklingt. Wir spüren, wie die Intelligenz zu wachsen beginnt, welche die Stoffe belebt, und ahnen, gleich einer neuen Dimension, die köstlichen Tiefen der Materie.[346]

Der Einbruch des Unexakten in die meßbare Welt wird von Jünger an dieser Stelle mit dem Eindringen des Unexakten in die Physik analogisiert. Laut Jünger dringen die kühnen Geister der Physik gleich Abenteurern in Bereiche vor, in denen die Materie, das, was im Gegensatz zum Lebendigen, mehr noch aber im Gegensatz zum Traum als der exakten Erfassung zugänglich gilt, sich in ihrer "köstlichen Tiefe" offenbart. Die moderne Physik erscheint ihm als ein Zeichen, daß es gelingen könne, den Traum, eine Welt folglich, in der die Gesetze der Logik aufgehoben sind und das Irrationale dominiert, meßbar zu machen.

Wer zu diesen kühnen Geistern zählen könnte, die als Entdecker des Unbekannten fungieren, führt Jünger in der genannten Textpassage nicht aus, doch in *Das zweite Pariser Tagebuch*[347] findet sich eine Notiz, die Rückschlüsse zuläßt. Am Ende der Eintragungen für den 23. Mai 1943 stellt Jünger folgende merkwürdige Gleichung auf: "Atome + Hamannsches H = Athome = At home."[348]

Jahre später führt Jünger diese Notiz in seinem Essay *Sgraffiti*[349] weiter aus. Im zweiten Absatz des mit *Neue Apologie des Buchstabens H* überschriebenen Abschnittes wird deutlich, daß mit dem Begriff Atome innerhalb der genannten Gleichung nicht in erster Linie auf die Atomvorstellungen der griechischen Philosophie der Antike oder der klassischen Physik, sondern auf jene moderne Atomvorstellung angespielt wird, wie sie sich mit der Herausbildung der Quantentheorie formiert hatte. In diesem Absatz berichtet Jünger, daß im Elternhaus bei Tisch häufig über Atome gesprochen wurde. In den Diskussionen mit dem Vater sei der Name Heisenberg dabei so früh aufgetaucht, daß er diesen Gelehrten für einen uralten Mann gehalten habe. Folglich sei er bei der Begegnung mit Heisenberg durch dessen Jugend überrascht gewesen.[350]

344 Ebd., S. 306.
345 Ebd., S. 307.
346 Ebd., S. 306.
347 Ders.: Das zweite Pariser Tagebuch. In: SW 3, S. 9-294.
348 Ebd., S. 75.
349 Ders.: Sgraffiti. In: SW 9, S. 331-480.
350 Ebd., S. 408.

Daraus ließe sich schließen, daß Jünger möglicherweise Heisenberg zu den kühnen Geistern unter den Physikern zählte, die gleich Abenteurern in "tiefstverborgene Räume" eindringen.

Bei diesen Gesprächen über Atome scheint sich die unterschiedliche Sichtweise von Vater und Sohn auf die Ergebnisse der Wissenschaft herauskristallisiert zu haben. Im Gegensatz zum Vater, der die wissenschaftlichen Erkenntnisse für die Entdeckung von Realitäten hält, nimmt Jünger einen idealistischen Standpunkt ein und wertet die neuen Erkenntnisse als Erfindungen, als Vorstellungen.[351] Zudem begreift er das neue Wissen als Teil einer größeren Entwicklung, die auf einen ordnenden Geist, auf ein "kosmisches Genie" schließen läßt.[352]

Daß Jünger erheblich von der positivistischen Sehweise seines Vaters abwich, legt schon besagte Gleichung nahe, in der er 'Atome' und 'Hamannsches H' zu addieren versucht. Das 'Hamannsche H' bezieht sich nicht auf den Anfangsbuchstaben des Namens Hamann, wie ein Kritiker irrtümlicherweise annahm. Als der Kritiker den Autor aufgrund dessen belangloser Assoziationen anklagte, sah sich Jünger dazu gezwungen, in *Sgraffti* etwas deutlicher zu werden und den Irrtum aufzuklären.[353] Es sei der Buchstabe in der Form gemeint gewesen, berichtigt Jünger, in der ihn Hamann 1773 in seiner *Neuen Apologie des Buchstaben H* behandelt habe.[354] Um nicht erneut Raum für Mißverständnisse zu geben, skizziert Jünger auch gleich den Inhalt dieser Schrift von Hamann:

> Diese wenige Seiten umfassende Schrift richtet sich gegen den Exrektor Damm, einen jener Sprachvereinfacher, wie sie auch heute in Menge auftauchen. Damm wollte den Buchstaben *H*, da er unhörbar sei, als überflüssig abschaffen. Hamanns Entgegnung ist nicht nur ein Meisterstück höherer Philologie, sondern gibt einen Schlüssel zum Verständnis seiner Autorschaft überhaupt. [...] Der Buchstabe *H* wird in seiner Unhörbarkeit als der Vertreter der verborgenen, verschwiegenen Dinge, als Symbol des geistigen Anteils an den Worten aufgefaßt. In dieser Hinsicht tritt das Hamannsche *H* auch in der oben erwähnten Bemerkung auf und könnte dem Leser spenden, was der Autor an einem trüben Tage für sich beabsichtigte: ein Gefühl der Sicherheit.[355]

Das unhörbare H, das keinen pragmatischen Sinn und Zweck erfüllt, erhält in der Vorstellung Hamanns und Jüngers die Funktion, das Unhörbare, das Verschwiegene und das Verborgene zu repräsentieren, es im Hörbaren gleichsam zu bewahren. Es steht für das, was nicht mit Worten erfaßt werden kann und dennoch in ihnen mitschwingt. Die Sprachvereinfachungsmaßnahmen des Exrektors Damm zielen für Jünger in eine ganz ähnliche Richtung wie

---

351 Ebd.

352 Ebd.

353 Vgl.: Ebd., S. 409f.

354 Ebd., S. 410. Vgl. auch: Johann Georg Hamann: Neue Apologie des Buchstaben H. In: Ders.: Sämtliche Werke. Bd. 3: Schriften über Sprache, Mysterien, Vernunft (1772-1788). Wien 1951, S. 89-108 u. S. 435-437.

355 Ernst Jünger: Sgraffiti, a. a. O., S. 410.

Bestrebungen des Positivismus, nur das Sichtbare, nur das empirisch Wahrnehmbare für wahr und wirklich gelten zu lassen, alles Metaphysische und Transzendentale aber zu leugnen. Jünger wollte dem Leser die Augen für die Gewißheit öffnen, daß es neben der sichtbaren, neben der materiellen Welt auch noch das Unsichtbare gibt. Das Atom steht für den letzten und kleinsten Baustein der Materie, der sichtbaren Welt. Fügt Jünger in dem Begriff 'Atom' ein 'h' ein, so setzt er ein Zeichen für das Unsichtbare, daß er im Sichtbaren geborgen vermutet.

Selbst wenn Jünger hier nicht auf das Plancksche Wirkungsquantum *h* rekurriert, sondern nur auf Hamanns Verteidigung des Buchstabens H, ist mit der Nennung Heisenbergs ein deutlicher Hinweis auf die Quantentheorie gegeben. Die Quantentheorie, vor allem jedoch ihr Hauptvertreter Heisenberg, hatte die Frage aufgeworfen, inwieweit überhaupt noch von einer Existenz von Elementarteilchen gesprochen werden kann. Der Gegenstand der Mikrophysik hatte sich in dem Maße entsubstantialisiert, in dem sich die Elementarteilchen einer Betrachtung in Raum und Zeit entzogen. Die Doppelnatur von Welle und Teilchen sowie die Wirkung des Beobachters auf das Beobachtete hatten es notwendig gemacht, zu einer neuen Wirklichkeitsauffassung der Teilchen vorzustoßen, die die streng materialistische Auffassung aufhob. Neben dem leeren Raum und der aus der empirischen Erfahrung bekannten Wirklichkeit mußte es noch etwas anderes geben. Auch wenn nicht alle Physiker in der 'Entstofflichung' der Elementarteilchen den Weg zur Metaphysik gesehen haben, ist eine Verknüpfung des Begriffes 'Atom' mit dem 'Hamannschen H' insofern nicht so abwegig, wie es auf den ersten Blick erschienen sein mag.

Allerdings steht noch immer eine Erklärung für die Summe von Jüngers metaphorischer Addition aus, denn es ist nicht klar, was das Ganze mit dem 'at home', dem Zuhause zu tun haben soll. Zwar spricht Jünger davon, daß er mit seiner Notiz beabsichtigte, ein Gefühl der Sicherheit zu spenden, ein Gefühl, das man mit einem Zuhause in Verbindung bringen könnte, doch wird über diese Beziehung der Sinn seiner Bemerkung noch nicht völlig erschlossen. Es handelt sich hier nicht um eine belanglose Assoziation. Vielmehr beweist eine ähnliche Äußerung in dem Essay *Typus, Name, Gestalt*, daß für Jünger das 'at home' eine tieferliegende Bedeutung besitzt:

> Im »Weiterfragen« nähern wir uns größeren Einheiten. Dieses »größer« kann auch »kleiner« bedeuten, denn beide verschmelzen, wie die Maße überhaupt, im Wesensgrund. Das Nächste kann dem Fernsten ähnlich werden und umgekehrt. Das Unbestimmte und Unbestimmbare nimmt zu. Wenn wir das als »Minderung« bezeichneten, so betrifft dieses Urteil vor allem die geistige Verfügungsgewalt. Mit der Minderung geht eine Mehrung Hand in Hand.
> Das »Eindringen in die Natur«, das wir einerseits, nämlich vom Pol der typensetzenden Gewalt aus, als kühnen Vorstoß betrachten dürfen, stellt andererseits einen Rückweg oder Heimgang dar.[356]

356 Ders.: Typus, Name Gestalt. In: SW 13, S. 83-173, hier S. 140.

Das Eindringen in die Natur vom Pol der typensetzenden Gewalt aus entspricht für Jünger dem Eindringen der Wissenschaft in die Natur, da die Wissenschaft das Ungesonderte nicht mittels einer Gestalterfahrung, sondern durch die Setzung von Typen in ein Ordnungssystem überführt.[357] Das Weiterfragen stellt für ihn sowohl einen Vorstoß als auch einen Heimgang dar. Die Zunahme des Unbestimmbaren wird von ihm nicht als Minderung begriffen. Stattdessen sieht er in ihr eine Mehrung, d. h. dem Unbestimmbaren kommt in seinen Augen eine positive Qualität zu. Der Weg zurück zum Namenlosen, wo nur noch geahnt und nicht mehr gewußt werden kann,[358] ist für Jünger der Weg zurück zu einem ursprünglichen Wissen, dem das Kind näher steht.[359] Laut Jünger würden wir alle aus dem Namenlosen kommen und ihm wesentlich angehören. Wir wüßten mehr, als Worte ausdrücken. Die Namen seien nur Hilfsmittel im Bewegten, dienten nur für die Fahrt.[360] Ziel dieser Fahrt scheint für Jünger das Namenlose zu sein.

Es komme nicht darauf an, die Lösung, sondern das Rätsel zu sehen, schrieb Jünger in seinem Essay *Sizilianischer Brief an den Mann im Mond*.[361] Demgemäß muß auch der Heimgang zum Namenlosen, die Ahnung um das Unsichtbare im Sichtbaren, das zum 'at home' geleitet, als das Aufscheinen einer Wahrheit gedeutet werden, die nicht in den Antworten, sondern in den Fragen geborgen ist.[362]

Alle hier angeführten Textstellen aus dem Werk Jüngers zeichnen sich dadurch aus, daß sie ein 'Anderes', das Verborgene, das Unsichtbare, das Namenlose oder das Geheimnisvolle, thematisieren. Dieses Andere wird von Jünger jedoch stets mit seinem Gegenpart, dem Unverborgenen, dem Sichtbaren, dem Benannten, in Zusammenhang gesehen. Im Wirklichen das Zauberhafte zu erkennen, bestimmt Jüngers Denken und Schaffen. Wie sehr ein neugefaßter Realismus Jüngers Ideenwelt beherrschte, beweist eine Passage, in der er das formale Konzept der *Strahlungen* kommentiert und dabei direkten Bezug auf die moderne Physik nimmt:

> Strahlungen. Was die Form betrifft, so ist der Autor sowohl Anhänger der Undulations- als auch der Korpuskulartheorie, das heißt, daß sowohl Gedanken als auch Bilder wirken sollen - und zwar in Deckung: in der Sprache verschmelzen die logischen Figuren mit den Ideogrammen des style imagé.[363]

Um die von Jünger in dieser Textstelle aufgestellte Analogie zwischen den beiden physikalischen Beschreibungsmodi der Strahlung und seiner eigenen Schreibweise verstehen zu können, sollte sich der Leser daran erinnern, in

357 Vgl.: Ebd., S. 153.
358 Vgl. dazu: Ebd. S. 166f.
359 Ebd., S. 141.
360 Ebd.
361 Ders.: Sizilianischer Brief an den Mann im Mond, a. a. O., S. 15.
362 Vgl.: Ders.: Sgraffiti, a. a. O., S. 446.
363 Ders.: Vorwort. In: Strahlungen I. In: SW 2, S. 9-23, hier S. 21.

welche Beziehung die Korpuskular- und die Undulationstheorie, d. h. die Teilchen- und Wellenvorstellung des Lichtes, durch die Erkenntnisse der modernen Physik gesetzt worden waren. Eines der vorrangigen Ergebnisse der modernen Physik war es gewesen, daß die Wirklichkeit der Strahlung weder auf der Basis einer Teilchenvorstellung, noch auf der Basis einer Wellenvorstellung vollständig wiedergegeben werden kann. Auch wenn sich Wellen- und Teilchenbild widersprechen, ja sich nach dem traditionellen Verständnis sogar ausschließen, mußte die moderne Physik einräumen, daß beide Beschreibungsarten gleichberechtigt nebeneinanderstehen, für sich genommen aber jeweils unvollständig sind. Ein ähnliches Verhältnis von Komplementarität sieht Jünger auch zwischen einer dichterischen Gestaltung anhand der Darlegung von Gedanken und einer Gestaltung, die sich mehr der Imagination, der Kraft von Bildern bedient, gegeben. In den Augen Jüngers scheint weder das eine noch das andere Verfahren befriedigend zu sein, wenn sie isoliert voneinander angewandt werden. Erst wenn Gedanke und Bild in der Sprache zur Deckung kommen, ist im Sinne Jüngers ein neuer Stil gewonnen, der der Wirklichkeit gerecht werden kann. Daß die Synthese von Bildern und Gedanken hierbei die Funktion einer Vermittlung von Rationalem und Irrationalem übernehmen soll, wird aus den Ausführungen Jüngers über die Notwendigkeit eines neuen Stils ersichtlich, die direkt an den oben zitierten Kommentar anschließen:

> Wir glauben, daß in der Bildung eines neuen Stils die einzige, die sublime Möglichkeit, das Leben erträglich zu machen, sich verbirgt. Ein solcher Stil wird nur im Vorwärtsschreiten zu finden sein. Die letzten wipfeldürren Zweige der Romantik sind von den Flammen aufgezehrt. Desgleichen wurde die trostlose Leere des Klassizismus offenbar. Die museale ist die Vorstufe der Feuerwelt. Der konservative Anspruch, sei es in der Kunst, der Politik, der Religion, stellt Wechsel auf nicht mehr vorhandene Guthaben aus. So Huysmans als Kirchenvater jener Scharen von Gläubigen, die heute die Panik zu den Altären treibt. Demgegenüber verspricht der Realismus weniger, aber er hält mehr. Er verzichtet auf Spekulationen, die logisch nicht in Ordnung sind, und zahlt nicht mit Wechseln auf unsichtbare Fonds. Das ist in Ordnung - aber haben wir die Geheimnisse des Sichtbaren erschöpft? Der Positivismus und der Naturalismus lieferten doch nur grobe Ausschnitte, nur Oberflächenreliefs. Hier läßt sich ansetzen. Im Sichtbaren sind alle Hinweise auf den unsichtbaren Plan. Und daß ein solcher vorhanden ist, muß an Modellen nachzuweisen sein. Dem gelten die Versuche, die Hieroglyphensprache zu verschmelzen mit der Sprache der Vernunft. In diesem Sinne schafft die Dichtung Bildersäulen, die der Geist vor die noch unsichtbaren Tempel als Opfer stellt.[364]

Romantik, Klassizismus und Historismus bis hin zum Fin de Siécle schneiden in Jüngers Urteil nicht gut ab. Sie haben als Orientierungshilfen für die Entwicklung eines neuen Stils ausgedient. Lediglich beim Realismus, Positivismus und Naturalismus vermutet Jünger mögliche Anknüpfungspunkte. Der Vorzug des Realismus liegt seiner Ansicht nach darin, daß er sich an das Sichtbare hält. Sein Nachteil aber beruht für Jünger darauf, daß mit ihm in

---

364 Ebd.

Anlehnung an den Positivismus und Naturalismus die Geheimnisse des Sichtbaren nicht erschöpft werden. Er bleibe an der Oberfläche stecken. Diesen Mangel zu beheben und den unsichtbaren Plan im Sichtbaren zu entdecken, ist Aufgabe des neuen Stils, der die "Hieroglyphensprache mit der Sprache der Vernunft" verschmelzen, der Gedanken und Bilder zur Deckung bringen soll.

In der Art, wie Jünger die verschiedenen traditionellen Stilansätze in ihrer Beziehung zum Sichtbaren bzw. zum Unsichtbaren kontrastiert, wird ersichtlich, wie er die Begriffe 'Gedanke' und 'Bild' gegeneinandersetzt. Während der Gedanke logischen Kriterien folgen muß und das Sichtbare, das Beweisbare zum Gegenstand hat, also den Teil der Welt repräsentiert, der rational und empirisch zugänglich ist, spricht das Bild mehr die Phantasie, das Gefühl an und thematisiert die rätselhafte Seite der Welt. Beide für sich genommen sind wie die Wellen- und Teilchenvorstellung unvollständig. Nur wenn beide in der Dichtung zur Deckung gebracht werden, können die vom Positivismus und Naturalismus gelieferten "Oberflächenreliefs" der Wirklichkeit vertieft werden, kann sich die Einheit des durch die Sprache der Vernunft Vermittelbaren und des Imaginativen entfalten.

Jüngers Selbstkommentar zur Form der *Strahlungen* zielt jedoch nicht nur auf einen neuen Darstellungsstil ab. Auch in diesem Zusammenhang dreht sich seine Argumentation wie schon in den anderen hier zitierten Textstellen um die Doppelnatur des Wirklichen, die Überschneidung von Sichtbarem und Unsichtbarem. Es verwundert daher kaum, daß Jünger auch in diesem Kontext die Beziehung des Wissens zum Glauben anspricht, wenn er gegen Joris Karl Huysmans, einen Vertreter der Fin-de-Siécle-Literatur, der sich in seinen Werken vor allem mit der dunklen Seite des Lebens beschäftigte, polemisiert und ihn zum Kirchenvater stempelt, andererseits aber mit einem erweiterten Realismus vor noch unsichtbaren Tempeln Opfer des Geistes darbringen will. Bezeichnenderweise schließt Jünger die Reflexionen, die er als Klärung seines Stils eingeleitet hatte, mit einem Hinweis auf das Christentum: In solcher Lage richteten sich die Blicke auf das Christentum, behauptet Jünger.[365] Doch sähe man dort die Geister noch nicht einmal der Wissenschaft des 19. Jahrhunderts und ihren Vorstellungen gewachsen, wo es die des unseren zu formen gelte. Das könnte sich ändern, und schon gebe es Treffen, aus deren Verlauf sich schließen ließe, daß den herrschenden Mächten neuartige Gegner heranwüchsen.

Die argumentative Wende von der poetologischen Reflexion zur Aufgabe des Christentums, die wissenschaftlichen Vorstellungen des 20. Jahrhunderts zu formen, wird nur verständlich, wenn Jüngers Postulat eines neuen Stils auf einen neuen Glauben und eine neue Wissenschaft transferiert wird. Da Jünger hier explizit zwischen den wissenschaftlichen Vorstellungen des 19. Jahrhunderts, d. h. einer mechanistisch-materialistischen Wissenschaftsauffassung, und

365 Wie auch das folgende: Ebd., S. 22.

denen des 20. Jahrhunderts unterscheidet, kann das von ihm begrüßte Treffen, aus dem den herrschenden Mächten neuartige Gegner erwachsen sollen, als ein Treffen von Vertretern des Christentums und der Wissenschaft gedeutet werden, die gemeinsam den Weg zu einem neuen Glauben auf der Grundlage des Wißbaren weisen.

Daß bei der Herausbildung eines neuen Glaubens auch die moderne Physik eine Rolle spielen könnte, läßt die Anspielung auf die Undulations- und Korpuskeltheorie zu Beginn dieses Textabschnittes sowie die hier angesprochene Unterscheidung zwischen den wissenschaftlichen Vorstellungen des 19. und 20. Jahrhunderts vermuten. In *Sgraffiti* lassen sich neben dem hier schon angeführten Kapitel *»Neue Apologie des Buchstabens H«* weitere Belegstellen finden, die diese Vermutung bestätigen. So spricht Jünger zum Beispiel davon, daß die erkenntniskritische Beleuchtung der physikalischen Umwälzung, in der wir begriffen seien, keine neue Wahrheit, wohl aber manchen neuen Aspekt hervorbringen würde.[366] Der Kosmos antworte auf unsere Fragen, er offenbare die Seite seines Wesens, die unserem Eros, unserem Anliegen, unserer Gläubigkeit entspreche.[367] Die Welt zeige uns ein Spiegelbild. Es seien so viele Antworten möglich, wie es Fragestellungen gebe. Es läge an uns, ob Götter auftauchten, aber es werde schwer sein, ihnen die Tür zu verschließen, wenn der Urgrund eruptiv werde und die Wehen zunähmen.[368]

Die Antworten auf die Fragen an den Kosmos werden, wie Jünger hier zu bedenken gibt, im wesentlichen von den Fragenden selbst bestimmt. Das gilt seiner Ansicht nach auch für die Frage nach der Existenz von Göttern. Doch schränkt er diese 'Selbstbestimmung' ein, indem er auf die Schwierigkeit hinweist, keine Götter anzunehmen, wenn der "Urgrund eruptiv" werde. Ob sich mit den physikalischen Umwälzungen eine Eruption des Urgrundes ankündigt oder diese gar Symptom einer solchen Eruption sind, läßt Jünger an dieser Stelle offen. Dennoch wird hier offensichtlich, daß er ein Wechselverhältnis zwischen dem Glauben an eine göttliche Macht und der Naturerkenntnis annimmt. Nur wenige Seiten vor Ende des Essays *Sgraffiti* vertritt Jünger konsequenterweise die Auffassung, daß der Mensch mit fortschreitender Erkenntnis zu einem Glauben zurückfinden muß, selbst wenn dieser Fortschritt seinen Ausgang beim Materialismus nahm:

366 Ders.: Sgraffiti, a. a. O., S. 405. Diese Bemerkung erinnert einerseits an jene Heisenbergs, daß wir nicht die Natur selbst, sondern die unserer Fragestellung ausgesetzte Natur beobachten (Vgl. dazu: Werner Heisenberg: Die Kopenhagener Deutung der Quantentheorie. In: Ders.: Physik und Philosophie. Stuttgart 1959, S. 27-42, hier S. 41), andererseits weist sie aber auch Ähnlichkeiten zu Cassirers oder Eddingtons Interpretation des neuen physikalischen Weltbildes auf.

367 Ernst Jünger: Sgraffiti, a. a. O., S. 405f.

368 Ebd., S. 406.

> Es gibt sublime Formen des Materialismus, wie es einen primitiven Idealismus gibt. Notwendig wird sich die Welt mit der Gewinnung höherer Standorte vergeistigen, gleichviel aus welchem Lager man aufgebrochen ist. Die Materie ist ebenso unerschöpflich wie der Geist und mit ihm identisch in letzter Instanz.[...]
> Was bedeutet das Entzücken über die der Natur innewohnende Intelligenz, über das Genie der Materie, die Ordnung des Universums, das einer Uhr ohne Uhrmacher gleicht? In diesem Erstaunen vollzieht sich eine neue Konzeption des Urgrundes. Wer daran glaubt, kann Atheist sein, aber nicht ungläubig.[369]

Von einem Standpunkt aus, der die Materie in letzter Instanz mit Geist gleichsetzt - eine Position, die auch die späten naturphilosophischen Schriften Heisenbergs zunehmend prägte -, von einem Standpunkt aus, dem die Vorstellung von "kleinsten beseelten Einheiten des Weltstoffes" zugrunde liegt, kann Jünger einen Realismus vertreten, ohne auf Ahnung und Glauben als Erkenntnisformen verzichten zu müssen. Er kann exakter Beobachter der konkreten und erfaßbaren Wirklichkeit sein und dennoch an ein tieferliegendes Sein der Dinge glauben. Wissen und Ahnen, Forschung und Liebhaberei, Lösung und Rätsel, Endliches und Unendliches, Exaktes und Unexaktes, Sichtbares und Unsichtbares, Materie und Geist durchziehen als beliebig verlängerbare Reihe von Gegensätzen Jüngers Werk mit dem Ziel, ihre scheinbare Widersprüchlichkeit mittels des stereoskopischen Blickes aufzulösen.

Das spezifische Kennzeichen des Autors Ernst Jünger sei nach *Sizilianischer Brief an den Mann im Mond* die stereoskopische Zweigleisigkeit, behauptet Volker Katzmann in seiner Abhandlung *Ernst Jüngers Magischer Realismus.*[370] Er kommt zu dem Schluß, hinter Jüngers Formulierung: "Im Sichtbaren sind alle Hinweise auf den unsichtbaren Plan. Und daß ein solcher vorhanden ist, muß an Modellen nachzuweisen sein." verberge sich dessen 'Credo' für einen Magischen Realismus.[371] Dem kann aufgrund der vorangegangenen Untersuchungen ebenso zugestimmt werden, wie der Ansicht Katzmanns, daß es verfehlt sei, eine prinzipiell antirationale, wissenschaftsfeindliche Einstellung Jüngers ableiten zu wollen.[372]

In Katzmanns Argumentation kommt Jüngers Propagierung eines neuen Stiles eine herausragende Bedeutung zu. Dabei bezieht sich Katzmann vor allem auf Jüngers Eigenkommentar zur Form im Vorwort zu den *Strahlungen.* Leider wird dieses Zitat von Katzmann nur im Hinblick auf das "Verhältnis von Erkenntnis und Darstellung"[373] ausgewertet. Das darin gleichfalls behan-

---

369 Ebd., S. 474.
370 Volker Katzmann: Ernst Jüngers Magischer Realismus. Hildesheim/New York 1975, hier S. 63.
371 Ebd., S. 256.
372 Ebd., S. 30.
373 Ebd., S. 66.

delte Verhältnis von Wissen und Glauben findet keine Beachtung. So fehlen in Katzmanns ansonsten lückenloser Zitation bezeichnenderweise der erste Absatz im siebten Punkt dieses Vorwortes, in dem auf die Undulations- und Korpuskeltheorie hingewiesen wird, und der letzte, in dem Christentum und Wissenschaft in Bezug gesetzt werden.[374] Gerade aber im Lichte dieser beiden Absätze wird Jüngers 'Magischer Realismus' als eine Konzeption, die über ein reines Gestaltungsprinzip hinausgeht, einsichtig.

Aber nicht nur aus der Perspektive eines 'Magischen Realismus', wie Volker Katzmann Jüngers Wirklichkeits- und Kunstverständnis definiert, mußten die Erkenntnisse der Quantentheorie einen spezifischen Reiz auf Jünger ausüben, der ihn dazu veranlaßt haben mag, in sein Werk mehrfach Hinweise auf die moderne Physik einfließen zu lassen. Der Reiz resultierte auch aus dem Blickwinkel der "Doppelwertigkeit der Naturbetrachtung" als Forscher einerseits und Liebhaber andererseits, wie Dieter Zissler die Relevanz naturwissenschaftlichen Denkens sowie der Gestaltwahrnehmung und des Neovitalismus von Hans Driesch für Jüngers Denken und Schaffen zu bestimmen versucht,[375] bzw. aus der "Vorstellung der Intelligenz der Materie", die Michael Shaw bei Jünger konstatiert.[376] Die Tatsache, daß "das Verhalten der kleinsten Teilchen und des Universums [...] unberechenbar" ist,[377] daß sich die Materie nicht in ihrer Meßbarkeit erschöpft, sondern daß sie gegen eine vollkommene Entzauberung durch den wissenschaftlichen Blick immun ist, mußte in Jüngers Augen etwas Tröstliches darstellen. Ob er in den naturphilosophischen Überlegungen der Quantenphysiker Anzeichen für "wunderbare [...] Welten" sah, "wenn rationale und mythische Mächte sich begatten",[378] muß offen bleiben. Eine sich auf mathematisch-rationale Prinzipien beschränkende Physik ist im Sinne Jüngers jedoch nicht fähig, solche wunderbare Welten zu schaffen. Allerdings schließen die Erkenntnisse der Physik für Jünger eine Versöhnung von Mythos und Wissenschaft,[379] von Metaphysik und Physik, nicht aus:

> Verwesung kann in die Atome nicht eindringen. Die Physik, die zu so scharfsinnigen Gleichungen von Kraft und Stoff vorgedrungen ist, bedürfte der Ausdehnung in neue Dimensionen, um uns zu lehren, daß der Stoff gleichzeitig Geist ist und, so gesehen, nichts außerdem. Dort müssen die feinsten, immateriellen Teilchen sein. Erst so erklärt sich die

---

374 Ebd., S. 66f.

375 Dieter Zissler: In der Mannigfaltigkeit die Einheit zu erkennen, a. a. O. - Welche Bedeutung die Quantentheorie für Jünger gehabt haben mag, wird von Zissler nicht angesprochen.

376 Michael Shaw: Ernst Jüngers Vorstellung von einer Intelligenz der Materie. In: Zeitschrift für dt. Philologie 83 (1964), S. 219-227. - Obwohl es nahegelegen hätte, in diesem Kontext die zeitgenössische Physik, d. h. die Quantentheorie heranzuziehen, fehlt bei Shaw der Hinweis auf die Materievorstellungen der modernen Physik.

377 Ernst Jünger: Sgraffiti, a. a. O., S. 372.

378 Ebd., S. 380.

379 Vgl. dazu Ernst Jüngers gleichnamigen Essay: Ders.: Mythos und Wissenschaft. In: Ders.: SW 13, S. 177-180.

Macht der Phänomene, und zwar nicht nur der physikalischen, sondern auch der biologischen und moralischen, deren Ähnlichkeit auf eine unteilbare Einheit hinweist und deren Divergenz auf die perspektivische Beschränkung des exzentrisch gewordenen Beobachters. Es scheint, daß die Vorstellung der kleinsten beseelten Einheiten des Weltstoff besonders jenen Geistern gegeben ist, die philosophisches und mathematisch-mechanisches Genie vereinen wie Pascal und Leibniz, oder auch indischen Denkern, denen die Welt die Konzeption der Null und des Prana verdankt.[380]

Wohlgemerkt negiert Jünger keineswegs die Möglichkeit, daß die Physik etwas lehren könnte, doch es bedarf seiner Überzeugung nach dafür einer Ausdehnung der Physik in neue Dimensionen. Unter welchen Voraussetzungen diese neuen Dimensionen erschlossen werden könnten, verrät der Hinweis auf Pascal und Leibniz. Auch in der Rede *Forscher und Liebhaber* nennt Jünger diese beiden Denker als Vorbilder, denen die "Synopsis gelang",[381] Ahnende und Wissende zugleich zu sein. Die Vereinigung von philosophischem und mathematisch-mechanischem Genie ist daher auch mit einer Synthese von Wissen und Ahnen gleichzusetzen. Auf der Basis der modernen Physik, die ihren Zuständigkeitsbereich über die Aufstellung scharfsinniger Gleichungen hinaus erweitert habe, könnte im Sinne Jüngers die perspektivische Beschränkung des Beobachters, die den Blick auf das Ganze, auf die Einheit der Dinge verhindert, überwunden werden. Die Ignoranz der (Natur-)Wissenschaften gegenüber der perspektivischen Beschränkung, die laut Jünger bis zur Exzentrik gesteigert wurde und dadurch den Beobachter aus dem Zusammenhang des Seins gelöst hat, wäre damit aufgebrochen. Wissenschaft könnte wieder zur Erklärung eines Welt-Ganzen dienen.

'Utopie des Essayismus' (Musil), 'Logische Prophetie' (Broch) und 'Magischer Realismus' (Jünger), anhand dieser Schlagworte könnte der geistige Standort umrissen werden, von dem aus die drei Vertreter einer literarisch-naturwissenschaftlichen Intelligenz die Entwicklungen der modernen Physik zur Kenntnis genommen haben. Die Spuren einer solchen Rezeption, die sich in den Texten Musils, Brochs und Jüngers finden lassen, sind immer zugleich auch Spuren des Unbehagens an einer zunehmend technisierten und rationalisierten Welt, Spuren der Unzufriedenheit mit einem Rationalitäts- und Erkenntnisbegriff, der die Bewußtseinszustände und Erlebnisinhalte sowie alles Transempirische als Gegenstände der Forschung ausklammert. Die Rätsel, die mit der Entdeckung des Planckschen Wirkungsquantums verbunden waren und die zu erkenntnistheoretischen, naturphilosophischen und gar metaphysischen Deutungsversuchen aus den Reihen der Physiker führten, wurden von Musil, Broch und Jünger als ein Anknüpfungspunkt verstanden, an dem die schon in der Romantik begonnene und in der Lebensphilosophie fortgeführte Kritik am Absolutheitsanspruch von Rationali-

380 Ders.: Sgraffiti, a. a. O., S. 478.
381 Ders.: Forscher und Liebhaber, a. a. O., S. 333.

tät und objektiver Erkenntnis neu ansetzen kann, ohne den 'Geist als Widersacher der Seele' zu deklarieren. Die Entwicklung der modernen Physik stellt im Kontext ihrer Reflexionen zum einen die Notwendigkeit, zum anderen auch die Möglichkeit dar, die Stellung des Menschen in und zu der Welt in bezug auf das Wissen neu zu definieren. Die neuen Ideen der Physik konnten von Musil, Broch und Jünger positiv aufgenommen werden, da sie ihrer schon vorgebildeten Meinung gegen eine einseitige Überbewertung der Ratio und gegen eine materialistisch-mechanistische Weltsicht entgegenkamen.

3. 2. 4. Gottfried Benn[382]

An dieser Stelle könnte der aufmerksame Leser fragen, wo der Hinweis auf Gottfried Benn bleibt, und er täte dies zurecht, denn auch Benn gehört als Arzt und Dichter zu den Vertretern der naturwissenschaftlich-literarischen Intelligenz, die eine kritische Haltung gegenüber der zeitgenössischen Wissenschaft einnahmen. Viele seiner Schriften legen davon Zeugnis ab.

In seinem Essay *Provoziertes Leben*[383] beklagt Benn den Verlust "prälogischer, aber noch erfüllungsfähiger Welten".[384] Seiner Ansicht nach sei dieser Mangel durch die "Bildung des Begriffes »Wirklichkeit«"[385] verursacht worden, durch die Bildung eines Begriffes, der die "Trennung von Ich und Welt, die schizoide Katastrophe, die abendländische Schicksalsneurose"[386] nach sich zog und dessen "Spannungen und Brechungen kein natürlicher Blick und keine methodische Erkenntnis mehr in die wesenhafte Einheitsruhe prälogischer Seinsformen abzuklären vermochte."[387] Doch die "Risse im Parthenon" der Wissenschaft, die sich laut Benns Gedicht *Fragmente* angeblich zeigten, als "Planck [...] mit seiner Quantentheorie zu Kepler und Kierkegaard neu getrübt zusammen[rann]",[388] waren für Benn keine Anzeichen einer baldigen Überwindung der Krise. In seinem Aufsatz *Goethe und die Naturwissenschaften*[389] aus dem Jahre 1932 führt Benn aus, daß die "Quantentheorie aus dem Munde Plancks in seinem Vortrag [...] den Begriff der Realität, diesen, wie er selber sagt, metaphysischen Begriff in hoher Inbrunst ehrt, mit einem Wort uns, in deren Gegenwart die geistig-wissenschaftliche Gesamtvernunft das komplizierte, zerfaserte, hybrid übersteigerte Begriffsnetz

---

382 Benns Werke werden zitiert nach: Gottfried Benn: Sämtliche Werke. Stuttgarter Ausgabe. In Verbindung mit Ilse Benn hg. v. Gerhard Schuster. Bd. 1 - [Bd. 7]. Stuttgart 1986ff. [im folgenden kurz: SW + Bandangabe].

383 Gottfried Benn: Provoziertes Leben. In: Ders.: SW 4, S. 310-320.

384 Ebd., S. 314.

385 Ebd., S. 313.

386 Ebd., S. 314.

387 Ebd., S. 315.

388 Ders.: Fragmente. In: Ders.: SW 1, S. 234f., hier S. 234.

389 Ders.: Goethe und die Naturwissenschaften. In: Ders.: SW 3, S. 350-384.

der modernen induktiven Naturexegese beiseite schiebt und eine neue, die alte, Wirklichkeit durch Wiedergewinnung eines natürlichen Weltbildes sucht."[390] Wie in dem Essay *Bezugssysteme*[391] zum Ausdruck kommt, sah Benn in den neuen Ideen der Physik dennoch keine Kehrtwende der modernen Naturwissenschaft von der Frage nach dem "Verhalten" der Dinge, die eine "Einengung der Natur auf das Schema von Ursache und Wirkung, auf das laufende Band chemisch-physikalischer Bedingungen" darstelle, zu der Frage nach dem "Wesen der Dinge".[392] Auch in dem Essay *Physik 1943* stellt Benn diesen Zweig der Naturwissenschaften in kein positives Licht, obwohl zu diesem Zeitpunkt die philosophischen Implikationen der Quantentheorie deutlich erkennbar waren.

Schon 1927 hatte Benn in seinem Essay *Kunst und Staat* keinen Zweifel darüber gelassen, daß ihm die Physiker und die Naturwissenschaftler im allgemeinen nicht sympathisch waren und daß auch die Quantentheorie daran nichts ändern konnte. Um die Benachteiligung der Kunst bei der finanziellen Förderung durch den Staat plastisch darzustellen, verweist Benn in diesem Aufsatz auf die gesicherte Stellung der naturwissenschaftlichen Forscher, "die ewig die Epoche in Atem halten und dauernd Marksteine errichten und nach einem Quinquenium ist alles Kaff."[393] Hundertfünfzig Jahre hätten sie und ihre Welt in einem Gesetzmäßigkeitsparoxysmus gebebt, und nun komme ein anderer, ein dänischer Physiker, Nobelpreisträger - gemeint ist Nils Bohr - und sage, daß der molekulare Einzelvorgang wahrscheinlich überhaupt nicht durch Gesetze kausal bestimmt werden könne.[394] Das sei das Versagen des Gedankens der Naturgesetze überhaupt, das sei ein Fiasko, behauptet Benn im weiteren. Er moniert, daß die Forscher dennoch ihre Gehälter weiter bezögen, als ob man von vornherein angenommen hätte, daß sie nur Unfug produzierten.[395] Obwohl die Suche nach Naturgesetzen durch das Versagen einer

390 Ebd., S. 371.

391 Ders.: Bezugssysteme. In: Ders.: SW 4, S. 321-326.

392 Ebd., S. 323. - Annemarie Christiansen glaubt, daß Benn in seinem Essay "Goethe und die Naturwissenschaften" nicht etwa Spenglers Ideen vom Untergang des Abendlandes unterstütze, sondern vielmehr in der modernen Naturwissenschaft neben dem wachsenden Abstand von Denken und Sehen andererseits die "Wiedergewinnung eines natürlichen Weltbildes" durch bedeutende Vertreter der theoretischen Physik beobachtet hätte (Dies.: Benn. Einführung in das Werk. Stuttgart 1976, S. 143). Der Aufsatz "Bezugssysteme" setzt jedoch den Hinweis auf Planck in ein anderes Licht. Benn behauptet darin, daß der Typ des modernen Naturwissenschaftlers, wenn ihm die Methode nicht genüge, sich auf Goethe-Sentenzen und einige Abschiedsfloskeln alternder Physiker zurückziehen mag. Die Methode der modernen Naturwissenschaft dürfe aber nicht irritieren (Gottfried Benn: Bezugssyteme, a. a. O., S. 323). Auch wenn in der modernen Physik gelegentlich der Begriff "Gestalt" auftauche, wolle der Beobachter laut Benn nur Veränderungen in der Beziehung von Ursache und Wirkung, Differenzen, Quanten und nicht Ruhendes wahrnehmen (Ebd., S. 323f.).

393 Ders.: Kunst und Staat. In: SW 3, S. 170-179, hier S. 174.

394 Ebd.

395 Ebd., S. 174f.

kausalen Bestimmung von Molekularvorgängen fraglich geworden ist, werden die Naturforscher trotz der wachgewordenen Zweifel an ihren Grundlagen dennoch vom Staat weiter gefördert, weil ihre Arbeit unabhängig vom wahren Erkenntniswert der Industrie Anregungen liefert.[396] Dies ist sicherlich ein Grund, warum sich Benn in diesem Text von den Naturwissenschaften distanziert. Benns negatives Verhältnis zu den Naturforschern ist jedoch nicht in erster Linie von der schwierigen Stellung der Kunst in der Gesellschaft geprägt. Was ihn ärgert, ist vielmehr die Tatsache, daß die Naturwissenschaftler ihre Entdeckungen als "Marksteine" der Erkenntnis verkaufen und das gesamte Denken nachhaltig durch Ideen beeinflussen, die sich mit der Zeit als unhaltbar erweisen.

Benns Ablehnung des kausal-mechanistischen Weltbildes wird in seiner Häme gegen die neuesten Entwicklungen in der Physik, die deren eigene Fundamente in Frage stellen, überdeutlich. Wie wenig er jedoch in diesen Entwicklungen die Chance einer Überwindung des kausal-mechanistischen Weltbildes gegeben sah, geht aus dem Essay *Zur Problematik des Dichterischen*[397] hervor. Er spricht sich explizit gegen die von Thomas Mann propagierte "»Genialisierung der Wissenschaft«, nämlich mit Hilfe von Intuition, Schau, Einfühlung"[398] aus, also gegen eine Perspektive, wie sie sich im Kontext der Reflexionen zur modernen Physik bei Musil, Broch und Jünger angedeutet hatte. Für Benn kann es nicht die Aufgabe des Dichters sein, einen Beitrag für eine Genialisierung der Wissenschaft zu leisten. Konsequenterweise sieht Benn die weitere Entwicklung der Physik pessimistisch, wenn er in diesem Essay bezeichnenderweise eine "zusammengekniffene Lippe, das Unerbitterliche"[399] stellvertretend für den wissenschaftlichen Geist der Zeit, der für ihn auf den "Gesetzen, den Naturgesetzen, den Kategorien"[400] beruht, über die Evolution der Naturwissenschaft und ihre Zukunft räsonieren läßt:

> 'Raum und Zeit! Eben war die Geometrie ein axiomatisches System, in euklidischen Formeln ergab sich die Natur, und Kant schloß jahrhundertelange Gedankengänge für immer und entscheidend ab. Dreißig Jahre dauerte diese Wahrheit. Der nie rastende Menschengeist, in Sonderheit das fortschrittliche 19. Jahrhundert, fand, daß mehrere Parallelen zu einer Geraden möglich seien, nichteuklidische Gleichungen, sphärische Geometrie. Vier Jahrzehnte dauerte diese Wahrheit. Seitdem spricht man nur noch von Zuordnungsdefinitionen, Raum und Zeit sind Bezugssysteme zwischen starren Körpern, die berühmte und wahrhaft große Theorie. Aber schon scheint es unstatthaft, den Raum in das physikalische Kleine, das Atom, hineinzunehmen, für die Quantenmechanik gilt die Kausaltheorie des Raumes nicht. Jedoch besteht die berechtigte Hoffnung, daß der nie rastende Menschengeist in kürzester Frist auch hierfür wieder allgemeingültige dauernde, wenn auch etwas kompli-

396 Ebd., S. 175.

397 Ders.: Zur Problematik des Dichterischen. In: Ders.: SW 3, S. 232-247.

398 Ebd., S. 234. Diese Stelle wird jedoch hier nach der Erstveröffentlichung (In: Die neue Rundschau 41 (1930), Bd. I, S. 485-497, hier S. 486) zitiert, da sich in der Stuttgarter Ausgabe ein Druckfehler eingeschlichen hat.

399 Ebd., S. 235.

400 Ebd.

zierte Formeln finden wird, so daß auch in dieser Richtung bald ein befriedigendes und harmonisches Denkergebnis die Arbeit des Forschers, wenn man sich eines bildhaften und idealistischen Ausdrucks bedienen darf: krönt.'[401]

Für Benn besteht der scheinbare Fortschritt der Physik in einer kontinuierlichen Ablösung von Wahrheiten, die letztendlich sein sollen und doch immer wieder von neuen Theorien ersetzt werden. Die Theorien mögen inhaltlich divergieren, aber die zugrundeliegende Methodik ist in den Augen Benns stets die gleiche, nämlich die Suche nach allgemeingültigen, dauernden Formeln. Daran kann für Benn auch die neueste Wahrheit in Form der Unbrauchbarkeit der Kausaltheorie in der Quantenmechanik nichts ändern. Ihr wird aus den zusammengekniffenen Lippen das Schicksal einer baldigen Eingliederung in das System der Gesetzmäßigkeiten prognostiziert.

Angesichts des nie abbrechenden Wandels von Wahrheiten, den Benn vor allem in den Naturwissenschaften konstatiert, angesichts einer Situation, in der "wie heute, die Basis des wissenschaftlichen, und damit des modernen Weltbildes überhaupt schwankt", in der "das Kausalgesetz selbst Sprünge zeigt" und "die Naturgesetze, in geradezu panischer Weise offenbaren, bis zu welcher Tiefe alles launisch war", stellt Benn die Frage, wo der Dichter sich dann befinden soll. Soll er "jede neue Bulle des wissenschaftlichen Ordens studieren, feststellen, was die Haute Couture diese Saison liefert, euklidische Muster oder akausale Dessous", oder genüge es, wenn er in das "allgemeine Gejodel über die Größe der Zeit und den Komfort der Zivilisation" einstimme?[402] Zumal Benn in diesem Essay an der historischen Wirksamkeit des Dichters zweifelt,[403] antwortet er, daß es nicht die Aufgabe des Dichters sein könne, dem "Szientifismus, in dem die Aufklärung vor unseren Blicken endet", zu dienen.[404] Der Dichter darf seinen Standpunkt nicht anhand momentan gültiger Wahrheiten, Weltbilder und Theorien bestimmen. Täte er dies, dann ginge er sozusagen der Aufklärung auf den Leim, indem er die Dichtung funktionalisiere und einem Nützlichkeitsprinzip unterwerfe. Er verfehlte genau das, worin Benn die Größe des Dichters sieht. Seiner Ansicht nach besteht die Größe des Dichters darin, daß er "keine sozialen Voraussetzungen findet, daß eine Kluft besteht" und daß er "die Kluft bedeutet gegenüber diesem Zivilisationsschotter".[405] Für Benn zeichnet sich der Dichter gerade dadurch aus, daß er den Zivilisationsschotter hinter sich läßt, zu dem auch das logische Denken gehört. Der Dichter müsse laut Benn vorrücken bis dahin, "wo die logischen Systeme ganz vergehn".[406] Er müsse sich "tiefer sinken" lassen "in einer Art Rückfallfieber und Sturzgeburt nach Innen,

401 Ebd., S. 235f.
402 Ebd., S. 237.
403 Vgl. dazu: Ebd., S. 237f.
404 Ebd., S. 241.
405 Wie auch das folgende: Ebd.
406 Ebd., S. 241f.

Niederem, bis er in jene Sphären" gelange, wo das Denken "in den dunklen Kreis organischer Belange tritt" und zu einer archaischen, prälogischen Form zurückfindet.

Wenn der Dichter vorzurücken hat bis zu dem Punkt, wo die logischen Systeme ganz vergehen, dann bedeutet dies für Benn, daß eine Vermählung von dichterischer und denkerischer Erkenntnis, wie sie Broch anstrebte, nicht stattfinden kann. Das dichterische und das wissenschaftlich erkennende Ich unterscheiden sich für Benn wesentlich. Benn schließt anders als Broch, Musil und Jünger eine Synopsis aus. Während sich das wissenschaftlich erkennende Ich mittels eines von allem Körperlichen befreit gedachten Geistes der empirischen Welt zuwendet,[407] wird im Gegensatz dazu im dichterischen Ich ein der Kontrolle des Bewußtseins entzogener Geist, ein vom Körper nicht unabhängig gedachter Geist, schöpferisch tätig. Der "Körper" mit seinem "zu einem Drittel ungeborenen Sein"[408] wird vom dichterischen Ich mobilisiert, um die von der Großhirnrinde, dem Sitz der menschlichen Intelligenz ableitbare geistige Organisationsformen zu durchbrechen. Statt des logischen wird hier ein prälogisches Denken wirksam, das verschüttet, aber immer vorhanden war. Es führt in Sphären, die vom Ursprung des Menschen künden:

> Das archaisch erweiterte, hyperämisch sich entladende Ich, dem scheint das Dichterische ganz verbunden. [...] Ein Schritt ins Dunkle, eine Theorie von reinem Nihilismus für alle, denen Positivismus Glück, Opportunität und Fortschritt bedeutet, ein Schritt jenseits jeder Ideologie als lyrischer Hormonisierung historischer Systeme, jenseits jeder Realität als der Anfurt vom Geschrei der Quantenquerulanten, ein Schritt aus dem Flüchtlingselend zu einem Stundengott. [...]
> Von weither liegt in ihm [dem Körper] ein Traum, ein Tier, von weither ist er mit Mysterien beladen, von jenen frühen Völkern her, die noch die Urzeit, den Ursprung in sich trugen, mit ihrem uns so völlig fremden Weltgefühl, ihren rätselhaften Erfahrungen aus vorbewußten Sphären, in deren Körpern das Innenbewußtsein noch labil, die Konstruktionskräfte des Organismus noch frei, d. h. dem Bewußtsein als dem Zentrum der Organisation noch zugängig waren, noch beweglich war, was heute längst der Willkür entzogen ist, biologisch von uns differenter Typ, archaische Masse, Frühschicht, die im Totem noch das Tier begriff mit warmer Wunde.
> Der Körper ist der letzte Zwang und die Tiefe der Notwendigkeit, er trägt die Ahnung, er trägt den Traum. [...] Es gibt - und damit endet diese hyperämische Theorie des Dichterischen - nur eine Ananke: den Körper [...].[409]

Benn setzt das dichterische Ich hier demonstrativ von dem die Vernunft absolut setzenden Geist der Aufklärung ab, in deren Licht die begrifflich-abstrakte Denkleistung und das aus ihr geborene Zeitalter der Naturwissenschaften und der Technik als Krönung der menschlichen Entwicklung erscheint. Dem Begriffsdenken des verhirnten Zivilisationsmenschen stellt Benn die prälogischen Vorstellungsweisen früherer Entwicklungsstufen

407 Vgl.: Ebd., S. 240.
408 Ebd., S. 246.
409 Ebd., S. 245f.

entgegen, die wirksam waren, bevor sich die Großhirnrinde als Leitorgan des homo sapiens herausbildete. Als Erbe steige sie in Zuständen des Rausches, der Ekstase, der Schizophrenie oder Halluzination wieder empor.[410] Dem ist das dichterische Ich Benns verbunden. Es macht einen Schritt in Bereiche, die jenseits einer positiv erfahr- und mit Begriffen zerlegbaren Realität liegen. Es greift in den im Körper geborgenen Fundus der Urerlebnisse aus der Urzeit des Menschen, als noch mystische Partizipation die Weltvorstellung bestimmte, als das Ich noch nicht durch die Setzung eines Innen von der Außenwelt geschieden war. Dies bedeutet aber auch, daß das dichterische Ich einen Schritt über die Realität hinaus macht, die Gegenstand der Physik ist. Auch wenn die Quantentheoretiker als Kritiker des kausal-mechanistischen Weltbildes erscheinen, fußen die Ideen der modernen Physik auf empirischen Forschungen und sind Produkt der Weltaneignung mittels des von der Großhirnrinde zur Verfügung gestellten geistigen Instrumentariums. Sie sind für Benn folglich Produkt der Verhirnung und insofern Zivilisationsschotter.

So gesehen vollzieht sich die Überwindung der Subjekt-Objekt-Trennung, wie sie die Quantentheorie in Ansätzen zum Inhalt hat, auf einer völlig anderen Grundlage als die mystische Partizipation eines hyperämisch erweiterten Ichs. Erstere entspringt der formalen Zergliederung einer Außenwelt, letztere ist für Benn ein Vorstoß in die Tiefe des archaischen Stammhirnes mit seiner prälogischen Substanz an Bildern und Mythen, die "das Schöpfungsfrühe noch einmal ins Bewußtsein" wenden.[411] Die Entladung inneren Materials wird von

---

410 Liest man nur Benns Essay "Zur Problematik des Dichterischen", bleibt es unverständlich, was Benn hier mit "Körper" meint. Auch in dem Text "Der Aufbau der Persönlichkeit", der auch aus dem Jahr 1930 stammt, thematisiert Benn die Entwicklungsgeschichte des Menschen. Besonders folgende Stelle ist im angesprochenen Kontext aufschlußreich. Sie gibt einen Hinweis darauf, wie die 'Ananke Körper' zu deuten ist: "Wir tragen die frühen Völker in unserer Seele, und wenn die späte Ratio sich lockert, in Traum und Rausch, steigen sie empor mit ihren Riten, ihrer prälogischen Geistesart und vergeben eine Stunde der mystischen Partizipation. Wenn der logische Oberbau sich löst, die Rinde, müde des Ansturms der vormondalten Bestände, die ewig umkämpfte Grenze des Bewußtseins öffnet, ist es, daß das Alte, das Unbewußte, erscheint in der magischen Ichumwandlung und Identifizierung, im frühen Erlebnis des Überall und des Ewigseins. Das Erbgut des Stammhirns liegt noch tiefer und lustbereit: ist der Mantel destruiert, im psychotischen Zerfall, stößt, aus dem primitiv-schizoiden Unterbau emporgejagt von den Urtrieben, das ungeheure, schrankenlos sich entfaltende, archaische Trieb-Ich durch das zerfetzte psychologische Subjekt empor (Kronfeld)." (Ders.: Der Aufbau der Persönlichkeit. Grundriß einer Geologie des Ich. In: Ders.: SW 3, S. 263-277, hier S. 271.) - Vgl. in diesem Zusammenhang auch die folgenden Texte Benns: Ders.: Genie und Gesundheit (1930). In: Ebd., S. 253-258, hier v. a. S. 258. - Ders.: Akademierede (1932). In: Ebd., S. 386-393, v. a. S. 391. - Zur Bedeutung der gehirnanatomischen Betrachtungen in Benns Werk vgl. u. a.: Hanspeter Brode: Studien zu Gottfried Benn I: Mythologie, Naturwissenschaft und Geschichtsphilosophie. Café- und Inselmotive, Gehirnbeschreibung und Kulturkreislehre bei Benn. In: DVjS 46 (1972), S. 714-763. - Gerlinde F. Miller: Die Bedeutung des Entwicklungsbegriffs für Menschenbild und Dichtungstheorie bei Gottfried Benn. New York u. a. 1990.

411 Gottfried Benn: Akademierede, a. a. O., S. 393.

dem dichterischen Ich beschworen, um die unheilvolle Bildung des Begriffes Wirklichkeit, von der Benn in *Provoziertes Leben* sprach, in einer Urerinnerung für Momente aufzuheben. Dementsprechend entwirft Benn seine Vorstellung von der Größe des Dichters am Ende seines Essays *Zur Problematik des Dichterischen*. Der Dichter habe nicht zwischen den Zeilen und ohne Kluft von Dingen zu reden, die erst später wurden, Beziehungen zu schildern, die vorübergehen, oder von Fragen zu leben, die sich schnell zerlösen. Für ihn sei alles Leben nur ein Rufen aus der Tiefe, einer alten und frühen Tiefe. Alles Vergängliche sei ihm nur ein Gleichnis eines unbekannten Erlebnisses, das sich in ihm Erinnerung sucht.[412]

Gegenüber solch einer Perspektive nehmen sich die Umwälzungen in der Physik im Rahmen der Quantentheorie in der Tat dürftig aus. Es wird verständlich, warum sich Benn nicht in optimistischen Tönen, sondern ablehnend über die neuen Erkenntnisse der Physik äußert. Sie gehören für ihn zu dem Feld der Fragen, die sich über kurz oder lang auflösen. Sie haben keinen Ewigkeits- oder Absolutheitswert wie das Rufen aus der Tiefe, das beim Dichter wirksam werden soll. Daher hat der Dichter für Benn seinen Standpunkt auch in einer Epoche, in der das wissenschaftliche Weltbild schwankt und selbst die Kausalgesetze Sprünge machen, außerhalb dieser Zeit zu suchen. Das Dichterische kann keinen Beitrag zu einer Genialisierung einer durch die moderne Physik revolutionierten Wissenschaft mittels Intuition, Schau und Ahnung leisten. Für Benn kann die durch die Überspezialisierung des Großhirns eingeleitete Krise des Abendlandes nicht durch eine fortgeschrittene Intellektualisierung und einen weiterentwickelten Funktionalismus, zu denen die Erkenntnisse der Naturwissenschaft gehören, überwunden werden. Dies geht aus Benns *Akademierede* eindeutig hervor.[413] Lediglich in einer neuen Zerebralisationsstufe, also einer Weiterentwicklung des menschlichen Gehirns, sieht Benn für den Menschen noch Zukunftsperspektiven. Nicht die Weiterentwicklung des Weltbildes, sondern die organische Weiterentwicklung des Menschen schwebt Benn vor.

Die Ideen der modernen Physik stellten für Benn keine Hilfe in der Verarbeitung der Großhirnentwicklung dar. Benn korrespondiert mit Musil, Broch und Jünger darin, daß er wie sie gegen eine Verabsolutierung der Vernunft rebelliert und Irrationales neu zur Geltung bringen will. Er unterscheidet sich jedoch von ihnen, indem er den Umwälzungen im physikalischen Weltbild, obwohl er sie zur Kenntnis genommen hat, bei weitem indifferenter und im wesentlichen ablehnend gegenübersteht.

---

412 Ders.: Zur Problematik des Dichterischen, a. a . O., S. 247.

413 Ders.: Akademierede, a. a. O., hier vor allem S. 388. In diesem Textabschnitt beklagt Benn die Auflösung der Realität durch den Funktionalismus.

3. 2. 5. Carl Einstein

Carl Einstein scheint auf den ersten Blick nicht in die Reihe der bislang behandelten Autoren zu passen. Einstein hat weder ein naturwissenschaftliches Fach studiert noch einen naturwissenschaftlich-technischen Beruf ergriffen. Doch darf nun niemand irrtümlicherweise glauben, in Carl Einstein endlich einen Vertreter der literarischen Sektion gefunden zu haben, der nicht aus einem biographischen Zwang heraus zwischen Wissenschaft und Kunst vermitteln mußte und daher die Erkenntnisse der Naturwissenschaft getrost ignorieren konnte. Einstein gehört zwar nicht in die Gruppe der Autoren, die sowohl naturwissenschaftlich als auch literarisch tätig waren, doch wie Musil, Broch, Jünger und Benn stand auch er dem kausal-mechanistischen Weltbild kritisch gegenüber, und wie sie nahm er dabei auch Bezug auf die moderne Physik.

In Carl Einsteins Werk nimmt die Kritik am Kausalitätsbegriff sowie die Suche nach einer möglichen Überwindung der Subjekt-Objekt-Entfremdung eine zentrale Stellung ein. Die Einstein-Forschung hat mehrfach darauf hingewiesen, daß neben Friedrich Nietzsche, Konrad Fiedler, Henri Bergson und anderen auch Ernst Mach eine entscheidende Rolle im Denken Einsteins zukam.[414] Da Machs Ideen ihrerseits großen Einfluß auf die Entwicklung der modernen Physik hatten und sowohl in der Relativitätstheorie als auch in der Quantentheorie weiterwirkten, wäre die Nähe mancher Gedanken Carl Einsteins zu den Theorien der modernen Physik auch direkt auf seine Kenntnis von Mach rückführbar. Sein Interesse an der Physik beschränkte sich jedoch nicht auf Machs Empfindungslehre. Klaus H. Kiefer machte in seinem schon im Titel auf diesen Zusammenhang anspielenden Artikel *Einstein & Einstein. Wechselseitige Erhellung der Künste und Wissenschaften um 1915* auf die Bedeutung der Relativitätstheorie für Carl Einstein aufmerksam.[415] Heidemarie Oehm zeigte die Verknüpfung der nicht-euklidischen Raumauffassung der Relativitätstheorie mit Carl Einsteins Raumtheorie auf.[416] Darüber hinaus wies Oehm in Zusammenhang mit Carl Einsteins Kritik am Kausalitätsbegriff auf die im Zuge der Kopenhagener Interpretation der Quantenmechanik entflammten Diskussionen über das Kausalitätsprinzip zwischen Niels Bohr, Werner

---

414 Vgl. dazu: Sibylle Penkert: Carl Einstein. Beiträge zu einer Monographie. Göttingen 1969, S. 47f. - Heidemarie Oehm: Die Kunsttheorie Carl Einsteins. München 1976, S. 11f. - Hermann Haarmann/Klaus Siebenhaar: "Das Kunstwerk ist in vielerlei Hinsicht eine Art Selbstmord." Weltbild, ästhetische Theorie und literarische Praxis Carl Einsteins. In: Heinrich-Mann-Jahrbuch 4 (1986), S. 204-240, hier S. 208. - Matias Martinez-Seekamp: Ferien von der Kausalität? Zum Gegensatz von »Kausalität« und »Form« bei Carl Einstein. In: Text und Kritik (Juli 1987), H. 95: Carl Einstein, S. 13-22, hier S. 13.

415 Klaus H. Kiefer: Einstein & Einstein. Wechselseitige Erhellung der Künste und Wissenschaften um 1915. In: Komparatistische Hefte H. 5/6 (1982), S. 181-194.

416 Heidemarie Oehm: Die Kunsttheorie Carl Einsteins, a. a. O., S. 70-76.

Heisenberg und Albert Einstein hin.[417] Als Beweis dafür, daß Carl Einstein mit den Argumenten dieser Debatte vertraut gewesen sein muß, ist laut Oehm ein Aufsatz des Physikers Hans Reichenbach mit dem Titel *Crise de la causalité* zu werten, der 1929 in der von Carl Einstein gegründeten und gemeinsam mit Wildenstein, Bataille und Rivière von 1929-1931 edierten Zeitschrift *Documents* erschienen ist.[418] Es lassen sich jedoch noch weitere Beweise dafür erbringen, daß Carl Einstein nicht nur die Relativitätstheorie, sondern auch die Quantentheorie zumindest in groben Zügen bekannt war, denn außer in Fragen der Kausalitätskritik, worauf Oehm mit ihrem Hinweis rekurriert, kamen die quantentheoretischen Erkenntnisse Carl Einstein auch bei der Propagierung eines neuen Subjektbewußtseins entgegen. Um dies zu veranschaulichen, bedarf es einer kurzen Erläuterung von Carl Einsteins Kunsttheorie, die er maßgeblich in der Auseinandersetzung mit dem Klassizismus Goethes gewonnen hat.

In einem anläßlich des 100. Todestages von Goethe entstandenen Artikel nutzt Carl Einstein die Gelegenheit, um den Stab über Goethe, dessen Verehrer und die Verteidiger des Klassizismus zu brechen.[419] Goethe sei, steht darin zu lesen, von der rationalistischen Periode der Aufklärung besessen, nach der sich alles gesetzmäßig entwickle.[420] Hierbei handelt es sich für Einstein nicht etwa um ein positives Qualitätsmerkmal. Vielmehr muß dieses Urteil als der Kulminationspunkt von Einsteins Kritik an Goethe verstanden werden. Einstein glaubt, bei Goethe genau jene Momente zu entdecken, die er von seinem erkenntnis- und kunsttheoretischen Verständnis her ablehnen muß. Im Grunde genommen wirft er Goethe vor, eine auf dem rationalistischen Geist der Aufklärung beruhende mimetische Kunstvorstellung umgesetzt zu haben. Goethes konventionelles Bild von der Welt sei, so Einstein, ganz und gar deskriptiv, er setze das Objekt voraus, anstatt es zu erschaffen.[421]

Ein Blick auf Einsteins Kunsttheorie erklärt, wie Mimesis und rationalistische Aufklärung in seinem Sinne zusammengehören. Wie Heidemarie Oehm überzeugend darstellen konnte, ist die Abwendung vom Mimesis-Gedanken ein grundlegendes Element der Einsteinschen Kunsttheorie. Einstein lehne die reproduzierende Kunst nicht nur ab, weil sie der Bestätigung und Verfestigung bürgerlicher Ideologien diene, sondern auch, weil die Subjekt-Objekt-Relation, die das Verhältnis der Abbildlichkeit konstituiere, dualistischer Natur sei: ein rational limitiertes Ich registriere die Objekte einer als konstant vorausgesetzten Außenwelt, ein bewußtes Ich suche in der Wahrnehmung als Beobachtung approximativ die Kongruenz von Abbild und abgebildetem Objekt herzu-

---

417 Ebd., S. 23f.

418 Ebd.

419 Carl Einstein: Nachruf: 1832-1932. In: Ders.: Werke. Bd. 3: 1929-1940. Hg. v. Marion Schmid u. Liliane Meffre. Wien/Berlin 1985, S. 120-129.

420 Ebd., S. 126.

421 Ebd.

stellen.[422] Einstein dagegen begreife laut Oehm die Wahrnehmung primär als halluzinatives Schauen, das sich in autonom organisierten Komplexen vollziehe, die in sich die Identität von Subjektivem und Objektivem enthielten und nicht mehr in einer vom Bewußtsein unabhängigen Außenwelt verifiziert werden könnten.[423]

In seiner Arbeit über den Kubisten George Braque, der hier quasi als Gegenbild zu Goethe fungieren könnte, hat Einstein die Bedeutung des halluzinatorischen Schauens für die Kunst präzise dargelegt. Für ihn basiert der Kubismus auf der Hinwendung zu einer Wahrnehmungs- und Darstellungsweise, die im Gegensatz zu Goethe mit den Paradigmen der "rationalistischen Periode der Aufklärung" bricht:

> Jetzt wurde die Aufgabe gestellt, schauend Wirklichkeit und Gestalten zu erzeugen. Nun geht es nicht mehr um ein fatales resigniertes Anerkennen des Gegebenen, sondern um Bildung neuer Realität. Man stellt sich damit in eine durchaus subversive Position. Wirklichkeit bedeutet nicht mehr ein Dasein, sondern eine metamorphotische Funktion, welche den Menschen und die Umwelt verbindet. [...] Das Wirkliche ist nun nicht mehr determiniert, sondern labil und eine veränderliche Gruppe von sterbenden und wachsenden Kräften. Es leuchtet ein, daß mit solcher Unfixiertheit der Welt der Mensch eine erheblich größere Freiheit erwirbt, Zufall, irrationale Faktoren und Unordnung erheblich an Bedeutung gewinnen und Kunst zum Mittel der Abänderung des Wirklichen wird. Damit aber erlangt das noch nicht Sichtbare, das im Überfall der Vision deutlich wird, primäre Geltung, und gerade in ihr scheint nun eine Chance von Freiheit verbürgt zu sein. Die Vision ist also die erste Phase des Realen. Jedoch kann sie durch keine vorhandene Realität bewiesen werden. Damit aber ist die imitative Situierung der Kunst erledigt.
>
> Nun bricht auch die Vorstellung von einer konstanten Person zusammen, wie an der metamorphotischen Konzeption die wissenschaftliche Berechenbarkeit der Vorgänge scheitert. Nun gilt nicht mehr das Stabile der Person, sondern vor allen Dingen die subversive Kraft der Verwandlung.[424]

Aus Einsteins Sicht setzt sich der Kubismus von den erkenntnistheoretischen Prämissen der Aufklärung radikal ab. Im Kubismus wird eine Wirklichkeit Gegenstand der Kunst, die nicht in der empirischen Erfahrung verifizierbar und durch Gesetzmäßigkeiten erklärbar ist. Keine objektive Welt der Fakten, sondern ein in der Aufhebung der Subjekt-Objekt-Grenzen irrational erfahrenes Noch-nicht-Sichtbares wird in der kubistischen Kunst sichtbar gemacht. Dies steht konträr zu dem Bild, das Einstein von Goethe entworfen hat.

Die Liste der Kritikpunkte, die sich in besagtem Nachruf auf Goethe finden lassen, spiegeln in negativo Einsteins nicht-mimetische Kunsttheorie wider. So beanstandet Einstein bei Goethe, er habe ein "gefälschtes Altertum" konserviert, dem "die magischen Kräfte der frühen Antike völlig fehlten",[425] er

---

422 Heidemarie Oehm: Die Kunsttheorie Carl Einsteins, a. a. O., S. 29.

423 Ebd.

424 Carl Einstein: Braque der Dichter. In: Ders.: Werke. Bd. 3, a. a. O., S. 155-355, hier S. 337.

425 Ders.: Nachruf: 1832-1932, a. a. O., S. 120.

habe die "gebrauchsfertigen Konventionen des Realen" akzeptiert[426], "völlig das hypothetische Moment der Wahrnehmung, wodurch allein Wahrnehmung Unabhängigkeit und Macht gewinnt",[427] übersehen und zudem niemals gespürt, "daß die anerkannten und hochgelobten Gesetzmäßigkeiten beschränkte Auszüge [...], bequeme Mechanisierungen willkürlicher Annahmen" seien.[428] Was Einstein im Braque-Text für das 19. Jahrhundert feststellt, daß in ihm hauptsächlich die mechanisierten Fertigfabrikate, nämlich: Vernunft und Dinge, gegolten hätten,[429] gilt demnach auch für Goethe. Das Vernünftige und Kausale sowie die Dingwelt stellen für Einstein jedoch nur eine enge, eine einengende Auslese dar. In den Augen Einsteins fehlt Goethe daher die Gestaltungsmöglichkeit eines halluzinatorischen Schauens, mit dem das bewußte Ich ausgelöscht, die Entfremdung von Subjekt und Objekt, Ich und Welt aufgehoben und die Wahrnehmung weit über das Empirische hinaus in das Visionäre, das noch nicht Seiende, erweitert wird. Das "Unbewußte und seine Sprache, nämlich der Mythus", wie Einstein es im Braque-Text formuliert,[430] die im halluzinatorischen Schauen aktiviert werden, reichen über das rational Wirkliche hinaus. Da Goethe mit seinem Klassizismus seiner Ansicht nach das Bild des Altertums fälschte, indem er die magischen, folglich die irrationalen und mythischen Kräfte der frühen Antike unterschlug, macht Einstein ihn und seinen Ruhm für die Etablierung eines Kunstverständnisses verantwortlich, das Kunst auf die Abbildung und Interpretation einer vorgegebenen Welt beschränkt und so dazu beiträgt, bestehende Mängel zu konservieren, anstatt die Anpassung des Wirklichen an die Vision einzufordern.[431]

Die utopische und wirklichkeitsschaffende Funktion der Kunst wird von Einstein an die Loslösung aus der "Eindeutigkeit des kausalen Geschehens und dessen Vorausberechenbarkeit"[432] sowie an die Auflösung des empirischen und rationalen Ichs gebunden. Zwar finden sich in Einsteins Kunsttheorie, aus deren Ansatz heraus allein die Kritik an Goethe zu verstehen ist, neben anderen Bezügen auch jene zur Machschen Auflösung des Ichs in Empfindungskomplexe, zwar übt Einstein fortwährend Kritik am Geist der Aufklärung und dem des 19. Jahrhunderts und somit an den Modalitäten der (Natur-) Wissenschaft, an Empirie, Kausalität und objektiver Erkenntnis, dennoch beruft sich Einstein nicht allein auf den Marxismus, sondern auch auf die Erkenntnisse der modernen Physik, um Wiederbelebungsversuche des Klassizismus als reaktionär zu entlarven. Er geht damit weit über Machs Ideen hinaus. Anhand des folgenden Zitates wird nun auch verständlich, daß der

426 Ebd., S. 122.
427 Ebd., S. 126.
428 Ebd.
429 Ders.: Braque der Dichter, a. a. O., S. 309.
430 Ebd.
431 Ebd., S. 315.
432 Ebd., S. 309.

Umweg über eine Darstellung von Einsteins Kunsttheorie und seiner Kritik an Goethe gewählt werden mußte, weil nur so sein Hinweis auf die moderne Physik verständlich wird und richtig eingeordnet werden kann. Es handelt sich dabei um eine Polemik gegen den Bolschewisten Anatoli Lunatscharsky, dem sowjetischen Volkskommisar für das Bildungswesen zwischen 1917 und 1929, die als in Klammern gesetzte Passage inmitten des besagten Goethe-Nachrufes gedruckt wurde. Darin heißt es:

> Eine der törichtsten Rechtfertigungen dieses historisierenden Klassizismus lieferte vor kurzem Lunatscharsky, der im Sozialismus die Gelegenheit sieht, Humanismus zu ermöglichen oder gar zu verwirklichen, d. h. durch die Rückkehr zur griechischen Mentalität eine perfektionierte Massenkultur zu installieren. Seine Darlegung zeichnet sich vor allem dadurch aus, daß sie keinerlei Erwähnung des Irrationalen enthält. Im Gegenteil, wir haben hier einen billigen, blassen Historismus: Kulturfimmel.[433]

Einstein wirft Lunatscharsky bezeichnenderweise vor, das Irrationale bei seiner Darstellung des Klassizismus unterschlagen zu haben. Damit stellt er den Revolutionär Lunatscharsky auf eine Ebene mit Goethe, dem Dichter des Bürgertums, der laut Einstein die "halluzinative Wurzel der frühen Antike"[434] gleichfalls aus seinem Blick ausgegrenzt hatte. Einstein erscheint es von einem marxistischen Standpunkt aus paradox, zu einem griechischen Humanismus, zu einer intellektuellen Struktur zurückkehren zu wollen, die, wenn Marx recht habe, von den wirtschaftlichen Gegebenheiten einer absoluten Sklavenherrschaft und einer scharf getrennten Klassenherrschaft bedingt gewesen sein muß. Danach führt er seine Argumentation wie folgt fort:

> Herr Lunatscharsky ist das Opfer eines kleinbürgerlichen Idealismus, der all jenen reaktionären Universitätsprofessoren seine Ehre erweisen möchte, die an der verstümmelten Vorstellung einer Gleichheit des Geistes hängen. Ziemlich schamlos und ohne Hemmungen schwelgt Lunatscharsky in Platitüden. Zum Beispiel: 'Vor diesen Denkmälern der griechischen Architektur, vor diesem Mittelpunkt, der Akropolis, einem nahezu göttlichen Monument griechischen Denkens -', mit anderen Worten, nach Lunatscharsky haben psychische Dinge kein Recht auf Revolution, und sein Utopia verkündet, wie gehabt, die Gesamtheit klassisch falsch informierter Individuen. Lunatscharsky interessiert hier nur symbolisch als Vertreter eines akademischen reaktionären Sozialismus, gegen den wir heftig protestieren. Geist ist etwas anderes als reaktionäres Bewußtsein. In der Tat ist Geist das Revolutionäre *per se*. Herr Lunatscharsky bemerkt nicht, daß die antiken klassischen Dinge samt und sonders futsch sind. Das klassische Weltbild und die Theorie der Einheit der Natur, beide sind bedroht durch eine physikalische Entdeckung größter Bedeutung, mit der eine neue physikalische Lehre beginnt: die Quantentheorie. Die Lehre von einem einheitlich-eindeutigen Ich wird abgeschafft mit der Lehre vom Verschwinden eines solchen Ich - davon ist später noch zu sprechen. Durch die Dialektik des Pluralismus der Wirklichkeit wird die Lehre von der Einheit der Realität beendet sein. [...]
>
> Der Aufstand gegen den Begriff der Klassik und das Verschwinden der Akropolis sind in vollem Schwang. Unsere Losungsworte sind: halluzinative, ursprüngliche Vorstellungen, Entrationalisierung und Metamorphose des Menschen, seines Bewußtseins und seiner

433 Ders.: Nachruf: 1832-1932, a. a. O., S. 123f.
434 Ebd., S. 121.

Sprache. Insbesondere durch die Halluzination werden wir fortschreiten zu einer kollektiven Macht.[435]

Die Grenzlinie zwischen reaktionären und revolutionären Ansichten wird von Einstein in dieser Textpassage scharf gezogen. Auf der einen Seite stehen der Klassizismus und das klassische Weltbild mit der Lehre von einem einheitlich-eindeutigen Ich. Auf der anderen Seite stehen eine neue Kunstvorstellung und das moderne, das aus der Quantentheorie extrahierte Weltbild mit der Lehre vom Verschwinden eines einheitlich-eindeutigen Ich. Die Propagierung eines Klassizismus bedeutet für Einstein das Festhalten an längst überholten Denktraditionen, die eine Veränderung der bestehenden Verhältnisse von Grund auf gefährden. Ein einheitlich-eindeutig gedachtes Ich, das einer ebenso einheitlich-eindeutig gedachten Natur und Realität gegenübersteht, stellt für Einstein ein seiner schöpferischen und damit auch revolutionären Kräfte beraubtes Subjekt dar, dem nur die Akzeptanz und Reproduktion des Bestehenden übrigbleiben. Lunatscharsky ist insofern reaktionär, als er die Zeichen der Zeit verkennt. Auch hierin scheint er Goethe zu ähneln, dem Einstein vorgeworfen hatte, er habe "niemals das essentiell Neue seiner Epoche verstanden".[436] In Einsteins Augen versucht Lunatscharsky ein veraltetes Weltbild zu konservieren, indem er für die sozialistische Zukunft das Ideal eines Menschen entwirft, der rational denkt und wirklichkeitsreproduzierende Kunst schafft, das Irrationale und die psychischen Dinge jedoch ausblendet.[437] Die Zeichen der Zeit verkünden für Einstein dagegen anderes. Die Zweifel der modernen Physik an der strikten Geschiedenheit von Subjekt und Objekt erfordern statt des alten Griechentums ein neues Menschenbild, in dem Halluzination und ursprüngliche Vorstellungen einen festen Platz haben.

Ohne daß Einstein es direkt ausspricht, impliziert er einen Zusammenhang zwischen dem klassischen Weltbild und dem Klassizismus auf der einen Seite sowie zwischen dem modernen physikalischen Weltbild und seiner eigenen Kunsttheorie auf der anderen Seite. Es ist nur zu offensichtlich, daß Einstein die Quantentheorie heranzieht, um seine Kunsttheorie legitimieren und die Lunatscharskys als rückschrittlich anklagen zu können. Wenn Einstein davon spricht, daß der Aufstand gegen den Begriff der Klassik in vollem Schwange sei, so deutet er damit an, daß die 'Revolte' der Physik gegen das kausal-mechanistische, gegen das Weltbild der klassischen Physik in einen allgemein einsetzenden Loslösungsprozeß von Vorstellungen einzuordnen ist, die er

435 Ebd., S. 124f.

436 Ebd., S. 127.

437 Haarmann/Siebenhaar haben darauf verwiesen, daß der Bannstrahl Einsteins nicht nur Goethe, sondern auch den akademischen Revolutionär Lunatscharsky treffe, denn vor allem die Quantentheorie widerlege für Einstein die Fiktion einer einheitlichen Realität. Was die Quantentheorie in diesem Zusammenhang für Einstein bedeutet und wie er sie gegen den Klassizismus argumentativ einsetzt, wird von Haarmann/Siebenhaar jedoch nicht dargelegt (Vgl.: Dies.: "Das Kunstwerk ist in vielerlei Hinsicht eine Art Selbstmord", a. a. O., S. 231).

unter dem Begriff Klassik zusammengefaßt hat. Nach Einsteins Ansicht darf sich Kunst diesem allgemeinen Wandel nicht entziehen; und für Einstein tut sie dies auch nicht, selbst wenn Lunatscharsky das revolutionäre Potential der Kunst völlig verkennt.

Aus seinen Studien zu Braque geht unmißverständlich hervor, daß Einstein in der neuen Optik des Kubismus die notwendige Anpassung der mimetischen Kunst an das aktuelle Weltbild sieht. Anläßlich der Frage, ob der Kubismus nur eine professionelle Deformation oder aber eine Abänderung der gesamten Anschauung sei - einer Frage, die die Kunsthistoriker zu Einsteins Leidwesen dahingehend beantworteten, daß ihnen die Kunst zum monströsen angebeteten Mirakel mißrate, weil sie die Tatsachen der Kunstgeschichte als isolierte Phänomene betrachteten -, fordert Einstein, daß sich der kunsthistorische Blick dem allgemeinen Prozeß der Geschichte öffnen müsse.[438] Interessanterweise sind es vor allem die Entwicklungen der modernen Physik, in deren Zusammenhang Einstein das Phänomen Kubismus gedeutet sehen will. Man solle sich erinnern, wie lange schon dank Riemann und Lobatschewskij der Raum über das eindeutig Beschreibbare hinaus gedehnt worden sei, wie sich die Substanzenwirtschaft und statische Perspektive des Seelischen überholt habe und wie die Grammatik verfalle, da Konjugation und Deklination seelischen Strömen und sozialer Struktur nicht mehr genügten. Mit der Quantentheorie sei die geleimte Weltkontinuität zerrissen worden. Die einheitliche Kausalität, das Herz aller alten Wissenschaft, werde endlich gründlich bezweifelt. Das bewußte Ich gelte nun als Fassade, die im spontanen Akt versinke. Als ob es nicht ausreichte, vom Kunsthistoriker zu verlangen, daß er bei der Einordnung einer neuen Kunstrichtung die anderen zeittypischen Veränderungen im Denken und in der Wahrnehmung mitreflektiere, bekennt Einstein ganz offen, daß sich auch die Kunst diesen Entwicklungen nicht verschließen dürfe. Kunst habe, fährt er in seiner Argumentation fort, allzu lange in den faulen Betten verschlammter Heredität gedämmert, sie habe als vielschläfriger Bezirk von Konservatismen, als verfaulte Bandage um tausend Brüche geschlurrt.[439] Der Kubismus stellt für Einstein folglich keine professionelle Deformation dar, sondern einen notwendigen Umbruch in der Wahrnehmungs- und Darstellungsweise. Und er fährt in seiner Polemik wie folgt fort:

> Dieser sogenannte Kubismus ist lediglich ein ganz normales Stück innerhalb einer gründlich verwandelten Gesamtsicht, und es war höchste Zeit, daß die Maler auf die Strümpfe sich setzten und nicht weiter schliefen. Denn gemessen am Rest dämmerte die Malerei in trostloser Zurückgebliebenheit und war, am aktuellen Weltbild gemessen, schändlich reaktionär und unwahr.[440]

Man ist versucht, hier anzufügen, die Malerei vor dem Kubismus sei genauso schändlich reaktionär und unwahr gewesen wie Lunatscharsky und sein

438 Ebenso wie das folgende: Carl Einstein: Braque der Dichter, a. a. O., S. 248f.
439 Ebd., S. 249.
440 Ebd.

Klassizismus. Einsteins Tadel am selbstgenügsamen Blick der Kunsthistoriker und seine davon abweichende Einordnung der neuen Wahrnehmungs- und Darstellungsformen innerhalb der Kunst in den Kontext eines allgemeinen Bewußtseinswandels lassen deutlich erkennen, daß für ihn der Kubismus Teil eines Aufstandes gegen den Begriff der Klassik war, an dem auch die moderne Physik, die Relativitäts- und die Quantentheorie maßgeblich beteiligt waren.

Damit soll keineswegs gesagt sein, daß für die Einsteinsche Kunsttheorie die Kritik am Kausalitätsprinzip und am Subjekt-Objekt-Dualismus erst relativ spät, daß heißt im Anschluß an die Erkenntnisse der Quantentheorie relevant geworden wäre. Bereits die ersten Dokumente seines Denkens demonstrieren die Ablehnung einer starren Kausalität und des absoluten Gegensatzes zwischen Ich und Welt.[441] Einsteins "extrem subjektivistische[] Kunsttheorie"[442], wie Heidemarie Oehm sie bezeichnet hat, war in ihren Fundamenten schon ausgebildet, als die Relativitätstheorie zwar schon in aller Munde, die Quantentheorie jedoch noch in der Entstehungsphase war. Dennoch ist nicht zu übersehen, daß Einstein die moderne Physik positiv zur Kenntnis genommen hat. Dies belegen die hier behandelten Texte *Nachruf: 1832-1932* und *Braque der Dichter*, die zu einem Zeitpunkt entstanden, als die Quantenmechanik ihren Höhepunkt erreicht hatte und die erkenntnistheoretischen Probleme auf breiter Basis diskutiert wurden. Wenngleich Einstein die Quantentheorie in seinem Sinne für die eigene Argumentation instrumentalisiert hat, kann dennoch Hans Joachim Dethlefs nicht ganz zugestimmt werden, der behauptet, daß Einstein unter dem Titel »Halluzination« eine Vorstellung von Bewegung und Energie erörtere, die nicht mehr auf dem Boden der Physik stünde.[443] Diese Vorstellung steht zwar ganz bestimmt nicht auf dem Boden der Newtonschen, der klassischen Physik, sie nähert sich jedoch der 'orthodoxen' Deutung der Quantenmechanik an, wie sie Fritz London und Edmund Bauer unter dem Einfluß Erich Beckers formulierten. Diese gingen davon aus, daß physikalische Prozesse das Gehirn durchdringen und zu den physischen Wirkungen auch psychische Effekte hervorbringen, die ihrerseits wieder entscheidend auf die physikalischen Ereignisse einwirken[444].

Noch ein weiteres wäre hier anzufügen. Ein so ungebrochenes Verhältnis zur modernen Physik, wie es die vorausgegangene Darstellung suggerieren könnte, hatte Einstein nicht. Sein Spätwerk ist von einer ablehnenden Haltung gegenüber den physikalischen Erkenntnissen gekennzeichnet. Doch sein

441 Vgl. dazu: Ders.: Bebuquin oder die Dilettanten des Wunders. Berlin Wilmersdorf 1912, bzw. die überarbeitete Neuausgabe Berlin-Wilmersdorf 1917. - Ders.: Negerplastik. Leipzig 1915. - Sowie: Klaus H. Kiefer: Einstein & Einstein, a. a. O. - Matias Martinez-Seekamp: Ferien von der Kausalität? A. a. O.

442 Heidemarie Oehm: Die Kunsttheorie Carl Einsteins, a. a. O., S. 68.

443 Hans Joachim Dethlefs: Die Überwindung des Ästhetischen. Über Carl Einsteins Braque-Projekt. In Text und Kritik (Juli 1987), H. 95: Carl Einstein, S. 23-43, hier S. 32.

444 Vgl. dazu: Bernulf Kanitscheider: Wissenschaftstheorie der Naturwissenschaft. Berlin/New York 1981, S. 180-194.

Sinneswandel bezog sich nicht nur auf die Physik. Die Intellektuellen-Kritik *Die Fabrikation der Fiktionen*[445] wird in der Einstein-Forschung als der Umschlagspunkt von der radikal-subjektivistischen zur materialistischen Phase bewertet.[446] Darin geht Einstein mit den Intellektuellen sowohl aus dem Bereich der Künste als auch dem der Wissenschaften scharf ins Gericht, indem er ihnen die Entwertung einer kollektiven Wirklichkeit vorwirft. Seine Kritik beschränkt sich in diesem Fall nicht auf die klassische Physik. Auch die neuesten Entwicklungen der Physik entgehen seinen Vorwürfen nicht.[447] Die von der Quantentheorie selbst thematisierte Entsubstantialisierung der elementaren Teilchen, die Auflösung der Materie in Formen und Funktionen, bot sich für die Einsteinsche Kritik geradezu an:

> Selbst die moderne Physik mutet wie ein reizendes Märchen an. Das Wirkliche zerstob in der Kombination der Zeichen. Die exakten Wissenschaften bieten nun einen ähnlichen Aspekt wie die Künste. Man ist in die Manie der Symbolik - Verkleidungen verstrickt und turnt in Theoremen, die kaum noch ein Objekt enthalten.[448]

---

445 Carl Einstein: Die Fabrikation der Fiktionen. Ges. Werke in Einzelausgaben. Hg. v. Sibylle Penkert. Eingel. v. Helmut Heißenbüttel. Mit Beiträgen v. Sibylle Penkert u. Katrin Sello. Reinbek bei Hamburg 1973.

446 Vgl. dazu: Heidemarie Oehm: Die Kunsttheorie Carl Einsteins, a. a. O., v. a. S. 159-202. - Dies.: Carl Einstein: Zur Wende von der subjektivistischen zur materialistischen Kunsttheorie. In: Exil 1982, H. 1, S. 69-78. - Inwiefern bei "Die Fabrikation der Fiktionen" von einem Umschlagspunkt gesprochen werden kann, ist nicht genau geklärt. Sibylle Penkert glaubt, daß es sich bei dem vorliegenden Manuskript der "Die Fabrikation der Fiktionen" um eine Fassung aus dem Zeitraum 1935-37 handelt (Sibylle Penkert: Explikation - Edition - Interpretation. In: Carl Einstein: Die Fabrikation der Fiktionen, a. a. O., S. 329-343, hier S. 331), Haarmann/Siebenhaar dagegen behaupten, daß sich Einsteins Arbeit an der "Die Fabrikation der Fiktionen" parallel zur Braque-Monographie vollzog (Hermann Haarmann/Klaus Siebenhaar: "Das Kunstwerk ist in vielerlei Hinsicht eine Art Selbstmord", a. a. O., S. 327). Im Hinblick darauf, daß in der Braque-Studie die moderne Physik positiv erwähnt wird, sie jedoch in der "Die Fabrikation der Fiktionen" der harschen Kritik nicht entgeht, gestaltet sich die Einbettung dieser "Schmähschrift" (Ebd.) in Einsteins Gesamtwerk in der Tat schwierig.

447 Einstein spezifiziert seine Kritik an der Physik nicht, da es ihm um eine Abrechnung mit den Intellektuellen im allgemeinen geht. Daher wird die Quantentheorie auch nicht mit Namen genannt. Dennoch ist mit großer Wahrscheinlichkeit darauf zu schließen, daß auch die moderne Physik von seinem Tadel betroffen ist. Man vergleiche folgende Belegstelle, in der Einstein auf de Broglies und Schrödingers Wellentheorie und auf Heisenbergs von der Teilchenvorstellung ausgehende Quantenmechanik anspielt, um den Beitrag der Physiker bei der Zerstörung einer kollektiven Wirklichkeit zu plakatieren: "Die Maler bildeten private Wesen. Der eine Physiker konstruierte ein Weltbild vom Lichtphänomen aus, der andere baute seine Weltstruktur auf der Atomistik auf. Die Dichter entzauberten ihren Träumen neue (blendend abseitige) Welten. Begreiflicherweise mußte jeder zu scheinbar erfolgreichen Ergebnissen gelangen, da man innerhalb seiner Spezialität verblieb und mit gleichartig definierten Elementen arbeitete, die zur Übereinstimmung sorgfältig präpariert waren." (Carl Einstein: Die Fabrikation der Fiktionen, a. a. O., S. 75). Der Vorwurf trifft nicht ganz zu, denn die Wellen- und Quantenmechanik wurden ja als gleichwertige Beschreibungsmodi erkannt.

448 Ebd., S. 47.

Nun taugt die moderne Physik in den Augen Einsteins nicht mehr dazu, um die Kraft der Halluzination für eine Abänderung des Bestehenden zu legitimieren. Das Halluzinative ist selbst fragwürdig geworden. Einsteins Urteil über die Intellektuellen ist hart. Mit der Flucht in die Abstraktion würden die Künstler und Wissenschaftler "den naiven Menschen unablässig um seine Wirklichkeit"[449] bestehlen. Sie stützten damit die herrschenden Verhältnisse. Ganz anders als noch im Goethe-Nachruf lautet nun Einsteins Devise: die Ablehnung des Faktischen ist reaktionär.[450]

3. 2. 6. Bertolt Brecht[451]

Die Anknüpfungspunkte zu Bertolt Brecht sind schnell gefunden. Durch sein Studium der Medizin an der Münchner Universität ist es berechtigt, ihn in die Reihe der naturwissenschaftlich-literarischen Intelligenz einzuordnen. Mit Carl Einstein verbindet ihn die im Tui-Komplex niedergelegte Intellektuellen-Schelte, in der Brecht ähnlich wie Einstein die Abkehr der Intellektuellen von der Realität und deren Glauben an eine rein geistige Wirklichkeitsbewältigung kritisiert. Im Unterschied zu Einstein spezifiziert Brecht die Zielgruppe seiner Kritik genauer, indem er vor allem die Vertreter der Frankfurter Schule (Adorno/Horkheimer) und des logischen Positivismus (Carnap/Reichenbach) als Tui-Typen ins Visier nimmt.[452] Doch statt, wie man in Anlehnung an Einsteins materialistische Spätphase vermuten könnte, auf eine radikale Ablehnung der modernen Physik als Ausgeburt des Tuismus und als Feind des Materialismus zu stoßen, läßt sich bei Brecht ein positives Bild der modernen Physik finden, das im Ansatz der Einschätzung Einsteins während seiner 'subjektivistischen Phase' ähnelt. Die Loslösung vom strengen Determinismus, wie sie dem modernen physikalischen Weltbild zugrunde liegt, stellt für Brecht die Voraussetzung dar, an die Möglichkeit einer Veränderung bestehender Verhältnisse zu glauben.

Während sich die Reflexionen der Literaturgeschichtsschreibung, was die Bezugnahme der bisher behandelten Autoren auf die Erkenntnisse der modernen Physik betrifft, sich zumeist in der Aufstellung von Analogien und in Hinweisen erschöpfen, weist die Brecht-Forschung mehrere Arbeiten auf, die explizit die "künstlerisch-theoretische Durchdringung [...] mit philosophischen

449 Ebd., S. 46.

450 Vgl. dazu: Ebd., S. 47.

451 Brechts Schriften werden zitiert nach: Bertolt Brecht: Gesammelte Werke in 20 Bänden. Frankfurt a. M. 1967 (im folgenden kurz: GW + Bandangabe).

452 Tui = Tellekt-uell-in. Vgl. dazu: Heidemarie Oehm: Intellektuellenkritik und politische Ästhetik. Bertolt Brecht und Carl Einstein. In: Text und Kritik (Juli 1987), H. 95: Carl Einstein, S. 67-79.- Jan Knopf: Brecht-Handbuch. Lyrik, Prosa, Schriften. Eine Ästhetik der Widersprüche. Stuttgart 1984, S. 399-422.

Fragen auch der modernen Physik"[453] diskutieren. Seine Beschäftigung mit der modernen Physik konnte die Literaturwissenschaft nicht ignorieren. Es gilt als erwiesen, daß ein Assistent von Niels Bohr Brecht über den neuesten Stand der Physik während seiner Exilzeit in Dänemark, d. h. während seiner Arbeit am *Galilei,* unterrichtet hat.[454] Des weiteren stand Brecht während seines Exilaufenthaltes in den Vereinigten Staaten in Kontakt zu dem Physiker Hans Reichenbach, der dort Vorträge über die moderne Physik hielt.[455] Da im Falle Brechts somit nicht eigens nachgewiesen werden muß, daß er sich als Vertreter der literarischen Intelligenz mit physikalischen Erkenntnissen beschäftigt hat, bevor diese ihre produktiven oder destruktiven Kräfte durch ihre praktischen Auswirkungen entfalten konnten, wird im folgenden in erster Linie ein Überblick über die Forschungsergebnisse gegeben.

Das *Arbeitsjournal* gehört zu den ergiebigsten Quellen, die Brechts Auseinandersetzung mit der Quantentheorie dokumentieren. Den Notizen des *Arbeitsjournals* ist zu entnehmen, daß Brecht mit Interesse in Werken über das neue Weltbild der neuen Physik blätterte, die seinem Sohn Stefan gehörten.[456] Aus seinen Exzerpten ist zu schließen, daß er das darin Gelesene sofort für sein eigenes Denken nutzbar machte. Vorausgesetzt, man ringt sich dazu durch, Brechts Denken und Schreiben einzelnen Themenkomplexen zuzuordnen und ihre Verwobenheit für kurze Zeit zu ignorieren, lassen sich drei Bereiche fixieren, innerhalb derer die Erkenntnisse der Quantentheorie für ihn an Bedeutung gewannen. Das ist zum einen die Frage nach dem Verhältnis von Individuum und Masse, dann das Problem der Beziehung von Subjekt und Objekt beim Erkenntnisprozeß und als letztes das Programm eines Theaters im Zeitalter der Wissenschaft.

Besonders aufschlußreich für den ersten Themenkomplex 'Individuum und Masse' ist die Eintragung vom 26.3.1942 des *Arbeitsjournals*, in der Brecht aus Max Plancks *Determinismus oder Indeterminismus*[457] zitiert:

---

453 So die Formulierung auf dem Klappentext von Karl-Heinz Ludwig: Bertolt Brecht. Philosophische Grundlagen und Implikationen seiner Dramaturgie. Bonn 1975.

454 Vgl.: Mainhard Adler: Brecht im Spiel der technischen Zeit. Naturwissenschaftliche, psychologische und wissenschaftstheoretische Kategorien im Werk Bertolt Brechts. Ein Beitrag zur Literaturpsychologie. Berlin 1976, S. 124.

455 Vgl. dazu: Bertolt Brecht: Arbeitsjournal. Hg. v. Werner Hecht. 2 Bde. Frankfurt a. M. 1973, Bd. I, S. 387.

456 Ders.: Arbeitsjournal. Bd. 1: 1938-42, a. a. O., S. 218. - Aus den Aufzeichnungen des "Arbeitsjournals" geht hervor, daß sich Brecht während seiner Flucht vor dem deutschen Faschismus und zwar in Fortsetzung seines früheren Interesses in Finnland von seinem Sohn Stefan mit einem Stapel Bücher über das »Weltbild der neuen Physik« ausstatten ließ: "wieder einmal in einigen Werken über das 'weltbild der neuen physik' geblättert, die steff herbeischleppt." (Ebd., S. 218). Daß sich sein Sohn selbst dafür interessierte, beweisen Notizen mit einer Liste der Bücher, die Brecht auf dessen Tisch liegen sah (Ebd., S. 222) bzw. dessen Schulaufsatz über die englische Revolution, in dem er materialistische Geschichtsauffassung und moderne Physik kombinierte (Ebd., S. 241).

457 Max Planck: Determinismus oder Indeterminismus. Vortrag. Leipzig 1938.

'das Gesetz der reflexion der elektronen an dem kristall ist also ein statistisches. es bestimmt nur das verhalten einer großen anzahl von elektronen, es versagt aber bei der frage nach dem verhalten eines einzelnen elektrons.' [...]
auch der historische materialismus weist die 'unschärfe' in bezug auf das individuum auf.[458]

Gestützt durch eine weitere Aufzeichnung des *Arbeitsjournals*, in der Brecht den Versuch seines Sohnes Stefan kommentiert, in einem Schulaufsatz die englische Revolution anhand einer Mixtur aus materialistischer Geschichtsauffassung und quantenmechanischer Unbestimmbarkeit des Einzelteilchens zu erklären,[459] glaubt Jan Knopf im obigen Zitat den Schlüssel zu Brechts Begriff des Individuums in der kapitalistischen Massengesellschaft gefunden zu haben. Damit lasse sich auch erklären, wieso sich Brecht von der bürgerlichen Historiographie abgewandt habe, wieso der Roman *Die Geschäfte des Herrn Julius Cäsar* Fragment geblieben sei. Brecht übertrage, so Knopf, die Unbestimmtheit des Einzelteilchens in der Quantenmechanik auf das Individuum in der Massengesellschaft und wandle den physikalischen Massenbegriff in einen soziologischen um.[460]

In der Tat ist dieser Transfer des Unschärfebegriffs der Quantenmechanik in soziologische Zusammenhänge unabhängig vom *Arbeitsjournal* in ähnlicher Form in Notizen zu entdecken, die in Brechts *Gesammelten Werken* unter dem Titel *Marxistische Studien. 1925 bis 1939* zusammengefaßt wurden.[461] Unter den Stichworten 'Individuum' und 'Kausalität' führt Brecht die Analogie zwischen Mikrophysik und materialistischer Geschichtsbetrachtung aus. Im Vergleich zu größeren Einheiten wie Klassen, bei denen schon eher Voraussagen gemacht werden könnten, dürfte bei Individuen keine andere Kausalität als die erwartet werden, die von den Physikern die statistische genannt werde.[462] Das Mißverhältnis zwischen der Bedeutung der Einflüsse und der eher vernachlässigbaren Größe der sich ihnen anpassenden Menschen, das sich in der Unbestimmtheit und Geringfügigkeit der Folgen ihrer Handlungen kundgebe, sei zu groß. Es sei durchaus menschlich, dem zu erwartenden Verhalten eine gewisse Unsicherheit zu verleihen, das typische Verhalten jeweils mit einem Fragezeichen zu versehen und in der Rückhand wenigstens noch ein anderes mögliches Verhalten zu halten. Erst wenn es in große und starke Bewegungen eingefügt werde, gewinne das Individuum einige Sicherheit und sei kalkulierbar. Die Marxisten trügen dem Rechnung, indem dieses "große" Individuum erst dann verstehbar sei, wenn es mit großen Bewegungen großer Klassen verknüpft werden könnte. Brecht gibt dabei zu bedenken, daß

458 Bertolt Brecht: Arbeitsjournal. Bd. 1: 1938-42, a. a. O., S. 397.
459 Ebd., S. 241.
460 Jan Knopf: Bertolt Brecht und die Naturwissenschaften. Reflexionen über den Zusammenhang von Natur- und Geisteswissenschaften. In: Brecht-Jahrbuch 1978. Hg. v. John Fuegi u. a. Frankfurt a. M. 1978, S. 13-38, hier S. 31.
461 Bertolt Brecht: Marxistische Studien. 1926 bis 1939. In: Ders.: GW 20, S. 45-123.
462 Ebenso wie das folgende: Ebd., S. 62.

die Marxisten auch dann am glücklichsten verfahren, wenn sie dem »großen« Individuum nicht völlig ausdeterminierte Eigenbewegungen, sondern einen gewissen Spielraum zuerkennen.

Das Verhalten eines einzelnen Individuums so darzustellen, als hätte es nur so und nicht anders handeln können, als sei sein Verhalten streng determiniert, hält Brecht für falsch. Das Verhalten des einzelnen ist für ihn ebenso wie das Verhalten eines einzelnen Elementarteilchens der kausalen Beschreibung unzugänglich. Die bürgerliche Geschichtsschreibung macht das Zufällige zur Voraussetzung, indem sie 'große Individuen', Könige, Feldherren und dergleichen, als bestimmende Kräfte historischer Prozesse ausmacht. Der Vorteil der marxistischen Geschichtsbetrachtung scheint für Brecht darin zu liegen, daß sie der Fehlannahme eines strengen Determinismus entgeht, indem sie sich auf die Bewegung der Massen konzentriert. Sie wendet damit ein Verfahren an, das dem des Physikers gleicht, der die Bestimmung des einzelnen Teilchens zugunsten einer statistischen Aussage aufgibt. Das Verhalten des 'großen Individuums' ist nur verstehbar, wenn es in die Bewegung großer Massen eingebettet wird.

Laut Jan Knopf geschieht genau dies im Caesar-Roman.[463] Caesar werde darin als Politiker und historische Person immer nur in dem Maß faßbar, in dem er seine Geschäfte betreibe bzw. in dem mit ihm Geschäfte betrieben würden.[464] Seine Biographie käme nur als kollektive zustande.[465] Brechts Wendung gegen die bürgerliche Historiographie, die das historische Geschehen ihren eigenen Prämissen folgend als Taten großer Männer beschreibe, erhalte hier eine ergänzende naturwissenschaftliche Begründung: das Individuum zeige sich als das Unbestimmte und Unbestimmbare. Folglich sei Geschichte nur aus den überindividuellen, intersubjektiven, massenhaften Bewegungen deutbar und beschreibbar.[466]

Darüber hinaus weist Knopf bei Brecht einen Bezug zwischen den Äußerungen zur Mikrophysik und seiner Wahl der Roman-Form nach. Der moderne Roman rette das Individuum noch einmal, indem er es als den einzigen Garanten für Realität im Angesicht der zerfallenden Objektwelt vorführe. Wenn Brecht die Roman-Form der bürgerlichen Epopöe wähle, stelle er dem modernen Roman den realistischen Typus gegenüber, der das Zentrum des alten Romans, das Individuum, auflöse, indem er es in der Außenwelt, in der Darstellung der gesellschaftlichen Vorgänge objektiviere. So werde bei Brecht die Grenze zwischen Außen- und Innenwelt von der Objektseite her aufgeho-

463 Jan Knopf: Brecht-Handbuch, a. a. O., S. 396.
464 Ders.: Bertolt Brecht und die Naturwissenschaften, a. a. O., S. 31.
465 Ebd., S. 32. - Vgl. auch: Werner Mittenzwei: Brecht und die Naturwissenschaften. In: Brecht 73. Brecht-Woche der DDR. Hg. v. Werner Hecht. Berlin 1973, S. 151-196, hier S. 161. - Wolfgang Jeske: Bertolt Brechts Poetik des Romans. Frankfurt a. M. 1984, S. 311f.
466 Jan Knopf: Bertolt Brecht und die Naturwissenschaften, a. a. O., S. 32.

ben.[467] Hierbei macht Knopf auf zweierlei Deutungsmöglichkeiten der Mikrophysik im Rahmen poetologischer Konsequenzen aufmerksam. Der moderne bürgerliche Roman bediene sich des Arguments der Beeinflussung des Beobachters auf das Beobachtete, um die Auflösung der objektiven Realität zu propagieren. Er entziehe so dem Roman die Legitimation, Realität abbilden zu können, und setze das Individuum als Realität konstituierendes Subjekt absolut. Brecht hingegen deute die Mikrophysik anders. Für ihn sei sie der Beweis dafür, daß das einzelne nicht adäquat abgebildet werden könne. Statt einer Auflösung der objektiven Realität betreibe er die Auflösung des Individuums in Massenbewegungen und überindividuelle Zusammenhänge.[468] Knopf folgt in seiner Darstellung der beiden Deutungsmöglichkeiten des physikalischen Unschärfebegriffs für die Romangestaltung damit Brechts Position in der Auseinandersetzung mit Lukács.[469] Seine Differenzierung zwischen dem Rückgriff auf die Mikrophysik durch den modernen bürgerlichen Roman und

---

467 Ebd. - Was Knopf hier in bezug auf den Roman ausführt, kann auch für Brechts Dramatik behauptet werden. In seinen Ausführungen über "Die Kausalität in der nichtaristotelischen Dramatik" spricht Brecht die gleichen Momente an. Brecht fordert, daß in der Dramatik die kausale Gesetzlichkeit nicht für das Individuum, sondern für Massen gesucht werden müsse: "Bedeutet das, daß wir mit dem Individuum nichts mehr zu tun haben wollen, ihm gegenüber resignieren, keine Kausalität mehr bei ihm festsetzen oder feststellen wollen? Keineswegs. Wir haben lediglich unsere Ansprüche verschärft. [...] wir können bei unseren Zuschauern eine Haltung nicht brauchen [...], die dem Individuum gegenüber [...] ständig auf absolute Kausalität ausgeht, statt, wie die Physiker sagen, auf statistische. Wir müssen in gewissen Lagen mehr als eine Antwort, Reaktion, Handlungsweise erwarten, ein Ja *und* ein Nein [...]. Die Aufmerksamkeit, das kausale Interesse des Zuschauers muß auf die Gesetzmäßigkeit in den Bewegungen der Massen der Individuen eingestellt werden. Er muß solche Massen hinter den Individuen sehen, die Individuen als Massenteilchen in einer massenmäßigen Reaktion, Handlungsweise, Entwicklung betrachten." (Bertolt Brecht: Über eine nichtaristotelische Dramatik. In: GW 15, S. 227-336, hier S. 279f.).

468 Jan Knopf: Brecht-Handbuch, a. a. O., S. 395.

469 Vgl. dazu Bertolt Brecht: Über den Realismus. In: GW 19, S. 285-382. - Brecht teilt zwar Lukács Kritik am modernen bürgerlichen Roman, aber dessen Favorisierung der alten Meister mit ihrer traditionellen Erzählweise lehnt er ab. Die zwei verschiedenen Deutungsmöglichkeiten der Mikrophysik, die Knopf herausgearbeitet hat, sind in den folgenden zwei Passagen der Auseinandersetzung angelegt. Als erstes die Deutung durch die modernen bürgerlichen Autoren: "Sie machen die »Fortschritte« der Physik mit. Sie verlassen die strenge Kausalität und gehen über zur statistischen, indem sie den einzelnen Menschen, als dem Kausalnexus streng folgend, aufgeben und nur über größere Einheiten Aussagen machen. Sie haben sogar den Schrödingerschen Unsicherheitsfaktor, auf ihre Weise. Sie nehmen dem Beobachter die Autorität und den Kredit und mobilisieren den Leser gegen sich selber, nur noch subjektive Aussagen vorlegend, die eigentlich bloß den Aussagenden charakterisieren (Gide, Joyce, Döblin)." (Ebd. S. 297). Im Gegensatz zum Vorschlag von Lukács, sich doch an die alten Meister zu halten, um das Individuum in der Massengesellschaft zu retten, fordert Brecht im folgenden: "Der Mensch wird nicht wieder Mensch, indem er aus der Masse herausgeht, sondern indem er hineingeht in die Masse." (Ebd., S. 298). Dies muß vor dem Hintergrund seiner Notizen im "Arbeitsjournal" und zur Dramatik (s. o.) als seine Deutung der modernen Physik in bezug auf Individuum und Masse verstanden werden.

durch Brecht ist auch insofern bedeutsam, als Knopf damit Brechts Äußerungen zur modernen Physik vor einer mehr oder weniger unbewußten Vermarktung idealistischer Ideen als sozialistischer Realismus durch die Brecht-Forschung zu schützen versucht.[470] Dies führt direkt zum zweiten Themenkomplex, dem Brechts Hinweise auf die Mikrophysik zugeordnet werden könnten: dem Verhältnis von Subjekt und Objekt beim Erkenntnisprozeß.

Wenn man wie Knopf davon ausgeht, daß die Kopenhagener Deutung der Quantenmechanik physikalischer Idealismus sei,[471] muß man sich fragen, inwieweit Brecht an der Existenz einer objektiven Realität festhielt. Brecht hat den Unschärfebegriff der Quantenmechanik auf die materialistische Geschichtsbetrachtung übertragen. Damit ist jedoch noch nicht bewiesen, ob er den Eingriff des Beobachters in das Beobachtete so deutete, daß es keine vom Subjekt unabhängige Außenwelt gibt. Brechts Äußerungen dazu sind nicht eindeutig. Sie lassen einen gewissen Auslegungsspielraum zu. Einige Interpreten glauben bei ihm ein Erkenntnisprinzip zu entdecken, das im Anschluß an die Heisenbergsche Unschärferelation "zwischen der Tätigkeit des Subjekts und der Gegenwirkung des Objekts keine scharfe Grenze" zieht.[472] Gerade in Anschluß an Brechts Terminus des "eingreifenden Denkens"[473] entstanden Interpretationen, die, vom Knopfschen Standpunkt aus betrachtet, Brecht idealistische Ideen unterschieben. Die Formulierung 'eingreifendes Denken' ist insofern zweideutig, als sie den Eindruck erweckt, Brecht wäre überzeugt gewesen, daß das Subjekt in die Objektwelt mittels des Denkaktes oder der Beobachtung eingreifen könne. Dieser Eindruck kann sich verstärken, wenn man eine Verbindung zwischen dem 'eingreifenden Denken' und einer Passage aus den *Flüchtlingsgesprächen*[474], in der auf die Unschärferelation Bezug genommen wird, herstellt:

> Ich muß hier an eine Erfahrung der modernen Physik denken, den Heisenbergschen Unsicherheitsfaktor. Dabei handelt es sich um folgendes: die Forschungen auf dem Gebiet der Atomwelt werden dadurch behindert, daß wir sehr starke Vergrößerungslinsen benötigen, um die Vorgänge unter den kleinsten Teilchen der Materie sehen zu können. Das Licht in den Mikroskopen muß so stark sein, daß es Erhitzungen und Zerstörungen in der Atomwelt, wahre Revolutionen anrichtet. Eben das, was wir beobachten wollen, setzen wir so in Brand, indem wir es beobachten. So beobachten wir nicht das normale Leben der mikrokosmischen Welt, sondern ein durch unsere Beobachtung verstörtes Leben. In der sozialen Welt scheinen nun ähnliche Phänomene zu existieren. Die Untersuchung der sozialen Vorgänge läßt diese Vorgänge nicht unberührt, sondern wirkt ziemlich stark auf sie ein. Sie wirkt ohne weiteres revolutionierend. Dies ist wahrscheinlich der Grund, warum die

---

470 Jan Knopf: Bertolt Brecht und die Naturwissenschaften, a. a. O., S. 21. - Vgl. auch: Ders.: Bertolt Brecht. Ein kritischer Forschungsbericht. Fragwürdiges in der Brecht-Forschung. Frankfurt a. M. 1974, S. 152-164.

471 Ders.: Bertolt Brecht und die Naturwissenschaften, a. a. O., S. 20.

472 Werner Mittenzwei: Brecht und die Naturwissenschaften, a. a. O., S. 159.

473 Bertolt Brecht: Notizen zur Philosophie. In: GW 20, S. 125-178, hier S. 158-178.

474 Ders.: Flüchtlingsgespräche. In: GW 14, S. 1381-1515.

maßgebenden Kräfte tiefer schürfende Untersuchungen auf dem sozialen Gebiet so wenig ermuntern.[475]

Es sieht in der Tat so aus, als habe Brecht die Überzeugung vertreten, der Beobachter greife mittels seiner Beobachtung direkt in das Beobachtete ein. Dieses Zitat läßt es offen, ob die Untersuchung der sozialen Vorgänge erst aus Bewußtseinsprozessen in aktives Handeln überführt werden muß, um revolutionierend zu wirken. Allem Anschein nach geht Brecht von einem Erkenntnisbegriff aus, der nicht mit den traditionellen Vorstellungen von Objektivität konform ist, sondern intersubjektive Züge trägt.[476] Andererseits hat Brecht in seiner Darstellung des "Nicht eingreifenden Denkens" deutlich hervorgehoben, daß es nicht reicht, Unstimmigkeiten in der Welt zu durchdenken, daß es vielmehr darauf ankommt, sich zunächst bestehender Mängel bewußt zu werden und sich dann entsprechend zu verhalten. In das Denken von Kopfarbeitern, "die, der Unstimmigkeit mehr oder weniger bewußt, sich dennoch so verhalten, als wäre die Welt stimmig", "greift also die Welt nur mangelhaft ein".[477] Daher sei es auch nicht verwunderlich, "wenn ihr Denken dann nicht in die Welt eingreift."[478] Vor diesem Hintergrund betrachtet, bedeutet das Zitat aus den *Flüchtlingsgesprächen* zum einen, daß eine Untersuchung erst dann revolutionierend wirken kann, wenn sie in ein Verhalten überführt wird. Zum anderen wird aber auch dem Objekt der Untersuchung eine ins Denken eingreifende Funktion eingeräumt. Es fällt folglich schwer zu entscheiden, ob bei Brecht dem Subjekt oder dem Objekt die Leitfunktion zukommen soll.

Jan Knopf hat zurecht darauf hingewiesen, daß die Unschärfe des Objekts bei der Beobachtung nicht unbedingt wie in der Kopenhagener Deutung der Quantenmechanik als eine Störung durch das beobachtende Subjekt ausgelegt werden muß. Sie kann auch als objektiver Sachverhalt gedeutet werden, der das Subjekt zwingt, sich den Bedingungen des Objekts zu unterwerfen, d. h. traditionelle Vorstellungen, Denkformen und Kategorien zu überdenken und

475 Ebd., S. 1420.

476 Knopf weist in seinem "Kritischen Forschungsbericht" (Ders.: Bertolt Brecht. Ein kritischer Forschungsbericht, a. a. O. S. 152-164) auf Interpretationen von Wolfdietrich Rasch (Ders.: Bertolt Brechts marxistischer Lehrer. Zum ungedruckten Briefwechsel zwischen Bertolt Brecht und Karl Korsch. In: Ders.: Zur deutschen Literatur der Jahrhundertwende. Ges. Aufsätze. Stuttgart 1967, S. 243-273 u. 315-317, hier bes. S. 260) und Franco Buono (Ders.: Bemerkungen über Marxismus und Geschichte bei Bertolt Brecht. In: Ders.: Zur Prosa Brechts. Aufsätze. Frankfurt a. M. 1973, S. 92-120) sowie Heinz Brüggemann (Ders.: Literarische Technik und soziale Revolution. Versuche über das Verhältnis von Kunstproduktion, Marxismus und literarischer Tradition in den theoretischen Schriften Bertolt Brechts. Reinbek b. Hamburg 1973, hier v. a. S. 100) hin, die bei Brecht unter Berufung auf dieses Zitat dem Subjekt eine konstitutive Rolle in der Erkenntnis zugewiesen sehen wollen.

477 Ders.: Notizen zur Philosophie, a. a. O., S. 175.

478 Ebd.

gegebenenfalls zu revidieren.[479] Eine Notiz Brechts aus dem Jahre 1941 könnte belegen, daß Brecht eher zu dieser Auslegung der erkenntnistheoretischen Probleme der Quantenmechanik neigte:

> wieder einmal in einigen werken über das *weltbild der neuen physik* geblättert, [...] mit einigem schrecken sehe ich den neuen positivismus in einen robusten seelenglauben einmünden, denn wenn unser körper so unentflechtbar mit der übrigen materie gedacht wird, ist der punkt, der all die meldungen der sinne entgegennimmt, eben die gute alte haut, die seele. es ist ja nicht so, daß die außenwelt geleugnet wird, wie einige von uns glauben; es fällt nur die grenze zwischen außen- und »innenwelt«, es verwandelt sich nur auch unser körper in außenwelt. die mathematisierung der materie equilibriert die materie einfach weg - in den augen dieser guten leute, für die eine formel eine entmaterialisierung bedeutet anstatt einer abstraktion. das licht kann nicht korpuskel und welle zugleich sein, sagen sie, wenn sie sehen, daß es korpuskel und welle zugleich ist. ihre logik zu revidieren, fällt ihnen nicht ein, sie verlangen den verzicht auf logik.[480]

Wie diese Notiz beweist, erkannte Brecht die 'Gefahr' eines möglichen Abgleitens in idealistische oder gar mystizistische Ideengefilde, wenn die von der Quantenmechanik aufgewiesene Vermittlung zwischen Subjekt und Objekt erkenntnistheoretisch gedeutet wird. Da er die von den Physikern behauptete Entsubstantialisierung der Materie, ihre Auflösung in Formeln und Gleichungen nicht nachvollzieht, sondern die Formeln lediglich als Abstraktion betrachtet, kann ihm, um mit den Worten Carl Einsteins zu sprechen, anhand dieser Textstelle keine Zerstörung der kollektiven Wirklichkeit vorgeworfen werden. Es scheint, als müßte Knopf zugestimmt werden, wenn er Brechts Auseinandersetzung mit der modernen Physik über jeden Idealismusverdacht erhaben sieht. Knopf gibt zwar in Hinblick auf das oben genannte Zitat zu bedenken, daß Brecht betone, Subjekt und Objekt seien vermittelt, aber die Tatsache, daß der Terminus "»innenwelt«" in ironisierende Anführungszeichen gesetzt ist, führt Knopf zu der Überzeugung, daß Brecht diese Vermittlung nicht durch das Subjekt, sondern durch das Objekt bedingt sah.[481] Bei genauer Betrachtung dieser Passage muß man zugeben, daß Brecht nicht davon spricht, daß die Grenze zwischen Bewußtsein und Außenwelt gefallen sei, sondern daß er schreibt, daß sich unser Körper in Außenwelt verwandle.

Daß Knopf recht haben könnte, wenn er Brechts Interpretation der Unschärferelation mit der Forderung gleichsetzt, daß der Erkenntnissuchende den Bedingungen des Objekts zu folgen hat und vor allem auch dann zu folgen hat, wenn diese eine Revision bisher gültiger Denkformen verlangen, legen nicht nur Brechts *Arbeitsjournal* und seine eigenen Versuche im *Me-ti. Buch der*

479 Jan Knopf: Bertolt Brecht und die Naturwissenschaften, a. a. O., S. 22. - Eine Überlegung, die der Kopenhagener Deutung nicht widerspricht. Allerdings zählt die Kopenhagener Deutung den Subjekt-Objekt-Dualismus zu den Kategorien, die revidiert werden müssen, und faßt den Begriff 'Objektivität' neu.

480 Bertolt Brecht: Arbeitsjournal, Bd. 1, a. a. O., S. 218.

481 Jan Knopf: Bertolt Brecht und die Naturwissenschaften, a. a. O., S. 22. Vgl. auch: Ders.: Brecht-Handbuch Theater. Eine Ästhetik der Widersprüche. Stuttgart 1980, S. 406f.

Wendungen, die aristotelische Logik zu revidieren,[482] nahe. In Zusammenhang mit seinen Reflexionen über das 'eingreifende Denken' hat Brecht unmißverständlich dargelegt, daß er auch nach der Entdeckung des Planckschen Wirkungsquantums *h* und den dadurch aufgeworfenen erkenntnistheoretischen Fragen am "Primat des Objekts"[483] festhielt:

> Wenn die Größe h für unseren Seinsentwurf nichts mehr hergibt (sie mag teilweise durch ihn, das heißt bei seiner Korrektur durch empirisch wahrgenommene Realität errechnet worden sein), so beweist das nicht nur die Notwendigkeit, unsern Seinsentwurf zu korrigieren, bis die Größe h wieder hineinpaßt, sondern es ist bereits so, daß die Größe h (welche nur ein Verhalten gibt und anonym zu bleiben wünscht) jeden Seinsentwurf gleicher Funktion unmöglich und unnötig machen wird. Was immer sich in dem Engelsschen Satz »Das Leben ist die Daseinsweise des Eiweißes« sich schon geändert hat oder sich noch ändern wird, die ihm zugrunde liegende Betrachtungsweise kann unter Menschen beibehalten werden, welche auf Grund einer von der unsern allerdings sehr verschiedenen Gesellschaftsordnung imstande sein werden, durch ihr Verhalten genügend Aufschluß über sich zu geben und zu erhalten.[484]

In dieser Notiz gibt Brecht deutlich zu verstehen, daß sich der Seinsentwurf an der Wirklichkeit zu orientieren habe. Das Bild von der Wirklichkeit dürfe nicht anhand eines vorgefaßten und unveränderlichen, sprich dogmatischen Seinsentwurfs gefestigt werden. Auch wenn Engels' Definition des Lebens als Daseinsweise des Eiweißes mit fortgeschrittenem Erkenntnisstand inhaltlich nicht mehr zutreffen mag, hält Brecht die dahinterliegende Methode, Erkenntnisse über die Realität der Außenwelt für den Seinsentwurf geltend zu machen, grundsätzlich für richtig. Er räumt jedoch ein, daß der Prozeß der Erkenntnisgewinnung aus den Zwängen der kapitalistischen Gesellschaft gelöst werden muß, um diese Methode allgemein praktikabel zu machen. Wenn sich die Wirklichkeit dem Menschen als eine nicht streng determinierte darbietet, wenn in ihr das Elementarteilchen einmal als Teilchen und einmal als Welle erscheinen kann, obwohl das der gewohnten Logik, dem Satz der Identität widerspricht, dann ist nach Brecht weder an der Größe *h* noch an der Existenz von Welle und Teilchen, sondern an den traditionellen Denkformen zu zweifeln. Nicht am Wirkungsquantum muß herumgefeilt werden, bis es in den Seinsentwurf paßt. Vielmehr muß der Seinsentwurf verändert werden, bis er mit dem Wirkungsquantum konveniert. Allerdings stellt sich im Anschluß an solch eine Überlegung die Frage, wie ein abgeänderter Seinsentwurf auszusehen hätte, wenn die Größe *h*, wenn die Unschärferelation oder, besser gesagt, das Primat des Objekts es erforderlich macht, dem Subjekt eine konstitutive Rolle in der Erkenntnisbildung einzuräumen.

Da die bisher angeführten Belegstellen aus dem Brechtschen Werk sich in dieser Frage zum Teil zu widersprechen scheinen, hilft es vielleicht weiter, wenn sich der Blick nun auf den dritten und letzten Themenkomplex richtet.

---

482 Jan Knopf: Bertolt Brecht und die Naturwissenschaften, a. a. O., S. 22.

483 Ebd.

484 Bertolt Brecht: Notizen zur Philosophie, a. a. O., S. 161f.

Brechts Reflexionen im Zusammenhang mit der Mikrophysik haben sich auch auf seine Vorstellung von einem Theater im wissenschaftlichen Zeitalter ausgewirkt. Geht man wie Karl-Heinz Ludwig in seiner Studie davon aus, daß "Brechts Theater des wissenschaftlichen Zeitalters [...] das des Zeitalters der Relativitäts- und der Quantentheorie" sei,[485] läuft man Gefahr, sich den Knopfschen Idealismusverdacht einzuhandeln.[486]

In *Der Messingkauf* findet sich folgende Passage, die zeigt, daß es nicht einfach ist, die Nähe zu idealistischen Ideen zu vermeiden:

> Die Physiker sagen uns, daß ihnen bei der Untersuchung der kleinsten Stoffteilchen plötzlich ein Verdacht gekommen sei, das Untersuchte sei durch die Untersuchung verändert worden. Zu den Bewegungen, welche sie unter den Mikroskopen beobachten, kommen Bewegungen, welche durch die Mikroskope verursacht sind. Andererseits werden auch die Instrumente, wahrscheinlich durch die Objekte, auf die sie eingestellt werden, verändert. Das geschieht, wenn Instrumente beobachten, was geschieht erst, wenn Menschen beobachten?[487]

Klaus-Detlef Müller sieht seine These, daß Dialektik im Brechtschen Sinne nicht einseitig in die Materie verlegt werden dürfe, sondern vielmehr das Zusammenspiel von Sein und Bewußtsein wieder zur Geltung gebracht werden müsse, bezeichnenderweise durch diese Textstelle bestätigt.[488] Laut Müller sei nach dem dialektischen Wirklichkeitsverständnis das Bewußtsein von Widersprüchen die unerläßliche Voraussetzung für die Veränderung der Wirklichkeit und das Bewußtsein integrierender Faktor der Realität.[489] Dieses Verständnis von Wirklichkeit bestimmt Müller als Voraussetzung der Brechtschen Theatertheorie, um die Einheit von Sein und Bewußtsein, von Theorie und Praxis als wesentliches Element von Brechts Theater begreifen zu können.[490] Die Bewußtseinsveränderung, die Brecht durch die verfremdende Betrachtung gesellschaftlicher Erscheinungen zu bewirken erhoffte, sei nicht nur Theorie, sondern insofern bereits Praxis, als das Ganze der Wirklichkeit,

---

485 Karl-Heinz Ludwig: Bertolt Brecht, a. a. O., S. 83.

486 In der Tat wird Ludwig von Knopf in die Reihe der Brecht einen Idealismus unterschiebenden Interpretatoren gestellt. Vgl.: Jan Knopf: Bertolt Brecht und die Naturwissenschaften, a. a. O., S. 37, Anm. 15.

487 Bertolt Brecht: Der Messingkauf. In: GW 16, S. 499-657, hier S. 576f.

488 Klaus-Detlef Müller: Der Philosoph auf dem Theater. Ideologiekritik und 'Linksabweichung' in Bertolt Brechts »Messingkauf«. In: Text und Kritik (1972), Sonderband Bertolt Brecht 1. Hier zitiert nach: Brechts Theorie des Theaters. Hg. v. Werner Hecht. Frankfurt a. M. 1986, S. 142-182, hier S. 167.

489 Ebd., S. 166.

490 Auch Karl-Heinz Ludwig geht davon aus, daß im epischen Theater der subjektive Faktor bewußt integriert und zugleich die Illusion einer möglichen strikten Subjekt-Objekt-Trennung aufgegeben wird (Ders.: Bertolt Brecht, a. a. O., S. 65). Das Theater des wissenschaftlichen Zeitalters erweise sich als verwandt mit der Wissenschaft des wissenschaftlichen Zeitalters - die für Ludwig die Quantentheorie darstellt - durch die beiden gemeinsame nicht-aristotelische Struktur der ihnen zugrunde liegenden Logik, die die scharfe Subjekt-Objekt-Trennung zugunsten einer dialektischen Einheit aufgegeben habe (Ebd., S. 101).

die Einheit von Sein und Bewußtsein, durch sie verändert werde.[491] Erst im Zusammenhang des dialektischen Totalitätsbegriffes sei der revolutionäre Anspruch des Brechtschen Theaters überhaupt begreifbar. Die Erkenntnis, die das Theater vermittle, trete ihrem Gegenstand nicht gegenüber, sondern verändere ihn, da Erkenntnis und Erkanntes erst zusammen ein Moment der Wirklichkeit ausmachten. Da die Welt als veränderlich zu zeigen, bereits bedeute, sie zu verändern, kommt Müller zu dem Schluß, daß der theoretische Gehalt der theatralischen Veranstaltung nicht nachträglich auf die Wirklichkeit angewendet werden müsse, sondern durch das Bewußtsein bereits mit ihr vermittelt sei. Auf der Grundlage dieser Argumentation lautet Müllers Kommentar zu oben genanntem Zitat aus *Der Messingkauf*:

> Im Klartext heißt das: die Wirklichkeit wird schon durch ihre Abbildung auf dem Theater tatsächlich verändert, was leicht einzusehen ist, wenn man das Bewußtsein von den Vorgängen als ein wesentliches Moment der Vorgänge selbst versteht.[492]

Es verwundert, daß Jan Knopf die Liste mit Namen derjenigen Interpreten, die eine Anknüpfung des Brechtschen Denkens an die Naturwissenschaften wagen und damit dem Idealismusverdacht verfallen, nicht um den Klaus-Detlef Müllers erweitert hat. Es gibt zwei Kritikpunkte, die sich hier anfügen ließen und den Standpunkt Knopfs stützen könnten. Zum einen wird von Müller nicht vermerkt, daß es sich in dem Zitat um Einsichten der Physik handelt, die vom klassischen physikalischen Weltbild abweichen und die bisher gültigen Prinzipien der Naturwissenschaften fraglich werden lassen. Brecht interessierte die erkenntnistheoretische Neubewertung des Verhältnisses von Subjekt und Objekt, die die Physik zur Zeit von Marx so nicht kannte. Müller hingegen vermittelt den Eindruck, als hätte Brecht in seiner Theaterkonzeption an die Naturwissenschaften des 19. Jahrhunderts angeknüpft. Des weiteren spricht Brecht in dieser Passage nicht selbst über die Physik, sondern läßt einen Darsteller, den Philosophen sprechen. Das ist insofern bedeutsam, als der Bemerkung des Philosophen über die Physik prompt Widerspruch aus dem Munde eines anderen Darstellers, des Dramaturgen, folgt: Der Philosoph räume dem Verstand eine sehr große Rolle ein. Es scheine, als wolle er nur solches gestatten, was durch den Filter des Gehirns gegangen sei.[493] Indirekt klingt hier Brechts Tui-Kritik an. Dieser Gegenstandpunkt legt nahe, daß Brecht davor warnen wollte, die Ausführungen des Philosophen als Bestätigung dafür heranzuziehen, daß die Wirklichkeit rein geistig bewältigt werden könnte. Doch soll hier keineswegs behauptet werden, Müller habe Brechts Theaterkonzeption zu einem geistigen Produkt eines Tuismus stilisiert. Die von Müller behauptete Einheit von Theorie und Praxis würde dem widersprechen. Dennoch wird in der Art und Weise, in der Müller die Bezug-

491 Wie auch das folgende: Klaus-Detlef Müller: Der Philosoph auf dem Theater, a. a. O., S. 167.
492 Ebd.
493 Bertolt Brecht: Der Messingkauf, a. a. O., S. 577.

nahme auf die moderne Physik in seine Argumentation einbaut, deutlich, wie berechtigt Jan Knopfs Befürchtungen sind, daß Brecht mehr oder weniger bewußt zur Legitimation einer Anschauung mißbraucht werden könnte, die eine Außenwelt zwar nicht leugnet, sie jedoch nicht unabhängig vom erkennenden Subjekt, sondern durch dessen Handlungen mitbestimmt begreift. Darüber hinaus wurde aber auch deutlich, daß die Möglichkeit, solch eine erkenntnistheoretische Grundposition aus Brechts Werk herauszufiltern, in dessen Ausführungen begründet ist.

Werner Mittenzwei behauptet, daß auf Brecht der Angriff gegen das mechanistisch-materialistische Weltbild durch die Physik befreiend gewirkt habe. Hierfür verweist er auf eine Notiz im *Arbeitsjournal*, in der Brecht davon spricht, daß ihm die Welt der Physiker gefalle.[494] Dem kann aufgrund der hier vorgestellten Forschungen zugestimmt werden. Schließlich wäre Brechts Forderung nach einem Theater, das die Welt als eine veränderbare beschreibt, in einem Weltbild, das voraussetzt, daß alles, was geschieht, determiniert ist, schon von vornherein die Basis entzogen. Inwieweit Spuren von idealistischen Ideen in Brechts Gedankenwelt enthalten sind, inwieweit Brecht für eine Veränderung das Eingreifen des erkennenden Subjekts in die Realität reklamierte, kann hier nicht entschieden werden. Vielleicht hat Brecht den Zwiespalt zwischen seiner historisch-materialistischen Einstellung und seiner unbekümmerten Art, Erkenntnisse der Mikrophysik auf andere Zusammenhänge zu übertragen, selbst empfunden, denn wie sonst sollte man es erklären, daß er sich "*merkwürdigerweise* [...] freier in dieser Welt als in der alten", in der kausal-mechanistischen, fühlte?[495]

3. 3. Zusammenfassung

"sich freier fühlen", das so von Brecht zum Ausdruck gebrachte Gefühl der Erleichterung angesichts des neuen physikalischen Weltbildes könnte als Paradigma für die Reaktion auf die Erkenntnisse der Quantenphysik aus dem Kreise der Nicht-Physiker gelten. Selbst wenn die moderne Physik, wie die Beispiele Benn, Horkheimer/Adorno und Heidegger gezeigt haben, nicht als Befreiung aus den Zwängen des mechanistischen Denkens begrüßt wurde, so waren dennoch die Kommentare zur modernen Physik von dem - durch die Quantentheorie allerdings nicht erfüllten - Wunsch bestimmt, "sich freier fühlen zu können", als es das mechanistische Weltbild zuläßt. Und auch da, wo wie bei Schlick und Popper, die Ablehnung metaphysischer Fragen als unwissenschaftlich und die Notwendigkeit der Falsifizierbarkeit hervorgehoben wurde, ist ein Gefühl der Befreiung von den Absolutheits- und Ewiggül-

494 Werner Mittenzwei: Brecht und die Naturwissenschaften, a. a. O., S. 159.
495 Bertolt Brecht: Arbeitsjournal, Bd. 1, a. a. O., S. 388. Hervorhebung von der Verfasserin.

tigkeitsansprüchen der Wissenschaft des 19. Jahrhunderts enthalten. Sogar Brecht und Bloch, die von sich behaupteten, einen materialistischen Standpunkt eingenommen zu haben, konnten der modernen Physik Positives abgewinnen, indem sie in ihr Bezüge zur historisch-materialistischen Dialektik geborgen wähnten. Den Denkern, denen es vor allem darum ging, Metaphysik wieder zu ihrem Recht zu verhelfen, boten die mit der Entdeckung der Quanten wachgewordenen Zweifel am Subjekt-Objekt-Dualismus und am Determinismus genügend Anregungen, um über mögliche Lösungen aus der Krise des abendländischen Denkens sinnieren zu können.

Das Bedürfnis, sich freier zu fühlen und die Enge des kausal-mechanistischen Weltbildes zu verlassen, das bei den Vertretern des Neopositivismus sicherlich weniger, bei denen, die eine Erweckung der Metaphysik anstrebten, stärker ausgemacht werden konnte, muß stets im Hinblick auf die Wissenschaftsgläubigkeit des 19. Jahrhunderts betrachtet werden. Die meisten der hier angeführten Intellektuellen, die Stellung zur modernen Physik nahmen, waren mit dem Weltbild der klassischen Physik aufgewachsen und hatten ihre ersten Werke unter dem Eindruck einer zunehmenden Rationalisierung und Technisierung des Denkens und Lebens veröffentlicht. Gleichzeitig standen sie jedoch unter dem Eindruck einer immer größer werdenden Ablehnung gegen die Verabsolutierung des Rationalen. Machs Empiriokritizismus, Freuds Entdeckung des Unbewußten, die Strömungen der Lebensphilosophie und ein immer häufiger in kulturkritischen Äußerungen zum Ausdruck gebrachtes Krisenbewußtsein des abendländischen Denkens stellen ein Beziehungsgeflecht dar, in dem, wenn nicht gar die Entwicklung der modernen Physik, so doch zumindest die Reaktion der Nicht-Physiker gesehen werden muß. Die Möglichkeit, daß der physikalischen Materie als dem Teil der Natur, der gleichsam als Ideal an Berechenbarkeit und Beherrschbarkeit dem von Gefühlen, vom Irrationalen geplagten Menschen gegenüberstand, ein unberechenbarer Rest innewohnen könnte, der sich der kausal-logischen Erklärung entzieht, wurde als Bestätigung wie auch als eventuelle Chance für eine Bewältigung der Krise abendländischer Denktradition aufgenommen. Die Attraktivität der modernen Physik, das haben viele der hier vorgestellten Stellungnahmen zur modernen Physik gezeigt, beruhte auch auf der Möglichkeit, daß die als Voraussetzung von Erkenntnis propagierte Trennung von Subjekt und Objekt, der Ausschluß alles Subjektiven aus dem Erkenntnisprozeß in strenger Form nicht mehr haltbar sein könnte und daß die kleinsten Teile der Materie eine andere Existenzform, als man sie aus der Erfahrung der Wirklichkeit kannte, haben könnten.

Die meisten der hier analysierten Kommentare zur modernen Physik deuteten die neuen Erkenntnisse dahingehend, daß die Königin der Wissenschaft nun endlich selbst an die Grenzen des von der Aufklärung verabsolutierten Vernunftprinzips und des auf Berechenbarkeit fixierten Wirklichkeitsverständnisses gestoßen sei. Man glaubte, die Physik sehe sich nun gezwungen, dem Beispiel wissenschaftskritischer Denker zu folgen und die aus den naturwissenschaftlichen Prinzipien heraus erfolgte Polarisierung von Fühlen und Denken, von Körper und Geist, von Natur und Mensch, von kindlichem und erwachsenem Ich, von Unbewußtem und Bewußtem, von Mythos und Logos, von Irrationalität und Rationalität neu zu überdenken. Die einseitige Bevorzugung dessen, was die Vernunft und Logik repräsentiert, schien von der Physik nicht mehr legitimiert zu sein. Doch im Gegensatz zu den lebensphilosophisch inspirierten oder den vom Untergang des Abendlandes kündenden Ansätzen zeichneten sich die hier untersuchten Hinweise auf die moderne Physik, sofern sie nicht neopositivistisch motiviert waren und das Irrationale schon von vornherein ablehnten, dadurch aus, daß mit ihnen trotz des Wunsches, »sich freier zu fühlen«, nicht die Forderung einherging, die oben genannte Polarisierung mit umgekehrtem Vorzeichen beizubehalten. Stattdessen wurde eine Vermittlung zwischen den jeweiligen Polen propagiert.

Es ist sicher richtig, wenn hier Analogien zur Romantik gesehen werden. Gerade die von Vertretern der Literatur und Kunst gemachten Versuche, den Vernunfts- und Wirklichkeitsbegriff neu zu fassen, die mit den Termini 'Utopie des Essayismus' (Musil), 'Logische Prophetie' (Broch), 'Magischer Realismus' (Jünger), 'Halluzination' (C. Einstein/Benn), benannt werden könnten, gehen von einer Vorstellung aus, wie sie schon in der Romantik angelegt gewesen war. Deshalb ist es durchaus konsequent, wenn in diesem Zusammenhang die Bedeutung der literarischen Form des Essays hervorgehoben wird. Adolf Frisé hat schon 1963 in seinem Aufsatz *Roman und Essay* darauf hingewiesen, daß bei Thomas Mann, Hermann Broch, Ernst Jünger, Robert Musil und James Joyce u. v. a. in der Favorisierung des Essays der "Traum der Romantik, Friedrich Schlegels kühner Entwurf einer Universalpoesie: 'Alle Kunst soll Wissenschaft und alle Wissenschaft Kunst werden; Poesie und Philosophie sollen vereinigt sein'", anklingt.[496] In diesen Konzepten soll Vernunft, die die Spaltung von Subjekt und Objekt, von Körper und Geist hervorgebracht hat, auf einer höheren Entwicklungsstufe der erneuten Vereinigung des Getrennten entgegenschreiten. Indem die moderne Physik Anstalten machte, die Verdrängung des Subjekts und des Subjektiven aus ihrem Horizont neu zu überprüfen, gab sie Hoffnungen Nahrung, die schon die Romantiker um Novalis beschäftigt hatten. Es schien, daß Naturwissenschaft, Kunst und Philosophie längerfristig gesehen einander angenähert werden könnten. Es bestand die Hoffnung, daß sich Glauben und Wissen nicht unbedingt für immer ausschließen müßten, daß das Unsichtbare und Unexakte einen festen Platz im Wirklichkeitsverständnis finden würden. Die unbewußten Kräfte wären dann neben den kognitiven Fähigkeiten des Menschen in den Prozeß der Erkenntnisgewinnung integriert. Eine geläuterte Naturwissenschaft

---

496 Vgl. Adolf Frisé: Roman und Essay. In: Ders. (Hg.): Definitionen. Essays zur Literatur. Frankfurt a. M. 1963, S. 137-156, hier S. 150.

und Technik würde dem Menschen mit der Beherrschung der Naturkräfte dienen, ohne zwangsläufig zur Ausbeutung der Umwelt und zur Versklavung oder Vernichtung des Menschen führen zu müssen.

Sicherlich kann nicht behauptet werden, daß all diejenigen Autoren, die in der neuen Physik den Ansatz zu einer Wende im naturwissenschaftlichen Denken sahen, so naiv optimistisch gewesen wären, um von der Verwirklichung dieser Hoffnungen restlos überzeugt zu sein, nur weil Physiker begannen, eine Naturauffassung zu diskutieren, die, der Schellingschen ähnlich, Natur als sichtbaren Geist und Geist als unsichtbare Natur zu begreifen versuchte. Bei Ernst Jünger und Hermann Broch bedarf es immer eines außergewöhnlichen Geistes, damit die Synthese von Wissen und Ahnung zu gelingen vermag. Auch in Robert Musils Roman *Der Mann ohne Eigenschaften* werden die Gedanken des Protagonisten Ulrich zur Überwindung der Subjekt-Objekt-Trennung äußerst gebrochen dargestellt. Carl Einstein schließlich wendet sich im Spätwerk gegen die Kraft des Halluzinativen, die er mit in der Quantentheorie legitimiert sah. Dennoch klingt in vielen der hier besprochenen Texte die Hoffnung an - oder zumindest wird eine solche reflektiert -, daß die mit der Entwicklung der Naturwissenschaften einhergehende Entfremdung des Menschen von der Natur mit einem neuen Naturbild, hinter dem auch die Physik stehen würde, überwunden werden könnte.

Obwohl sich das streng deterministische Weltbild aufgrund der physikalischen Erkenntnisse als Fehlannahme erwiesen hat, wurde in keiner der hier vorgestellten Reaktionen auf die moderne Physik der Versuch unternommen, das Versinken allen Geschehens in einem Meer von Zufällen zu proklamieren, dem der Mensch sich wehrlos ausgesetzt sehen müßte. Der geplatzte Traum vom Laplaceschen Dämon, das Versagen der kausal-logischen Erklärung bei der Bewegung einzelner Elementarteilchen, wurde nie so gedeutet, als sei die Natur ihrem Wesen nach regellos und ungeordnet. Nur das Bild von der Ordnung, welches der Mensch der Natur bisher zugrunde legen wollte, das Bild von einer Ordnung, die auf den Fundamenten der aristotelischen Logik, des Ursache-Wirkungs-Zusammenhanges und der Berechenbarkeit fußen sollte, konnte nun auch mit dem Verweis auf die moderne Physik angezweifelt werden. Bei Ernst Cassirer erscheinen die kausal-logischen Beschreibungsmodi als Ordnungsprinzipien, die kein objektives Wissen über das Wesen der Natur repräsentieren, sondern dem menschlichen Geist als regulative Prinzipien anheimgestellt sind und durch die Erschließung neuer Erfahrungswelten neu modifiziert werden müssen. Bei Hermann Broch und Ernst Jünger scheinen die traditionellen Ordnungsprinzipien für die Gewinnung einer Totalität nicht auszureichen, weil der Natur eine unsichtbare Ordnung, eine höhere Vernunft innewohnt, die gedanklich nicht mehr erfaßt, sondern nur erahnt werden kann. Schließlich soll der Natur eine subjektive Kraft zukommen, die die Menschwerdung und Geistwerdung als letzten Sublimierungsvorgang der Natur (Max Scheler) oder aber als den Umschlag zu immer höheren und neuen Qualitäten (Ernst Bloch) verstehen läßt. Aus den Betrachtungen der im vorangegangenen genannten philosophischen und literarischen Autoren im Zusammenhang mit der modernen Physik kann folglich nicht abgelesen werden, daß sich die Welt aufgrund der Quantenphänomene jeglicher Sinngebung entzogen hätte oder die Suche danach sinnlos geworden wäre. Allerdings war es vielen fraglich geworden, ob eine Sinngebung auf der Basis kausal-logischer, rein rationaler Erklärungsmuster erfolgen kann.

Durch die hier untersuchten Äußerungen zur modernen Physik aus der Feder der literarischen Intelligenz kann es keinen Zweifel daran geben, daß die von den Physikern breit geführte Diskussion der Probleme, die sich mit der Entdeckung des Planckschen Wirkungsquantums ergaben, von Nicht-Physikern zur Kenntnis genommen wurde und ihre Spuren in deren Denken hinterließ. Da viele der hier herangezogenen Texte vor der Zündung der ersten Atombombe verfaßt wurden, kann die Behauptung von Habermas, daß die Erkenntnisse der Physik nur mit ihren technischen Folgen ins öffentliche Bewußtsein treten würden, nun keinesfalls mehr beigepflichtet werden. Auch die von Karl Schwedhelm angedeutete Behauptung, daß sich die physikalischen Ergebnisse in einem Wirrwarr von Gleichungen und Formeln erschöpften und sich folglich nur derjenige mit dem Umbruch des physikalischen Weltbildes bewußt auseinandersetzen könnte, der die mathematische Sprache beherrscht, ist nicht haltbar. Das auf den vorangegangenen Seiten zusammengetragene Belegmaterial dient hierfür als Beweis.

Gegen die obigen Behauptungen anzutreten, war jedoch nicht der einzige Grund, weshalb die Hinweise auf die moderne Physik zum Teil recht ausführlich behandelt wurden. Zum einen sollten die Ausführungen über die anerkannten Größen der deutschsprachigen Literatur Robert Musil, Hermann Broch, Ernst Jünger, Carl Einstein, Gottfried Benn und Bertolt Brecht, die schon in der ersten Jahrhunderthälfte entscheidend Einfluß auf die Entwicklung des kulturellen Lebens genommen haben, den Umgang der Sekundärliteratur mit den in den Texten aufgewiesenen Hinweisen auf die moderne Physik thematisieren. Dabei hat sich gezeigt, daß der Vorwurf an die Literaturwissenschaft, sie habe in puncto Naturwissenschaften einen selektiven Blick, sich weitgehend - bis auf einzelne Ausnahmen im Falle Brechts - bestätigt hat. Entweder werden Analogien zur Physik hergestellt, ohne diese mit den Aussagen der jeweiligen Autoren zur Physik abzugleichen, oder aber es wird alles ignoriert, was mit Physik zu tun hat und diese gar in ein halbwegs positives anstatt wissenschaftskritisches Licht setzt. Lediglich vereinzelt, wie zum Beispiel in den Arbeiten über Carl Einstein, sind Hinweise auf die Bedeutung zu finden, die die Quantentheorie im Denken des Autors gewonnen haben könnte. Genauer untersucht wird dies jedoch kaum. Die Verbindungen zur zeitgenössischen Philosophie scheinen stets näher zu liegen.

Zum anderen wird sich im nachfolgenden erweisen, daß die hier angeführten Denker und ihre Reflexionen zum Umbruch im Weltbild der Physik für die in den fünfziger und sechziger Jahren laufenden Diskussionen um das neue Naturbild eine Vielzahl von Anknüpfungspunkten lieferten. Es wird sich zeigen, daß die Generation von Autoren, die mit dem modernen physikalischen Weltbild aufwuchs, sich an den oben genannten großen Namen der Literatur und Philosophie orientierten. Dies prägte maßgeblich ihre Rezeption der Erkenntnisse der modernen Physik. So betrachtet, stellt die erste Spurensicherung, welche den Reaktionen auf die durch die Quantenphänomene ausgelöste Debatte innerhalb der Physik von Nicht-Physikern nachging, die Grundlage für die weitere Betrachtung dar.

4. *Die neue Weltschau.*[1] Das neue physikalische Weltbild und seine Rezeption nach 1945

Für den Zeitraum 1918-1945 war festgestellt worden, daß die Physiker weder die Entdeckung der Quanten geheimgehalten noch die Probleme, die sie ihnen bereiteten, unter Ausschluß der Öffentlichkeit diskutiert hatten, sondern sich äußerst bereitwillig zeigten, die neuen Entwicklungen der Physik einem größeren Publikum bekannt zu machen. Für den Zeitraum 1945-1970 dagegen muß man geradezu von einer Informationsflut sprechen. Abgesehen von den Bemühungen des Rowohlt-Verlages, in seiner Reihe *rowohlts deutsche enzyklopädie* "das Wissen des 20. Jahrhunderts im Taschenbuch" zugänglich zu machen und dabei jeden geistig Interessierten auch über das Neueste aus der physikalischen Forschung durch die angesehensten Vertreter der modernen Physik zu unterrichten,[2] oder den ganz ähnlichen Unternehmungen des Ullstein-Verlages[3], der Fischer-Bücherei[4] und des Paul-List-Verlages,[5] ist eine schier unübersehbare Menge von Monographien zum Thema moderne Physik[6]

---

1 Die neue Weltschau. Internationale Aussprache über den Anbruch eines neuen aperspektivischen Zeitalters, veranstaltet von der Handels-Hochschule St. Gallen. Stuttgart 1952.

2 Albert Einstein, Leopold Infeld: Die Evolution der Physik. Von Newton bis zur Quantentheorie. Hamburg 1956. - Arthur March: Das neue Denken der modernen Physik. Hamburg 1957. - Erwin Schrödinger: Die Natur und die Griechen - Kosmos und Physik. Hamburg 1956. - Werner Heisenberg: Das Naturbild der heutigen Physik. Hamburg 1955. - J. Robert Oppenheimer: Atomkraft und menschliche Freiheit. Hamburg 1957.

3 Jean Gebser: Abendländische Wandlung. Abriß der Ergebnisse moderner Forschung in Physik, Biologie und Psychologie. Ihre Bedeutung für Gegenwart und Zukunft. Frankfurt a. M. 1956.- Werner Heisenberg: Physik und Philosophie. Frankfurt a. M. 1959. - Pascual Jordan: Das Bild der modernen Physik. Frankfurt a. M. 1958. - Max von Laue: Geschichte der Physik. Frankfurt a. M. 1959.

4 Carl Friedrich von Weizsäcker: Atomenergie und Atomzeitalter. 12 Vorlesungen. Frankfurt a. M. 1957. - Louis de Broglie: Licht und Materie. Beiträge zur Physik der Gegenwart. Frankfurt a. M., Hamburg 1958.

5 Pascual Jordan: Wie sieht die Welt von morgen aus? München 1958.

6 Pascual Jordan: Das Bild der modernen Physik. Hamburg-Bergedorf 1947. - Ders.: Die Wandlung unseres Naturbildes. Hg. v. der evangelischen Akademie Hermannsburg. Lüneburg 1948. - Ders.: Atom und Weltall. Einführung in den Gedankeninhalt der modernen Physik. Zugleich 9. neuges. u. erw. Aufl. der "Physik des 20. Jahrhunderts". Braunschweig 1956. - Ders.: Der Naturwissenschaftler vor der religiösen Frage. Abbruch einer Mauer. Oldenburg/Hamburg 1963. - Arnold Hildesheimer: Die Welt der ungewohnten Dimensionen. Versuch einer gemeinverständlichen Darstellung der modernen Physik und ihrer philosophischen Folgerungen. Mit einem Vorwort von Werner Heisenberg. Leiden 1953. - Heimo Dolch: Theologie und Physik. Der Wandel in der Strukturauffassung naturwissenschaftlicher Erkenntnis und seine theologische Bedeutung.

zu verzeichnen. Darüber hinaus sind es vor allem die Literatur- und Kulturzeitschriften, in denen das moderne physikalische Weltbild mit all seinen Implikationen sowohl mit einer Vielzahl von Artikeln als auch mit Rezensionen über neue physikalische Sachbücher oder naturphilosophische Schriften unter die Lupe genommen und publik gemacht wurde. Bei der Durchsicht einer repräsentativen Auswahl der Literatur- und Kulturzeitschriften zeigte sich, daß gerade die Physiker, die maßgeblich an der Entwicklung der neuen Physik beteiligt waren, sich intensiv darum bemühten, einer nicht naturwissenschaftlich gebildeten Leserschaft den Entwicklungsstand ihres Faches näher zu bringen. Werner Heisenberg, Carl Friedrich von Weizsäcker, Pascual Jordan und Erwin Schrödinger sind zusammen mit anderen in der Physik und Naturphilosophie bewanderten Autoren Beiträger in so unterschiedlichen kulturellen Zeitschriften wie *Athena*[7], *Deutsche Beiträge*[8], *Frankfurter Hefte*[9],

---

Freiburg i. Br. 1951. - Walther Gerlach: Humanität und naturwissenschaftliche Forschung. Braunschweig 1962. - Ders.: Naturgesetz und menschliche Ordnung. Vortrag. Bremen 1964. - Arthur March: Die physikalische Erkenntnis und ihre Grenzen. Braunschweig 1955. - Ders.: Natur und Erkenntnis. Die Welt in der Konstruktion des heutigen Physikers. Wien 1948. - Carl Friedrich von Weizsäcker: Zum Weltbild der Physik. 3. Aufl. Leipzig 1945. - Ders.: Christlicher Glaube und Naturwissenschaft. Berlin 1959. - Max Born: Physik im Wandel meiner Zeit. Braunschweig 1959. - Eberhard Buchwald: Das Doppelbild von Licht und Stoff. Kapitel aus der alten und neuen Physik. Berlin 1947. - Irving Adler: Physik. Die Wunder einer Wissenschaft. Grundbegriffe, klassische Physik, moderne Theorien, Grenzen der Forschung. Stuttgart/Zürich 1966. - Gernot Eder: Quanten, Moleküle, Leben. Begriffe und Denkformen der heutigen Naturwissenschaft. Freiburg/München 1963. - Peter Mittelstaedt: Philosophische Probleme der modernen Physik. Mannheim 1963. - Werner Bloch: Moderne Physik. Eine Einführung in die Gedanken der Relativitäts- und Quantentheorie. Berlin 1949. - Georg Unger: Physik am Scheideweg. Die Grundlagen der exakten Wissenschaften in neuer Betrachtungsweise. Kritische Aufsätze im Rahmen der mathematisch-astronomischen und der naturwissenschaftlichen Sektion am Goetheanum. Dornach-Basel 1948. - Gustav Mie: Die göttliche Ordnung in der Natur. Drei Aufsätze. Tübingen/Stuttgart 1946.

7 Joachim Dalchau: Materie - Eine Energieform. In: Athena 1 (1946/47), H. 8, S. 12-16. - Harry Laeuen: Der Machtgedanke im naturwissenschaftlichen Weltbild. In: Athena 1 (1946/47), H. 2, S. 64-67.

8 Ludwig Heuser: Natur, Seele und Geist. Das Hauptproblem der modernen Wissenschaft. In: Deutsche Beiträge 2 (1948), H. 2, S. 148-154. - Ders.: Menschentum und moderne Naturwissenschaft. Das Problem der Unanschaulichkeit. In: Deutsche Beiträge 2 (1948), H. 3, S. 253-258. - Aloys Wenzl: Freiheit und Bindung als Weltprinzip. In: Deutsche Beiträge 2 (1948), H. 2, S. 138-148. - Arnold Sommerfeld: Das unendlich Kleine und das unendlich Große in der Physik. In: Deutsche Beiträge 4 (1950), H. 4, S. 269-276.

9 Arnold Münster: Ordnungen in der Natur. In: Frankfurter Hefte 2 (1947), H. 3, S. 264-274. - Werner Heisenberg: Die Quantentheorie. Eine Formel, die die Welt veränderte. In: Frankfurter Hefte 6 (1951), H. 6, S. 395-406. - Arnold Münster [Sammelrez.]: Naturwissenschaft für Neugierige. In: Frankfurter Hefte 7 (1952), H. 6, S. 466-469. - Walter Weymann-Weyhe: Der antike Kosmos, die heutige Naturwissenschaft und das Christentum. In: Frankfurter Hefte 18 (1963), H. 2, S. 109-119. - Bodo Manstein: Naturwissenschaft ohne Vorbild. In: Frankfurter Hefte 15 (1960), H. 1, S. 9-14.

Merkur[10], *Der Monat*[11], *Neue deutsche Hefte*[12], *Die Neue Rundschau*[13], *Sprache im technischen Zeitalter*[14], *Prisma*[15], *Die Umschau*[16], *Universitas*[17],

---

10 Joachim Günther: Max Planck und die Philosophie. In: Merkur 1 (1947), H. 3, S. 456-460. - Pascual Jordan: Der Ursprung des organischen Lebens. In: Merkur 3 (1949), H. 3, S. 342-54. - Fritz Kraus: Die Naturwissenschaft auf Grenzposten. Zu Carl Friedrich von Weizsäckers "Geschichte der Natur". In: Merkur 3 (1949), H. 5, S. 509-515. - Louis de Broglie: Das Licht in der physikalischen Welt. In: Merkur 4 (1950), H. 7, S. 750-760. - Hermann Herrigel: Bemerkungen über Kausalität und Freiheit. In: Merkur 4 (1950), H. 2, S. 235-239. - Bertrand Russell/Frederick C. Copleston: Gespräche über die Existenz Gottes. In: Merkur 4 (1950), H. 4, S. 384-403. - Carl Friedrich von Weizsäcker: Das neue Bild vom Weltall. In: Merkur 5 (1951), H. 9, S. 805-819. - Gisela Uellenberg: Naturforschung und Unerforschlichkeit. In: Merkur 5 (1951), H. 2, S. 201-203. - Ernesto Grassi /Thure von Uexküll: Über den Begriff der Materie. In: Merkur 5 (1951), H. 7, S. 622-629. - Thure von Uexküll: Von den Grenzen der Naturwissenschaft. In: Merkur 6 (1952), H. 3, S. 209-224. - Werner Heisenberg: Atomphysik und Kausalgesetz. In: Merkur 6 (1952), H. 8, S. 701-711. - Erwin Schrödinger: Unsere Vorstellung von der Materie. In: Merkur 7 (1952), H. 2, S 131-145. - Arnold Hildesheimer: Über die Grenzen physikalischer Erkenntnis. In: Merkur 7 (1952), H. 11, S. 1023-1032. - Hans Hasso von Veltheim: Die Mikrophysik und das Okkulte. In: Merkur 8 (1954), H. 10, S. 945-954. - Arnold Hildesheimer: Über verborgene Komponenten in der Natur. Zur Frage von Kausalität, Determinismus und Willensfreiheit. In: Merkur 9 (1955), H. 7, S. 606-626. - Max Born: Entwicklung und Wesen des Atomzeitalters. In: Merkur 9 (1955), H. 8, S. 724-737. - Erwin Schrödinger: Die Atomisten. In: Merkur 9 (1955), H. 9, S. 815-824. - Robert Jungk: Göttingen: Geburtsstätte der Atomphysik. In: Merkur 10 (1956), H. 9, S. 900-912. - Hermann Hänsel: Genetik und Atomtheorie. In: Merkur 11 (1957), H. 7, S. 636-653. - Erich von Holst: Glaube, Macht und physikalisches Weltbild. In: Merkur 12 (1958), H. 5, S. 401-405. - Carl Friedrich von Weizsäcker: Ich-Du und Ich-Es in der heutigen Naturwissenschaft. In: Merkur 12 (1958), H. 2, S. 124-128. - Ders.: Philosophische Fragen der Naturwissenschaft. In: Merkur 12 (1958), H. 9, S. 801-820. - Thure von Uexküll: Probleme der naturwissenschaftlichen Erfahrung. In: Merkur 13 (1959), H. 3, S. 215-230. - Rudolf Ringguth: Erreicht die Physik die Wirklichkeit? Ein Gespräch über das Verhältnis von Physik und Philosophie. In: Merkur 18 (1964), S. 830-845. - Eckart Heimendahl: Provokationen der Antimaterie. In: Merkur 19 (1965), S. 1210-1213.

11 Hans Kudszus: Das bildlose Weltbild. In: Der Monat 4 (1951), H. 38, S. 205-209. - Franz Borkenau: Atomphysik und Tiefenpsychologie. In: Der Monat 7 (1955), H. 81, S. 257-264. - Herbert Meschkowski: Paradoxie und Antinomie. Die Bildung des Menschen durch die exakten Wissenschaften. In: Der Monat 15 (1962), H. 169, S. 47-52.

12 Werner Heisenberg: Atome mit Haken und Ösen. Über das Verhältnis von humanistischer Bildung, Naturwissenschaft und Abendland. In: Neue Deutsche Hefte 1 (1954), H. 1, S. 21-28. - Pascual Jordan: Das Ende der Ideologien. In: Neue Deutsche Hefte 2 (1955/56), S. 581-594. - Erwin Reisner: Über den philosophischen Sinn der physikalischen Aporien. In: Neue Deutsche Hefte 4 (1957/58), H. 39, S. 603-615.

13 Lise Meitner: Das Atom. In: Die Neue Rundschau 56/57 (1945/46), S. 22-40. - O. R. Frisch: Eine neue Komponente der kosmischen Strahlung. In: Die neue Rundschau 59 (1948), S. 237-240. - Fritz Heinemann: Auf der Suche nach Sinn in einer zerbrochenen Welt. In: Die neue Rundschau 60 (1949), S. 85-119. - Arthur March: Die Denkweise der heutigen Naturwissenschaften. In: Die neue Rundschau 63 (1952), S. 244-259. - James B. Conat: Das neue Weltbild der Naturwissenschaft. In: Die neue Rundschau 64 (1953), S. 147-167.

14 Kurt Hübner: Über den Begriff der Quantenlogik. In: Sprache im technischen Zeitalter (1964), H. 12, S. 925-34. - Gotthard Günther: Das Problem einer trans-klassischen Logik. In: Sprache im technischen Zeitalter (1965), H. 16, S. 1287-1308.

Welt und Wort[18] u. a.[19] Zudem dokumentieren Jahrbücher[20] und internationale Tagungen[21], welche Relevanz dem modernen physikalischen Weltbild in den fünfziger und sechziger Jahren zuerkannt wurde.

---

15 Pascual Jordan: Erschütterte Kausalität. Rückwirkung der Atomphysik auf die Philosophie. In: Prisma 1 (1946/47), H. 2, S. 31f. - Ders.: Max Planck. In: Prisma 1 (1946/47), H. 14, S. 38-40. - H. Schüller: Über die Philosophie der Unbestimmtheit. Zur Soziologie der Atomphysik. In: Prisma 2 (1948), H. 19/20, S. 28-30.

16 Hermann Friedmann: Die Welt der Ideen und die Welt der Tatsachen. In: Die Umschau 3 (1948), H. 4, S. 390-397. - Gerhard Kumleben: Weltanschauung und moderne Physik. In: Die Umschau 3 (1948), H. 4, S. 397-406. - André Rousseaux: Louis de Broglies metaphysische Unruhe. In: Die Umschau 3 (1948), H. 4, S. 407-411.

17 Max Wundt: Hegels Logik und die moderne Physik. In: Universitas 1 (1946), H. 5, S. 547-556 u. H. 6, S. 703-712. - Pascual Jordan: Die Stellung der Naturwissenschaften zur religiösen Frage. In: Universitas 2 (1947), H. 1, S. 1-9. - Rudolf Seeliger: Physik und Finalität. In: Universitas 2 (1947), H. 7, S. 829-836 u. H. 8, S. 949-956. - Aloys Wenzl: Vorstufen des Freiheitsbegriffes im Naturgeschehen. In: Universitas 3 (1948), H. 12, S. 1415-1419. - Pascual Jordan: Das Problem der Gesetzlichkeit und die moderne Physik. In: Universitas 4 (1949), H. 1, S. 49-54. - Wilhelm Hanle: 50 Jahre Quantentheorie. In: Universitas 5 (1950), H. 12, S. 1441-1450. - Werner Heisenberg: Das Naturbild der heutigen Physik. In: Universitas 9 (1954), H. 11, S. 1153-1169. - Ders.: Atomforschung und Kausalgesetz. In: Universitas 9 (1954), H. 3, S. 225-236. - Ders.: Die Plancksche Entdeckung und die philosophischen Probleme der Atomphysik. In: Universitas 14 (1959), H. 2, S. 135-148. - Wolfgang Gentner: Das heutige Bild der Physik vom Atom. In: Universitas 17 (1962), H. 4, S. 403-409. - Walter Heitler: Kausalität und Teleologie in der Sicht der heutigen Naturwissenschaft. In: Universitas 21 (1966), H. 1, S. 1-10. - Werner Heisenberg: Abstraktion und Vereinheitlichung in der modernen Naturwissenschaft 23 (1968), H. 4, S. 337-353. - Ders.: Das Naturgesetz und die Struktur der Materie in der Sicht heutiger Forschung - Physik und Philosophie. In: Universitas 24 (1969), H. 4, S. 337-349.

18 Richard M. Baring (Rez.): Aloys Wenzl: Philosophie der Freiheit. In: Welt und Wort 3 (1948), S. 313. - Hermann Starke (Rez.): Bernhard Bavink: Das Weltbild der heutigen Naturwissenschaften und seine Beziehungen zur Philosophie und Religion. In: Welt und Wort 3 (1948), S. 414. - Richard M. Baring (Rez.): Anton O. Neuhäusler: Mensch und Materie. In: Welt und Wort 4 (1949), S. 85. - Hellmuth Reitz (Rez.): Otto Willi Gail: Der Griff nach dem Atom. In: Welt und Wort 5 (1950), S. 86. - Arthur Hübscher (Rez.): Bernhard Bavink: Weltschöpfung in Mythos, Religion, Philosophie und Naturwissenschaft. In: Welt und Wort 5 (1950), S. 354f. - Arthur Hübscher (Rez.): H. Groot: Raum und Zeit. Eine Untersuchung der metaphysischen Grundlagen unserer Naturwissenschaft. In: Welt und Wort 5 (1950), S. 525. - Arthur Hübscher (Rez.): Karl Heim: Die Wandlung im naturwissenschaftlichen Weltbild. In: Welt und Wort 6 (1951), S. 445. - Friedrich Würzbach (Rez.): Edmund Whittacker: Von Euklid zu Eddington. Zur Entwicklung unseres modernen physikalischen Weltbildes. In: Welt und Wort 7 (1952), S. 370. - Karl Hermann Reuter (Rez.): Werner Heisenberg: Das Naturbild der heutigen Physik. In: Welt und Wort 11 (1956), S. 164. - Karl Hermann Reuter (Rez.): Joseph Meurers: Das Weltbild im Umbruch der Zeit. In: Welt und Wort 14 (1959), S. 30. - Max Born: Carl Friedrich von Weizsäcker. In: Welt und Wort 18 (1963), S. 300f. - Wilhelm Holzhauer (Rez.): Albert Ducrocq: Roman der Materie. Vom Atom zum Weltall. In: Welt und Wort 21 (1966), S. 66.

19 F. Möglich: Über die Indeterminiertheit der atomphysikalischen Vorgänge. In: Aufbau 2 (1946), S. 499-512. - Gotthard Günther: Die gebrochene Rationalität. In: Augenblick 3 (1955), H. 3, S. 1-26. - Friedrich Kroner: Coincidentia oppositorum. In: Berliner Hefte für geistiges Leben 3 (1948), Bd. 2, H. 12, S. 439-448. - W. Bodlinger: Die entschleierte Einheit der physikalischen Welt. In: Europäische Rundschau 1948, H. 3, S. 97-100. -

Das hier zusammengetragene Material, das den Anmerkungsapparat sichtlich zum Überquellen bringt, stellt nur einen kleinen, aber dennoch repräsentativen Bruchteil von Veröffentlichungen zu diesem Themenkomplex dar. Angesichts des großen Angebotes an Information mit dem Anspruch, auch für den Nicht-Physiker verständlich zu sein, kann nicht davon gesprochen werden, daß die moderne Physik nur eine marginale Rolle im geistigen Leben nach 1945 gespielt hätte. Es ist zu vermuten, daß bei den Lesern ein Interesse an den Entwicklungen der Physik bestanden hat, das die Verlage und Redaktionen motivierte, Arbeiten über das moderne physikalische Weltbild und seine Konsequenzen in ihr Programm aufzunehmen. Wer Interesse hatte, sich über die Entwicklungen in der physikalischen Forschung zu unterrichten, konnte über die Auswahl der einschlägigen Literatur nicht klagen.

Nach dem Zusammenbruch des 'Dritten Reiches' übten Titel wie *Naturphilosophie auf neuen Wegen*,[22] *Neuorientierung der Physik*[23] oder *Die Wandlung im naturwissenschaftlichen Weltbild*,[24] die alle einen Neubeginn oder ein Umdenken implizierten und so den Beitrag der Naturwissenschaften auf dem Weg in eine neue Zeit betonten, sicherlich einen besonderen Reiz auf dem Buchmarkt aus. Sie entsprachen einem allgemeinen Bedürfnis nach neuen Orientierungsmöglichkeiten im Anschluß an die 'Stunde Null'. Allerdings darf bei aller Kritik an Habermas' Diktum, der Abwurf der ersten Atombombe im Jahre 1945 nicht ignoriert werden. Gewiß war mit dem Abwurf der Atombombe auf Hiroshima und Nagasaki die Atomphysik nun auch durch ihre

---

Rudolf Seeliger: Physik des Kosmos und des Atoms. In: Heute und Morgen. Literarische Monatszeitschrift. 1 (1947), H. 1, S. 40-45. - Friedrich Dessauer: Physik und Leben. In: Hochland 41 (1948/49), S. 558-568. - A. d'Abro: Die Kontroversen über das Wesen der Mathematik. In: Kursbuch 8 (1967), S. 26-58. - Karl Heim: Der Ausgangspunkt für die Auseinandersetzung mit dem heutigen Naturbild. In: Neubau. Blätter für neues Leben aus Wort und Geist 3 (1948), H. 1, S. 7-12. - Joachim Günther: Gottbekenntnisse moderner Naturforscher. In: Neue Literarische Welt 3 (1952), Nr. 24, S. 4. - Carl Friedrich von Weizsäcker: Die Unendlichkeit der Welt. In: Vision 1 (1948), H. 3, S. 246-263. - P. v. Handle: Physik und Erkenntnis-Theorie. In: Zeitwende. Monatsschrift 18 (1946/47), S. 399-414.

20 Paul K. Feyerabend: Über konservative Züge in den Wissenschaften und insbesondere in der Quantentheorie und ihre Beseitigung. In: Club Voltaire. Hg. v. Gerhard Szcesny. Jahrbuch für Kritische Aufklärung. Bd. I. München 1963, S. 280-293. - Werner Heisenberg: Sprache und Wirklichkeit in der modernen Physik. In: Wort und Wirklichkeit. Sechste Folge des Jahrbuches Gestalt und Gedanke. Hg. v. d. Bayrischen Akademie der Schönen Künste. München 1960, S. 32-62. - Ders.: Das Naturbild der heutigen Physik. In: Die Künste im technischen Zeitalter. Dritte Folge des Jahrbuches Gestalt und Gedanke. Hg. v. d. Bayrischen Akademie der Schönen Künste. München 1954, S. 43-69.

21 Arthur March: Die Neuorientierung der Physik. In: Die neue Weltschau, a. a. O., S. 32-51. - Carl Friedrich von Weizsäcker: Das neue Bild vom Weltall. In: Ebd., S. 52-72. - Werner Heisenberg: Atomphysik und Kausalgesetz. In: Die neue Weltschau. Zweite Internationale Aussprache über den Anbruch eines neuen aperspektivischen Zeitalters, veranstaltet von der Handels-Hochschule St. Gallen. Stuttgart 1953, S. 119-133.

22 Adolf Meyer-Abich: Naturphilosophie auf neuen Wegen. Stuttgart 1948.

23 Arthur March: Neuorientierung der Physik, a. a. O.

24 Karl Heim: Die Wandlung im naturwissenschaftlichen Weltbild. Hamburg 1951.

technischen Folgen in Form einer Kriegswaffe in das öffentliche Bewußtsein getreten. Im Sinne von Habermas wäre es daher nicht weiter verwunderlich, daß im Angesicht der schrecklichen Waffe die Physik allerorten thematisiert wurde. Doch hier ist zu differenzieren. Ein Großteil der hier genannten Literatur setzt sich nicht in erster Linie mit der Uranspaltung, der Atomkraft oder der Verantwortung des Physikers für seine Entdeckung der Naturkräfte auseinander. Vielmehr wurde in diesen Beiträgen eine Diskussion weitergeführt, die, wie das vorangegangene Kapitel zeigen konnte, schon vor der Zündung der ersten Atombombe begonnen hatte. Unter dem Eindruck der zerstörerischen Wirkung der Atomkräfte, soweit wäre Habermas' Sicht auf die Naturwissenschaften zuzustimmen, gewann die Notwendigkeit eines neuen Natur- und Weltbildes an Dringlichkeit und an Aktualität. Es ist zweifellos richtig, hier zu fragen, inwieweit einerseits die Physiker mit der Propagierung eines neuen physikalischen Denkens einem Zwang zur Legitimation ihrer Wissenschaft nach der Atombombe folgten und inwieweit andererseits die Leser mit einer Mischung aus Hoffnung und Angst zur Lektüre über die moderne Physik griffen. Dies reicht jedoch nicht aus, um die Behauptung von Habermas zu rechtfertigen, die physikalischen Erkenntnisse über das Atom ließen sich auf Formeln und Gleichungen reduzieren, die in ihrer technischen Anwendung die Atombombe ermöglichten und die nur aufgrund der unmittelbaren Erfahrung des Massenvernichtungsmittels in das öffentliche Bewußtsein gelangen konnten. Wäre sein Ansatz richtig, dann müßte man sich darauf verständigen, daß all die hier aufgelisteten Artikel, Rezensionen und Monographien, die über ein neues physikalisches Weltbild berichten, zu dem das 'merkwürdige' Verhalten der Elementarteilchen den Anstoß gab, nichts mit Physik zu tun haben. Anders wäre nicht zu erklären, warum diesen Veröffentlichungen über die Entwicklungen auf dem Gebiet der Physik seit der Entdeckung des Wirkungsquantums durch Planck eine große Anzahl von Texten im Zusammenhang literatur- und kunstkritischer Betrachtungen gegenüberstehen, in denen sich die Verfasser auf die Erkenntnisse der neuen Physik und nicht auf die Atombombe beriefen, um Wandlungen in Literatur und Kunst zu deuten oder zu fordern. Dem soll im folgenden nachgegangen werden.

4. 1. *Bild und Weltbild*[25]

In seinem Vortrag *Die Neuorientierung der Physik* hebt der Physiker Arthur March als das Wesentliche der modernen Physik die Erkenntnis hervor, daß das eigentliche Wesen der Dinge die Struktur sei. Dabei konstatiert er in bezug auf die Kunst folgendes:

---

25 Willi Baumeister: Bild und Weltbild. In: Prisma 1 (1946/47), H. 8, S. 14f.

Es ist kein Zufall, daß die Kunst in den letzten Jahrzehnten eine ganz parallele Entwicklung genommen hat. Auch sie zeigt den zunehmenden Hang, sich von der Welt, so wie sie uns erscheint, loszulösen und die konkreten Dinge in Beziehungen von Linien und Farben zu übersetzen. Die Absicht ist genau dieselbe wie in der Physik; beidesmal entspringt die Abstraktheit einer zunehmenden Tiefe des Denkens, die das Wesen der Dinge nicht mehr in etwas Greifbarem, sondern in einer Struktur sieht. Für den Physiker besteht diese Struktur in einer Beziehung von Zahlen, während sie der abstrakte Maler durch eine Harmonie von Linien und Farben wiederzugeben versucht.[26]

Aus dem Munde des Physikers mag die Parallelisierung des Wandels im physikalischen Denken mit der Entwicklung von der gegenständlichen zur abstrakten Kunst den Eindruck erwecken, als habe der Vortragende nach einem plastischen Vergleich gesucht, um einem interessierten Laienpublikum die moderne Physik nahezubringen. Doch March steht mit seinem Vergleich nicht alleine, sondern bekommt, was die Kunst angeht, Unterstützung aus berufenem Munde.

Der Kunstprofessor und Präsident der Bayerischen Akademie der schönen Künste, Emil Preetorius, spricht im Eröffnungsvortrag einer unter dem Motto *Die Künste im technischen Zeitalter* stehenden Vortragsreihe 1953 eine ähnliche wie die von March behauptete Parallele zwischen Kunst und Physik an. In einer Welt, die ihre Stabilität eingebüßt habe, sei auch für die Kunst und nicht nur für die Physik an die Stelle des Stofflichen die Struktur, ein bloßes System von Beziehungen und ein Gebilde abstrakter Art getreten.[27] In einem 1955 veröffentlichten Aufsatz sieht er das Wesentliche der Beziehung zwischen der Auflösung des Gegenständlichen in der Kunst und einer neuen Wirklichkeit darin, daß die neue Wirklichkeit "nicht mehr gleichbedeutend mit der sinnlich erfaßbaren, im Reiche unserer täglichen Sinne beheimateten, beschlossenen Welt" sei.[28] In welcher Weise Preetorius diese Beziehung zwischen moderner Kunst und modernem Weltbild gegeben sah, präzisierte er für die Zuhörer der oben genannten Veranstaltung in seinem Vortrag mit dem Titel *Die Bildkunst.*[29]

Anhand eines fiktiven Dialoges wirbt Preetorius in diesem Vortrag um Verständnis für den Blick der modernen Künstler, der "Bildner 'ohne Gegenstand'", als einem Blick auf eine neue "Wirklichkeit, die nicht mehr eingebunden ist in die Sphäre unserer Sinnenwelt, nicht mehr voll zu erfassen ist in der bisherigen gegenständlich-sinnenhaften Weise."[30] Wirklichkeit kann für Preetorius nicht mehr gegenständlich erfaßt werden, da seiner Meinung nach unter Wirklichkeit "das Ergebnis des wechselseitig-zeugerischen Ineinanders von äußerem Geschehn und innerem Erleben, von Welt und

26 Arthur March: Neuorientierung der Physik, a. a. O, S. 51.

27 Emil Preetorius: Eröffnung der Vortragsreihe. In: Die Künste im technischen Zeitalter, a. a. O., S. 11-14, hier S. 12.

28 Ders.: Die neue Wirklichkeit. In: Der Monat 7 (1954/55), H. 81, S. 248-250, hier S. 249.

29 Ders.: Die Bildkunst. In: Die Künste im technischen Zeitalter, a. a. O., S. 109-129.

30 Ebd., S. 128f.

Mensch" zu verstehen sei.[31] Im Sinne dieser Wirklichkeitsauffassung läßt Preetorius denjenigen der beiden fiktiven Dialogpartner, der die abstrakte Kunst verteidigt und die gegenständliche Kunst für anachronistisch hält,[32] sich auf Heisenbergs Ausspruch berufen, daß der Mensch fortan nur noch sich selbst gegenüberstehe.[33] Der von Preetorius als Kunstfreund bezeichnete Dialogpartner führt in bezug auf Heisenberg aus, daß der Mensch gleichsam auf sich selbst zurückgeworfen wurde. Die Sphäre des Schöpferischen sei in die Helle seines Bewußtseins, in die Bewußtheit seines Selbst, was hieße, in das Bewußtsein dieser Bewußtheit, gerückt.[34] Aufgrund der doppelten Reflexion, so der Kunstfreund, mußte alles bildnerische Schaffen die Selbstverständlichkeit, die fruchtbare Naivität früherer schöpferischer Epochen einbüßen. Folglich schaffe der Künstler heute sein Gebilde nicht mehr als ein gezeugtes, denn alles was Zeugung im echten Sinne sei, erfordere ein Medium und ein Schaffen in ein Medium hinein. Stattdessen bilde der Künstler das Kunstwerk im eigenen Selbstvollzug, der mehr als je ein Akt des Geistes sei. An die Stelle des naiv bildnerischen Tuns ist für den Kunstfreund ein reflexiv bestimmter Schaffensprozeß getreten, bei dem der Mensch nicht mehr nur mit dem Auge zu schauen scheint, sondern seinen sehenden Verstand benutzt. Dennoch möchte der Kunstfreund gegenstandslose Kunst nicht als eine Form der Abstrahierung von der gegenständlichen, sichtbaren Welt verstanden wissen. Vielmehr hebt für ihn diese Kunstform "mit den, von jeglichem 'Was' losgelösten, den souverän gemachten Bildmitteln, also mit Fläche, Linien, Farben und Formen an sich, die in ihrem spannungsvollen Mit- und Gegeneinander schlechthin unerschöpfliche Möglichkeiten bieten",[35] eine völlig neue Bildwelt ins Licht. Konsequenterweise beendet der Kunstfreund seine Verteidigung der ungegenständlichen Kunst mit der Vermutung, daß sich im Bemühen der modernen Künstler ein unruhevolles "Spüren nach einer erahnten, menschgeprägten [...] 'Neunatur'" bemerkbar mache.[36]

Aus den Darlegungen des Kunstfreundes, die zweifelsohne Preetorius' eigenen Ansichten naheliegen,[37] geht hervor, daß der Anspruch der künstlerischen Wiedergabe einer Außenwirklichkeit aufgrund des neuen Wirklichkeitsverständnisses als unzeitgemäß empfunden wurde. Diese Empfindung wird von den Zweifeln der modernen Physik an einer Wirklichkeitsauffassung genährt, in der das Subjekt einem von ihm streng geschiedenen Beobachtungs-

31 Ebd., S. 129.
32 Ebd., S. 123.
33 Ebd., S. 127.
34 Ebd., S. 123.
35 Ebd., S. 127.
36 Ebd., S. 128.
37 Vgl. dazu das Ende des Vortrages, an dem Preetorius die fiktive Dialogform hat abbrechen lassen, und das Dargelegte noch einmal in seinem Sinne zusammenfaßt. Vgl. auch den schon genannten Aufsatz "Die neue Wirklichkeit" (a. a. O.), in dem Preetorius im wesentlichen ähnliche Argumente für die moderne Kunst heranzieht.

gegenstand gegenübertreten kann und in der die materielle Welt so stabil und fest ist, wie sie unseren Sinnen erscheint. Diese Zweifel, die letztlich hinter dem vom Kunstfreund zitierten Ausspruch Heisenbergs stehen und die Ausführungen des Kunstfreundes argumentativ durchziehen, scheinen einer gegenständlichen und abbildenden Kunst die Legitimation zu entziehen. Abstraktion wird in diesem Zusammenhang nicht als Transformation des Sichtbaren und Gegenständlichen in eine Welt der geometrischen Formen oder als eine Art Freilegung des geistigen Eigenlebens der Dinge aus der Verbindung mit ihrer sichtbaren Gestalt begriffen. Abstrakte Kunst beinhaltet vielmehr die Schaffung neuer, noch ungesehener Welten aus dem menschlichen Geist heraus. Basierte für Carl Einstein die anti-mimetische Kunst des Kubismus noch darauf, die gegenständliche Welt kraft der Halluzination zu neuen Bilderwelten zu zerlegen und umzuformen, so wird bei Preetorius anscheinend der völlige Verzicht auf einen Bezug zur gegenständlichen Wirklichkeit propagiert.

Preetorius ist mit seiner Rechtfertigung der ungegenständlichen Kunst kein Einzelfall. Schon 1947 berief sich Willi Baumeister in einem Artikel mit dem vielsagenden Titel *Bild und Weltbild*[38] für die Zeitschrift *Prisma* auf die moderne Physik und ihr unanschaulich gewordenes Weltbild, um die abstrakte Kunst zu verteidigen. Die Prozesse, die die Naturwissenschaft heute in vorderster Front erforsche, schreibt Baumeister, könnten nicht mehr beobachtend erfaßt werden. Vielmehr werde die Beschaffenheit der Energien gleichsam blind, durch sensible Meßgeräte, durch Reagenzen gröberen Substanzen gegenüber und durch Rückschlüsse erfaßt.[39] Die Quanten, Elektronen, Protonen, die Lichtgeschwindigkeit, die Zusammenhänge mit der Relativität und die Wahrscheinlichkeitsrechnung seien optisch nicht mehr erfaßbar. Auch vom gekrümmten Raum gebe es kein Vorstellungsbild. Baumeister, für den Kunst durch alle Epochen eine gemeinsame Front mit Naturwissenschaft, Philosophie und Dichtung bildete,[40] stellt sich aufgrund dieser Unanschaulichkeit die Frage, ob eine vom Naturalismus kommende Kunstvorstellung innerhalb des neuen physikalischen Weltbildes zu Recht bestehen kann.[41] Selbstverständlich ist dies für Baumeister nur eine rhetorische Frage. Seiner Meinung nach darf der neuzeitliche Maler seinen Standpunkt nicht als ein Nachbilden der äußeren Naturerscheinung bestimmen. Stattdessen soll der Künstler aus sich heraus bilden. Er behauptet daher, daß der moderne Künstler nicht nach der Natur, sondern wie die Natur bilde. Auf diesem Wege kommt Baumeister zu einer ähnlichen Schlußfolgerung wie Preetorius. Seiner Ansicht nach hat der Künstler zum Ziel, das Unbekannte, das vordem

38 Willi Baumeister: Bild und Weltbild, a. a. O.
39 Ebd., S. 14.
40 Ebd.
41 Ebd., S. 15.

unvorstellbar war, bekannt zu machen.[42] Auch für ihn hat der Künstler statt der Nach-Ahmung die Funktion des Erfindens und der Vor-Ahmung.

Die Schwierigkeit, welche das moderne physikalische Weltbild für eine zeitgemäße Kunstvorstellung mit sich brachte, wurde auch von Hans Eberhard Friedrich reflektiert. Äußerst treffend formulierte er das Dilemma bei der Entscheidung für oder gegen die abstrakte Kunst wie folgt:

> Was übrigens die abstrakte Kunst angeht, wer möchte ernsthaft entscheiden, ob das, was da abstrakt genannt wird, abstrakt ist? Zuvor muß man einen Physiker fragen, ob ein Tisch oder ein Baum wirklich ein Tisch oder ein Baum ist, oder ob sie es nicht nur zu sein scheinen. Ob nicht die Realisten, Naturalisten, Veristen unter den Künstlern vielmehr die Vertreter und Verkünder einer höchst fragwürdigen Scheinwelt sind. Ob nicht das menschliche Auge ein verwunderliches Instrument beruhigender Täuschung und täuschender Gewohnheit ist. Ob nicht die Abstrakten, die Farben und Formen ohne gegenständliche Bindung zu Harmonien zusammenfügen, der Wirklichkeit und erst recht der Wahrheit bedeutend näher sind, als die Abpinsler einer Scheinwirklichkeit.[43]

Friedrich verweist bei der Entscheidung pro oder contra abstrakte Kunst auf die Antwort des Physikers, auf das physikalische Verständnis von Wirklichkeit. Wie Friedrich haben auch viele Künstler und Kunstkritiker gedacht. In der deutschsprachigen Zeitschriftenlandschaft der fünfziger und sechziger Jahre lassen sich viele Beiträge finden, die wie Emil Preetorius und Willi Baumeister ihre Vorstellung von moderner Kunst, die unter den Begriffen abstrakte, konkrete, informelle Kunst oder Tachismus das Ungegenständliche favorisiert, mit dem Hinweis auf die Erkenntnisse der modernen Physik theoretisch untermauern.[44] Dazu gehören Max Bill,[45] Wolfgang de Boer,[46] Camille Bryen,[47] Umberto Eco,[48] J. Klaus Fischer,[49] Werner Haftmann,[50] Gustav F. Hartlaub,[51] Will Grohmann,[52] Paul Fechter[53] Peter Krieger,[54]

---

42 Ebd.

43 H. E. F. [d. i.: Hans Eberhard Friedrich]: Zu der Erörterung der Kunst und des künstlerischen Heute. In: Prisma 1 (1946/47), H. 8, S. 13f., hier S. 14.

44 Martin Warnke hat in seiner Studie "Von der Gegenständlichkeit und der Ausbreitung des Abstrakten" (In: Die fünfziger Jahre. Beiträge zu Politik und Kultur. Hg. v. Dieter Dänsch. Tübingen 1985, S. 209-222, hier S. 215) darauf hingewiesen, wie oft in Feuilletons, Zeitschriften und wissenschaftlichen Abhandlungen die Parallelen zwischen Naturwissenschaft und abstrakter Malerei beschworen wurden.

45 Max Bill: Vom flächigen zum räumlichen. In: spirale 3 (1954), S. 6-11.

46 Wolfgang de Boer: Zur Entsinnlichung der modernen Kunst. Eine anthropologische Untersuchung. In: Merkur 7 (1953), H. 1, S. 24-38, hier bes. S. 30.

47 Camille Bryen: Wollen Sie mit mir malen? In: blätter und bilder 1 (1959/60), H. 6, S. 51-54.

48 Umberto Eco: Programmatische Kunst. In: Nesyo 2 (1965), H. 8/9, S. 35f., hier bes. S. 35.

49 J. Klaus Fischer: Platschek und der Tachismus. In: Texte und Zeichen 2 (1956), H. 10, S. 652-654.

50 Werner Haftmann: Malerei im 20. Jahrhundert. 2 Bde. München 1954/55. - Ders.: Über Georg Meistermann und Fritz Winter. In: Jahresring 54, S. 143-149, hier bes. S. 148f.

51 Gustav F. Hartlaub: Abstraktion und Invention. Der Umbruch in den bildenden Künsten seit 100 Jahren. In: Die neue Weltschau, a. a. O., S. 181-214, hier bes. S. 189-191. -

Georges Mathieu,[55] Wolfgang Paalen,[56] Franz Roh,[57] Jaroslav Serpan,[58] Antonio Saura[59] und Rolf Wedewer.[60]

Daneben kommen aber auch Stimmen zu Wort, die mit einem Hinweis auf die moderne Physik eine Kunst propagieren, die sich zum Ziel gesetzt hat, das Unsichtbare hinter den sichtbaren Dingen darzustellen. Diese Autoren geben den Bezug zur gegenständlichen Welt folglich nicht auf. So stellen zum Beispiel Gustav R. Hocke[61] und Karl Walter Geyh[62] eine Parallele zwischen dem Surrealismus oder dem magischen Realismus und den Inhalten der Mikrophysik her. In eine ganz ähnliche Richtung geht auch das Resümee, das Jorg Lampe aus seiner Erörterung von Goethes *Einfache Nachahmung der Natur, Manier, Styl* zieht.[63] Laut Lampe sei es für Goethe noch möglich gewesen, eine einfache Nachahmung der Natur, wenn auch als Unterstufe des künstlerischen Schaffens, zu schätzen. Für die moderne Kunst glaubt Lampe diese Möglichkeit ausschließen zu müssen. Er verweist auf den neuesten Stand in Physik, Chemie, Biologie und Technik, um seine Behauptung zu stützen, daß das allgemeine geistige Erkenntnis- und Gemütsverhältnis des damaligen Menschen zur Natur mit dem des heutigen kaum mehr verglichen werden könne, da die gleichsam naive körperliche Wirklichkeit der Natur aufgegeben worden sei. Für den heutigen Künstler könne die Nachahmung der Natur kein gültiger Ausdruck des Schaffens mehr sein. Infolgedessen richtet Lampe

---

Ders.: Die Wandlungen Willi Baumeisters. In: Neue literarische Welt 3 (1952), Nr. 23, S. 16.

52 Will Grohmann: Bildende Kunst und Architektur. Berlin 1953. - Ders.: Einleitung. In: Wassily Kandinsky: Farben und Klänge. Erste Folge (Aquarelle). Baden-Baden 1955, S. 5-13, hier bes. S. 9f.

53 Paul Fechter: Die Angst vor der Mathematik. In: Neue Deutsche Hefte 2 (1955/56), S. 460-465.

54 Peter Krieger: Das neue Bewußtsein in der Kunst. In: Neue deutsche Hefte 6 (1956/1960), H. 60, S. 331-338.

55 Georges Mathieu: Die Auflösung der Form. In: blätter und bilder 2 (1960/61), H. 11, S. 5-14, hier bes. S. 13f.

56 Wolfgang Paalen: Welches können wohl die neuen Themen der Malerei sein? In: Meta 2 (Febr. 1949), o. S. [S. 3].

57 Franz Roh: Zur Diskussion um die gegenstandslose Kunst. In: Prisma 1 (1946/47), H. 10, S. 26-28, bes. S. 28. - Ders.: Kunst und Publikum. Thesen und Gegenthesen. In: Meta Nr. 2 (Febr. 1949), o. S. [S. 3].

58 Jaroslav Serpan: Wirklichkeit und Axiomatik. In: blätter und bilder 1 (1959/60), H. 5, S. 27-33, hier bes. S. 27.

59 Antonio Saura: Raum und Geste. In: blätter und bilder 1 (1959/60), H. 4, S. 41-49, hier bes. S. 49.

60 Rolf Wedewer: Jean Degottex. In: blätter und bilder 3 (1961), H. 14, S. 57f.

61 Gustav R. Hocke: Esoterische Symbolik. In: Zeugnisse der Angst in der modernen Kunst. Hg. v. Hans-Gerhard Evers. o. O. [Darmstadt] o. J. [1963], S. 17-37, hier bes. S. 25f.

62 Karl Walter Geyh: Prophetisches in Dichtungen und Kunstströmungen. In: Welt und Wort 1 (1946), H. 5, S. 141f.

63 Jorg Lampe: Nachahmung-Manier-Styl. In: Welt und Wort 3 (1948), S. 374. - Vgl. dazu: Johann Wolfgang v. Goethe: Schriften zur Kunst. 10. neubearb. Aufl., München 1981 (Werke. Hamburger Ausgabe, Bd. 12), S. 30-34.

nachstehenden Appell an die Künstler. Statt das Verlorene zu betrauern, will Lampe die Gewinne der Entwicklung geschaut und gestaltet wissen:

> Die Wissenschaft der Gegenwart, die an den Grenzen der Physik die Metaphysik, im Stoff den Geist, ja gar den Stoff als Geist oder doch als Wirkung erkennen lernt, verlangt nach einer ihr gemäßen Kunst. [...] Nachahmung, Manier und Styl heißt Buchstabieren, Sprechen und Verkünden. Das Buchstabieren und Sprechen können wohl, sofern sie nur aus einem wahrhaft liebevollen Gemüt entstehen und dieses gut zu spiegeln wissen, auf ihre Art erfreuen. Jedoch die Wege aus den Trümmern verlorener Paradiese und in die reiche Klarheit einer lebendigeren Zukunft ve[r]mag nur eine Kunst zu weisen, die sich zum Styl im Sinne Goethes durchringt, die die geheimen Ideen der Natur erschaut und sie zum Bilde formt, womit sie auch dem Menschen seine eigene Idee verkündet und erweckt.[64]

Lampe verlangt nicht nach einer abstrakten, vom Gegenstand völlig absehenden Kunst. Für ihn ist Kunst nur dann zeitgemäß, wenn sie dem neuen wissenschaftlichen Denken entspricht und nicht in den die Natur kopierenden Darstellungsformen aus der Tradition des Realismus oder Naturalismus verharrt. Seiner Ansicht nach muß Kunst die verborgene Ordnung hinter der sichtbaren Welt erschließen.

Einen vollkommen anderen Standpunkt in der Kontroverse für oder gegen abstrakte Kunst nahm Felix Noeggerath ein. Er argumentiert zwar gleichfalls mit den Erkenntnissen der modernen Physik, doch tut er dies nicht, um eine ungegenständliche oder surrealistische Kunstrichtung ins rechte Licht zu rücken, sondern um zu beweisen, wie unzeitgemäß seiner Ansicht nach jede Form nicht-gegenständlicher Kunst in Anbetracht eben jener Erkenntnisse der Physik sei, auf die sich die Theoretiker des Abstrakten berufen. Unter anderem bezieht sich Noeggerath auf den Welle-Teilchen-Dualismus und die Wechselwirkung von Subjekt und Objekt, um sie, positivistisch gedeutet, als Argumente gegen eine künstlerische Suche nach einem unsichtbaren Etwas einzusetzen, das einen wahreren Einblick in das Wesen der sichtbaren Dinge geben könnte. Wolle man laut Noeggerath nicht der abstrusesten Gedankenmystik verfallen, worunter er die Annahme einer Realexistenz von Wellikeln (Wellen-Korpuskeln) versteht, so habe das im Experiment sich darstellende Bild nicht länger als Anweisung auf das im Ungefähren einer physikalischen Unterwelt angesiedelte eigentliche Wesen zu gelten, wo ihm die Beschränktheit des menschlichen Erkenntnisvermögens nicht beikommen könnte.[65] Vielmehr sei es das für die Naturwissenschaft allein maßgebende Naturgeschehen selbst, das außerhalb seines Erscheinens nirgendwo existiere.[66] Daraus folgert Noeggerath, daß der Naturwissenschaftler wie auch der Künstler nicht nach einem unsichtbaren Inhalt zu fragen haben, der in die unvermeidliche Beschränkung der Form, die des Experimentes einerseits und der gegenständlichen Welt andererseits, herabgestiegen sei. Die neue Naturer-

---

64 Jorg Lampe: Nachahmung-Manier-Styl, a. a. O.

65 Felix Noeggerath: Über das Unzeitgemäße der abstrakten Kunst. In: Merkur 5 (1951), H. 11, S. 1005-1019, hier S. 1017f.

66 Ebd., S. 1018.

kenntnis habe es nicht mit Zuständen zu tun, die sie vor ihrer Tätigkeit und unabhängig von ihr vorfinde, sondern Anfang und Ende ihrer Tätigkeit liege in der Schaffung der Zustände, die durch sie überhaupt erst zum Dasein gelangten. Das "zu tieferem Wirklichkeitsbewußtsein erwachte Denken der Naturwissenschaft"[67] hat seiner Meinung nach den neuen Gegenstand der Erkenntnis in der Erscheinung entdeckt.[68] Die Veränderungen in den Naturwissenschaften sind für ihn der Beweis, daß die gegenständliche Kunst der adäquate Ausdruck für die "unbezweifelbare Autorität der menschlichen Gesichte"[69] sei. Wenngleich Noeggerath die gegenständliche Kunst für zeitgemäßer als die abstrakte hält, stimmt er dennoch den Befürwortern der ungegenständlichen Kunst zu, die eine "Absage an jene naive Betrachtungsweise [...], für die sich die künstlerische Leistung in der faksimilierenden Nachschrift und Kopie einer außerhalb ihrer anzutreffenden Wirklichkeit erschöpft", erteilen.[70] Die Rückkehr zu einer traditionellen realistischen oder naturalistischen Kunstauffassung scheint auch für ihn ausgeschlossen zu sein.

Die Diskussionen um die moderne Kunst in Texten der unmittelbaren Nachkriegs-, der fünfziger und sechziger Jahre, zeigen ganz deutlich, daß der Wandel im physikalischen Denken zur Kenntnis genommen wurde und dort, wo er argumentativ in kunsttheoretische Zusammenhänge einbezogen wurde, die Fragwürdigkeit der bisher üblichen Begriffe für eine theoretische Auseinandersetzung mit Kunst aufscheinen ließ.

Erich Kahler hat die begriffliche Verunsicherung beim Umgang mit Kunst, die neben anderen Erfahrungen des Zeitalters auch von den neuen Erkenntnissen der Physik geprägt wurde, in seinem Essay *Untergang und Übergang der epischen Kunstform*[71] thematisiert. Die durchdringende Erfahrung vom dynamischen Charakter unseres Lebensgrundes und Lebensumkreises im weitesten Sinne, die uns von den handgreiflichen Ereignissen des 20. Jahrhunderts wie von den Erkenntnissen der fundamentalen Naturwissenschaft, der Physik, eingeprägt worden sei, habe auch die üblichen Begriffe, mit denen wir uns die Kunstbetrachtung zu erleichtern gewohnt gewesen seien, unweigerlich erschüttert.[72] Der Begriff Realismus ebenso wie der Begriff Symbolismus seien heute überaus fragwürdig geworden. Die Realität, mit der wir es heute zu tun hätten, das, was uns heute als wahrhaft wirklich entgegentrete und womit wir uns auseinandersetzen müßten, sei in Tiefe und Tragweite unmeßbar über jene vordergründige Sphäre hinausgerückt, die das Substrat des Realismus im Verstande des neunzehnten Jahrhunderts gewesen sei. Laut Kahler ist die

---

67 Ebd.
68 Ebd.
69 Ebd., S. 1019.
70 Ebd., S. 1005.
71 Erich Kahler: Untergang und Übergang der epischen Kunstform. In: Die neue Rundschau 64 (1953), S. 1-44. Hier zitiert nach: Ders.: Untergang und Übergang. Essays. München 1970, S. 7-51.
72 Ebenso wie das folgende: Ebd., S. 8.

gültige Realität unserer Tage in der Natur wie in der Gesellschaft uns nicht mehr gleichbedeutend mit der sinnlich erfaßbaren, in das Feld unserer täglichen Sinne eingeschränkten Welt, ja sie ist auf eine platonische Weise mit dieser Sinnenwelt geradezu in Widerspruch geraten. Unser Sensuomorphismus sei nur ein letzter Rest von Anthropomorphismus. Zu dieser Behauptung fühlt sich Kahler sowohl durch die Tiefenpsychologie als auch durch die moderne Physik berechtigt, die uns angeblich lehren, daß ein Stein, unser letzter Anhalt an Festigkeit und Realität, nur eine Erscheinungsform, ein Phänomen unserer praktischen Menschensinne sei.[73] Was Kahler hieraus folgert, ist knapp und einfach: Die Realität des sogenannten Realismus sei zu einer seichten Oberflächenrealität entwertet worden.[74]

Kahlers Argumentation bewegt sich damit in den gleichen Bahnen wie jene der Befürworter von abstrakter Kunst. Folgerichtig teilt er deren Meinung und behauptet, daß die "Auflösung der physikalischen Materie ins Energetisch-Dynamische [...] vollkommen der Auflösung des »Gegenstandes« in der bildenden Kunst" entspreche.[75] Was Kahler für die Suche nach möglichen Einflüssen der modernen Physik auf Literatur wichtig werden läßt, ist die Tatsache, daß er die übliche Parallelisierung von Entwicklungen in Physik und Kunst um eine Facette erweitert, wenn er in der "Auflösung der individuellen Psyche, der individuellen Sozialeinheit in der Dichtung" eine Entsprechung zur Auflösung der physikalischen Materie sieht.[76] Für Kahler ist folglich ein an den Vorstellungen des 19. Jahrhunderts und damit am klassischen physikalischen Weltbild orientierter Realismusbegriff wie alle Begriffe, die Wirklichkeit über das sinnlich Wahrnehmbare definieren, auch in bezug auf die Literatur "heute überaus fragwürdig" geworden. Dieser Fragwürdigkeit haben seiner Ansicht nach Künstler aller Bereiche Rechnung getragen:

> Was zu Ende des neunzehnten Jahrhunderts noch als die letzte Frontlinie der Realität gelten mochte, als das Vorfeld, auf dem wahre Kunst, die Kunst des Impressionismus, operierte, das ist heute Etappe, Hinterland geworden, und keiner der großen Künstler unserer Zeit, Dichter, Maler, Musiker, hält sich dort mehr auf.[77]

Zu diesen "großen Künstlern", die mit ihrem literarischen Werk einem neuen Wirklichkeitsverständnis, das "aus der äußersten Verfolgung und Ausschöpfung des sinnlich Wahrgenommenen" erwachsen sei,[78] gerecht wurden, zählt Kahler, wie aus dem weiteren Verlauf seines Essays hervorgeht, neben Baudelaire, Proust, Joyce, Rilke und Hofmannsthal vor allem auch jene

73 Ebd.
74 Ebd., S. 9.
75 Ebd.
76 Ebd. Vgl. auch: Ders.: Die Verinnerung des Erzählens. Zuerst in: Die neue Rundschau 68 (1957), S. 501-546. Hier zitiert nach: Untergang und Übergang, a. a. O., S. 52-197. Kahler verweist auch hier auf die Parallele zwischen den Wandlungen in der Physik, den Kunstformen und den Formverwandlungen des Erzählens (Ebd., S. 53).
77 Ders.: Untergang und Übergang der epischen Kunstform, a. a. O., S. 9.
78 Ebd.

Autoren, die sich wie Musil, Broch, Jünger und Brecht selbst zur modernen Physik äußerten.

Kahler benutzt die Anzeichen einer "neue[n] Transzendenz",[79] die sich für ihn in der Tendenz zur Entgegenständlichung sowohl in Naturwissenschaften als auch in den Künsten bemerkbar zu machen scheinen, um den Wandel des Erzählens zu erläutern und als zeitgemäß darzustellen. Kahlers Blick auf die Literatur ist jedoch im wesentlichen retrospektiv. Er bezieht sich bei seiner Betrachtung der epischen Kunstform auf die 'Großen' der Literatur. Im folgenden wird sich jedoch zeigen, daß die von Kahler auf die Literatur ausgedehnte Parallelisierung von Physik und bildender Kunst auch für die Diskussionen um eine zeitgemäße Literatur nach 1945 eine Rolle spielte.

4. 2. *Plädoyer für eine abstrakte Literatur*[80] ? - *Moderne Literatur. Moderne Wirklichkeit*[81]

4. 2. 1. *Die heilige Fläche.*[82] Ein Fallbeispiel

1947 veröffentlichte der Dichter, Kunst- und Literaturkritiker Kurt Leonhard seine in Form von zwei fiktiven Dialogen abgefaßte Auseinandersetzung mit moderner Kunst unter dem Titel *Die heilige Fläche.* Anläßlich der Neuveröffentlichung im Jahre 1966 sah sich Leonhard dazu gezwungen, sich gegen die Behauptung zu verteidigen, er habe mit Sätzen wie "Mindestens wird man jedem anständigen naturnahen Bild unserer Gegenwart die *Unsicherheitsrelation* irgendwie anmerken müssen [...]"[83] die Aufgabe der Kunst aus der Physik abgeleitet. Gegen diese Anschuldigung wendet er ein, daß er das Verhältnis zwischen Kunst und Physik nur als eine Parallelentwicklung definiert habe, die einen gewissen Hinweis auf die Einheit des Geistes und der Zeitsubstanz gebe, die aber weder über die objektive Richtigkeit der physikalischen Theorien noch über die formale Berechtigung zeitgenössischer Kunst entscheiden könne.[84] Er habe bei den im Text zur Sprache kommenden Parallelen zwischen Physik und Kunst nur eine zeitbedingte Grundgestimmtheit, die vergleichbare Ergebnisse wahrnehmen läßt, im Auge gehabt.[85] Auch wenn Leonhard sich

---

79 Ebd.

80 Walter Jens: Plädoyer für die abstrakte Literatur. In: Texte und Zeichen 1 (1955), H. 4, S. 505-515.

81 Ders.: Moderne Literatur. Moderne Wirklichkeit. Pfullingen 1958.

82 Kurt Leonhard: Die heilige Fläche. Gespräche über moderne Kunst. Stuttgart 1947.

83 Ders.: Die heilige Fläche. Gespräche über moderne Kunst. Objokus. Neue Gespräche. Stuttgart 1966, hier S. 11.

84 Ebd.

85 Zu diesen Parallelen bekennt er sich noch 1966 uneingeschränkt. Für Leonhard bilden Physik und Kunst eine gemeinsame Front bei Veränderungen des menschlichen Wirklichkeitsbewußtseins. So formuliert er im Vorwort zur Neuveröffentlichung wie

1966 davon distanziert, daß Kunst eine Berechtigung aus den Theorien der modernen Physik erhalten könnte, so vermittelt der Text dennoch den Eindruck, als dienten die Erkenntnisse der Mikrophysik für eine Rechtfertigung ungegenständlicher Kunst.

Im ersten, *Der Wille zur Form* überschriebenen Dialog wird mit ganz ähnlichen Formulierungen wie in den unter 4. 1. genannten Beiträgen um Verständnis für eine nicht-naturalistische Kunst geworben.[86] Beim zweiten Dialog, der die vielsagende Überschrift *Der neue Mensch und das neue Bild* trägt, handelt es sich um ein Gespräch zwischen einem Maler, seinem Schüler, einem Kunsthistoriker und einem Dichter. Im Gegensatz zum ersten Dialog ist hier auch die moderne Physik Gegenstand der Unterhaltung. In dem Gespräch stellt der Maler fest, daß keiner, der aus dem Lebensgefühl der Zeit heraus lebe, sich heute ihrer Richtung auf Entgegenständlichung und Entpersönlichung, auch Abstraktion genannt, werde entziehen können. Nachdem der Kunsthistoriker diese Entwicklung als "Zusammenbruch der weltanschaulichen Grundlagen des Abendlandes" definiert hat,[87] werden vom Kunsthistoriker die zentralen Topoi der modernen Physik, Auflösung der Materie, Doppelnatur Welle-Teilchen, Wahrscheinlichkeitsrechnung, Eindeutigkeitsverlust der Begriffe 'Subjekt' und 'Objekt' und die Aufgabe des kausal-mechanistischen Weltbildes referiert.[88] Daraufhin bestimmt der Maler[89] seine Position angesichts der modernen Physik:

> Auch ich habe mich gerade in letzter Zeit sehr intensiv mit der neuen Wissenschaft auseinandergesetzt. Und ich muß sagen, daß ich auf Schritt und Tritt Bestätigungen für die tiefe Notwendigkeit der neuen Kunst gefunden habe.[90]

Im folgenden betont er zwar, daß er völlig unabhängig von irgendwelchen Erkenntnissen auf anderen Gebieten arbeite, hebt aber gleichzeitig hervor, daß Kunst nur dann wahr sei, wenn sie dem innersten Sinn ihrer Zeit entspreche.[91]

---

folgt: "Physik und Malerei -: gerade weil diese beiden Tätigkeiten so unüberbrückbar verschieden erscheinen, lohnt es sich festzustellen, daß sie beide, mehr vielleicht als andere Künste und Wissenschaften, unser heutiges Bewußtseinsfeld erweitern konnten: sie durchbrachen den Augenschein von Materie und Gegenständlichkeit und drangen in die abstrakten Bereiche universeller Strukturen vor. Beide haben uns den Boden des »gesunden Menschenverstandes« unter den Füßen weggezogen, beide setzten an die Stelle eindeutiger Determination einen verschieblichen Spielraum, der die Relativität aller Wahrnehmungen in der untrennbaren Einheit von Subjekt und Objekt offenbar werden läßt." (Ebd., S. 12) Mit dieser Parallelität von abstrakter Kunst und der neuen Materievorstellung, der Neufassung der Kausalität und des Subjekt-Objekt-Verhältnisses ordnet sich Leonhard noch 1966 in die Reihe der unter 4. 1. genannten Beiträge ein, die von ähnlichen Überlegungen ausgehen.

86 Vgl.: Ebd., bes. S. 39, 41 u. 44.

87 Ebd., S. 72.

88 Ebd., S. 73f.

89 Wie aus dem Vorwort zu entnehmen ist, hat Leonhard für den Maler Willi Baumeister zum Vorbild genommen (Ebd., S. 12).

90 Ebd., S. 74.

91 Ebd.

Seiner Ansicht nach werde diese verborgene Gesetzmäßigkeit durch die Tatsache bewiesen, daß Physiker, Maler und Dichter, ohne voneinander zu wissen, fast gleichzeitig so merkwürdig parallele Wege eingeschlagen hätten. Die von ihm gezogenen Parallelen decken sich mit mit jenen Äußerungen zur modernen Kunst, wie sie unter 4. 1. genannt wurden. Über das bisher Festgestellte hinaus geht das Gespräch, wenn sich der Dichter direkt nach den Ausführungen des Malers zu Wort meldet:

> Neulich las ich in dem Buche eines bekannten englischen Physikers, nach den Ergebnissen der neuen Erfahrungswissenschaft müsse man den Geist als die einzige unmittelbare Wirklichkeit betrachten, alles übrige sei nur abgeleitet. Und ein anderer englischer Physiker stellt das Gesetz der Entropie so dar, als wäre die ganze Geschichte des Weltalls nur ein einziger ungeheurer, aber unaufhaltsam fortschreitender Umwandlungsprozeß von mechanischer Energie in elektrische Schwingungen, also von dem, was uns als konkrete Körperlichkeit erscheint, in abstrakte, nur noch mathematisch faßbare Rhythmen. Steht es nicht damit in Übereinstimmung, wenn die Dichter unserer Zeit immer wieder zeigen, daß alles Körperliche nur Gleichnis des Geistigen ist, und wenn sie ihre eigentliche Aufgabe darin sehen, die Gegenstände in Bilder zu verwandeln, alle äußeren Formen in innere Bewegung zu übersetzen und die Dinge und Wesen dieser Erde aus dem sichtbaren Dasein, wo alles *Abstand* ist, in das unsichtbare Dasein eines geistigen Jenseits hinüberzuretten, wo es nichts gibt als *Inbegriff*?[92]

Der Dichter dieses fiktiven Gesprächskreises beschäftigt sich folglich wie der Maler ebenfalls mit der modernen Physik und ihrer Deutung durch Physiker. Auch er sieht mögliche Parallelen zwischen seinem Metier und den von Physikern geäußerten Ideen, wenn der von ihm angesprochene Transfer der Dinge und Wesen der sichtbaren Welt in eine unsichtbare durch die Dichtung der Annahme eines objektiven Geistes und einer zunehmenden Vergeistigung alles Körperlichen in der Physik entsprechen soll. Diese Aussage darf jedoch nicht so gedeutet werden, als handle es sich dabei um die Erfassung des Sichtbaren mittels der dichterischen Sprache, als ginge es um eine bloße Transformation der gegenständlichen Welt in eine Welt der Begriffe. Wäre dem so, dann bestünde das geistige Jenseits, in das es das Sichtbare durch den Dichter zu retten gelte, aus Begriffen, die für etwas anderes stünden. Stattdessen behauptet der Dichter, daß es in der geistigen Welt "nichts als Inbegriff" gebe.

Schon an anderer Stelle des Gesprächs hatte sich der Dichter vehement gegen den Verdacht gewehrt, daß die Dichtung den allgemeinen Zeittendenzen nicht nachgekommen sein könnte. Seiner Ansicht nach hat sich sowohl in den bildenden Künsten als auch in der Dichtung eine Entwicklung vollzogen, bei der äquivalent zur Latenz der modernen Physik, Metaphysik zu werden, auf die Hypothese eines objektiven Geistes zurückgegriffen wird. Diese Entwicklung hat beide weder subjektiv wie in der Romantik noch positivistisch wie im Realismus, sondern objektiv und metaphysisch zugleich werden lassen.[93]

---

92 Ebd., S. 76.

93 Ebd., S. 62f.

Um dies zu belegen, schildert der Dichter den Loslösungsprozeß der Dichtung von der "Poesie des »Als ob«", die das 19. Jahrhundert beherrscht habe.[94] Nachdem die Dichter erkannt hätten, daß im Gleichnis eine Wirklichkeit liegen könne, die über die zufälligen Stimmungswerte hinaus eine Tiefe offenbare, die Objekt und Subjekt verbinde,[95] hätten sie die Motive, die ihnen im äußeren Raum gegenüberstanden, in die Unendlichkeit des inneren Raumes projiziert, wo alles Sichtbare ein zweites unsichtbares Dasein in einem Jenseits des Geistes gewonnen hätte.[96] Die Schriftsteller hätten die Welt solange entwirklicht, bis vom ganzen Dasein nichts mehr übriggeblieben wäre als eine einzige große Musik. Den aktuellen Stand der Dichtung stellt der Dichter seinem Gesprächspartner wie folgt dar:

> Und wir sind jetzt dabei angelangt, gar nicht mehr von Gegenständen oder Eindrücken auszugehen, sondern von der inneren Wirklichkeit, die ihren Ausdruck findet in den Silbenklängen und in den Bilderreihen der Träume, aus jener Tiefenschicht des Unbewußten heraus, die keiner mehr als seinen persönlichen Besitz beanspruchen kann, wo das Ich namenlos wird und im Namenlosen aufgeht. Dort ist alles Inbegriff, was im wachen Tage Abstand ist. An die Stelle des untentrinnbaren Gegenüber und des unwiederbringlichen Einmal setzen wir das große Ineinander einer zeitlosen, zweitlosen Gegenwart. Nicht mehr die Dinge sind uns wichtig, sondern die Beziehungen, nicht mehr die Grenzen, sondern die Überschneidungen, nicht mehr die vergänglichen Melodien, sondern die immerwiederkehrenden Modulationen der gleichen Themen, nicht mehr die zufälligen Iche, die Geburten und die Tode, sondern die unaufhörliche Wiedergeburt des einen, in allen Metamorphosen sich selbst gleichen Seins.[97]

Was hier beschrieben wird, ist der Auflösungsprozeß der Grenzen zwischen Ich und Ding, zwischen Ich und Du. Das Körperliche und Gegenständliche, die empirisch zugänglichen Gegebenheiten, aber auch die individuelle Psyche mit ihren Abstand schaffenden Grenzen treten in der neuen Dichtung zurück. Stattdessen kommt eine "innere Wirklichkeit", eine geistige Wirklichkeit der Strukturen, Beziehungen und Überschneidungen, die eine Art kollektives Unbewußtes repräsentiert, zum Ausdruck. Begriffe wie subjektiv oder positivistisch werden hier fragwürdig, da es sich um eine objektiv geistige Wirklichkeit zu handeln scheint, die überindividuell, überzeitlich und überräumlich ist. Wie wörtlich hierbei die "Silbenklänge und Bilderreihen der Träume" aus einer überindividuellen Tiefenschicht des Unbewußten zu nehmen sind, verdeutlichen die Ausführungen des Dichters in bezug auf das Material der neuen Dichtung:

> Nun ich geniere mich nicht im geringsten, zu gestehen, daß bei mir mehr und mehr die Klangassoziationen, die Silbenfolgen die Führung übernehmen. In den meisten Fällen und gerade bei den Gedichten, die am Ende besonders reich an gedanklichen Einfällen sind, ist zuerst nichts anderes da als eine bestimmte Folge von Wortklängen, die jeden logischen

94 Ebd., S. 63.
95 Ebd.
96 Wie auch das folgende: Ebd., S. 64.
97 Ebd.

Sinnes entbehren können und sich mir doch mit zwingender Gewalt auferlegen. Aus ihnen entwickelt sich ein Rhythmus, eine bestimmte metrische Form, die gleichsam als abstrakte Möglichkeit über mir schwebt und nach Verwirklichung begehrt. Dann stellen sich auch Bilder ein, die sich mit den Silben verbinden, und zuletzt auch Gedanken.[98]

Für den Dichter hat es den Anschein, daß die Worte in ihrer Eigenschaft als Klangfiguren und als Instrumente, Vorstellungen zu fixieren und Gedanken zu vermitteln, selbst zum Gegenstand der Dichtung werden. Worte sind nicht mehr nur dazu da, um vorgefaßte Vorstellungen und Gedanken darzustellen, sondern sie evozieren Vorstellungen und Gedanken. Auf dieses Ineinander kommt es dem Dichter an, wenn sich die "magische[...] Wirkung des Wortes"[99] in der Dichtung entfalten soll. Damit gewinnt das Material des Schriftstellers an Autonomie. In diesem Sinne präzisiert der Dichter seine Selbstinterpretation, wenn er bejaht, daß die Sprache der Literatur erheblich von der Alltagssprache abweiche. Der Unterschied zwischen Bericht und Beschwörung bestehe darin, daß die logische, kausale, syntaktische "Richtigkeit" hinter die Genauigkeit der Entsprechungen von Sinn und Klang, Bild und Gedanke, Rhythmus und Empfindung, Anruf und Antwort, Form und Bewegung, Einzelheit und Ganzheit zurücktrete.[100] Er selbst bringt dies auf die Formel: "Die Worte in der Dichtung schildern nicht mehr - sie *sind*."

Die Analogie zwischen den vom Darstellungszwang befreiten Worten, dem Material der Dichtung, und den unabhängig von der Gegenstandswelt gedachten Flächen, Linien und Farben, dem Material der abstrakten Kunst, liegt auf der Hand. Dichtung berichtet nicht, sondern beschwört eine neue Wirklichkeit, ebenso wie der bildende Künstler gemäß den Theoretikern der abstrakten Kunst nicht nachahmt, sondern neue Realitäten erfindet. Es ist ganz offensichtlich, daß der Dichter in seinen Ausführungen auf die Parallelität der verschiedenen Geistestätigkeiten Dichtung, Kunst und Physik insistiert. Wieder sind es die Phänomene Vergeistigung und Entkörperlichung, die die Argumentation beherrschen. Doch mit ihnen rechtfertigt der Dichter nicht die gegenstandslose Kunst, sondern fordert die Entwicklung der Dichtung hin zu einer 'absoluten Poesie' im Bennschen Sinne, die weniger nach Übereinstimmung mit der Alltagswirklichkeit strebt als sich aus ihren eigenen Gesetzen heraus erfüllt.

Auch wenn man an der behaupteten Parallelität der drei Geistestätigkeiten Dichtung, Kunst und Physik zweifeln mag, bleiben die Parallelen zwischen den Argumentationen für eine gegenstandslose Kunst und für eine von allen äußeren Zwängen befreite Dichtung unstrittig. Doch noch sind die Möglichkeiten, Parallelen, Analogien und Gemeinsamkeiten herzustellen, nicht erschöpft.

98 Ebd., S. 70.
99 Ebd., S. 71.
100 Ebd.

Begriffe wie das Unbewußte,[101] das Unsichtbare,[102] das Prälogische und Präkausale,[103] sowie Formulierungen, die von der Entthronung des gesunden Menschenverstandes sprechen,[104] von der Zerstörung alter Werte, ohne neue Übereinkünfte gefunden zu haben,[105] und von der Alltagswirklichkeit als einer perspektivischen Täuschung[106], lassen sich in ähnlicher Form auch in vielen Texten der in 3. 2. behandelten Autoren nachweisen. So hätte die Vermutung von Eduard, dem Schüler des Malers, daß man jedem anständigen naturnahen Bild unserer Gegenwart die Unsicherheitsrelation, den Verlust der Eindeutigkeit anmerken müsse, auch von Ernst Jüngers Briefschreiber an den Mann im Mond geäußert werden können. Wenn Eduard die Gegenwart gleichzeitig als einen Gewinn an Beziehungen und Möglichkeiten betrachtet, der uns die Welt zu einem Bilderrätsel und die Künstler zu Rätselratern mache, schienen auch ihm wie bereits Jünger die Rätsel im Sichtbaren von größerer Bedeutung als das Eindeutige. Vergleichbar fällt auch die in Kurt Leonhards fiktivem Dialog intendierte Deutung der modernen Physik aus. Sie scheint sich zusammen mit Kunst und Dichtung auf ein gemeinsames Ziel, metaphysisch und objektiv zugleich zu werden, hinzubewegen. Diese Perspektive hätte Hermann Brochs und Robert Musils Zustimmung gefunden. Doch während zum Beispiel Jünger, Musil und Broch in den von der modernen Physik geäußerten Zweifeln an traditionellen Denkkategorien und am kausal-mechanistischen Weltbild die Chance für eine Versöhnung von Exaktem und Nicht-Exaktem, von Wissenschaft und Kunst sahen, wird in der von Leonhard beschriebenen Diskussion über die moderne Kunst, aber auch in den zuvor genannten Beiträgen von Erich Kahler, Willi Baumeister und Emil Preetorius weniger um die Anerkennung des Rätselhaften und der Instabilität dessen, was unseren Sinnen und unserem Alltagswissen fest und definitiv erscheint, geworben. Dies wird vielmehr als unumgängliches Faktum vorausgesetzt. Die Welt ist durch die moderne Physik bewiesenermaßen zum Rätsel geworden. Die Frage lautet nicht mehr, wie einem alles dominierenden kausal-mechanistischen Weltbild und einer absolut gesetzten Rationalität zu entgehen ist. Die Frage lautet nun, wie Kunst und Dichtung angesichts des "Zusammenbruchs der weltanschaulichen Grundlagen des Abendlandes",[107] angesichts der Tatsache, daß es "*nichts mehr* [gibt], *das wir restlos stabil annehmen dürfen*",[108] angesichts einer Welt, in der "das Wesen der Dinge statt eines Stofflichen eine Struktur

101 Wie auch das folgende: Ebd., S. 64.
102 Ebd.
103 Ebd., S. 62.
104 Ebd., S. 76.
105 Ebd., S. 109.
106 Ebd.
107 Ebd., S. 72.
108 Erich Kahler: Untergang und Übergang der epischen Kunstform, a. a. O., S. 8.

[...], ein bloßes System von Beziehungen, also ein Gebilde abstrakter Art"[109] ist, auszusehen haben, um zeitgemäß zu sein.

Zugegeben, es handelt sich bei Kurt Leonhards *Die heilige Fläche* um fiktive Dialoge, und über moderne Literatur spekuliert ein erdachter Dichter. Es könnte niemand verübelt werden, wenn er der Behauptung skeptisch gegenüberstände, daß die Ausführungen des Dichters repräsentativ seien und die Diskussionen um eine moderne Dichtung nach 1945 widerspiegelten. Doch schon der Klappentext für die Neuauflage von *Die heilige Fläche* macht darauf aufmerksam, daß es sich bei den von Leonhard dargestellten Dialogen um mehr als um ein reines Phantasieprodukt gehandelt haben muß. Es wird damit geworben, daß den nicht immer nur fiktiven Unterhaltungen gelänge, was die vielen programmatischen Schriften und interpretierenden Abhandlungen nicht geleistet hätten: die kritische Erörterung, die klärende Auseinandersetzung, das Abwägen und Vermitteln im Für und Wider der Meinungen. Wenn im Klappentext von 1966 die Entstehungszeit der Gespräche rückblickend als eine "Zeit der Hoffnung und des Neubeginns" charakterisiert wird, so stützt dies die These von der Anziehungskraft der modernen Physik als neue Perspektive gerade für die Nachkriegszeit.

Weitere literaturkritische Arbeiten sowie eigene Gedichte[110] Leonhards dokumentieren, daß es sich beim Abwägen der verschiedenen Meinungen nicht nur um ein Für und Wider die abbildende oder die abstrakte Kunst ging, sondern daß dabei auch literaturtheoretische Probleme tangiert wurden, die Leonhard für wichtig genug hielt, um sie nach Erscheinen von *Die heilige Fläche* in anderen Publikationen erneut aufzunehmen. In einem 1957 in der Zeitschrift *Akzente* veröffentlichten Aufsatz bezeichnet Leonhard die Aufhebung des Subjekt-Objekt-Verhältnisses mit der polyperspektivischen Verschränkung entlegener Situationen als Merkmal des modernen Gedichts. Er sieht darin den Wandel unseres Wirklichkeitsbewußtseins dokumentiert, der sich nicht nur in der Lyrik, sondern ebenso im Roman und Drama, in der Malerei und in den wahrhaft surrealistischen Hypothesen der neuen Physik manifestiert habe.[111] Diesen Gedanken nimmt er, ähnlich formuliert, in seiner Monographie *Silbe, Bild und Wirklichkeit* noch einmal auf.[112] Er betont dort, daß mit dem Wandel des Wirklichkeitsbewußtseins die vielerörterte Simultanität und Ubiquität, ferner die Durchlöcherung des Sinnzusammenhanges, die zu einer neuen Transparenz führe, und der Wandel des Sprachmaterials zusammenhänge, der zum Verzicht auf 'wie', 'als ob' und 'ich',[113] zur Aufhebung der festen Syntax und der eindeutigen Zuordnung von Satzgegenstand und

109 Emil Preetorius: Eröffnung der Vortragsreihe, a. a. O., S. 12.
110 Kurt Leonhard: Wort wider Wort. Ausgewählte Gedichte 1934-1973. Mainz 1973.
111 Ders.: Zur Definition des modernen Gedichts. In: Akzente 4 (1957), S. 35-43.
112 Ders.: Silbe, Bild und Wirklichkeit. Gedanken zu Gedichten. Eßlingen 1957, S. 14.
113 Ebd., S. 14f.

Satzaussage geführt habe.[114] Auch noch zehn Jahre nach der Veröffentlichung von *Die heilige Fläche* hielt Leonhard demnach an der von ihm konstatierten Parallelität zwischen Physik, Kunst und Dichtung fest. Hatte er die Parallelität damals vornehmlich an den Vergeistigungs- und Entkörperlichungstendenzen festgemacht, fügt er in den Arbeiten von 1957 als weitere Parallele die Auflösung des eindeutigen Subjekt-Objekt-Verhältnisses hinzu.

Ein 1963 erschienener Text mit dem vielsagenden Titel *Moderne Lyrik. Monolog und Manifest. Ein Leitfaden*[115] beweist vollends, daß diese Parallelen zur modernen Physik für Leonhard kein Nebenaspekt in seiner Sicht auf die moderne Lyrik waren. In dieser Abhandlung werden nicht nur die besagten Parallelen erneut hervorgehoben,[116] sondern es wird zudem, die folgenden Darlegungen gleichsam einleitend, die Vermutung geäußert, daß der lyrischen Dichtung vielleicht niemals eine so hohe Bedeutung zugekommen sei wie in einer Zeit, in der die Argumente der exklusiven Rationalisten erheblich ins Wanken geraten seien und der gesunde Menschenverstand vor der Wissenschaft zum Spott geworden sei.[117] Hierbei bezieht sich Leonhard explizit auf die Probleme der Quantenphysik. Selbst wenn Leonhard die kausale Verknüpfung von moderner Physik und moderner Lyrik gleich wieder zurücknimmt und sich auf das Konstatieren von Analogien und zeitgleichen Parallelerscheinungen beschränkt,[118] zeigt dies dennoch, welche Relevanz den geistigen Bewegungen auf dem Gebiet der Physik zuerkannt wurde, so daß sie ihm permanent erwähnenswert schienen. Hätte Leonhard ihnen keinen argumentativen Wert zugemessen, hätte es ihm genügen können, den Hinweis auf den Wandel im physikalischen Denken nur einmal zu geben.

4. 2. 2. Die neue Wirklichkeit der Dichtung

Die nach den fiktiven Dialogen in *Die heilige Fläche* entstandenen Arbeiten von Kurt Leonhard zeigen, daß die darin enthaltenen Beiträge des Dichters nicht aus der Luft gegriffen waren, sondern in enger Beziehung zu seinen Reflexionen über die moderne Dichtung stehen. Darüber hinaus demonstrieren die unter 4. 1. betrachteten Texte, daß die Dialoge typisch für die zeitgenössische Diskussion über abstrakte Kunst sind. Dies gilt in gleichem Maße für die Auseinandersetzungen um eine adäquate Dichtung nach 1945. Es gibt jedoch noch mehr Autoren, die in ihren Beiträgen zur Situation der modernen Dichtung ganz ähnliche Momente aufgriffen, wie sie in *Die heilige Fläche* beschrieben wurden.

---

114 Ebd., S. 19.
115 Ders.: Moderne Lyrik. Monolog und Manifest. Ein Leitfaden. Bremen 1963.
116 Vgl.: Ebd., bes. S. 43-50.
117 Ebd., S. 20f.
118 Ebd.

Einer dieser Autoren ist Hans Egon Holthusen. In seinem Aufsatz aus dem Jahre 1949 über *Die Bewußtseinslage der modernen Literatur* fordert er, daß wir uns die radikale Emanzipation und Entwurzelung, die schwindelerregende Unsicherheit des modernen Menschen im Sein vergegenwärtigen müßten, wenn wir im Hinblick auf die Veränderung unseres Verhältnisses zur Welt und deren Auswirkung auf die Literatur seit 1910 von einer Erweiterung oder Vertiefung unseres Bewußtseins redeten.[119] Dieser Einwurf gibt ihm die Gelegenheit, auf die Parallelen zur Entwicklung der modernen Physik und auf die durch die methodische Erschließung der atomaren Welt herbeigeführte Grundlagenkrisis des naturwissenschaftlichen Bewußtseins zu verweisen. Er schließt seine Bemerkungen über die nicht-klassische Physik mit einem Zitat des Physikers de Broglie, worin dieser die Vermutung äußert, daß die Kernphysik zu den Grenzen der Fassungskraft unseres Geistes vorgedrungen sein könnte, indem sie auf den Widerstand der Materie gestoßen sei.[120]

Nachdem Holthusen so die allgemeine Bewußtseinslage des modernen Menschen geklärt hat, leitet er zur Bewußtseinslage der modernen Literatur über. Bei den maßgeblichen Autoren glaubt er die Tendenz feststellen zu können, die überkommene und naive Bewußtseinsordnung der Väter zu durchbrechen und zu überschreiten und die Frage nach dem Dasein überhaupt zu stellen.[121] Zwar habe der Dichter zu allen Zeiten nach dem Sinn des Lebens gefragt und diese Frage auf dem Grunde eines sicheren Wirklichkeitsgefühls zu beantworten gesucht, doch frage man heute nach der Möglichkeit des Daseins überhaupt. Die Wirklichkeit selbst sei eine sehr unsichere Sache geworden.[122] Wenngleich er in einem 1953 gehaltenen Vortrag gesteht, daß er der heute weit verbreiteten Neigung, naturwissenschaftliche Resultate mit händereibender Eilfertigkeit auf geisteswissenschaftliche und künstlerische Vorgänge zu übertragen, mißtrauisch gegenüberstehe, könne auch er sich dem Gedanken, daß Einstein und Eliot, Planck und Rilke, Freud und Thomas Mann nicht nur äußere, sondern auch innere Zeitgenossen gewesen seien, nicht verschließen.[123] Da er auch in dem Essay *Das Schöne und das Wahre* auf die erkenntnistheoretischen Erörterungen der modernen Physik und deren Prinzipien der Nichtobjektivierbarkeit und der Komplementarität Rekurs nimmt,[124] um seine Vorstellung vom Wahrheitsgehalt dichterischer Texte als eines

119 Hans Egon Holthusen: Die Bewußtseinslage der modernen Literatur. In: Merkur 3 (1949), H. 6, S. 537-553 u. H. 7, S. 680-689, hier S. 539.

120 Ebd.

121 Ebd., S. 539f.

122 Ebd., S. 540.

123 Ders.: Die Situation des Menschen in der modernen Literatur. In: Die neue Weltschau. Zweite internationale Aussprache über den Anbruch eines neuen aperspektivischen Zeitalters, a. a. O., S. 7-41, hier S. 7.

124 Ders.: Das Schöne und das Wahre in der Poesie. Zur Theorie des Dichterischen bei Eliot und Benn. In: Merkur 11 (1957), H. 4, S. 305-330. Hier zitiert nach: Ders.: Das Schöne und das Wahre. Neue Studien zur modernen Literatur. München 1958, S. 5-37, hier S. 26-29.

"gegenseitigen Sich-Erschließens von Werk und Leser" verständlich zu machen,[125] scheint sein Mißtrauen gegen eine Übertragung naturwissenschaftlicher Erkenntnisse auf Kunst und Literatur nicht sonderlich ausgeprägt gewesen zu sein.

Noch deutlicher als Holthusen spricht Günter Blöcker in seinem Aufsatz über *Die neuen Wirklichkeiten*[126] vom Wesenszusammenhang der modernen Literatur mit der modernen Physik. Blöcker geht davon aus, daß neue Erfahrungen eine neue Sprache verlangten, daß, wer dem Unbekannten auf der Spur sei, nicht nur Richtwege gehen könne und daß, wer in das Innere wolle, unter Umständen die Modelle zerschlagen müsse. Durch diese Entwicklung bahnt sich für Blöcker ein neuer Begriff des Realismus an, der mit Wirklichkeitsnachahmung und augentäuschender Illusion nichts mehr zu schaffen habe.[127] Bezeichnenderweise greift er deshalb im folgenden zu einer Formulierung, wie sie dem Leser nun schon bekannt vorkommen mag: Der moderne Künstler suche den Einklang mit der Natur, ohne sie zu kopieren. Auch das Ungegenständliche könne realistisch sein.[128] Blöcker läßt den solchermaßen sensibilisierten Leser nicht lange warten, bis er in seinen weiteren Ausführungen die Parallelen zur modernen Physik beschwört. Nur wenige Seiten weiter steht zu lesen, daß Musils mächtiger Roman-Torso verrate, was sonst nur die moderne Lyrik erkennen lasse, nämlich daß Dichtung heute weniger Sichtbarmachung der Substanz als Sichtbarmachung von Strukturen sei.[129] Dementsprechend steht für Blöcker fest, daß in "Musils molekularer Epik" der Wesenszusammenhang der modernen Literatur mit der modernen Physik augenscheinlich werde.[130] Obwohl er sich zu der Behauptung vorwagt, daß die Gedanken von Flaubert, Thomas Mann, George oder Benn zur Form "durch die neue Physik ihre nun schon nicht mehr überraschende Bestätigung" erhalten hätten,[131] kann seiner Meinung nach von einer Beeinflussung der Kunst durch die Naturwissenschaften "selbstverständlich" nicht die Rede sein.[132] Da alles Schöpferische unter dem Gesetz der Zeitgenossenschaft stehe, handelt es sich für ihn hier weder um Einflüsse noch um Spiegelungen, sondern um Parallelaktionen.[133]

Mit Kahler, Holthusen und Blöcker kamen Stimmen zu Wort, die die Parallelität zwischen moderner Literatur und moderner Physik bemühten, um retrospektiv die "vielbeschrieene Unverständlichkeit der modernen Dichtung",

125 Ebd., S. 30.
126 Günter Blöcker: Die neuen Wirklichkeiten. Zuerst in: Jahresring 56/57, S. 84-95. Hier zitiert nach: Ders.: Die neuen Wirklichkeiten. Linien und Profile der modernen Literatur. Berlin 1957, S. 7-21.
127 Ebd., S. 13f.
128 Ebd., S. 14.
129 Ebd., S. 16.
130 Ebd.
131 Ebd., S. 17f.
132 Ebd., S. 16.
133 Ebd.

wie Blöcker es nannte,[134] aus einem allgemeinen Bewußtseinswandel heraus zu begründen. Eine vergleichbare Tendenz ließe sich auch in den Äußerungen von Johannes Hübner,[135] Otto Knörrich[136] und Walter Jens[137] nachweisen. Aber schon in Leonhards Dialogen über die moderne Kunst hatte sich angedeutet, daß sich aus dem gewandelten Wirklichkeitsverständnis Perspektiven für die weitere Entwicklung der Dichtung ableiten ließen.

Rudolf Hartung gehört zu jenen, die auf die Möglichkeiten der Literatur nach 1945 eingingen. In einem Beitrag *Zur Situation unserer Literatur* für die Zeitschrift *Welt und Wort* aus dem Jahre 1946 beklagt Hartung, daß es die vom Nationalsozialismus so geförderte Darstellung des bäuerlichen Lebens mit sich gebracht habe, daß die deutsche Literatur nach 1933 hinter unserer Wirklichkeit, der Großstadt und all den Umwandlungen unseres Weltbildes durch die moderne Physik und die Psychoanalyse zurückgeblieben sei.[138] Daraus folgert er, daß eine wesentliche Aufgabe der zukünftigen Literatur darin bestehen dürfte, die Wirklichkeit unserer veränderten Welt und unseres verwandelten Bildes vom Menschen nicht mehr zu übersehen, sondern tatsächlich zu repräsentieren. Doch auch er verneint, daß eine realistische Literatur diese Aufgabe bewältigen kann. Dazu sei jene Wirklichkeit, die die Kunst von Morgen zu realisieren habe, zu verschieden von der Wirklichkeit, die einst das Thema des eigentlichen Realismus und Naturalismus gewesen sei.[139] Stattdessen wünscht er sich in Anknüpfung an die surrealistischen Strömungen einen magischen Realismus.[140]

Frank Thiess spricht in einem an der Akademie der Wissenschaften und der Literatur in Mainz gehaltenen Vortrag mit dem Thema *Dichtung und Wirklichkeit* zwar nicht von Magischem Realismus, doch seine Intentionen bei der Bestimmung der Aufgabe der Dichtung, "der Wirklichkeitsahnung ihrer Zeit Gestalt zu geben",[141] weisen in eine ähnliche Richtung. Weder die literarische Reproduktion dessen, was den Menschen umgibt und was um ihn geschieht, noch die radikale Abkehr von der Wirklichkeit können seiner Meinung nach

---

134 Ebd., S. 13.

135 Johannes Hübner: Befreiung vom Gegenstand. Die formale Entwicklung der modernen Lyrik. In: Athena 2 (1947/48), H. 1, S. 42-45. - Ders.: Der Begriff der Freiheit. Existentialistisch und surrealistisch. In: Athena 2 (1947/48), H. 5, S. 39-41, hier bes. S. 41: "Die Ästhetik des Paradox' als Ausdruck einer Zeit, die durch die Atomphysik die Empirie und damit jeden künstlerischen Realismus ad absurdum führte".

136 Otto Knörrich: Die Wandlungen der lyrischen Aussage. In: Neue deutsche Hefte 2 (1955/1956), S. 618-624.

137 Walter Jens: Mythos und Logos. Dichtung im zwanzigsten Jahrhundert. In: Ders.: Statt einer Literaturgeschichte. Pfullingen 1957, S. 11-22 u. S. 195-199, hier S. 197, Anm. 17.

138 Rudolf Hartung: Zur Situation unserer Literatur. Strömungen und Möglichkeiten. In: Welt und Wort 1 (1946), H. 4, S. 107-110, hier S. 108.

139 Ebd.

140 Ebd., S. 109.

141 Frank Thiess: Dichtung und Wirklichkeit. In: Ders.: Die Wirklichkeit des Unwirklichen. Untersuchungen über die Realität der Dichtung. Hamburg 1954, S. 9-28, hier S. 27.

diese Aufgabe erfüllen. Thiess weist der Literatur die Aufgabe der Erschließung einer "*eigentliche*[n] Wirklichkeitsschicht" zu, die sich unter der Oberschicht befindet, in der sich der Mensch alltäglich bewegt.[142] Eine Anknüpfung der Literatur an die Tradition des Naturalismus kommt für Thiess daher nicht in Frage, zumal er dem Naturalismus vorwirft, er habe sich "mit einer Art von Korpuskulartheorie der Wirklichkeit begnügt".[143] Solch eine Wirklichkeitsauffassung hält Thiess für unzeitgemäß:

> Auch das korpuskulare Wesen der Wirklichkeit erwies sich als unrichtig. Sie war nicht die Summe zahlloser aufeinander bezogener Fakten, sie bestand aus einer wechselnden Beziehung zwischen Kräften der Natur und des Geistes, deren Grenzen sich nicht bestimmen ließen. Das, was man als 'Fakten' ansah, war ebenfalls ständiger Veränderung unterworfen; das Gegenständliche, Begriffliche, Faßbare, Meßbare konnte nur in einem begrenzten Rahmen als 'dinglich' verstanden werden. Eine rationale Gliederung der Umwelt stieß dauernd an irrationale Faktoren, und damit geriet unsere gesamte vom 19. Jahrhundert ererbte Vorstellung von sogenannten 'realen Mächten' ins Wanken.
> Es ist nicht zu leugnen, daß wir seitdem eine neue Beziehung zur Realität gewonnen haben. Wo immer sie uns nur in der dreidimensionalen Form einer errechenbaren und kausal aufeinander bezogenen Tatsachenwelt begegnet, zweifeln wir - an ihrer Realität. Wir zweifeln an ihrer augenfälligen Festigkeit und Verläßlichkeit, an ihrer logischen Evidenz, ja an ihrem elementaren Charakter.[144]

Verweise auf die Erkenntnisse der Mikrophysik in anderen Texten belegen,[145] daß Thiess hier in erster Linie auf das neue Wirklichkeitsverständnis der modernen Physik anspielt. Für ihn hat sich das Realitätsbewußtsein gegenüber den Vorstellungen des 19. Jahrhunderts radikal gewandelt. Die Tatsachen- und Faktenwelt erscheint nur noch als "Scheinwirklichkeit".[146] Daraus leitet sich für Thiess ein ganz neues Verhältnis zwischen Literatur und Wirklichkeit ab. Dichter, die in der "Wirklichkeit nur das kausale Beziehungsnetz der Tatsachenwelt"[147] sehen und dies zur Grundlage einer realistischen Darstellung machen, Dichter, die sich an die "Tatsachen solcher Scheinwirklichkeit" festklammern,[148] sind seiner Ansicht nach dazu verurteilt, früher oder später mit dieser Scheinwirklichkeit unterzugehen. Die Literatur des Surrealismus erscheint Thiess darum als ein notwendiger Schritt auf dem Weg zur Befreiung des Dichterischen aus der Scheinwirklichkeit.[149] Sein Anspruch an die Literatur verlangt jedoch, daß die Dichtung nicht in den neu gewonnenen Freiheiten verharrt. Die neu erschlossene Realitätsahnung kann für ihn ihre "künstlerische

---

142 Ebd., S. 19.
143 Ebd., S. 20.
144 Ebd., S. 21.
145 Vgl.: Ders.: Der unerkennbare Mensch oder Mythos und geschichtliche Wirklichkeit. In: Ders.: Die Wirklichkeit des Unwirklichen, a. a. O., S. 131-164, hier bes. S. 160f. - Ders.: Machen Mikroben Geschichte? In: Die Neue Literarische Welt 3 (1952), Nr. 24, S. 4. - Ders.: Der Zauberlehrling. Roman. München 1975, hier bes. S. 30 und S. 124.
146 Ders.: Dichtung und Wirklichkeit, a. a. O., S. 22.
147 Ebd., S. 23.
148 Ebd., S. 22.
149 Ebd., S. 23.

Form in realen Bezügen finde[n], ohne deshalb in die Reproduktion abzugleiten",[150] wenn es gelingt, was er in Hermann Kasacks Roman *Die Stadt hinter dem Strom* verwirklicht sieht: "reale und irreale Wirklichkeit im Kontaktstrom der dichterischen Ausdruckskraft zusammenfließen"[151] zu lassen. Thiess weist der Dichtung den Auftrag zu, die rational und kausal erfaßbare Scheinwirklichkeit in eine höhere, in die eigentliche Wirklichkeit aufzulösen.

Durch das gewandelte Wirklichkeitsverständnis der modernen Physik in seiner Überzeugung bestärkt, daß es solch eine höhere Wirklichkeit gibt, lehnt Thiess Dichtung ab, die anhand psychologischer Einsichten die Wirklichkeit zu erfassen versucht.[152] Darin stimmt er mit Elisabeth Langgässer überein. Sie beruft sich explizit auf die Erkenntnisse der Relativitäts- und Quantentheorie, um ihre Behauptung zu stützen, daß das Zeitalter der Psychologie unwiederbringlich abgelaufen und der Kant-Laplacesche Dämon eines kausal geschlossenen, gläsern durchsichtigen Weltbildes mechanistischer Prägung in seiner usurpierenden Tendenz über sämtliche Geistesgebiete gebrochen und in seine Grenzen zurückverwiesen worden sei.[153] Mit dem Eintritt in ein neues Zeitalter erscheint ihr der psychologische Roman, der Entwicklungsroman mit seiner kontinuierlichen und kausalen Romanhandlung und seinen ausgedeuteten Charakteren, als atavistisch.[154] Die in den zeitgenössischen Medien vielfach diskutierte Frage nach der Form des Romans, aber auch nach den Formen allen künstlerischen Schaffens, wertet sie in diesem Sinne als Anzeichen einer ganz neuen Bewußtseinslage, die sich nicht nur in der mathematisch-kausalen, sondern in der Welt des Geistes abzuzeichnen beginne.[155]

Den hier genannten Äußerungen zum Verhältnis zwischen moderner Dichtung und moderner Physik liegt die gemeinsame Tendenz zugrunde, daß in ihnen der Anspruch auf eine Beschreibung der empirisch zugänglichen, der rational und logisch-kausal erfaßbaren Welt weder als Kriterium für eine Bewertung von Dichtung noch als Maßstab für eine neuzuschaffende Literatur dienlich erscheint. Der in allen Beiträgen diagnostizierte Wandel des Realitätsbewußtseins verbindet sich mit der Kritik an einer Literatur, die auf ein

150 Ebd., S. 25.

151 Ebd., S. 19.

152 Ebd., S. 12.

153 Elisabeth Langgässer: Möglichkeiten christlicher Dichtung - heute (1948). In: Dies.: Das Christliche der christlichen Dichtung. Vorträge und Briefe. Olten u. Freiburg i. Brg. 1961, S. 13-27, hier S. 17-19.

154 Ebd., S. 20. - Vgl. auch: Dies.: Grenzen und Möglichkeiten christlicher Dichtung (1949). In: Dies.: Das Christliche der christlichen Dichtung, a. a. O., S. 28-45, hier bes. S. 31-34.

155 Dies.: Der geistige Raum des christlichen Schriftstellers in Deutschland (1950). In: Dies.: Das Christliche der christlichen Dichtung, a. a. O., S. 65-81, hier S. 77-79. Für Langgässer beschränkt sich dies nicht auf den Roman. Durch die "Anzweiflung der Kausalität und damit der Naturgesetze" verändert sich für Langgässer auch die Funktion der Lyrik. Sie ist "unbewußte Teilhabe an dem neuen Weltbild, das sich bereits überall abzeichnet" (Dies.: Lyrik in der Krise. In: Berliner Hefte für geistiges Leben 2 (1947), S. 503-506, hier S. 506).

Abschreiben der gegenständlichen, der sichtbaren Alltagswirklichkeit beruht. Ganz offensichtlich klingen hier diejenigen Momente an, die schon die Ausführungen von Musil, Broch oder Jünger geprägt hatten. Die Forderung nach Akzeptanz und Einbeziehung des A-Kausalen, A-Logischen und Unsichtbaren, die Herauslösung der Literatur aus den vom kausal-mechanistischen Weltbild diktierten Vorstellungen wird in diesen Texten erneut gestellt.

Indem Rudolf Hartung, Frank Thiess und Elisabeth Langgässer sich gegen die Vorstellungen des 19. Jahrhunderts wenden, distanzieren sie sich nicht nur vom Naturalismus, den die Nationalsozialisten propagiert hatten, sondern auch von den neorealistischen Darstellungen der Nachkiegszeit, wie sie Heinrich Böll, Wolfdietrich Schnurre oder Alfred Andersch gaben. Wenn sich Erich Kahler, Hans Egon Holthusen und Günter Blöcker darum bemühen, die 'großen' Autoren der ersten Hälfte des 20. Jahrhunderts, die sich vom Literaturverständnis des 19. Jahrhunderts demonstrativ absetzten, aus einem allgemeinen Bewußtseinswandel heraus zu erklären, entwerfen sie ein Bild von moderner Literatur, das an die Kunstvorstellungen Musils, Brochs, Benns oder Jüngers anknüpft. Insofern stellen die hier genannten Beiträge keine Neuorientierung, sondern eine Rückbesinnung dar.

Am deutlichsten offenbart ein Aufsatz Walter Hilsbechers mit dem bezeichnenden Titel *Wie modern ist eine Literatur?*[156] die Rückbesinnung auf literarische Strömungen der ersten Jahrhunderthälfte. Auch er sieht das moderne Bewußtsein und damit die moderne Literatur durch die Erkenntnisse der Psychoanalyse und der modernen Physik bestimmt. Doch in klarerer Form als die oben genannten Verfasser betont er, in welchen Grenzen sich die Abkehr von den Wirklichkeits- und Dichtungsvorstellungen des 19. Jahrhunderts zu vollziehen hat, oder anders ausgedrückt, was moderne Physik, die das Weltbild der klassischen Physik ins Unsichtbare erweitert habe, von einer zukünftigen Literatur gerade nicht verlangt:

> Wenn es eine Konsequenz der Lehre gibt, die die neue Physik uns erteilt, dann wohl kaum die, daß der Mensch anfangen müßte, sich unberechenbar wie ein Atom zu verhalten - oder daß er seine Sprache in gestammelte Laute zerlegt, die sich der kausalen Struktur unseres Geistes entziehen. Eher sollte er sich aufgerufen fühlen, mitzuarbeiten an einer umfassenden Ordnung, die nicht die Starre des Systems, aber die Lebendigkeit des Geistes besäße, worin sich Traum und Mathematik, Ratio und Irrationalität, das Sichtbare und das Unsichtbare zu einer höheren Einheit verbinden.[157]

Was Hilsbecher postuliert, kongruiert mit den Forderungen von Musil, Broch oder Jünger. Er wünscht sich die Wiederherstellung einer ursprünglichen Einheit, einer umfassenden Ordnung.[158] Eine "unter Berufung auf die

---

156 Walter Hilsbecher: Wie modern ist eine Literatur? In: Ders.: Wie modern ist eine Literatur. Aufsätze. München 1965, S. 7-47.

157 Ebd., S. 20.

158 Auch andere Aufsätze Hilsbechers belegen, wie stark er sich den Gedanken Musils, Brochs oder Jüngers annäherte, wenn er unter Berufung auf die Erkenntnisse der Quantenphysik für die Anerkennung eines unauflösbaren Restes und die Wiederherstellung

(scheinbare oder wirkliche) A-kausalität der modernen Physik ihrer gewachsenen Bindungen" beraubte, im "Hinweis auf die A-logik des Unbewußten ins Kindhafte" verstümmelte oder sie verabsolutierende Sprache vermag dies seiner Meinung nach nicht zu leisten.[159] Die moderne Physik stellt für ihn kein Argument gegen die "Berechtigung unserer überlieferten Sprache"[160] dar. Daraus ist zu ersehen, daß für Hilsbecher der Wandel im physikalischen Weltbild und die damit in Verbindung stehende Bewußtseinslage des modernen Menschen nicht zwangsweise mit einer Veränderung der Sprache verbunden ist. Doch schon der Dichter aus Leonhards *Die heilige Fläche* hatte angedeutet, daß das Verhältnis des Dichters zum Material der Dichtung im Zuge der parallelen Entwicklungen von Kunst, Physik und Dichtung Veränderungen erfahren hat. Dies läßt vermuten, daß Hilsbecher seine Einwände nicht ohne Grund formulierte.

4. 2. 3. *Die Wörter und die Welt.*[161] - Moderne Physik und die Zweifel an der überlieferten Sprache

guckguck dada
Klicker Klucker Bicker Bucker Murks
Blindekuh Plumpsack
Erdenklößchen
hollehopp stop
Kiekindiewelt Springinsfeld
Flegel
Schnösel
Weibsstück
Mannsbild
Schöpfungskrönchen
Himmelhastdukeineflöte
Lichter der Großstadt
hak unter kleiner Klunter
ängeln füßeln schnäbeln
Menschen im Hotel
killekillekino
Erdenklößchen[...][162]

---

eines Weltganzen plädiert. Vgl. dazu: Ders.: Essay über den Essay. In: Ders.: Wie modern ist eine Literatur, a. a. O. S. 139-150, hier bes. S. 148. - Ders.: Über die Phantasie. In: Ders.: Wie modern ist eine Literatur, a. a. O., S. 151-167, hier bes. S. 159-163. - Ders.: Zeit und Augenblick. Brief an einen Pragmatiker. In: Ders.: Schreiben als Therapie. Stuttgart 1967, S. 68-87, hier bes. S. 70-75.

159 Walter Hilsbecher: Wie modern ist eine Literatur? A. a. O., S. 18f.

160 Ebd., S. 19.

161 Heinrich Vormweg: Die Wörter und die Welt. In: Akzente 18 (1966), S. 72-84.

162 Kurt Leonhard: Ecce homo. In: Expeditionen. Deutsche Lyrik seit 1945. Hg. v. Wolfgang Weyrauch. München 1959, S. 29f.

Dies ist der Anfang eines Gedichtes von Kurt Leonhard, das 1959 in der Anthologie *Expeditionen* erschienen ist und den Titel *Ecce homo* trägt. Das Gedicht vermittelt im ersten Moment den Eindruck einer sinnlosen Silbenhäufung, indem es die gewohnten Zusammenhänge von Silbe, Wort und Bild ebenso zu unterlaufen scheint wie die logische, kausale und syntaktische Richtigkeit der Sprache.

Ecce Homo folgt auf ein Gedicht, das ebenfalls aus Leonhards Feder stammt und sinnträchtig *Manifest*[163] überschrieben ist. Das *Manifest* legt in der komprimierten Form eines Gedichtes Leonhards Vorstellungen von moderner, zeitgemäßer Lyrik dar. Darin wird betont, daß das Gedicht "weder durch die Wirklichkeit des Alltags noch die Wirklichkeit des Traumes", "sondern einzig durch sich selbst aus sich selbst für sich selbst" ist. Die "Möglichkeit des Menschen" sei "durch die Wahl und Stellung der Worte bestimmt". Das *Manifest* bildet gleichsam den Kommentar zu dem oben stehenden Gedicht. Mit aller Deutlichkeit demonstriert Leonhard hier, wie ernst es ihm mit der propagierten Eigenwirklichkeit des Gedichtes, aber auch mit der Herauslösung des Sprachmaterials aus den Gesetzen der Alltagssprache war. Hatte Leonhard in dem Gedicht *Manifest* angedeutet, daß die Möglichkeiten des Menschen durch die Wahl und Stellung der Worte bestimmt sein könnte, muß man sich angesichts von *Ecce homo* fragen, inwieweit er durch die Destruktion der überlieferten Sprache eine Erweiterung der Möglichkeiten des Menschen im Sinn hatte.

Die Anthologie, in der die beiden Gedichte Leonhards abgedruckt sind, trägt den Namen *Expeditionen*. Dieser Name kommt ihr auch zu, denn Leonhard ist nicht der einzige darin zu Wort kommende Schriftsteller, der Expeditionen in das Feld der Möglichkeiten dichterischer Sprache unternimmt. Wolfgang Weyrauch, der Herausgeber dieser Anthologie, war sich bewußt, daß es sich auch für die Leser um eine Art Expedition in das Reich neuer Lyrik handelte. Daher fordert er die Leser in seinem Nachwort auf, sich den schwer zugänglichen Gedichten nicht zu verschließen, sondern ihnen mit einer Offenheit für Ungewohntes zu begegnen. Die Jahre 1910 bis 1914 stellen für Weyrauch einen Einschnitt dar, mit dem eine Zeit eingeleitet wurde, die von der "des Claudius, ja, von der des Richard Dehmel und Arno Holz aufs äußerste verschieden war". Seit dieser Zeit befinde sich der Mensch "in den äußersten Situationen von Männern, die erfahren haben, daß alles in Frage gestellt ist".[164] Daß dies für die Lyriker nicht gelten sollte, ist seiner Ansicht nach ein Irrtum. Die Scheu vor experimentellen Gedichten kommt ihm daher äußerst unzeitgemäß vor:

> Ähneln sie [die Gedichte] also nicht gleichsam Aufnahmegeräten, auf deren Bänder Überschall und Isotop ihre Stenogramme geritzt haben? Sind sie nicht enzyklopädisch und entsprechen damit nur - nur! - den Verschränkungen der Physik mit der Metaphysik und den

---

163 Ebd., S. 28.

164 Wolfgang Weyrauch: An die Leser. In: Expeditionen, a. a. O., S. 155-161, hier S. 160.

> Berührungen der Formeln Max Plancks und Albert Einsteins mit den Thesen John Henry Newmans und Karl Barths? Dies alles eingerechnet, können, ja, dürfen Sie, meine Damen und Herren, sich vor den sogenannten experimentellen Gedichten scheuen? bei kosmetischen Versen beharren, wie ich mir jene Afterpoesie zu benennen gestatte, die sich, an diesem Tag und an diesem Ort, auf Claudius oder Rainer Maria Rilke schminkt? Ich bin, und nun frage ich allerdings nicht mehr, sondern antworte unumwunden, für diejenigen neuen Gedichte, welche die Dichtung - und also den Menschen - vom Fleck befördern, aus der Bewegungslosigkeit, aus den überholten Ordnungen. Wollen Sie, bitteschön, in Postkutschen fahren? Ganz gewiß nicht. Verzichten Sie, bitte, auch in der Lyrik darauf.[165]

Weyrauch formuliert seine Bitte an die Leser ohne Umschweife. Für ihn sind nur jene Gedichte zeitgemäß, die nicht in tradierten Ordnungen steckenbleiben und alte Gewohnheiten pflegen. Die in der Anthologie versammelten Beiträge von Helmut Heißenbüttel, Franz Mon, Claus Bremer, Eugen Gomringer und Wolfram Menzel belegen, daß es Weyrauch nicht allein um einen Ausbruch aus überholten Ordnungen auf inhaltlicher Ebene, um die Attacke gegen überkommene Denkstrukturen ging, sondern auch um die Auflösung der gewohnten Sprachstrukturen.[166]

Auch Walter Höllerer ist in der Anthologie *Expeditionen* mit drei Gedichten vertreten. Obwohl seine Gedichte weit weniger 'sprachzerstörend' anmuten als jener Beitrag von Kurt Leonhard, gehört er dennoch zu den Autoren, die den tradierten Sprachstrukturen mit Skepsis begegneten. Im Vorwort der von ihm herausgegebenen Lyrikanthologie *Transit* wies Höllerer darauf hin, daß die Lyrik der Jahrhundertmitte seiner Ansicht nach eine von der menschlich-irdischen unterschiedene, überlegenere Zeit-Raumgesetzlichkeit repräsentiere. Die Lyrik widerlege die bisherige Sicherheit im Aufzeigen anthropozentrischer Abläufe und Entwicklungen und erscheine daher im Prüffeld einer Ungesichertheit, auf die alle kleinen Unsicherheiten unserer Tage und die Suche nach Versicherungen zulaufen würde.[167] Wenngleich die neuen Verse für ihn den Versuch darstellen, Zeit- und Raumverschränkungen zu ergreifen, die von den menschlichen Sinnen und vom menschlichen Bewußtsein noch nicht erfaßt seien, verwahrt sich Höllerer davor, hier einen Zusammenhang zur Mystik herzustellen. Die andere Zeit-Raumgesetzlichkeit sei ein Faktum, dessen Vorformen auch die Wissenschaft zu definieren suche und das die Mathematik, die Atomphysik und die Raumfahrtforschung beschäftige.[168]

---

165 Ebd., S. 161.

166 An anderer Stelle hat Weyrauch sich klar dazu geäußert, daß er Gedichte wie die von Franz Mon oder Eugen Gomringer, die aussehen als sei es "kein Deutsch", die "sprachlosen, nahezu stummen Artikulationen" gleichkommen, die "aus einem kybernetischen Labor rühren könnten" (Ders.: Dialog über neue deutsche Lyrik. Itzehoe-Voßkate 1965, S. 45), wenn nicht unbedingt als den richtigen Weg, so doch als "nützlich" für die "Verwandlung der Lyrik" einschätzt (Ebd., S. 48).

167 Walter Höllerer: Vorwort. In: Transit. Lyrikbuch der Jahrhundertmitte. Hg. mit Randnotizen von Walter Höllerer. Frankfurt a. M. 1956, S. IX-XVII, hier S. XII.

168 Ebd.

Die von Höllerer im Vorwort zur Anthologie *Transit* hergestellte Verknüpfung zwischen der Lyrik der Jahrhundertmitte und dem Faktum neuer Zeit-Raumgesetzlichkeiten nahm er 1961 in einem Vortrag erneut auf. Darin präzisiert er seine Behauptung, daß Worte und Verse nicht nur bestätigten, sondern dem Bewußtsein ein neues Grad-Netz im noch nicht definierten Bereich von Wirklichkeiten schaffen würden.[169] In dem in der Zeitschrift *Akzente* abgedruckten Vortrag *Zur Literatur* führt er folgendes aus:

> Ein Satz, z. B. ein Vers aus einem Gedicht: »Wollten sie stehenbleiben weitergehen« ist zunächst ein unlogischer Satz. Er dringt aber durch bis auf eine Grunderfahrung, nämlich der Unlogik des menschlichen Fortschritts, er klingt an die Quantenlogik an, über die Werner Heisenberg reflektiert hat und die allenthalben im Unterbewußtsein heute mitzuspielen scheint. In dieser Quantenlogik muß ein grundlegendes Axiom der aristotelischen Logik oder der Logik des täglichen Lebens außer Kraft gesetzt werden. Es handelt sich um den Satz, daß von einer Aussage entweder die Aussage selbst oder die Negation der Aussage richtig sein kann. Von den beiden Sätzen »Hier steht ein Tisch« oder »Hier steht kein Tisch« muß der eine richtig, der andere falsch sein. In der Quantenlogik existieren Zwischensituationen, bei denen es nicht entschieden ist, ob die Aussage falsch oder richtig ist, und dieser Wert »nicht entschieden« darf keinesfalls als eine Unkenntnis über den wahren Sachverhalt interpretiert werden.
> Als eine mehr unterbewußte Erfahrung steht diese Art Logik im Hintergrund mancher Versformulierungen, Dialogketten, Prosasätze [...]. Ähnlich spielen auch andere im Hintergrund unserer Erfahrung vorhandene, aber noch nicht ganz bewußt gewordene Tatsachen mit, z. B. die Annäherung von Subjekt und Objekt, die Annäherung von Statik und Dynamik. Schwer zu Umschreibendes, wie: das Vibrieren von Statischem als konzentrierte Bewegung, scheint mir in der modernen Lyrik und auch in angrenzenden Künsten auf gemäße Ausdrucksmittel zu harren.[170]

Höllerer spricht es zwar nicht explizit an, aber der von ihm als Beispiel angeführte Vers "Wollten sie stehenbleiben weitergehen" widerspricht der aristotelischen Logik nicht allein, weil 'stehenbleiben' und 'weitergehen' zwei Aktionen sind, die sich aller Erfahrung nach gegenseitig ausschließen. Der Satz ist nicht nur auf inhaltlicher Ebene unlogisch, sondern auch syntaktisch falsch. Die beiden Verben hätten durch eine Konjunktion, zumindest aber durch ein Komma getrennt werden müssen. Die der aristotelischen Logik widersprechende Gleichzeitigkeit der Aktionen wäre durch ein Komma in ein mögliches Nacheinander aufgelöst worden. Mit der Einfügung eines 'oder' wäre die Bedeutung der Aussage auf ein 'entweder-oder', mit der Einfügung eines 'und' auf ein 'nicht-wissen' verschoben worden. Selbst ein 'sowohl-als-auch' hätte den komplementären Zusammenhang von 'stehenbleiben' und 'weitergehen', wie es Höllerer hier im Sinn hatte, nicht zum Ausdruck bringen

---

169 Ebd.

170 Ders.: Zur Literatur. In: Akzente 8 (1961), S. 490-507, hier S. 501f. - Vgl. dazu: Werner Heisenberg: Sprache und Wirklichkeit in der modernen Physik. In: Ders.: Physik und Philosophie. Stuttgart 1959, S. 160-180. Heisenberg greift in diesem Aufsatz die Quantenlogik auf und erklärt sie wie Höllerer anhand der beiden Aussagen: "Hier ist ein Tisch" und "hier ist kein Tisch" (Ebd., S. 175f.).

können. Indem der besagte Satz jedoch gegen die grammatischen Regeln der Sprache verstößt, wird er unlogisch. Damit aber, und das ist der eigentliche Kern von Höllerers Ausführungen, wird der Vers Ausdruck von Erfahrungen, die zwar seiner Ansicht nach Tatsachen, Faktum sind, jedoch noch nicht ins Bewußtsein gelangen konnten, weil sie der aristotelischen Logik einerseits, den bisher gemachten Erfahrungen andererseits widersprechen.

Ohne an dieser Stelle auf das komplexe Beziehungsgeflecht von Logik, Erfahrung und Sprachstruktur, von Sprache und Bewußtsein einzugehen, kann gesagt werden, daß Höllerer in der Sprache Möglichkeiten gegeben sieht, nicht nur zu bestätigen, sondern auch ein neues Grad-Netz im noch nicht definierten Bereich von Wirklichkeit zu schaffen. Daß er dabei in der Tat an Veränderungen der überlieferten Sprache dachte, legte er im Programm der von ihm gegründeten Zeitschrift *Sprache im technischen Zeitalter* dar:

> Veränderungen von Arbeitsweisen und Lebensarten, von Denkweisen drängen zur Sprache, deren Anzeichen in der Sprache sich seit langem schon ankündigten. Nicht einer 'Sprache der Technik' wird hier das Wort geredet, noch soll die Sprache auf ihre zählbaren, mechanischen Gesetzmäßigkeiten zurückgeführt werden, sondern der notwendige Gebrauch und Widerstand der Sprache in einem durch die Technik beeinflußten Jahrhundert ist zu untersuchen. Hier sind die Möglichkeiten aufzufinden, aus den starren Schablonen, verfälschenden Nachahmungen und gedanklichen Neubildungen sich herauszuziehen, die nicht nur in der Sprache ihr Unwesen treiben, sondern die auf Denken, Empfinden und Handeln zurückwirken.[171]

Im folgenden nennt Höllerer drei Hauptfragen, die in den nächsten Heften der neu gegründeten Zeitschrift vorrangig thematisiert werden sollen. Eine davon lautet:

> Machen sich Formen der Logik geltend ('Quantenlogik', nach Heisenberg; Subjekt-Objekt-Vertauschung, nach Whorf), die Widersprüche zur gewohnten Sprachlogik zeigen?[172]

Es ist ganz offensichtlich, daß Höllerer in der Quantenlogik nicht nur ein ideales Beispiel sah, um die "Unlogik" mancher Gedichtverse verständlich zu machen und ihren Wahrheitsgehalt hervorzuheben. Die Erkenntnisse der modernen Physik werden von Höllerer unter die Veränderungen von Denkweisen subsumiert, die zur Sprache drängen. Diese wiederum machen eine Überprüfung der Sprache auf starre Schablonen erforderlich, die von seinem Standpunkt aus Veränderungen im Denken, Empfinden und Handeln im Wege stehen. Kritisch-wissenschaftliche Sprachbetrachtungen stellten für Höllerer nicht die einzige Form dar, anhand derer Sprache auf ihre Zeitgemäßheit überprüft werden konnte. Seiner Meinung nach kommt der Dichtung dabei ein wesentlicher Anteil zu. In einem vor der Bayerischen Akademie der Schönen Künste gehaltenen Vortrag behauptet er, daß die der "Herkömmlichkeit"

---

171 Walter Höllerer: Diese Zeitschrift hat ein Programm. In: Sprache im technischen Zeitalter 1 (1961), H. 1, S. 1f.

172 Ebd.

widersprechenden Erfahrungen im Gedicht ausgedrückt werden können.[173] Laut Höllerer steht der Dichter hierbei vor der schwierigen Aufgabe zu vermeiden, daß das Gedicht unverständlich wird, wenn die Beziehungen zu den als natürlich verstandenen Sprachgewohnheiten völlig abgerissen sind. Dem Gedicht darf die Wahrheit, die es zu sagen gelte, nicht verlorengehen. Es besteht die Gefahr, daß es der gewählten Sprache nicht gelingt, sich "am eigenen Schopf" aus dem "Schubladensystem der Nützlichkeit und Logistik" herauszuziehen.[174] Obwohl, wie er warnt, das geringste Versagen des Fingerspitzengefühls beim "Sprach-Ausrenken", beim Angriff auf die aristotelische Logik im Sprachgebrauch, die Gefahr der Platitüde beinhalte, ist sich Höllerer sicher, daß man in der gegenwärtigen Lage Zuständen begegnen würde, denen unsere Sprachlogik nicht gewachsen sei. Wir seien zwar durch die Tradition der Sprache an die Sprachlogik gebunden, könnten aber in der besonderen Handhabung dieser, durch Zergliederung in Elemente, durch Kombinationen und Lettrismen, das schwer Ausdrückbare andeuten.[175] Höllerer sieht in der bewußten Abweichung von der Tradition der Sprache eine Möglichkeit, um ungewöhnliche Erfahrungen auszudrücken. Im anschließenden nutzt er die Gelegenheit, um erneut auf die Quantenlogik hinzuweisen.[176]

Diese Funktion der poetischen Sprache thematisiert Höllerer auch in seinem Aufsatz *Veränderung*. In der Prosa Helmut Heißenbüttels werde der Sprache zugemutet, daß sie sich gegen sich selber wende, weil der Autor in der Sprache, so wie sie strukturiert sei, die gemachten Erfahrungen nicht wiedergeben könne.[177] Heißenbüttel weiche bewußt von der überlieferten Sprache ab, da die Sprache seit ihren Anfängen mit Sinn beladen sei und von sich aus eine begriffliche und grammatische Gliederung der Bedeutung an die Realität herantrage.[178] Heißenbüttel renke die gewohnte Ordnung der Sprache aus, um mit sprachlichen Mitteln einer Art Quantenlogik beizukommen.[179] Dies sei ein Stil, der die "stoffliche Eindeutigkeit" verliere, sobald man auf Definitionen ausgehe, die nicht mehr innerhalb der konventionellen Problem- und Faktenaufgliederung liegen könne. Dabei stoße man jedoch immer an die Grenzen, die sich die Sprache selber setze.[180] Auch hier verweist Höllerer wieder auf die Quantenlogik, um Sprachmanipulationen zu legitimieren. Um an "Gegenwärtiges ohne gestrige Vorbehalte heranzukommen"[181], wie es

173 Ders.: Wie entsteht ein Gedicht? In: Poetik. Siebente Folge des Jahrbuchs Gestalt und Gedanke. Hg. v. d. Bayerischen Akademie der Schönen Künste. München 1962, S. 93-124, hier S. 120.

174 Ebd., S. 100.

175 Ebd., S. 117f.

176 Ebd., S. 118.

177 Ders.: Veränderung. In: Akzente 11 (1964), S. 386-398, hier S. 387f.

178 Ebd., S. 388.

179 Ebd., S. 389.

180 Ebd.

181 Ders.: Der Autor, die Sprache des Alltags und die Sprache des Kalküls. In: Akzente 14 (1967), S. 211-216, hier S. 216.

Höllerer in seinem Aufsatz *Der Autor, die Sprache des Alltags und die Sprache des Kalküls* formulierte, müsse die Problematik der gegenwärtigen Realitätserfahrung in die sprachliche Gestalt der Texte eingebracht werden.

Neben Weyrauch und Höllerer hat sich auch Hans Bender durch die Herausgabe von Anthologien um die Förderung neuer Dichtung verdient gemacht. Weniger in dem fordernden Ton Höllerers als mehr in dem um Verständnis werbenden Weyrauchs stellt Bender gleichfalls eine Verbindung zwischen der für die zeitgenössische Lyrik zum Problem gewordenen überlieferten Sprache und der modernen Physik her. Im Nachwort zur Anthologie *Junge Lyrik 1956* bedient er sich eines Zitates von Ferdinand Lion, um eine der Intentionen dieser Auslese gegenwärtiger Lyrik zu charakterisieren:

> [...] Lyrik, die 'analog zu der neuen Physik arbeitet, mit Quanten, Wortzertrümmerungen und mit Positra und Neutra, die, viel kunstvoller als die früheren Reimspiele, die Wortkerne umkreisen' (F. Lion), Lyrik, hinter der die menschlichen Selbsterfahrungen dieser unserer Epoche stehen, Lyrik, der die Sprache selber, die verbrauchte, gefällige, konventionelle, zum Problem geworden ist, die mit Neuentdeckungen der Sprache Landschaften zu bewältigen sucht, die - bei ständig wachsender Distanz zu den Vorbildern der Vergangenheit - mit Intellekt, Nüchternheit, Wissen und Handwerk in ihren Rhythmen, Klängen, Metaphern und Worten Ordnung schafft.[182]

Wenngleich hier die Atomzertrümmerung und der Verzicht auf ein Kontinuum zugunsten einer Quantelung durch die moderne Physik nur auf der Ebene einer Analogie mit der Auflösung gewohnter Sprachstrukturen in Verbindung gebracht wird, vermittelt dies den Eindruck einer Koordination von Lyrik und Physik im Reflex auf neue Erfahrungswirklichkeiten. Die Problematisierung der konventionellen Sprache in der jungen Lyrik von 1956 resultiert für Bender weniger aus einer Zerstörungswut als aus der Suche nach einer neuen Ordnung, die vom Überlieferten noch überdeckt scheint.

Einen Zusammenhang zwischen den geistigen Vorbehalten, die verhindern, sich neuen Wirklichkeitserfahrungen bewußt zu werden, und der Sprache stellt auch Marcel Muller in einem Aufsatz über *Benjamin Lee Whorf und die Krise der Literatur* her. Vor dem Hintergrund der Whorf-Sapir-Hypothese, die besagt, daß Grammatik vor aller Logik da sei und daß das Sprachbild im wesentlichen unser Weltbild determiniere, stellt Muller die Frage, wie alt die traditionelle Syntax sei.[183] Die Krise der Literatur des 20. Jahrhunderts beruht für ihn nicht auf einem Zusammenbruch bürgerlicher Werte, sondern geht viel tiefer. Seiner Meinung nach stellt sie nicht nur die Krise der aristotelischen Kategorien in Frage, sondern darüber hinaus die Grundlagen der Sprache, die unsere indo-europäischen Vorfahren geschaffen haben.[184] Als Beweis hierfür dienen ihm zum einen die Arbeiten des Sprachforschers Whorf über die

---

182 Hans Bender: Nachwort. In: Junge Lyrik 1956. Eine Auslese. Hg. v. Hans Bender. München o. J. [1956], S. 57-59, hier S. 58.

183 Marcel Muller: Benjamin Lee Whorf und die Krise der Literatur. In: Sprache im technischen Zeitalter 1 (1962), H. 3, S. 173-183, hier S. 174.

184 Ebd., S. 183.

Sprache der Hopi-Indianer und deren spezifisches Weltbild. Zum anderen verweist er auf die Differenz zwischen klassischer und moderner Physik. Während die Hopi-Indianer nie auf die Idee gekommen wären, ein Weltbild wie das der klassischen Physik zu formulieren, weil sie aus der Sicht der Dinge, die ihnen durch ihre Sprache gegeben sei, keine auf Zeit, Subjekt-Objekt-Geschiedenheit und eine feste Materie angelegte Physik hätten entwickeln können,[185] hätten die modernen Physiker aufgehört, die indoeuropäische Sprache zu sprechen. Sie würden stattdessen nur noch in der Sprache der Mathematik, die ihrer eigenen Syntax gehorche, denken und sprechen.[186] Für Muller gibt es keinen Zweifel daran, daß eine neue Definition des Verhältnisses von Mensch und Universum notwendig nur über eine neue Syntax erreicht werden kann.

Sprach Marcel Muller noch von einer Sprachkrise in der Literatur, so sah sich Bodo Müller dazu gezwungen, den Verlust der Sprache mit der linguistischen Krise der Literatur festzustellen. In seinem Artikel beruft er sich "auf dem Hintergrund einer allgemeinen, nahezu alle Disziplinen umgreifenden Tendenz [...], Wort und Wirklichkeit zum Problem zu stellen", auch auf die Quantentheorie.[187] Weniger unter dem Gesichtspunkt eines Verlustes als unter dem eines Gewinnes betrachtet Jürgen Manthey Arno Schmidts Verhältnis zur Sprache. Der Vorwurf, Arno Schmidt zerhacke die Sprache,[188] mit dem die Schmidt-Kritik ihre Ablehnung begründete, greift für ihn nicht. Manthey verteidigt all jene, die sich von den gewohnten Sprachformen distanzieren, indem er argumentiert, daß der Sprach-Zusammenhalt nur noch ein scheinbarer, ein konventioneller sei, dem unterhalb der Oberfläche keine Ideen-Gemeinsamkeit mehr entspreche.[189] Aus seiner Sicht zerstört Schmidt mit der Neu-Ordnung der Sprache keine Wirklichkeiten, sondern beschleunigt nur eine schon "längst eingetretene Entwicklung", indem "Fassaden" oder "Ruinen" eingerissen würden.[190] Schmidt helfe damit die "Kluft zwischen Gewohnheit und Neuheit"[191] zu überbrücken. Daß diese Kluft auf dem Feld der Sprache überbrückt werden muß, ergibt sich für Manthey unter Hinweis auf die Atomphysik aus der Tatsache, daß die klassische, zusammenhängende Seh- und Schreibweise für unser Zeitalter nicht mehr maßgeblich sei.[192] Infolgedes-

185 Ebd., S. 182.
186 Ebd., S. 183.
187 Bodo Müller: Der Verlust der Sprache. Zur linguistischen Krise in der Literatur. In: Germanistisch-Romanistische Monatsschrift N. F. 16 [d. i.: Jg. 47 d. Gesamtreihe] (1966), S. 225-243, hier S. 241.
188 Jürgen Manthey: Arno Schmidt und seine Kritiker. Bemerkungen zur Artistik in der Zeit. In: Frankfurter Hefte 17 (1962), H. 6, S. 408-416, hier S. 410.
189 Ebd., S. 411.
190 Ebd.
191 Ebd., S. 415.
192 Ebd.

sen begrüßt er Schmidts Versuche der Sprachveränderung, da er in ihnen eine Anpassung an das physikalische Zeitalter erkennen zu können glaubt.

Außer Bodo Müllers Artikel sind alle hier genannten Beiträge von dem Optimismus getragen, daß eine Überprüfung und Neuordnung der überlieferten Sprache neuen Wirklichkeitserfahrungen gerecht werden und die Literatur hierfür ihren Beitrag leisten kann. Ganz im Gegensatz dazu steht George Steiners Aufsatz *Der Rückzug vom Wort.*[193] Für Steiner stellt die wissenschaftliche Erschließung von Wirklichkeiten, die nur noch in mathematischer Sprache erfaßbar sind wie jenen der Quantenphysik oder Relativitätstheorie, eine Verringerung des Wirklichkeitsanteils dar, der mit der allgemeinverständlichen Sprache ausdrückbar ist. Daher glaubt er ein "Hinschwinden der Sprache"[194] konstatieren zu müssen, dem seiner Meinung nach auch die Literatur ausgesetzt ist, weil sie sich nur noch "auf einem sehr begrenzten Felde entfalten"[195] kann. Die Angriffe auf die überlieferten Sprachstrukturen stellen für ihn keine Möglichkeit dar, die neuen Wirklichkeiten doch noch zur Sprache zu bringen. Er ordnet die Versuche der literarischen Spracherneuerer vielmehr in einen Prozeß des Rückzugs vom Wort und der "Zersplitterung und Verarmung unserer Kultur"[196] ein, der beim Schweigen endet.

4. 3. Zusammenfassung

Als Walter Jens ein *Plädoyer für eine abstrakte Literatur* hielt, hatte er zwar nicht Sprachdestruktion im Sinn, aber auch für ihn gab es keinen Zweifel daran, daß zu den Dichtungsvorstellungen des 19. Jahrhunderts nicht zurückgekehrt werden dürfe. Seine Reflexionen über die Abstraktheit vieler zeitgenössischer literarischer Texte und seine Forderung nach "intellektuelle[r] Prosa"[197], die nicht hinter die Leistungen von Musil, Broch oder Kafka zurückfallen dürfe, weil ein "'ungebildeter‘ moderner Romancier" nach diesen wie eine "contradictio in adjecto"[198] erscheine, zeigen deutlich, daß auch er von einer zeitgemäßen Literatur verlangte, die aktuellen wissenschaftlichen Erkenntnisse einzubeziehen. An den Begriff ‘abstrakt’, den Jens in Anspielung auf die Diskussionen um die gegenstandslose Kunst gebrauchte, knüpfen sich zudem zwei Momente an, die in den im vorangegangenen genannten literaturkritischen Auseinandersetzungen immer wieder und in unterschiedlicher Gewichtung thematisiert wurden: die Bewegung der Dichtung weg von einer gegenständlichen Wirklichkeit, die dem Dichter vorgegeben ist und die er

193 George Steiner: Der Rückzug vom Wort. In: Merkur 16 (1962), H. 6, S. 501-523.
194 Ebd., S. 520.
195 Ebd., S. 521.
196 Ebd., S. 515.
197 Walter Jens: Plädoyer für eine abstrakte Literatur, a. a. O., S. 512.
198 Ebd.

nachschreiben kann, und die Bewegung hin auf den Gegenstand Sprache, deren Eigenwirklichkeit der Dichter nicht unterschätzen darf.

Ob nun für eine abstrakte Literatur plädiert wurde oder nicht, zumindest die hier zu Wort gekommenen Autoren scheuten sich nicht, auf die 'abstrakten' Erkenntnisse der modernen Physik hinzuweisen, um Tendenzen der Literaturentwicklung aufzuzeigen oder die Aufgabe der zeitgenössischen Literatur zu bestimmen. Auch wenn die Ansichten über eine zukünftige Dichtung divergieren, demonstrieren die hier versammelten Beiträge zusammen mit den Erörterungen über die gegenstandslose Kunst, daß das neue physikalische Denken über die Vielzahl der naturwissenschaftlichen bzw. naturphilosophischen Aufsätze hinaus auch in Veröffentlichungen aus den Bereichen Kunst und Literatur präsent war. Viele der auf dem Kultur-Sektor tätigen Publizisten fühlten sich nach 1945 dazu aufgerufen, an der Formierung eines neuen Weltbildes, eines Weltbildes, das sich von dem der klassischen Physik wesentlich unterscheiden sollte, mitzuwirken. Heinrich Koch hat diesen Antrieb programmatisch in einem Aufsatz über *Chaplin und die Atomphysik* formuliert. Den Lesern seines Aufsatzes, denen die Frage nach der Beziehung zwischen der Atomphysik und den Filmen Chaplins grotesk anmutet, gibt er folgendes zu bedenken:

> Sie [die Frage nach der Beziehung zwischen Atomphysik und Chaplin] ist aber ebensowenig sinnlos wie die Frage: Was hat der Mensch von heute mit der modernen Atomphysik zu tun? Diese Wissenschaft wird ein neues Weltbild entwerfen, und da die Philosophie sich die neuen Erkenntnisse noch nicht gültig zu eigen gemacht, so ruht die Last, dieses Weltbild zu formen, allein auf den Schultern des Künstlers.[199]

Im vorangegangenen war lediglich ein Überblick darüber gegeben worden, welche Möglichkeiten der Mitwirkung von Kunst und Literatur reflektiert wurden. Hierbei stand der Aspekt der Quantität, d. h. die Präsentation der Menge von Belegstellen im Vordergrund, in denen sich Rezeptionsspuren der modernen Physik nachweisen lassen. In den folgenden Kapiteln soll die Spurensuche anhand von zwei Fallbeispielen, der Dramaturgie Dürrenmatts und der Konkreten Poesie, vertieft werden.

---

[199] Heinrich Koch: Chaplin und die Atomphysik. In: Athena 1 (1946/47), H. 2, S. 55-63, hier S. 63.

5. Friedrich Dürrenmatt: Dramaturgie des Unwahrscheinlichen

Das vierte Kapitel endete mit einem Hinweis auf Heinrich Kochs Beitrag in der Zeitschrift *Athena* über *Chaplin und die Atomphysik*. Es bietet sich an, nochmals auf diesen Artikel einzugehen, weil in ihm ein Aspekt thematisiert wird, der bislang noch keine Beachtung gefunden hat: das Verhältnis von Dramaturgie und physikalischem Weltbild.

Koch unterscheidet in diesem Aufsatz zwischen einer klassischen (aristotelischen) und einer unklassischen Dramaturgie. Die klassische Dramaturgie sei Teil eines Weltbildes, in dem die Kategorien Substanz und Kausalität durch Jahrtausende ihre Gültigkeit bewahrt hätten. Sie entspreche der Wirklichkeit, welche die Physik, die man ebenfalls klassisch nenne, bis 1900 nach allen Seiten ausgeschritten zu haben glaubte.[1] Die unklassische Dramaturgie analogisiert Koch dementsprechend mit der modernen Physik, die seiner Ansicht nach die Kategorien der Substanz und Kausalität ebenso wie die Realität von Raum und Zeit aufgegeben habe.[2] Sie sieht er bei Chaplin vor allem im Verzicht auf eine kausale Verknüpfung der Handlungsreihen realisiert.[3] In Anbetracht seiner Differenzierung zwischen einer klassischen und einer unklassischen Dramaturgie scheint sich Kochs Aufforderung an die Kunst, zusammen mit der Atomphysik ein neues Weltbild zu formen,[4] speziell an die Autoren für Film und Theater zu wenden.

Kochs 1946 formulierte Direktive an die Kunst richtete sich in gewisser Weise auch an den jungen talentierten Stückeschreiber Dürrenmatt. In bezug auf die Person Dürrenmatts wäre Kochs Befürchtung, daß einigen Lesern die Frage der Beziehung zwischen Atomphysik und Chaplin grotesk vorkommen könnte,[5] unnötig gewesen. Gesetzt den Fall, Dürrenmatt hätte diesen Artikel gekannt, wäre er in manchen Punkten mit Kochs Ausführungen einverstanden gewesen. Solch eine Behauptung mag den einen oder anderen irritieren. Die meisten denken bei Dürrenmatt zuerst an *Die Physiker*, ein Theaterstück, das eher den Eindruck einer distanzierten Haltung des Autors gegenüber den

1 Heinrich Koch: Chaplin und die Atomphysik. In: Athena 1 (1946/47), H. 2, S. 55-63, hier S. 61.
2 Ebd.
3 Ebd., S. 63.
4 Ebd.
5 Ebd.

Naturwissenschaften vermittelt.[6] Dürrenmatts Komödie ist jedoch nur ein Teilaspekt seiner Auseinandersetzung mit der Physik. Mindestens ebenso brennend wie die Verantwortung des Wissenschaftlers für die Konsequenzen der technischen Anwendung interessierten Dürrenmatt die Inhalte der Physik. Dieses Interesse erschöpfte sich nicht in der mentalen Aneignung des physikalischen Weltbildes. Selbstaussagen und die theoretische Prosa belegen, daß Dürrenmatt der modernen Physik eine Relevanz für sein Denken und Schreiben beimaß, die es nicht erlaubt, sich mit dem Verweis auf Analogien zur Mikrophysik zu begnügen[7] oder gar zu behaupten, man könne bei Dürrenmatt nichts über die Physik lernen.[8] Die Rezeption von Werken, die sich mit den Erkenntnissen der Quantenmechanik beschäftigen, wirkte in einer Art und Weise auf Dürrenmatts Literatur- und Theatertheorie ein, die unwillkürlich Assoziationen zu Kochs Definition einer unklassischen Dramaturgie weckt.

---

6 Vgl. dazu: Remy Charbon: Die Naturwissenschaft im modernen Drama. Zürich/München 1974, S. 167ff.

7 Vgl. dazu: Gerwin Marahrens: Friedrich Dürrenmatts »Die Ehe des Herrn Mississippi«. In: Friedrich Dürrenmatt. Studien zu seinem Werk. Hg. v. Gerhard P. Knapp. Heidelberg 1976, S. 93-124. Ohne näher darauf einzugehen, sieht Marahrens eine Analogie zwischen der Aufspaltung einer Bühnenfigur in Darsteller und Erzähler, der Aufspaltung in dramatische Aktion und epischen Kommentar sowie dem Wechsel der Spielebenen einerseits und den Prinzipien der Nichtobjektivierbarkeit und der Komplementarität der modernen Physik andererseits gegeben (Ebd., S. 118f.). - Rolf Müller: Komödie im Atomzeitalter. Gestaltung und Funktion des Komischen bei Friedrich Dürrenmatt. Frankfurt a. M. u. a. 1988. Müller sieht Parallelen zwischen der Naturdarstellung in Dürrenmatts Stück "Besuch einer alten Dame" und der modernen physikalischen Naturbetrachtung, die die strenge Geschiedenheit zwischen Beobachter und Beobachtetem in Frage stellt (Ebd., S. 46ff.). Darüber hinaus stellt Müller einen Bezug zwischen der Aufhebung der Naturgesetze und der Zeit, die er im gleichen Stück konstatiert, sowie der Atomphysik her (Ebd., S. 73). Zudem vergleicht er die Auflösung der traditionellen Ordnungs- und Wertvorstellungen bzw. die Auflösung der Trennlinie zwischen Glauben und Wissen im Werk Dürrenmatts mit dem neuen Wissenschaftsverständnis der modernen Physik (Ebd., S. 164ff). Inwieweit Dürrenmatt die Erkenntnisse der modernen Physik bewußt rezipiert haben und somit in seinen Arbeiten weit über mehr oder weniger unbewußte Analogien hinausgegangen sein könnte, wird von Müller nicht reflektiert.

8 Herbert Lehnert: Fiktionale Struktur und physikalische Realität in Dürrenmatts 'Die Physiker'. In: Sprachkunst 1 (1970), S. 318-330, hier S. 326f.

5. 1. *Über die Grenzen*[9]

Über die Grenzen lautet der Titel eines Buches, in dem fünf Gespräche abgedruckt sind, die mit Dürrenmatt kurz vor seinem Tod geführt wurden. Wie der Herausgeber Michael Haller im Vorwort berichtet, hatte man sich noch mit Dürrenmatt auf diesen Titel geeinigt, weil drei Gespräche das Grenzüberschreitende im Denken des Autors zum Inhalt haben sollten.[10] Aus einem der Interviews geht deutlich hervor, was Dürrenmatt unter grenzüberschreitendem Denken verstand. Auf Dürrenmatts Bemerkung, daß er meist "Naturwissenschaftliches oder Philosophisches" lese,[11] entgegnete ihm sein Interviewpartner Sven Michaelsen, daß ein Schriftsteller, der sich mit Naturwissenschaften beschäftige, die Ausnahme sei.[12] Dürrenmatt pflichtet ihm mit Bedauern bei:

> Das verwundert mich immer, denn die Welt dramaturgisch in den Griff zu bekommen, das geht heute ohne Beschäftigung mit der Wissenschaft überhaupt nicht. Was die Welt verändert, ist doch nicht die Politik oder Kunst, sondern eben die Wissenschaft. Die zweite, die naturwissenschaftliche Kultur ist heute das Entscheidende. Die Politik hinkt nach. [...] Die Schriftsteller, die aus Vorsatz naturwissenschaftlich ungebildet sind, verstehe ich nicht. Wer sich aufs rein private Erleben zurückzieht, dem entgeht ungeheuer viel.[13]

Dürrenmatt geht zwar davon aus, daß es zwei Kulturen gibt, aber er hält deren Trennung keineswegs für unüberwindlich. Sie als Schriftsteller nicht überwinden zu wollen, ist ihm sogar unverständlich. Seine Replik erweckt den Eindruck, als könne sich die Welt nur über die Naturwissenschaften erschließen, als sei das Wissen um ihre Erkenntnisse die Voraussetzung dafür, daß dem Schriftsteller die Welt darstellbar wird. Die Naturwissenschaften sind seiner Ansicht nach die bestimmende Kraft für gesellschaftliche Veränderungen. Wer Dürrenmatts Behauptung, die naturwissenschaftliche Kultur sei heute das Entscheidende, voll und ganz in dem Glauben zustimmt, er habe damit die unser Leben umwälzenden Auswirkungen der Technik gemeint, erfaßt den Sinn von Dürrenmatts Aussage nur teilweise. Für ihn liegt die verändernde Kraft der Naturwissenschaft nicht allein in der Anwendung ihrer Erkenntnisse. Die Erkenntnisse selbst sind die Faktoren weitreichender Umwälzungen.

---

9 Friedrich Dürrenmatt: Über die Grenzen. Zürich 1990. - Im folgenden werden die Schriften von Friedrich Dürrenmatt zitiert nach: Friedrich Dürrenmatt: Werkausgabe in 29 Bänden. Zürich 1980 (Im folgenden kurz: WA + Bandangabe). Da in dieser Werkausgabe nicht alle Texte Dürrenmatts enthalten sind, wird ergänzend zitiert aus: Friedrich Dürrenmatt: Gesammelte Werke in 7 Bänden. Hg. v. Franz Josef Görtz. Zürich 1988 (Im folgenden Kurz: GW + Bandangabe). Sofern die Texte weder in WA noch in GW enthalten sind, wird auf die Einzelveröffentlichungen zurückgegriffen.

10 Michael Haller: Vorwort. In: Friedrich Dürrenmatt: Über die Grenzen, a. a. O., S. 7f., hier S. 7.

11 Dürrenmatt über Dürrenmatt: "Man wird immer mehr eine Komödie." In: Friedrich Dürrenmatt. Über die Grenzen, a. a. O., S. 11-27, hier S. 14.

12 Ebd., S. 15.

13 Ebd. Vgl. auch: Ders.: Die Welt als Labyrinth. Ein Gespräch mit Franz Kreuzer. Zürich 1986, S. 32f. u. 45.

Ein Vortrag über Albert Einstein aus dem Jahre 1979 zeigt ganz deutlich, wie wichtig Dürrenmatt gerade die Inhalte der Naturwissenschaften waren. Darin bestimmt er nicht den technischen Fortschritt als Ursache dafür, daß der Nicht-Naturwissenschaftler sich mit den Naturwissenschaften auseinandersetzen muß. Vielmehr macht es seinen Angaben zufolge die Tatsache, daß "heute die Mathematik, die Naturwissenschaften und die Philosophie derart ineinander verflochten sind," notwendig, "daß sich auch Laien mit diesem gordischen Knoten befassen müssen."[14]

Die Überzeugung, daß Philosophie und Naturwissenschaft in irgendeiner Form zusammengehören, beherrschte Dürrenmatt schon, bevor er Einsteins Denken zum Gegenstand eines Vortrags machte. Bereits 1956 thematisierte er in einer Rede die Verflechtung von Philosophie und Naturwissenschaft. Darin fragte er, ob nicht die heutige Form der Philosophie die Naturwissenschaft sei, ob wir uns nicht einer Täuschung hingäben, wenn wir glaubten, immer noch die alte Philosophie des Worts in irgendeiner Form aufrechterhalten zu können, und ob es nicht einfach so sei, daß wir bei Einstein und Heisenberg und nicht bei Heidegger die Ansätze einer neuen Philosophie fänden.[15] Bemerkenswerterweise finden sich diese Überlegungen nicht in einem Vortrag zu philosophischen Themen. Dürrenmatts Ansprache stand unter dem Motto *Vom Sinn der Dichtung in unserer Zeit*. Vor diesem Hintergrund erscheint das Gespann Naturwissenschaft - Philosophie um die Komponente der Dichtung erweitert. Abermals drängt sich die Notwendigkeit der Auseinandersetzung des Schriftstellers mit den Naturwissenschaften auf, wie sie Dürrenmatt im oben genannten Interview betont hat.

Philosophie, Naturwissenschaft und Dichtung, diese drei Bereiche treffen in Dürrenmatts Denken aufeinander. Autobiographische Hinweise,[16] vor allem aber Verweise auf die Lektüre einschlägiger Werke belegen,[17] daß Dürrenmatt seiner Forderung nach einer Beschäftigung des Schriftstellers mit den Naturwissenschaften nachkam. Auskünfte aus dem Dürrenmatt-Archiv[18] und

---

14 Ders.: Albert Einstein. Ein Vortrag (1979). In: WA 27, S. 150-203, hier S. 150.

15 Ders.: Vom Sinn der Dichtung in unserer Zeit (1956). In: WA 26, S. 60-69, hier S. 62.

16 Vgl.: Dürrenmatt über Dürrenmatt, a. a. O., S. 14 f. - Ders.: Persönliche Anmerkung zu meinen Bildern und Zeichnungen. In: WA 26, S. 201-216, hier bes. S. 206. - Ders.: Mondfinsternis. In: GW 6, S. 191-302, hier S. 230f.- Ders.: Die Welt als Labyrinth, a. a. O., S. 36.

17 Im Anhang zu seinem Vortrag "Albert Einstein" (Vgl. ders.: Quellennachweis zu 'Albert Einstein'. In: WA 27, S. 202f.) listet Dürrenmatt unter anderem folgende Abhandlungen als Quellen auf: Wolfgang Büchel: Philosophische Probleme der Physik. Freiburg/Basel/Wien 1965. - Rudolf Carnap: Einführung in die Philosophie der Naturwissenschaft. München 1961. - Stephan Körner: Philosophie der Mathematik. Eine Einführung. München 1968. - Arthur March: Das neue Denken der modernen Physik. Hamburg 1957. - Herman Weyl: Philosophie der Mathematik und Naturwissenschaft. 3. erw. Aufl. München/Wien 1966.

18 Nach Auskunft des Dürrenmatt-Archivs interessierte sich Dürrenmatt für populärwissenschaftliche und wissenschaftsjournalistische Artikel, v. a. aus der "Neuen Zürcher Zeitung" und der Zeitschrift "Bild der Wissenschaft", die er abonniert hatte.

die Erinnerungen seines Freundes, des Physikers Marc Eichelberg,[19] bestätigen zusätzlich diese Behauptung. Im Hinblick auf die Suche nach Einflüssen der modernen Physik auf die Literatur erregen vor allem zwei Autoren, die Dürrenmatt als wichtig für seine Entwicklung bezeichnete, Aufmerksamkeit: Sir Arthur Stanley Eddington und Karl Raimund Popper.[20] Laut Heinz Ludwig Arnold ist Eddingtons Abhandlung *Philosophie und Naturwissenschaft* eines von Dürrenmatts Lieblingsbüchern gewesen. Zudem habe die in Poppers *Logik der Forschung* dargelegte Falsifikationstheorie seinem Denken nahe gestanden.[21] Dies ist insofern bedeutsam, als im 3. Kapitel dieser Studie aufgewiesen werden konnte, daß Eddington und Popper nachhaltig von den Erkenntnissen der Quantenmechanik beeindruckt waren und diese in den oben genannten Werken ausgiebig reflektierten und zu deuten versuchten. Beide, Eddington und Popper, hatten die Verflechtung von Physik und Philosophie erkannt und dem in ihren Werken Rechnung getragen. Dürrenmatt folgte ihrem Beispiel und stellte darüber hinaus einen Zusammenhang zur Dichtung her.

5. 2. "Eine logische Eigenwelt kann gar nicht aus unserer Welt fallen."[22]

Der bereits genannte Vortrag *Vom Sinn der Dichtung in unserer Zeit* bietet einen Anhaltspunkt dafür, wie das Beziehungsgeflecht von Philosophie, Naturwissenschaft und Dichtung im Sinne Dürrenmatts zu verstehen ist. Ursache für seine in diesem Vortrag geäußerte Spekulation, daß es vielleicht angebracht wäre, die traditionelle Philosophie des Wortes durch eine Philosophie der Naturwissenschaft, der Mathematik zu ersetzen, ist die Tatsache, daß seiner Ansicht nach unser Denken "immer mehr und zwangsläufiger aus der Domäne des Wortes herausgetreten und mathematisch abstrakt geworden" sei.[23] Dürrenmatt macht für diese Entwicklung im wesentlichen drei Faktoren verantwortlich. Zum einen sehe sich der Mensch immer gewaltiger von Dingen umstellt, die er zwar handhabe, aber nicht mehr begreife. Zum anderen sei die Menschheit aus dem Bereich der kleinen Zahlen in jenen der großen Zahlen

19 Marc Eichelberg: F. D. und die Naturwissenschaften. In: Friedrich Dürrenmatt. Schriftsteller und Maler. Hg. v. Schweizerischen Literaturarchiv, Bern, und dem Kunsthaus Zürich. o.O. [Bern/Zürich] 1994, S. 225-227.

20 In einer Rede anläßlich der Verleihung der Buber-Rosenzweig-Medaille am 6. März 1977 nennt er u. a. "Eddingtons genialische 'Philosophie der Naturwissenschaften'" und "natürlich Karl Popper" als Quellen, die für ihn wichtig wurden (Ders.: Über Toleranz. Rede anläßlich der Verleihung der Buber-Rosenzweig-Medaille am 6. März 1977. In: WA 27, S. 125-149, hier S. 127).

21 Heinz Ludwig Arnold: Max Frisch und Friedrich Dürrenmatt. Ein Vortrag. In: Ders.: Querfahrt mit Dürrenmatt. Göttingen 1990, S. 15-38, hier S. 21.

22 Friedrich Dürrenmatt: Vom Sinn der Dichtung in unserer Zeit, a. a. O., S. 68.

23 Ebd., S. 61.

getreten, womit Dürrenmatt die zunehmend unpersönlicheren Gesellschafts- und Staatsformen meint.[24] Als dritter und entscheidender Faktor, der im Grunde die beiden zuvor genannten bedingt, kann anhand von Dürrenmatts Ausführungen das Bestreben der Physik bestimmt werden, die "Anschauung, das Bild, das Modell endlich, fallen zu lassen".[25] Die Tendenz, die Natur nicht mehr nur mathematisch zu beschreiben, sondern sie auch mathematisch zu verstehen, erklärt sich für Dürrenmatt aus der Genauigkeit des mathematischen Denkens. Die Mathematik benötige das Bild nicht, sie operiere mit reinen Gedankendingen an sich und besitze eine sichere, immanente Logik.[26] Als Beispiel führt Dürrenmatt an, daß ein mehrdimensionaler Raum, aber auch ein Atom, ein sinnlicher, doch nicht ein mathematischer Unsinn sei.[27]

Das Denken in Worten, das für Dürrenmatt ein anschauliches Denken, ein Denken in Bildern impliziert, wird von ihm dem mathematischen Denken gegenübergestellt. Er nimmt dabei jedoch keine Abwertung des mathematischen Denkens und der Erkenntnisse, die dieses Denken über die Welt zutage bringt, vor. Vielmehr weist er darauf hin, daß wir uns zu sehr daran gewöhnt hätten, die Resultate der Naturwissenschaft als nebensächlich, als Nachricht über eine ungeistige oder mechanische Welt zu betrachten.[28] Demgegenüber räumt er ein, daß durch exaktes, ehrliches Denken über die Welt vielleicht wirklich nichts anderes auszumachen sei als einige wenige Einblicke in die Funktionen einer ewig geheimnisvollen Urkraft. Aus dieser Überlegung ergebe sich die Konsequenz, daß der Rest für den Philosophen Schweigen wäre. Dürrenmatt vermutet daher, daß das physikalische Weltbild nur ein sehr genauer Ausdruck dafür sein könnte, wie wenig wir wüßten. Er ist folglich keineswegs davon überzeugt, daß das, was sich über die Welt in Erfahrung bringen läßt, anschaulich sein muß. Er läßt es offen, ob nicht dem Mathematisch-Abstrakten mehr Wirklichkeitsgehalt zuzuerkennen ist.

Das Denken des Schriftstellers ist ein Denken in Worten. Indem Dürrenmatt den Verdacht hegt, daß die alte Philosophie des Wortes möglicherweise ausgedient hat, indem er annimmt, daß ein Weltbild errichtet wurde, das nur noch demjenigen Wissenschaftler verständlich ist, der das mathematisch-abstrakte Denken beherrscht, stellt sich für ihn automatisch die Frage nach dem "Sinn der Dichtung in unserer Zeit". Doch macht es sich Dürrenmatt mit der Antwort nicht einfach. Für ihn bedroht nicht die Technik, die Existenz von Radio und Fernsehen, den Schriftsteller. Die Gefahr liegt seiner Ansicht nach woanders:

> Der Schriftsteller wird allzu leicht verführt, eine Rolle zu spielen, die ihm nicht zukommt. Die versagende Philosophie überreichte ihm das Szepter. Nun sucht man bei ihm, was man

24 Ebd., S. 63f.
25 Ebd., S. 62.
26 Ebd., S. 61.
27 Ebd., S. 62.
28 Wie auch das folgende: Ebd.

bei ihr nicht fand, ja, er soll gar die fehlende Religion ersetzen. Schrieb der Schriftsteller einst Dinge, so schreibt er jetzt über Dinge.[29]

Erneut spielt Dürrenmatt hier auf ein Versagen der Philosophie an. Während es für ihn in Betracht kommt, daß bei Einstein oder Heisenberg Ansätze zu einer neuen Philosophie gefunden werden könnten, lehnt er es vehement ab, daß die Dichtung an die Stelle der Philosophie tritt. Von seinem Standpunkt aus betrachtet, ist es eine "Überschätzung der Kunst",[30] wenn der Schriftsteller der Welt in dem Glauben gegenübertritt, etwas über sie aussagen zu können, anstatt schöpferisch tätig zu sein. Das Versagen der Philosophie beruht für Dürrenmatt darauf, daß sie sich noch in der Domäne des Wortes, des Bildes aufhält und daher nicht mehr adäquat ist. Die Dichtung, von Natur aus an das Wort gebunden, ist dementsprechend gar nicht in der Lage, Ersatz für die Philosophie zu leisten. Wie Dürrenmatt ausführt, kann auch die Arbeit an der Sprache nichts an diesem Unvermögen ändern:

> Der Schriftsteller verspürt, daß wir heute auf eine Wirklichkeit gestoßen sind, die jenseits der Sprache liegt, und dies nicht auf dem Wege der Mystik, sondern auf dem Wege der Wissenschaft. Er sieht die Sprache begrenzt, doch macht er bei dieser Feststellung oft einen logischen Fehler. Er sieht nicht, daß die Begrenzung etwas Natürliches ist - weil die Sprache nun einmal mit dem Bilde verhaftet sein muß, will sie Sprache bleiben -, sondern er versucht, sie über ihre Begrenzung zu erweitern oder sie gleichsam aufzulösen. Nun ist die Sprache etwas Unexaktes. Exaktheit bekommt sie nur durch den Inhalt, durch den präzisen Inhalt. Die Exaktheit, der Stil der Sprache wird durch den Grad der immanenten Logik ihres Inhalts bestimmt. Man kann nicht an der Sprache arbeiten, sondern nur am Gedanken, am Gedanken arbeitet man durch die Sprache.[31]

Hätte man Dürrenmatt die im 4. Kapitel angesprochenen Vorschläge, in Hinblick auf das moderne physikalische Weltbild nach neuen Sprachkonzepten zu suchen oder gar Sprachdestruktion zu betreiben, unterbreitet, wären sie bei ihm auf wenig Verständnis gestoßen. Im Gegensatz zur Sprache der Mathematik kann sich die Sprache des Schriftstellers seiner Meinung nach nicht vom Bilde lösen und den Abstraktions- und Exaktheitsgehalt annehmen, der notwendig wäre, um über die auf dem Wege der Wissenschaft erreichte, neue Wirklichkeit sprechen zu können. Das bedeutet für Dürrenmatt freilich nicht, daß der Schriftsteller auf Exaktheit verzichten darf. Indessen soll das Bemühen um Exaktheit nicht der Sprache, sondern dem Inhalt gelten. Trotz der von Dürrenmatt behaupteten Divergenz zwischen Mathematik und Dichtung verbirgt sich hinter diesem Gedanken ein Zusammenhang dieser beiden Geistestätigkeiten.

Zu Beginn des Vortrags weist Dürrenmatt darauf hin, daß die Mathematik eine sichere immanente Logik besitzt, die wesentlich zur Genauigkeit des mathematischen Denkens beiträgt.[32] Auch die Exaktheit der dichterischen

29 Ebd., S. 66.
30 Ebd.
31 Ebd., S. 66f.
32 Ebd., S. 61.

Sprache wird laut Dürrenmatt durch eine immanente Logik, "durch den Grad der immanenten Logik ihres Inhalts bestimmt."[33] Diese Parallele ist kein Zufall, wenngleich es eines genauen Lesens bedarf, um sie zu entdecken. Obwohl sie eher unscheinbar anmutet, ist sie ein wesentliches Element des in dieser Rede dargelegten Dichtungskonzepts. Das wird allerdings nur plausibel, wenn man sich klarmacht, daß Dürrenmatt in beiden Fällen die Logik als eine immanente charakterisiert. Sowohl das Mathematische als auch das Dichterische müssen in sich, aber nicht unbedingt an sich stimmig sein. In bezug auf das mathematische Denken veranschaulicht Dürrenmatts Einwand, daß ein mehrdimensionaler Raum und ein Atom ein sinnlicher, aber kein mathematischer Unsinn seien,[34] diesen Sachverhalt. Noch stärker an die Erkenntnisse der Quantenmechanik zurückgebunden, könnte man zudem anführen, daß die Doppelnatur von Welle und Teilchen mathematisch betrachtet kein Problem bereitet, während sie mit unserer Erfahrungswelt unvereinbar scheint und gegen die Prinzipien der aristotelischen Logik verstößt. Welche Bedeutung der immanenten Logik innerhalb der Dichtung zukommt, wird anhand des von Dürrenmatt in diesem Kontext gegebenen Beispiels, *Gullivers Reisen*, deutlich.

Gemessen an unserer Erfahrungswelt ist auch das in *Gullivers Reisen* Geschilderte Unsinn. Dürrenmatt spricht davon, daß darin alles erfunden und gleichsam eine Welt neuer Dimensionen erdacht worden sei.[35] Wie aus Dürrenmatts Argumentation hervorgeht, stellt Swifts Roman kein Abbild der Welt, sondern das "extremste Beispiel" einer "Eigenwelt" dar.[36] Angesichts des Vorstoßes auf eine Wirklichkeit, die jenseits der Sprache liegt und insofern sprachlich gar nicht abbildbar ist, angesichts einer bildlos gewordenen Welt kann für Dürrenmatt der "Sinn der Dichtung in unserer Zeit" nicht im Abbilden der Welt liegen. Konsequenterweise behauptet er, was der Schriftsteller treibe, sei ein Neuschöpfen, ein Aufstellen von Eigenwelten, in der die Welt als Material verwendet wird, als Steinbruch, "aus dem der Schriftsteller die Blöcke zu seinem Gebäude schneiden soll".[37] Da Dürrenmatt in seinen Ausführungen kurz zuvor noch behauptet hatte, der Schriftsteller dürfe sich keine andere Welt dichten,[38] würde er sich an diesem Punkt widersprechen, wenn er nicht den Gedanken von der immanenten Logik eingefügt hätte. In *Gullivers Reisen* ist zwar alles erfunden und eine Welt neuer Dimensionen erstellt worden, aber Dürrenmatt folgert daraus nicht, daß die darin geschaffene Eigenwelt ohne Zusammenhang neben der unsrigen stünde. Stattdessen behauptet er:

> Doch durch die innere, immanente Logik wird alles wieder zu einem Bilde unserer Welt. Eine logische Eigenwelt kann gar nicht aus unserer Welt fallen. Das ist das Geheimnis: die

33 Ebd., S. 67.
34 Ebd., S. 62.
35 Ebd., S. 68.
36 Ebd.
37 Ebd., S. 67f.
38 Ebd., S. 67.

Übereinstimmung der Kunst mit der Welt. Wir haben allein am Stoffe zu arbeiten. Das genügt. Stimmt der Stoff, wird auch das Werk stimmen.[39]

Indem der Schriftsteller die Welt nachahmt, liefert er kein Abbild, das heißt kein Bild, das an sich mit der Wirklichkeit übereinstimmt. Er schafft vielmehr erdichtete und fabulierte Welten, sogenannte Eigenwelten, die, wenn sie in sich stimmig sind und ihren eigenen Gesetzen folgen, nicht den Bezug zur Welt verlieren.

Dürrenmatts Darlegungen betreffen folglich die Beziehung der Dichtung zur Wirklichkeit. Er bestimmt die immanente Logik als Verbindungsglied zwischen dichterischen Eigenwelten und der Wirklichkeit. Infolgedessen weist Dürrenmatt dem Bewußtsein eine größere Bedeutung zu, als auf den ersten Blick erkennbar ist. Indem die aus dem Bewußtsein heraus geschaffenen Beziehungen von Bestandteilen einer Eigenwelt zueinander in sich stimmig sind bzw. einer eigenen Gesetzmäßigkeit folgen, stellen sie keine unmögliche Welt, sondern mögliche Welten dar. Es ist bedeutungslos, wie subjektiv und selektiv der Blick auf die Wirklichkeit ausfällt, um sie als Materie für die Schaffung von Eigenwelten zu benutzen. Die Arbeit am Stoff, die Überführung des Erdachten in logische Strukturen garantiert, daß die Eigenwelt nicht ins Subjektive, ins Private abgleitet. Die immanente Logik gewährleistet, daß das Erdichtete als Bild, als Modell für die Wirklichkeit dienen kann. Nicht eine an das Konzept des Naturalismus angelehnte Dichtung vermittelt ein objektives Bild von der Wirklichkeit, sondern eine Dichtung, die Welten erfindet. In diese Richtung zielt Dürrenmatts Behauptung, daß sich die "Möglichkeit einer neuen Objektivität" biete, wenn der Schriftsteller begreife, daß eine logische Eigenwelt nicht aus der Welt fallen könne.[40]

Das Versprechen einer neuen Objektivität mittels erfundener Eigenwelten klingt so, als wolle Dürrenmatt eine nicht-mimetische Dichtung gleichberechtigt neben die mathematisch-naturwissenschaftliche Beschreibung stellen. Das setzt jedoch voraus, daß eine enge Verbindung zwischen dem, was wir als objektive Außenwelt erkennen, und dem, was wir erfinden können, bestehen müßte. Für Dürrenmatt ist dieser Zusammenhang gegeben:

Es gibt in der deutschen Sprache die zwei Ausdrücke »sich ein Bild machen« und »im Bilde sein«. Wir sind nie »im Bilde« über diese Welt, wenn wir uns von ihr kein Bild machen. Dieses Machen ist ein schöpferischer Akt. Er kann auf zwei Arten verwirklicht werden: durch Nachdenken, dann werden wir notgedrungen den Weg der Wissenschaft gehen müssen, oder durch Neuschöpfen, das Sehen der Welt durch die Einbildungskraft.[41]

Beide Tätigkeiten, das Schaffen von Eigenwelten und das wissenschaftliche Nachdenken über die Welt, sind für Dürrenmatt schöpferische Akte, der Entwurf eines Bildes von der Welt. Die (natur-)wissenschaftlichen Erkenntnisse repräsentieren ein, wenngleich abstrakt-mathematisches und äußerst

39 Ebd., S. 68.
40 Ebd.
41 Ebd.

unanschauliches, künstliches Bild von der Welt. So gesehen wird auch verständlich, welche Rolle die immanente Logik in Dürrenmatts Dichtungskonzept einnimmt. Der Begriff der Logik ist keine ontologische Kategorie. Gegenstand der Logik ist das Denken, die Beziehung der Denkinhalte zueinander. Die Beziehung der Denkinhalte bezeichnet Gesetzmäßigkeiten des Denkens und verweist daher auf das Bewußtsein. Als Denkrahmen prägt sie das Bild, das wir uns von der Welt entweder auf dem Wege der Wissenschaft oder durch Neuschöpfen machen. Sie muß in Dürrenmatts Sinne als ein a priori gegebenes Prinzip unseres Bewußtseins betrachtet werden, das einerseits die Welt als eine logisch strukturierte erkennen, andererseits logisch aufgebaute Eigenwelten erfinden läßt. Wir können folglich nichts in der Außenwelt entdecken, was in der Einbildungskraft nicht schon vorhanden gewesen ist - beziehungsweise umgekehrt -, daß kein Produkt unserer Phantasie aus dem Rahmen dessen fallen kann, was wir als unsere Welt begreifen.[42] Vor diesem Hintergrund entpuppen sich die beiden Antipoden (Natur-) Wissenschaft und Dichtung als zwei vergleichbare Tätigkeiten. Zwar unterscheiden sie sich für Dürrenmatt darin, daß sie verschiedene Modelle der Wirklichkeit entwerfen, daß sich seiner Ansicht nach in der Wissenschaft die Einheit und in der Kunst die Mannigfaltigkeit der Welt zeige,[43] doch haben sie beide eine gemeinsame Wurzel: das Bewußtsein.

Die Analyse von Dürrenmatts Vortrag wäre im Kontext einer Spurensuche nach Einflüssen der modernen Physik auf die Literatur nur mäßig erfolgreich verlaufen, hätte sie als einziges Ergebnis den Nachweis von Dürrenmatts Kant-Rezeption zutagegefördert. Gewiß könnte eine Untersuchung der Einwirkung Kantscher Erkenntniskritik auf Dürrenmatts Denken an diesem Punkt ansetzen. Die permanenten Hinweise auf die moderne Physik in diesem Vortrag regen jedoch dazu an, danach zu forschen, inwieweit gerade die moderne Physik die Aktualität Kants für Dürrenmatts Denken ausmachte. In einer *Skizze zu einem Nachwort* für seinen Vortrag über Albert Einstein, der unter anderem Einsteins Scheitern an der Quantentheorie nachgeht,[44] hat Dürrenmatt den Zusammen-

42 Vgl. dazu Dürrenmatts Text "Der Winterkrieg in Tibet" aus dem Jahre 1981, in dem dieser Zusammenhang, der sich im Vortrag "Vom Sinn der Dichtung in unserer Zeit" nur interpretativ erschließt, direkt angesprochen wird: "Die Welt, wie ich sie erlebe, konfrontiere ich mit einer Gegenwelt, die ich erdenke. Nun sind die Bilder, zu denen man greift, nicht zufällig, auch sie sind schon etwas Vorhandenes, jedes Gedachte ist schon einmal gedacht, jedes Gleichnis schon einmal angewandt worden. In der Phantasie gibt es nichts Neues, alle Strukturen gehen auf Urstrukturen, alle Motive auf Urmotive, alle Bilder auf Urbilder zurück. Selbst die komplizierte räumliche Struktur des Kettenmoleküls, das die Eigenschaften eines jeden Individuums speichert, war in der Einbildungskraft schon vorhanden - sonst hätte sie nicht entdeckt werden können. Urstrukturen, Urmotive und Urbilder sind allen gemeinsam." (Friedrich Dürrenmatt: Der Winterkrieg in Tibet. In: GW 6, S. 9-190, hier S. 77).

43 Ders.: Vom Sinn der Dichtung in unserer Zeit, a. a. O., S. 69.

44 Ders.: Albert Einstein, a. a. O., S. 171f.

hang zwischen Kantscher Erkenntniskritik und moderner Physik selbst formuliert:

> Erst die neue Physik konnte die Identität von Erscheinung und Ding nicht mehr aufrechterhalten. Da nach Kant jedoch die Erscheinung eine Modifikation des Dings im Subjekt darstellt, ist die Erscheinung eines Dings identisch mit der Idee vom Ding; wir haben es in der Wissenschaft mit Ideen von Dingen zu tun.[45]

Welche Rolle die Aktualisierung Kants durch die moderne Physik bereits in Dürrenmatts Vortrag *Vom Sinn der Dichtung in unserer Zeit* spielte, wird im folgenden der Rekurs auf Eddington darlegen.

5. 2. 1. Wie sich die "Methoden des Physikers von der freien Einbildungskraft des Künstlers unterscheiden".[46] Ein Differenzierungsvorschlag von Eddington

Eddington führt in seinem Werk *Die Philosophie der Naturwissenschaft* aus, daß er bei dem Versuch, "eine naturwissenschaftlich begründete Philosophie mit den Etiketten der älteren philosophischen Systeme zu beschreiben", Kant als Führer unter den älteren Philosophen wählen würde.[47] Damit ist schon angedeutet, wo Übereinstimmungen mit Dürrenmatt vorzufinden sind. Viel direkter als Dürrenmatt spricht Eddington davon, daß das physikalische Wissen ein Wissen a priori und rein subjektiv sei, daß es nur den Abdruck des geistigen Rüstzeugs enthülle, durch das wir Kenntnis vom Universum erlangen.[48] Während Dürrenmatt auf seine Behauptung, daß sich in der Wissenschaft die Einheit der Welt zeige,[49] nicht weiter eingeht, erläutert Eddington diesen Zusammenhang anhand des a-priori-Wissens. Seiner Ansicht nach ist unsere Denkform so beschaffen, daß sie nur Analyse-Systeme anerkennt, die den Untersuchungsgegenstand in einander vergleichbare strukturelle Einheiten auflösen.[50] Demzufolge sei es eine Denkgewohnheit, die Mannigfaltigkeit der Welt als Herausforderung zu weiterer Analyse zu betrachten, an deren Endpunkt nichts anderes stehen könne als Gleichheit.[51] Eddingtons Gedankengang entsprechend wird die Entwicklung der Physik durch die in uns "fest verwurzelte Denkform"[52] determiniert: Wir würden fortfahren, unser Analyse-System zu verändern, bis es so beschaffen sei, daß es die Gleichheit liefere, auf der wir bestünden. Dabei wiesen wir frühere Versuche, frühere physikalische Theorien zurück, weil sie nicht gründlich genug gewesen seien.[53] Die Quantentheorie

---

45 Ebd., S. 201.
46 Arthur Stanley Eddington: Die Philosophie der Naturwissenschaft. Bern 1949, S. 145.
47 Ebd., S. 236.
48 Ebd., S. 157.
49 Friedrich Dürrenmatt: Vom Sinn der Dichtung in unserer Zeit, a. a. O., S. 69.
50 Arthur Stanley Eddington: Die Philosophie der Naturwissenschaft, a. a. O., S. 157.
51 Ebd., S. 157f.
52 Ebd., S. 159.
53 Ebd., S. 158.

erscheint so gesehen als Konsequenz unserer Denkform, in die wir unser Wissen zwingen, um die "Gleichheit der letzten Wesenheiten des physikalischen Universums"[54] zu erhalten. In ihr nähere sich die Analyse dem Ideal.[55]

Es ist ein wesentliches Merkmal der modernen Physik, daß sie in den letzten Wesenheiten nicht mehr Gegenständliches, sondern mathematische Strukturen erkennt. Vor dem Hintergrund von Eddingtons Argumentation muß die zunehmende Mathematisierung der modernen Physik ebenfalls als Abdruck unseres Denkrahmens gefaßt werden. Das macht verständlich, warum Dürrenmatt davon spricht, daß unser Denken "immer mehr und **zwangsläufiger**"[56] mathematisch abstrakt geworden sei. Es erklärt auch, was Dürrenmatt damit meint, wenn er behauptet, "unsere Gegenwart [sei] auf Grund der menschlichen Natur **notwendigerweise** so",[57] nämlich bildlos, abstrakt.

Eddington und Dürrenmatt begründen folglich auf ganz ähnliche Weise, weshalb sich die Mathematik mehr und mehr in den Vordergrund des physikalischen Denkens drängte.[58] Dürrenmatt sieht die Ursache für die steigende Bedeutung der Mathematik darin, daß ihr Inhalt nur sie selber und die Beziehungen ihrer Begriffe zueinander sei. Die Mathematik benötige das Bild nicht, weil sie als ein Operieren mit reinen Gedankendingen an sich sein könne und darüber hinaus über eine immanente, sichere Logik verfüge.[59] Obwohl Eddington nicht den Begriff der Bildlosigkeit gebraucht, stellt die Unabhängigkeit der Mathematik von anschaulichen Inhalten auch für ihn ein wesentliches Moment im Kontext der modernen Physik dar. Mathematisches Denken erschöpft sich seiner Ansicht nach nicht darin, daß für irgendwelche Inhalte mathematische Bezeichnungen eingeführt werden. Mathematisches Denken beginne erst dann, wenn "wir zu Beziehungen zwischen Beziehungen oder zu Operationen an Operationen kommen."[60] Dies besagt im Grunde nichts anderes, als daß den Mathematiker die Verknüpfung zweier Elemente und die Verknüpfungen dieser Verknüpfung mit anderen Verknüpfungen, nicht jedoch die Elemente selbst interessieren. Was da letztendlich Beziehungen eingeht, ist von sekundärer Bedeutung und bleibt der inhaltlichen Interpretation überlassen. Die mathematische Beschreibung spezifiziert nur das Muster, die Struktur der Verflechtung von Elementen. Die Eigenschaften, die den Elementen außer ihrer Zugehörigkeit zu dieser Struktur zukommen, werden vernachlässigt. Die einzige Bedingung für das Kriterium der Wahrheit in der reinen Mathematik ist die Widerspruchslosigkeit: Durch logisches Schließen aus den Axiomen

---

54 Ebd., S. 158.
55 Ebd., S. 160.
56 Friedrich Dürrenmatt: Vom Sinn der Dichtung in unserer Zeit, a. a. O., S. 61 (Hervorhebung von der Verfasserin).
57 Ebd., S. 67 (Hervorhebung von der Verfasserin).
58 Einschränkend ist zu bemerken, daß Eddingtons Darlegungen hierzu naturgemäß ausführlicher und sachkundiger sind.
59 Ebd., S. 61.
60 Arthur Stanley Eddington: Die Philosophie der Naturwissenschaft, a. a. O., S. 183.

darf man nicht zu zwei entgegengesetzten Aussagen kommen.[61] Dadurch erhält die inhaltliche Interpretation der mathematischen Symbole einen Spielraum. Vor den Inhalten wird die Stimmigkeit der mathematischen Aussagen durch die Gesetzmäßigkeiten ihrer gegenseitigen Beziehungen, ihr innerer Aufbau und ihre Form konstituiert. Bei der Frage nach der Wahrheit oder besser Richtigkeit ist somit die immanente Logik des Axiomensystems ausschlaggebend, also jene Eigenschaft, die auch Dürrenmatt als charakteristisches Merkmal der Mathematik bestimmt.

Aus der Sicht Eddingtons wird die Mathematik durch diese Kriterien für den Physiker attraktiv. Indem die Physik den physikalischen Gegenstand in ein Beziehungsgeflecht von meßbaren Größen und Zahlen auflöst, wird alles ausgespart, was nur privat erlebbar ist. Die mathematische Beschreibung erfaßt die abstrakte Struktur dieses Beziehungsgeflechtes und ist dadurch mitteilbar.[62] Physikalisches Wissen besteht laut Eddington aus rein strukturellem Wissen. Daher gibt es für ihn keinen Zweifel daran, daß zum exakten Ausdruck von physikalischem Wissen eine mathematische Form wesentlich ist, weil das seiner Ansicht nach die einzige Möglichkeit ist, die es uns erlaubt, Aussagen auf strukturelles Wissen zu beschränken.[63]

Aus der Art und Weise, wie Eddington die Vorteile der Mathematik hervorhebt, könnte man schließen, alles deute darauf hin, die Physik vermittle objektives Wissen über ein vom menschlichen Bewußtsein unabhängiges physikalisches Universum. Am klassischen Verständnis orientiert ist die Physik empirisch angelegt, um ein Wissen a posteriori zu erlangen. Der Physiker sammelt Beobachtungsdaten und bringt sie in eine mathematische Form, um alles subjektiv Behaftete auszusondern. Dennoch sieht Eddington gerade hier eine Lücke, die es ihm erlaubt, das physikalische Wissen als ein a-priori-Wissen zu entlarven. Er hält es für einen Trugschluß anzunehmen, daß eine Sinneswahrnehmung etwas über die Außenwelt zur Kenntnis bringt, das als etwas Nicht-Gedankliches von der Sinneswahrnehmung selbst verschieden ist. Eine Sinneswahrnehmung, die nicht mit dem schon durch andere Sinneswahrnehmungen erlangten Wissen in Beziehung gebracht werde, sage uns nichts. Sie weise nicht einmal auf irgend etwas hin, das außerhalb des Bewußtseins, in dem sie sich vollziehe, gelegen sei.[64] Deshalb steht für Eddington fest, daß der logische "Ausgangspunkt der Physik [...] ein Wissen von der *Gruppenstruktur einer Reihe von Sinneswahrnehmungen* in einem Bewußtsein" ist.[65]

61 Vgl. dazu: Hermann Weyl: Philosophie der Mathematik und Naturwissenschaft. 3. wesentl. erw. Aufl. München/Wien 1966, S. 44f.

62 Vgl. dazu: Arthur Stanley Eddington: Die Philosophie der Naturwissenschaft, a. a. O., S. 180f.

63 Ebd., S. 181.

64 Ebd., S. 187.

65 Ebd.

Wenn das, was die Physiker beschreiben, nur die Struktur ihres Bewußtseins wiedergibt, stellt sich die Frage, wieso sich die Physiker untereinander so gut über diese Inhalte verständigen können. Laut Eddington kann strukturelles Wissen von den Wesenheiten, die die Struktur bilden, abgesondert werden. Diese Tatsache erkläre, wie ein Wissen von irgend etwas ausgedacht werden kann, das nicht Teil unseres Geistes sei. So lange sich Wissen auf Aussagen über die Struktur beschränke, sei es nicht an irgend einen besonderen Inhaltsbereich gebunden.[66] Die Physik macht also strukturelle Aussagen, die den Zusammenhang von physikalischen Gegebenheiten, nicht deren individuelles Wesen betreffen.

Demzufolge offenbart die Physik keine ontologischen Erkenntnisse über physikalische Erscheinungen und Vorgänge, die als Struktur beschrieben werden. Sie spricht in mathematischen Symbolen und Symbolreihen über etwas, aber dieses Etwas ist eine Leerstelle. Über das Etwas kann nichts ausgesagt werden, ja selbst über das Etwas zu spekulieren, hat keinen Sinn, wenn man Eddingtons Argumentation folgt. Die Scheidung zwischen Subjekt und Objekt, die ein Nachdenken über einen Gegenstand außerhalb des Bewußtseins erst sinnvoll werden läßt, ist für Eddington hinfällig:

> Die Erkenntnis, daß das physikalische Wissen ein strukturelles Wissen ist, schafft allen Dualismus des Bewußtseins und der Materie ab. Der Dualismus beruht auf dem Glauben, daß wir in der Außenwelt irgend etwas finden, das seiner Natur nach inkommensurabel ist mit dem, was wir in unserem Bewußtsein vorfinden. Aber alles, was die Physik uns in der Außenwelt entschleiert, ist Gruppenstruktur, und Gruppenstruktur wird auch im Bewußtsein vorgefunden.[67]

Das, was die Physik als Teil der Struktur einer Außenwelt beschreibt, ist immer eine Struktur von Sinneswahrnehmungen. Selbst wenn es etwas gäbe, das nicht sinnlicher Natur wäre, könnte es nur als Sinneswahrnehmung in ein Bewußtsein aufgenommen werden.[68] Ein objektives Gegenstück zu suchen, das dieselbe Struktur hätte wie jene der Sinneswahrnehmung, scheint daher von vornherein als nutzlos. Folglich geben die physikalischen Gleichungen Kunde von den Modalitäten unseres Denkens. Daher kommt Eddington zu dem Schluß, daß die "rein objektiven Quellen des objektiven Elementes in unserem Beobachtungswissen" die geistige Welt sei.[69]

Laut Eddington ist es den Theorien der modernen Physik zu verdanken, daß die wahre Bedeutung des Begriffs der Struktur für die Physik enthüllt wurde. Sie hat seiner Meinung nach gezeigt, daß das physikalische Wissen nicht ein Wissen um Strukturen einer Außenwelt, sondern ein strukturelles Wissen ist.[70] Der damit verbundene Wechsel in der Methode, der Wechsel von einer

66 Ebd., S. 181.
67 Ebd., S. 190.
68 Ebd., S. 191.
69 Ebd., S. 91.
70 Ebd., S. 193.

Betrachtung eines physikalischen Gegenstandes, der durch das physikalische Wissen beschrieben werden soll, zu einer Betrachtung des Wissens über diesen Gegenstand, ist laut Eddington für den Fortschritt in der Physik und letztlich für den Erfolg der Quantentheorie verantwortlich.[71] In der Tat beruht die Quantenmechanik darauf, nicht danach zu forschen, was ein Elementarteilchen ist. Stattdessen setzt sie die Beobachtungsdaten zueinander in Beziehung und ermittelt auf diese Weise mathematische Gleichungen, die das Beobachtungswissen beschreiben.[72] Welche existentiellen Gegebenheiten hinter den Symbolen der mathematischen Formel verborgen sind, bleibt allerdings offen, wenn sie nicht wie bei Heisenberg mit der mathematischen Struktur identifiziert werden.

Eddingtons Entwurf einer Philosophie der Naturwissenschaft führt physikalische Erkenntnis auf Denken und Erkenntnislehre auf formale Logik zurück. Von diesem Ansatz her muß die reine Mathematik bzw. die in ihr entwickelte Gruppentheorie, um den präzisen terminus technicus Eddingtons zu gebrauchen, zwangsläufig eine wichtige Stellung innerhalb der modernen Physik einnehmen. Da, wie Eddington glaubt, die Entdeckungen der Physik in erster Linie zur Wiederentdeckung des eigenen Denkrahmens führen, zeigt auch die Untersuchung der letzten Wesenheiten des physikalischen Universums lediglich mathematische Strukturen auf, die in idealer Form die Strukturen des Bewußtseins repräsentieren. Dementsprechend handelt es sich nicht um eine Entdeckung von Geist in der Materie, sondern um das Wiederfinden dessen, was man zuvor in den Untersuchungsgegenstand hineingelegt hat. Doch geht dies nicht auf ein Ungenügen, auf einen mangelnden Objektivitätswillen der Physik zurück. Vielmehr bedingt die strikte Anwendung und Einhaltung der Analyse-Systeme, die unsere Denkform dem wissenschaftlichen Denken geradezu aufzwingt und hinter der Mannigfaltigkeit der Dinge nach identischen strukturellen Einheiten suchen läßt, daß die Physik mit apriorischem Wissen konfrontiert wird.

Im Sinne Eddingtons hat Dürrenmatt daher recht, wenn er behauptet, daß unser Denken zwangsläufig mathematisch abstrakt wurde, und den Grund dafür in der menschlichen Natur sieht. Auch Dürrenmatts Bemerkung, daß die Physik der Genauigkeit des Denkens zuliebe die Anschaulichkeit verlassen und begonnen hat, die Natur mathematisch zu verstehen,[73] entspricht voll und ganz Eddingtons Gedankengang. Dürrenmatts Formulierung "Genauigkeit des

---

71 Ebd., S. 67 und S. 72.

72 Heisenberg formulierte diesen Zusammenhang wie folgt: "Die moderne Atomphysik handelt also nicht vom Wissen und Bau der Atome, sondern von den Vorgängen, die wir beim Beobachten des Atoms wahrnehmen; das Gewicht liegt also stets auf dem Begriff »Beobachtungsprozeß«. Der Beobachtungsprozeß kann daher nicht mehr einfach objektiviert, sein Resultat nicht unmittelbar zum realen Gegenstand gemacht werden." (Werner Heisenberg: Kausalgesetz und Quantenmechanik. In: Erkenntnis 2 (1931), S. 172-182, hier S. 182).

73 Friedrich Dürrenmatt: Vom Sinn der Dichtung in unserer Zeit, a. a. O., S. 61f.

Denkens" trifft exakt den obigen Sachverhalt. Wohlgemerkt spricht Dürrenmatt bewußt nicht von der Genauigkeit des Ausdrucks. Er differenziert zwischen Ausdruck und Denken, wenn er in seiner Rede betont, daß die Mathematik sowohl "Ausdrucksmittel als auch [...] Denkmethode" der Physik sei. Die Mathematisierung der Physik ist demzufolge auch für Dürrenmatt nicht in erster Linie eine Frage der präzisen Beschreibung physikalischer Erscheinungen, sondern eine Frage des Denkens. Seine Zweifel daran, ob die Resultate der Naturwissenschaften als "Nachricht über eine ungeistige oder mechanische Welt"[74] abgetan werden dürfen, belegen die These, daß auch für Dürrenmatt die Mathematisierung eine Konsequenz des Denkens darstellt, die im Aufdecken der Bewußtseinsstrukturen kulminiert. Desgleichen korrespondiert seine Andeutung, das Weltbild der Physik sei möglicherweise nur ein sehr genauer Ausdruck dessen, wie wenig wir wüßten,[75] mit Eddingtons Hinweis darauf, daß das physikalische Wissen kein Wissen über ein objektives physikalisches Universum vermittelt, sondern ein subjektives Wissen darstellt.

Setzt man diese Bezüge zwischen Dürrenmatts Vortrag und Eddingtons Darlegungen voraus, finden sich in Eddingtons *Philosophie der Naturwissenschaft* weitere Anhaltspunkte dafür, warum Dürrenmatt der traditionellen Philosophie mit Vorbehalten begegnet und weshalb er den Schriftsteller davor warnt, Philosophie zu betreiben. Dürrenmatt nennt die traditionelle Philosophie "die alte Philosophie des Worts".[76] Auch Eddingtons Kritik an den nichtnaturwissenschaftlichen Philosophien, vor allen an jenen, die realistisch ausgerichtet sind, entzündet sich parallel hierzu an einem Sprachproblem: der Beschreibung von Tätigkeiten.

Eddington geht davon aus, daß es keinen Bedeutungsunterschied zwischen 'träumen' und 'einen Traum träumen' oder zwischen 'denken' und 'einen Gedanken denken' gibt.[77] Die Wendung 'einen Traum träumen' erscheine wie eine sinnlose Wiederholung. Dennoch hat sie, wie Eddington zu bedenken gibt, einen Zweck. Wenn man wünsche, auf Einzelheiten einzugehen, so sehe die Sprache keine Möglichkeit vor, sie mit dem Verbum zu verbinden. Stattdessen müsse man dem Verbum ein Objekt geben und die Einzelheiten mit ihm verbinden. Infolgedessen, kritisiert Eddington, würden als Beschreibung des Traumes Einzelheiten angegeben, die ebensogut als Einzelheiten des Träumens hätten angeführt werden können. Den weiteren Erläuterungen Eddingtons ist zu entnehmen, daß dadurch der Anschein erweckt wird, man habe irgendetwas geträumt und der Tätigkeit des Bewußtseins stünde ein Etwas gegenüber, das nicht Teil des Bewußtseins wäre. Seiner Meinung nach trügt der Schein. Für ihn handelt es sich bei dem Glauben, das Bewußtsein

74 Ebd., S. 62.
75 Ebd., S. 62f.
76 Ebd., S. 62.
77 Wie auch das folgende: Arthur Stanley Eddington: Philosophie der Naturwissenschaft, a. a. O., S. 265.

trete bei jeder Art von Erfahrung mit etwas in Beziehung, das außerhalb seiner selbst liege, um einen Irrtum, der den Sprachgesetzen entspringt. Das Fehlen von Verbalformen und von Redewendungen zum näheren Bestimmen von Verbalformen mache es schwer, das Bewußtsein als das zu beschreiben, was es sei, nämlich eine äußerst mannigfaltige Tätigkeit.[78] In der herkömmlichen Sprache könne die Mannigfaltigkeit unserer geistigen Tätigkeit nur als eine Mannigfaltigkeit der Gedanken, aber nicht als eine Mannigfaltigkeit des Denkens beschrieben werden. Während dies laut Eddington für den Physiker keinen Unterschied mache, weil dieser sich mit der Struktur befasse, die Struktur des Denkens aber auch die Struktur des Gedankens sei, scheint hier die Gefahr für die Philosophie zu liegen:

> Aber es führt viele Philosophen dazu, alle Mannigfaltigkeit in den Wahrnehmungen außerhalb des Bewußtseins zu verlegen und das Bewußtsein auf einige nicht analysierbare Tätigkeiten zu beschränken: die Mannigfaltigkeit außerhalb desselben wahrnehmen, begreifen, erinnern, gefühlsmäßig davon erregt sein.[79]

Von Eddingtons Standpunkt aus betrachtet, gehen die Philosophen der Sprache auf den Leim. Die Mathematik hingegen hat im Gegensatz zur herkömmlichen Sprache den Vorteil, daß sie nicht zu dem Trugschluß verleitet, Wahrnehmung könne nur auf einer Beziehung zwischen dem Bewußtsein und einem äußeren Objekt beruhen. Die mathematische, sprich physikalische Gleichung repräsentiert lediglich ein strukturelles Wissen, das heißt die Struktur des Wissens, und nicht ein Wissen über etwas außerhalb des Bewußtseins.

Erneut hat man es hier mit der Exaktheit der mathematischen Sprache zu tun, die in ihrer 'Vergeistigung', in ihrer Unanschaulichkeit und Abstraktheit der Genauigkeit des Denkens entspricht. Die herkömmliche Sprache dagegen suggeriert, daß sich die Bewußtseinstätigkeit immer auf ein Objekt beziehen muß. Das wiederum impliziert, daß man etwas über die Welt sagen, daß man ein objektives Wissen über die Welt erlangen kann. Auf der Grundlage von Eddingtons *Philosophie der Naturwissenschaft* jedoch ist solch eine Annahme abzulehnen.

Analoges läßt sich auch bei Dürrenmatt aufweisen. Er beklagt, daß der Schriftsteller, den Platz der Philosophen einnehmend, heute über Dinge schreibt, anstatt Dinge zu schreiben.[80] Die Vorstellung, über Dinge zu schreiben, setzt die Tätigkeit des Schreibens in Beziehung zu einer äußeren Welt. Sie basiert gleichsam auf der Idee, die Mannigfaltigkeit der Welt liege außerhalb des Bewußtseins. Indessen sieht Dürrenmatt die Aufgabe des Schriftstellers darin, Welten neu zu schöpfen. Die Wendung 'Dinge schreiben' setzt das Verbum 'schreiben' zwar in bezug zu einem Objekt; als ein Neuschöpfen von Eigenwelten definiert, wird dieses Objekt jedoch nicht außerhalb des Geistes angesiedelt. Literatur offenbart Dürrenmatts Angaben

---

78 Ebd., S. 267.
79 Ebd.
80 Friedrich Dürrenmatt: Vom Sinn der Dichtung in unserer Zeit, a. a. O., S. 66.

zufolge die Mannigfaltigkeit der Welt.[81] Berücksichtigt man, daß es sich bei dem, was Dürrenmatt unter Literatur versteht, um die Schaffung von Bewußtseinswelten handelt, erscheint die Mannigfaltigkeit in den Geist verlegt. Nochmals zeigt sich hier die Parallelität von Wissenschaft und Literatur in Dürrenmatts Entwurf. Beide werden von ihm als schöpferische Akte, als die Anfertigung eines Bildes von der Welt beschrieben. Beide haben demnach ihre Wurzeln im Bewußtsein. Sowohl das, was das wissenschaftliche Denken manifestiert, die Einheit hinter Dingen, als auch die Enthüllung der Mannigfaltigkeit hinter den Dingen durch die Kunst sind Produkte des Geistes.

In bezug auf das wissenschaftliche Denken stützen Eddingtons Ausführungen Dürrenmatts These vom schöpferischen Akt. Der *Philosophie der Naturwissenschaft* ist zu entnehmen, daß die von der Philosophie ans Licht gebrachte Einheit hinter den Dingen auf das Denkwerkzeug, nicht jedoch auf die Eigenschaften des physikalischen Universums zurückgeht. Für Eddington liegen wie bei Dürrenmatt Entdeckung und eigene Erzeugung nahe beieinander. Daher zögert er nicht, den Physiker mit einem Bildhauer zu vergleichen, der seine phantastische Theorie, die Form eines menschlichen Kopfes existiere in einem unbehauenen Marmorblock, dadurch beweist, daß er mit dem Meißel die Form eines menschlichen Kopfes aus dem Marmorblock herausschlägt.[82] Eddington zieht sogar die Möglichkeit in Betracht, daß die Experimentalphysiker zur Zeit seiner Niederschrift der *Philosophie der Naturwissenschaft* die Neutrinos noch nicht entdeckt haben, weil sie zu wenig Phantasie hatten, um sich Neutrinos vorzustellen.[83]

Obwohl er beide Tätigkeiten für vergleichbar hält, glaubt er allerdings nicht, daß "die analytische Einbildungskraft des mathematischen Physikers sich *bis jetzt* in die unbeschränkte Einbildungskraft des Künstlers verwandelt hat."[84] Gemäß Eddington unterscheidet sich die freie Einbildungskraft des Künstlers von der Methode des Physikers, weil dieser das Spiel nach gewissen Regeln spielt, die tief in der menschlichen Denkform verwurzelte erkenntnistheoretische Prinzipien darstellen.[85] Aus der Verbindung der Analyse als der "grundlegendste[n] aller Denkformen" der wissenschaftlichen Auffassungsweisen[86] mit einer atomistischen Vorstellung entwickelten sich der Strukturbegriff und die damit einhergehende Mathematisierung als weitere wesentliche Komponenten des wissenschaftlichen Denkens. Zusammen gehören sie mit zu den Spielregeln, nach denen sich der Physiker richtet und die seine Einbildungs-

81 Ebd., S. 69.
82 Arthur Stanley Eddington: Philosophie der Naturwissenschaft, a. a. O., S. 141f.
83 Ebd., S. 143.
84 Ebd., S. 144.
85 Ebd.
86 Ebd., S. 151.

kraft so lenken, daß er nur das entdeckt bzw. selbst erzeugt, was sich in diesen Denkrahmen einzwängen läßt.[87]

Der in Schranken verwiesenen Einbildungskraft des Physikers setzt Eddington die "unbeschränkte Einbildungskraft des Künstlers" entgegen, ohne allerdings näher zu erläutern, wie weit denn die Freiheit des Künstlers geht. Ganz so unbeschränkt, wie es bei Eddington erscheint, möchte Dürrenmatt die Einbildungskraft des Künstlers, zumindest im Falle des Schriftstellers, nicht sehen. Der von Dürrenmatt in seinem Vortrag als Ideal vorgestellte Schriftsteller hat zugegebenermaßen mehr Freiheiten. Seine Tätigkeit steht nicht wie die von Eddingtons Physiker unter dem Topos der Analyse, der Zergliederung eines Ganzen in gleiche Teile. Seine Arbeit ist vielmehr unter dem Gesichtspunkt der Komposition zu betrachten, da er Bruchstücke der Welt zu einem neuen Ganzen, zu den sogenannten Eigenwelten verschmilzt. Schon vom Ansatz her als formendes Bewußtsein konzipiert, braucht Dürrenmatts Schriftsteller nicht auf die herkömmliche Sprache, auf Inhalte und Anschaulichkeit zu verzichten. Er muß nicht wie der Physiker mittels der mathematischen Formulierung, mittels der Behandlung rein strukturellen Wissens von der Individualität des formenden Bewußtseins absehen. Diese Freiheiten erlauben es dem Schriftsteller, viele verschiedene Eigenwelten zu schaffen, während der Physiker nur eine einzige Eigenwelt, das 'physikalische Universum', hervorbringt. Trotz dieser relativen Uneingeschränktheit beharrt Dürrenmatt auf einem Regulativ für die Einbildungskraft des Schriftstellers: seine Schöpfung muß einer immanenten Logik gehorchen.

Der Schriftsteller darf zwar laut Dürrenmatt "nicht an der Sprache arbeiten, sondern nur am Gedanken",[88] doch in dieser Negation schwingt die Aufforderung zur Arbeit am Gedanken mit. Exaktheit bekomme die Sprache nur durch den präzisen Inhalt, durch den Grad der immanenten Logik ihres Inhalts.[89] Infolgedessen hat auch der Schriftsteller der Genauigkeit des Denkens Rechnung zu tragen, indem er seiner Gedankenwelt eine Struktur gibt, die auf eine logische Verknüpfung der Bestandteile zueinander schließen läßt. Keine Mimesis betreibend und somit nicht die logischen Strukturen, die sich in der Alltagswirklichkeit vorfinden, abbildend, erfordert die Gesetzmäßigkeit der Eigenwelt keine Gegenstandsentsprechung. Die immanente Logik der erdichteten Welt hat formalen Charakter und repräsentiert Denkgesetze. Sie kennzeichnet folglich nicht die Übereinstimmung von Verstand und Sache, sondern von Denkstrukturen und der Struktur des Gedachten. Analog zu Eddingtons Darstellung der zur reinen Mathematik gewordenen Physik weist Dürrenmatt ein Struk-

87 Als weitere einfache Denkformen, die die Physik trotz der modernen Theorien weiter beherrschen, nennt Eddington darüber hinaus den Begriff der Permanenz, der Selbstgenügsamkeit der Teile und die Vorstellung, daß das durch Sinneserfahrung erlangte Wissen als Beschreibung des Universums dient (Vgl.: Ebd., S. 172).

88 Friedrich Dürrenmatt: Vom Sinn der Dichtung in unserer Zeit, a. a. O., S. 67.

89 Ebd.

turmerkmal, das aus dem Bewußtsein stammt, als Wahrheitskriterium, als Kriterium für die Stimmigkeit des Werkes aus. Demnach gehen die Spielregeln, die die Phantasie des Schriftstellers lenken, ebenso auf Denkstrukturen zurück wie jene, die die Einbildungskraft des Physikers dirigieren.

Bisher war unerwähnt geblieben, daß die Denkformen oder Denkstrukturen, die nach Eddington a priori die Grenzen festlegen, innerhalb derer die Physiker ihre 'Prokrustes-Tätigkeit' ausüben,[90] für ihn keineswegs Denknotwendigkeiten darstellen. Seines Erachtens gibt es keine Bürgschaft dafür, daß die Regeln, die zu einem bestimmten Zeitpunkt das Beschreibungsschema der Physik beeinflussen, für alle Zeiten gelten. Schließlich könne ein Knabe, der unerhörterweise die Regeln des Fußballspieles breche, von seinen Kameraden bestraft werden, er muß es jedoch nicht. Es wäre auch möglich, die Verstöße gegen die Regeln in das Spiel aufzunehmen, so daß seiner in späteren Zeiten als Gründer des Rugby-Fußballspieles gedacht werden könnte. Auch der Physiker, der Neutrinos mache, werde nicht zwangsläufig bestraft, wenn er die Regeln verletze. Er werde freudig begrüßt als einer, der die Physik von einem Hindernis in ihrer nützlichen Entwicklung befreit habe.[91] Auf der Ebene von Eddingtons Vergleich könnten Einstein und Planck äquivalent zum Erfinder des Rugby-Fußballspieles als Gründer der modernen Theorien der Physik gefeiert werden, die "uns von gewissen überlieferten Denkformen befreit"[92] haben. Die klassische Physik hielt die Vorstellung eines absoluten Raumes und einer absoluten Zeit, sowie einer Substanz und eines strengen Determinismus für Denknotwendigkeiten. Da die Relativitäts- und die Quantentheorie diese Denkkategorien nicht unangefochten ließen, mit ihren Entdeckungen folglich gewisse Spielregeln brachen, ist Eddington durchaus nicht davon überzeugt, daß sich die Spielregeln des Physikers auf alle Ewigkeit von den Spielregeln des Künstlers unterscheiden müssen. Er formuliert daher seinen Standpunkt vorsichtig und schreibt, er "glaube nicht, daß die analytische Einbildungskraft des Physikers sich *bis jetzt* in die unbeschränkte Einbildungskraft des Künstlers verwandelt" habe.[93] Insofern schließt er für die Zukunft nicht aus, daß die Physik weitere, ihre Entwicklung hemmende Denkformen durchschauen wird, um sie dann benützen zu können - wie die klassische Physik und die ihr inhärenten Denkformen als Grenzfall weiterhin Gültigkeit besitzen -, ohne sich "von ihnen [...] täuschen"[94] zu lassen. Wendet man noch einmal alle Aufmerksamkeit auf die Logik oder besser auf die Immanenz der Logik von Dürrenmatts Eigenwelten, die ja auch als Denkform aufzufassen ist, läßt sich seine Aufforderung an den Schriftsteller, "die Welt zu formen",[95] entsprechend deuten.

---

90 Vgl.: Arthur Stanley Eddington: Philosophie der Naturwissenschaft, a. a. O., S. 140f.
91 Ebd., S. 144f.
92 Ebd., S. 150.
93 Ebd., S. 144.
94 Ebd., S. 150.
95 Friedrich Dürrenmatt: Vom Sinn der Dichtung in unserer Zeit, a. a. O., S. 67.

"[E]ntschieden den Tiefsinn fahren" lassen, "entschieden etwas anderes [...] als eine Philosophie" betreiben und nicht "die Welt retten" wollen, lauten die Ratschläge Dürrenmatts an die Schriftsteller.[96] Sie erwecken den Eindruck, daß er dem Versuch, in die Außenwelt verändernd einzugreifen oder ihr einen Sinn zu geben, nur wenig Chancen auf Erfolg einräumt. Dennoch impliziert Dürrenmatts Wendung 'die Welt formen' die Möglichkeit einer Umformung bestehender Verhältnisse. Dem nicht widersprechend, jedoch von anderer Qualität, beinhaltet dieser Ausdruck aber auch die Formung einer an sich gestaltlosen Welt. Darüber hinaus könnte der Auftrag zudem so aufgefaßt werden, daß es gelte, nicht die Welt zu formen, sondern eine neue Welt zu schaffen. Auf die vorausgegangenen Ausführungen zurückblickend, kann behauptet werden, daß alle drei Bedeutungsebenen von Dürrenmatt aufgenommen und in Abhängigkeit zueinander gebracht wurden.

Der Zusammenhang zwischen den letzten beiden Bedeutungsebenen wird deutlich, wenn man bedenkt, daß Dürrenmatt unter der Formung einer gestaltlosen Welt die Überwindung ihrer Bild- und Gesichtslosigkeit durch geistige Eigenwelten versteht. Die Bildlosigkeit der Welt wird gleichsam mit aus dem Bewußtsein heraus geschaffenen Bildern umstellt. Der gestaltlosen Welt werden geformte Bewußtseinswelten entgegengesetzt, so daß die Welt im Geist als eine gestaltete, als eine intelligible Welt erscheint. Ähnlich dem Physiker, der sich ein gesetzmäßig ablaufendes Naturgeschehen vorstellt, um nach Naturgesetzen zu suchen und auf diese Weise die Natur verstehen zu können, erdenkt sich der Schriftsteller eine Welt, die gestaltet und somit durchschaubar ist. Doch so wie die Naturgesetze laut Eddington keine Wesensmerkmale der Natur selbst sind, sondern ein Schema, das der Natur vom menschlichen Denken aufgedrängt wurde, kann anhand der erdachten Welt nur die Gestaltung, die der Schriftsteller im Geist vornahm, können nur die Gesetzmäßigkeiten, die der Schriftsteller der Eigenwelt zugrunde legte, durchschaut werden. Das vom Schriftsteller entworfene Bild der Welt spiegelt nicht die Welt an sich, sondern die Modi wider, nach denen sich der Mensch ein Bild von der Welt macht. Die Eigenwelten geben die Strukturen der menschlichen Weltaneignung preis. Der menschliche Geist begegnet sich in ihnen gleichsam selbst. Hierbei darf nicht vergessen werden, daß die Bildlosigkeit der Welt ebenso auf eine Bewußtseinstätigkeit zurückgeht wie die Schaffung von Bildern bzw. Eigenwelten. Sie ist Produkt der konsequenten Durchführung wissenschaftlichen, analytischen Denkens. Sie ist Produkt einer Konstruktion des Bewußtseins. Das ist der springende Punkt, weshalb in Dürrenmatts Dichtungskonzeption die Formung der Außenwelt vermittels derFormung von Innenwelten möglich scheint: Wer den gegenwärtigen Zustand der Welt verstehen will, muß in erdachte Welten gehen, um, mit der

96 Ebd.

Welt des Denkens konfrontiert, die Denkformen zu erkennen, die die Welt, so wie sie ist, hervorgebracht haben.

An keine andere Regel gebunden als an jene, die erdachten Welten ihren eigenen Gesetzmäßigkeiten gehorchen zu lassen, kann der Schriftsteller viele verschiedene in sich logische Welten erschaffen. Die dadurch gegebene Vielfalt der zu denkenden Welten öffnet den Blick auf die Möglichkeiten des Bewußtseins, Strukturen hervorzubringen, und zwar auch solche, die nicht mit jenen der Alltagswirklichkeit konform sind. Die Eigenwelten können daher nicht nur dazu dienen, die Denkgewohnheiten transparent zu machen, mittels derer der Mensch sich ein Bild von der Welt anfertigt und sich dann diesem gemäß verhaltend die Welt gestaltet. Sie zeigen darüber hinaus Freiheiten des Denkens und damit der Weltgestaltung auf. Mögliche Welten denken bedeutet auch, Möglichkeiten des Denkens von Welt zu entdecken.

5. 3. Physik und Dichtung: Wende zur Erkenntnistheorie

Walter Jens meinte, daß erst der späte Dürrenmatt das Denken in seinen Schriften thematisiert habe.[97] Aber schon in den sechziger Jahren stand das Denken im Mittelpunkt von Dürrenmatts Reflexionen. Wie die Betrachtung von Dürrenmatts Vortrag vor dem Hintergrund von Eddingtons *Philosophie der Naturwissenschaft* gezeigt hat, sah Dürrenmatt den Sinn der Dichtung in einer Konfrontation mit dem menschlichen Denken. Die Aufgabe des Schriftstellers beschränkt sich für ihn nicht auf die Schaffung von Bildern, mit denen der Bildlosigkeit im gegenwärtigen Weltbild entgegengewirkt werden soll. Literatur kompensiert zwar die Tatsache, daß das Weltbild der Mehrheit nicht mehr als Bild von der Welt zugänglich ist, daß nur noch eine kleine Minderheit 'im Bilde' von dieser Welt sein kann, doch Dürrenmatts Anliegen erschöpft sich nicht darin, irgendein allgemein verständliches Weltbild aus der Feder des Schriftstellers erstehen zu lassen. Er sieht es sogar als Gefahr an, daß der Mensch heute, weil er "spürt, daß ein Weltbild errichtet wurde, das nur noch dem Wissenschaftler verständlich ist", "den Massenartikeln von gängigen Weltanschauungen und Weltbildern zum Opfer [fällt], die auf den Markt geworfen werden und an jeder Straßenecke zu haben sind."[98] Obwohl sein Vorschlag lautet, der Schriftsteller solle ein Bild von der Welt formen, ist kaum anzunehmen, daß für Dürrenmatt der Sinn der Dichtung darin besteht, diesen gängigen Bildern weitere hinzuzufügen. Die erdichteten Bilder müssen sich folglich in irgendeiner Form von jenen an jeder Straßenecke erhältlichen

97 Walter Jens: »Zu Hause im Emmental und unter den Sternen«. In: Friedrich Dürrenmatt: Kants Hoffnung. Zwei politische Reden. Zwei Gedichte aus dem Nachlaß. Mit einem Essay von Walter Jens. Zürich 1991, S. 55-64, hier S. 61.

98 Friedrich Dürrenmatt: Vom Sinn der Dichtung in unserer Zeit, a. a. O., S. 65.

unterscheiden. Sie tun das, indem sie den Prozeß des 'Bilder-Machens' nicht verschleiern.

Dürrenmatts 'Ideal-Schriftsteller' verzichtet darauf, ein Abbild von der Welt zu zeichnen, die Welt retten zu wollen, Philosophie zu betreiben oder, sich den exakten Wissenschaften anpassend, die dichterische Sprache ins Mathematisch-Abstrakte zu transformieren. Er lehnt dies ab, da diesen Tätigkeiten ein Wille zur Verabsolutierung innewohnt: Sie basieren auf der Vorstellung, es könnten Erkenntnisse über das Rätsel 'Welt' gewonnen werden, die von den Denkwerkzeugen unabhängig und dadurch allgemeingültig sind. Wer danach strebt, Aussagen über die Welt an sich zu machen, schafft Weltbilder, ohne anzuzeigen, daß er im doppelten Sinne des Wortes 'im Bilde von der Welt' ist. Als nicht zu vernachlässigender Bestandteil ist der Schriftsteller mit in dem Bild, das er geschaffen hat. Der Dichter hat der von ihm geschaffenen Literatur seine Sicht auf die Welt, seine Art, Welt zu denken, eingraviert. Dürrenmatts Schriftsteller begeht nicht den Fehler, die geistige Urheberschaft zu leugnen. Er hütet sich davor, Aussagen über die Welt an sich zu verfertigen. Zwischen sich und die Welt stellt er fiktive Eigenwelten, die keinen Anspruch auf Absolutheit erheben, weil sie die Gemachtheit der Bilder nicht verheimlichen, sondern geradezu in den Vordergrund rücken. 'Im Bilde von der Welt sein' schließt für Dürrenmatt ein, daß man über das 'Machen von Bildern' im Bilde ist.

Dürrenmatts Schriftsteller vertritt nicht die naive Auffassung, eine an sich vorhandene und geordnete Wirklichkeit nachbildend zum Bewußtsein bringen zu können, und er spiegelt in seinem Werk solch eine Auffassung auch nicht vor. Er nimmt stattdessen den Standpunkt ein, daß es eine Erkenntnis der Welt nur gibt, wenn sie als menschliche Konstruktion vorgestellt wird. Das Geschriebene als Möglichkeit der Auseinandersetzung mit dem menschlichen Geist und dessen konstruktiven Fähigkeiten zu betrachten, setzt ein auf Erkenntniskritik abzielendes Nachdenken über Dichtung voraus.

Sicherlich könnte nun eingewandt werden, mit dem ersten Hinweis auf Kant sei das erkenntnistheoretische Fundament von Dürrenmatts Dichtungskonzeption schon angedeutet worden. Auch wenn Kants Ideen bei Dürrenmatt weitergewirkt haben, gehen Dürrenmatts erkenntnistheoretische Reflexionen über Kant hinaus. Kant, die physikalische Entwicklung im 20. Jahrhundert nicht vorausahnend, hielt die Gesetzesformen der Newtonschen Physik für Denknotwendigkeiten. Dürrenmatt dagegen bezieht den Stand der modernen Physik in seine erkenntnistheoretischen Überlegungen mit ein. Die Relativitäts- und die Quantentheorie haben gezeigt, daß Denkformen nur den Anschein von Notwendigkeiten erwecken. Zudem wurde deutlich, daß nicht die Natur an sich, sondern die vom Menschen befragte Natur Gegenstand der Physik ist. Dadurch wurde die erkenntnistheoretische Auseinandersetzung der Physik mit ihren Grundlagen, mit ihrem Denkgerüst erforderlich. In Anschluß an die Umwälzungen auf dem Gebiet der Physik plädiert Eddington für eine permanente Überprüfung der physikalischen Denkwerkzeuge und erklärt das physikalische Universum zu einer Konstruktion des menschlichen Geistes. An diesem Punkt setzt Dürrenmatts Reflexion ein, wenn er den Schriftsteller dazu auffordert, nicht von einem festen Weltbild aus zu schreiben, sondern ständig neue Welten zu erfinden. Der Schriftsteller darf keine Gedankenkonstruktion, sei sie naturwissenschaftlich-mathematischer, philosophischer, politischer oder sonstiger Art als endgültige akzeptieren. Er darf nicht einmal auf einer bestimmten Form der Dramaturgie beharren. Auch sie muß immer wieder überprüft werden, weil der Schriftsteller "sich die Stoffe nicht durch eine Dramaturgie zu verbauen, sondern jeden Stoff durch die dem Stoff gemäße Dramaturgie zu ermöglichen" hat.[99]

Der Schriftsteller muß die Welt stets neu durchdenken. Der tiefere Sinn der Dichtung liegt demnach im Kampf gegen eine Erstarrung des Denkens. Literatur muß gleichzeitig um Toleranz gegenüber anderen Denksystemen werben. Dichtung imitiert damit die moderne Physik nicht, übernimmt auch nicht deren Inhalte und schlägt doch einen ähnlichen Weg wie diese ein, indem sie zu einer erkenntniskritischen Funktion findet. Vor diesem Horizont wird einsichtig, warum Dürrenmatt die Dichtung in seinem Vortrag fortwährend mit der Physik in Verbindung bringt.

Bei einer oberflächlichen Lektüre des hier betrachteten Vortrages könnte der Eindruck entstehen, für Dürrenmatt liege der Sinn der Dichtung in einer radikalen Opposition zur (Technik produzierenden) Naturwissenschaft und zum mathematisch-abstrakten Denken. Zugegebenermaßen vermutet man hinter der vordergründigen Leichtigkeit von Dürrenmatts Ausführungen nicht auf Anhieb soviel Tiefsinn. Doch schon die den Vortrag einleitenden Worte Dürrenmatts warnen davor, dem Anschein von Leichtigkeit zu erliegen. Er gibt zu bedenken, daß man Wichtiges oft besser sage, indem man es ausklammere.[100] Wie berechtigt einerseits die eingehende Analyse des besagten Vortrages, wie zutreffend andererseits die daraus abgeleitete Behauptung ist, Dürrenmatts Denken sei von einer durch die moderne Physik aktualisierten Erkenntnistheorie getragen, die in ihrer Ausrichtung an Ernst Cassirers Deutung der Quantenmechanik erinnert, belegen viele andere Texte aus Dürrenmatts Werk. Am deutlichsten wird dies vielleicht in einer 1966 gehaltenen *Plauderei über Kritik vor der Presse*.[101]

In dieser Rede erzählt Dürrenmatt von einem Germanisten, der ihm gegenüber äußerte, daß ein gewisser Dramatiker mit seiner dahingeschluderten Sprache die deutsche Dramatik verdorben habe.[102] Für Dürrenmatt steht fest, daß die Ursache für dieses literaturwissenschaftliche Urteil nicht im Werk des

---

99 Ebd., S. 68.
100 Ebd., S. 60.
101 Friedrich Dürrenmatt: Plauderei über Kritik vor der Presse (1966). In: WA 25, S. 90-97.
102 Ebd., S. 93. Mit dem "gewissen" Dramatiker ist Frank Wedekind gemeint (Vgl.: Ebd., S. 96).

Dramatikers, sondern im Denken des Germanisten zu suchen ist. Seine Liebe zu Goethe lasse ihn jede neue Form von Dramatik ablehnen.[103] Aus der Sicht Dürrenmatts hat der Germanist damit eine Grundregel der Kritik verletzt: "Er ging nicht auf den Kritisierten ein."[104] Nach Dürrenmatt ist es wichtig, daß eine Kritik "immanent begründet" ist.[105] Sie müsse die Qualitäten und die Fehler eines Stückes aufzeigen, indem sie das Stück vermittels der Spielregeln durchdenke, die der Autor und nicht der Kritiker gesetzt habe.[106] Infolgedessen hat der Kritiker der immanenten Logik des Geschriebenen zu folgen, einer Logik, die von ihm erst einmal durchschaut werden muß, bevor er urteilt. Das setzt aber voraus, daß sich der Kritiker seines eigenen Denkwerkzeuges, zum Beispiel seiner über die Werke Goethes vermittelten Vorstellung von Dramatik, bewußt wird, anstatt diese als Maßstab an die Stücke anderer Dramatiker anzulegen. Es ist offensichtlich, daß Dürrenmatt hier erneut sowohl seine Konzeption der logische Eigenwelten schaffenden Dichtung[107] als auch die damit verbundene Forderung einer permanenten Überprüfung der eigenen Denkprinzipien einbringt.

Bevor Dürrenmatt diese Anekdote um den Goethe verehrenden Germanisten erzählt, nimmt er auf die Physik Bezug:

> Ein Physiker kann alles über die Physik wissen und doch vor einem neuen Naturphänomen versagen. Er gibt dann entweder zu, daß die Physik noch nicht fähig sei, dieses Phänomen zu erklären, daß der Fehler daher bei der Physik zu suchen sei, oder er hält die neue Naturerscheinung für einen Schwindel. Es gibt Kritiker, die halten jede neue Dramatik für einen Schwindel.[108]

Für Dürrenmatt hat der Physiker zwei Möglichkeiten. Entweder er hält starr an dem bisher gültigen Naturbild und dem ihm inhärenten Denkschema fest oder er zeigt sich dem Neuen gegenüber aufgeschlossen und fühlt sich dazu aufgefordert, die Voraussetzungen des bereits erworbenen Wissens zu überprüfen. Obgleich Dürrenmatt die beiden Wahlmöglichkeiten des Physikers nicht kommentiert, favorisiert er die letzte. Seine spitze Bemerkung über die in ihrem Denken unflexiblen Theaterkritiker sowie die daran anschließenden Reflexionen zur Kritik des Goetheliebhabers stellen dies deutlich heraus. Für ihn ist es keine Lösung, Probleme, die bei der Betrachtung eines Gegenstandes in der Physik oder der Literaturkritik auftauchen, als Eigenschaft des Gegenstandes zu werten, anstatt im eigenen Denken nach den Ursachen zu suchen. Der Wunsch, der Kritiker möge auf den Kritisierten eingehen und das Werk nach den immanenten Spielregeln beurteilen, wiederholt auf der Ebene der Kritik an Dichtung das, was Dürrenmatt vom Schriftsteller in bezug auf dessen

103 Ebd., S. 93f.

104 Ebd., S. 93.

105 Ebd., S. 94.

106 Ebd.

107 Auf die Schaffung von logischen Eigenwelten geht er im weiteren Verlauf seines Vortrages explizit ein (Vgl.: Ebd., S. 95f.).

108 Ebd., S. 93.

Schaffen verlangte. Für Kritiker wie Dichter gilt, sich nicht von Denkgewohnheiten beherrschen zu lassen, sondern diese in der Auseinandersetzung mit der Eigengesetzlichkeit des Werkes zu durchschauen. Indem Dürrenmatt in dieser Rede überdies analog zu dem Vortrag *Vom Sinn der Dichtung in unserer Zeit* argumentiert und seine Forderung nach einer erkenntniskritischen Selbstreflexion über die Parallele zur Tätigkeit des Physikers, der sein Gedankengebäude immer wieder neu durchdenkt, transportiert, unterstreicht er seine These von der Ungesichertheit der Erkenntnis.

Dürrenmatt hat versucht, seine Kritik an der Kritik selbst zu beherzigen. Während er in der eben genannten 'Plauderei' eher scherzhaft bemerkt, daß es für ihn, nicht jedoch für die langen Romane bezeichnend sei, wenn er in ihnen steckenbleibe,[109] spürt man sein Bemühen um eine in seinem Sinne gelungene Kritik in den von ihm verfaßten Rezensionen und Essays zu anderen Autoren. In einer Arbeit zu Max Frischs Roman *Stiller* aus dem Jahre 1954 versucht Dürrenmatt dem Neuartigen an diesem Roman mittels einer Methode gerecht zu werden, die für ihn darin besteht, "mitzumachen, innerhalb der Spielregeln zu bleiben", die Frisch gesetzt hat.[110] Die Innovation des Werkes glaubt er in dessen neuartiger Form, die eine wahrhafte Selbstdarstellung des Autor in Gestalt eines Roman verwirkliche, ausfindig machen zu können. Diese Form schien - folgt man Dürrenmatts Argumentation -, romantheoretisch gesehen, vor *Stiller* ein Ding der Unmöglichkeit gewesen zu sein. Sich diesem Roman von seiten der Kritik zu nähern, bedeutet für Dürrenmatt darzulegen, warum "auf einmal ein Roman möglich ist, wo doch keiner möglich sein könnte, [...] und nun die Gründe [zu] suchen [...], die diese kritisch widersinnige Tatsache, daß nun eben doch einer möglich war, erklären."[111] Dürrenmatts Annäherung an Frischs Roman zeigt, daß es ihm um die Offenheit für noch unbekannte Denkmöglichkeiten geht, die der Schriftsteller einerseits zu schaffen, der Kritiker andererseits in ihrer Eigenständigkeit zu akzeptieren hat. Wenn Dürrenmatt zudem präzisiert, daß die Kritik die Gründe für die Realisierung bislang undenkbarer Darstellungsformen nicht nur suchen, sondern auch "erfinden" kann,[112] dann klingt auch hier wieder sein erkenntniskritischer Standpunkt an, daß jede Erkenntnis immer über eine Gedankenkonstruktion erfolgt.

Völlig durchdrungen von seinem erkenntnistheoretischen Ansatz erscheint auch Dürrenmatts Auseinandersetzung mit Friedrich Schiller anläßlich der Übergabe des Schillerpreises in Mannheim 1959. In dieser Rede unterläßt er es bewußt, "Schiller ins Absolute, Endgültige, Vorbildliche aufzublähen".[113]

109 Ebd.

110 Ders.: »Stiller«. Roman von Max Frisch. Fragment einer Kritik (1954). In: WA 26, S. 42-53, hier S. 49.

111 Ebd., S. 47.

112 Ebd.

113 Ders.: Friedrich Schiller (1959). In: WA 26, S. 82-102, S. 83.

Weder Schillers Dramatik noch die Inhalte seiner Stücke stellen für Dürrenmatt zeitlos gültige Normen bzw. Aussagen dar. Stattdessen referiert er in seiner Rede das 'Bild', das er sich von Schiller macht und in dessen Mittelpunkt nicht die Dramen stehen, "als vielmehr sein dramaturgisches und philosophisches Denken, das sich hinter ihnen verbirgt"[114]. Bezeichnenderweise fasziniert Dürrenmatt an Schiller, daß dessen Konzeption der Dichtung von ähnlicher Struktur scheint wie Kants Philosophie. Wie der Verstand bei Kant der Welt die Erscheinungsformen vom Subjekte her leihe, so müsse bei Schiller der Dichter aus seiner Idee die Welt neuschöpfen.[115] Schillers "größte Bedeutung" liegt jedoch laut Dürrenmatt in seinem Wissen um die "unerbittliche Grenze", die gerade dieser Dichtungskonzeption gesetzt ist. Schiller wisse, daß das Denken nie zur Wirklichkeit vordringe.[116]

Vor diesem Hintergrund, nämlich Schillers Denken "»erkenntniskritisch«" begreifend,[117] deutet Dürrenmatt Schillers Kompromisse, zu denen ihn seine Freundschaft mit Goethe zwangen. Das Phänomen Goethe habe, so erläutert Dürrenmatt, Schillers Konzeption der Dichtung im tiefsten widerlegt, weil Goethe mit dem Begriff des Naiven nicht zu erklären sei. Bei Goethe seien "denkerische und künstlerische Möglichkeiten" aufgetaucht, die sich Schiller mit seiner Dichtungskonzeption verbaut habe.[118] Nicht auf der Absolutheit des eigenen Entwurfs zu beharren und sich den neuen Möglichkeiten zu verschließen, sondern den "Bau wieder niederzureißen", darin erkennt Dürrenmatt die wahre Größe Schillers. Wie sehr sich sein eigenes Denken in dem Bilde widerspiegelt, das sich Dürrenmatt von Schiller macht, bringen die Worte zum Ausdruck, mit denen er Schillers Wende zur Klassik beurteilt: "Reines Denken setzt sich nicht um, der Denker, der sich aufzugeben wagt, findet die Gestalt, denkt sich erst so zu Ende."[119] Trotz seines Widerstandes gegen erstarrte und verabsolutierte Erkenntnis entdeckt Dürrenmatt doch noch etwas in Schillers Werk, dem er ungebrochene Gültigkeit einräumt. Schillers Gedanke, der springende Punkt in der Dramatik liege darin, eine poetische Fabel zu finden. Dürrenmatt sieht sich darin in seiner Ansicht bestätigt, daß die Dramatik ein Versuch ist, "mit immer neuen Modellen eine Welt zu gestalten, die immer neue Modelle herausfordert."[120]

Die außerordentliche Bedeutung des erkenntnistheoretischen Ansatzes für das gesamte Denken Dürrenmatts belegt abschließend der Essay *Zusammenhänge.*[121] Obwohl darin nicht Dichtung im weitesten Sinne thematisiert wird, sondern der Staat Israel Gegenstand der Auseinandersetzung ist, läßt sich die

---

114 Ebd., S. 84.
115 Ebd., S. 99.
116 Ebd.
117 Ebd.
118 Ebd., S. 100.
119 Ebd.
120 Ebd., S. 102.
121 Ders.: Zusammenhänge. Essay über Israel. Eine Konzeption (1975). In: WA 29, S. 9-162.

Struktur des Gedankenablaufes in diesem Essay exakt auf jenes Muster zurückführen, das schon in den vorangegangenen Beispielen ausgemacht werden konnte.

Seine Darlegungen eine "Konzeption" nennend,[122] stellt Dürrenmatt eine Gedankenkonstruktion zwischen sich als dem, der nachdenkt, und die Wirklichkeit des Staates Israel als dem Gegenstand des Nachdenkens. Unabhängig vom Inhalt seines Essays ist er skeptisch, den Denkprozeß endgültig abschließen und gesicherte Erkenntnisse über das Wesen des Staates Israel gewinnen zu können.[123] Er bleibt seinem Denken gegenüber kritisch. Klingt bereits hier das Motiv des Bilder schaffenden Geistes an, führt Dürrenmatt diese Idee noch verstärkt auf der Ebene des Objekts, dem sein Nachdenken gilt, fort. Der Staat Israel ist für ihn eine Konzeption. Das Prinzip des Nachdenkens über Gedachtes weitertreibend, versucht er den Staat Israel nicht aus der Geschichte des jüdischen Volkes, sondern aus der "Geschichte seines Geistes" zu verstehen.[124] Er nähert sich demzufolge seinem Untersuchungsgegenstand, indem er die ihm zugrundeliegenden Formen des Denkens betrachtet. Den Ausgangspunkt der Geschichte des jüdischen Geistes bestimmt er konsequenterweise in dessen Methode, "unabhängig von der Erfahrung zu Erkenntnissen zu gelangen" und "Abenteuer des Denkens" zu unternehmen.[125] Der Weg seiner Reflexionen führt ihn weiter zu der folgenreichsten Entdeckung des Menschen, der Entdeckung Gottes, die für ihn ebenfalls eine Konzeption des menschlichen Geistes ist, wie die Entdeckungen des "Punktes, der Null und der Geraden".[126] Natürlich fehlt in diesem Essay auch der Umweg über die Physik nicht.[127] Dürrenmatt beantwortet die Frage nach der Wahrheit von religiösen Gedankengebäuden in bezug auf die moderne Physik dahingehend, daß sich der menschliche Geist konzipierend, nicht »wahr« verhalte, er vielmehr in die Wahrheit vermittels von Konzeptionen dringe, ohne selbst wahr zu sein.[128]

In eine dementsprechende Richtung weist Dürrenmatts Vorschlag zur Lösung des Konfliktes zwischen Palästinensern und Israelis am Ende seines Essays. Friede wäre nur dann, behauptet er, wenn der Gegner als eine Konzeption von uns selbst begriffen würde. Dann gäbe es keinen Gegner mehr.[129] Folglich ist die Einsicht notwendig, daß der Feind nur eine

---

122 Vgl. den Untertitel des Essays bzw.: Ebd., S. 145.

123 Vgl. dazu auch den Nachtrag zu diesem Essay, in dem Dürrenmatt nicht nur die Konzeption des Essays erneut in Frage stellt, sondern auch seinen eigenen Denkansatz (Ders.: Nachgedanken unter anderem über Freiheit, Gleichheit und Brüderlichkeit in Judentum, Christentum, Islam und Marxismus und über zwei alte Mythen (1980). In: WA 29, S. 163-219, hier bes. S. 215-217).

124 Ebd., S. 23f.

125 Ebd., S. 24.

126 Ebd.

127 Ebd., S. 104-108.

128 Ebd., S. 105.

129 Ebd., S. 144.

Gedankenkonstruktion ist, daß man in der Konfrontation mit ihm eigentlich sich selbst gegenübersteht. Dürrenmatt verlagert den Konflikt augenscheinlich in das Reich des Denkens, in das Reich der Bilder, die man sich von der Welt macht. Demnach führt der Friedensprozeß für ihn über die Erkenntnis, daß es nicht "nur eine Konzeption, zum Beispiel nur die logisch-mathematische oder die marxistische oder irgendeine religiöse oder irgendeine künstlerische usw." gibt, daß vielmehr "jede Konzeption [...] ihre eigene Wahrheit, und eine jede Konzeption [...] ihre Berechtigung innerhalb aller Konzeptionen" hat.[130] Der "Kampf um Frieden" setzt für Dürrenmatt "den Kampf mit uns selbst" voraus.[131] Er meint damit einen Kampf auf der Ebene des Denkens, der die "Achtung vor den anderen Konzeptionen [...], auch wenn man sie nicht teilt, ja als Irrtum ablehnt",[132] zum Ziel hat.

In einem Aufsatz zu seinen Zeichnungen und Bildern behauptet Dürrenmatt zwar, sein Schaffen sei das Resultat eines persönlichen Denkabenteuers und nicht einer allgemeinen Denkmethode,[133] aber der Essay über Israel demonstriert, wie festumrissen seine Methodik des Denkens war. Zusammen mit den anderen Beispielen aus Dürrenmatts Werk, die um weiteres Belegmaterial hätten bereichert werden können,[134] veranschaulichen gerade die Ausführungen über Israel, daß das Abenteuer des Denkens, so konsequent über alle Themenbereiche hinweg verfolgt, wie Dürrenmatt dies tut, Methode haben kann. Indirekt gibt er es selbst zu, denn im erwähnten Begleittext zu den Zeichnungen bekennt er, daß sein Denken im wesentlichen erkenntnistheoretisch sei.[135]

Wird der Vortrag *Vom Sinn der Dichtung in unserer Zeit* in den Gesamtkontext von Dürrenmatts theoretischer Prosa gestellt, bemerkt man recht schnell, daß seine Ratschläge an den Schriftsteller auf der eigenen Wende zum erkenntnistheoretischen Denken basieren. Vor diesem Hintergrund sind weder die den Vortrag einleitenden Bemerkungen über die Denkmethode der Physik noch Dürrenmatts Insistieren auf die immanente Logik der Eigenwelten nebensächliche Formulierungen, die keine Beachtung verdienen. Zueinander in

---

130 Ebd.

131 Ebd., S. 145.

132 Ebd.

133 Ders.: Persönliche Anmerkung zu meinen Bildern und Zeichnungen (1978). In: WA 26, S. 201-216, hier S. 214.

134 Vgl. dazu u. a.: Ders.: Vom Schreiben. Rede zu einer Lesung in München (1959). In: WA 26, S. 74-81, hier bes. S. 79f. - Ders.: Untersuchung über den Film »Das Wunder des Malachias« (1959). In: Ebd., S. 103-108, hier bes. S. 103. - Ders.: Ist der Film eine Schule für Schriftsteller? (1968). In: Ebd., S. 125-137, hier bes. S. 131 u. 136. - Ders.: Der Teufel und der liebe Gott. Schauspiel von Jean-Paul Sartre (1951). In: WA 25, S. 52-54, hier bes. S. 53. - Ders.: Tschechoslowakei 1968 (1968). In: WA 28, S. 35-42, hier bes. S. 40. - Ders.: Über Kulturpolitik (1969). In: Ebd., S. 46-59, hier bes. S. 51. - Ders.: Friedrich Dürrenmatt interviewt F. D. (1980). In: Ebd., S. 139-167, hier bes. S. 153. - Ders.: Kunst und Wissenschaft oder Platon oder Einfall, Vision und Idee oder Die Schwierigkeit einer Anrede oder Anfang und Ende einer Rede. In: Ders.: Versuche. Zürich 1988, S. 70-95, hier bes. S. 74-76 u. S. 84f.

135 Ders.: Persönliche Anmerkung zu meinen Bildern und Zeichnungen, a. a. O., S. 214.

Beziehung gesetzt, geben sie Einblick in Dürrenmatts Überzeugung, daß nur durch die Kontrolle des Denkwerkzeuges eine Veränderung bestehender Verhältnisse erreicht werden kann. 'Der Kampf mit uns selbst', wie Dürrenmatt es im Essay über Israel nannte, muß auch auf der Ebene der Dichtung erfolgen, indem der Schriftsteller die Vielfalt der konzipierenden Tätigkeit des menschlichen Geistes in den Mittelpunkt seines Schaffens rückt. Analog dazu wären auch die Bemühungen der modernen Physik, deren Vertreter laut Eddington durch die unvermeidlichen Anforderungen ihres eigenen Gegenstandes dazu gezwungen wurden, Erkenntnistheoretiker zu werden,[136] unter den Topos 'Kampf mit uns selbst' zu subsumieren. Zumindest von dem Physiker Eddington kann gesagt werden, daß er jene "Achtung vor anderen Konzeptionen" bewiesen habe, für die Dürrenmatt so heftig wirbt. Aufgrund seiner Deutung der Quantenphänomene glaubte Eddington mystizistische Konzeptionen als ebenso gleichberechtigt wie physikalische verteidigen zu können.[137] Von seiner Seite aus wäre der erste Schritt zu einer Überwindung des Konfliktes zwischen künstlerischem Sehen und (natur-) wissenschaftlichem Denken gemacht, denn er tut genau das, was Dürrenmatt in seinem Vortrag für die Dichtung vorschlägt: er hält den Konflikt aus.[138] Darum wissend, daß das physikalische Weltbild eine Gedankenkonstruktion ist, fällt dieses Aushalten leicht. Aber um zu dieser Einsicht zu gelangen, ist, wie gesagt, ein erkenntniskritischer Standpunkt notwendig.

Um die Annäherung an Dürrenmatts Denken abzuschließen, sei noch einmal an seine Feststellung in bezug auf Schiller angeknüpft. Allein erkenntniskritisch begriffen, seien Schillers Kompromisse keine faulen, sei sein Idealismus nicht weltfremd, sein Denken nicht nur abstrakt, konstatiert Dürrenmatt in seiner Rede zu Schiller.[139] Dieser Vorschlag für den Umgang mit Schiller sollte auf Dürrenmatt selbst angewandt werden. Wenn man Dürrenmatts Denken gleichfalls erkenntniskritisch begreift, kann sein Konzept einer Dichtung, die Eigenwelten aus dem Bewußtsein heraus schafft und Konflikte aushält, anstatt direkt gegen das 'feindliche' wissenschaftliche Denken vorzugehen, nicht als weltfremder Idealismus mißverstanden werden. Auch sein Einwand, die Naturwissenschaft liefere, obwohl sie Mitschuld an der Bildlosigkeit der Welt trägt, möglicherweise Ansätze zu einer neuen Philosophie, sollte nicht als fauler Kompromiß aufgefaßt werden. Eher wäre er als Aufforderung an all jene zu deuten, in deren Denken kein Platz für die Verknüpfung von Physik und Philosophie ist, ihre Position nochmals zu überdenken.

Erkenntniskritisch begriffen wird auch Dürrenmatts Begeisterung für ein physikalisches Forschungsprojekt verständlich, das wie das Europäische

136 Arthur Stanley Eddington: Philosophie der Naturwissenschaft, a. a. O., S. 15.
137 Ders.: Das Weltbild der Physik und ein Versuch seiner philosophischen Deutung. Braunschweig 1931, S. 316-322.
138 Friedrich Dürrenmatt: Vom Sinn der Dichtung in unserer Zeit, a. a. O., S. 69.
139 Ders.: Friedrich Schiller, a. a. O., S. 99.

Laboratorium für Kernforschung CERN nicht nur eine Unmenge an Kapital verschlingt, sondern auch eine gefährliche geistige Nähe zur Herstellung von Weltvernichtungsmitteln aufweist. In der *Erzählung vom CERN* schildert Dürrenmatt seinen Besuch des Forschungszentrums. Der begleitende Physiker antwortet bereitwillig auf die Fragen Dürrenmatts und seines Freundes Thelen, die bereit sind, "als Erfinder von Geschichten auch in den Neutrinos etwas Erfundenes zu sehen".[140] Er gibt auf die Nachfrage, "was man denn unter einem masselosen Teilchen verstehe", eine Auskunft, die das Verbindende zwischen der modernen Physik und Dürrenmatts Vorstellung von Weltaneignung hervorhebt:

> Niemand sei sich klar darüber und könne sich klar darüber sein, was denn eigentlich, außerhalb der physikalischen Fragestellung, »in Wirklichkeit« diese Teilchen seien, die man da erforsche, erforschen wolle oder zu erforschen hoffe - oder zu erfinden, weil es für den Physiker gar kein »außerhalb« geben könne, diese falle vielmehr in das Gebiet der philosophischen Spekulation und sei für die Physik irrelevant. Gleichgültig. Hauptsache, daß man forsche, überhaupt neugierig bleibe. So unwahrscheinlich und paradox das Ganze auch sei, fährt der Physiker schließlich fort, es stelle bis jetzt das weitaus Sinnvollste dar, was Europa hervorgebracht habe, weil es das scheinbar Sinnloseste sei, im Spekulativen, Abenteuerlichen angesiedelt, in der Neugierde an sich.[141]

Der Physiker erklärt, daß er nur im Rahmen des physikalischen Denksystems gesicherte Aussagen über das Wesen der erforschten Teilchen machen kann. So gibt er den Riesenapparaturen einen Sinn, der nur innerhalb der Elementarteilchentheorie zu suchen ist oder, von einer höheren Warte aus gesehen, in der Abenteuerlust des menschlichen Denkens ausfindig gemacht werden kann.
Von dieser höheren Warte aus betrachtet, empfindet Dürrenmatt die Frage nach dem, was die Teilchen 'in Wirklichkeit' seien, zurecht als unfair. Es kommt ihm vor, als frage man einen Theologen, der eben Gott entmythologisiert hat, was denn Gott in Wirklichkeit sei: ein Prinzip, eine Weltformel oder was denn sonst? Wer so fragt, hat laut Dürrenmatt nicht begriffen, daß diese Frage untheologisch ist, ja daß moderne Theologie nur noch unter der Bedingung möglich ist, daß solche Kinderfragen nicht mehr gestellt werden.[142] Theologie und Physik sind für Dürrenmatt zwei verschiedene und dennoch gleichberechtigte Methoden, ein Bild von der Welt zu entwerfen. Weil sie nur in sich logisch sind, erscheint es ihm daher müßig, etwas über den Wirklichkeitsgehalt ihres jeweiligen Gegenstandes erfahren zu wollen. Ähnlich wie die moderne Theologie ist auch die moderne Physik über solche Kinderfagen hinaus, indem sie gar nicht mehr den Anspruch erhebt, Antworten auf die Wirklichkeit an sich zu geben.

Die Antwort des Physikers, der Sinn von CERN bestehe hauptsächlich darin, weiter zu forschen und neugierig zu bleiben, schließt sich im Grunde

140 Wie auch das folgende: Ders.: Erzählung vom CERN (1976). In: WA 28, S. 140-147, hier S. 146.
141 Ebd., S. 147.
142 Ebd., S. 146f.

genommen an Dürrenmatts Definition von Kunst an, die er bereits 1947/48 formulierte. Kunst sei Welteroberung, eine Überwindung von Distanzen durch die Phantasie, heißt es darin. Es gebe keine andere Überwindung von Distanzen, keine andere Fahrt zum Mond, zur Beigeuze oder zum Antares, keine andere Überwindung des Abgrunds zwischen den Dingen als durch die Phantasie. Kunst sei Mut, dies immer wieder zu tun und nicht abzulassen, zu sehen, daß die Welt immer von neuem entdeckt und erobert werden muß.[143] Was Dürrenmatt hier für die Kunst ausführt, gilt auch für die Physik. Ihre Kunst besteht darin, immer wieder neue Modelle von der Welt zu entwerfen, selbst wenn es bedeutet, bislang gültige Gesetze als Gesetze des Denkens zu entlarven und auf diese Weise in Frage zu stellen. Entsprechendes hat aus der Sicht Dürrenmatts die Dichtung zu leisten.

5. 4. "Dramaturgie vom Stoffe her"[144]

Nachdem bereits ein Bild von Dürrenmatts Denken auf der Grundlage von Eddingtons Deutung der modernen Physik entworfen wurde, drängt sich nun die Frage auf, in welcher Form sich die Wende zur Erkenntnistheorie in Dürrenmatts Reflexionen zu Problemen der Dramaturgie niederschlägt. Bereits in seinem Vortrag *Vom Sinn der Dichtung in unserer Zeit* findet sich ein Hinweis darauf, daß Dürrenmatt auch auf dem Felde der Dramaturgie für den Kampf gegen eine Erstarrung des Denkens und gegen eine Verabsolutierung von Konzeptionen eintritt. Der Schriftsteller dürfe sich die Stoffe nicht durch eine Dramaturgie verbauen, sondern müsse jeden Stoff durch die dem Stoffe gemäße Dramaturgie ermöglichen.[145] Mit dieser Forderung widersetzt sich Dürrenmatt der Vorstellung, es könne ein zeitlos gültiges, ein definitives Schema für das Schreiben von Theaterstücken geben. Seiner Ansicht nach muß sich die Dramaturgie dem Stoff und nicht der Stoff der Dramaturgie anpassen.

Von dieser Auffassung ist im wesentlichen sein Vortrag *Theaterprobleme* aus dem Jahre 1954 geprägt. Darin behauptet er, daß es nur noch Dramaturgien und keine Dramaturgie mehr gebe.[146] Dennoch sei eine Dramaturgie denkbar. Sie müßte jedoch eine Dramaturgie aller möglichen Fälle sein, so wie es eine Geometrie gebe, die alle möglichen Dimensionen einschließe. Die Dramaturgie des Aristoteles wäre in solch einer Dramaturgie nur eine der möglichen Dramaturgien. Doch Dürrenmatt genügt es nicht, daß jedem Autor eine eigene Dramaturgie, sozusagen als Grenzfall der Dramaturgie, die alle Dramaturgien

143 Ders.: Kunst (1947/48). In: WA 26, S. 147f., hier S. 147.
144 Ders.: Aspekte des dramaturgischen Denkens. Fragment (1964). In: WA 24, S. 104-120, hier S. 118.
145 Ders.: Vom Sinn der Dichtung in unserer Zeit, a. a. O., S. 68.
146 Wie auch das folgende: Ders.: Theaterprobleme (1954). In: WA 24, S. 31-72, hier S. 42.

einschließt, zugestanden wird. Eine "Dramaturgie von Fall zu Fall"[147] kommt Dürrenmatts Grundsatz entgegen, es gebe nichts "Idiotischeres" als die Meinung, nur das Genie habe sich nicht an die Regeln zu halten, die der Kritiker dem Talent vorschreibe.[148] Dennoch legt er die Idee einer Dramaturgie aller möglichen Dramaturgien noch radikaler aus. Von 'Fall zu Fall' bedeutet für ihn nicht nur, daß es eine "Dramaturgie Brechts, die Dramaturgie Eliots, jene Claudels, jene Frischs, jene Hochwälders"[149] und somit auch die des Autors Friedrich Dürrenmatt gibt. Dürrenmatts Definition einer Dramaturgie von Fall zu Fall beinhaltet auch, daß es jedem Autor frei steht, beliebig viele Dramaturgien aus dem Fundus möglicher Dramaturgien zu verwirklichen. Demnach dürfte es keine Dramaturgie Dürrenmatts, sondern nur noch Dramaturgie**n** Dürrenmatts geben. In der Tat lehnt Dürrenmatt es ab, daß ein Autor sich zuerst eine Dramaturgie 'zurechtschneidert', um von ihr aus seine Stücke zu gestalten. Er mißtraut dem, "was man den Bau des Dramas nennt", sofern versucht wird, diesen vom Allgemeinen, vom Plane her und nicht vom Besonderen, vom Einfall her zu erreichen.[150]

In welchem Sinne dies zu verstehen ist, veranschaulicht seine Auseinandersetzung mit Brecht. Deutlicher als in dem Vortrag *Theaterprobleme*[151] ist dem Fragment *Aspekte des dramaturgischen Denkens*[152] zu entnehmen, daß Brechts Dramaturgie für ihn ein typisches Beispiel darstellt, wie der Bau des Dramas von einem festen Plan aus konzipiert wird. Laut Dürrenmatt verfolgt Brecht mit seinen Dramen einen ganz bestimmten Zweck. Er will die Veränderbarkeit der Gesellschaft demonstrieren. Für Dürrenmatt steht fest, daß Brechts Dramaturgie "vom Allgemeinen, von der Gesellschaft her bestimmt" ist.[153] Seine Stücke veranschaulichen im kleinen, was für die Gesellschaft im allgemeinen gelten soll. Der Weg vom Besonderen, vom Einfall her zu dramatisieren, ist auf diese Weise verbaut. Brechts Theater dient dazu, die Welt "im Verein mit einer Idee und von der Idee her kommentiert" auf die Bühne zu bringen.[154] Er unternimmt den Versuch, "die Erkenntnis des Klassenkampfes in die Dramatik einzubeziehen"[155]. Das Besondere, das auf der Bühne dargestellt wird, ist nur Medium der auf etwas Allgemeines abzielenden Idee. Das jeweilige Drama dient dazu, die Idee, die "Aussage", die der Autor seinem Werk zugrunde legt, zu "illustrieren".[156]

---

147 Ebd.
148 Ebd., S. 56.
149 Ebd., S. 42.
150 Ebd., S. 66.
151 Vgl.: Ebd., S. 36f. und S. 64.
152 Ders.: Aspekte des dramaturgischen Denkens, a. a. O.
153 Ebd., S. 111.
154 Ebd., S. 110.
155 Ebd.
156 Ebd.

In *Aspekte des dramaturgischen Denkens* bringt Dürrenmatt Brechts Dramaturgie auf den Begriff "*Dramaturgie vom Zwecke her*".[157] In einem anderen Aufsatz mit dem Titel *Literatur nicht aus Literatur* setzt er sich unter dem Topos "Dramaturgie von der Aussage her" mit der gleichen Problematik auseinander.[158] Darin versucht Dürrenmatt zu erklären, warum die dramaturgische Methode, von der Aussage auszugehen, nicht "*die* Dramaturgie des wissenschaftlichen Zeitalters" sein kann, sondern ihrer inneren Struktur nach eher dem "dogmatischen Zeitalter" angehört.[159] Diese Methode bietet einerseits, wie Dürrenmatt einräumt, den Vorteil, daß jeder Kritiker gleich die Aussage, den Sinn des Geschriebenen entdecken kann, weil der Autor "gleichzeitig als Interpret seiner selbst" auftritt.[160] Andererseits weist diese Methode ein großes Problem auf. Die Schwierigkeit, von der Aussage her zu schreiben, liege darin, daß man sich in einem beständigen Kampf mit dem Stoff befinde,[161] der sein immanentes Eigenleben, seine eigene, hartnäckige Gesetzlichkeit besitze. Ihn der Aussage des Stückes anzupassen, verlange eine ständige dialektische Prozedur, weil in jedem Stoff verschiedene und gegensätzliche Aussagen verborgen lägen. Für Dürrenmatt ist der Autor dazu gezwungen, die Eigengesetzlichkeit des Stoffes aufzubrechen und der Gesetzlichkeit der Aussage zu unterwerfen. Weil der Stoff nie eindeutig sei, die Aussage es aber sein wolle, müsse diese Form von Dramatik darauf abzielen, die Mehrdeutigkeit zu überwinden. Sie müsse den Stoff zur Illustration einer These machen.

Hierin verbirgt sich die Gefahr dieser dramaturgischen Methode, auf die Dürrenmatt die Aufmerksamkeit lenken möchte. Die Gefährlichkeit geht davon aus, daß der Autor verleitet wird, den seiner Aussage angepaßten Stoff zu überschätzen. Mehr als eine Illustration könne der so bearbeitete Stoff nie sein, urteilt Dürrenmatt. Ebensowenig, wie eine mathematische Operation das Axiom zu beweisen vermöge, von dem sie ausgehe, belege der bearbeitete Stoff die These, von welcher er gewonnen wurde. Erneut auf seine Vorstellung einer immanenten Logik der Dichtung Bezug nehmend, fährt Dürrenmatt dementsprechend in der Argumentation fort:

> Kunst beweist überhaupt nie etwas. Sie kann in sich stimmen, das ist alles. Mehr als Kunst vermag sie nur in Beziehung auf etwas zu sein, das außerhalb ihrer selbst liegt: Ist es eine These, wird sie deren Gleichnis, aber eines einer These und nicht eines der Wirklichkeit. Denn wie der Stoff ist auch die Wirklichkeit nie eindeutig; ein Gleichnis, das sie zu bannen versuchte, müßte mehrdeutig sein.[162]

---

157 Ebd., S. 106.

158 Ders.: Literatur nicht aus Literatur. Für Kurt Hirschfeld (1962). In: WA 24, S. 84-92, hier S. 90.

159 Ebd., S. 92.

160 Ebd., S. 90.

161 Wie auch das folgende: Ebd.

162 Ebd., S. 90f.

Die Abbildung der Wirklichkeit steht für Dürrenmatt erst gar nicht zur Diskussion. Kunst kann lediglich zum Gleichnis von Wirklichkeit werden. Eine 'Dramaturgie von der Aussage her' leistet aber nicht einmal das. Sie beraubt den Stoff seiner Mehrdeutigkeit und gibt ihm einen eindeutigen Sinn, jenen der Aussage nämlich. Da nach Dürrenmatt die Wirklichkeit alles andere als eindeutig ist, gerät der auf die Aussage hin bearbeitete Stoff weder zum Gleichnis noch zum Beweis für die Richtigkeit der Aussage. Die "Demonstrationsfähigkeit" dieser Dramaturgie mit "Beweiskraft"[163] zu verwechseln, grenzt für Dürrenmatt an Dogmatik. Die Vielfalt der möglichen Aussagen, die einem Stoff innewohnen, werden mit solch einer Methode unterschlagen. Dem Publikum wird dadurch "vorgeschrieben [...], wie es den dramatischen Vorgang zu verstehen hat."[164] Es muß das "Geschehen auf der Bühne im Sinne des Autors sehen und deuten."[165] Zum einen bezweifelt Dürrenmatt, daß auch die gelungenste 'Dramaturgie von der Aussage her', ein Publikum gänzlich "unter Kontrolle" der Autor-Aussage bringen und alle Mißverständnisse ausschließen kann.[166] Zum anderen widerstrebt ihm, daß dem Publikum die Denkarbeit abgenommen wird. Der Autor räumt die Fragen, die der Stoff in seiner Mehrdeutigkeit aufwirft, im Vorfeld aus. Das Rätsel, das der Stoff aufgibt und das den Stoff zum Gleichnis für die Wirklichkeit macht, scheint gelöst. Der Zuschauer kann sich bequem zurücklehnen und braucht nur noch die vom Autor dargebotene Lösung zu konsumieren. Angesichts der Mehrdeutigkeit von Wirklichkeit steht Dürrenmatt diesem Verfahren skeptisch gegenüber.

Dürrenmatt betont zwar in diesem Aufsatz, er wolle die dramaturgische Methode, von der Aussage auszugehen, keineswegs in Frage stellen,[167] aber seine Andeutungen sind zu offensichtlich, als daß seine kritische Haltung übersehen werden könnte. Ihm ist gerade die Mehrdeutigkeit von Stoff und Wirklichkeit wichtig. Es ist sein Anliegen, die Verschiedenheit und Gegensätzlichkeit der Aussagen, die in einem Stoff verborgen sind, dem Publikum nahezubringen. Das kann nur gelingen, wenn das 'immanente Eigenleben' des Stoffes respektiert wird. Dürrenmatts Alternative zu einer 'Dramaturgie von der Aussage her' lautet deshalb, eine Dramaturgie, die "vom Stoffe her bestimmt" ist,[168] einzusetzen. Sie erlaubt dem Dramatiker, "den Stoff zur

163 Ebd., S. 92.
164 Ebd., S. 91.
165 Ebd.
166 Ebd.
167 Ebd., S. 92.
168 Ebd., S. 90. - Vgl. dazu auch: Ders.: Aspekte des dramaturgischen Denkens, a. a. O., S. 118-120. Dürrenmatt schreibt in dem Fragment über die "Dramaturgie vom Stoffe her" u. a. folgendes: "Sie ist auch die Dramaturgie jener Dramatiker, die im Stoffe selbst den objektiven Gegenstand der Dramatik erblicken, den sie in ein Symbol der Wirklichkeit verwandeln (nicht in eine Allegorie), in ein Gleichnis, das seinem Wesen nach nicht eindeutig, sondern mehrdeutig ist, das nicht ein Problem, sondern mehrere stellt." (Ebd., S. 119).

Interpretation [...], nicht die Interpretation selbst" herzustellen.[169] Folglich bleibt mit dieser dramaturgischen Methode die Aussage des Theaterstückes offen. Sie zielt darauf ab, das Publikum zum eigenständigen Denken zu bewegen.

Ganz in diesem Sinne konstatiert Dürrenmatt in einer *Standortbestimmung* zu seiner Dramatik, die er der ersten Buchausgabe seines Dramas *Frank der Fünfte* beifügte, lapidar, er schreibe prinzipiell keine Stücke für Dummköpfe.[170] Damit will er klarstellen, daß er als Bühnenschriftsteller die Welt nicht deutet, sondern daß es Aufgabe der Kritiker ist, in seinen "möglichen Welten" die Welt zu entdecken.[171] Dies kann jedoch nur durch Nachdenken erfolgen. In seinem Werk nach bestimmten Aussagen zu fahnden und diese einfach zu übernehmen, lehnt er ab. Wenn etwas in seinem Drama *Frank der Fünfte* wie eine Aussage aussähe, etwa der Satz "Die Strafe unterblieb, auch das Gericht, und die Gerechtigkeit rentierte nicht", so würde das streng genommen nur für das Stück gelten.[172] Der Satz entspringt der inneren Logik des Stückes und kann nicht ohne weiteres als Aussage des Autors gedeutet werden.

Dürrenmatt hält es für ein "wildes Vorurteil" zu glauben, daß der Dramatiker immer von einem Problem ausgehen müsse, dem seine Aussage gilt.[173] Er gibt zu bedenken, daß der Dramatiker von Stoffen ausgehen kann, die Probleme enthalten. Auf eine ähnliche Formulierung wie in dem Vortrag *Vom Sinn der Dichtung in unserer Zeit* zurückgreifend, fährt er wie folgt fort:

> Er [der Dramatiker] braucht dann ruhig nur am Stoff zu arbeiten und nicht an den Problemen. Von der Natur wird auch nicht verlangt, daß sie Probleme enthalte oder gar löse. Die Natur enthält nur insofern Probleme, als wir sie in ihr suchen. Sie sagt nur insofern aus, als sie vom Physiker dazu gebracht wird, gewisse Reaktionen zu begehen, die er dann in Form einer physikalischen Aussage wiedergibt, formuliert.[174]

Dürrenmatt vergleicht die Position des Kritikers bzw. Zuschauers gegenüber dem dramatischen Stoff mit der des Physikers gegenüber der Natur. Von sich aus enthalten weder der Stoff noch die Natur Probleme. Auch sagen beide nichts aus. Es ist Sache des Kritikers und des Physikers, ihrem jeweiligen Gegenstand eine Aussage abzutrotzen. Mit diesem Vergleich setzt Dürrenmatt eine Vorstellung von Naturbetrachtung voraus, die an der modernen Physik orientiert ist. Der Physiker beschreibt nicht die Natur an sich, sondern die seiner Fragestellung ausgesetzte Natur. Die physikalischen Erkenntnisse behandeln daher das Wechselspiel zwischen Beobachter und Natur. Die jeweilige Fragestellung ist Teil der physikalischen Aussage. In Analogie zum

169 Ders.: Literatur nicht aus Literatur, a. a. O., S. 89.
170 Ders.: Standortbestimmung (1960). In: WA 6, S. 155-160, hier S. 158.
171 Ebd., S. 157.
172 Ebd., S. 158.
173 Ebd.
174 Ebd.

Physiker soll auch der Kritiker nicht nach Aussagen und Problemen, die der Autor in den Stoff hineingearbeitet hat, Ausschau halten, sondern diese eigenständig entwickeln. Dürrenmatt fordert dazu auf, selbst Teil eines Wechselspiels zwischen Dargestelltem und Zuschauer zu werden, statt im Dargestellten die Begegnung des Autors mit dem Stoff zu suchen.

Die direkt anschließenden Ausführungen belegen, daß Dürrenmatt diese Analogie nicht in Ermangelung eines besseren Beispiels gebraucht. Sowohl ihm als Dramatiker als auch dem Dramaturgen, der den Stoff zur Bühne bringe, sei vollkommen gleichgültig, welche Aussage Kritiker und Zuschauer aus dem Stück folgerten.[175] Indem der "Wert eines Stückes [...] in seiner Problemträchtigkeit, nicht in seiner Eindeutigkeit" liegt,[176] eröffnet sich dem "denkenden Zuschauer" eine Chance: Es "werden dem Fragenden die Antworten zuteil, die er selber findet, weil er sie selber gestellt hat".[177] Folglich kommt es Dürrenmatt auf das Fragen an. Erkenntnis wird nur dem zuteil, der sich dem Gegenstand fragend zuwendet. Ein Theaterstück, das die Aussage vorgibt, läßt keinen Raum für Fragen, versagt dem Zuschauer die Möglichkeit, selbst Antworten zu finden. D. h. ein solches Stück nimmt dem Zuschauer die Gelegenheit, sich selbst ein Bild von dem Geschehen auf der Bühne zu machen, um davon im Bilde zu sein. Mit im Bilde sein zu können, ist jedoch das, was sich Dürrenmatt für den Zuschauer wünscht. Da der Zuschauer bei einer 'Dramaturgie vom Stoffe her' die Fragen selbst stellen muß, ist der Gegenstand seiner Betrachtung nicht mehr das Dargestellte an sich, sondern das seiner Fragestellung ausgesetzte Bühnengeschehen. Insofern begegnet der Zuschauer in den Antworten, die er findet, sich selbst.

Dergestalt stellt die 'Dramaturgie vom Stoffe her' ein äußerst komplexes Beziehungsgeflecht zwischen Wirklichkeit, Autor, Stoff und Publikum dar. Der Autor verzichtet auf die Abbildung der Wirklichkeit. Er weiß, daß er damit lediglich seine Sicht und keine objektive Beschreibung der Welt vermitteln würde. Daher wechselt er auf die Ebene des Gedachten über und konzentriert sich auf die Arbeit am Stoff. Diesen aber behandelt er als objektiven Gegenstand. Ähnlich einem Beobachter der klassischen Physik, der die Gesetzmäßigkeiten einer unabhängigen Natur beschreiben will, versucht er den Stoff seinem Eigenleben gemäß zur Darstellung zu bringen. Er vollzieht eine strikte Scheidung zwischen Subjekt und Objekt, zwischen sich und dem Stoff. Diese Trennung geschieht nicht in der Absicht, dem Stoff eine allgemeingültige Aussage zu entnehmen. Vielmehr werden die Kategorien Objektivität und Wahrheit in der 'Dramaturgie vom Stoffe her' neu gefaßt. Indem der Autor "weder seine Person [...] noch seinen Glauben, weder seine Überzeugungen,

---

175 Ebd.
176 Ebd., S. 159.
177 Ebd., S. 158f.

noch seine Zweifel"[178] zur Diskussion stellt und so von seiner Subjektivität Abstand gewinnt, ermöglicht er dem Publikum einen subjektiven Zugang zum Dargestellten. Das Publikum "eignet sich [...] die Bühne an, macht jedes Spiel zu seiner Sache, will sich gespielt sehen, seine Wirklichkeit mit der Wirklichkeit des Spiels konfrontieren."[179] Eine neue Form der objektiven Darstellung ist erreicht, wenn das Publikum die Chance erhält, "mitzumachen, sich zu beteiligen",[180] und auf diese Weise sich selbst wiederzuerkennen. Nicht das Bühnengeschehen, sondern die Denk- und Anschauungsformen des Publikums sind entscheidend für die jeweilige Aussage, die aus dem behandelten Stoff abgeleitet wird. Dies meint jedoch nicht, daß die 'Dramaturgie vom Stoffe her' einen Relativismus propagiert. Sie basiert vielmehr auf dem Zugeständnis, daß die Mehrdeutigkeit der Wirklichkeit wie auch die Mehrdeutigkeit des Stoffes niemals erschöpfend erfaßt werden kann.

Wenn Dürrenmatt die Frage nach der Dramaturgie als "Gretchenfrage" bezeichnet, deren Beantwortung je nach dem Gretchen, das sie stellt, je nach dem Stück, das sie abverlangt, ausfallen muß,[181] dann ist dies im Kontext seiner Erkenntniskritik zu deuten. Unkommentiertes Theater, in dem jeder seine Schlüsse selber ziehen kann, verweigert sich jeglicher Dogmatik. So ist die 'Dramaturgie vom Stoffe her' nur eine auf das Theater bezogene Variante des Dürrenmattschen Vorschlags an den Schriftsteller, auf Tiefsinn und Weltrettung zu verzichten und stattdessen Eigenwelten zu schaffen.

5. 5. Die "Wirklichkeit ist die Unwahrscheinlichkeit, die eingetreten ist."[182]

Vor dem Hintergrund einer 'Dramaturgie vom Stoffe her' ist es einsichtig, daß Dürrenmatt Brechts Theaterkonzept nicht als Vorbild akzeptieren kann. Brechts Theater zielt auf politische Wirksamkeit ab. Das Bühnengeschehen soll dem Publikum gesellschaftliche Mechanismen aufzeigen. Folglich konzipiert Brecht das Theater als eine Wiedergabe von Welt. Die Intention, Welt wiedergeben zu wollen, wirft für den Erkenntniskritiker Dürrenmatt die Frage nach dem Wahrheitsgehalt einer solchen Dramatik auf. Wer die Welt abbilden will, schreibt mit dem Vorsatz, ein Bild zu entwerfen, das stimmt. Nicht Phantasie, sondern die Fähigkeit zur Reproduktion ist gefordert. Wie Dürrenmatt in seiner *Standortbestimmung* schreibt, zwingt dies die Dramatik

178 Ebd., S. 159. Dürrenmatt schränkt allerdings ein, daß der Glaube, die Überzeugungen und Zweifel des Autors unbewußt mitspielen. "Gerade deshalb", findet er die Anstrengungen, nicht von der Aussage her zu dramatisieren, umso notwendiger (Ebd.).

179 Ebd.

180 Ebd.

181 Ebd., S. 160.

182 Ders.: Sätze über das Theater (1970). In: WA 24, S. 176-211, hier S. 205.

dazu, sich dem Satze Newtons, "Hypotheses non fingo", zu unterwerfen.[183] Daraus folgert er:

> Sie wird »naturwissenschaftlich« abhängig von der Theorie über die Welt, auf die sie sich stützt, deren Sieg oder Niederlage dann ihren jeweiligen Wahrheitsgehalt bestimmt.[184]

Dürrenmatt bezweifelt hier, daß es überhaupt möglich ist, dem Satz Newtons zu entsprechen. Bei dem Versuch, sich streng an die Wirklichkeit zu halten, wird das Problem der Hypothesenbildung nur auf eine andere Ebene verschoben. Der Autor muß voraussetzen, daß die Theorie über die Welt, die er seiner Dramatik zugrunde legt, wahr ist. Brechts Dramaturgie stützt sich auf den Marxismus, setzt dessen Gültigkeit voraus. Der Marxismus basiert wiederum auf dem Materialismus, hinter dem ein kausal-mechanistisches Weltbild und somit die klassische Physik, die Mechanik Newtons, steht. Nach der modernen Physik reicht der Materialismus als umfassendes Erklärungsmodell der Welt nicht aus. Von einem Sieg des Materialismus kann nicht die Rede sein. Der Argumentation Dürrenmatts folgend, wäre somit der Wahrheitsgehalt der Brechtschen Dramatik durch die moderne Physik eingeschränkt worden.

Die moderne Physik wurde wesentlich von Newtons Satz beeinflußt, nur das zu berücksichtigen, was sich beobachten läßt. Vorstellungen wie die Existenz von Elementarteilchen wurden ausgeklammert. Dennoch stellt sich im Anschluß an die Erkenntnisse der modernen Physik die Frage, inwiefern der Satz "Hypotheses non fingo" nicht selbst eine Hypothese ist.[185] Die Quantentheorie erschütterte den Glauben an die objektive Beschreibbarkeit der Natur. Sie verneint, daß das physikalische Naturbild die Natur an sich behandelt. Insofern sind Zweifel an der Wahrhaftigkeit der Beobachtungsdaten nicht ganz unberechtigt. Eddington folgerte entsprechend, daß das physikalische Wissen ein hypothetisches Beobachtungswissen, das Wissen um das Ergebnis einer hypothetischen Beobachtung, nicht aber die hypothetische Auslegung einer tatsächlichen Beobachtung sei.[186] Sicherlich repräsentiert Eddingtons Vorstellung eines "selektiven Subjektivismus"[187] eine extreme Ansicht. Sie ist jedoch in diesem Zusammenhang von Interesse, als sich für Eddington hieraus die zunehmende Mathematisierung der Physik erklärt. Die Mathematik studiert Strukturen in abstracto, unabhängig davon, welche Dinge diese Strukturen haben, unabhängig davon, ob es solche Dinge überhaupt gibt. Für ihren

---

183 Ders.: Standortbestimmung, a. a. O., S. 156.

184 Ebd.

185 Newtons Satz darf natürlich nicht so verstanden werden, als wären Hypothesen in der Physik überhaupt unzulässig. Der Physiker stellt Versuche an und bringt die gewonnenen Beobachtungsdaten in einen hypothetischen Zusammenhang, der anhand weiterer Versuche verifiziert oder falsifiziert werden muß. Von diesem Standpunkt aus haben die Hypothesen heuristischen Wert und dienen der Wahrheitsfindung. Die Frage, ob der Satz "Hypotheses non fingo" selbst nur eine Hypothese ist, zielt nicht darauf ab, daß gesicherter Erkenntnis Denken in Hypothesen vorausgehen muß.

186 Arthur Stanley Eddington: Philosophie der Naturwissenschaften, a. a. O., S. 22, Anm. 1.

187 Ebd., S. 91.

Wahrheitsgehalt ist es völlig irrelevant, ob die Beobachtungsdaten eine wahre Erkenntnis über den Gegenstand vermitteln oder Produkt des menschlichen Geistes sind. Eine Physik, die zunehmend ihren Gegenstand in mathematische Strukturen auflöst und von existentiellen Gegebenheiten gar nicht mehr spricht, unterläuft sozusagen Newtons Satz. Sie verzichtet darauf, die Welt wiederzugeben, stellt vielmehr nur noch die physikalische, eine mögliche Welt dar.

Während die moderne Physik mathematisch geworden ist, bleibt Brechts Dramatik auf dem Niveau der klassischen Physik stehen. Die Wiedergabe der Welt anstrebend, hängt Brecht der naturwissenschaftlichen Doktrin "Hypotheses non fingo" nach. Dürrenmatt dagegen will seine Dramatik nicht dem Satz Newtons unterwerfen. Er schlägt deshalb vor:

> Mathematik als Beispiel: Wird nun das Ziel aufgegeben, »die Welt wiederzugeben«, muß daran gegangen werden, »mögliche Welten« darzustellen, »mögliche menschliche Beziehungen«. Die Dramatik wird nicht mehr »naturwissenschaftlich« bestimmt, sondern »mathematisch«. Dies wird deutlich, wenn man sich erinnert, daß es mathematische Untersuchungen gibt über die »Eigenschaften komplizierter, unendlicher, lediglich begrifflich konzipierter und womöglich überhaupt nur hypothetisch in Betracht gezogener Strukturen«.[188]

Dürrenmatt rät zu einer Dramatik, die sich ein Beispiel an der Mathematik nimmt. Sich den Satz "Hypotheses fingo"[189] aneignend, bringt solch eine Dramatik nicht Beobachtetes, sondern Erdachtes zur Darstellung. Sie ist nicht darauf angewiesen, daß das Bühnengeschehen mit real existierenden Gegebenheiten übereinstimmt. Auf diese Weise erübrigt sich die Frage nach dem Wahrheitsgehalt des Dargestellten. Eine 'mathematisch bestimmte' Dramatik läßt die Forderung fallen, Wirklichkeit nachzuahmen. Sie erlaubt sich die Freiheit, mögliche Welten zu erfinden.

Wenn es Dürrenmatt lediglich um eine Kontrastierung der mimetischen Darstellung mit der Darstellung möglicher Welten gegangen wäre, hätte er die Mathematik nicht herbeizuzitieren brauchen. Die Berufung auf Aristoteles wäre dazu absolut ausreichend gewesen. Seinen dramaturgischen Überlegungen in *Sätze über das Theater*[190] ist zu entnehmen, daß er den Möglichkeitsbegriff des aristotelischen Theaters gekannt hat. Nach Aristoteles erzähle der Dramatiker nicht, was geschehen ist, sondern was möglicherweise hätte geschehen können.[191] Im aristotelischen Theater werde statt der Wirklichkeit an sich die Möglichkeit, von der es an und für sich gleichgültig sei, ob sie Wirklichkeit geworden sei oder nicht, nachgeahmt.[192] Demzufolge entspricht für Dürrenmatt das Verhältnis der aristotelischen Dramatik zur Wirklichkeit

---

188 Friedrich Dürrenmatt: Standortbestimmung, a. a. O., S. 156.
189 Ebd., S. 155.
190 Ders.: Sätze über das Theater (1970). In: WA 24, S. 176-211.
191 Ebd., S. 183.
192 Ebd., S. 183f.

dem Verhältnis der Möglichkeit zur Wirklichkeit.[193] Zwar umgeht Aristoteles die Frage nach der Wahrheit des Dargestellten zugunsten der Frage nach der Möglichkeit des Dargestellten, doch damit ist Dürrenmatt nicht zufrieden. Aristoteles erweitere nicht nur das Objekt der Dramatik, er füge dem Objekt auch ein subjektives Element zu. Das subjektive Element gründet für Dürrenmatt in dem Umstand, daß jeder Mensch nur das für möglich hält, von dem er glaubt, daß es geschehen könnte. Die Möglichkeit, an die der Mensch glaube, hinge mit seiner Interpretation der Wirklichkeit zusammen. Glauben die Menschen an die Möglichkeit eines Wunders, ist es der Dramatik erlaubt, ein Wunder als Möglichkeit der Wirklichkeit zur Darstellung zu bringen.[194] Im wissenschaftlichen Zeitalter wurde das Wunder aus dem Bereich des Möglichen verdrängt. "Was unmöglich ist, kann nicht möglich sein",[195] kommentiert Dürrenmatt, womit er deutlich zu verstehen gibt, daß die Darstellung eines Wunders auf der Bühne im Sinne der aristotelischen Dramaturgie heute ein Unding ist. Somit bedeute das Mögliche als das Objekt der Dramatik für einen Griechen etwas anderes als für Calderon, für Calderon etwas anderes als für Shakespeare und für Shakespeare etwas anderes als für Brecht.[196] Dürrenmatt entdeckt daher im aristotelischen Möglichkeitsbegriff keine Erweiterung des Objekts der Dramatik. Die Nachahmung des Möglichen stellt für ihn vielmehr eine Einengung des Objekts auf eine subjektive Wirklichkeitsdeutung dar.

Um die Beziehung der Dramatik zur Wirklichkeit doch noch über den Begriff der Möglichkeit zu klären, macht Dürrenmatt den Vorschlag, die Möglichkeit als etwas Subjektives zu eliminieren. Die Dramatik, die das Mögliche darstellen will, soll sich auf die Logik stützen und sich den Naturgesetzen als dem Allgemeinen unterwerfen.[197] Orientiert sich der Dramatiker an der Logik und den Naturgesetzen, dann muß er konsequenterweise eine Geschichte von Anfang bis Ende logisch erzählen. Damit gehorcht der Dramatiker dem Gesetz der Kausalität, der Ursache und Wirkung. "Das Drama wird deterministisch", konstatiert Dürrenmatt.[198]

Allerdings findet er diese modifizierte Definition der Dramatik als Darstellung des Möglichen noch keineswegs befriedigend. Zum einen erblickt Dürrenmatt in solch einer Definition der Dramatik die Gefahr, das Kausalitätsgesetz ins Moralische zu übertragen und damit die Freiheit der dargestellten Personen auszuschließen, "sich so oder so zu entscheiden".[199] Zum anderen

193 Wie auch das folgende: Ebd., S. 184.
194 Ebd., S. 195.
195 Ebd., S. 196.
196 Ebd., S. 185.
197 Wie auch das folgende: Ebd. S. 198.
198 Ebd.
199 Ebd., S. 200. Hier spielt Dürrenmatt auf das bürgerliche Trauerspiel, den Naturalismus und den Psychologismus, aber auch auf die "marxistische, gesellschaftskritische, engagierte Dramatik" an, die das Gesetz der Ursache und Wirkung seiner Meinung nach

könne selbst das determinierteste Drama nicht ohne den Zufall, ohne das nicht Voraussehbare auskommen.[200] Auch wenn die Rolle des Zufalls und die Entscheidungsfreiheit der Protagonisten auf eine "immanente Logik" des Stückes, die im Kontrast zu einer "äußerliche[n] Logik" stehen kann,[201] zurückgeführt wird, bleibt laut Dürrenmatt "ein Unbehagen übrig".[202] Die Ursache für dieses Unbehagen beruht auf der Tatsache, daß der Autor nicht alle Möglichkeiten, zwischen denen sich ein Protagonist hätte entscheiden können, darstellt. Nur eine Möglichkeit bestimmt den Fortgang der dramatischen Handlung. Zudem hätte der Zufall die Geschichte eine ganz andere Wendung nehmen lassen können. Daher gibt Dürrenmatt folgendes zu bedenken:

> Die Dramatik als Bild der Möglichkeit gerät in einen Gegensatz zur Wirklichkeit; indem sie nur das Mögliche und nicht das Wirkliche darstellen will, wird sie nur scheinbar zwingend, denn es gibt nicht nur eine Möglichkeit, sondern viele, während es nur eine Wirklichkeit gibt - die Möglichkeit die eben wirklich wird. Die Dramatik der Möglichkeit, ob sie will oder nicht, tut so, als wäre sie wirklich.[203]

Die Möglichkeit tut so, als wäre sie Wirklichkeit. Insofern ahmt die Dramatik zwar die Wirklichkeit nicht nach, aber sie gibt sich als Wirklichkeit aus. In diesem Zusammenhang verweist Dürrenmatt auf Max Frisch. Dieser opponierte gegen den Eindruck der Zwangsläufigkeit, der sich bei der Darstellung eines einzigen Handlungsverlaufes einstellt.[204] Aus der Erkenntnis heraus, daß die Dinge immer auch ganz anders hätten verlaufen können, entwickelte Frisch, wie den Ausführungen Dürrenmatts zu entnehmen ist, eine "»Dramaturgie des Zufalls«".[205] Indem Frisch die Zufälligkeit des Geschehens thematisiert, ordnet er das Verhältnis zwischen Dramatik, Möglichkeit und Wirklichkeit neu. Laut Dürrenmatt gibt Frisch die Wirklichkeit als Möglichkeit aus.[206] Obwohl Dürrenmatt zugibt, daß sich die Wirklichkeit aus einer "Summe von durchaus nicht zwingenden Vorfällen" zusammensetzt,[207] stößt auch dieser 'Rettungsversuch' des Möglichkeitsbegriffes für die Dramaturgie auf Dürrenmatts Widerstand. Das Verfluchte an der Wirklichkeit liege darin, daß sie eintreffe, daß sie sich so abspiele, wie sie sich abspiele und kausal sei.[208] Da nicht alle Möglichkeiten, sondern immer nur eine Möglichkeit Wirklichkeit wird, bezweifelt Dürrenmatt, daß eine Dramaturgie des Zufalls der Wirklich-

---

auf ein Gesetz von Schuld und Sühne bzw. die "Naturgesetzmäßigkeit des Marxismus" übertragen hätten (Vgl.: Ebd., S. 198).

200 Ebd., S. 200.

201 Ebd., S. 199.

202 Ebd., S. 200.

203 Ebd., S. 200f.

204 Ebd., S. 201f.

205 Ebd., S. 205.

206 Ebd., S. 206.

207 Ebd., S. 205f.

208 Ebd., S. 206.

keit gerecht wird. Er mutmaßt, daß Frischs Dramaturgie mit dem Wirklichkeitsbegriff kollidiere.[209]

Wenn Dürrenmatt an diesem Punkt von der Kausalität der Wirklichkeit spricht, meint er nicht, die Wirklichkeit sei determiniert und somit vorhersehbar. Der von ihm hier gebrauchte Kausalitätsbegriff entspricht nicht dem der klassischen Physik. Sein Verständnis von einer kausalen Wirklichkeit ist am modernen physikalischen Weltbild ausgerichtet. Wie in der modernen Physik sieht Dürrenmatt einen Ursache-Wirkungs-Zusammenhang gegeben, ohne den Zufall zu negieren. Er geht davon aus, daß ein Geschehen, das sich aus mehr oder weniger zufälligen Ereignissen zusammensetzt, dennoch im Nachhinein als einzige Kausalkette erscheint. Rückwärts gesehen könnte jede Zufälligkeit auch als Wirkung einer neuen Ursache und als Ursache einer neuen Wirkung betrachtet werden.[210] Seiner Ansicht nach ist es kein dialektischer Gegensatz, ob ein Ereignis als zufällig oder kausal dargestellt werde. Dies seien nur zwei Möglichkeiten der Darstellung eines einzigen Ereignisses.[211] Das Ereignis ist entweder eingetreten oder nicht eingetreten. Weder Zufälligkeit noch Kausalität sind Merkmale des Ereignisses selbst. Beide sind Modi der Wirklichkeitsbeschreibung. Sie gehören nicht zum Ereignis, sondern zum Wissen über ein Ereignis. Bereits in Dürrenmatts Stellungnahme zum Kausalitäts- und Zufallsbegriff deutet sich erneut ein erkenntniskritisches Element an.

Noch offensichtlicher tritt Dürrenmatts Erkenntniskritik in dem Vorschlag zutage, den er angesichts der Untauglichkeit von Definitionen der Dramatik macht, die unter Dramatik entweder die Darstellung der Möglichkeit der Wirklichkeit oder die Darstellung der Wirklichkeit als Möglichkeit verstehen. Vergleichbar mit Eddington lokalisiert Dürrenmatt das Problem der Definition der Dramatik anhand des Verhältnisses von Möglichkeit und Wirklichkeit nicht im Gegenstand, sondern in den Begriffen. Dürrenmatt behauptet, es stelle sich in der Dramatik wie in anderen Gebieten des Denkens immer wieder die Frage, ob man mit den geeigneten Denkwerkzeugen arbeite.[212] Auf den Begriff der Möglichkeit bezogen bedeutet dies: Wird die Wirklichkeit in bezug auf die Möglichkeit betrachtet, setzt das den Gegenbegriff der Unmöglichkeit voraus. Während diejenige Möglichkeit wirklich ist, die sich verwirklicht hat, bleiben alle anderen Möglichkeiten "unmöglich, weil sie sich nicht verwirklichen" ließen.[213] Für Dürrenmatt schließen sich die Begriffe Möglichkeit und Unmöglichkeit aus. Das wäre nicht weiter schlimm, wenn der Mensch, wie Dürrenmatt in den vorangegangenen Ausführungen kritisierte, nicht nur das für

---

209 Ebd.

210 Ebd., S. 205. - Zur Erinnerung: Die Bewegung eines Elementarteilchens kann zwar nicht vorhergesagt werden. Ist die Bewegung jedoch beobachtet worden, d. h. Fakt bzw. Wirklichkeit geworden, kann die Bewegung in allen Einzelheiten nachvollzogen werden.

211 Ebd., S. 206.

212 Ebd., S. 202.

213 Ebd.

möglich hielte, an das er persönlich in diesem Augenblick glaube. Da den Begriffen Möglichkeit und Unmöglichkeit ein subjektives Element anhaftet, schlägt Dürrenmatt vor, mit "anderen Denkbegriffen",[214] mit jenen des Wahrscheinlichen und des Unwahrscheinlichen, zu arbeiten.

Seiner Meinung nach haben die Begriffe Wahrscheinlichkeit und Unwahrscheinlichkeit eine andere Beziehung zur Wirklichkeit. Sowohl das Unwahrscheinliche als auch das Wahrscheinliche könnten wirklich werden. Zwar werde das Wahrscheinliche wahrscheinlicher als das Unwahrscheinliche wirklich, doch dialektisch schlössen sich die beiden Begriffe nicht aus, wie das die Begriffe Möglichkeit und Unmöglichkeit täten.[215] Dürrenmatt erläutert das an einem einfachen Beispiel:

> Wenn es möglich ist, das es morgen regne, kann es morgen regnen, wenn es unmöglich ist, kann es nicht regnen; wenn es wahrscheinlich ist, daß es morgen regne, kann es morgen regnen, wenn es unwahrscheinlich ist, kann es trotzdem regnen.[216]

Die Begriffe 'möglich' und 'unmöglich' setzen eine gesicherte Kenntnis über das, was wirklich werden kann, voraus. Die mit Bezug auf sie gemachten Aussagen sind entweder wahr oder falsch. Eine andere Alternative gibt es nicht. Operiert man jedoch mit den Begriffen 'wahrscheinlich' und 'unwahrscheinlich', stellt sich die Frage nach der Wahrheit erst gar nicht. Es ist gleichgültig, wie wahrscheinlich oder unwahrscheinlich jemand das Eintreffen eines Ereignisses einschätzt. Die im Hinblick auf die Wahrscheinlichkeit gemachten Aussagen lassen offen, ob ein Ereignis eintreten kann oder nicht. Für sie gilt nicht, daß sie entweder wahr oder falsch sind. Daher kann der Satz vom 'Ausgeschlossenen Dritten' (tertium non datur) nicht auf sie angewendet werden.

So betrachtet, bedingt der von Dürrenmatt propagierte Wechsel des Denkwerkzeugs eine Abwendung von der klassischen Logik hin zu einer dreistufigen Logik.[217] Darüber hinaus beinhaltet die Veränderung der Denkbegriffe auch einen Wechsel in der Perspektive. Die Begriffe 'möglich' und 'unmög-

---

214 Ebd.

215 Ebd., S. 203.

216 Ebd.

217 Der 25. Satz seiner "Sätze über das Theater" belegt, daß Dürrenmatt eine Modifikation der klassischen Logik in bezug auf die Dramatik vorschwebte. In diesem Abschnitt geht er explizit auf die Logik ein: "In der Logik gibt es den Satz vom ausgeschlossenen Dritten: A kann entweder gleich B oder nicht gleich B sein, eine dritte Möglichkeit gibt es nicht." Im Anschluß hieran erzählt er eine Geschichte, die diesen Satz der Logik in Zweifel zieht: Ein Sultan läßt Ungehorsame die Todesart wählen, indem sie entweder eine Wahrheit, um dann geköpft zu werden, oder eine Unwahrheit erzählen, um durch Hängen zu sterben. Ein Weiser kann sich der Todesstrafe entziehen, weil er antwortet, er werde gehängt. Hätte der Weise die Wahrheit gesagt, hätte man ihn köpfen müssen. Hätte man ihn aber geköpft, hätte er die Unwahrheit gesagt, und man hätte ihn hängen müssen (Ebd., S. 193). Im 26. Satz bezeichnet Dürrenmatt diese Geschichte als Anekdote, "die die Dramatik als Darstellung der Möglichkeit in Frage" stellt (Ebd.). Dies wird nur verständlich, wenn man sie im Kontext der oben gemachten Ausführungen betrachtet.

lich' charakterisieren das Ereignis in seiner Beziehung zur Wirklichkeit. Sie sind Merkmale des Ereignisses selbst. Dagegen gehören die Eigenschaften 'wahrscheinlich' und 'unwahrscheinlich' nicht zum Ereignis. Sie beziehen sich vielmehr auf die Ungenauigkeit des Wissens über das, was eintreffen kann oder nicht. Insofern sie der Ungenauigkeit des Wissens, was Wirklichkeit werden kann, Rechnung tragen, bezieht der Wechsel der Denkwerkzeuge ein erkenntnistheoretisches Element mit ein.

Dürrenmatt tauscht den Begriff der Möglichkeit mit dem der Wahrscheinlichkeit aus. Gleichwohl definiert er das Wirkliche nicht als das Wahrscheinliche. Anhand der Erzählung eines Verkehrsunfalls entwickelt er folgende Theorie:

> Wählt man einen beliebigen Zeitpunkt vor dem Unfall, so stehen zwischen diesem Zeitpunkt und dem Unfall mehr oder weniger Zufälligkeiten, die eintreten müssen, damit der Unfall sich ereignet. Je näher der Zeitpunkt am Unfall liegt, desto wahrscheinlicher, je weiter der Zeitpunkt zurückliegt, desto unwahrscheinlicher kommt es zum Unfall, so daß wir die Definition wagen dürfen, die Wirklichkeit ist die Unwahrscheinlichkeit, die eingetreten ist.[218]

Als Ereignisreihe betrachtet, setzt sich das Geschehen bis zum Eintritt des Unfalls aus lauter Zufälligkeiten zusammen. Wäre einer der Verkehrsteilnehmer fünf Minuten früher losgefahren oder gar zuhause geblieben, wäre einer schneller oder langsamer gefahren, hätte der Unfall nicht stattgefunden. Bei Fahrtantritt war der Unfall zwar nicht ausgeschlossen, doch gehörte er zu diesem Zeitpunkt zu den Ereignissen, mit deren Eintreffen für den einzelnen am wenigsten gerechnet werden konnte. Im Hinblick auf die Zukunft erscheint der Unfall als Produkt von Zufälligkeiten. Wenngleich Dürrenmatt die Wirklichkeit als die Unwahrscheinlichkeit definiert, besteht für ihn immer noch die Kausalität. Es sei von einem Zeitpunkt, der drei Stunden vor dem Unfall liegt, unwahrscheinlich, daß drei bestimmte Wagen an einem bestimmten Punkt zusammenprallten, aber vom Zeitpunkt des Unfalls her, zurückgesehen, sei es unvermeidbar, weil ein Faktum ins andere greife.[219] Dürrenmatt betont, daß die Wirklichkeit, "obwohl sie unwahrscheinlich ist, kausal ist."[220]

Eine Definition der Dramatik als Möglichkeit der Wirklichkeit vermittelt dem Dargestellten den Charakter der Zwangsläufigkeit. Sie engt den Gegenstand der Dramatik auf das ein, was für möglich gehalten wird. Eine Definition der Dramatik, die auf der Vorstellung der Wirklichkeit als Möglichkeit basiert, erweitert den Gegenstand der Dramatik nicht. Sie läßt zudem außeracht, daß ein eingetretenes, auch noch so zufälliges Ereignis der Verwirklichung anderer Möglichkeiten entgegensteht. Wird die Wirklichkeit jedoch als das Unwahrscheinliche bestimmt, bleiben der zufällige und kausale Charakter der Wirklichkeit erhalten. Darüber hinaus wird der Gegenstand der Dramatik um

218 Ders.: Sätze über das Theater, a. a. O., S. 205.
219 Ebd.
220 Ebd., S. 206.

Ereignisse erweitert, die nicht mit großer Wahrscheinlichkeit eintreffen, die nicht zu den Regelfällen gehören. Diesem Zusammenhang entsprechend definiert Dürrenmatt die Dramatik wie folgt:

> Wenn sich der Geschichtsschreiber und der Dramatiker nach Aristoteles darin unterscheiden, daß der eine erzählt, was geschehen ist, und der andere, was geschehen könnte, so möchte ich die Aufgabe des Dramatikers dahin definieren, daß er beschreibt, was wahrscheinlicherweise geschähe, wenn sich unwahrscheinlicherweise etwas Bestimmtes ereignen würde. Das, was sich unwahrscheinlicherweise ereignet, ist der dramatische Vorfall, den sich der Dramatiker ausgesucht hat, das, was wahrscheinlicherweise geschieht, der dramatische Ablauf dieses gewählten Vorgangs.[221]

Wie aus Dürrenmatts Definition hervorgeht, behandelt der Dramatiker weder ein vergangenes noch ein mögliches Ereignis, sondern einen Vorfall, der so unwahrscheinlich ist, daß niemand mit seinem Eintreten rechnet. Damit ist im Sinne Dürrenmatts der Gegenstand der Dramatik erheblich erweitert, denn selbst das, was in den Bereich des Wunders, in den Bereich des Unmöglichen gehört, kann auf der Bühne zur Darstellung gebracht werden, wenn es unter den Begriff des 'Unwahrscheinlichen' subsumiert wird. Frischs Stück *Biografie*[222], in dem der Protagonist laut Dürrenmatt die Möglichkeit bekommt, sein Leben noch einmal durchzuspielen, erhält mittels solch einer Definition seine volle Berechtigung. Frisch entwickelt ein Geschehen, das sich wahrscheinlich so abspielen würde, wenn jemand diese zwar unwahrscheinliche, aber nicht völlig auszuschließende Chance erhielte.[223] Ein anderes Beispiel, das Dürrenmatt in diesem Kontext anführt, ist sein eigenes Werk *Meteor*.[224] Hätte er mit den Begriffen 'Möglichkeit' und 'Unmöglichkeit' gearbeitet, wäre ihm die Darstellung einer mehrfachen Auferstehung ausgeschlossen erschienen. Seine modifizierte Definition der Dramatik erlaubt ihm jedoch zu schildern, was wahrscheinlich geschähe, wenn das Unwahrscheinliche einträte und ein Mensch immer wieder vom Tode ins Leben zurückkehren könnte.

Zugegebenermaßen führt die Vorstellung der Wirklichkeit als das Unwahrscheinliche von der Physik weg.[225] Diesem Einwand wäre zu entgegnen, daß Dürrenmatt den Unwahrscheinlichkeitsbegriff aus dem Begriff der Wahrscheinlichkeit entwickelt. Das Unwahrscheinliche ist das, was weniger wahrscheinlich Wirklichkeit wird.[226] Doch es handelt sich hier nicht um eine unbewußte Ungenauigkeit im Gebrauch der Termini. Indem Dürrenmatt den

---

221 Ebd., S. 207.

222 Max Frisch: Biografie: Ein Spiel. In: Ders.: Ges. Werke in zeitl. Folge. Jubiläumsausgabe in sieben Bänden. 1931-1985. Hg. v. Hans Mayer unter Mitwirkung v. Walter Schmitz. Bd 5: 1964-1967. Frankfurt a. M. 1986, S. 481-578.

223 Vgl. dazu: Friedrich Dürrenmatt: Sätze über das Theater, a. a. O., S. 207.

224 Ders.: Der Meteor (1964). In: WA 9, S. 9-95. Vgl. dazu: Ders.: Sätze über das Theater, a. a. O., S. 196 u. 208.

225 Der Begriff der Unwahrscheinlichkeit spielt weder in der Physik noch in der Mathematik eine Rolle. Stattdessen spricht man von Wahrscheinlichkeitsgraden, die etwas über die Verläßlichkeit einer Vorhersage über ein zukünftiges Ereignis aussagen.

226 Ebd., S. 203.

Begriff der Unwahrscheinlichkeit wählt, stellt er klar, daß für ihn die Wirklichkeit des Individuums nicht im Gesetz der großen Zahl aufgeht. Um dies zu verstehen, ist zu berücksichtigen, daß Dürrenmatt nicht von der Wahrscheinlichkeit eines Unfalls an sich spricht. Sein Beispiel bezieht sich explizit auf einen ganz bestimmten Unfall. Folglich legt er seiner Definition der Wirklichkeit keinen statistischen Mittelwert, der sich aus dem Verhältnis der Summe aller vergangener Verkehrsunfälle zur Summe aller Verkehrsteilnehmer errechnet, zugrunde. Daß der Durchschnittsmensch mit großer Wahrscheinlichkeit nicht in einen Unfall verwickelt wird, daß für den Durchschnittsmenschen der Nicht-Unfall als das Wahrscheinliche die Wirklichkeit bestimmt, ist für Dürrenmatt sekundär. Sein Blick richtet sich auf das Individuum, auf den Einzelfall. Dem am Unfall beteiligten Autofahrer nützt es nichts, wenn er vor Fahrtantritt mit der Unwahrscheinlichkeit eines solchen Ereignisses rechnete. Für ihn, nicht für den Durchschnittsmenschen, ist das Unwahrscheinliche Wirklichkeit geworden.

Dürrenmatt überträgt die Erkenntnisse der Mikrophysik auf den Menschen, gibt ihnen aber eine andere Gewichtung. Weil das Verhalten eines einzelnen Teilchens undeterminiert ist, beschränkt sich die Mikrophysik auf statistische Vorhersagen. Vereinfacht gesagt: Sie verlagert ihr Interesse vom Einzelteilchen auf Teilchenkollektive. Analog dazu ist auch das Verhalten und der Lebensweg eines einzelnen Menschen nicht exakt vorhersehbar. Dennoch sind statistische Voraussagen auf das Verhalten größerer Gruppen oder auf den Lebensweg eines Durchschnittsmenschen möglich. Mit 'der großen Zahl' kann gerechnet werden.[227] Auskunft über den einzelnen erhält man aber nicht. Indem Dürrenmatt die Wirklichkeit als die Unwahrscheinlichkeit definiert, erfaßt er die Wirklichkeit vom Individuum und nicht vom Kollektiv her. Nicht was dem Durchschnittsmenschen passiert, sondern was einem bestimmten Menschen zustößt, findet sein Interesse.

Dürrenmatt definiert die Wirklichkeit nicht um der Wirklichkeit willen, sondern im Hinblick auf die Dramatik. Aus seiner Definition leitet er ab, der Dramatiker beschreibe, was wahrscheinlicherweise geschähe, wenn sich etwas Unwahrscheinliches ereignete. Nicht der Regelfall, sondern der Un-Fall im übertragenen Sinne, der Fall, der nicht die Regel ist, wird Gegenstand der Dramatik. Statt eines wahrscheinlichen Vorfalls, der aufgrund des Durch-

227 Daß Dürrenmatt in der Tat solch eine Analogie gegeben sah, belegt ein Abschnitt aus dem Vortrag "Vom Sinn der Dichtung in unserer Zeit": "Die Menschheit ist, um einen Ausdruck der Physik anzuwenden, aus dem Bereich der kleinen Zahlen in jenen der großen Zahlen getreten. So wie in den Strukturen, die unermeßlich viele Atome umschließen, andere Naturgesetze herrschen als im Innern eines Atoms, so ändert sich die Verhaltensweise der Menschen, wenn sie aus den relativ übersichtlichen und, was die Zahl ihrer Bevölkerung betrifft, kleineren Verbänden der alten Welt in die immensen Großreiche unserer Epoche geraten." (Ders.: Vom Sinn der Dichtung in unserer Zeit, a. a. O., S. 63f.) - Vgl. auch: Ders.: Überlegungen zum Gesetz der großen Zahl. Ein Versuch über die Zukunft (Fragment) (1966/67). In: WA 27, S. 108-124.

schnitts aller Lebensläufe und aller Erfahrungen zu erwarten wäre, ist es der Einzelfall, das Individuelle, was zur Darstellung gebracht werden soll. Damit entscheidet sich Dürrenmatt gegen das Allgemeine und für das Besondere. Dies wiederum überschneidet sich mit seiner 'Dramaturgie vom Stoffe her'. Mit ihr widersetzt er sich einer Dramaturgie, die das Bühnengeschehen auf eine allgemeingültige Aussage hin zu dramatisieren sucht. Der Vorschlag, das Unwahrscheinliche zu erzählen, zielt in die gleiche Richtung: Im Gegensatz zu Brecht, der die Wirklichkeit vom Kollektiv, von der Gesellschaft her erfaßt und dadurch gezwungen ist, das Zufällige des Einzelschicksals mit der Erzählung des Wahrscheinlichen auszuklammern, will er einen Einzelfall darstellen.[228]

Dürrenmatts Definition der Wirklichkeit als Unwahrscheinlichkeit muß im Kontext seines Zweifels an der Möglichkeit, "daß je vom Allgemeinen her das Besondere zu erreichen ist"[229], gesehen werden. Indem jedoch, wie er fordert, erzählt werden soll, was wahrscheinlicherweise und nicht was unwahrscheinlicherweise geschieht, wenn sich etwas Unwahrscheinliches ereignet,[230] wird das Besondere, der Einzelfall mit der allgemeinen Erfahrung konfrontiert. Es wird erzählt, was das Unerwartete aller Erfahrung nach erwarten läßt. Dergestalt versucht Dürrenmatt, das Allgemeine über das Besondere zu erreichen.

So betrachtet, stellt der unwahrscheinliche dramatische Vorfall den Ausgangspunkt eines Gedankenexperiments dar. Der Dramatiker tut so 'als ob'. Er tut so, als wäre das Unwahrscheinliche Wirklichkeit geworden. Er durchdenkt, welche Konsequenzen es nach sich ziehen könnte, wenn das Unwahrscheinliche sich ereignet hätte. Stärker noch, als es die Begriffe Möglichkeit und Wahrscheinlichkeit auszudrücken vermögen, wird der fiktionale Charakter der Dramatik über den Begriff der Unwahrscheinlichkeit hervorgehoben. Dürrenmatts Definition der Dramatik anhand der Unwahrscheinlichkeit führt damit unmittelbar zu seiner in dem Vortrag *Vom Sinn der Dichtung in unserer Zeit* verlautbarten Forderung nach der Schaffung von Eigenwelten zurück. Bezeichnenderweise enden seine Reflexionen in *Sätze über das Theater* deshalb mit einem Abschnitt, der unter dem Motto "Sinn der Dramatik als Fiktion" steht. In diesem Abschnitt wandelt er unter Berufung auf Vaihinger die Frage, "wie es komme, daß wir mit bewußt falschen Vorstellungen doch Richtiges erreichen", in die Frage um, "wie es komme, daß wir mit bewußt erfundenen Vorstellungen die Wirklichkeit zu beschreiben vermögen"[231]. Seinen Ausführungen ist zu entnehmen, daß er die erste Frage auf die "mathematische oder physikalische Fiktion" und die zweite auf die "künstlerische Fiktion" bezogen wissen will. Allerdings setzt er die beiden Fragen nicht gleich. Die physikalische Fiktion unterscheidet sich für ihn von der

228 Vgl.: Ders.: Aspekte des dramaturgischen Denkens, a. a. O., S. 113.
229 Ders.: Theaterprobleme, a. a. O., S. 65.
230 Ders.: Sätze über das Theater, a. a. O., S. 208.
231 Ebd., S. 210.

künstlerischen, indem jene der Wirklichkeit eine physikalische Antwort entlockt, während die andere eine "künstliche Gegenwirklichkeit" herstellt, die vom Standort abhängige Antworten gibt.[232] Abgesehen von dieser Differenzierung, die im wesentlichen der von Dürrenmatt bereits in dem Vortrag *Vom Sinn der Dichtung in unserer Zeit* gemachten Unterscheidung zwischen Dichtung und Physik entspricht, stellt für ihn sowohl die künstlerische als auch die physikalische Fiktion eine "bewußte Denktechnik"[233] dar, um Antworten auf die Wirklichkeit zu finden. Trotz der Unterschiede stehen beide Denktechniken für Dürrenmatt miteinander in Beziehung, da die Fiktion seiner Ansicht nach den einzigen Zugang zur Wirklichkeit ermöglicht.[234]

Dürrenmatts Versuch, die Beziehung der Dramatik zur Wirklichkeit mittels der Wahrscheinlichkeit zu definieren, stellt auf vierfache Weise den Zusammenhang mit der modernen Physik her. Erstens ließen die Quantenphänomene Zweifel an der ausschließlichen Gültigkeit der klassischen Logik, vor allem am Satz vom 'Ausgeschlossenen Dritten', aufkommen. Zweitens offenbarte die Quantenmechanik die grundlegende Rolle, die dem Wahrscheinlichkeitsbegriff in allen Wirklichkeitsaussagen zukommt.[235] Drittens erkennt Eddington den methodologischen Wechsel der Physik von einer Analyse des beobachteten Systems zu einer Analyse des Wissens von einem System gerade in der Einführung des Wahrscheinlichkeitsbegriffs in die physikalischen Theorien.[236] Viertens ermöglicht der physikalische Wahrscheinlichkeitsbegriff einen Kausalitätsbegriff, indem ein zukünftiges Ereignis als unbestimmt, ein vergangenes jedoch als bestimmt aufgefaßt wird, ohne den Zufall auszuschließen. Da sich Dürrenmatts Vorstellung einer kausalen Wirklichkeit am

232 Ebd.
233 Ebd.
234 Ebd., S. 207.
235 Die Verfasserin ist sich bewußt, daß hier nicht zwischen dem logischen und dem statistischen Wahrscheinlichkeitsbegriff unterschieden wird. Doch im Anschluß an die moderne Physik stellte sich die Frage, ob es in der Tat zwei verschiedene Wahrscheinlichkeitsbegriffe gibt, ob die Wahrscheinlichkeitslogik nicht im gleichen Sinne Gebrauch von der Häufigkeitsdeutung macht wie die Wahrscheinlichkeitsrechnung. Vgl. dazu: Hans Reichenbach: Die logischen Grundlagen des Wahrscheinlichkeitsbegriffs. In: Ders.: Ges. Werke in 9 Bänden. Hg. v. Andreas Kamlah u. Maria Reichenbach. Bd. 5, Braunschweig/Wiesbaden 1989, S. 341-365. - Da Dürrenmatt den Wahrscheinlichkeitsbegriff in beiden Bedeutungen gebraucht, erschien es legitim, auf die Unterscheidung gleichfalls zu verzichten.
236 Arthur Stanley Eddington: Philosophie der Naturwissenschaft, a. a. O., S. 67-72 u. S. 127. - Vgl. dazu auch: Hans Reichenbach: Wahrscheinlichkeitslehre. Eine Untersuchung über die logischen und mathematischen Grundlagen der Wahrscheinlichkeitsrechnung. In: Ges. Werke in 9 Bänden. Hg. v. Andreas Kamlah u. Maria Reichenbach. Bd. 7, Braunschweig/Wiesbaden 1994. Reichenbachs Ausführungen ist zu entnehmen, daß die Quantenmechanik die erkenntnistheoretische Bedeutung des Wahrscheinlichkeitsbegriffes ins Blickfeld rückte. Nach Reichenbach hat die Erkenntnis, daß eine Steigerung der Voraussagewahrscheinlichkeit an eine gewisse obere Grenze unterhalb der Gewißheit gebunden ist, in der Heisenbergschen Unschärferelation ihre Formulierung gefunden (Ebd., S. 8f.).

modifizierten Kausalitätsbegriff der modernen Physik orientiert, unterstützt dies die Behauptung, Dürrenmatt habe bei seinen Ausführungen den physikalischen Wahrscheinlichkeitsbegriff im Blick gehabt.

Die obigen Ausführungen haben gezeigt, daß Dürrenmatt die Bezeichnung 'möglich' nicht im Sinne der aristotelischen Dramaturgie versteht.[237] Er definiert das Verhältnis zwischen Wirklichkeit und Theater über den Begriff der Unwahrscheinlichkeit, in dem die erkenntnistheoretischen Elemente der modernen Physik gebunden sind. Für ihn tritt so auch im Bereich der Dramatik die Welt des Denkens zwischen den Menschen und die Wirklichkeit. Das Primat des Suchens nach Wahrheit gilt auch für die Darstellung auf der Bühne.

5. 6. Zusammenfassung

Dürrenmatt nimmt bei allem Respekt eine distanzierte Haltung gegenüber Brechts Konzeption eines "Theaters im wissenschaftlichen Zeitalter" ein. Wenn Brecht im Theater ein Mittel der Weltveränderung sieht und es in die Dienste des Klassenkampfes stellt, begeht er aus der Sicht Dürrenmatts den Fehler, seine Weltanschauung als abgeschlossene und gesicherte Erkenntnis vorauszusetzen. Weil mit dem Paradigmenwechsel in der Physik die Gewißheit der menschlichen Erkenntnis grundsätzlich in Frage gestellt wurde, vermittelt Brechts Entwurf einer zeitgemäßen Dramatik für Dürrenmatt den Eindruck, nicht erkenntniskritisch genug zu sein. Brechts Theaterkonzept erscheint Dürrenmatt weniger wissenschaftlich als dogmatisch.

Hans Dietrich Irmscher macht in einem Aufsatz die Differenz zwischen Dürrenmatt und Brecht darin aus, daß Dürrenmatt unbeirrbar an der Offenheit und Unabschließbarkeit der Fiktionsbildung festhält, während Brecht über das Ziel des dramatischen Experiments immer schon entschieden hat.[238] Ohne den

---

237 Hier gilt zu ergänzen, daß Aristoteles nicht nur den Begriff der Möglichkeit, sondern auch den der Wahrscheinlichkeit gebraucht. In seiner Poetik heißt es: "[...] daß es nicht Aufgabe des Dichters ist mitzuteilen, was wirklich geschehen ist, sondern vielmehr, was geschehen könnte, d. h. das nach den Regeln der Wahrscheinlichkeit oder Notwendigkeit Mögliche (*dynatà*)." (Aristoteles: Poetik. Eingel., übers. u. erl. v. Manfred Fuhrmann. München 1976, S. 58). Auch das Unwahrscheinliche scheint in seine Poetik integriert: "[...]; denn es ist wahrscheinlich, daß sich vieles gegen die Wahrscheinlichkeit abspielt." (Ebd., S. 83). Dennoch ist es von Dürrenmatt legitim, wenn er Aristoteles' Definition auf den Begriff der Möglichkeit reduziert. Der Wahrscheinlichkeitsbegriff wird von Aristoteles nicht im Sinne einer Autonomie der Dichtung gegenüber der Wirklichkeit gebraucht. Dichtung ist bei Aristoteles unlösbar mit den Begriffen der Nachahmung und des Allgemeinen verbunden. So unterscheidet sich für ihn die Dichtung von der Geschichtsschreibung dadurch, daß letztere das Besondere und erstere das Allgemeine darstellt (Ebd., S. 59).

238 Wie auch das folgende: Hans Dietrich Irmscher: Das Schachspiel als Metapher. Bemerkungen zum »komödiantischen Denken« Friedrich Dürrenmatts. In: Drama und Theater im 20. Jahrhundert. Festschrift für Walter Hinck. Hg. v. Hans Dietrich Irmscher und Werner Keller. Göttingen 1983, S. 333-348, hier S. 348.

Zusammenhang direkt anzusprechen, impliziert die Bemerkung, mit der Irmscher diese Feststellung einleitet, daß die unterschiedlichen Theaterkonzepte durch unterschiedliche physikalische Weltbilder bedingt sein könnten: Dürrenmatt gehe vor allem von der modernen Physik nach Einstein, Planck und Heisenberg aus, Brecht orientiere sich dagegen mehr an der klassischen Physik. Was Irmscher mit 'vor allem' bzw. 'mehr' meint, erläutert er nicht. Vermutlich spielt er auf die Tatsache an, daß auch Brecht sich mit der modernen Physik auseinandergesetzt hat.

Unter 3. 2. 6. wurde darauf hingewiesen, daß Brecht die Erkenntnis der Mikrophysik von der Indeterminiertheit des einzelnen Elementarteilchens auf das Verhalten des Individuums übertrug. Er erblickte darin aber keineswegs ein Argument gegen die marxistische Geschichtsbetrachtung. Ganz im Gegenteil sah Brecht dadurch die Vorzüge der marxistischen Geschichtsschreibung gegenüber der bürgerlichen bewiesen. Die marxistische Historiographie trägt dem Individuellen, dem Zufälligen der Handlung eines einzelnen Menschen Rechnung, indem sie nicht Könige, Feldherren und Politiker als die bestimmenden Kräfte geschichtlicher Prozesse begreift, sondern das Verhalten des einzelnen aus der Bewegung großer Massen heraus versteht. Das Individuelle wird über das Gesetz der großen Zahl kalkulierbar. In diesem Sinne stehen für Brecht Klassen, aber nicht Einzelschicksale im Zentrum der Dramatik. Die Biographie eines Individuums findet nur als kollektive sein Interesse.

Zwar ging Brecht wie Dürrenmatt von den Erkenntnissen der Mikrophysik aus, doch führten ihn diese zu einer konträren Position. Brecht setzt beim Allgemeinen an und versucht von ihm aus das Besondere zu erreichen. Im Gegensatz zu Brecht, der die gesellschaftliche Wirklichkeit auf der Bühne im Kleinen abbilden möchte, will Dürrenmatt einen Einzelfall darstellen, der sich für ihn nicht in der Allgemeinheit entfaltet. Brecht muß vom Wahrscheinlichen ausgehen, um das Zufällige des Individuellen zu relativieren. Dürrenmatt dagegen macht das Unwahrscheinliche zum Gegenstand seiner Dramatik, um die Unberechenbarkeit des Einzelschicksals zu demonstrieren.

Jan Knopf weist in seiner umfassenden Dürrenmatt-Monographie auf die Bedeutung der Wahrscheinlichkeitsrechnung in der modernen Physik für Dürrenmatts Kriminalgeschichten hin. Obwohl er einen Zusammenhang zwischen der Einsicht, daß "das Individuelle [...] nicht in der Allgemeinheit auf[geht]", und der Bedeutung des Zufalls in den Kriminalerzählungen herstellt,[239] mißversteht er Dürrenmatts Definition der Wirklichkeit als Unwahrscheinlichkeit. In seinem Aufsatz *Sprachmächtigkeiten* wirft er Dürrenmatt vor zu vernachlässigen, daß das Faktische eine andere Qualität hat als das Wahrscheinliche oder Unwahrscheinliche.[240] Für die Dramatik bedeute

239 Jan Knopf: Friedrich Dürrenmatt. 4. neubearb. Aufl. München 1988, S. 47f.

240 Wie auch das folgende: Ders.: Sprachmächtigkeiten. In: Facetten. Studien zum 60. Geburtstag Friedrich Dürrenmatts. Hg. v. Gerhard P. Knapp u. Gerd Labroisse. Bern/Frankfurt a.M./Las Vegas 1981, S. 61-81, hier S. 65.

Dürrenmatts Definition, daß sie sich in doppelter Weise von der Wirklichkeit entferne und das Faktische meide. Sie spreche nicht mehr das Unwahrscheinliche aus, das Wirklichkeit geworden sei, sondern schaffe fiktional Unwahrscheinliches, das keiner Realität mehr entspreche und auch nicht entsprechen solle. Darüber hinaus kritisiert Knopf, daß mit dem Unfall-Modell die Alltäglichkeit, das Wiederkehrende, das Wahrscheinliche und die bewährte Erfahrung ausgespart würden. Aus seiner Sicht wird die Wirklichkeit von Dürrenmatt zum Unfall, zur Katastrophe stilisiert.

Knopfs Kritik wäre sicherlich angemessen, wenn Dürrenmatt die Wirklichkeit vom Allgemeinen her fassen würde. Er übersieht, daß Dürrenmatt mit dem Beispiel des Verkehrsunfalls nicht den Unfall als etwas Allgemeines, sondern als das besondere, für den einzelnen unvorhersehbare Ereignis meint. Daß sich der unwahrscheinliche Vorfall auf der Bühne immer zum Unfall, zur Katastrophe auswächst, ist durch Dürrenmatts Methode der "schlimmstmöglichen Wendung" bedingt. Zu ihr muß der Dramatiker greifen, damit die Fiktion, weil sie sich im logischen und nicht im ontologischen Bereich abspielt, existentiell wird.[241] Doch dies hat mit Dürrenmatts Definition der Wirklichkeit als Unwahrscheinlichkeit nur mittelbar etwas zu tun; mittelbar deshalb, weil das Unwahrscheinliche des Vorfalls, den der Dramatiker zur Darstellung bringt, den fiktionalen Charakter des Bühnengeschehens garantiert. Wenn Knopf kritisiert, Dürrenmatts Dramatik finde in der Realität keine Entsprechung, weil sie das Unwahrscheinliche fiktional erschaffe, dann kritisiert er grundsätzlich Dürrenmatts Vorstellung von Kunst, Literatur und Theater. Dürrenmatt will ja bewußt Fiktionen, Denkmodelle gestalten, um gegen eine Erstarrung des Denkens anzukämpfen. Der Ausgangspunkt des Unwahrscheinlichen ist für ihn eine Möglichkeit, die bislang bewährten Erfahrungs- und Denkmuster, auf denen Wahrscheinlichkeitsvorstellungen beruhen, zu durchbrechen.

Dürrenmatts Begriff der Unwahrscheinlichkeit muß im Kontext der modernen Physik betrachtet werden. Dieser Kontext ist für Dürrenmatt jedoch im wesentlichen über das erkenntnistheoretische Potential der modernen Physik, wie es vor allem in der Deutung Eddingtons vorliegt, vermittelt. Vor diesem Hintergrund sind auch die anderen theoretischen Texte Dürrenmatts zu deuten. Obwohl dieser Zusammenhang von der Dürrenmatt-Forschung des öfteren angesprochen worden ist, wurde er nie explizit belegt.[242] Mit der Analyse

241 Friedrich Dürrenmatt: Sätze über das Theater, a. a. O., S. 209.

242 Arnold gehört zu jenen Autoren, die immer wieder betont haben, daß für Dürrenmatt das Denken im Vordergrund stand, da er "zum Zweifel am überkommenen Denken reizen" wollte (Heinz Ludwig Arnold: Ein Besuch. In: Ders.: Querfahrt mit Dürrenmatt, a. a. O., S. 5-14, hier S. 13). Dabei hat er auch auf Dürrenmatts Eddington-Lektüre hingewiesen. Bei Eddington habe er Anregung und Bestätigung seines Denkens gefunden, das die erkenntniskritischen Methoden der Philosophie mit jenen der Naturwissenschaften verbinde (Ders.: Max Frisch und Friedrich Dürrenmatt, a. a. O., S. 29). In Dürrenmatts Variationen zum Spiel von Zufall und Notwendigkeit erkennt Arnold darüber hinaus, wie nahe Dürrenmatts dramaturgisches Denken dem konzeptionellen hypothetischen Denken

ausgewählter Prosatexte wurde zum ersten Mal untersucht, was es bedeutete, daß Eddingtons *Philosophie der Naturwissenschaft* zu Dürrenmatts Lieblingsbüchern zählte. Es bestätigte sich, wie Otto Keller es in einem Aufsatz formulierte, daß sich Dürrenmatt mit seinem Schaffen das Ziel eines neuen Denkens setzte:

> Er [Dürrenmatt] will also auch einer prästabilisiert disharmonischen Welt ins Auge schauen, will sie mutig bestehen, nicht resigniert in ihr herumtappen. Möglich aber ist dies nur, wenn man sich vom aristotelischen, vom kausalen oder deterministischen Denken löst, wenn man radikaler aufklärerisch als die Aufklärung des 18. Jahrhunderts zu einem andern Denken findet, neue Denkstrukturen entwickelt. Dürrenmatt weist dabei auf Ansätze, wie sie von einer nacheinsteinschen Naturwissenschaft in den letzten Jahrzehnten entwickelt worden sind, und bekundet dadurch wie auch andernorts, daß die Geisteswissenschaften, daß die Künste hier wertvolle Anregungen empfangen könnten.[243]

Es muß davon ausgegangen werden, daß Dürrenmatt diese Anregungen nutzte.

---

in den Naturwissenschaften und dem erkenntniskritischen und dialektischem Philosophieren ist (Ebd., S. 36). Doch neben den Verweisen auf Eddington, die moderne Physik und "Quantensprünge" (Ebd.) ging auch Arnold dem behaupteten Zusammenhang von Erkenntniskritik der Naturwissenschaft und Philosophie im Denken Dürrenmatts nicht weiter nach. - Das gleiche gilt für Kenneth S. Whitton, der die Bedeutung des Zufalls im Werk Dürrenmatts zwar mit Heisenbergs Unschärferelation in Verbindung bringt und in dieser die Ohnmacht der menschlichen Erkenntnis gespiegelt sieht, aber diesen Zusammenhang nicht weiter verfolgt (Kenneth S. Whitton: Dürrenmatt. Reinterpretation in Retrospect. New York, Oxford, Munich 1990, S. 31). - Irmscher geht davon aus, daß Dürrenmatt mit den Resultaten der modernen Naturwissenschaften vertraut war (Hans Dietrich Irmscher: Das Schachspiel als Metapher, a. a. O., S. 346f.). In ihrem Fiktionen bildenden Erkenntnisverfahren sehe Dürrenmatt den Weg für den Komödienschreiber vorgezeichnet, der der Wirklichkeit ein geeignetes Bild entgegenstellen wolle, um an ihm ihre Konzeptionen zu überprüfen (Ebd., S. 347). Als Dilettant habe sich Dürrenmatt bei jener philosophischen Tradition Rat geholt, in der die Erkenntnistheorie und Methodologie der modernen Naturwissenschaft begründet worden sei: bei Kant, Hans Vaihinger, Eddington und Popper (Ebd.). Wie die Zusammenführung von Erkenntniskritik und moderner Naturwissenschaft aussieht, hat Irmscher jedoch nicht ausgeführt.

243 Otto Keller: Die totalisierte Figur. Friedrich Dürrenmatts »Meteor« als Dokument eines neuen Denkens. In: Text und Kritik 1980, Heft 50/51: Friedrich Dürrenmatt I, 2. rev. u. erw. Aufl. , S. 43-56, hier S. 50. Im folgenden bezieht sich Keller auf Dürrenmatts "Sätze über das Theater" und die darin behandelte Dramaturgie der Wahrscheinlichkeit. Wie der Naturwissenschaftler mit der Wahrscheinlichkeit operiere, so wolle auch der Stückeschreiber etwas Ähnliches versuchen (Ebd., S. 51). Auch Keller sieht in Dürrenmatts Gebrauch des Wahrscheinlichkeitsbegriffes einen Angriff auf die Aristotelische Logik und eine Sprengung traditioneller Denkschemata. Keller differenziert zwar nicht zwischen den Kategorien Wahrscheinlichkeit und Unwahrscheinlichkeit, er stellt auch keinen Zusammenhang zu weiteren theoretischen Schriften über das Theater, sondern zu Dürrenmatts Stück "Meteor" her, doch er kommt zu einem ähnlichen Ergebnis. Schwitter, der Protagonist des "Meteor", stellt für ihn das totale Individuum dar, das Dürrenmatt als Arbeitshypothese gebraucht, um die "Dogmatisierungen der Epoche zu reflektieren" (Ebd., S. 53). In diesem Sinne wäre die Figur Schwitter als eine Radikalisierung der Dramaturgie vom Einzelnen, vom Besonderen her zu verstehen.

6. "Die Realität der Literatur."[1] Konkrete Poesie

In seinen dramaturgischen Reflexionen *Sätze über das Theater* kommt Dürrenmatt auf Peter Handkes Stück *Publikumsbeschimpfung* zu sprechen. Seiner Ansicht nach läßt Handke in diesem Stück die Schauspieler nichts mehr nachahmen, sondern sich nur bewegen und sprechen. Damit erreiche Handke "konkretes Theater".[2] Um zu präzisieren, was er mit dem Begriff 'konkret' meint, vergleicht Dürrenmatt Handkes Vorgehen mit dem der konkreten Malerei. Diese gebe es auf, die dreidimensionale Wirklichkeit auf der zweidimensionalen Leinwand nachzuahmen. Konkret könnten deshalb nur Linien, Flächen, Farben und ihr Zusammenspiel sein. An keinen Inhalt gebunden, sei die konkrete Malerei nur noch Form.[3] Demnach wird für Dürrenmatt Theater dann konkret, wenn Sprache und Bewegung, das Material des Dramatikers, zum Inhalt der Darstellung werden, statt lediglich Instrumente der Wirklichkeitsabbildung zu sein.

Sicherlich ist der Vergleich eines literarischen Kunstwerkes mit der konkreten oder abstrakten Kunst legitim. Schließlich hatten doch die bereits unter 4. 2. behandelten Autoren, allen voran Kurt Leonhard, ähnliche Parallelen konstatiert. Dennoch ist der Vergleich umständlich. Dürrenmatt hätte auf ein näherliegendes Beispiel zurückgreifen können, auf eine literarische Erscheinung, die vor allem die Lyrik, aber auch die Prosa der fünfziger und sechziger Jahre entscheidend beeinflußte: die Konkrete Poesie. Mit diesem Einwand soll jedoch keineswegs Dürrenmatts Vergleich zwischen Handkes *Publikumsbeschimpfung* und der konkreten Malerei sowie die damit intendierte Präzisierung des Begriffes 'konkret' in bezug auf poetologische Zusammenhänge kritisiert werden. Vielmehr enthält Dürrenmatts Darstellung im Kern jenen Aspekt, der auch als kleinster gemeinsamer Nenner der verschiedenen Definitionen von Konkreter Poesie gelten könnte. Die summarische Bestimmung Thomas Kopfermanns belegt, daß Dürrenmatt etwas Ähnliches mit dem Terminus 'konkret' verbindet wie die Autoren der Konkreten Poesie:

> Es geht, wie aus nahezu allen Pamphleten und Manifesten der Konkreten Poesie abzulesen ist, *nicht* um die literarische Abbildung außersprachlicher Wirklichkeit, sondern in der Sprachreflexion um *Präsentation* von Sprache und Sprachelementen, deren *Repräsenta-*

---

1 Max Bense: Die Realität der Literatur. Autoren und ihre Texte. Köln 1971.

2 Friedrich Dürrenmatt: Sätze über das Theater, a. a. O., S. 180.

3 Ebd., S. 179.

> *tions*charakter deshalb methodisch abgebaut werden muß in einem positiv verstandenen Verdinglichungs- und Materialisierungs-Prozeß.[4]

Konkrete Poesie thematisiert ihr Mittel, macht die Sprache zu ihrem Gegenstand und Inhalt. Davon einmal abgesehen, daß Dürrenmatt die Reduktion der Literatur auf eine Sprachrepräsentation und insofern auch Handkes Vorgehen in dem Stück *Publikumsbeschimpfung* für eine Sackgasse hielt,[5] überschneidet sich die Konkrete Poesie mit Dürrenmatts Forderung, die Nachahmung der Wirklichkeit aufzugeben. Im letzten Kapitel war der Zusammenhang zwischen eben dieser Forderung Dürrenmatts und den Erkenntnissen der modernen Physik betont worden. Es stellt sich nun die Frage, inwiefern auch das poetologische Konzept der Konkreten Poesie von der modernen Physik beeinflußt sein könnte.

6. 1. Max Bense

Formulierungen wie "konkrete Poesie ist Dichtung mit den Elementen der Sprache", das "konkrete Gedicht ist ein Gegenstand, nicht eine Aussage über einen Gegenstand"[6] oder "konkrete dichtung ist ihr material. ihr inhalt ist restlos form. ihre form ist restlos inhalt. nicht tüte, nicht hülse"[7] bestätigen, was Kopfermanns Definition bereits andeutete. Das Interesse der Autoren im Umkreis der Konkreten Dichtung gilt nicht der sprachlichen Erfassung von Wirklichkeit, sondern der Darstellung von Sprache, von Sprachwirklichkeit. Angesichts der Relevanz von Sprache in dieser Konzeption scheint der literaturwissenschaftliche Zugang zu einem adäquaten Verständnis Konkreter Poesie exakt umrissen. Sprachphilosophie, Sprachkritik, Sprachwissenschaft, Sprachspiel und Sprachexperiment bilden den idealen Kontext ihrer Einordnung. Bezüge zu den wichtigsten Vertretern auf diesen Gebieten, zu Wilhelm von Humboldt, Johann Gottfried Herder, Fritz Mauthner, Ludwig Wittgenstein, Martin Heidegger, Charles W. Morris, Charles S. Peirce, Benjamin Lee Whorf, Ferdinand de Saussure, Kurt Schwitters, Hans Arp, Gertrude Stein, Hugo Ball und Gottfried Benn sind schnell und sicherlich zurecht hergestellt.[8]

---

4 Thomas Kopfermann: Einführung. In: Theoretische Positionen zur Konkreten Poesie. Texte und Bibliographie. Mit einer Einführung hg. v. Thomas Kopfermann. Tübingen 1974, S. IX-LI, hier S. X.

5 Vgl.: Friedrich Dürrenmatt: Sätze über das Theater, a. a. O., S. 181.

6 Ernst Jandl: Voraussetzungen, Beispiele und Ziele einer poetischen Arbeitsweise. Ein Vortrag. In: Theoretische Positionen zur Konkreten Poesie, a. a. O., S. 41-59, hier S. 47.

7 Claus Bremer: [Konkrete Dichtung]. In: Theoretische Positionen zur Konkreten Poesie, a. a. O., S. 7.

8 Vgl. dazu: Wolf Haas: Sprachtheoretische Grundlagen der Konkreten Poesie. Stuttgart 1990. - Erasmus Schöfer: Poesie als Sprachforschung. In: Konkrete Poesie, Linguistik und Sprachunterricht. Hg. v. Burckhard Garbe. Hildesheim/Zürich/New York 1987,

Gewiß, die Konkrete Poesie muß vor dem Hintergrund einer langen und vielschichtigen Tradition philosophischer und poetologischer Sprachreflexion betrachtet werden. Doch wird in diesem Kontext über die dominierenden Konzepte von Heidegger und Wittgenstein häufig übersehen, daß einer der maßgeblichen Theoretiker der Konkreten Poesie, Max Bense,[9] die traditionelle Sprachbetrachtung auf neue Bahnen führte, indem er grundlegende Beiträge zur Informations- und Zeichentheorie leistete und diesen zum Durchbruch verhalf. Obwohl Benses zeichen- und informationstheoretische Studien belegen, daß in seinem Denken die Sprache aufgrund ihres Zeichencharakters eine wichtige Bedeutung einnahm, würde es ihm kaum gerecht werden, wollte man sein weitgestreutes Interesse an allen Bereichen menschlichen Wissens, das sich gerade in seiner Informationstheorie widerspiegelt, allein auf (sprach-)philosophische Wurzeln zurückführen. Am Beginn seines Schaffens beschäftigte sich Bense mit einem Wissensgebiet, das auf den ersten Blick nur wenig mit Sprachbetrachtung zu tun hat. Er studierte neben Philosophie und Mathematik auch Physik und arbeitete nach dem Studium als Physiker. Doch schon mit der Wahl seines Promotionsthemas stellte Bense unter Beweis, was für sein ganzes Leben Gültigkeit besitzen sollte: Starre Grenzen innerhalb der verschiedenen Wissensgebiete akzeptierte er nicht.[10] Diesem Bestreben kamen die Erkenntnisse der modernen Physik entgegen. Sie boten ihm den idealen Anknüpfungspunkt, um das im Studium der Physik und Philosophie erworbene Wissen nicht isoliert nebeneinander stehen zu lassen, sondern zu verbinden.

6. 1. 1. Von der Mikrophysik zur Mikroästhetik

In seiner 1938 veröffentlichten Dissertation *Quantenmechanik und Daseinsrelativität*[11] versuchte Bense, die Deutung der Quantenphänomene auf

---

S. 196-201. - Jürgen Söring: Sprach-Reflexion und Sprach-Denken. Martin Heidegger und die Konkrete Poesie. In: Poetica 16 (1984), S. 110-137. - Thomas Kopfermann: Konkrete Poesie - Fundamentalpoetik und Textpraxis einer Neo-Avantgarde. Frankfurt a. M./Bern 1981, hier bes. S. 163-178. - Cecil A. M. Noble: Sprachskepsis. Über Dichtung der Moderne. München 1978, hier bes. S. 64-89. - Dieter Kessler: Untersuchungen zur Konkreten Dichtung. Vorformen - Theorien - Texte. Meisenheim am Glan 1976, hier bes. S. 179-190. - Silvio Vietta: Sprache und Sprachreflexion in der modernen Lyrik. Bad Homburg 1970.

9 Zum Einfluß Max Benses auf die Konkrete Poesie vgl.: Thomas Kopfermann: Einführung, a. a. O., S. XLIV.

10 Bense stellte sein grenzüberschreitendes Denken allerdings schon vor seiner Dissertation unter Beweis. Davon zeugen v. a. seine Verteidigung der rationalen Erkenntnis sowie seine Streitschrift gegen den Irrationalismus des Philosophen Klages und seine Abhandlung über den Raum. Vgl.: Max Bense: Raum und Ich. Eine Philosophie über den Raum. Berlin 1934, hier bes. S. 49-68. - Ders.: Aufstand des Geistes. Eine Verteidigung der Erkenntnis. Stuttgart/Berlin 1935. - Ders.: Anti-Klages oder von der Würde des Menschen. Berlin 1937, hier bes. S. 40ff.

11 Max Bense: Quantentheorie und Daseinsrelativität. Köln-Kalk 1938.

eine philosophische Grundlage zu stellen, indem er sie in Verbindung zu Max Schelers Begriff der Daseinsrelativität setzte. Für Benses Deutung der Quantenmechanik wurde Schelers "Stufenreich der Daseinsrelativität der Gegenstände"[12] wichtig, da der Begriff der Daseinsrelativität auf der Vorstellung relativer Erkenntnis basiert. Mit Relativität ist jedoch nicht Subjektivität gemeint. Die Relativität der Erkenntnis wird von Scheler nicht vom erkennenden Subjekt, sondern vom Gegenstand her gefaßt, indem er Wissen als "*Teilnahme und Teilhabe eines konkret Seienden* (des wissenden Subjekts) an dem Sosein von anderem konkret Seiendem" definiert.[13] 'Daseiend' bedeutet insofern für ihn, zwar außerhalb des Bewußtseins daseiend, aber "gleichwohl nur «relativ», d. h. «abhängig» daseiend vom Dasein eines so oder anders seienden und (im objektiven Sinne) bestimmten *realen Trägers* dieses Wissens".[14] Die Dinge geben sich somit nicht als sich selbst zu erkennen, sondern daseinsrelativ in bezug auf den wahrnehmenden Menschen.

Den Beweis für die Schelersche Annahme einer Daseinsrelativität sieht Max Bense in den Erkenntnissen der modernen Physik, vor allem im Dualismus Welle-Teilchen gegeben. Laut Bense widersprechen sich die Beschreibungsmodi Welle und Teilchen nur dann, wenn man sich nicht klar macht, daß die Experimente, die den Wellencharakter, und jene Experimente, die den Teilchencharakter der atomaren Erscheinung ermitteln, dadurch zu differenzieren sind, daß sie jeweils eine andere Stufe der Daseinsrelativität eines physikalischen Gegenstandes ansprechen.[15] Aufgrund des von Scheler aus der Daseinsrelativität gewonnenen erkenntnistheoretischen Prinzips, daß von zwei sich widersprechenden Sätzen ($A = B$ und $A \neq B$) nur dann einer falsch sein

---

12 Max Scheler: Manuskripte zur Erkenntnis- und Methodenlehre der Metaphysik als positive Erkenntnis (Auseinandersetzung mit Gegnern). In: Schriften aus dem Nachlaß. Bd. II: Erkenntnislehre und Metaphysik. Hg. mit e. Anhang v. Manfred S. Frings. Bern, München 1979 (Ges. Werke, Bd. 11), S. 72-122, hier S. 109. Es würde im hier behandelten Zusammenhang zu weit führen, Schelers Lehre von einem "Stufenreich der Daseinsrelativität der Gegenstände" zu referieren. Der Leser sei hier auf folgende Schriften verwiesen: Max Scheler: Phänomenologie und Erkenntnistheorie. In: Ders.: Schriften aus dem Nachlaß. Bd I: Zur Ethik und Erkenntnislehre. Mit einem Anhang v. Maria Scheler. Hg. v. Manfred S. Frings. 3. durchges. Aufl. Bonn 1986 (Ges. Werke, Bd. 10), S. 377-430, hier bes. S. 398-410. - Ders.: Manuskripte zur Wesenslehre und Typologie der metaphysischen Systeme und Weltanschauungen (Weltanschauungslehre). In: Ders.: Schriften aus dem Nachlaß. Bd. II: Erkenntnislehre und Metaphysik. Hg. mit e. Anhang v. Manfred S. Frings. Bern, München 1979 (Ges. Werke, Bd. 11), S. 11-71, hier bes. S. 45f. - Ders.: Manuskripte zur Erkenntnis- und Methodenlehre der Metaphysik als positive Erkenntnis (Auseinandersetzung mit Gegnern), a. a. O., S. 107-113. - Ders.: Idealismus - Realismus. In: Ders.: Späte Schriften. Mit e. Anhang hg. v. Manfred S. Frings. Bern, München 1976 (Gesammelte Werke, Bd. 9), S. 183-241, hier bes. S. 196f.

13 Ders.: Manuskripte zur Wesenslehre und Typologie, a. a. O., S. 109.

14 Ebd.

15 Max Bense: Quantentheorie und Daseinsrelativität, a. a. O., S. 61.

muß, wenn sich die Sätze jeweils auf dieselbe Stufe der Daseinsrelativität beziehen,[16] lösen sich für Bense die mit dem Teilchen-Welle-Dualismus verbundenen Schwierigkeiten auf. Die Heisenbergschen Unschärferelationen, die die gegenseitige Beschränkung des Welle- und des Teilchenbildes mathematisch definieren, kennzeichnen laut Bense den Schnittpunkt zwischen moderner Physik und Phänomenologie.[17] Die Unschärferelationen besagten etwas Phänomenales, weil sie zwei Gegebenheitsstufen, Welle und Teilchen, eines einheitlichen physikalischen Tatbestandes begrenzten.[18] Bense geht in seiner Deutung noch weiter. Da der Wellen- und der Teilchencharakter der Elementarteilchen nicht nur zwei Seiten einer einzigen physikalischen Realität, sondern zwei verschiedene Gegebenheitsweisen, zwei verschiedene Stufen darstellten, bedeute der quantenmechanische Schematismus diesen Stufen gegenüber wieder eine neue Stufe der Daseinsrelativität des physikalischen Gegenstandes.[19]

Mit dem Versagen der klassischen Physik im mikrophysikalischen Bereich ist für Bense keineswegs das Ende der Erkenntnis erreicht. Die Vorstellungen und Begriffe der klassischen Physik sind lediglich an die Grenzen "einer bestimmten Stufe der Daseinsrelativität der physikalischen Gesamtgegenständlichkeit" gestoßen.[20] Durch die Verfeinerung der Experimente wurde eine neue Stufe der Gegebenheit physikalischer Gegenstände erreicht, nicht jedoch der physikalische Gegenstand erschöpft.[21] Außer dem Welle-Teilchen-Dualismus klären sich für Bense auch die Einschränkung der Vorhersage und die Ungeschiedenheit von Subjekt und Objekt im mikrophysikalischen Bereich vor dem Hintergrund von Schelers Phänomenologie auf. Auch hier nimmt er zwei verschiedene Stufen der Daseinsrelativität an, eine, die der Beschreibung durch die klassische Physik, und eine, die durch die neuen Formalismen der Quantenmechanik erschlossen werden kann.[22]

Zudem sieht Bense die zunehmende Mathematisierung der modernen Physik, die Auflösung des physikalischen Gegenstandes in mathematische Formeln in Zusammenhang mit der Daseinsrelativität. Dafür muß er allerdings den Begriff der Daseinsrelativität, wie ihn Scheler bestimmte, in Anlehnung an Heidegger erweitern. Laut Bense unterscheidet Heidegger zwischen "endlicher

16 Ebd., S. 35.

17 Eine Verknüpfung zwischen Physik und Phänomenologie ist vor dem Hintergrund der Schelerschen Philosophie nicht selbstverständlich. Bense selbst wies darauf hin, daß Scheler scharf zwischen phänomenologischer und wissenschaftlicher Arbeit unterschieden hat (Ebd., S. 23), insofern der phänomenologische Gegenstand selbst gegeben ist, der wissenschaftliche Gegenstand dagegen symbolisch, durch ein künstlich gesetztes Zeichen dargestellt wird (Ebd., S. 25-28).

18 Ebd., S. 63.

19 Ebd.

20 Ebd., S. 67.

21 Ebd.

22 Ebd., S. 70f.

Erkenntnis" und "unendliche[r] Erkenntnis".[23] Nur für die "endliche Erkenntnis" gebe es so etwas wie einen Gegenstand, der das phänomenologische Erschauen einer Selbstgegebenheit erlaube. Die "unendliche Erkenntnis" hingegen zeige das "Seiende im Entstehenlassen". In ihr sei das Seiende als Seiendes an sich und nicht als Gegenstand. Bense knüpft an Heideggers Differenzierung der beiden Erkenntnisarten an und führt sie dahingehend fort, daß für ihn die beiden Erkenntnisarten verschiedenen Stufen der Daseinsrelativität der Gegenstandsarten entsprechen. Auf die Physik bezogen, ordnet Bense die daseinsrelative Stufe, auf der sich die Gegenstände der klassischen Physik befinden, der endlichen Erkenntnis zu. Die nicht-klassische Physik, soweit sie ihre Gegenstände tatsächlich formal, nicht anschaulich bestimme und "*ihr 'Seiendes'*" nicht 'gegenständlich' im phänomenalen Sinne einführe, sondern es in der Mannigfaltigkeit seiner formalen Bestimmtheit dunkel hinter den Symbolen belasse, sei stattdessen der unendlichen Erkenntnis beizuordnen.

Vor dem Hintergrund von Schelers Lehre der Daseinsrelativität lösen sich für Bense alle Widersprüche zwischen der klassischen und der modernen Physik auf. Ebenso wie auch der "philosophische Gehalt der modernen Auffassungen über Atom, Beobachtung, Bahn, Korrespondenz, Komplementarität usw. aus der philosophischen Tradition" erwachsen sei, kann seiner Meinung nach die quantentheoretische Physik "exakt an die klassische angefügt werden".[24] Insofern stellen die Erkenntnisse der Quantentheorie für ihn die Entdeckung neuer Realitätsbereiche dar, die nach neuen Begriffen und neuen Vorstellungen verlangen, ohne die alten außer Kraft zu setzen.

Mit der Entdeckung neuer Realitäten und dem Versuch ihrer geistigen Bewältigung befaßt sich Bense auch im zweiten Band seiner Abhandlung *Konturen einer Geistesgeschichte der Mathematik*, der dem Verhältnis von Mathematik und Kunst gewidmet ist.[25] In dem "Surrealität und Surrationalität" überschriebenen Kapitel behauptet er, daß alle großen, mehr oder weniger deutlich abgrenzbaren Epochen mit der Entdeckung einer neuen, zuerst labyrinthisch erscheinenden Realität begonnen hätten.[26] Bense geht hierbei von der Beobachtung aus, daß sich in einer Welt, von der jede Epoche glaubt, sie "vital, materiell, emotional und intellektuell in der Hand zu halten",[27] trotzdem immer wieder neue, ungeahnte Realitäten offenbaren. Er erklärt dieses Phänomen mit einem längeren Verweis auf Schelers Lehre von der Daseinsrelativität. Wir besäßen von den Dingen nur das, was wir suchten, was wir besitzen wollten.[28] Als Beispiele für solche Phasen des Einbruchs neuer

23 Wie auch das folgende: Ebd., S. 83.
24 Ebd., S. 90.
25 Ders.: Konturen einer Geistesgeschichte der Mathematik. [Bd. 1:] Die Mathematik und die Wissenschaften. Hamburg 1946. - Dass.: Bd. 2: Die Mathematik in der Kunst. Hamburg 1949.
26 Ders.: Die Mathematik in der Kunst, a. a. O., S. 169.
27 Ebd.
28 Ebd.

Realitäten nennt Bense neben der Renaissance[29] die "Epoche des modernen Surrealismus".[30] Die surrealistische Epoche, die für ihn um die Jahrhundertwende beginnt und noch nicht abgeschlossen ist,[31] ist seiner Meinung nach durch das Auftreten zweier neuer Realitätsbereiche geprägt, durch den "Bereich der Libido, der Komplexe, der Verdrängungen, Sublimierungen", den die Psychoanalyse Freuds erschloß, und den Bereich "der relativitätstheoretisch und quantentheoretisch bestimmten Welt der Protonen, Elektronen, Positronen, Kerne usw. einerseits und die Welt des mehrdimensionalen, weltlinienmäßig, prinzipiell unanschaulich bestimmten Universums andererseits".[32]

Die Tatsache, daß Bense hier erneut sowohl auf Scheler als auch auf die moderne Physik rekurriert, unterstreicht den Stellenwert der in seiner Dissertation ausgearbeiteten Zusammenhänge für sein weiteres Denken. Sie gewinnt für die hier behandelte Fragestellung noch an Bedeutung, wenn man bedenkt, daß Bense die Ausführungen im Hinblick auf den Gegenstand der Kunst, die Beziehung zwischen Kunst und Realität macht. In Anbetracht einer Realität, die "nicht feststehend, nicht konstant", sondern "höchst veränderlich, variabel" ist, und in Anbetracht dessen, daß "nur diejenigen Bereiche der Realität [existieren], deren Dinge und Ereignisse ausgedrückt werden können in den Zeichen unserer Sprache, in den Formen eines Stils, in den Röhren einer Methode", und das, was "darüber hinausreicht, [...] genau genommen, gar nicht vorhanden" ist,[33] kann sich für Bense die Kunst nicht in der Verarbeitung vertrauter Wirklichkeitsbereiche erschöpfen. Sie muß vielmehr an der Erschließung neuer Realitäten mitarbeiten. Damit die fremden und ungewohnten Realitätsbereiche dem Menschen zugänglich werden, bedarf es laut Bense eines neuen Rationalismus, einer bewußten Verfeinerung und Erweiterung der Denkweisen.[34] Um dies zu erreichen, muß die menschliche Einbildungskraft auf allen Gebieten des Geistes, "sowohl im Raume der Kunst und der Dichtung wie auch im Raume der Forschung und Philosophie" tätig werden.[35]

Nach Bense wird die neue Realität "als ein Labyrinth empfunden", weil "ihre Gegenstände voll Dunkelheit", "namenlos" sind und "nicht in der alten, vertrauten Weise verknüpft werden können."[36] Es fehlen die adäquaten Begriffe, und die neuen Gesetzmäßigkeiten sind noch unerkannt. Um den Schrecken, der dieser ungewohnten Welt anhaftet, überwinden zu können, gibt

29 Ebd., S. 170-177.
30 Ebd., S. 177.
31 Vgl.: Ebd., S. 178.
32 Ebd.
33 Ebd., S. 166.
34 Ebd., S. 167f.
35 Ebd., S. 169.
36 Ebd., S. 168.

es für Bense nur eine Lösung. Das Ungewohnte muß mit Hilfe der Einbildungskraft in die bekannte Welt hineinprojiziert werden:

> Es gibt gleichsam nur ein einziges Mittel, dem Unbehagen in der labyrinthischen Undurchdringlichkeit der neuen Realität zu entgehen, und dieses Mittel besteht darin, das Labyrinth durch phantastische Relationen zwischen den allbekannten Dingen der vertrauten Realität noch einmal zu produzieren. Wir überlassen uns der großmütigen Gnade unserer Einbildungskraft und reproduzieren die Undurchdringlichkeit des Labyrinths der fernen Realität in der gewöhnlichen Welt, verleihen dieser damit die Schrecken, sehen also einerseits in dieser Reproduzierbarkeit des Labyrinthes den Trost und werden doch erstaunt gewahr, wie sehr die fremde, dunklere Realität in die vertraute hineinreicht.[37]

Bense fordert dazu auf, das Bekannte sozusagen zu entfremden, indem die alten Zusammenhänge destruiert und neue, ungewohnte hergestellt werden. Durch den ungewöhnlichen Blick auf alltägliche Dinge erscheint das, was man für durchschaut hielt, in einem rätselhaften Licht. Dadurch rückt das eigentlich Neue und Rätselhafte jedoch gleichzeitig in die Nähe des Vertrauten. Diesen bewußten Verzicht auf den gewohnten Blickwinkel, mit dem "die neuen Kausalitäten und Relationen unter längst vertrauten, uralten Dingen" hervorgerufen werden, bezeichnet Bense als "Surrationalität".[38]

Die Surrationalität, dieser "ungewöhnliche Akt des Denkens",[39] produziert die "Surrealität", die Verfremdung des Vertrauten. Mit Surrealität meint Bense nicht eine Realität über oder hinter dem Sichtbaren. Surreal sind nicht die Dinge. Die Surrealität liegt vielmehr in den Relationen und Kausalitäten, die eine Surrationalität zwischen diesen Dingen herstellt. Die Surrealität kann für Bense gar nicht in den Dingen liegen, weil dies seiner Auffassung von der Daseinsrelativität der Dinge widersprechen würde. Auch hier ist die Daseinsrelativität ein wesentliches Element seiner Argumentation, denn die Surrealität ist für ihn nichts anderes als "die labyrinthische Form einer Realität, der äußerste Grad relativen Daseins."[40]

Mit Benses Begriffen Surrealität und Surrationalität ist eine Erweiterung und Verfeinerung der Rationalität angesichts einer neu entdeckten Realität bzw. einer neu entdeckten Stufe der Daseinsrelativität verbunden. So betrachtet wird verständlich, warum Bense von einer "Epoche des modernen Surrealismus"[41] spricht, ohne damit nur diejenige Richtung der modernen Kunst und Literatur im Blick zu haben, die sich im Anschluß an Bretons *Manifest des Surrealismus* formierte. Für Bense ist in Zeiten, in denen die "Daseinsrelativität der Realität bemerkt wird",[42] die Trennung der einzelnen Disziplinen aufgehoben. Kunst, Dichtung, Wissenschaft und Philosophie berühren sich vorübergehend.[43]

---

37 Ebd.

38 Ebd.

39 Ebd.

40 Ebd., S. 170.

41 Ebd., S. 177.

42 Ebd., S. 170.

43 Ebd.

Psychoanalyse, Relativitätstheorie, Quantentheorie und Mikrobiologie kehren für Bense ebenso die Destruktion der Anschauungen und der kausalen Strukturen hervor wie Max Ernst und Salvador Dali in der Kunst, Ernst Jünger, Henri Michaux oder Louis Aragon in der Literatur oder der Existentialismus (Heidegger, Marcel, Jaspers, Sartre, Mounier) in der Philosophie.[44] Folglich ist für Bense die in Bretons Manifest zum Ausdruck gebrachte Abwehr gegen die Logik und eine an die alltägliche Erfahrung angepaßte Ratio nur eine Facette für die offenbar gewordenen neuen Realitätsbereiche. Sie ist ein Hinweis darauf, daß die Mittel, die für die "makrophysikalische Mechanik" einerseits und eine Psychologie "seelischer Determinationen" andererseits sinnvoll waren, zur Erfassung der Realität nicht mehr ausreichen. Die Werke von Max Ernst oder die Erzählungen von Henri Michaux, die vom Standpunkt der Psychologie vor Freud oder vom Standpunkt der klassischen Physik aus gesehen, keinen Sinn machen und an der Realität vorbeigehen, erscheinen vor diesem Hintergrund als notwendiger Verstoß gegen zu eng gewordene Denkweisen.

In dem Aufsatz *Versuche über Prosa und Poesie* aus dem Jahre 1950 konstatiert Bense, daß es in Gottfried Benns Prosa Aussagen und Passagen gebe, die unverständlich blieben und der rationalen Analyse widerstünden.[45] Dies ist für Bense jedoch kein Grund, Benns Prosa zu kritisieren. Ähnlich wie im Fall von Henri Michaux wertet Bense die unverständlichen Passagen im Werk von Benn nicht als Affekthascherei, sondern als einen erforderlichen Angriff auf (Lese-)Gewohnheiten. Neue Sprachen und neue Formen, verteidigt Bense, bildeten sich nicht selbständig oder aus sich heraus.[46] Sie entwickelten sich an neuen Inhalten. Bei diesen Erscheinungen handle es sich um die Zeichen neuer Gegebenheiten sinnlicher und geistiger Art, und die Konfusionen, die sie mit sich führten, bezeichneten den geringen Grad an Vertrautheit im Umgang mit der neuen Welt. Bense argumentiert hier analog zu den oben genannten Ausführungen über den Surrealismus. Statt Tradition und Konvention favorisiert er Konfusion und Destruktion, weil sie seiner Ansicht nach die geeigneten Mittel darstellen, um "neue Horizonte" zu erschließen. Doch anders als in seinen Überlegungen zum Surrealismus wird man in dem Beitrag über Gottfried Benn vergeblich nach einem Hinweis auf Schelers Lehre der Daseinsrelativität suchen. Die Notwendigkeit einer Zerstörung veralteter Denkweisen sieht Bense nun durch die technische Welt, die den Menschen umgibt, bedingt.[47]

44 Ebd., S. 179f.

45 Ders.: Versuche über Prosa und Poesie. Zu Gottfried Benns frühen Publikationen. In: Gottfried Benn: Frühe Prosa und Reden. Eingel. v. Max Bense. Wiesbaden 1950, S. 7-46, hier S. 19.

46 Wie auch das folgende: Ebd., S. 22.

47 Ebd., S. 23. - Noch deutlicher spricht Bense diesen Zusammenhang am Ende einer überarbeiteten Fassung dieses Aufsatzes aus. Vgl.: Ders.: Exkurs über Expressionismus. In: Ders.: Plakatwelt. Vier Essays. Stuttgart 1952, S. 38-62, hier S. 62.

In den Nachkriegsjahren setzt sich Bense zunehmend mit der technischen Welt und den Anforderungen, die diese an den Menschen stellt, auseinander. Obwohl er die Gefahren der technischen Welt keineswegs außeracht läßt, sind seine Studien nicht von Technikfeindschaft geprägt. Im Gegensatz zu Heidegger oder Adorno, deren Unbehagen am Anwachsen der technischen Welt sich in einer Vernunftkritik, in einer grundsätzlichen Kritik am abendländischen Denken niederschlug, sieht Bense die Ursachen für die Gefahren im Zuge der Technisierung woanders.

In seinem bereits 1946 veröffentlichten Essay *Der geistige Mensch und die Technik*[48] legt Bense dar, daß die technische Welt dann zur Bedrohung wird, wenn der Intellektuelle sich ihr entzieht, anstatt die "rationalen Waffen"[49] auszubilden, mit denen die Technik geistig beherrscht werden kann. Für ihn stellt weniger ein Übermaß als ein Mangel an Rationalität die größte Gefahr dar. Seiner Darstellung zufolge versagt der Intellektuelle, wenn er, in der Sorge um die "Freiheit des Schöpferischen",[50] gegenüber den Perfektions- und Kalkulierbarkeitsbestrebungen der Technik als Bewahrer irrationaler Kräfte auftritt. Aus Benses Sicht kann nur eine "neue[] Stufe der Abstraktion, eine[] neue[] Stufe des abendländischen Rationalismus" die notwendige Distanz schaffen, mittels derer die Beherrschung des Menschen durch die Technik in eine Beherrschung der Technik durch den Menschen überführt werden kann.[51]

Die Technik scheint für Bense ähnliche Probleme wie die Entdeckung einer neuen Stufe der Daseinsrelativität aufzuwerfen. Diesen Eindruck vermittelt auch der Essay *Technische Existenz*.[52] Darin behauptet er, daß die Technik eine surreale Welt erzeuge, die nur in der verfeinerten Sprache einer Surrationalität ausgesprochen werden könne.[53] Diese Welt werde als surreal empfunden, weil eine äußerste Diskrepanz zwischen der alten Sprache und den neuen Dingen bestehe.[54] Bense greift hier offensichtlich auf Formulierungen zurück, die er bereits in seiner Abhandlung *Die Mathematik in der Kunst* in bezug auf die Renaissance und den Surrealismus gebrauchte. An die Stelle der von Psychoanalyse und moderner Physik entdeckten neuen Stufe der Daseinsrelativität ist hier jedoch die Technik getreten. Durch sie "hat der Mensch einen neuen, schwer übersehbaren Realitätsbereich gewonnen", der einen "verfeinertste[n] [!] Rationalismus" verlangt.[55]

---

48 Ders.: Der geistige Mensch und die Technik. In: Ders.: Über Leibniz. Jena 1946, S. 26-48.

49 Ebd., S. 47.

50 Ebd., S. 44.

51 Ebd., S. 47f.

52 Ders.: Technische Existenz. In: Ders.: Technische Existenz. Essays. Stuttgart 1949, S. 191-231.

53 Ebd., S. 194.

54 Ebd., S. 195.

55 Ebd.

Bense versteht unter dem Terminus 'Technik' nicht nur die Erscheinungen der modernen Zivilisation, die sich in Maschinen und Industrie manifestieren. Er faßt den Begriff weiter, als es in der Alltagsprache üblich ist. Wie er in seinen Reflexionen *Über die spirituelle Reinheit der Technik* darlegt, ist für ihn die Technik eine "ursprüngliche und wesentliche Anlage der menschlichen Intelligenz", die "ebensosehr kontemplativ wie aktiv" eine zweite "bewohnbare[...] Weltschicht" hervorbringt, die der natürlichen Weltschicht übergezogen werden kann.[56] Aus Benses Sicht muß sich der Mensch zum Zwecke seiner Selbsterhaltung die Welt bewohnbar machen, indem er sie "denaturiert".[57] Er muß der gegebenen Welt eine gemachte entgegenstellen. Die zweite, künstliche Weltschicht wird sowohl durch eine "spirituelle" (z. B. in Form einer mathematischen Gleichung) als auch durch eine "materielle Abstraktion" (z. B. in Form einer Pendeluhr) erzeugt.[58] Unter Technik versteht Bense den Akt der praktisch-materiellen wie auch der geistig-begrifflichen Weltaneignung, die dadurch erfolgt, daß eine aus dem Intellekt geschaffene "Welt wie ein Netz über die Natur gespannt"[59] wird. Da Bense der Technik demnach auch eine "immaterielle"[60] Seite zugesteht, ist für ihn nicht nur die angewandte, sondern ebenso die theoretische Physik Ausdruck des technischen Bewußtseins. Daher kann zurecht behauptet werden, daß die moderne Physik ihre Relevanz für sein Denken nicht zugunsten der Technik eingebüßt hat.

Diese, die Theorie und die praktische Anwendung umfassende Technikvorstellung liegt dem bereits genannten Essay *Technische Existenz* zugrunde. Darin spricht Bense von verschiedenen aufeinanderfolgenden Stadien technischen Seins, deren Phasen von der Antike bis heute zurückverfolgt werden können.[61] An die Stelle der verschiedenen Stufen von Daseinsrelativität der Dinge sind für ihn die verschiedenen Stadien einer zweiten, denaturierten Realität getreten, die eine Verfeinerung der rationalen Mittel und eine Erweiterung der Theoreme erforderlich machen. Indem Bense jedoch das jüngste Stadium als das atomphysikalische bzw. hochfrequenz-physikalische bezeichnet,[62] gibt er hier klar zu erkennen, daß die moderne Physik für ihn (trotz des Wechsels in den ontologischen Kategorien von der gegebenen Welt, die sich in Stufen der Daseinsrelativität zeigt, zu der gemachten, technischen Welt) nach wie vor eine entscheidende Rolle spielt.

---

56 Ders.: Über die spirituelle Reinheit der Technik. In: Ders.: Plakatwelt, a. a. O., S. 63-89, hier S. 64.

57 Ebd., S. 66.

58 Ebd., S. 71. Analog argumentiert Bense auch in dem Essay "Der geistige Mensch und die Technik", in dem er statt mit den Termini "spiritueller" und "materieller Abstraktion" mit den Begriffen "platonischer Geist" und "Laplacescher Dämon" operiert (Vgl.: Ders.: Der geistige Mensch und die Technik, a. a. O., S. 42f.).

59 Ebd., S. 63.

60 Ebd., S. 64.

61 Ders.: Technische Existenz, a. a. O., S. 205-221.

62 Ebd., S. 214.

Wohl am deutlichsten stellt Bense den Zusammenhang zwischen technischer Welt, Kunst/Literatur und moderner Physik in seinen Studien zur Konzeption einer neuen Ästhetik her, deren Ergebnisse er zwischen 1954 und 1960 in vier Bänden veröffentlichte und 1965 um zwei Kapitel erweitert in einem Band zusammenfaßte.[63]

Grundlage des ersten Teils seiner *Aesthetica* sind Hegels *Vorlesungen über die Ästhetik* und die semiotische Studie *Foundation of the Theory of Signs* von Charles W. Morris. Über Hegels Ästhetik soll, wie Bense in der Einleitung notiert, der "Zugriff auf die Seinsthematik der Kunstwerke, die Analyse ihrer metaphysischen Beschaffenheit, die Zerlegung gemäß den ontologischen Kategorien und Modalitäten" erfolgen.[64] Die Semiotik von Morris stellt für Bense den Zugang zu einer abstrakten Ästhetik dar, die der "zunehmende[n] Rationalität, die sich fast in jedem modernen Kunstwerk, sei es in der Literatur, in der Musik, in der Dichtung oder in der Malerei, eingestellt hat", gerecht werden kann.[65]

Die allgemeine Zeichentheorie, wie sie Morris im Anschluß an die Arbeiten von Charles S. Peirce konzipierte, geht von der Vorstellung aus, daß alles Denken notwendigerweise in Zeichen erfolgt.[66] Demnach ist das Verhältnis zwischen Welt und Bewußtsein nicht unmittelbar. Es muß über ein System von Zeichen vermittelt werden. Bense knüpft an diese Vorstellung an und versteht den künstlerischen Prozeß als Zeichenprozeß. Dies erlaubt ihm, den von Hegel gebrauchten Begriff des "Scheins", mit dem dieser die Seinsweise von Kunstwerken als "eine höhere, geistgeborene Wirklichkeit"[67] bestimmt, im Zusammenhang mit der Semiotik zu aktualisieren.[68] Laut Bense ist das ästhetische Sein eine "Welt der Zeichen".[69] Der Prozeß, der die zur Herstellung des Kunstwerkes aufgewendeten Realien (Leinwand, Fläche, Linie, Farbe, Worte, Silben, Metrum, Rhythmus) in ihrer Zusammenstellung vom Seinsmodus der Wirklichkeit in den Seinsmodus der Schönheit überführt und als ästhetischen Gegenstand wahrnehmbar macht, verläuft laut Bense über eine "ontologische Verdichtung der Realität" zu ästhetischen Zeichen.[70]

Nach Bense ist Wirklichkeit der Seinsmodus der Natur, Schönheit jedoch der Seinsmodus des Kunstwerkes.[71] Da seiner Meinung nach auch im Kontext einer Ästhetik bedacht werden muß, daß der Mensch nicht nur mit

---

63 Ders.: Aesthetica. Einführung in die neue Ästhetik. 2. erw. Ausg. Baden-Baden 1982.

64 Ebd., S. 19.

65 Ebd.

66 Vgl. Winfried Nöth: Handbuch der Semiotik. Stuttgart 1985, S. 35 u. 48. - Elisabeth Walther: Allgemeine Zeichenlehre. Einführung in die Grundlagen der Semiotik. Stuttgart 1974, S. 49f.

67 Georg Wilhelm Friedrich Hegel: Vorlesungen über die Ästhetik I. In: Ders.: Werke in 20 Bänden. Bd. 13. Frankfurt a. M. 1986, S. 22.

68 Max Bense: Aesthetica, a. a. O., S. 39f.

69 Ebd., S. 41.

70 Ebd., S. 46.

71 Ebd., S. 17.

Kunstwerken, sondern auch mit der natürlich gegebenen Welt konfrontiert ist, stellt sich die Frage, wie die ästhetischen Zeichen, die auf den Modus der Schönheit (Mitrealität in der Terminologie Benses) verweisen, von "Realzeichen", Zeichen "einer Modalität des Seins, die wir Anlaß haben als Realität zu bezeichnen",[72] zu unterscheiden sind. Die Differenzierung zwischen Realzeichen und ästhetischen Zeichen erläutert Bense durch ein Beispiel aus der modernen Physik. Er schreibt über Realzeichen folgendes:

> Nun designiert jedoch ein Realzeichen nicht bloß die Modalität, es verweist auch auf ein Etwas, auf ein Seiendes. Die ausgestrahlte Frequenz einer Spektrallinie verweist auf energetische Verhältnisse. Die Spektrallinie designiert die Frequenz, aber sie denotiert nicht eindeutig das Atom, die Quantenmechanik verbietet in gewissen Grenzen den Schluß auf ein reales Atomgefüge. Die 'Unbestimmtheitsrelationen' fixieren die Grenzlinien. 'Jedes Bild des Atoms ist eo ipso falsch', das heißt die Spektren designieren Frequenzen, aber denotieren kein Atom. Die Spektren sind Realzeichen, die ein markantes Designatum, aber kein markantes Denotatum besitzen.[73]

Die von Bense verwendeten Begriffe Designata und Denotata sind Kategorien, anhand derer Morris Zeichen klassifiziert.[74] Ein Zeichen hat einen Zeichenträger. Das können zum Beispiel die Laute eines Klopfzeichens oder Spektrallinien sein. Der Zeichenträger bezeichnet, designiert etwas. Ebenso wie die Klopfzeichen das Klopfen designieren, bezeichnen die Spektrallinien in Benses Beispiel die Frequenz. Das Klopfen bzw. die Frequenz sind die jeweiligen Designata. Darüber hinaus kann auch der Zeichenträger selbst etwas bedeuten. Er kann ein Denotatum haben, aber er braucht es nicht unbedingt zu haben. Die Klopflaute können einen Gefangenen aus der Nachbarzelle vermitteln. Sie können sich auf ein tatsächlich existierendes Objekt beziehen, sie müssen es aber nicht. Im Fall der von Bense genannten Spektrallinie verweist das Zeichen nicht auf ein tatsächlich existierendes Objekt, da die Vorstellung eines realen Atomgefüges von der modernen Physik suspendiert wurde. So werden über die Spektrallinien zwar Eigenschaften eines Objektes (das Designatum Frequenz) vermittelt, aber das verursachende Objekt, das Denotatum, ist nicht vorhanden.

Während beim Realzeichen "ausschließlich die Designationsphase, also das Designatum eine Rolle spielt", ist das ästhetische Zeichen "im allgemeinen durch sein Denotatum bestimmt".[75] Das ästhetische Zeichen unterscheidet sich folglich vom Realzeichen dadurch, daß es nicht nur etwas bezeichnet, sondern zudem etwas bedeutet. Die rote Farbe auf einer Leinwand bezeichnet nicht nur die Farbe Rot. Sie kann darüber hinaus ein Blütenblatt denotieren. Für die klassische, gegenständliche Malerei trifft diese Behauptung sicherlich zu. Es erscheint dagegen verfehlt, ein Denotatum für die rote Farbe auf einem Bild

72 Ebd., S. 52.
73 Ebd., S. 52.
74 Vgl. für das folgende: Ebd., S. 51, sowie: Winfried Nöth: Handbuch der Semiotik, a. a. O., S. 53.
75 Max Bense: Aesthetica, a. a. O., S. 53.

von Mondrian zu suchen. Die ungegenständliche und abstrakte Kunst widersetzt sich der oben genannten Unterscheidung von Realzeichen und ästhetischem Zeichen. Bense hat diesem Einwand vorgebaut. Er behauptet ja keineswegs, daß ästhetische Zeichen grundsätzlich durch ihr Denotatum bestimmt seien. Sie seien "im allgemeinen" davon bestimmt. Inwiefern dies im besonderen, im Fall der abstrakten Malerei, nicht zutrifft, legt er in den anschließenden Überlegungen dar.

Seiner Ansicht nach zeichnet sich die abstrakte und ungegenständliche Malerei dadurch aus, daß die Mittel (Farbe und Formen) zum Zeichenträger geworden sind und die Zeichen im Grunde nur die Mittel designieren, aber nichts bedeuten.[76] So sind aus Benses Sicht jedes Denotatum der Zeichen und jede inhaltliche Deutung der Zeichen falsch, weil sie der These von der Selbständigkeit der Farbe und der Form im Hinblick auf das Ästhetische widersprechen würden, wie sie von Mondrian und Kandinsky in ihren theoretischen Reflexionen vorgebracht wurde. Farben und Formen könnten in der abstrakten und ungegenständlichen Malerei auf Zeichen reduziert werden, deren Denotationsphase geschrumpft sei, so daß deren Denotation die reinen Mittel, also Farbe und Form blieben. Daraus folgert Bense, daß die ästhetischen Zeichen der abstrakten und ungegenständlichen Malerei sehr nahe an Realzeichen heranrücken:

> Wir stoßen offenbar gerade in der abstrakten Malerei auf die Möglichkeit, an die Stelle der semantischen Verdichtung von Farbe und Form ihre ontische treten zu lassen; es bedarf keiner Umwege mehr über Figuren, Gegenstände und ihre Anordnungen. Der abstrakte, ungegenständliche Maler verhüllt nicht den ontischen Prozeß der Zeichenbildung, sondern entblößt ihn bis hart an die Grenze der Realzeichen, als solche Farben und Formen primär fungieren. Es handelt sich also um den Versuch, aus echten Realzeichen, die nur Designata, keine Denotata haben, die ästhetische Zeichenwelt zu verwirklichen. Wiederum entspricht diese Lage der Kunst der Situation der Physik. Wie in den modernen physikalischen Theorien abstrakte Mechaniken als pure mathematische Zeichenwelten aufgebaut werden, die nur an wenigen Enden an der Realität aufgehängt sind - in der Quantenmechanik wird das abstrakte Gebäude aus der unwiderruflichen, harten Realität der Designata der Spektrallinien, die ja Realzeichen sind, aus Frequenz und Intensität rekonstruiert -, so fordert eine moderne abstrakte, nichtgegenständliche Malerei, um tatsächlich die Realität zu erreichen und Kunst als ontologischen Prozeß zu vollziehen, eine Beschränkung auf Farbe und Form.[77]

Bense sieht hier einen Zusammenhang zwischen der Beschränkung auf Form und Farbe und dem gewandelten Realitätsbegriff der modernen Physik. Ein zeitgemäßer Realismus kann für ihn nur über die Abstraktion und Loslösung vom Gegenständlichen erreicht werden. Damit deutet er die Thematisierung der Mittel in der abstrakten Malerei ganz ähnlich wie jene Autoren, auf die im vierten Kapitel hingewiesen worden war. Doch Bense geht in seinen Reflexionen weiter als zum Beispiel Kurt Leonhard, der die zunehmende

---

76 Wie auch das folgende: Ebd., S. 54.
77 Ebd., S. 55.

Abstrahierung in Kunst und Dichtung mit dem Durchbruch der Physik "in die abstrakten Bereiche universeller Strukturen" analogisierte.[78] Bense wertet die Annäherung der ästhetischen Zeichen an die Realzeichen als den "Übergang von jener Zeichenwelt, die Realität *bedeutet*, zu einer Zeichenwelt, die Realität *ist*."[79] Indem die moderne Kunst die Mittel der Darstellung selbst zur Darstellung bringt und derart den Zeichenprozeß selbst thematisiert, ist sie für Bense nicht mehr nur "Abstraktion von gegebenen Gegenständen" als vielmehr "Konkretion ungegebener Gegenstände".[80] Das ästhetische Zeichen, das nur noch vom Designat bestimmt wird und daher bedeutungsfrei ist, "repräsentiert und redupliziert" nicht mehr eine vorgegebene Welt, sondern "präsentiert und produziert" eine eigene Wirklichkeit.[81] Aus Benses Sicht leistet die moderne Kunst mit dem Wechsel von der Repräsentation zur Präsentation "ontologische Arbeit", indem sie "auf ihre Weise die alte Seinsfrage rekapituliert".[82]

Diese Feststellung basiert auf einer Seinsvorstellung, die auch die bereits genannten Arbeiten von Bense prägte, die jedoch vor dem Hintergrund der allgemeinen Zeichentheorie eine neue Bedeutung gewinnt. Seiner Ansicht nach sind die Dinge an und für sich unverständlich. Sie werden erst in der Sprache, in den Zeichensystemen verständlich.[83] Indem die Dinge durch Zeichen repräsentiert werden, sind sie für Bense aber etwas anderes geworden. Sie sind in eine neue Seinsart getreten. Er negiert, daß Zeichen, mit denen die gegebene Welt nachgeahmt wird, das eigentliche Sein der Dinge vermitteln können. Nur wenn die Zeichen die Repräsentation zugunsten der Präsentation aufgeben und reiner Ausdruck ihrer selbst werden, zeigen sie die "Dinge, die Welt, das Sein des Seienden selbst und demnach auch ihre essentielle Dunkelheit, Verwirrung und Unverständlichkeit."[84] Das denotationslose Zeichen gibt Auskunft darüber, daß etwas ist. Was dieses Etwas ist, bleibt wie im Fall des Realzeichens 'Spektrallinie' im Dunkeln.[85] So betrachtet, nimmt Mondrian, wenn er die Farbe Rot zur Darstellung bringt, eine Reduktion auf

---

78 Kurt Leonhard: Vorbemerkungen. In: Ders.: Die heilige Fläche. Gespräche über moderne Kunst und Objekus. Neue Gespräche. Stuttgart 1966, S. 9-22, hier S. 12.

79 Max Bense: Aesthetica, a. a. O., S. 63.

80 Ebd.

81 Ebd.

82 Ebd., S. 67.

83 Vgl. dazu: Ders.: Exkurs über Expressionismus, a. a. O., S. 39.

84 Ebd.

85 Vgl. dazu: Ders.: Einleitung in die Philosophie. Eine Einübung des Geistes. München/Berlin 1941, S. 87. Im Rahmen seiner Ausführungen über Ontologie verweist Bense bezeichnenderweise in dieser Abhandlung auf die moderne Physik, um ein Beispiel für die "Methode existentieller Reduktion" (Ebd., S. 90) zu geben: "Ähnlich steht es mit der Einführung physikalischer Größen. Auch sie meinen zunächst meist nur einen soseinsmäßig nicht näher bestimmten Tatbestand, der zwar als seiend, aber nicht als soseiend ermittelt ist. Die berühmte Größe *h* der modernen Physik, das Plancksche [!] Wirkungsquantum, ist eine solche Größe [...]. *h* deutet also im Strahlungsprozeß auf etwas Seiendes hin, dessen Sosein nicht bekannt ist." (Ebd., S. 91).

das reine Sein vor. Es wird folglich nicht mehr ausgesagt, 'Was' ist, sondern 'Daß' etwas ist.

Dieser Vorstellung entsprechend, differenziert Bense die mimetische und die abstrakte Kunst nach ihrem jeweiligen Interesse an der Seinsfrage. Seiner Ansicht nach strebt eine Kunst, die nachahmt, eine ästhetische Rechtfertigung der Welt an, indem sie die Welt "in einem anderen Modus ihres Seins, in einer neuen Art von Zeichen" wiederholt.[86] Während die mimetische Kunst "also in der sichtbaren Demonstration der These von der prinzipiellen Wiederholbarkeit der Welt" aufgeht, stellt die abstrakte Kunst "die sichtbare Demonstration der Antithese von der prinzipiellen Zerstörbarkeit der gegebenen Welt durch eine Kunst, die methodisch von ihr absieht", dar.[87] Bense wertet dies aber keineswegs als Manko der abstrakten gegenüber der mimetischen Kunst. Der Verlust an Wirklichkeit wird durch Zeichenwelten, die Realität sind und nicht nur wie in der mimetischen Kunst Realität bedeuten, wettgemacht. Die prinzipielle Zerstörbarkeit der gegebenen Welt verliert dadurch an Schrecken. Abstraktion, so Bense, ist die Bestätigung der Irrelevanz des Wirklichkeitsverlustes.[88] Angesichts der zunehmenden Technisierung, mit der die natürliche Welt von einer artifiziellen verdrängt wird,[89] angesichts eines physikalischen Weltbildes, das nur noch an wenigen Enden der Wirklichkeit aufgehängt ist,[90] erzielt die abstrakte Kunst für Bense einen positiven Effekt, denn sie demonstriert sichtbar die Unzerstörbarkeit der Seinsthematik.[91] Die abstrakte Kunst stellt im Unterschied zur mimetischen die Seinsfrage nicht, indem sie die gegebene Welt mittels der Nachahmung zu erkennen trachtet. Sie stellt die Seinsfrage, indem sie künstliche Zeichenwelten errichtet. Anstatt nur in das Bewußtsein hineingegebene Zeichen zu transformieren, werden hier Zeichen vom Bewußtsein produziert. Die abstrakte Kunst rechtfertigt nicht wie die mimetische Kunst die gegebene Welt ästhetisch. Stattdessen dient die abstrakte Kunst laut Bense der "Rechtfertigung des Bewußtseins und des Geistes,"[92] denn das Bewußtsein bekundet sich selbst durch die Produktion von Zeichen.[93] Die abstrakte Kunst betrachtet demnach das Sein nicht als ein Sein äußerster Objektivität. Sein wird als das Sein der Existenz, die fragt und zu deren Dasein es gehört, verstanden. Auf diese Weise leistet die moderne Kunst weniger eine klassisch-ontologische als vielmehr fundamentalontologische Arbeit im Heideggerschen Sinne. Sie trägt ähnlich wie die Existenzphilosophie, aber auch ähnlich wie die moderne Physik, die nicht mehr die Existenz physikalischer Größen als vielmehr Aussagen über die

86 Ders.: Aesthetica, a. a. O., S. 111.
87 Ebd.
88 Ebd., S. 65.
89 Ebd., S. 116.
90 Ebd., S. 55.
91 Ebd., S. 100f.
92 Ebd., S. 111.
93 Ebd., S. 114.

Existenz physikalischer Größen untersucht, einer neuen Seinsvorstellung Rechnung.[94]

Bense geht einerseits davon aus, daß sich das Bewußtsein die Welt nur vollkommen aneignen kann, wenn es die Dinge durch Zeichen ersetzt. Andererseits nimmt er an, daß Bewußtsein und Selbstbewußtsein nur bemerkt und behauptet werden können, "wenn sie sich äußern, wenn sie ein Zeichen geben."[95] Sofern jedes Zeichen ein Sein vermittelt, jedes Bewußtsein "ein durch Äußerung vermitteltes Sein" ist und jede Äußerung sich in Zeichen vollzieht,[96] repräsentieren sowohl eine Kunst als auch eine Physik, die den Zeichenprozeß selbst thematisieren und ästhetische bzw. mathematische Zeichenwelten aufbauen, eine Vertiefung und Erweiterung des Bewußtseins.[97]

In diesem Kontext müssen Benses Ausführungen *Über Literatur und technische Welt*, mit denen er den ersten Teil seiner *Aesthetica* schließt, betrachtet werden. Darin definiert er die "epochale Rolle der Literatur" als eine Arbeit, die "nicht so sehr der Reduplikation der Welt, sondern der Herstellung des ontischen Gleichgewichts in ihr gewidmet" sein muß.[98] Demzufolge vermag eine Literatur, die auf Nachahmung, Deskription oder Erzählung der Welt ausgerichtet ist, nicht die "erweiterte und verfeinerte Rationalität zu präparieren",[99] die in "Zeiten prekärer Seinslage und verdunkelter Seinserfahrung", wie sie Bense in der technischen Welt ausmacht,[100] notwendig wäre. Bense erwartet eine Literatur, die fortführt, was seiner Ansicht nach Franz Kafka, Gottfried Benn, Gertrude Stein und James Joyce begonnen, Henri Michaux, Francis Ponge und Arno Schmidt weiterentwickelt haben.[101] Er erwartet eine Literatur, die nicht bloß als Bericht auftritt, sondern die sich zunehmend der Materialität ihres Darstellungsmittels bewußt wird, um derart "stärker im Medium der Gedanken als im Medium der Gefühle"[102] wirken zu können.

Während im ersten Teil der *Aesthetica* der modernen Physik im Vergleich zu Hegels *Vorlesungen über die Ästhetik* oder zur Zeichentheorie von Morris eine untergeordnete Rolle zufällt, steht sie im zweiten Teil im Mittelpunkt von Benses Argumentation. In der *Aesthetica II* untersucht Bense, welche Möglichkeiten die Informationstheorie für die "Grundlagen einer neuzeitlichen Ästhetik" bietet.[103] Er beginnt seine Ausführungen mit einem Abschnitt, der

94 Im zweiten Teil seiner "Aesthetica" stellt Bense explizit einen Zusammenhang zwischen Atomphysik und Existenzphilosophie bzw. Atomtechnik und existentiellem Denken her (Vgl.: Ebd., S. 132).

95 Ebd., S. 113.

96 Ebd.

97 Vgl. dazu auch: Ders.: Einführung in die informationstheoretische Ästhetik. Grundlegung und Anwendung in der Texttheorie. Hamburg 1969, S. 124f.

98 Ders.: Aesthetica, a. a. O., S. 117.

99 Ebd., S. 118.

100 Ebd., S. 116.

101 Vgl.: Ebd., S. 69-73, 94, 102f.

102 Ebd., S. 119.

103 Ebd., S. 123.

bezeichnenderweise *Technisches Bewußtsein* überschrieben ist. Darin wendet er sich gegen die Husserlsche Kritik von der "Sinnentleerung der mathematischen Naturwissenschaften in der Technisierung".[104] Seiner Ansicht nach kündigt sich die Korrektur des von Husserl beklagten Verlustes der subjektiven Sphäre des Seins inmitten der technologischen Realisation physikalischer Erkenntnisse an.[105] Im Rückblick auf den ersten Teil der *Aesthetica* liegt es nahe anzunehmen, daß Bense hierbei vor allem an die Erkenntnisse der modernen Physik denkt. Da er in seinen weiteren Darlegungen die Auseinandersetzung über die Grundlagen der Physik als "gleichermaßen wissenschaftstheoretische wie ontologische Bewegungen" bestimmt,[106] bestätigt er diese Vermutung. Noch deutlicher veranschaulicht dies jedoch seine "ästhetische Informationstheorie".[107] Sie basiert auf der Unterscheidung zwischen einer Makro- und Mikroästhetik, die "dem aus der modernen Naturwissenschaft stammenden Unterschied zwischen Makrophysik und Mikrophysik einigermaßen entspricht."[108]

Die von Bense hier vorgestellte Analogie zwischen Makrophysik und Makroästhetik einerseits, Mikrophysik und Mikroästhetik andererseits ist leicht nachzuvollziehen. Unter Makrophysik sei eine Physik zu verstehen, in der Raum, Zeit, Ort, Bahn im Sinne gegenständlicher, anschaulicher, wahrnehmbarer und vorstellbarer Elemente fungierten. Dagegen träten gegenständlich-anschauliche Begriffe, die in jedem Fall in wirklichen Beobachtungen verifizierbar seien, sowie visuelle Bedeutungen in der Mikrophysik zurück.[109] Entsprechend stellt für Bense die Mikroästhetik eine Theorie dar, die sich im Gegensatz zur Makroästhetik dem der Wahrnehmung und Vorstellung nicht direkt zugänglichen und nichtevidenten Bereich am Kunstwerk bzw. ästhetischen Gegenstand widmet.[110] Ähnlich wie in den "mikrophysikalischen Theorien der Atome und Quanten die 'Aussagen' über die Gegenstände (also 'physikalische Sprachen') an die Stelle von 'physikalischen Gegenständen' treten, die das Thema der Makrophysik bilden", nehmen laut Bense in der Mikroästhetik "ästhetische Zeichen (Rhythmus, Metrum, Farb-Formverhältnisse, syntaktische Partikel, Bedeutungen, Worte selbst, Farben selbst) [...] den Platz der dargestellten Gegenstände (wirkliche Dinge, Szenen, Fabeln, Handlungen, Konflikte usw.), die der makroästhetischen Welt angehören", ein.[111] Im Unterschied zur Makroästhetik ist die Mikroästhetik demnach nicht an einer Untersuchung der Wechselbeziehung zwischen Darstellung und Dargestelltem, zwischen Kunstwerk und natürlicher Welt interessiert. So wie die Mikrophysik

---

104 Ebd., S. 128.
105 Ebd.
106 Ebd., S. 135.
107 Ebd., S. 123.
108 Ebd., S. 142.
109 Ebd.
110 Ebd.
111 Ebd., S. 142f.

laut Bense die physikalische Sprache zu ihrem Forschungsgegenstand macht, paßt sich auch die Mikroästhetik dem fortschreitenden Prozeß der Versprachlichung bzw. Semiotisierung der Welt an. Sie richtet ihren Blick auf die ästhetischen Zeichen und nicht auf deren Inhalte. Da die Mikroästhetik nicht wie die Makroästhetik mit Kriterien arbeitet, deren Erfüllung von den modernen Künstlern gar nicht angestrebt war, kann sie die moderne Kunst, die sich von der gegenständlichen Welt und der Realitätsthematik losgelöst hat, angemessener beurteilen. Die Mikroästhetik zeichnet sich für Bense durch einen Wandel der Begriffe aus: In ihr wird der klassische Substanzbegriff durch den der Struktur ersetzt, die Unterscheidung von Form und Inhalt aufgegeben. Ferner wird in der Mikroästhetik die Vorstellung eines diskontinuierlichen Seinszustandes und einer Funktionsontologie sowie der Begriff der Wechselwirkung eingeführt.[112]

Die von Bense vorgenommene Parallelisierung von Mikrophysik und Mikroästhetik suggeriert, daß physikalische und ästhetische Vorgänge vergleichbar sind. Bedenkt man zudem - und Bense fordert dazu auf, indem er den Sachverhalt noch einmal darstellt -,[113] daß ästhetische Zeichen sich physikalischen Realzeichen annähern können, drängt sich hier erneut das Problem der Unterscheidung und des Zusammenhanges von ästhetischen und physikalischen Prozessen auf. Dieses Mal greift Bense auf die Thermodynamik zurück, um eine Differenzierungsmöglichkeit zu finden. Nach den Gesetzen der Thermodynamik verlaufen alle physikalischen Zustandsänderungen im Mittel so, daß sie in einen wahrscheinlicheren Zustand einmünden. Der wahrscheinlichere Zustand ist eine gleichmäßigere Verteilung der Moleküle, der unwahrscheinlichere Zustand eine geordnete Verteilung. In den physikalischen Vorgängen geht folglich Ordnung in Unordnung über. Dem Begriff der thermodynamischen Wahrscheinlichkeit setzt Bense den Begriff der "*ästhetischen Unwahrscheinlichkeit*" entgegen.[114] Die künstlerische Produktion spiele sich so ab, daß die Wahrscheinlichkeit des Zustandes verringert werde. Die Unordnung gehe in Ordnung, die gleichmäßige Verteilung in eine ungleichmäßige über.

Die Begriffe Unordnung und Ordnung setzt Bense in den folgenden Ausführungen in bezug zu Entropie und Information. Entropie ist das "Maß für thermodynamische Wahrscheinlichkeit, die ihrerseits den Grad der Unordnung im Sinne gleichmäßiger Verteilung bezeichnet."[115] Information ist das Maß für die unwahrscheinliche, d. h. für die geordnete Verteilung von Elementen.[116] Auf dieser Basis unterscheidet Bense zwei einander entgegengesetzte Prozesse. Auf der einen Seite steht für ihn der "physikalische Weltprozeß", der durch die

112 Ebd., S. 143-146.
113 Ebd., S. 147.
114 Wie auch das folgende: Ebd.
115 Ebd., S. 152.
116 Ebd., S. 153.

Entropie definiert wird, auf der anderen Seite der 'ästhetische Weltprozeß', der durch die Information definiert wird.[117]

Der Entropiebegriff dient Bense nicht nur zur Differenzierung zwischen physikalischen und ästhetischen Prozessen. Seiner Ansicht nach mußten die Quantenmechanik und die moderne Atomtheorie aufgrund der Entropie zwangsläufig zur "Destruktion der gegenständlichen Substanz"[118] vorstoßen. Sofern unter einem Gegenstand ein "individuierbares Etwas, das endlich, begrenzt und anschaulich ist", verstanden wird, bedeutet Gegenständlichkeit für Bense "unwahrscheinliche Verteilung, Zustand definierter Ordnung, auffaßbar als Information".[119] Weil der physikalische Weltprozeß durch die Entropie bestimmt ist und sich in Richtung der wahrscheinlicheren Zustände vollzieht, kann er laut Bense nicht zugleich gegenständlich verstanden werden.[120] Daraus leitet er ab, daß "nur der ästhetische Prozeß, angelegt auf unwahrscheinliche Verteilung, auf Ordnung, auf Information, zugleich thematisch das konstituieren kann, was wir unter einem Gegenstand verstehen, der Konturen, Endlichkeit, Individualität, Anschaulichkeit zeigt, wie er sich im Horizont des Machens etwa als Kunstwerk, die perfekteste Form des Gegenstandes sozusagen, präsentiert."[121] Bense kommt zu dem Schluß, daß nur Gemachtes und nicht Gegebenes gegenständlich sein kann.

Wenn Bense behauptet, Ungegenständlichkeit sei das wesentliche Strukturmerkmal des physikalischen Weltprozesses, Gegenständlichkeit das des ästhetischen Weltprozesses, scheint er seinen Ausführungen in der *Aesthetica I* über die moderne Kunst zu widersprechen. Moderne Kunst und Literatur zeichneten sich für ihn ja gerade dadurch aus, daß sie sich nicht nur von der Gegenständlichkeit befreien, indem sie Zeichen für Dinge setzen, sondern indem sie Farben, Formen und Sprache, die an sich gegenstandsfrei sind, darstellen. Der Widerspruch löst sich jedoch auf, weil Bense die Möglichkeit einer "Vertauschbarkeit" von physikalischen und ästhetischen Vorgängen konstatiert.[122] Die klassische Mechanik, deren Gültigkeit außerhalb der Welt der kleinsten Teilchen von der Quantenmechanik keinesfalls angezweifelt wurde, beschreibt eine gegenständliche Welt. Bense glaubt daher, daß "ein an und für sich ästhetischer Prozeß einen Teil des physikalischen Naturprozesses" übernimmt.[123] Entsprechend gibt es für ihn ästhetische Prozesse, die einen physikalischen Ablauf zeigen. Benses Darlegungen ist zu entnehmen, daß sich solche Prozesse entgegengesetzt zu der obigen Definition ästhetischer Weltprozesse vollziehen. An die Stelle des unwahrscheinlicheren

117 Ebd.
118 Ebd., S. 159.
119 Ebd., S. 160.
120 Ebd.
121 Ebd.
122 Ebd., S. 165.
123 Ebd.

tritt der wahrscheinlichere Zustand, die gleichmäßige Verteilung. Anstatt des wachsenden Informations-Maßes wird das wachsende Entropie-Maß angestrebt. Die Gegenständlichkeit bleibt "in jeder Hinsicht also außer Kraft".[124]

Benses anschließende Ausführungen belegen, daß er bei den Vertretern der modernen Kunst und Literatur, auf die er sich bereits in der *Aesthetica I* berief, diese "sublime Akzentuierung des ästhetischen Prozesses ins Physikalische"[125] gegeben sah. Als Beispiele einer sich "in Richtung der Entropie entwickelten Malerei" nennt Bense die Arbeiten von Max Bill und Henri Michaux.[126] Zudem stellt er in Texten von Samuel Beckett, Franz Kafka und James Joyce "entropisch verlaufende Prozesse in der Welt der Prosa, des Wortes" fest.[127] Obwohl Bense die Formen moderner Kunst und Literatur, die entropisch verlaufen, als "Vortäuschung ästhetischer Realität durch physikalische Realität", als "Transgression der künstlerischen Produktion in einen puren Naturprozeß" bzw. als "Zurückbleiben ästhetischer Strukturen hinter physikalischen" beschreibt und sogar von einer "archaischen Ästhetik" spricht,[128] sieht er darin Chancen für eine zukünftige Kunst, die dem technischen Bewußtsein gerecht zu werden vermag:

> Es scheint, daß in der zukünftigen Kunst der physikalische Prozeß den ästhetischen vortäuscht, das Kunstschöne also als Reflex, als Echo des Naturschönen auftritt, und diese Art von Einheit und Zusammenarbeit von ästhetischen und physikalischen Prozessen drückt am sichersten und vollendetsten die aufsteigende Annäherung und Aussöhnung zwischen Bewußtsein und Maschine aus, was offensichtlich zur Signatur unserer technischen Zivilisation gehört.[129]

Indem nicht die gemachte Zeichenwelt die gegebene Welt, die Wirklichkeit nachahmt, sondern physikalische Prozesse den Schein einer herstellbaren ästhetischen Zeichenwelt annehmen, nähern sich Natur und Kunst, darüber hinaus aber auch Kunst und Technik einander an. Auch die Technik fungiert als Schnittstelle zwischen Entropie und Information. Wie Bense ausführt, realisiert die Technik Ordnungen, die sich einerseits entropisch verhalten, insofern reale physikalische Prozesse dargestellt werden, die andererseits die Struktur der Information haben, sofern sie durch Schalter, Relais, Steuerungen, Signale, Kontakte eine kommunikative Funktion erfüllen. Bense erscheint es um so notwendiger, daß die Vorstellung einer scharfen Trennung zwischen Bewußtsein und Maschine aufgehoben wird, als die kybernetische Technik zur Konstruktion von Maschinen fortschreitet, die mehr und mehr auf die Produktion von Information (Computer) und Kommunikation (Nachrichtentechnik) ausgerichtet sind.

---

124 Ebd.
125 Ebd., S. 166.
126 Ebd., S. 167.
127 Ebd., S. 169.
128 Ebd., S. 170.
129 Ebd., S. 184.

Zu dieser Entwicklung auf dem Gebiet der Technik zählt Bense auch jene Versuche, Maschinen zu konstruieren, die durch den Einsatz von Zufallsgeneratoren, von "random-Elemente[n]", "annähernd die Bewußtseinsfunktion willkürlicher Entscheidung reproduzieren",[130] die - mit anderen Worten - die menschliche Entscheidungsfreiheit nachahmen. Bense wünscht sich eine zukünftige Kunst, die ihrerseits der von seiten der Technik unternommenen Annäherung zwischen Bewußtsein und Maschine entgegenkommt und die 'Zusammenarbeit von ästhetischen und physikalischen Prozessen' in Form einer "random-Kunst"[131] fortführt. Er verspricht sich von der Einbindung des Zufalls in den künstlerischen Schöpfungsprozeß, daß es gelingt, "jenseits von Gegenständen und Formen, außerhalb der Nachahmung und Abstraktion noch einmal jene ungleichmäßigen Verteilungen, jene unwahrscheinlichen Zustände zu verwirklichen, die wir ästhetische Strukturen nennen".[132] Die 'random-Kunst' soll durch statistische Auswahl und Verteilung von Farben, Formen, Linien, Sätzen, Worten oder Buchstaben das ästhetische Material vollkommen von den Bedeutungen losgelöst bearbeiten, es gänzlich in seiner Materialität hervortreten lassen und dennoch zu unwahrscheinlichen Zuständen und Ordnungen vordringen. Der ästhetische Prozeß verläuft demnach nicht mehr entropisch.

Die Beziehung zwischen dem ästhetischen Prozeß einer zukünftigen 'random-Kunst' und den physikalischen Prozessen offenbart sich, wenn auf den Zusammenhang zwischen Entropie und Information zurückgegangen wird. Sowohl die Entropie als auch die Information definieren sich über die Wahrscheinlichkeit von Zuständen, in denen die Lage einzelner Teilchen/Elemente nicht exakt bestimmt werden kann.[133] Die 'random-Kunst' reflektiert diesen Umstand und erkennt an, daß sich der ästhetische Prozeß ebenso wie der physikalische als statistischer vollzieht. Sie integriert diese Erkenntnis in den Schöpfungsvorgang eines Kunstwerkes, indem sie "das unvermittelte Machen" hinter das "Verfahren eines vermittelnden Machens" zurücktreten läßt.[134] Die Verteilung des ästhetischen Materials erfolgt durch statistische Auswahl, die von Wahrscheinlichkeitsgesetzen dirigiert wird. Die erzielten Anordnungen sind somit nicht exakt vorhersehbar. Die unwahrscheinlichen Zustände, die von der 'random-Kunst' trotzdem erreicht werden, basieren auf Überraschung. Dieses Moment der Überraschung wird von Bense in der *Aesthetica IV* als das unerläßliche Kennzeichen der Innovation bestimmt.[135] Innovation wiederum stellt für ihn die unerläßliche Vorausset-

---

130 Ebd.
131 Ebd.
132 Ebd.
133 Vgl. dazu den vierten Teil der "Aesthetica" (Ebd., S. 262-266).
134 Ebd., S. 183f.
135 Ebd., S. 268.

zung für "wirkliche Information" dar.[136] Information ist für ihn folglich das, was noch nicht gewußt wird. Insofern die random-Elemente die Verteilung des ästhetischen Materials unabhängig von antizipierten Bedeutungen garantieren, kann die 'random-Kunst' zu Anordnungen vorstoßen, die bisher noch gar nicht als geordnete Zustände erkannt wurden.

Die 'random-Kunst' wird sicherlich in Benses Sinn gedeutet, wenn sie als eine Kunst begriffen wird, die unter Mitwirkung des Unvorhersehbaren und der Überraschung Gewohnheiten durchbricht - Bense würde von Automatisation sprechen - [137] und einen Gewinn an Information erbringt. So gesehen ist sie adäquater Ausdruck einer Rationalität, die begonnen hat, "das Wesen der Überraschung, und damit der Chance, ebenso einzubeziehen wie das Wesen der Bestätigung und der Gewißheit."[138] Sie ist Ausdruck einer Rationalität, die sich auch in der modernen Physik und ihrer gewandelten Wirklichkeitsvorstellung von "*höchst mathematischer Struktur, aber statistisch ausgebreitet*",[139] widerspiegelt. Benses Konzeption einer 'random-Kunst' ergibt sich als Konsequenz aus seiner Forderung, daß Kunst "den Strukturen und Texturen unseres Geistes entsprechen" muß.[140] Das kann sie nur, wenn sie nicht hinter den naturwissenschaftlichen Erkenntnissen zurückbleibt, sondern diese zu integrieren versucht:

> Man ist in der Möglichkeit der Finesse und der Tiefe heute nicht mehr bloß auf Kunst angewiesen. Galileis Mechanik war vielleicht noch nicht tief, in dieser Hinsicht hatten Kunst und Dichtung der klassischen Epoche mancherlei voraus. Aber heute ist die Mechanik, in dem, worüber sie spricht, und darin, wie sie spricht, der Ausdruck einer Tiefe, Weite und Feinheit der Intelligenz, die es den Künstlern schwer machen, gleichrangig zu sein.[141]

Da an die Stelle von Galileis Mechanik die Mechanik von Heisenberg, die Quantenmechanik, getreten ist, muß sich auch die Kunst weg von der Nachahmung hin zur reinen Abstraktion weiterentwickeln. In diesem Zusammenhang kann Benses Konzept einer 'random-Kunst' als sein Beitrag für eine Kunst, die der modernen Physik an "Tiefe, Weite und Feinheit der Intelligenz" gleichrangig ist, gewertet werden.

Die Betrachtung einiger ausgewählter Schriften aus dem umfangreichen Werk von Max Bense zeigt, wie kontinuierlich die moderne Physik in seinem Denken weiterwirkte. Ein Blick in die hier nicht mehr berücksichtigten Studien, die nach 1970 entstanden, könnte darüber hinaus belegen, daß Bense

---

136 Ebd., S. 266.
137 Ebd., S. 268.
138 Ebd., S. 259.
139 Ebd., S. 193.
140 Ebd., S. 20.
141 Ebd.

die moderne Physik nie aus den Augen verlor,[142] ja sogar auf die Anfänge seines Schaffens zurückkam und in einer Abhandlung über die *Eigenrealität der Zeichen*[143] direkt an seine Dissertation *Quantentheorie und Daseinsrelativität* anknüpfte. In Anbetracht der Bedeutung, die der modernen Physik in Benses Arbeiten zukam, kann wohl kaum noch zurecht behauptet werden, seine Vorstellungen einer zeitgemäßen Literatur gingen allein auf die Tradition von Sprachphilosophie und Sprachkritik zurück.

6. 1. 2. *experimentelle schreibweisen*[144]

In den bisher behandelten Texten gab Bense immer wieder deutliche Hinweise darauf, wie seiner Ansicht nach eine zeitgemäße Literatur auszusehen und was sie zu leisten hat: Abstrakt muß sie sein und die Rationalität verfeinern helfen. In der *Aesthetica II* versäumte Bense nicht zu betonen, daß er unter einer abstrakten Literatur keineswegs eine Literatur verstand, "die etwa im Gespräch auftretender Personen intellektuelle Themen behandeln läßt oder Reflexionen des Autors einstreut, auf diese oder ähnliche Weise also wissenschaftliche oder philosophische Gegenstände berührt".[145] Es genügte Bense nicht, abstrakte Inhalte literarisch zu bearbeiten. Eine gegenstandsfreie Literatur schien ihm nur über eine veränderte Schreibweise, eine Schreibweise, die Sprache nicht als Mittel benutzt, sondern mit ihr arbeitet, erreichbar. Arbeit mit der Sprache beinhaltete für ihn Abkehr von den Mustern der traditionellen Literatur, aber auch Abkehr von traditionellen Sprachmustern.

In diese Richtung zielten Benses Bemühungen, neue Entwicklungen in der deutschsprachigen ebenso wie in der fremdsprachigen Literatur der fünfziger und sechziger Jahre zu fördern und bekannt zu machen. Entsprechend sind in der von ihm zusammen mit Elisabeth Walther herausgegebenen Zeitschrift *Augenblick* alle jene Autoren versammelt, deren Texte sich am stärksten den traditionellen Lesegewohnheiten verweigern. Zu den Beiträgern des *Augenblick*, der mit Unterbrechung zwischen 1955 und 1961 erschien, gehörten u. a. Chris Bezzel, Reinhard Döhl, Eugen Gomringer, Helmut

142 Vgl. u. a.: Ders.: Vermittlung der Realitäten. Semiotische Erkenntnistheorie. Baden-Baden 1976, bes. S. 67ff. - Ders.: Die Unwahrscheinlichkeit des Ästhetischen und die semiotische Konzeption der Kunst. Baden-Baden 1979. - Ders.: Das sogenannte "Anthropische Prinzip" als semiotisches Prinzip in der empirischen Theorienbildung. In: Semiosis 7 (1982), H. 1/2 (d. i.: H. 25/26 der Gesamtreihe), S. 13-27. - Ders.: Bericht VII über die "Eigenrealität" des Zeichenbandes im Zusammenhang mit der Realitäts-Relation zwischen Kosmos und Chaos. In: Semiosis 13 (1988), H. 1 (d. i.: H. 49 d. Gesamtreihe), S. 3-7. - Ders.: Das Universum der Zeichen. Essays über die Expansion der Semiotik. Baden-Baden 1983.

143 Ders.: Die Eigenrealität der Zeichen. Aus dem Nachlaß hg. v. Elisabeth Walther. Baden-Baden 1992.

144 Ders.: experimentelle schreibweisen. Stuttgart 1964.

145 Ders.: Aesthetica, a. a. O., S. 175.

Heißenbüttel, Ferdinand Kriwet und Ludwig Harig. In dem programmatischen Vorwort zum ersten Heft des *Augenblick* gibt Bense Auskunft darüber, nach welchen Kriterien die Auswahl der Beiträge erfolgte. Darin schreibt Bense, was im *Augenblick* zum Ausdruck komme, habe den Sinn, Zeichen eines neuen Seins oder Zeichen eines Widerstandes gegen das alte zu sein.[146] Bense stellt hier den Bezug zu seinen Ausführungen in der *Aesthetica* her, in denen er darlegte, daß für ihn das neue Sein auf dem komplexen Zusammenspiel eines gewandelten Seinsverständnisses in der Existenzphilosophie und der modernen Physik sowie dem Ausbau der technischen Welt beruht. In diesem Kontext, der auch die moderne Physik einschließt, muß Benses Plädoyer für Experiment und Destruktion gedeutet werden, wenn er im Angriff gegen die "artistischen Regressionen der Literatur, Kunst und Philosophie, die sich auf Traditionen"[147] beziehen, proklamiert:

> Experimente: Wir halten sie für notwendig, wo es um ein neues Sein geht. Destruktion: Wir halten sie für legitim, aber selbstverständlich gibt es Zustände, deren Zerstörung schon nicht mehr lohnt.[148]

Benses Programm einer notwendigen Destruktion von Sprach- und Lesegewohnheiten entsprechend, finden sich deshalb vor allem die oben genannten Vertreter der experimentellen Literatur im *Augenblick.* Von den Bemühungen um die Veröffentlichung avantgardistischer Texte zeugt auch die gemeinsam mit Elisabeth Walther herausgegebene Publikationsreihe *rot.* Innerhalb dieser Reihe erschien 1964 ein Beitrag von Max Bense über *experimentelle schreibweisen.* Darin versucht Bense einerseits die von ihm entwickelte Texttheorie auf knappem Raum vorzustellen. Andererseits dient ihm gerade die texttheoretische Herangehensweise dazu, den Vorwurf zu entkräften, experimentelle Dichtung sei trocken und langweilig. Durch die Art und Weise, wie er die experimentelle Dichtung charakterisiert, wird deutlich, daß er in ihr Ansätze zu jenen zukünftigen literarischen Formen sieht, die er in der *Aesthetica* als abstrakte Literatur favorisierte. Poesie, die "sehr viel weniger an der außertextlichen objektwelt als vielmehr an ihrer sprachlichen eigenwelt interessiert ist" und deren Texte "vorab als »menge von wörtern«, aber nicht als menge von dingen, gefühlen, stimmungen", als "ausschließlich [...] zufälliges, aussondierbares ereignis von wörtern" erscheint, entspricht seiner Ansicht nach "jener reduzierung der vitalen menschlichen existenz, die in jeder technischen zivilisation zwangsläufig eingeleitet wird."[149] Der hier behauptete Zusammenhang zwischen der Emanzipation des Sprachmaterials und dem technischen Bewußtsein rekurriert ebenso auf Benses Konzeption der 'random-Kunst' wie die Formulierungen "nicht-klassische poesie", "statistische schreibweise" oder "textereignisse hoher unwahrscheinlichkeit". Es ist

146 Ders.: [Programm zum Augenblick]. In: Augenblick 1 (1955), H. 1, vor S. 1.
147 Ebd.
148 Ebd.
149 Ders.: experimentelle schreibweisen, a. a. O., o. S.

offensichtlich, daß auch in diesem Beitrag von Bense die Erkenntnisse der modernen Physik stets mitgedacht werden müssen.

Eine spezielle Ausformung experimenteller Schreibweisen stellt die Konkrete Poesie dar, weshalb Bense im oben genannten Beitrag auch jeweils einen Text von Helmut Heißenbüttel und José Lino Grünewald, einem brasilianischen Vertreter der Konkreten Poesie, anführt. 1965 veröffentlichte Bense in der Zeitschrift mit dem so gut zu Benses Denken passenden Namen *Sprache im technischen Zeitalter* einen Aufsatz, der sich eigens mit der Konkreten Poesie beschäftigt.[150] Nach der texttheoretischen Betrachtung eines Textes von Grünewald kommt Bense in diesem Aufsatz zur folgenden Definition der Konkreten Poesie:

> Offenbar verläuft der gesamte ästhetische Prozeß der konkreten Poesie, seinsthematisch betrachtet, in erster Linie semiotisch, also auf der Stufe des Zeichen-Seins, nicht semantisch auf der Stufe von Aussagen, die einen Wahrheitswert besitzen oder ontisch auf der Stufe des Seins des Seienden, das gegeben ist. Dem entspricht die Subtilität oder das Raffinement der ästhetischen Botschaft, die mitgeteilt wird. Sie ist gewissermaßen schwerer zu apperzipieren [!] als die der klassischen, konventionellen Poesie. Nur in seltenen Fällen ist sie unmittelbar anschaulich erkennbar und von sinnlicher Qualität. Sie muß oft intellektuell, konstruktiv nachvollzogen werden. Es ist angebracht, von der Mikroästhetik der konkreten Poesie zu sprechen.[151]

Berücksichtigt man auch hier Benses Ausführungen über das neue Sein, die Semiotisierung der Physik oder die Mikroästhetik in seiner *Aesthetica*, so liegt der Bezug zur modernen Physik auf der Hand. Das "schöpferische[...] Prinzip der ästhetischen Enthüllung der Zeichenthematik der Worte", das Bense der Konkreten Poesie zuschreibt,[152] führt zum Aufbau von ästhetischen Zeichenwelten, die mit den rein mathematischen Zeichenwelten der modernen Physik darin korrespondieren, daß die Bedeutung, das Denotatum, an Relevanz verliert. Das Wort erscheint nicht als "konventioneller Bedeutungsträger", sondern als "konstruktiver Zeichenträger".[153] Ganz in die Welt der Zeichen eintretend, verläßt die Konkrete Poesie wie die moderne Physik anschauliche Vorstellungen. Sie wendet sich folglich an den Intellekt und nicht an Gefühle und Stimmungen. Daher gehört die Konkrete Poesie für Bense zu jenen literarischen Tätigkeiten, die "intellektuell-experimentierend[...] prinzipiell an der Erweiterung der 'intelligiblen Welt' interessiert" sind.[154] Die Konkrete Poesie stellt eine Schreibweise dar, die den Weg zu einer abstrakten Literatur weist. Sie kann mit der 'Tiefe, Weite und Feinheit der Intelligenz', wie sie Bense der Quantenmechanik zuschrieb, konkurrieren. Indem sie "Material an Stelle der Bedeutung" behandelt und an "der Spitze der Feder an Worte, nicht an

---

150 Ders.: Konkrete Poesie. In: Sprache im technischen Zeitalter 1965, H. 15, S. 1236-1244.

151 Ebd., S. 1242f.

152 Ebd., S. 1244.

153 Ebd.

154 Ebd., S. 1236.

Gegenstände" denkt, erfüllt sie eine Bedingung, die Bense in seinem *Manifest einer neuen Prosa* als Charakteristikum progressiver Literatur aufführte.[155]

Für seine eigene literarische Tätigkeit, die er 1961 unter dem Titel *Bestandteile des Vorüber*[156] veröffentlichte, wählte Bense ein Verfahren, das wie die Konkrete Poesie die Beschränkung auf die sprachliche Realität anstrebte. Doch Benses Vorgehensweise ist bei weitem strenger materialorientiert als das der Konkreten Poesie, weil er bewußt mit dem kybernetischen, dem statistischen Verlauf ästhetischer Zeichenprozesse arbeitete. Ein Teil der in *Bestandteile des Vorüber* abgedruckten Texte wurde laut Bense mit dem Computer hergestellt, der die zufallsmäßige Verteilung der Wörter ermittelte.[157] Die meisten Texte, deren Bedeutung darin liege, die Schönheiten ganz in die Materialität der Sprache, nicht in den Sinn zu verlagern, seien jedoch "Ergebnisse einer bewußten Imitation maschineller Möglichkeiten".[158] Wie Bense in einem Aufsatz über Computer-Texte schreibt, ist das Ziel eines solchen Schreibverfahrens die völlige Unabhängigkeit von einer gedanklichen Vorentscheidung über den zusammenhängenden Sinn der produzierten Wortmengen.[159] Nicht die Mitteilung über die außersprachliche Welt kontrolliert die Selektion der Wörter, sondern der Zufallsgenerator. Demnach hat Bense mit dem Band *Bestandteile des Vorüber* sein Konzept einer 'random-Kunst' literarisch umgesetzt und die von ihm erwünschte Annäherung physikalischer und ästhetischer Prozesse, die Annäherung von Bewußtsein und Maschine verwirklicht.

Wenn Bense im programmatischen Vorwort zur Zeitschrift *Augenblick* für Experiment und Destruktion plädiert, so nicht aus Zerstörungslust. Die Ablehnung traditioneller Literaturformen und Schreibweisen und die damit einhergehende Demontage des konventionellen Sprachsystems sind für ihn die Konsequenz einer "engagierten Prosa", deren Engagement nicht im "Reich der Bedeutungen" steckenbleibt, sondern zu einer Bereicherung der sprachlichen Ausdrucksmöglichkeiten beiträgt.[160] Diese Überzeugung basiert auf dem zentralen Gedanken seines Werkes, daß der Mensch nur in dem Umfang an der Welt teilhat, in dem er sie sprachlich besitzt. Die Erkenntnis, daß Wirklichkeit "nicht feststellbar, sondern nur interpretierbar" ist, daß Sprache als "Interpretierte Realität", als "Konfinium zwischen »Sein« und »Bewußtem«" fungiert,[161] legitimiert für ihn Sprachexperiment und Sprachdestruktion. Doch diese Einsicht wird von Bense nicht einseitig aus den philosophischen

155 Ders.: Manifest einer neuen Prosa. In: Augenblick 4 (1960), H. 4, S. 20-22, hier S. 20.

156 Ders.: Bestandteile des Vorüber. Dünnschliffe, Mischtexte, Montagen. Köln/Berlin 1961.

157 Ders.: Nachwort. In: Ders.: Bestandteile des Vorüber, a. a. O., S. 117-119, hier S. 118.

158 Ebd.

159 Ders.: Die Gedichte der Maschine der Maschine der Gedichte. Über Computer-Texte. In: Ders.: Die Realität der Literatur, a. a. O., S. 74-96, hier S. 78.

160 Ders.: Über die Realität der Literatur. Vorwort. In: Ders.: Die Realität der Literatur, a. a. O., S. 7-10, hier S. 9f.

161 Ebd., S. 7.

Denkbewegungen des 20. Jahrhunderts heraus begründet. Bense weist in der *Aesthetica* darauf hin, daß der Stellenwert der interpretativen, der deutenden Tätigkeit des Menschen, die "ehedem [...] vor allem eine Arbeit der Philologie" schien, auch durch die Quantentheorie offenbar wurde, mit der die Deutung "in die Physik einbrach und zuließ, daß man die scheinbar so fixierten klassischen Substrate wie Materie oder Energie entweder im Wellenbild oder im Teilchenbild interpretierte".[162] Dieser Zusammenhang muß mitreflektiert werden, wenn Bense behauptet, es sei in gleicher Weise sinnvoll, von sprachlicher Wirklichkeit, konstituiert in einem Kontext, wie von physikalischer Wirklichkeit, konstituiert in einem Naturgesetz, zu sprechen.[163] Entsprechend muß Benses Aufforderung zur experimentierenden Reflexion des Sprachmaterials, zur Arbeit mit der Eigenrealität der Sprache immer auch vor dem Hintergrund seines Wissens über die moderne Physik bewertet werden.[164]

6. 2. Moderne Physik und theoretische Positionen der Konkreten Poesie: Eugen Gomringer, Franz Mon und Helmut Heißenbüttel

Wenngleich Bense als "Anreger" bzw. als "Promoter" der Konkreten Poesie gilt,[165] darf nicht gefolgert werden, daß die Verbindung zwischen moderner Physik und konkreter Dichtung ausschließlich über die von ihm verfaßten theoretischen Arbeiten hergestellt worden ist. Wie die bereits in Kapitel 3 genannten Beiträge von Kurt Leonhard, Walter Höllerer, Wolfgang Weyrauch u. a. belegen, sind Benses Reflexionen über experimentelle Schreibweisen in den größeren Kontext einer in den fünfziger und sechziger Jahren geführten Diskussion einzuordnen, die, wenn auch nicht auf dem hohen theoretischen Niveau Benses, sich mit Sprachdestruktion und Spracherneuerung auseinandersetzte und für die Argumentation auch die neuen Erkenntnisse der Physik heranzog.

Die Veröffentlichungen des Sprachwissenschaftlers Helmut Gipper haben die Diskussion über die Notwendigkeit einer neuen Sprache wesentlich gefördert. Im Anschluß an Leo Weisgerber und in Übereinstimmung zu Benjamin Lee Whorf und Edward Sapir auf die These von der Sprachabhän-

162 Ders.: Aesthetica, a. a. O., S. 133.

163 Ders.: Über die Realität der Literatur, a. a. O., S. 7.

164 In Ansätzen wurde dies von Harald Hartung versucht, der in seiner Studie "Experimentelle Literatur und konkrete Poesie" (Göttingen 1975) der Frage nachging, "wie tief der Geist des wissenschaftlichen Experimentes in die Literatur eingedrungen ist." (Ebd., S. 10). Dabei verweist er auch auf die Differenzierung zwischen physikalischen und ästhetischen Prozessen (Vgl.: Ebd., S. 12-15).

165 Franz Lennartz: Max Bense. In: Ders.: Deutsche Schriftsteller des 20. Jahrhunderts im Spiegel der Kritik. 845 Einzeldarstellungen in alphabetischer Reihenfolge mit Werkregister u. dokumentarischem Anhang. Vier Bde. Stuttgart 1984, hier Bd. 1, S. 121-126, hier S. 121 u. 124.

gigkeit des Denkens Bezug nehmend, konstatierte Gipper 1956 eine "Kluft zwischen muttersprachlichem und physikalischem Weltbild".[166] Seiner Meinung nach handelt es sich hierbei um eine "verhängnisvolle Kluft", die verringert werden muß. Daher postuliert Gipper am Ende seines Artikels die "Rückbeziehung mathematischer Abstraktionen auf die Ebene wortsprachlichen Denkens und Arbeit an der Wortsprache, um deren allmähliches 'Nachwachsen' an mathematische Erkenntnisse zu fördern".[167] Aus der Sicht Gippers erzwingt demnach der erweiterte Erfahrungsbereich der modernen Physik einen Wandel der Alltagssprache, um die neuen Erkenntnisse beherrschen zu können.

Ganz ähnlich hat auch Werner Heisenbergs Vortrag *Sprache und Wirklichkeit in der modernen Physik*[168] auf die Diskussion um spracherneuernde Tendenzen eingewirkt. Nachdem Heisenberg die Probleme bei der Beschreibung quantenmechanischer Phänomene dargestellt hat, beschließt er seine 1960 vor der Bayrischen Akademie der Schönen Künste gehaltene Rede mit folgenden Worten:

> Damit verlassen wir nicht nur den unmittelbar sinnlich erfahrbaren Bereich, wir verlassen auch den Raum, in dem sich unsere gewöhnliche Sprache gebildet hat und für den sie brauchbar ist. Wir sind daher gezwungen, eine neue Sprache zu lernen, die der gewöhnlichen Sprache an vielen Stellen sehr fremd ist. Eine neue Sprache bedeutet aber auch eine neue Art zu denken [...].[169]

Sicherlich ist zweifelhaft, ob Heisenberg bei seiner Forderung nach einer neuen Sprache explizit Sprachexperimente intendierte, wie sie konkrete Dichtung vorführte. Doch zusammen mit den Abhandlungen von Bense, Gipper, Höllerer, Leonhard und Weyrauch belegt der Beitrag von Heisenberg, daß sich die Autoren der Konkreten Poesie zeitgemäßer Argumente bedienten, wenn sie experimentelle Schreibweisen mit dem Hinweis auf die moderne Physik begründeten.

Zu den Autoren, die mit dem Hinweis auf die moderne Physik argumentieren, gehört auch Eugen Gomringer, der im allgemeinen als der "Vater" der Konkreten Poesie gilt. In seinem Manifest *23 Punkte zum Problem »Dichtung*

---

166 Helmut Gipper: Die Kluft zwischen muttersprachlichem und physikalischem Weltbild. In: Physikalische Blätter 12 (1956), H. 3, S. 97-105. - Vgl. auch: Ders.: Denken ohne Sprache? In: Ders.: Denken ohne Sprache. 2. erw. Aufl. Düsseldorf 1978, S. 18-35. - Ders.: Muttersprachliche Wirkungen auf die wissenschaftliche Begriffsbildung und ihre Folgen. In: Ders.: Denken ohne Sprache, a. a. O., S. 36-55. - Ders.: Das Sprachapriori. Sprache als Voraussetzung menschlichen Denkens und Erkennens. Stuttgart - Bad Cannstadt 1987, hier bes. S. 137 u. 200f.

167 Ebd., S. 105.

168 Werner Heisenberg: Sprache und Wirklichkeit in der modernen Physik. Sechste Folge des Jahrbuches Gestalt und Gedanke. Hg. v. d. Bayr. Akademie der Schönen Künste. München 1960, S. 32-62.

169 Ebd., S. 62.

und Gesellschaft«[170] von 1958 verweist Gomringer sowohl auf Max Bense als auch auf Helmut Gipper. Gomringer beklagt das Ungenügen der klassisch-humanistischen Vorstellungen gegenüber dem spezifisch modernen Bewußtsein, "insbesondere dem modernen naturwissenschaftlichen denken" und fordert in Anlehnung an Bense eine "neue synthetische rationalität".[171] Diese neue Rationalität bedingt für Gomringer auch eine neue Sprachauffassung, die eine "integration von instrumentaler (künstlich-mathematischer) sprache und natürlicher wortsprache" anstrebt.[172] Unter Berufung auf den oben genannten Aufsatz von Gipper verlangt er, daß sich "wortsprachliches denken" um den Anschluß an das naturwissenschaftliche Denken bemüht.[173] Entsprechend bestimmt er die Aufgabe der Dichtung. Sie soll zur Verwirklichung einer "neuen Gemeinschaftssprache" beitragen.[174]

Ein programmatischer Text aus dem Jahr 1956 belegt, daß Gomringer der Konkreten Poesie eine entscheidende Rolle beim Aufbau einer neuen Gemeinschaftssprache zuteilte.[175] Darin schreibt er, daß die konkrete Dichtung geeignet sei, "zwischen verschiedenen sprachtypen, sprachauffassungen und zwischen verschiedenen zeichenvorräten verbindend zu wirken (also zum beispiel zwischen muttersprachlichem und physikalischem weltbild)."[176] Auch in einem Gespräch mit Ekkehardt Juergens betont Gomringer die Vermittlerfunktion der Konkreten Poesie.[177] Auf die Frage, ob er im Anschluß an Heisenbergs Formulierung, daß eine neue Sprache ein neues Denken erfordere, mit einer neuen Sprache ein neues Denken zu provozieren wünsche, antwortet Gomringer mit einem entschiedenen "Ja".[178] Von Juergens auf die emanzipatorische Wirkung der konkreten Dichtung angesprochen, behauptet er, daß die Konkrete Poesie die normale Syntax vermeide, weil diese, wie Heisenberg festgestellt habe, vorkopernikanisch sei.[179]

Thomas Kopfermann weist in seiner grundlegenden Studie zur "Fundamentalpoetik"[180] der Konkreten Poesie auf die Bedeutung von Gippers "Weltbildthese"[181] für Gomringer hin. Kopfermann verzichtete aber darauf zu

---

170 Eugen Gomringer: 23 Punkte zum Problem »Dichtung und Gesellschaft«. In: serielle manifeste 1 (1966), H. 4: eugen gomringer. manifeste und darstellungen der konkreten poesie 1954-1966, S. 8f.

171 Ebd., S. 8.

172 Ebd., S. 9.

173 Ebd.

174 Ebd.

175 Ders.: konkrete dichtung. In: serielle manifeste 1 (1966), H. 4, S. 7f.

176 Ebd., S. 8.

177 Eugen Gomringer, Ekkehardt Juergens: Wie konkret kann Konkrete Poesie sich engagieren? In: Text und Kritik 1971, H. 30: Konkrete Poesie II, S. 43-47, hier bes. S. 44.

178 Ebd.

179 Ebd., S. 44.

180 Thomas Kopfermann: Konkrete Poesie - Fundamentalpoetik und Textpraxis einer Neo-Avantgarde, a. a. O.

181 Ebd., S. 102.

erwähnen, daß es sich bei der Kluft zwischen den beiden Weltbildern nicht um eine Diskrepanz handelt, wie sie auch schon zu Zeiten Galileis hätte bestehen können. Der vorliegende Zusammenhang verlangt jedoch eine Präzisierung. Gomringer wollte mit seiner Dichtung nicht nur zwischen muttersprachlichem und physikalischem, sondern zwischen muttersprachlichem und modernem physikalischen Weltbild vermitteln. Allein Gomringers enge Beziehung zur 'Stuttgarter Schule' um Max Bense nötigt diese Ergänzung auf. Sie erhält jedoch vor allem dadurch ihre Berechtigung, daß Gomringer ausdrücklich den Einfluß der Quantentheorie bei der Herausbildung einer konkreten Dichtung bezeugt. In einem Brief an die Verfasserin teilt Gomringer mit, daß er bei seinen programmatischen Äußerungen "tatsächlich [...] nicht an Whorf und nur wenig an Wittgenstein gedacht" habe, daß aber neben der durch Albert Einstein vermittelten Auffassung von "Energie und Wandlungen der Erscheinung[en] in Energie", "so wie Heisenberg [...] wohl auch die Grundlegungen zur Quantentheorie von Planck heranzudenken" wären.[182] Dieser Kommentar deutet darauf hin, daß der Einfluß von Sprachphilosophie und Sprachwissenschaft auf die Konkrete Poesie nicht überschätzt, der von Relativitäts- und Quantentheorie dagegen nicht unterschätzt werden darf. Gomringers Verweis auf Gippers 'Weltbildthese' muß über den spezifisch sprachtheoretischen Zusammenhang hinaus auch als Aufforderung zur Einbeziehung naturwissenschaftlicher Erkenntnisse in die Dichtung verstanden werden. Wenn Gomringer dafür plädiert, zwischen muttersprachlichem und physikalischem Weltbild auszugleichen, so nicht, weil ihn Überlegungen im Anschluß an Arbeiten des Linguisten Whorf oder des Sprachphilosophen Wittgenstein dazu drängten. Das von Gomringer angestrebte Ziel einer Vermittlung zwischen konventioneller und mathematisch-physikalischer Sprache muß vielmehr in Verbindung mit einer direkten Einwirkung moderner physikalischer Erkenntnisse auf die Sprachauffassung und Dichtungskonzeption gesehen werden.

Weniger prägnant, aber dennoch deutlich erkennbar sind in Franz Mons theoretischen Texten Bezüge zur modernen Physik eingewoben. Besonders offensichtlich wird dies bei seiner Bestimmung des Verhältnisses zwischen Sprache und Realität in dem Aufsatz *Perspektive*:

> Im Sog zu einer umfassenden Weltformel besteht die Substanz der Dinge schließlich nur noch in den von den Formeln aufgewiesenen und nur in ihnen darstellbaren Invarianten und Relationen der Ereigniswelt. Diese Sprache gibt ihre Beziehung zur Anschauung, zur Verbildlichung der Lautsprache auf und konzentriert sich auf selbstgesetzte, in ihrer Geltung genau umschriebene Zeichen für eine Realität, die nur noch mit ihrer Hilfe bestimmbar ist. Es entsteht zum erstenmal eine Sprache, die alle Unbestimmbarkeit abgetan

182 Brief von Eugen Gomringer an die Verfasserin vom 13.8.1992.

hat und die reine, eindeutige Darstellung einer Realität liefert, die sie selbst erst begründet hat.[183]

Ähnlich wie Bense verknüpft Mon die Realitätsvorstellung der modernen Physik mit einer Sprachauffassung, die Sprache eine realitätskonstituierende Funktion zuschreibt. Der Vorteil der mathematischen Sprache besteht für Mon darin, daß sie die Dimension der Erinnerung zugunsten der Erwartung eliminiert hat.[184] Dadurch kann sie zu einer Formulierung der Realität vordringen, die "nicht von der Erinnerung her dirigiert ist".[185] Vom gewandelten Substanzbegriff der modernen Physik ausgehend, betrachtet Mon die mathematische Sprache daher als eine Sprache, die "auf ihrem Grund eine bisher unerhörte und unvorstellbare Realität" entwirft.[186] Der Entwurf neuer Realitäten durch Sprache berührt seiner Ansicht nach "das Gefüge der menschlichen Sprache überhaupt und muß sich auch auf die Idiome der Künste auswirken".[187]

In dem 1966 gehaltenen Vortrag *Texte als Prozeß*[188] legt Mon dar, welche Rolle der Literatur hierbei zukommt. Weil für ihn die Literatur Sprache, die in Realität umgeschlagen ist, und Realität, die auf Sprache gegründet ist, zum Thema hat,[189] hält er sie für geeignet, gegen die Tendenz vorzugehen, das einmal Formulierte und Realisierte als endgültig anzusehen. "Innovation" und "Aufhebung des verfestigten Standards"[190] durch das poetische Experiment sollen den "inkrustierten falschen Weisheiten, die an irgendeiner Stelle einmal ihre Wahrheit hatten",[191] entgegenwirken. Auf diese Weise gelingt es der Literatur, zwischen der ganz auf die Erwartung ausgerichteten mathematischen Sprache und der Alltagssprache, die von Erinnerungssubstraten durchzogen ist, zu vermitteln. Die Sprache zur Sprache zu bringen und dabei die traditionellen Sprachstrukturen zu durchbrechen, stellt für Mon ein Mittel dar, der Gewöhnung zu entgehen und sich dem Neuen und Unerwarteten gegenüber offen zu halten. Der "Rand, an dem das Bekannte abbricht und das Leere voller Möglichkeiten beginnt",[192] wird im Sinne Mons durch die experimentelle Arbeit mit der Sprache überschritten.[193]

---

183 Franz Mon: Perspektive. In: Ders.: Texte über Texte. Neuwied/Berlin 1970, S. 22-32, hier S. 23.

184 Ebd.

185 Ebd., S. 24.- Da Kopfermann sehr ausführlich das Verhältnis von Erinnerung und Erwartung in Mons Sprachkonzeption darstellt, wurde hier nur kurz darauf eingegangen und lediglich der Bezug zur modernen Physik offengelegt (Vgl. Thomas Kopfermann: Konkrete Poesie - Fundamentalpoetik und Textpraxis einer Neo-Avantgarde, a. a. O., S. 53-58).

186 Franz Mon: Perspektive, a. a. O., S. 23.

187 Ebd.

188 Ders.: Texte als Prozeß. In: Ders.: Texte über Texte, a. a. O., S. 86-101.

189 Ebd., S. 94.

190 Ebd., S. 95.

191 Ebd.

192 Ebd., S. 97.

193 Vgl. dazu: Ebd., S. 96-101.

Auch Helmut Heißenbüttel bezieht sich bei seiner Bestimmung des modernen Wirklichkeitsverständnisses auf Zusammenhänge, die in engem Konnex zur modernen Physik stehen. Im *Briefwechsel über Literatur*,[194] den er mit dem Literaturkritiker Heinrich Vormweg führte, schreibt er, daß wir uns heute Wirklichkeit wissenschaftlich-statistisch vorstellen, wenn wir uns nicht mit Relikten herumplagen.[195] Obwohl Heißenbüttel einräumt, daß Literatur auf die Zersetzung des außersprachlich Vorstellbaren reagieren und sich am wissenschaftlichen Wirklichkeitsbegriff orientieren kann, sind für ihn wissenschaftliche Bezüge in der Literatur keine Lösung, weil diese seiner Meinung nach nur Teilansichten liefern.[196] Stattdessen schlägt er vor, daß aus dem Vorrat und aus der Gesetzlichkeit der Sprache heraus halluziniert werden müsse, um Wirklichkeit zu decken.[197]

In der sechsten Vorlesung seiner 1963 in Frankfurt gehaltenen Vorlesungsreihe über Poetik[198] präzisiert Heißenbüttel, was er mit dem Terminus Halluzination meint. Das Halluzinatorische in der Literatur ist für ihn an "sprachaufschlüsselnde[], sprachreproduzierende[], sprachweltverdoppelnde[] Methoden" gebunden, durch die der "alte Traum von der Gemeinsprache der Literatur" realisiert werden soll.[199] Dieser Traum von einer Überwindung der vereinzelten Subjektivität des Dichters durch die sprachaufschlüsselnde Methodik beruht für ihn nicht auf "pseudohumanistischen und pseudosubjektiven Klischees, wie es die dogmatische kommunistische Kulturideologie und die restaurativen Kulturbewahrer der westlichen Welt wollen", sondern hängt von der "Befolgung der nachsubjektiven literarischen Methoden" ab.[200] Um diese Behauptung zu stützen, verweist Heißenbüttel auf Carl Einsteins Polemik gegen den sowjetrussischen Kultursekretär Lunatscharskij. Das ist insofern für den vorliegenden Zusammenhang bedeutungsvoll, als im dritten Kapitel dieser Studie nachgewiesen werden konnte, daß gerade diese Polemik zu jenen Texten gehört, an denen sich der Einfluß der modernen Physik auf Carl Einsteins Denken ablesen läßt. Bezeichnenderweise zitiert Heißenbüttel daraus genau die Stelle, in der Einstein davon spricht, daß das "klassische Weltbild und die Theorie der Einheit der Natur [...] durch eine Entdeckung von größter Bedeutung, die eben daran ist, eine neue Physik zu begründen, nämlich die Quantentheorie", bedroht wird.[201] Die von Heißenbüttel ausgewählte Passage endet mit Einsteins Beschwörung der kollektiven Kraft des Halluzinatorischen,

194 Helmut Heißenbüttel/Heinrich Vormweg: Briefwechsel über Literatur. Neuwied/ Berlin 1969.
195 Ebd., S. 65.
196 Ebd.
197 Ebd.
198 Helmut Heißenbüttel: Frankfurter Vorlesungen über Poetik 1963. In: Ders.: Über Literatur. Olten/Freiburg i. Br. 1966, S. 123-205.
199 Ebd., S. 201.
200 Ebd.
201 Ebd.

zu der er sich im Zuge der Ablösung von der Lehre der Einheit des Wirklichen durch die Dialektik des Pluralismus der Wirklichkeit berechtigt fühlt.[202]

Setzt man voraus, daß Heißenbüttel das Zitat bewußt gewählt hat, eröffnet sich nicht nur der Bezug zu Carl Einsteins Konzeption einer halluzinatorischen Kunst, sondern auch zum modernen physikalischen Weltbild. Seine Vorstellung, daß Literatur "sprachlich etwas halluzinatorisch hervorruft, das es so nicht gibt"[203], indem Sprache nicht dazu gebraucht wird, um subjektives Befinden auszudrücken, sondern in einer Weise multipliziert wird, "die alles Benennbare und Sagbare und auch die Räume neuer Spracherfindung zu etwas Neuem zusammenfügt",[204] erscheint als Konsequenz des modernen physikalischen Wirklichkeitsverständnisses, das die Ausbildung einer "multiple[n] Subjektivität"[205] verlangt. Nicht im Sinne einer Konsequenz, aber als Kreuzungspunkt von Literatur und Wissenschaft stellt Heißenbüttel diesen Zusammenhang in seinen *13 Hypothesen über Literatur und Wissenschaft als vergleichbare Tätigkeiten*[206] selbst her. Eine Literatur, die Sprache "nicht mehr symbolisch, sondern wörtlich verwendet" und derart auf ihr Medium verwiesen ist,[207] kreuzt sich mit einer "neuen, radikal analytischen und phänomenologisch-philosophierenden Wissenschaft"[208] in dem Punkt, wo die Wirklichkeit über ein neu formuliertes Subjekt-Objekt-Verhältnis definiert werden muß:

> [...] sobald Mathematik und Sprache als letzte Gründe des Welt- und des menschlichen Selbstverständnisses sichtbar werden, erweist sich der Bezugspunkt, auf den Philosophie, Wissenschaft und Literatur sich geeinigt hatten (das einzelne und selbständige Subjekt), als Fiktion und Interpretation.[209]

Heißenbüttel stützt seine Behauptung, daß die alte Subjektvorstellung auf der Fiktion beruhe, es gäbe ein festes und stabiles Etwas, das einem anderen gegenüberstehen könne, mit einer Anspielung auf den entsubstantialisierten Wirklichkeitsbegriff der modernen Physik. Indem er die Mathematisierung bzw. die Versprachlichung als Grundlage eines neuen Subjektverständnisses ausweist, wird die Einwirkung des mit der Quantenmechanik gewandelten physikalischen Weltbildes auf seine Literatur- und Sprachkonzeption ebenso deutlich erkennbar wie bei Gomringer und Mon.

---

202 Ebd.
203 Ebd., S. 203.
204 Ebd., S. 202f.
205 Ebd., S. 205.
206 Ders.: 13 Hypothesen über Literatur und Wissenschaft als vergleichbare Tätigkeiten. In: Ders.: Literatur über Literatur, a. a. O., S. 206-215.
207 Ebd., S. 211.
208 Ebd., S. 210.
209 Ebd.

6. 3. Zusammenfassung

Im Wintersemester 1971/1972 ging Witold Wirpsza zusammen mit seinem Seminar der Frage nach, inwieweit eine Beziehung zwischen der im Anschluß an die Quantentheorie entstandenen Mehrwertlogik und der Konkreten Poesie besteht. Das Problem schien Wirpsza von grundsätzlicher Bedeutung: Falls sich eine solche Beziehung nachweisen ließe, könnte dies als Beweis dafür dienen, daß die so verbreitete Meinung von den zwei einander fremd gegenüberstehenden Kulturen möglicherweise nicht stichhaltig sei.[210] Laut Seminarbericht konnte eine Beziehung festgestellt werden. Die Konkrete Poesie hätte demnach nicht nur die Forderung von Walter Höllerer nach einer Sprache, die der Quantenlogik gerecht wird,[211] erfüllt, sondern zudem einen Beitrag zur Überwindung der Hypothese von den zwei Kulturen geleistet.

Man mag die Behauptung, daß Konkrete Poesie eine Möglichkeit beinhalte, die Kluft zwischen formalisierten und nicht-formalisierten Sprachen aufzuheben, skeptisch betrachten. Die vorangegangene Untersuchung hat jedoch gezeigt, daß bedeutende Vertreter der Konkreten Poesie die Anschauungen der modernen Physik zur Kenntnis nahmen und in Bezug zu ihrer literarischen Arbeit setzten. Die theoretischen Positionen, wie sie mit den Beiträgen von Eugen Gomringer, Franz Mon und Helmut Heißenbüttel, vor allem aber mit den Schriften von Max Bense vorliegen, zeugen nicht von zwei streng geschiedenen Kulturen. Sie offenbaren vielmehr eine Kunstauffassung, die sich gezielt am modernen physikalischen Wirklichkeitsverständnis orientiert. Es ist daher Cecil A. M. Noble zuzustimmen, wenn er in seiner Arbeit über *Sprachskepsis* schreibt, daß der Erschütterung der Sprache der Zerfall des überkommenen und gewohnten Grundmodells unserer Weltinterpretation durch die Erkenntnisse der modernen Physik und Psychologie zugrundeliege.[212] Dem muß allerdings hinzugefügt werden, daß die Theoretiker der Konkreten Poesie diesen Zusammenhang instrumentalisierten, um die experimentelle Schreibweise zu legitimieren. Der ästhetische Standpunkt, daß die Veränderung der Weltinterpretation und die Veränderung der Sprache nicht voneinander zu trennen sind, wird geradezu aus der veränderten physikalischen Weltinterpretation heraus begründet.[213]

---

210 Witold Wirpsza: Konkrete Dichtung und Mehrwertlogik. (Bericht über das Seminar "Polnische Logik und konkrete Dichtung", abgehalten an der Technischen Universität Berlin im Wintersemester 1971/1972). In: Sprache im technischen Zeitalter 1973, H. 45, S. 9-17, hier S. 9.

211 Walter Höllerer: Zur Literatur. In: Akzente 8 (1961), S. 490-507, hier S. 501f.

212 Cecil A. M. Noble: Sprachskepsis, a. a. O., S. 9.

213 Cecil A. M. Noble stellt zwar eine Beziehung zwischen der Skepsis an der traditionellen Sprache und der modernen Physik her, die Sprachauffassung der Konkreten Poesie wird von ihm jedoch nur vor dem Hintergrund sprachphilosophischer Erkenntnisse gedeutet (Vgl.: Ebd., S. 21-28). In seinem Aufsatz "Das Spielbewußtsein der modernen Literatur" (In: Ders.: Spielbewußtsein. Essays zur deutschen Literatur und Sprache. Bern u. a. 1981,

Die Autoren der Konkreten Poesie wählten einen anderen Weg als Friedrich Dürrenmatt, der für das Gedankenexperiment, aber nicht für die experimentelle Spracharbeit plädierte. Dennoch gibt es eine Parallele zwischen der Dichtungskonzeption der Konkreten Poesie und Dürrenmatts Vorstellung von einer zeitgemäßen Dramaturgie, die über das gemeinsame Bestreben eines 'grenzüberschreitenden Denkens' hinausreicht. Sowohl Dürrenmatt als auch die Vertreter der Konkreten Poesie wenden sich entschieden dagegen, die Aufgabe der Literatur darin zu sehen, die Wirklichkeit nachzuahmen. Die "logische Eigenwelt" Dürrenmatts einerseits, die "Eigenrealität der Sprache" andererseits widersetzen sich einer mimetischen Kunstauffassung. Bei beiden tritt an die Stelle der Abbildung einer gegebenen Welt die Herstellung einer gemachten Welt. Bei beiden wird dies durch das veränderte Wirklichkeitsverständnis der modernen Physik gerechtfertigt.

S. 11-24) führt Noble die experimentellen Schreibweisen auf eine "Verwissenschaftlichung der Literatur" zurück, die seiner Ansicht nach durch die Konkurrenz mit den exakten Wissenschaften bedingt ist (Ebd., S. 15f.). Solch eine Deutung der experimentellen Verfahren ist sicherlich zum Teil gerechtfertigt. Sie entspricht jedoch nicht der Intention der Theorien von Bense, Gomringer, Mon oder Heißenbüttel, die keine Kopie der exakten Wissenschaften, sondern ergänzende, ja geradezu konträre ästhetische Prozesse anstrebten.

7. Das neue Subjekt: Autonomie und Pluralität

7. 1. Die Selbstermächtigung des Subjekts

Vergleicht man die Reaktionen von Ernst Jünger, Hermann Broch oder Bertolt Brecht auf die moderne Physik, also von Autoren, die bereits vor der Entdeckung der Quantenphänomene im Licht der literarischen Öffentlichkeit standen, mit der Rezeption der neuen physikalischen Erkenntnisse durch Friedrich Dürrenmatt, Max Bense und die Autoren der Konkreten Poesie, bestätigt sich, was im vierten Kapitel schon angedeutet wurde. Die Diskussion über das gewandelte physikalische Weltbild tritt mit den Reflexionen jüngerer Autoren, die in den dreißiger oder vierziger Jahren zu veröffentlichen begannen und in den fünfziger und sechziger Jahren die Entwicklung der deutschsprachigen Literatur maßgeblich mitbestimmten, in eine neue Phase. Der Wunsch nach einer Befreiung vom streng kausal-mechanistischen Denken, der die behandelten Texte von Robert Musil, Hermann Broch, Ernst Jünger, Carl Einstein und Gottfried Benn prägte und selbst noch in den Schriften Bertolt Brechts spürbar ist, verliert bei Dürrenmatt und Bense an Bedeutung. Es scheint ganz so, als habe es ähnlich wie bei den Physikern erst eines Generationswechsels bedurft, damit die Neuerungen in der Physik akzeptiert und nicht nur als Verunsicherung der bis dahin allein gültigen naturwissenschaftlichen Grundlagen verstanden werden konnten. So wie Plancks Entdeckung der Quantenphänomene erst durch Heisenberg und dessen Offenheit gegenüber der Idee von unstetigen und nach Wahrscheinlichkeitsgesetzen ablaufenden Naturprozessen vollendet wurde, war eine Generation von Autoren erforderlich, deren Sicht auf die neuen physikalischen Erkenntnisse nicht durch die Verabsolutierung des kausalmechanistischen Denkens im 19. Jahrhundert blockiert war.

Musil, Broch, Jünger, Benn und Einstein betrachteten die moderne Physik im Hinblick auf eine Aufwertung des Irrationalen, des Unexakten und des Unbewußten. Die Schwierigkeiten bei der physikalischen Deutung der Quantenphänomene schienen ihnen zu bestätigen, daß die Wirklichkeit einen irreduziblen Rest birgt, der dem rationalen und kausal-logischen Denken verschlossen bleibt. Daher forderten sie die Synthese von exakter Wissenschaft und Intuition, von Rationalität und Irrationalität. Für Bense und Dürrenmatt dagegen ist die Reaktualisierung verschütteter oder verleugneter irrationaler Kräfte kein Thema. Die Frage, ob der Funktionsplan der Welt für das exakte

Denken ein ungelöstes Rätsel bleiben muß, ob hinter der sichtbaren Wirklichkeit ein göttliches Gesetz wirksam ist, das vom Menschen nur erahnt, nicht jedoch gewußt werden kann, wird von ihnen nicht gestellt. Diese Frage ist für sie überflüssig, ja nicht mehr aktuell, weil sie zu sehr auf die Kategorie der Erkennbarkeit von Wirklichkeit ausgerichtet ist. Der Mensch auf der einen Seite, die Wirklichkeit auf der anderen, diese Spaltung von Subjekt und Objekt im Erkenntnisprozeß, gegen die Musil und seine Zeitgenossen mit ihrer Wissenschaftskritik ankämpften, ist für Dürrenmatt und Bense überholt. Die Quantenphysik offenbarte sowohl für Dürrenmatt als auch für Bense die Kategorie der "Deutung als bemerkenswertes Merkmal unserer geistigen Tätigkeit"[1]. Die Beziehung Mensch-Welt, die traditionelle Subjekt-Objekt-Relation ist bei ihnen um ein drittes Element, um das der Deutung erweitert. Der Zugang zur Wirklichkeit erfolgt für sie über das "Machen von Bildern" (Dürrenmatt), über das Wahrnehmen und Herstellen von Zeichen (Bense). Bestätigt durch die moderne Physik interessieren sich beide daher weniger für die Existenz einer göttlichen, transzendentalen oder auch 'nur' natürlichen Ordnung der gegebenen Wirklichkeit als für die Fähigkeit des Menschen, sich deutend Wirklichkeit anzueignen.

Trotz der Unterschiede zwischen Dürrenmatts erkenntniskritischem und Benses zeichentheoretischem Ansatz stimmen beide in dem Punkt überein, daß sie vom Primat der gegebenen Wirklichkeit abrücken. Die "logischen Eigenwelten" bzw. die "Zeichenwelten" werden der gegebenen Wirklichkeit beigestellt. Dahinter steht nicht nur ein gewandeltes Wirklichkeits-, sondern auch ein gewandeltes Subjektverständnis. Zum einen sind für Dürrenmatt und Bense die Grundlagen dessen, was wir Wirklichkeit nennen, durch den Anteil an deutender Tätigkeit des Menschen beim Erkenntnisprozeß fiktionaler Natur. Wirklichkeit ist dem Menschen nicht unmittelbar, sondern nur über "Bilder" und "Zeichen" gegeben. Zum anderen sehen Dürrenmatt und Bense dies als Chance für den Menschen. Für sie ist der Mensch nicht mehr in die Rolle dessen gedrängt, der seine Stellung in der Welt erkennen muß. Bei ihnen nimmt der Mensch Stellung zur Welt, indem er logische Eigen- und Zeichenwelten schafft, die ihm neue Wirklichkeiten eröffnen. Anstatt eine vorgegebene Ordnung zu reflektieren, schafft er reflektierend neue Ordnungszusammenhänge. Neben die eine Welt tritt eine Pluralität von Welten. Das Subjekt scheint von den Bedingungen, die ihm die Wirklichkeit vorgibt, befreit. Nach Dürrenmatt ist der Mensch in der Lage, die "Welt zu formen".[2] Bense faßt die Selbstverantwortung des Subjekts noch schärfer, indem er fordert, daß wir die "Welt, die uns nicht gegeben wird, [...] uns selbst geben

---

1 Max Bense: Aesthetica. Einführung in die neue Ästhetik. 2. erw. Aufl. Baden-Baden 1982, S. 133.

2 Friedrich Dürrenmatt: Vom Sinn der Dichtung in unserer Zeit (1956). In: Ders.: Werkausgabe in 29 Bänden, Bd. 26. Zürich 1980, S. 60-69, hier S. 67.

müssen."[3] Die Möglichkeiten des Menschen werden nicht von der gegebenen Welt diktiert, sondern von diesem durch seine geistige Tätigkeit selbst erzeugt.

Angesichts dieser Selbstermächtigung des Subjekts über die Wirklichkeit muß auch das Verhältnis zwischen Wirklichkeit und Fiktion neu bestimmt werden. Einerseits treten Dürrenmatt wie auch Bense vehement dafür ein, daß Wirklichkeit und Fiktion getrennt sind. Kunst und Literatur dürfen die Wirklichkeit weder abbilden noch nachahmen. Statt die Wirklichkeit wiederzugeben, sollen sie reflexiv sein. Bei Dürrenmatt heißt dies, Literatur soll die Denkstrukturen, die das "Machen von Bildern" steuern, offenbaren. Für Bense bedeutet es, den Zeichenprozeß zu thematisieren. Derart gewinnt bei Dürrenmatt und Bense die Fiktion an Autonomie gegenüber der Wirklichkeit. Andererseits wird von ihnen Wirklichkeit und Fiktion auf anderer Ebene wieder ineinander verwoben. Weil die Wirklichkeit nur über "Bilder" und Zeichen gegeben ist, sind Wirklichkeit und Fiktion gar nicht eindeutig zu trennen, sind die Grenzen zwischen beiden Bereichen vielmehr verwischt. Darüber hinaus impliziert die Vorstellung von "logischen Eigenwelten", stärker noch aber Benses Begriff der "Eigenrealität der Zeichen" oder der "Realität der Literatur", daß den Fiktionen, sofern sie gerade nicht Abbild der Realität, sondern konstruiert sind, eine realitätssetzende Kraft zugesprochen wird. Die Fiktion läßt neben die eine Welt eine Pluralität von Welten treten. Entsprechend konzentriert sich Dürrenmatts Dichtungskonzept darauf, die Beziehung zwischen den Denkstrukturen und der materiellen Wirklichkeit offenzulegen. Bei Bense steht die Beziehung der Wirklichkeit der Zeichen zur gegenständlichen Wirklichkeit im Mittelpunkt. Für beide ist es Arbeit der Kunst, diese Verbindung zu sehen und zu verstehen. Das Fiktive in der Wirklichkeit und das Wirkliche der Fiktion zutagezubringen, verbindet Dürrenmatts Erkenntniskritik und Benses Zeichentheorie.

Dürrenmatt und Bense wenden sich mit ihren Vorstellungen von einer zeitgemäßen Kunst und Literatur der Reflexion, dem Geist und dem Denken zu. Reflexion, Geist und Denken gehören dem Bereich des nicht visuell Wahrnehmbaren, dem Unsichtbaren an. Dadurch könnte es den Anschein haben, als wollten Dürrenmatt und Bense den Anteil des Unsichtbaren an der Wirklichkeit neu zur Geltung bringen, wie dies zum Beispiel auch Ernst Jünger propagierte. Die Aufmerksamkeit auf das Unsichtbare, das Ungegenständliche bei Dürrenmatt und Bense, zielt auf etwas anderes ab. Nicht das Unsichtbare, das Immaterielle in der sichtbaren Wirklichkeit, das nur erschaut werden kann, soll zur Darstellung gebracht werden. Dies käme wieder der Reproduktion eines zuvor Gegebenen, eines zwar nicht visuell, so doch sinnlich Erfahrbaren, gleich. Dürrenmatt und Bense wollen jedoch die Arbeit des menschlichen Geistes zum Gegenstand der Kunst erheben. Ihre Kunstkonzeption basiert auf der Vorstellung, daß - wie Hegel schreibt - "der Geist, sich selbst zu betrach-

3 Max Bense: Aesthetica, a. a. O., S. 190.

ten, ein Bewußtsein, und zwar ein *denkendes* über sich selbst und über alles, was aus ihm entspringt, zu haben fähig"[4] ist. Die Loslösung von der gegenständlichen Welt, die Aufgabe des Mimesis-Konzepts bei Dürrenmatt und Bense darf folglich nicht als Klage über die Entsubstantialisierung des Wirklichen und auch nicht als Transzendierung der sichtbaren Welt verstanden werden. Für sie präsentiert sich das Denken im "Horizont des Machens" (Bense). Mit der konstruktiven Tätigkeit des Geistes wird dieser zur Selbstreflexion geführt. Die Selbstreflexion im "Horizont des Gemachten" ist wiederum die Voraussetzung dafür, daß Bestehendes nicht als endgültig akzeptiert zu werden braucht, sondern durch die Freiheit des Geistes und die Erschließung neuer Denkmöglichkeiten die Realisation neuer Wirklichkeiten antizipiert werden kann.

7. 2. Kann das neue Subjekt noch erzählen?

Sowohl Dürrenmatt als auch Bense verlangen von der Literatur, daß sie Denkprozesse, Denkkategorien und -strukturen ins Bewußtsein bringen. Demnach sind sie sich über die Aufgabe der Literatur einig. Ihre Ansichten darüber, wie eine Literatur auszusehen hat, die diesem Ziel gerecht werden könnte, unterscheiden sich allerdings wesentlich. Laut Dürrenmatt ist die Sprache dem Bild verhaftet. Daher kann sich seiner Meinung nach die Dichtung nicht vom Inhalt lösen und den Grad an Abstraktheit annehmen, den die mathematische Sprache repräsentiert. Dagegen plädiert Bense gerade für eine abstrakte Literatur, die nur noch ihre Mittel, die Sprache frei von allen intendierten Inhalten, darstellt. Während für Dürrenmatt eine nicht-mimetische, auf Reflexion abzielende Literatur das Erzählen nicht ausschließt, sogar das Erzählen von möglichen Welten zum Ziel hat, scheint experimentelle Dichtung in Benses Sinne dem Erzählen nur wenig Raum zu bieten.

Gemessen an Max Benses Definition von abstrakter Literatur erscheinen nur die wenigsten Veröffentlichungen deutschsprachiger Nachkriegsprosa zeitgemäß. Entsprechend unzufrieden äußerte sich Bense in einem Gespräch mit Peter Hamm:

> Ob Böll oder Courths-Mahler, das bleibt sich doch gleich. [...] bei beiden geht es letzten Endes nur darum, ob der Hans seine Grete bekommt - und das ist Unterhaltung. Unterhalten kann ich mich aber selbst, dazu brauche ich nicht die Literatur, und mich interessiert auch nicht um alles in der Welt, ob der Hans seine Grete bekommt; mich interessiert nur, ob ich meine Grete bekomme - und das hat mit Literatur nichts zu tun.[5]

---

4 Georg Wilhelm Friedrich Hegel: Vorlesungen über die Ästhetik I. In: Ders.: Werke in 20 Bden., Bd. 13. Frankfurt a. Main 1986, S. 27.

5 Peter Hamm: Der Musenmörder. In: Du 20 (1960), H. 10, S. 41-44, hier S. 41.

Benses Urteil über das Werk von Heinrich Böll fällt vernichtend aus. Auf eine Stufe mit Hedwig Courths-Mahler gestellt, wird Böll zum Unterhaltungsschriftsteller degradiert. Natürlich geht es Bense nicht darum, ob es in Bölls Werk einen Hans gibt, den es zu einer Grete drängt. Bense fordert eine Literatur, die auf Analyse, Reflexion und Theorie basiert und die weder aus Stimmungen heraus geschaffen wird noch solche beim Leser zu erzeugen beabsichtigt. Neorealistische Schreibweisen, wie sie Heinrich Böll, Wolfdietrich Schnurre oder Alfred Andersch in den Nachkriegsjahren ausbildeten, entsprechen Benses Forderung nach einer rein rationalen Ausrichtung der Literatur nicht.

Auch Ernst Kahler, Hans-Egon Holthusen, Frank Thiess und Elisabeth Langgässer setzten sich von den neorealistischen Tendenzen der Nachkriegsliteratur ab. Mit dem Hinweis auf die neugewonnene Bedeutung des Akausalen, des Alogischen und des Unsichtbaren im modernen physikalischen Weltbild wandten sie sich gegen eine beschreibende Literatur, um die rätselhafte und nicht rational zugängliche Wirklichkeit wieder zur Geltung zu bringen. Damit entsprachen sie zwar den Kunstvorstellungen, wie sie Broch, Musil und Jünger formulierten, aber den Vorstellungen von Bense entsprachen sie nicht. Anders als Bense steht bei ihnen immer noch die gegebene Wirklichkeit, deren unsichtbare Gesetze zu ergründen sind, im Mittelpunkt.

Vorausgesetzt, man nimmt Benses provokanten Standpunkt ein und interessiert sich nicht für das Rätsel der unsichtbaren Bande zwischen Hans und Grete, vorausgesetzt man geht davon aus, daß weder Böll noch Langgässer sich von Courths-Mahler darin unterscheiden, daß sie Unterhaltung anstatt Literatur schaffen, stellt sich die Frage, ob im Anschluß an die Selbstermächtigung des Subjekts über die Wirklichkeit so etwas wie erzählende Prosa überhaupt noch möglich ist.

Nun ist es ja nicht so, daß Bense nur die Konkrete Poesie oder Computer-Texte als Literatur gelten ließ. Bense erkannte als einer der ersten die Bedeutung von Arno Schmidt für die deutschsprachige Nachkriegsliteratur. Obwohl bei Schmidt wirklich nicht die Rede davon sein kann, daß er die Hans- und Gretchenfrage in seinen Werken ignoriert habe, wurde er von Bense maßgeblich gefördert.[6] Der Grund, weshalb Bense Schmidts Prosa trotz Hans und Grete, trotz deutlicher Bezugnahme auf die Nachkriegswirklichkeit schätzte, liegt darin, daß Schmidt es wie kein anderer deutschsprachiger Prosaautor seiner Zeit verstand, die Sprache zur Sprache zu bringen.[7]

Auf den ersten Blick mag es befremdlich scheinen, daß Bense neben Schmidt auch Alfred Andersch verehrte, diesem sogar seine *Dünnschliffe*[8] widmete. Andersch, der sich vor allem am italienischen Neorealismus, an

---

6 So erschien zum Beispiel "Kosmas oder vom Berge des Nordens" von Arno Schmidt als Supplementband zu: Augenblick 1 (1955), H. 1.

7 Vgl. Max Bense: Aesthetica, a. a. O., S. 72f.

8 Ders.: Bestandteile des Vorüber. Dünnschliffe, Mischtexte, Montagen. Köln/Berlin 1961.

Cesare Pavese, Elio Vittorini oder Giorgio Bassani orientierte, vermittelt mit seinem Werk nicht den Eindruck einer abstrakten oder sprachexperimentellen Literatur. Dennoch lobt Bense Anderschs Roman *Die Rote* als Zeugnis eines Neorealismus, der sprachliche Neorealität, also Dichtung, nicht simulierte Erzählung betone und daher weit über Böll stehe.[9] Vor allem sei es Andersch darin meisterhaft gelungen, alles, was Sein habe, in Sprache und die *Aussenwelt* der Texte in ihre *Eigenwelt* übergehen zu lassen.[10] Angesichts dieses positiven Urteils verwundert es nicht, daß Bense Anderschs Texte zum Gegenstand einer texttheoretischen Analyse machte.[11] Eher verwundert es, daß Andersch sich über das Ergebnis der texttheoretischen Annäherung an seine Werke begeistert zeigte.[12] Zwar behauptet er von sich in einem Brief an Otto Walter und Helmut Heißenbüttel, daß er von formalen Ereignissen entzückt sein könne, doch fügt er einschränkend gleich hinzu, daß ihm solche Ereignisse fernlägen, er eine Art von kritischem Realismus nun einmal eigensinnig für den "Königsweg" der Literatur halte.[13] Andersch war nichts daran gelegen, in die Rolle des "Nachläufers einer linguistischen Bewegung" zu geraten, deren Bedeutung ihm "durchaus klar", deren Konzept ihm aber "zu eng" schien.[14]

In diese Richtung weist auch sein Essay *Die Blindheit des Kunstwerks*[15], in dem er sich entschieden gegen Kunstvorstellungen wendet, die allein die Form als Grundprinzip der Kunst anerkennen. Darin schreibt er, daß die Verwendung von Sprache nach dem Prinzip, nach dem die Malerei Farben und Formen verwende, bisher noch nirgends in der Literatur zu einem sprachlichen Kunstwerk geführt habe.[16] Dieser Behauptung hätte Bense sicherlich nicht zugestimmt. Insofern überrascht es, daß Andersch mit Benses texttheoretischem Verfahren, das überwiegend formalen Aspekten der Literatur Beachtung schenkt, einverstanden war, ja Bense sogar euphorisch rezensierte[17] und dessen Theorie in seine Erzählungen einzubauen versuchte.[18] Das spricht für Benses

9 Brief von Max Bense an Alfred Andersch vom 2.8.1960. DLA: A: Andersch 78.6705.

10 Ebd.

11 Max Bense: Portrait Alfred Anderschs 1962. In: Ders.: Die Realität der Literatur. Autoren und ihre Texte. Köln 1971, S. 141-156.

12 Brief von Alfred Andersch an Max Bense vom 12.9.1962. DLA: A: Andersch 78.6107.

13 Brief von Alfred Andersch an Otto Walter und Helmut Heißenbüttel vom 12.6.1964. DLA: A: Andersch 78.7265/4.

14 Ebd.

15 Alfred Andersch: Die Blindheit des Kunstwerks. In: Ders.: Norden, Süden, rechts und links. Von Reisen und Büchern 1951-1971. Zürich 1972, S. 142-153.

16 Ebd., S. 144f.

17 Ders.: Ästhetische Denkobjekte. Max Bense. In: Ders.: Norden, Süden, rechts und links, a. a. O., S. 293-297.

18 Vgl. dazu: Martin Huber: Vom Erzählen erzählen und In Geschichten verstrickt. Zu Alfred Anderschs Erzählungen. In: Alfred Andersch. Perspektiven zu Leben und Werk. Kolloquium zum 80. Geburtstag des Autors in der Werner-Reimers-Stiftung Bad Homburg v. d. H. Hg. v. Irene Heidelberger-Leonhard u. Volker Wehdeking. Opladen 1994, S. 88-97, hier S. 93f.

Überzeugungskraft. Dennoch kann man davon ausgehen, daß Andersch nicht restlos von Benses Literaturvorstellungen überzeugt war. So berichtet Wolfgang Koeppen von einem gemeinsamen Treffen mit Arno Schmidt und Andersch bei einem Stuttgarter Professor - gemeint ist Max Bense -, von dem sie zu wissen glaubten, "daß er und seine Schüler die Häufigkeit des Wortes »und«" in ihren Büchern zählten.[19] Eine skeptische Haltung gegenüber Benses Ästhetik scheint auch bei Andersch trotz aller Freundschaft latent vorhanden gewesen zu sein.

Die Befürwortung eines kritischen Realismus einerseits und die Offenheit gegenüber experimenteller und avantgardistischer Literaturtheorie andererseits deuten an, daß Andersch die Suche nach geeigneten Darstellungsmitteln nicht als abgeschlossen betrachtete. Sein Abwägen zwischen Neorealismus und Benses Ästhetik erscheint hier von besonderer Relevanz, weil für beide Literaturkonzeptionen die moderne Physik eine Rolle spielt. Inwieweit dies für Benses Vorstellung von experimentellen Schreibweisen gilt, konnte im 6. Kapitel gezeigt werden. Andersch bezieht sich im oben genannten Essay *Die Blindheit des Kunstwerks,* das als Plädoyer für einen kritischen Realismus verstanden werden kann, auf die Quantentheorie. Die Tatsache, daß auch die neue Physik von der realen Existenz eines zu erkennenden Objekts überzeugt ist, dient ihm als Beweis, daß Kunst nicht autonom sein darf, sondern als Erkenntnisform des Wahren zu fungieren hat.[20] Solch eine Rechtfertigung von wirklichkeits- und gesellschaftsabbildender Kunst ist allerdings nicht dazu geeignet, Benses Kunstvorstellung zu kritisieren oder sie gar eines subjektiven Idealismus zu überführen. Bense bestreitet keineswegs die reale Existenz eines zu erkennenden Objekts, zu dem sich der menschliche Geist als Subjekt zum

19 Wolfgang Koeppen. Gedanken und Gedenken. Über Arno Schmidt. In: Ders.: Ges. Werke in sechs Bden. Hg. v. Marcel Reich-Ranicki in Zusammenarbeit mit Dagmar v. Briel und Hans-Ulrich Treichel. Frankfurt a. M. (im folgenden kurz: GW + Bandangabe), hier Bd. 6, S. 418-425, hier S. 421.

20 Andersch argumentiert gegen Albrecht Fabri, einen Verfechter abstrakter, inhalts- und gegenstandsloser Kunst, wie folgt: "Nicht einmal die neue Physik, die uns die Erkennbarkeit der Realität so außerordentlich schwierig gemacht hat, leugnet die reale Existenz eines zu erkennenden Objekts. In der Debatte um die Natur des Quantums oder der Welle, wie sie heute etwa zwischen Heisenberg und Fogarasi - auch für Nichtphysiker durchaus verständlich - geführt wird, kann selbst der nachdrücklich idealistisch gesinnte Physiker Heisenberg die materielle Struktur der kleinsten Teilchen nicht in Abrede stellen. Existiert aber eine solche Materiestruktur, so muß sich der menschliche Geist zu ihr notwendig als Subjekt zum Objekt verhalten, und Fabri berät die abstrakten Künstler schlecht, wenn er ihnen statt realer Erkenntnis die feuilletonistische Variante eines unhaltbar gewordenen subjektiven Idealismus als Theorie anbietet." (Alfred Andersch: die Blindheit des Kunstwerks, a. a. O., S. 149). Andersch bezieht sich hier auf "Wandlungen in den Grundlagen der Naturwissenschaft" (Berlin 1948) von Werner Heisenberg und "Kritik des physikalischen Idealismus" (Berlin 1953) von Bela Fogarasi. Die Rechtfertigung einer wirklichkeits- und gesellschaftsabbildenden Kunst und Literatur durch die Quantentheorie ist allerdings nicht neu. Bertolt Brecht argumentierte ähnlich (Vgl. dazu: Punkt 3. 2. 6.).

Objekt verhält. Er sieht jedoch im Gegensatz zu Andersch die traditionelle Subjekt-Objekt-Relation komplexer, d. h. um die Komponente der Deutung bzw. der Reflexion erweitert; und dafür liefert ihm gerade die Quantentheorie überzeugende Argumente. Sicher, für Bense sollen Kunst und Literatur autonom sein. Damit meint Bense aber nicht eine Kunst im Sinne von l'art pour l'art. Für ihn wird die Kunst nur dann gesellschafts- und wirklichkeitsrelevant, wenn sie sich aus dem Zwang zur Abbildung von Wirklichkeit und Gesellschaft befreit und damit dem Möglichen den Vorrang vor dem Bestehenden gibt.

Selbst wenn Anderschs Plädoyer für einen kritischen Realismus nicht ausreicht, um der experimentellen Literatur mit dem Hinweis auf die moderne Physik die Legitimation zu entziehen, eröffnet seine Position in Zusammenhang mit der Frage, ob erzählende Prosa im Anschluß an das moderne physikalische Weltbild noch möglich ist, eine neue Perspektive. Die Vermittlung zwischen einer erzählenden und einer sprachexperimentellen Schreibweise, wie sie zum Beispiel mit den Werken von Arno Schmidt gleichsam als Kreuzungspunkt zwischen Konkreter Poesie und den Erzählungen von Heinrich Böll vorliegt, muß auch aus dem Kontext der modernen Physik heraus begriffen werden können. Diese Überlegung führt zurück an den Ausgangspunkt der Spurensuche nach Einflüssen der modernen Physik auf die Literatur. Der Fall Koeppen muß erneut untersucht werden.

7. 3. Der Fall Wolfgang Koeppen II

Ein Leser, der zu Wolfgang Koeppens Roman *Tauben im Gras* in der Erwartung greift, eine traditionelle Erzählform vorzufinden, wird enttäuscht. Es ist zwar nicht so, daß Koeppen die Frage, ob der Hans seine Grete bekommt, unbeachtet gelassen hätte, aber die Art und Weise, wie er diese Frage behandelt hat, ist irritierend. Es gibt in diesem Roman nicht nur einen Hans und eine Grete, sondern viele von ihnen und dazu noch eine Vielzahl anderer Protagonisten, deren Beziehung zu einem Hans oder einer Grete nicht thematisiert wird. Am meisten irritiert jedoch, daß viele dieser Figuren nur über zufällige Begegnungen miteinander verbunden sind. Trotzdem agieren sie gleichberechtigt nebeneinander. Sie können nicht in Haupt- und Nebenfiguren differenziert werden. Auch wird das Geschehen nicht über den Handlungsverlauf von einer Figur zur anderen geleitet. Die Erzählung bricht unvermittelt, oft mitten im Satz ab, um bei einer anderen Figur neu einzusetzen und erst Seiten später vielleicht wieder aufgenommen zu werden. Dadurch wird der Eindruck erweckt, als könne sich der Autor nicht entscheiden, wessen Geschichte er nun eigentlich erzählen will.

Bewertet man Koeppens Roman *Tauben im Gras* nach Kriterien, die auf der traditionellen Vorstellung vom Erzählen basieren, muß seine Erzählweise als diskontinuierlich, fragmentarisch und chaotisch bezeichnet werden. Es scheint, als überfordere den Erzähler die Vielfalt der Wirklichkeit, als könne er keine Ordnung in seine Darstellung bringen. Selbst der Sprache kommt keine ordnende Funktion mehr zu. Syntax und Interpunktion des Romans widersetzen sich der konventionellen Sprachordnung. Ein auktorialer Erzähler, der, wie Dieter Kafitz schreibt, "aus olympischer Perspektive die Wirklichkeit überblickt" und "die dabei notwendige Auswahl aus der Pluralität des Seienden [...] zu einem ordnenden und damit auch wertenden Zugriff auf die Wirklichkeit" führt,[21] scheint Koeppens Roman zu fehlen. Indem Kafitz in seinem Aufsatz über Koeppen realistisches Erzählen als ein Verfahren definiert, das solch einen die Wirklichkeit über- und durchblickenden Erzähler verlangt, macht er deutlich, daß Koeppen grundsätzlich von einer Erzählhaltung abweicht, wie sie der literarische Realismus im 19. Jahrhundert ausgebildet hat. Koeppens Antwort auf die treffende Umfrage "Der Roman, der nichts erzählt" unterstreicht diesen Zusammenhang. Darin schreibt Koeppen, daß nur noch zweitrangige Geister weiterhin versuchten, mit ihrer Schilderung eine Art Fotografie der Welt zu geben, wie es aufs glänzendste Balzac getan habe.[22]

Daß der Roman *Tauben im Gras* einen allwissenden, einen ordnenden Erzähler missen läßt, schließt aber keineswegs aus, daß es sich bei Koeppens Erzählstil nicht doch um ein realistisches Erzählen als Folge einer modifizierten Wirklichkeitsvorstellung handeln könnte. Geht man davon aus, daß die Wirklichkeit ungeordnet und mehrdeutig ist, dann kann sie nicht in einer verfälschenden Geordnetheit wiedergegeben werden. In diesem Fall wäre Koeppens Erzählweise gerade deshalb realistisch, weil er dem Erzähler nicht mehr die Rolle des Weltdeuters zugesteht, der die Wirklichkeit im ordnenden und vereinfachenden Zusammenhang einer Fabel oder in der vorgeprägten Ordnung des Sprachsystems einfangen kann. Die Erkenntnisse der modernen Physik, die Koeppen, wie seinen Aussagen zu entnehmen ist, rezipierte und selbst mit seinem Collage-Stil in Verbindung brachte,[23] würden diese These stützen. Die Feststellung, daß die Natur doch Sprünge macht, die Loslösung von einer streng kausalen zugunsten einer statistischen Betrachtungsweise, die Überlegungen im Hinblick auf eine Modifikation der traditionellen Logik, die

21 Dieter Kafitz: Ästhetischer Radikalismus. Zur Kunstauffassung Wolfgang Koeppens. In: Wolfgang Koeppen. Hg. v. Eckhart Oehlenschläger. Frankfurt a. Main 1987, S. 75-88, hier S. 78.

22 Wolfgang Koeppen: Antwort auf eine Umfrage: Der Roman, der nichts erzählt. In: GW 5, S. 249.

23 Vgl. Punkt 1. 2. der vorliegenden Studie bzw.: "Der Schriftsteller hat rücksichtslos zu sein." Gespräch mit Wolfgang Koeppen. München, 24. Januar 1974. Zuerst in: Heinz Ludwig Arnold: Gespräche mit Schriftstellern. Max Frisch, Günter Grass, Wolfgang Koeppen, Max von der Grün, Günter Wallraff. München 1975, S. 109-141. Hier zitiert nach: Schriftsteller im Gespräch mit Heinz Ludwig Arnold. Band I, Zürich 1990, S. 69-113, hier: S. 99.

Idee der Komplementarität und die Diskussionen über die Einwirkung des beobachtenden Subjekts auf den Beobachtungsvorgang könnten Koeppen darin bestärkt haben, daß der Wirklichkeit nur mit einer neuen Erzählweise beizukommen ist. Insofern wäre Erhard Schütz zuzustimmen, wenn er das "panoramatische Verfahren, die Herstellung zwar nicht von Totalität, aber Komplexität durch Addition und Simultanität" als Gemeinsamkeit zwischen der Schreibweise Koeppens und der Schreibweise "einer Reihe der damals 'neuen realistischen' Autoren" wie Hans Werner Richter, Ernst Schnabel und Alfred Andersch bestimmt.[24]

Im Grunde genommen suggerieren alle Interpretationen, in denen behauptet wird, Koeppens "verrücktes Erzählen" drücke das "Chaos der Welt",[25] das "Miterfaßtsein" des Erzählers "vom unendlichen Rauschen der Wirklichkeit" aus,[26] daß Koeppen sich an der Undurchschaubarkeit der Wirklichkeit orientiert und diese in seiner Darstellungsweise nachgeahmt hat. Obwohl immer wieder hervorgehoben wird, daß Koeppens Collage-Stil auf der Einsicht vom Versagen der Widerspiegelungstheorie angesichts der komplexen Wirklichkeit basiere,[27] wird damit indirekt das Abbildverhältnis zwischen der Wirklichkeit und der literarischen Wirklichkeit wiedereingeführt. Wenn man davon ausgeht, Koeppen thematisiere inhaltlich und formal das Scheitern der sinngebenden und ordnenden Kraft des Erzählers angesichts einer chaotischen und sinnentleerten Wirklichkeit, kann man nicht umhin vorauszusetzen, daß Koeppen dem Künstler die traditionelle Rolle des die Außenwelt wahrnehmenden und beobachtenden Subjekts zuteilt. Der Künstler tritt mit der Wirklichkeit in eine Beziehung, in der er sich als erkennendes Subjekt zum Objekt verhält. Daß sich dieses Objekt ihm entzieht, ändert an dieser Relation nichts. So betrachtet, läßt sich der Autor Koeppen gleichsam mit seiner Figur, dem Schriftsteller Philipp, identifizieren, der sich "ursprünglich auf den Posten, einen ehrenvollen Posten vielleicht" berufen fühlte, "weil er alles beobachten sollte", der sich aber kein vollständiges Bild von der Welt machen kann, weil "ihm schwindlig wurde und [...] er gar nichts beobachten konnte, schließlich nur ein Wogen sah".[28]

---

24 Erhard Schütz: Der Dilettant in der geschriebenen Geschichte. Was an Wolfgang Koeppens Roman "Das Treibhaus" modern ist. In: Wolfgang Koeppen. Hg. v. Eckart Oehlenschläger, a. a. O., S. 275-288, hier S. 276f.

25 Dieter Kafitz: Ästhetischer Radikalismus, a. a. O., S. 80. - Vgl. auch: Hans-Ulrich Treichel: Das Geräusch und das Vergessen. Realitäts- und Geschichtserfahrung in der Nachkriegstrilogie Wolfgang Koeppens. In: Wolfgang Koeppen. Hg. v. Eckhart Oehlenschläger, a. a. O., S. 47-74, hier S. 48, S. 67. - Ulf Eisele: Odysseus trinkt Coca-Cola. Wolfgang Koeppens "Tauben im Gras". In: Wolfgang Koeppen. Hg. v. Eckart Oehlenschläger, a. a. O., S. 258-274, hier S. 260. - Manfred Koch: Wolfgang Koeppen. Literatur zwischen Nonkonformismus und Resignation. Stuttgart u. a. 1973, S. 71.

26 Dieter Kafitz: Ästhetischer Radikalismus, a. a. O., S. 79.

27 Vgl.: Dieter Kafitz: Ästhetischer Radikalismus, a. a. O., S. 76. - Ulf Eisele: Odysseus trinkt Coca-Cola, a. a. O., S. 261.

28 Wolfgang Koeppen: Tauben im Gras. In: GW 2, S. 11-219.

An diese Überlegung schließt sich die Frage an, ob Koeppen ähnlich wie seine Figur Philipp um den einst ehrenvollen, nun jedoch unbrauchbar gewordenen Posten des Beobachters trauert oder ob er den Umstand, daß eine "[k]orrekte Beobachtung und wahrheitsgemäße Darstellung [...] sich als prinzipiell nicht (mehr) einzulösende Zielvorgaben"[29] erwiesen haben, als Chance für eine veränderte Position des Erzählers wertete. Um diese Frage beantworten zu können, muß berücksichtigt werden, daß die Zusammengehörigkeit der Erzählfragmente gewahrt bleibt, obwohl Koeppens Roman *Tauben im Gras* auf den ersten Blick den Eindruck macht, der Autor habe die Fäden seiner Erzählung nicht in der Hand. Damit ist nicht die durch die Drucklegung erfolgte Zusammenstellung gemeint. Georg Bungter wies in einem Aufsatz über *Tauben im Gras* darauf hin, daß Koeppen "bei der Darstellung des Wirrwarrs und in der Anlage der zerissenen Form nicht Willkür walten" ließ, sondern in der bewußten Zusammenfügung die disparaten Elemente "zu einer allerdings bezeichnenden Art von Einheit verschmolzen" hat.[30] Bezeichnend an dieser Art von Einheit ist, daß sie eben nicht über eine linear verlaufende Handlung oder einen zentralen Protagonisten konstituiert wird. Es ist vielmehr die Feinstruktur des Textes, die den Zusammenhang herstellt. Die durchgängig anzuteffende Mythologisierung, historische Anspielungen, wiederkehrende Motive (z. B. Kreismotiv), Figurenkonstellationen (Philipp-Edwin, Emilia-Kay, Heinz-Ezra), Assoziationen, die von einer Sequenz zur nächsten führen, die inneren Monologe der Protagonisten, der in allen Erzählpartikeln gebrauchte Wechsel zwischen langen Wortketten und parataktisch gereihten Kurzsätzen schaffen ein "wohl durchdachtes Gewebe"[31]. Demnach hat der Autor zwar nicht die Fäden des Erzählten, wohl aber die Fäden seiner Erzählung in der Hand. Das textliche Gebilde weist eine Struktur auf, die unabhängig von der Ungeordnetheit des Dargestellten eine Form von Ordnung in der Darstellung erkennen läßt. Die oben gestellte Frage, ob Koeppen aufgrund der Unhaltbarkeit der Beobachterposition Chancen für eine Neubestimmung der Rolle des Erzählers sah, sollte deshalb präzisiert werden. Es muß untersucht werden, inwieweit Koeppen die Undurchschaubarkeit der Wirklichkeit und somit das Fehlen einer vorgegebenen Ordnung, an der man sich orientieren könnte, als Möglichkeit für eine neue Ordnung betrachtete, die jenseits traditioneller Ordnungsvorstellungen liegt.

Hans-Ulrich Treichel ist bei seiner Analyse einer zentralen Textstelle von *Tauben im Gras*, dem inneren Monolog Emilias, auf eine ähnliche Fragestellung gestoßen. Er deutet Emilias Bewußtseinsstrom als eine Destruktion konventioneller semantischer und syntaktischer Ordnungen, die

---

29 Ulf Eisele: Odysseus trinkt Coca-Cola, a. a. O., S. 259

30 Georg Bungter: Über Wolfgang Koeppens "Tauben im Gras". In: Über Wolfgang Koeppen. Hg. v. Ulrich Greiner. Frankfurt a. M. 1976, S. 186-197, hier S. 190.

31 Ebd., S. 193.

auch als Zerstörung eines Traditionszusammenhanges gelesen werden kann.[32] Er kommt zu der Schlußfolgerung:

> Der Bewußtseinsstrom, der aus der Sprache und aus dem Unbewußten kommt, gleichwohl aber auf historische Bedeutungszusammenhänge reagiert, destruiert nicht nur traditionelle Ordnungen, sondern konstituiert auch die Möglichkeit einer neuen Ordnung, die Koeppen einen 'Strom von Ordnung' nennt, eine 'Ordnung aus Unordnung'. Freilich bleibt diese 'neue Ordnung' eine bloße Möglichkeit. Weder auf das Subjekt noch auf den Erzählgestus des Romans bezogen konstituiert sich hier eine wirklich neue Dimension sprachlicher Realitätsaneignung, die sich von der alten gänzlich emanzipiert hätte. Emilias Monolog repräsentiert keinen kreativen Akt des Widerstands, sondern bleibt der passive Reflex einer disparaten zerfallenden Identität. Gleichwohl kündigt sich in diesem Reflex die Geste einer Verweigerung, die Spur einer Subjektivität an, die nicht mehr in den alten Sätzen zu denken ist.[33]

Auch Treichel schließt die Möglichkeit einer neuen Ordnung, die aus der Destruktion konventioneller Zusammenhänge erfolgt, nicht aus. Er sieht eine gänzlich neue Form der Ordnung zwar nicht realisiert, aber zumindest projektiert. Darüber hinaus rückt seine Deutung einen bisher unbeachtet gebliebenen Aspekt in den Blickpunkt. Treichel geht weniger von einer in divergente Einzelteile zersplitterten Wirklichkeit als vielmehr von einem disparat zerfallenden Subjekt aus. Obwohl sich seine Analyse nur auf ein Textsegment, Emilias Monolog, bezieht, kann seine Schlußfolgerung auf den ganzen Roman übertragen werden, da die Auflösung von konventionellen Ordnungen den gesamten Text von *Tauben im Gras* beherrscht. Neben der Orientierungs- und Erkenntnisunsicherheit angesichts einer undurchschaubar gewordenen Wirklichkeit stünde dann die fraglich gewordene Identität des Erzählers zur Diskussion.

Bevor dieser Ansatz fruchtbar gemacht werden kann, muß noch eine Unstimmigkeit in Treichels Interpretation beseitigt werden. Treichel spricht davon, daß Koeppen die Möglichkeit einer neuen Ordnung "Strom von Ordnung", "Ordnung aus Unordnung" nennt. Das verfälscht den wahren Sachverhalt. Diese Termini, die aus Emilias Monolog entnommen sind, stammen nicht originär von Koeppen. Um dies zu verdeutlichen, sei die besagte Stelle aus dem Monolog zitiert:

> [...] Schrödinger *What is Life?* das Wesen der Mutation, das Verhalten der Atome im Organismus, der Organismus kein physikalisches Laboratorium, ein Strom von Ordnung, du entgehst dem Zerfall im anatomischen Chaos, die Seele, ja, die Seele, *Deus factus sum*, die Upanischaden, Ordnung aus Ordnung, Ordnung aus Unordnung, die Seelenwanderung, die Vielheitshypothese, [...].[34]

---

32 Hans-Ulrich Treichel: Das Geräusch und das Vergessen, a. a. O., S. 64.

33 Ebd., S. 65.

34 Wolfgang Koeppen: Tauben im Gras, a. a. O., S. 35.

Bei diesem gesamten Abschnitt handelt es sich um Anspielungen auf das Werk *What is Life?* von dem Physiker Erwin Schrödinger.[35] Wer das allgemeinverständliche Sachbuch des Begründers der Wellenmechanik nicht gelesen hat, wird nur schwerlich darauf kommen, daß selbst die Wendung 'Deus factus sum' aus dieser Schrift stammt. Wie wichtig diese kleine Berichtigung gerade bei der Frage nach einer neuen Subjektivität ist, die nicht mehr "in den alten Sätzen" gedacht werden kann, wird offensichtlich, wenn man Schrödingers Arbeit zur Kenntnis nimmt.

In dem schmalen Bändchen *Was ist Leben?* strebt Schrödinger eine Synthese der beiden Stoffgebiete Physik und Biologie an, indem er den Versuch unternimmt, die Prozesse innerhalb eines lebenden Organismus mit Hilfe physikalischer Gesetze zu erklären. Seiner Ansicht nach liefert die Quantentheorie die Beweise dafür, daß zwischen einem lebenden Organismus und einem Uhrwerk Ähnlichkeiten bestehen, die sich auf physikalische Gesetzmäßigkeiten zurückführen lassen.[36] Schrödinger war sich bewußt, daß er mit

---

35 Vgl.: Erwin Schrödinger: Was ist Leben? Die lebende Zelle mit den Augen des Physikers betrachtet. 2. Aufl. München 1951, S. 49-66 (Mutationen); S. 108 ("[...] weil eine 'neue Kraft' oder etwas ähnliches das Verhalten der einzelnen Atome innerhalb eines lebenden Organismus leitete, sondern weil sich dessen Bau von allem unterscheidet, was wir je im physikalischen Laboratorium untersucht haben."); S. 109 ("Die erstaunliche Gabe eines Organismus, einen 'Strom von Ordnung' auf sich zu ziehen und damit dem Zerfall in atomares Chaos auszuweichen [...]."); S. 116 ("Seine Unterscheidung deckt sich genau mit derjenigen, welche wir hier zwischen 'Ordnung aus Ordnung' und 'Ordnung aus Unordnung' trafen."); S. 125 ("Von da zum Erfinden von Seelen - von so vielen Seelen, wie es Leiber gibt - ist kein weiter Schritt [...]."); S. 124 ("*Deus factus sum* ['Ich bin Gott geworden']") und ("Seit den frühen großen Upanischaden [...]."); S. 125 ("[...] die Hypothese von der Vielfalt [...])".

36 Schrödinger geht hierbei von der Erkenntnis aus, daß nur "im Zusammenwirken einer außerordentlich großen Zahl von Atomen [...] statistische Gesetze zu funktionieren" beginnen und das Verhalten der Atome nach erkennbaren Gesetzen geordnet ist (Ebd., S. 19). Daran knüpft sich für ihn die Frage, wie die Genstruktur, die aus "einer verhältnismäßig kleinen Anzahl von Atomen" zu bestehen scheint, "trotzdem eine höchst regelmäßige und gesetzmäßige Wirksamkeit mit einer ans Wunderbare grenzenden Dauerhaftigkeit oder Beständigkeit entfaltet." (Ebd., S. 67) Seiner Ansicht nach bietet die Quantentheorie, die "Entdeckung von Unstetigkeiten im Buche der Natur", die Erklärung (Ebd., S. 70). Die Quantentheorie hatte bewiesen, daß ein Atom seinen Energiezustand nicht stetig, sondern 'gequantelt' verändert. Laut Schrödinger garantiert das gleiche Phänomen die Stabilität der Genstruktur. Nach seiner Darstellung sind Mutationen, sprunghafte Veränderungen der Erbsubstanz, deshalb seltene Ereignisse, weil der Übergang von einer relativ stabilen molekularen Konfiguration in eine andere unstetig verläuft und die Energieschwellen, die überwunden werden müssen, damit das Überwechseln von einer Konfiguration in eine andere gelingt, sehr hoch sind.(Ebd., S. 80f.) Obwohl Schrödinger die Dauerhaftigkeit der Erbsubstanz durch die Quantentheorie erklärt und damit zu beweisen glaubt, daß die lebende Materie den physikalischen Gesetzen "nicht ausweicht", (Ebd., S. 96) ist für ihn die Vermittlung zwischen Biologie und Physik noch nicht ausreichend gelungen. Seiner Meinung nach ist mit der Seltenheit von Mutationen noch nicht geklärt, warum der lebende Organismus sich der "Neigung der Dinge, in Unordnung überzugehen", entzieht. (Ebd.) Der lebende Organismus verzögert laut Schrödinger den "Zerfall in das thermodynamische

der Behauptung einer Beziehung zwischen Uhrwerk und Organismus selbst dann den menschlichen Körper als Mechanismus definiert, wenn er letzteren als "das feinste Meisterstück, das jemals nach den Leitprinzipien von Gottes Quantenmechanik vollendet wurde", bezeichnet.[37] Er schloß daher an die Ausführungen zur "rein wissenschaftlichen Seite" des Problems einen Epilog an, in dem er seine "notwendigerweise subjektive Ansicht über die philosophischen Schlüsse, zu denen es Anlaß gibt", darlegte.[38] Darin bekennt er sich zu dem Unbehagen, "das entsteht, wenn man 'sich selber als bloßen Mechanismus erklären' soll."[39] Man habe nämlich den Eindruck, daß dies der Willensfreiheit, die durch die unmittelbare Erfahrung verbürgt sei, widerspreche.[40] Um diesen Widerspruch aufzulösen, ist seiner Ansicht nach nur eine Folgerung möglich:

> Ich - Ich im weitesten Sinne des Wortes, d. h. jedes bewußt denkende geistige Wesen, das sich als 'Ich' bezeichnet oder empfunden hat - ist die Person, sofern es überhaupt eine gibt, welche die 'Bewegung der Atome' in Übereinstimmung mit den Naturgesetzen leitet.[41]

Gleichgewicht (Tod)", (Ebd., S. 103) den Verfall in den Zustand maximaler Entropie durch ein fortwährendes "'Aufsaugen' von Ordnung aus seiner Umwelt". (Ebd., S. 104) Damit meint Schrödinger Metabolismus, das Auswechseln von Stofflichem. (Ebd., S. 100) Die "erstaunliche Gabe eines Organismus, einen 'Strom von Ordnung' auf sich zu ziehen und damit dem Zerfall in atomares Chaos auszuweichen", (Ebd., S. 109) veranlaßt Schrödinger zu der Überlegung, ob in der lebenden und in der toten Materie jeweils zwei verschiedene Prinzipien wirksam sein könnten und somit Physik und Biologie doch unvereinbar getrennt wären. Er deutet den Sachverhalt dahingehend, daß es zwei Arten gibt, Ordnung zu erzeugen. Bei der toten Materie sieht er den Vorgang gegeben, "wie aus atomarer und molekularer Unordnung die großartige Ordnung exakter physikalischer Gesetze entsteht", was für ihn auf das engste mit dem Gesetz der Entropiezunahme verknüpft ist. (Ebd., S. 113) Bei der lebenden Materie sieht er dagegen eine Art, Ordnung herzustellen, am Wirken, bei der eine bestehende Ordnung die "Kraft besitzt, sich selbst zu erhalten und geordnete Vorgänge hervorzurufen." (Ebd., S. 110) Ersteres Prinzip nennt Schrödinger Ordnung aus Unordnung oder statistische Gesetzmäßigkeit, zweiteres Ordnung aus Ordnung bzw. dynamische Gesetzmäßigkeit. (Ebd., S. 116) Trotz dieser Unterscheidung glaubt er nicht, daß es sich bei den Vorgängen in einem lebenden Organismus um nichtphysikalische Gesetze handelt. Wiederum findet Schrödinger hierfür die Begründung in der Quantentheorie. Die Quantentheorie beweise, daß mit der Annäherung an den absoluten Nullpunkt die molekulare Unordnung jede Bedeutung für physikalische Vorgänge verliere. (Ebd., S. 119) Um dies zu erläutern zieht Schrödinger den Vergleich zu einer Pendeluhr. Für eine Pendeluhr sei praktisch der absolute Nullpunkt bei Zimmertemperatur. Deshalb erreiche sie annähernd dynamische Gesetzmäßigkeit. Die Ähnlichkeit zwischen einem Uhrwerk und einem lebenden Organismus beruht für Schrödinger nun darin, daß beide "in einem festen Körper verankert" sind, der widerstandsfähig genug ist, "um sich bei gewöhnlicher Temperatur der Tendenz auf Unordnung der Wärmebewegung zu entziehen." (Ebd., S. 121).

37 Ebd., S. 121.

38 Ebd., S. 122.

39 Ebd., S. 123.

40 Ebd.

41 Ebd.

Wenngleich sich die hier dargelegte Vorstellung für Schrödinger in Sätzen wie "'Also bin ich der Liebe Gott'"[42] oder "*Deus factus sum*"[43] verdichtet, würde seine Intention mißverstanden, deutete man seine Worte dahingehend, er habe sagen wollen, der Mensch werde in seinen Handlungen nicht von den Naturgesetzen determiniert, sondern sei Herr über diese. Schrödinger geht von einem Subjektverständnis aus, das es nicht zuläßt, zwischen Ichbewußtsein und Naturabläufen zu differenzieren. Aus seiner Sicht sind der menschliche Wille und die Naturgesetze konform, ja eins. Weil für ihn "das persönliche Selbst [...] dem allgegenwärtigen, allesumfassenden ewigen Selbst gleich" ist,[44] kann die Willensfreiheit des Menschen weder von den mechanischen Abläufen in seinem Körper eingeschränkt werden, noch nimmt das Bewußtsein Einfluß auf die Eigengesetzlichkeit des materiellen Geschehens. Schrödinger distanziert sich eindeutig von der traditionellen, dualistisch angelegten Subjekt-Objekt-Relation. Er sieht nicht allein die Einheit von Organischem und Anorganischem, sondern auch die Einheit von Geist und Materie gegeben.

Dieser Einheitsgedanke führt Schrödinger dazu, die Existenz mehrerer Bewußtseine zu negieren. Die große Vielzahl gleicher Körper darf seiner Meinung nach nicht zum Anlaß genommen werden, "sich Bewußtsein oder Geist in der Mehrzahl zu denken".[45] Wir müßten uns an die unmittelbare Erfahrung halten, daß das Bewußtsein ein Singular sei, dessen Plural man nicht kenne. Nur eines sei wirklich. Das, was eine Mehrzahl zu sein scheine, sei nur eine durch Täuschung entstandene Vielfalt von verschiedenen Erscheinungsformen dieses Einen.[46] Schrödinger verneint demnach nicht nur die Unterscheidung zwischen Subjekt und Objekt, sondern er lehnt auch die Scheidung zwischen den einzelnen Subjekten ab. Konsequenterweise stellt er die Frage, was dieses Ich ist, von dem wir meinten, daß es aus der "Gesamtheit unserer persönlichen Erfahrungen und Erinnerungen eine Einheit bildet, die von derjenigen irgendeiner anderen Person durchaus verschieden ist."[47] Schrödinger beantwortet diese Frage damit, daß unter dem Ich "eben jener Grundstoff" zu verstehen sei, auf dem die Erinnerungen und Erfahrungen aufgetragen seien.[48] Was er genau mit diesem Grundstoff, der "Leinwand"[49] meint, auf welcher die persönlichen Erfahrungen festgehalten sind, läßt Schrödinger offen. Dies ist für den vorliegenden Zusammenhang aber sekundär. Wichtig ist, was er damit nicht meint. Für ihn konstituiert nicht die Summe der Erfahrungen und Erinnerungen, nicht der Bewußtseinsinhalt die Einheit des Ichs. Mit solch einer Vorstellung weicht er erheblich von der

42 Ebd.
43 Ebd., S. 124.
44 Ebd.
45 Ebd., S. 125.
46 Ebd., S. 126.
47 Ebd., S. 127.
48 Ebd.
49 Ebd.

traditionellen abendländischen Subjektauffassung ab, die den durch die Erinnerung bedingten Zusammenhang persönlicher, individueller Erlebnisse als identitätsstiftendes Merkmal begreift.[50] Im Kontrast dazu sind für Schrödinger - seiner Darstellung nach der Lehre der Upanischaden entsprechend - Erkennen, Fühlen und Wollen, die dem einzelnen den Eindruck der Identität vermitteln, wesentlich ewig und unveränderlich. Sie sind nur "*eines* in allen Menschen" und zwar in dem Sinne, daß der einzelne Mensch nicht Teil eines Ganzen, sondern das Ganze ist.[51]

Die philosophischen Schlüsse, zu denen es laut Schrödinger nach der physikalisch-biologischen Erörterung der Frage 'Was ist Leben?' Anlaß gibt, stellen sicherlich eine recht eigenwillige Interpretation der modernen naturwissenschaftlichen Erkenntnisse dar. Das Problem der Unterscheidung zwischen Subjekt und Objekt, Geist und Materie, Innen- und Außenwelt, der Widerspruch zwischen Naturgesetzlichkeit und Willensfreiheit, Probleme letztlich, deren philosophische Erörterung durch die Erkenntnisse der modernen Physik an neuer Aktualität gewonnen haben, werden für Schrödinger im Lichte einer "metaphysischen Unität"[52] gegenstandslos.

Wenn man sich nicht davon abschrecken läßt, daß die Abhandlung *What is life?* von einem Autor stammt, der die Entwicklung der modernen Physik maßgeblich mitbestimmte, eröffnen sich neue Deutungsmöglichkeiten für Koeppens Roman *Tauben im Gras*. Es kann davon ausgegangen werden, daß Koeppens Anspielung auf Schrödingers Werk in dem für den Roman zentralen inneren Monolog Emilias nicht allein auf den Zeitdiskurs verweist, sondern darüber hinaus in Zusammenhang mit Koeppens spezifischem Erzählverfahren gesehen werden muß.

Hans-Ulrich Treichel konstatiert angesichts der Auflösung des Traditions-, Erinnerungs- und Sprachzusammenhangs, der Emilias Bewußtseinsstrom prägt, den Zerfall der Ich-Identität. Er sieht darin die Ankündigung einer neuen Subjektivität, die nicht mehr in den alten Sätzen zu denken ist. Auf der Grundlage von Schrödingers Ausführungen erweist sich Treichels These in einer Weise als richtig, die er wahrscheinlich nicht intendierte. Die Auflösung des denkenden, des den 'stream of consciousness' produzierenden Ichs wird im Text durch die Anspielung auf Schrödingers Kritik an der 'Vielheitshypothese' explizit thematisiert. Es erscheint daher angebracht, Treichels Deutung im Kontext von Schrödingers Ausführungen zu vertiefen.

Analysiert man Emilias Monolog als Projektion einer neuen Subjektivitätsvorstellung, lassen sich mehrere Übereinstimmungen zu Schrödingers Idee

50 Vgl. dazu: Wolfhart Pannenberg: Person und Subjekt. In: Identität. Hg. v. Odo Marquard u. Karlheinz Stierle. München 1979, S. 407-422. - Manfred Frank: Subjekt, Person, Individuum. In: Die Frage nach dem Subjekt. Hg. v. Manfred Frank, Gérard Raulet u. Willem van Reijen. Frankfurt a. Main 1988, S. 7-28.

51 Vgl.: Erwin Schrödinger: Meine Weltansicht. Frankfurt a. M./Hamburg 1963, S. 38.

52 Ebd., S. 54.

einer "metaphysischen Unität" feststellen. Die erste Korrespondenz besteht darin, daß Emilias Bewußtseinsstrom als eine Annäherung zwischen Geist und Körper gelesen werden kann. Emilia sinniert nicht einfach vor sich hin. Sie onaniert. Der Bewußtseinsstrom wird von einem Sexualakt begleitet. Sowohl Inhalt als auch die Bewegung des Denkens werden dabei wesentlich durch den körperlichen Vollzug der Masturbation beeinflußt. Zum einen kreisen die Assoziationen Emilias um die körperliche Lust, um die "dunkele-süße Onanie".[53] Zum anderen steigert und beschleunigt sich der Sprachrhythmus mit der Zunahme sexueller Erregung. Die Entsprechung von raumzeitlichen Abläufen im Körper eines Lebewesens mit seiner Geistestätigkeit, wie sie Schrödinger voraussetzt, wird hier anschaulich dokumentiert. Die Beschreibung von Emilias Erscheinung nach der sexuellen Befriedigung unterstreicht diesen Zusammenhang:

> Erschöpfung perlte auf ihrer Stirn, jede Perle ein Mikrokosmos der Unterwelt, ein Gewimmel von Atomen, Elektronen und Quanten, [...].[54]

Der Bewußtseinsstrom korreliert mit der Aussonderung von Körperflüssigkeit. Das Ich entäußert sich sowohl mental in Form von Assoziationsketten als auch körperlich in Form von Schweiß. Neben dieser zweifachen 'Verflüssigung' des Ichs findet sich in diesem Zitat noch eine weitere Übereinstimmung zu Schrödinger. Emilias Körperflüssigkeit wird hier als eine Zusammensetzung aus Atomen, Elektronen und Quanten bestimmt. Auf diese Weise wird die von Schrödinger behauptete Analogie zwischen Organischem und Anorganischem, zwischen lebendem Organismus und Materie aufgenommen. Die lebende wie die tote Materie setzen sich aus den gleichen Elementen zusammen. Die Grenzen zwischen dem Bereich der kleinsten Teilchen, die mikrophysikalischen Gesetzen gehorchen, und dem menschlichen Körper, dessen Prozesse biologischen Gesetzen folgen, werden im Bild des Atome-, Elektronen- und Quanten-Gewimmels innerhalb eines menschlichen Schweißtropfens verwischt.

Der Zusammenhang zwischen biologischen und physikalischen Prozessen, zwischen Organismus und Materie, aber auch der damit verbundene Zusammenhang zwischen Körper und Geist führen Schrödinger zu der Annahme, daß Außenwelt und Bewußtsein eins sind, ja nur ein Bewußtsein gegeben ist. Eine ähnliche Vorstellung liegt auch Emilias Monolog zugrunde. Dies läßt sich bereits an der von Treichel konstatierten Auflösung des konventionellen Sprachzusammenhanges ermessen. Die Gliederung des Satzbaus in Subjekt, Objekt und Prädikat wird von Koeppen durch die Reihung von Satzfragmenten durchbrochen. Eine Differenzierung zwischen Subjekt und Objekt ist vielfach nicht mehr möglich. Die Trennung von Subjekt und Objekt, welche die Sprache in ihrer grammatikalischen Struktur voraussetzt, wird

53 Vgl.: Wolfgang Koeppen: Tauben im Gras, a. a. O., S. 35f.
54 Ebd., S. 36.

dadurch aufgehoben. Die neue Subjektivität ist nicht mehr in den alten Sätzen zu denken, weil dem der Zerfall der Identität des sprechenden Ichs zuwiderläuft.

Noch offensichtlicher zeigt sich dieser Sachverhalt, wenn man überprüft, ob die Erzählpassage, die bisher immer Emilias Monolog genannt wurde, in der Tat nur aus der Selbstreflexion dieser Figur besteht. Bei genauer Untersuchung zeigt sich, daß in diesem Textabschnitt ein bunter Wechsel der Personalpronomen 'ich', 'du', 'sie' stattfindet. Eingeleitet wird diese Textpassage durch eine Beschreibung des Erzählers. Er schildert, wie Emilia vor dem Bücherschrank liegt: "[...] mit seinen geöffneten Flügeln war der Bücherschrank ein unheiliges Triptychon der Schrift hinter der nackten Emilia."[55] Die Erscheinung der liegenden Emilia kommentiert der Erzähler mit der Frage, für wen sie sich, Priesterin oder Hirschkuh, opfere.[56] Daran anschließend charakterisiert der Erzähler den Inhalt des Bücherschranks und die Besitzer der Bücher.[57] Allerdings ist ungewiß, ob es sich um reine Kommentare des Erzählers handelt, denn in ihnen spiegelt sich die abschätzige Sicht Emilias auf die Bibliothek und deren Besitzer wider. Darüber hinaus gehen die Kommentare unvermittelt in Kindheitserinnerungen Emilias über. An diese Erinnerungen schließt sich eine nur durch unkonventionell gesetzte Kommata getrennte Reihung von Satzfragmenten an. Die fehlenden Punkte, Satzendzeichen, vermitteln den Eindruck eines ununterbrochenen Sprachflusses, eines 'stream of consciousness'. Betrachtet man die ganze Sequenz dementsprechend als eine Einheit, als einen überlangen, unabgeschlossenen Satz, wird man feststellen, daß das grammatikalische Subjekt und somit auch das sich hier äußernde Ich variieren:

> Sie wollte vergessen, [...] sie wollte vergessen, [...] wie-hasse-ich-die Poeten, [...] du entgehst dem Zerfall im anatomischen Chaos, [...] Sartre der Ekel ich-ekele-mich-nicht, ich treibe dunkele süße Onanie, [...]-[58]

Die Erzählhaltung schlägt von einer Erzählung, in der der Erzähler die Empfindungen Emilias kommentiert, zu einer Ich-Erzählung um, ohne daß dies im Text markiert wäre. Es handelt sich hierbei nicht um einen einfachen Wechsel in der Perspektive. Die Perspektive wechselt nicht, sie gleitet vielmehr in eine andere über. Die Grenzen zwischen dem Erzähler und der Figur Emilia sind offensichtlich verwischt. Dieser Gedanke kann noch weiter verfolgt werden. Es ist zweifelhaft, daß alle literarischen und philosophischen Zitate aus dem Bewußtsein von Emilia stammen. Die Nennung von Buchtiteln könnte, da Emilia vor dem Bücherschrank liegt, auf Sinneswahrnehmungen zurückgeführt werden, die in das Bewußtsein Emilias dringen. Zitate, wie sie z. B. aus Schrödingers *What is Life?* vorliegen, müssen aber als Lektüre-

55 Ebd., S. 33.
56 Ebd.
57 Ebd., S. 34.
58 Ebd., S. 35.

erinnerung eingestuft werden. Dem widerspricht Emilias Charakterisierung als einer der Materie hingegebenen, den Geist nicht achtenden und zudem die Poeten hassenden Person.[59] Daß sich Emilia mit Benn, Gide, Sartre, Heidegger oder Schrödinger auseinandergesetzt hat, ist unwahrscheinlich. Es muß daher in Betracht gezogen werden, daß es sich bei den Anspielungen um Assoziationen des Erzählers handelt.

Angesichts der Schwierigkeit, die Identität des Ichs, das sich äußert, exakt festzustellen, drängt sich Schrödingers Idee von der Einheit der Bewußtseine auf. Die Beobachtungen bei der Analyse von 'Emilias Monolog' sprechen für die Behauptung, daß der Autor bewußt darauf verzichtete, Figur und Erzähler als zwei isolierte Egos darzustellen. Die Fluktuation des Erzählsubjekts läßt sich jedoch nicht nur in diesem Abschnitt, sondern auch in anderen Textpassagen nachweisen.[60] Es handelt sich demnach um eine von Koeppen gezielt eingesetzte Erzähltechnik, die nicht mehr auf einer an die Identität der Person gebundenen Subjektvorstellung basiert.

Auf dieser Grundlage kann eine Umdeutung der Vielzahl von Personen, die an Stelle einer Mittelpunktsfigur in *Tauben im Gras* agieren, vorgenommen werden. Die Pluralität der Protagonisten, deren Gefühls- und Gedankenwelt ausgebreitet wird, erweckt den Eindruck einer Pluralität von Bewußtseinen. Indem jedoch die Bewußtseinskonturen der Figuren mit jenen des Erzählers kollabieren, verlieren die einzelnen Individualitäten ihre Autonomie. Weil nicht mehr klar ist, wessen Bewußtseinsstrom dargestellt wird, werden die

---

59 Ebd.

60 Besonders offensichtlich wird dies, wenn die Reflexionen des einfachen Dienstmannes Josef in geschichtsphilosophische Betrachtungen übergehen, die über dessen Reflexionsniveau hinausgehen. Vgl.: Ebd., S. 82 - Besonders bedeutsam für diesen Zusammenhang ist auch die Beschreibung eines Gedankenspiels des Jungen Ezra: "Ezra schüttete eine Garbe seiner leuchtenden Munition über die Kinder. Die Kinder lagen tot oder verwundet auf den Stufen des Denkmals. [...] Ein Junge schrie: 'Das war Ezra!' Ezra überflog das Dach des Central Exchange und stieg steil in die Höhe." (Ebd., S. 72) Der Ausruf des Jungen in der direkten Rede vermittelt den Eindruck, als äußere sich in der Tat noch ein anderes Kind, als reagiere die Außenwelt auf Ezras Phantasien. Da Ezra, die Kinder nicht kennt und diese ihn auch nicht kennen, ist klar, daß dieser Ausruf, obwohl es im Text nicht markiert ist, nur in Ezras Bewußtsein stattfindet. Ein paar Seiten weiter wird die Verwobenheit zwischen dem, der phantasiert, und der von ihm phantasierten Figuren thematisiert: "Ezra beobachtete Heinz und den Hund. Es war ihm, als träume er alles. Der Junge, der rief: '*Yes, she goes with a nigger*', der an den Bindfaden gefesselte Hund, das Reiterdenkmal aus gründunklem Erz waren unwirklich, sie waren kein wirklicher Junge, kein wirklicher Hund, kein wirkliches Denkmal; sie waren Ideen; sie hatten die leichte schwindlig machende Transparenz der Traumfiguren; sie waren Schatten, und zugleich waren sie er selbst, der Träumer; es war eine innige und böse Verbundenheit zwischen ihnen und ihm, und das beste wäre es, mit einem Schrei zu erwachen."(Ebd., S. 76) Die Figuren werden als Traumfiguren identifiziert, die nicht vom Selbst des Träumenden geschieden werden können. Bezeichnenderweise ist auch in dieser Textstelle nicht eindeutig geklärt, ob Ezras Gedanken wiedergegeben werden oder ob der Erzähler seine Beziehung zu den von ihm erzählten Figuren anspricht. Es ist nicht anzunehmen, daß der Junge Ezra in Begrifflichkeiten wie "Transparenz der Traumfiguren" reflektiert.

heterogenen Gedanken und Empfindungen als Facetten eines kollektiven Bewußtseins erkennbar, an dem die Protagonisten und der Erzähler gleichermaßen teilhaben. Der Roman nimmt die Form eines überindividuellen Bewußtseinsstromes an. Auf diese Weise relativiert sich die Vielzahl der Figuren. Doch dies bedeutet nicht, daß der Erzähler nun als Mittelpunktsfigur fungiert. Seine Identität ist ebenso wie die der Protagonisten in Frage gestellt. Der Erzähler bleibt vordergründig betrachtet anonym und ungreifbar. Indem jedoch die Erzählerrede unvermittelt in Reflexionen der erzählten Figuren übergeht, manifestiert sich das Bewußtsein des Erzählers über die Teilhabe an dem kollektiven Bewußtseinsstrom. Das Ich des Erzählers konstituiert sich als eine Identität in dauerndem Übergang. Der Erzähler nimmt gleichsam die verschiedensten Identitätsformen der Figuren an. Insofern geht sein Ich in der Vielfalt möglicher Identitäten auf, ohne daß es konkret faßbar wäre.

Almut Todorow kommt bei ihrer Untersuchung von Koeppens Reiseprosa zu einer ähnlichen Schlußfolgerung. Ihrer Darstellung zufolge ist auch in den Reiseberichten ein Hin- und Hergleiten zwischen verschiedenen Aussagen- und Erzählsubjekten zu beobachten, das sich durch "personale Kommutationen", durch den unvermittelten Wechsel zwischen 'ich', 'er', 'man', 'wir' und 'du', äußert.[61] Sie deutet die gehäuften personalen Kommutationen als die Auflösung der festen Konturen der Individualität, als ein Mittel zur Öffnung für eine kommune Identität.[62] Darüber hinaus sieht Todorow eine enge Verbindung zwischen dem Montageprinzip, das wie alle Romane auch die Reiseprosa von Koeppen prägt, und der Erweiterung des Erzählsubjekts.[63]

Koeppens theoretische Überlegungen zu neuen Erzählformen in *Vom Tisch* können diesen Zusammenhang zwischen dem Montageprinzip und der Neukonstituierung des Erzählers zusätzlich bestätigen. Darin gibt er folgendes zu bedenken:

> Was wäre gewonnen, wenn man das Ich, den Erzähler wegließe und nur die Welt, die er, der nicht in Erscheinung tritt, beobachtet, zeigen würde? Das wäre ungefähr das von Robbe-Grillet in seinem Roman 'La Jalousie' angewandte Prinzip. Aber Robbe-Grillet hat die Methode zu Tode gehetzt und ist gescheitert. Der Roman war ohne Leben. Dennoch ließe sich in der Art des Kameraauges manches so schön kalt berichten, überbelichten, durch die Lupe vergrößern, den Lauf anhalten, beschleunigen, die Bilder montieren, und der unsichtbare, aber ja doch wirkende Erzähler bliebe als Unperson von vornherein geheimnisvoll. Aber wie könnte man Empfindungen beschreiben, die er hat, die in ihm entstehen und leben, die ihn antreiben, wie beispielsweise die Wollust der Bewegung und des Frostes.[64]

Mit der Ausblendung des Erzählers werden die Beobachtungen vom Beobachter abgelöst. Der identitätsstiftende Erfahrungs- und Wahrnehmungszusammenhang ist auf diese Weise außer Kraft gesetzt. Das Erzählte kann

---

61 Almut Todorow: Publizistische Reiseprosa als Kunstform: Wolfgang Koeppen. In: Wolfgang Koeppen, a. a. O., S. 158-195, hier S. 172.

62 Ebd.

63 Ebd., S. 173.

64 Wolfgang Koeppen: Vom Tisch. In: GW 5, S. 283-301, hier S. 294f.

unabhängig von der Individualität des Erzählers frei montiert und arrangiert werden. Bei diesem Erzählverfahren sieht Koeppen jedoch die Schwierigkeit, daß auch die Empfindungen und Gefühle des Erzählers nicht beschrieben werden können. Koeppen schlägt eine andere Möglichkeit vor, wie der emotionale Anteil des Erzählerbewußtseins auch dann einbezogen werden kann, wenn er als Person weggelassen wird:

> Wäre es möglich, nicht den inneren Monolog, sondern den inneren Dialog zu geben? Die Unterhaltung zweier Teilwesen einer gespaltenen Persönlichkeit, die weiter nicht vorgestellt wird. Die Teilwesen könnten gelegentlich auch den Eindruck der Selbständigkeit machen. Sie hätten große Freiheit des Wechsels vom Ich zum Er, leicht sogar zum Du. Man könnte alle drei Formen verwenden.[65]

Koeppen beschreibt hier die Verteilung des traditionellen Erzähler-Ichs auf verschiedene Rollen. Die personale Kommutation, wie Todorow den freien Wechsel der Erzähl- und Aussagensubjekte nennt, wird von ihm explizit als ein Gestaltungsmittel bestimmt, mit dem eine Identitätsauffächerung erzielt werden kann.

Faßt man die vorangegangenen Betrachtungen zu Koeppens Roman *Tauben im Gras* vor dem Hintergrund von Todorows Studie und Koeppens erzähltheoretischen Äußerungen zusammen, läßt sich folgender Deutungsvorschlag für den Roman ableiten: Koeppen destruiert auf mehreren Textebenen die Individualität der Protagonisten[66] und leitet damit gleichzeitig eine Identitätsvervielfachung des Erzählers ein, dessen authentisches Ich unbekannt bleibt. Über die Problematisierung der Krise des Subjekts hinausgehend, kann dieser

---

65 Ebd., S. 297.

66 Die Vielzahl der Protagonisten, die, oberflächlich betrachtet, aufgrund der räumlich-zeitlichen Pluralität der dargestellten Individuen auf eine Pluralität von Bewußtseinen schließen läßt, wird im Text immer wieder durchbrochen. Die Figuren Philipp und Edwin, die - obwohl sie einander gar nicht ähnlich sehen - bei einer zufälligen Begegnung glauben, ein Spiegelbild ihrer Selbst vor sich zu haben, weil sie intuitiv so etwas wie eine Seelenverwandtschaft verspüren (Ders.: Tauben im Gras, a. a. O., S. 108), zeugen ebenso wie die analog angelegten Figurenkonstellationen Kay und Emilia oder Heinz und Ezra, daß die Isolation der individuellen Ichs teilweise aufgehoben wird. Die Auflösung der Identität der synchron agierenden Individuen findet sich ähnlich auch auf der diachronen Achse wieder: "Niemand im Lokal merkte, daß andere in Susannes Haut steckten, uralte Wesen; Susanne wußte nicht, wer alles sie war, Kirke, die Sirenen und vielleicht Nausikaa; die Törichte hielt sich für Susanne [...]."(Ebd., S. 152) Der Roman weist eine Vielzahl von Mythologisierungen der Figuren in der Art auf, wie sie hier exemplifiziert ist. Indem die Protagonisten zu mythischen Wesen stilisiert werden, wird ihnen ihre Individualität genommen. Die Gefühle, Erlebnisse und Handlungen des Einzelnen werden zu überindividuellen und zeitlosen Erfahrungen verallgemeinert. Die Aufhebung der räumlichen und zeitlichen Grenzen des Ichs wird auch durch die naturwissenschaftlich geprägte Weltsicht des Protagonisten Schnakenbach thematisiert, eines Chemikers, der bezeichnenderweise Werke von Einstein, Planck, de Broglie, Jeans, Schrödinger und Jordan, also Schriften der Vertreter der modernen Physik, studierte: "Wo Schnakenbach auch war, er war die Mitte und der Kreis, er war der Anfang und das Ende, aber er war nichts Besonderes, jeder war Mitte und Kreis, Anfang und Ende, jeder Punkt war es [...]."(Ebd., S. 204).

Sachverhalt im Kontext von Schrödingers Reflexionen als Konturierung neuer Identitätsformen gedeutet werden. So betrachtet, resultiert die Fragmentarisierung der Erzählung nicht aus der Erfahrung einer ungeordneten, undurchschaubaren Wirklichkeit. Vielmehr handelt es sich hierbei um ein Erzählverfahren, das als Modell einer Identität im Übergang gelesen werden muß.

Wenn Gewohnheiten durchbrochen werden, besteht leicht die Gefahr, daß einseitig die Krise alter Vorstellungen ausgerufen, deren Überschreitung auf Neues aber übersehen wird. Im Schatten von Koeppens Verstummen ist es natürlich schwierig, seinen Roman *Tauben im Gras* anders denn als Vorstufe eines resignativen Schweigens zu sehen. Obige Ausführungen haben jedoch gezeigt, daß der Verzicht auf einen Erzähler, der aus olympischer Perspektive die Wirklichkeit überblickt und die notwendige Auswahl aus der Pluralität des Seienden vornimmt, nicht zwangsläufig als ein grundsätzliches Scheitern des Erzählens gedeutet werden muß. Versteht man den Roman als inneren Monolog eines überindividuell konzipierten Bewußtseins, das heterogene Erfahrungen, Gefühle und Weltbilder vereint, ohne sich auf eine Position festzulegen, nimmt die vordergründige Ungeordnetheit des Erzählens die Form einer Ordnung höherer Art an. Der Text fungiert nicht mehr als Einheit in der Vielfalt. Er setzt vielmehr Vielfalt in der Einheit.

Darüber hinaus konnte nachgewiesen werden, daß Koeppen mit der modernen Physik mehr verband als nur Entsubstantialisierung, wie es die Arbeiten von Eisele und Kafitz implizieren. Für ihn wies die moderne Physik den Weg zu einem neuen Subjektverständnis jenseits eines traditionellen Identitätsverständnisses. Auf dieser Grundlage konnte er eine Neukonturierung des Erzähler-Ichs entwickeln, durch die der Beobachter-Erzähler, der eine Beschreibung einer von ihm unabhängig bestehenden Welt liefert, suspendiert wird. Damit verweist Koeppens Konzeption des Erzählens auf ähnliche Zusammenhänge, wie sie bei Dürrenmatt und Bense beobachtet wurden. Koeppen bringt in seinem Roman *Tauben im Gras* nicht die Wirklichkeit an sich, sondern eine konstruierte Bewußtseinswelt zur Darstellung. Ihm kommt es wie Dürrenmatt und Bense nicht darauf an, die Gesetzmäßigkeiten der vorgebenen Wirklichkeit, ob unsichtbar oder sichtbar, wiederzugeben. Er stellt das menschliche Denken und die Deutung von Wirklichkeit in das Zentrum seines Romans. Somit setzt auch Koeppen auf die konstruktive Freiheit des Geistes.

7. 4. Schlußwort

Wolfgang Frühwald, der Präsident der Deutschen Forschungsgemeinschaft, trat 1992 in der Eröffnungsrede anläßlich der 117. Tagung der Naturforscher und Ärzte in Aachen für eine "Laisierung"[67] der wissenschaftlichen Erkennt-

67 Ulrich Schnabel: Und der Laie steht im Regen. In: Die Zeit Nr. 41 (2. Okt. 1992), S. 45.

nisse ein. Damit soll seiner Ansicht nach der Zunahme von "Unwissen" durch die Spezialisierung der Wissenschaften und der dadurch von der Allgemeinheit nicht mehr zu bewältigenden Anhäufung des Wissens entgegengewirkt werden. Die vorliegende Abhandlung hat bewiesen, daß die Physiker, die an der Entwicklung der Quantentheorie mitarbeiteten, eifrig darum bemüht waren, ihr Wissen einer nicht-naturwissenschaftlich ausgebildeten Leserschaft nahezubringen. Dieser Eifer ist auch noch bei der heutigen Generation von Physikern zu spüren. Die aktuellen Erkenntnisse der Physik werden in Sachbüchern[68], in den Wissenssparten der Zeitschriften und Zeitungen einem breiten Publikum zugänglich gemacht. Den Physikern kann man nicht den Vorwurf machen, sie hätten keinen Versuch unternommen, ihr Wissen allgemeinverständlich weiterzugeben. Doch Laisierung allein genügt nicht. Das Material, das durch eine Laisierung zur Verfügung gestellt wird, muß auch ausreichend zur Kenntnis genommen werden, damit die Erweiterung des Wissens nicht paradoxerweise zu dessen Schrumpfung gerät.

Im Falle der hier behandelten Schriftsteller kann rückblickend gesagt werden, daß sie die durch die Entdeckung des Planckschen Wirkungsquantums in Gang gesetzten Diskussionen um das physikalische Weltbild und die Grundlagen der Naturwissenschaften aufmerksam verfolgten. Die Ideen, die rund um die Quantentheorie entstanden, wurden vielfach sogar über den philosophischen und wissenschaftstheoretischen Kontext hinaus als Anregung aufgenommen, um die eigene literarische Arbeit zu überdenken und gegebenenfalls neue Konzepte zu entwickeln.

Die These von Habermas, daß Gedichte nur im Angesicht von Hiroshima gemacht werden können, hat sich nicht bestätigt. Auch wenn die Spurensuche nach Einflüssen der modernen Physik auf die Literatur keine Gedichte zutage gefördert hat, in denen Formeln angedichtet wurden, muß davon ausgegangen werden, daß einzelne Gedanken und physikalische Sätze in das Bewußtsein der Schriftsteller drangen und in ihrem Denken weiterwirkten. Habermas' These liegt eine Kunstvorstellung zugrunde, für die sich Kunst in der Reproduktion und Kopie der gegebenen Wirklichkeit erschöpft. Aber gerade davon haben sich zum Beispiel Dürrenmatt und Bense mit aller Deutlichkeit und nicht zuletzt unter Bezugnahme auf die Erkenntnisse der modernen Physik verabschiedet, indem sie der konstruktiven Tätigkeit des menschlichen Geistes den Vorrang gegenüber einer Abbildung der empirischen Welt gaben. Eine hypothesenverarbeitende Dichtung schließt sich für sie daher nicht aus. Um diesen Zusammenhang erkennen zu können, müssen die Inhalte der modernen Physik und nicht nur einseitig deren Folgen zur Kenntnis genommen werden.

---

68 Vgl. z. B.: Edgar Lüscher: Moderne Physik. Von der Mikrostruktur der Materie bis zum Bau des Universums. Unter Mitarbeit von Ernst Hofmeister. Überarb. u. aktual. Neuausg. München/Zürich 1987. - Heinz O. Peitgen/Hartmut Jürgens/Dietmar Saupe: Bausteine des Chaos. Stuttgart 1992. - Harald Fritzsch: Quarks. Urstoff unserer Welt. München/Zürich 1992.

Um den von Wolfgang Frühwald in Hinblick auf das immer komplexer werdende Wissen und die zunehmende Spezialisierung notwendigen Austausch zwischen den Disziplinen zu fördern, ist es auf seiten der Literaturwissenschaft erforderlich, die Ergebnisse der Naturwissenschaft unvoreingenommen zur Kenntnis zu nehmen. Damit sollen die Geisteswissenschaften nicht der Aufgabe enthoben werden, auf die Technikfolgen hinzuweisen; ganz im Gegenteil, gerade um diese wichtige Diskussion adäquat führen zu können, ist es notwendig, daß die Argumentation nicht hinter der Entwicklung der naturwissenschaftlichen Grundlagen zurückbleibt.

Die vorliegende Arbeit hat gezeigt, daß ein Blick über die Fachgrenzen der Germanistik hinaus auch für die Analyse literaturtheoretischer Reflexionen und deren Umsetzung in Literatur durchaus sinnvoll sein kann.

Literaturverzeichnis

Adler, Irving: Physik. Die Wunder einer Wissenschaft. Grundbegriffe, klassische Physik, moderne Theorien, Grenzen der Forschung. Stuttgart/Zürich 1966.

Adler, Mainhard: Brecht im Spiel der technischen Zeit. Naturwissenschaftliche, psychologische und wissenschaftstheoretische Kategorien im Werk Bertolt Brechts. Ein Beitrag zur Literaturpsychologie. Berlin 1976.

Adorno, Theodor W.: Ästhetische Theorie. Frankfurt a. Main 1970 (Ges. Schriften, Bd. 7).

Adorno, Theodor W. u. Horkheimer, Max: Die Dialektik der Aufklärung. Mit e. Nachwort v. Jürgen Habermas. Frankfurt a. M. 1969.

Alfred Andersch. Perspektiven zu Leben und Werk. Kolloquium zum 80. Geburtstag des Autors in der Werner-Reimers-Stiftung Bad Homburg v. d. H. Hg. v. Irene Heidelberger-Leonhard u. Volker Wehdeking. Opladen 1994.

Andersch, Alfred: Norden, Süden, rechts und links. Von Reisen und Büchern 1951-1971. Zürich 1972.

Anonym: Die Quantentheorie. In: Neue Preußische Zeitung 20.3.1926.

Anonym: Eine Zeitungsmeldung. In: Die Kolonne 2 (1931), Nr. 6, S. 69.

Anz, Thomas: Literatur der Existenz. Literarische Psychopathographie und ihre soziale Bedeutung im Frühexpressionismus. Stuttgart 1977.

Aristoteles: Poetik. Eingel., übers. u. erl. v. Manfred Fuhrmann. München 1976.

Arnold, Heinz Ludwig: Querfahrt mit Dürrenmatt. Göttingen 1990.

Ders.: Schriftsteller im Gespräch mit Heinz Ludwig Arnold. Band I, Zürich 1990.

Baklay, Miklós: Das - früher - sogenannte Böse. Drei Unbestimmtheitsrelationen bei Hermann Broch. In: Romanstruktur und Menschenrecht bei Hermann Broch. Hg. v. Hartmut Steinecke u. Josef Strelka. Bern u. a. 1990, S. 99-108.

Baring, Richard M. (Rez.): Aloys Wenzl: Philosophie der Freiheit. In: Welt und Wort 3 (1948), S. 313.

Ders. (Rez.): Anton O. Neuhäusler: Mensch und Materie. In: Welt und Wort 4 (1949), S. 85.

Barnouw, Dagmar: Hermann Broch - das autonome Ich. Zur Ausgabe seiner kritischen und theoretischen Schriften. In: Neue Rundschau 87 (1976), S. 326-333.

Baumann, Kurt u. Sexl, Roman U.: Die Deutungen der Quantentheorie. Braunschweig/Wiesbaden 1984.

Baumeister, Willi: Bild und Weltbild. In: Prisma 1 (1946/47), H. 8, S. 14f.

Bavink, Bernhard: Ergebnisse und Probleme der Naturwissenschaften. Eine Einführung in die heutige Naturphilosophie. 7. verb. Aufl., Leipzig 1941.

Ders.: Zweifel am Kausalgesetz. Neuer Gedanke der naturwissenschaftlichen Forschung. In: Hannoverscher Kurier 3.6.1927.

Becker, August: Wesen der Quanten-Theorie. In: Rheinisch-Westfälische Zeitung 10.1.1922.

Bender, Hans: Nachwort. In: Junge Lyrik 1956. Eine Auslese. Hg. v. Hans Bender. München o. J. [1956], S. 57-59.

Benn, Gottfried: Sämtliche Werke. Stuttgarter Ausgabe. In Verbindung mit Ilse Benn hg. v. Gerhard Schuster. Bd. 1 - [Bd. 7]. Stuttgart 1986ff.

Bense, Max: Raum und Ich. Eine Philosophie über den Raum. Berlin 1934.

Ders.: Aufstand des Geistes. Eine Verteidigung der Erkenntnis. Stuttgart/Berlin 1935.

Ders.: Anti-Klages oder von der Würde des Menschen. Berlin 1937.

Ders.: Was ist Substanz? Zwischen Elektron und Feld. - Spekulationen und Tatsachen aus der modernen Physik. In: Kölnische Zeitung Nr. 344 (11.7.1937).

Ders.: Quantentheorie und Daseinsrelativität. Köln-Kalk 1938.
Ders.: Einleitung in die Philosophie. Eine Einübung des Geistes. München/Berlin 1941.
Ders.: Über Leibniz. Leibniz und seine Ideologie. Der geistige Mensch und die Technik. Jena 1946.
Ders.: Konturen einer Geistesgeschichte der Mathematik. [Bd. 1:] Die Mathematik und die Wissenschaften. Hamburg 1946. - Dass.: Bd. 2: Die Mathematik in der Kunst. Hamburg 1949.
Ders.: Von der Verborgenheit des Geistes. Berlin 1948.
Ders.: Technische Existenz. Essays. Stuttgart 1949.
Ders.: Versuche über Prosa und Poesie. Zu Gottfried Benns frühen Publikationen. In: Gottfried Benn: Frühe Prosa und Reden. Eingel. v. Max Bense. Wiesbaden 1950.
Ders.: Literaturmetaphysik. Der Schriftsteller in der technischen Welt. Stuttgart 1950.
Ders.: Plakatwelt. Vier Essays. Stuttgart 1952.
Ders.: [Programm zum Augenblick]. In: Augenblick 1 (1955), H. 1, vor S. 1.
Ders.: Rationalismus und Sensibilität. Präsentationen. Krefeld/Baden-Baden 1956.
Ders.: Manifest einer neuen Prosa. In: Augenblick 4 (1960), H. 4, S. 20-22.
Ders.: Ein Geräusch in der Strasse. Descartes und die Folgen II. Mit e. Anhang: Descartes und die Folgen I. Baden-Baden/Krefeld 1960.
Ders.: Bestandteile des Vorüber. Dünnschliffe, Mischtexte, Montagen. Köln/Berlin 1961.
Ders.: experimentelle schreibweisen. Stuttgart 1964.
Ders.: Konkrete Poesie. In: Sprache im technischen Zeitalter 1965, H. 15, S. 1236-1244.
Ders.: Ungehorsam der Ideen. Abschließender Traktat über Intelligenz und technische Welt. Köln 1965.
Ders.: Einführung in die informationstheoretische Ästhetik. Grundlegung und Anwendung in der Texttheorie. Hamburg 1969.
Ders.: Die Realität der Literatur. Autoren und ihre Texte. Köln 1971.
Ders.: Vermittlung der Realitäten. Semiotische Erkenntnistheorie. Baden-Baden 1976.
Ders.: Die Unwahrscheinlichkeit des Ästhetischen und die semiotische Konzeption der Kunst. Baden-Baden 1979.
Ders.: Das sogenannte "Anthropische Prinzip" als semiotisches Prinzip in der empirischen Theorienbildung. In: Semiosis 7 (1982), H. 1/2 (d. i.: H. 25/26 der Gesamtreihe), S. 13-27.
Ders.: Aesthetica. Einführung in die neue Ästhetik. 2. erw. Ausg. Baden-Baden 1982.
Ders.: Das Universum der Zeichen. Essays über die Expansion der Semiotik. Baden-Baden 1983.
Ders.: Bericht VII über die "Eigenrealität" des Zeichenbandes im Zusammenhang mit der Realitäts-Relation zwischen Kosmos und Chaos. In: Semiosis 13 (1988), H. 1 (d. i.: H. 49 d. Gesamtreihe), S. 3-7.
Ders.: Die Eigenrealität der Zeichen. Aus dem Nachlaß hg. v. Elisabeth Walther. Baden-Baden 1992.
Berentsen, Antoon [!]: "Vom Urnebel zum Zukunftsstaat." Zum Problem der Popularisierung der Naturwissenschaften in der deutschen Literatur (1880-1910), Berlin 1986.
Berger, Doris: Vom schwierigen sprachlichen Umgang mit der Katastrophe. Texte von DDR-Autoren gegen die atomare Bedrohung. In: Die Literatur der DDR 1976-1986. Akten der internationalen Konferenz. Pisa, Mai 1987. Hg. v. Anna Chiarloni, Gemma Sartori u. Fabrizio Cambi. Pisa 1988, S. 177-186.
Bergmann, Hugo: Der Kampf um das Kausalgesetz in der jüngsten Physik. Braunschweig 1929.
Bill, Max: Vom flächigen zum räumlichen. In: spirale 3 (1954), S. 6-11.
Biographisches Handbuch der deutschsprachigen Emigration nach 1933. Hg. v. Werner Röder u. Herbert A. Strauss. 3 Bde. München, New York, London, Paris 1983.
Bloch, Ernst: Das Materialismusproblem, seine Geschichte und Substanz (1936/37). Durchgesehene und erweiterte Ausgabe. In: Ders.: Gesamtausgabe Bd. 7. Frankfurt a. M. 1972.
Ders.: Das Prinzip Hoffnung. Durchgesehene Ausgabe. 2 Bde. In: Ders.: Gesamtausgabe Bd. 5.1.2. Frankfurt a. M. 1959

Bloch, Werner: Moderne Physik. Eine Einführung in die Gedanken der Relativitäts- und Quantentheorie. Berlin 1949.
Blöcker, Günter: Die neuen Wirklichkeiten. Linien und Profile der modernen Literatur. Berlin 1957.
Blumenberg, Hans: Die kopernikanische Wende. Frankfurt a. Main 1965.
Bodlinger, W.: Die entschleierte Einheit der physikalischen Welt. In: Europäische Rundschau 1948, H. 3, S. 97-100.
Bohnen, Klaus (Hg.): Jahrhundertwende im deutsch-skandinavischen Kontext. Kopenhagen 1984.
Bohr, Niels: Das Quantenpostulat und die neuere Entwicklung der Atomistik. In: Die Naturwissenschaft 16 (1928), H. 15, S. 245-257.
Ders.: Atomphysik und menschliche Erkenntnis I. Aufsätze und Vorträge aus den Jahren 1933-1955. 2. Aufl. Braunschweig 1964.
Ders.: Atomphysik und menschliche Erkenntnis II. Aufsätze und Vorträge aus den Jahren 1952-1962. Braunschweig 1966.
Bollnow, Otto Friedrich: Die Angst ist der Schwindel der Freiheit. In: Jahrhundertwende. Der Aufbruch in die Moderne. 1880-1930. Hg. v. August Nitschke u. a. 2 Bde. Reinbek bei Hamburg 1990, S. 141-169.
Böhme, Hartmut: Lebendige Natur- und Wissenschaftskritik. Naturforschung und allegorische Hermetik bei Goethe. In: DVjS 60 (1986), H. 2, S. 249-272.
Boer, Wolfgang de: Zur Entsinnlichung der modernen Kunst. Eine anthropologische Untersuchung. In: Merkur 7 (1953), H. 1, S. 24-38.
Borchardt, Bruno: Max Plancks Quanten-Theorie. In: Vossische Zeitung 23.4.1918.
Borkenau, Franz: Atomphysik und Tiefenpsychologie. In: Der Monat 7 (1955), H. 81, S. 257-264.
Born, Max: Entwicklung und Wesen des Atomzeitalters. In: Merkur 9 (1955), H. 8, S. 724-737.
Ders.: Physik im Wandel meiner Zeit. Braunschweig 1959.
Ders.: Carl Friedrich von Weizsäcker. In: Welt und Wort 18 (1963), S. 300f.
Born, Rainer: Kausalität und Quantenlogik. In: Philosophia naturalis 19 (1982), S. 583-600.
Braakenburg, Johannes (Hg.): Die naturwissenschaftlichen Grundlagen der Poesie. Tübingen 1976.
Brandenstein, Béla von: Kausalität. In: Handbuch philosophischer Grundbegriffe. Hg. v. Hermann Krings, Hans Michael Baumgartner u. Christoph Wild. Studienausgabe Bd. 3: Gesetz - Materie. München 1973, S. 779-791.
Brands, Heinz-Georg: Theorie und Stil des sogenannten 'konsequenten Naturalismus' von Arno Holz und Johannes Schlaf. Bonn 1978.
Brechts Theorie des Theaters. Hg. v. Werner Hecht. Frankfurt a. M. 1986.
Brecht, Bertolt: Arbeitsjournal. Hg. v. Werner Hecht. 2 Bde. Frankfurt a. M. 1973.
Ders.: Gesammelte Werke in 20 Bänden. Frankfurt a. M. 1967.
Bremer, Claus: [Konkrete Dichtung]. In: Theoretische Positionen zur Konkreten Poesie. Texte und Bibliographie. Mit einer Einführung hg. v. Thomas Kopfermann. Tübingen 1974, S. 7.
Broch, Hermann: Erkennen und Handeln. Essays Bd. 2. Hg. u. eingel. v. Hannah Arendt. Zürich 1955 (Gesammelte Werke, Bd. 7), S. 203-255.
Ders.: Kommentierte Werkausgabe. Hg. v. Paul Michael Lützeler. 16 in 13 Bden. Frankfurt a. M. 1974-1981.
Brode, Hanspeter: Studien zu Gottfried Benn I: Mythologie, Naturwissenschaft und Geschichtsphilosophie. Café- und Inselmotive, Gehirnbeschreibung und Kulturkreislehre bei Benn. In: DVjs 46 (1972), S. 714-763.
Broglie, Louis de: Die Zukunft der Wellenbewegungslehre. In: Neue Freie Presse 14.12.1930.
Ders.: Die Elementarteilchen. Individualität und Wechselwirkung. Hamburg 1944.
Ders.: Das Licht in der physikalischen Welt. In: Merkur 4 (1950), H. 7, S. 750-760.
Ders.: Licht und Materie. Beiträge zur Physik der Gegenwart. Frankfurt a. M., Hamburg 1958.

Brüggemann, Heinz: Literarische Technik und soziale Revolution. Versuche über das Verhältnis von Kunstproduktion, Marxismus und literarischer Tradition in den theoretischen Schriften Bertolt Brechts. Reinbek b. Hamburg 1973.
Bryen, Camille: Wollen Sie mit mir malen? In: blätter und bilder 1 (1959/60), H. 6, S. 51-54.
Buchwald, Eberhard: Das Doppelbild von Licht und Stoff. Kapitel aus der alten und neuen Physik. Berlin 1947.
Bürgel, Bruno H.: Das Weltbild des modernen Menschen. Das All. Die Erde. Der Mensch. Der Sinn des Lebens. 46. - 60. Tsd. Berlin 1937.
Bunge, Mario: Physik und Wirklichkeit. In: Erkenntnisprobleme der Naturwissenschaften. Texte zur Einführung in die Philosophie der Wissenschaft. Hg. v. Lorenz Krüger Köln/Berlin 1970, S.435-457.
Bungter, Georg: Über Wolfgang Koeppens "Tauben im Gras". In: Über Wolfgang Koeppen. Hg. v. Ulrich Greiner. Frankfurt a. M. 1976, S. 186-197.
Buono, Franco: Zur Prosa Brechts. Aufsätze. Frankfurt a. M. 1973, S. 92-120.
Capra, Fritjof: Das Tao der Physik. Die Konvergenz von westlicher Wissenschaft und östlicher Weisheit. Rev. u. erw. Neuausgabe. München 1984.
Ders.: Wendezeit. Bausteine für ein neues Weltbild. Bern/München/Wien 1982.
Cassirer, Ernst: Substanzbegriff und Funktionsbegriff. Untersuchungen über die Grundfragen der Erkenntniskritik. Berlin 1910.
Ders.: Zur Einsteinschen Relativitätstheorie. Erkenntnistheoretische Betrachtungen. Berlin 1921.
Ders.: Zur modernen Physik. Darmstadt 1957 [zuerst: Göteborg 1937].
Ders.: Descartes. Lehre - Persönlichkeit - Wirkung. Stockholm 1939.
Ders.: Philosophie der symbolischen Formen. 3 Bde. Berlin 1923. 2. Aufl. Oxford 1954.
Charbon, Remy: Die Naturwissenschaften im modernen deutschen Drama. Zürich/München 1974.
Christiansen, Annemarie: Benn. Einführung in das Werk. Stuttgart 1976.
Conat, James B.: Das neue Weltbild der Naturwissenschaft. In: Die neue Rundschau 64 (1953), S. 147-167.
d'Abro, A.: Die Kontroversen über das Wesen der Mathematik. In: Kursbuch 8 (1967), S. 26-58.
Dalchau, Joachim: Materie - Eine Energieform. In: Athena 1 (1946/47), H. 8, S. 12-16.
Davies, Paul: Mehrfachwelten. Entdeckungen der Quantenphysik. Düsseldorf/Köln 1981.
Dessauer, Friedrich: Physik und Leben. In: Hochland 41 (1948/49), S. 558-568.
Dethlefs, Hans Joachim: Die Überwindung des Ästhetischen. Über Carl Einsteins Braque-Projekt. In: Text und Kritik (Juli 1987), H. 95: Carl Einstein, S. 23-43.
Diersch, Manfred: Draussen, Drinnen und Ich. Ernst Machs *Spiegel der Erkenntnis* als Anregung für österreichische Erzählkunst des 20. Jahrhunderts. In: Genauigkeit und Seele. Zur Österreichischen Literatur seit dem Fin de siècle. Hg. v. Josef Strutz und Endre Kiss. München 1990, S. 29-42.
Die neue Weltschau. Internationale Aussprache über den Anbruch eines neuen aperspektivischen Zeitalters, veranstaltet von der Handels-Hochschule St. Gallen. Stuttgart 1952.
Die neue Weltschau. Zweite Internationale Aussprache über den Anbruch eines neuen aperspektivischen Zeitalters, veranstaltet von der Handels-Hochschule St. Gallen. Stuttgart 1953.
Dithmar, Reinhard: Industrieliteratur. München 1973.
Döhl, Reinhard: Wolfgang Koeppen. In: Deutsche Literatur der Gegenwart in Einzeldarstellungen. Hg. von Dietrich Weber. 3. überarb. Aufl. Stuttgart 1976, S. 110-137.
Dolch, Heimo: Theologie und Physik. Der Wandel in der Strukturauffassung naturwissenschaftlicher Erkenntnis und seine theologische Bedeutung. Freiburg i. Br. 1951.
Doppler, W. A.: Ein Blick ins Unendliche. Plauderei über Atome und Elektronen. In: Chemnitzer Tageblatt 29.8.1920.
Driesch, Hans: Der Mensch und die Welt. Leipzig 1928.
Ders.: Philosophische Gegenwartsfragen. Leipzig 1933.

Drieschner, Michael: Voraussage-Wahrscheinlichkeit-Objekt. Über die begrifflichen Grundlagen der Quantentheorie. Berlin/Heidelberg/New York 1979.
Ders.: Einführung in die Naturphilosophie. Darmstadt 1981.
Du Bois-Reymond, Emil: Die sieben Welträtsel. Leipzig 1880.
Ders.: Vorträge über Philosophie und Gesellschaft. Eingel. u. m. erklär. Anm. hg. v. Siegfried Wollgast. Hamburg 1974.
Hans Peter Dürr (Hg.): Quanten und Felder. Physikalische und philosophische Betrachtungen zum 70. Geburtstag von Werner Heisenberg. Braunschweig 1971.
Dürrenmatt, Friedrich: Über die Grenzen. Zürich 1990.
Ders.: Gesammelte Werke in 7 Bänden. Hg. v. Franz Josef Görtz. Zürich 1988.
Ders.: Die Welt als Labyrinth. Ein Gespräch mit Franz Kreuzer. Zürich 1986.
Ders.: Kants Hoffnung. Zwei politische Reden. Zwei Gedichte aus dem Nachlaß. Mit einem Essay von Walter Jens. Zürich 1991.
Ders.: Werkausgabe in 29 Bänden. Zürich 1980.
Eco, Umberto: Programmatische Kunst. In: Nesyo 2 (1965), H. 8/9, S. 35f.
Eddington, Arthur Stanley: Die Philosophie der Naturwissenschaft. (Das ist: The Philosophy of Physical Science. London 1939) Bern 1949.
Ders.: Das Weltbild der Physik und ein Versuch seiner philosophischen Deutung. Braunschweig 1931. (Das ist: The Nature of the Physical World. London 1928.).
Eder, Gernot: Quanten, Moleküle, Leben. Begriffe und Denkformen der heutigen Naturwissenschaft. Freiburg/München 1963.
Eichelberg, Marc: F. D. und die Naturwissenschaften. In: Friedrich Dürrenmatt. Schriftsteller und Maler. Hg. v. Schweizerischen Literaturarchiv, Bern, und dem Kunsthaus Zürich. o. O. [Bern/Zürich] 1994, S. 225-227.
Eigen, Manfred u. Winkler, Ruth: Das Spiel. Naturgesetze steuern den Zufall. 4. Aufl. München 1981.
Einstein, Albert: Quantenmechanik und Wirklichkeit. In: Dialectica 2 (1948), No. 3/4, S. 320-324.
Ders.: Über die Entwicklung unserer Anschauungen über das Wesen und die Konstitution der Strahlung. In: Physikalische Zeitschrift 10 (1909), Nr. 22, S. 817-825.
Ders.: Über einen die Erzeugung und Verwandlung des Lichtes betreffenden heuristischen Gesichtspunkt. In: D. ter Haar: Quantentheorie. Einführung und Originaltexte. Braunschweig 1969, S. 118-148.
Ders.: Über die spezielle und allgemeine Relativitätstheorie (Gemeinverständlich). 9. Aufl. Braunschweig 1920.
Einstein, Albert u. Podolsky, Boris u. Rosen, Nathan: Kann man die quantenmechanische Beschreibung der physikalischen Wirklichkeit als vollständig betrachten? In: Kurt Baumann/ Roman U. Sexl: Die Deutungen der Quantentheorie. Braunschweig/Wiesbaden 1984, S. 80-86.
Einstein, Albert u. Infeld, Leopold: Die Evolution der Physik. Hamburg 1956.
Einstein, Carl: Werke Band 1: 1908-1918. Hg. v. Rolf-Peter Baacke unter Mitarbeit von Jens Kwasny. Berlin 1980.
Ders.: Werke Band 2: 1919-1928. Hg. v. Marion Schmid unter Mitarbeit von Henriette Beese und Jens Kwasny. Berlin 1981.
Ders.: Werke Band 3: 1929-1940. Hg. v. Marion Schmid und Liliane Meffre. Wien/Berlin 1985.
Ders.: Werke Band 4: Aus dem Nachlaß I. Hg. v. Hermann Haarmann u. Klaus Siebenhaar. Berlin 1992.
Ders.: Bebuquin oder die Dilettanten des Wunders. Berlin Wilmersdorf 1912. Überarbeitete Neuausgabe Berlin-Wilmersdorf 1917.
Ders.: Negerplastik. Leipzig 1915.
Ders.: Die Fabrikation der Fiktionen. Gesammelte Werke in Einzelausgaben. Hg. v. Sibylle Penkert. Eingel. v. Helmut Heißenbüttel. Mit Beiträgen v. Sibylle Penkert u. Katrin Sello. Reinbek bei Hamburg 1973.

Eisele, Ulf: Odysseus trinkt Coca-Cola. Wolfgang Koeppens "Tauben im Gras". In: Wolfgang Koeppen. Hg. v. Eckart Oehlenschläger. Frankfurt a. M. 1987, S. 258-274.
Erbrich, Paul: Zufall. Eine naturwissenschaftlich-philosophische Untersuchung. Berlin 1988.
Erlach, Dietrich: Wolfgang Koeppen als zeitkritischer Erzähler. Uppsala 1973.
Europäische Enzyklopädie zu Philosophie und Wissenschaften. Hg. v. Hans Jörg Sandkühler. Hamburg 1990.
Facetten. Studien zum 60. Geburtstag Friedrich Dürrenmatts. Hg. v. Gerhard P. Knapp u. Gerd Labroisse. Bern/Frankfurt a. M./Las Vegas 1981.
Farda, Dieter P.: Mundus pluralis. Robert Musils "Der Mann ohne Eigenschaften" im Wechselspiel von Reflexion und Phantasie. Heidelberg 1988.
Faye, Jan: Niels Bohr. His Heritage and Legacy: An Anti-Realist View of Quantummechanics. Dordrecht/Boston/London 1991.
Fechter, Paul: Die Angst vor der Mathematik. In: Neue Deutsche Hefte 2 (1955/56), S. 460-465.
Feyerabend, Paul K.: Über konservative Züge in den Wissenschaften und insbesondere in der Quantentheorie und ihre Beseitigung. In: Club Voltaire. Hg. v. Gerhard Szcesny. Jahrbuch für Kritische Aufklärung. Bd. I. München 1963, S. 280-293.
Fischer, J. Klaus: Platschek und der Tachismus. In: Texte und Zeichen 2 (1956), H. 10, S. 652-654.
Flechtner, Hans-Joachim: Kommen Atomteilchen vor? In: Berliner Tageblatt Nr. 32 (19. Jan. 1936).
Ders.: Bausteine der Materie. In: Berliner Tageblatt Nr. 214 (6. Mai 1936).
Ders. (Rez.): Deutung der neuen Naturwissenschaften. In: Berliner Tageblatt Nr. 68 (9. Febr. 1936).
Ders.: Das Neutrino - ein neuer Atombaustein? In: Berliner Tageblatt Nr. 209 (3. Mai 1936).
Ders.: Der Weg in die Atome. In: Deutsche Zukunft Nr. 3 (16. Jan. 1938), S. 7.
Ders.: Die Die Architekten der Atome. In: Deutsche Zukunft Nr. 8 (20. Febr. 1938), S. 7.
Ders.: Der Zusammenbruch des Elements. In: Deutsche Zukunft Nr. 5 (30. Jan. 1938), S. 8.
Ders.: Das Licht und die Energiequanten. In: Deutsche Zukunft Nr. 17 (24. Apr. 1938), S. 8.
Ders.: Wo steht die deutsche Physik? In: Das Reich Nr. 16 (8. Sept. 1940).
Ders.: Atomzertrümmerung. Zauberei? Alchimie? Wissenschaft! Berlin 1940.
Fock, Wladimir: Kritik der Anschauungen Bohrs über die Quantenmechanik. In: Kurt Baumann/ Roman U. Sexl: Die Deutungen der Quantentheorie. Braunschweig/Wiesbaden 1984, S. 98-129.
Fogarasi, Bela: Kritik des physikalischen Idealismus. Berlin 1953.
Forman, Paul: Weimar Culture, Causality, and Quantum Theory, 1918-1927: Adaptation by German Physicists and Mathematicians to a Hostile Intellectual Enviroment. In: Historical Studies in the Physical Sciences. Vol. 3 (1971), S. 1-115.
Ders.: The Enviroment and Practise of Atomic Physics in Weimar Germany: A Study in the History of Science. Ph. D. Ann Arbor 1967.
Frank, Manfred: Auf der Suche nach einem Grund. Über den Umschlag von Erkenntniskritik in Mythologie bei Musil. In: Mythos und Moderne. Begriff und Bilder einer Rekonstruktion. Hg. v. Karl-Heinz Bohrer. Frankfurt a. M. 1983, S. 318-362.
Ders.: Subjekt, Person, Individuum. In: Die Frage nach dem Subjekt. Hg. v. Manfred Frank, Gérard Raulet u. Willem van Reijen. Frankfurt a. Main 1988, S. 7-28.
Friedmann, Hermann: Die Welt der Ideen und die Welt der Tatsachen. In: Die Umschau 3 (1948), H. 4, S. 390-397.
Friedrich Dürrenmatt. Studien zu seinem Werk. Hg. v. Gerhard P. Knapp. Heidelberg 1976.
Friedrich, Hans-Edwin: "Kreuzritter an Kreuzungen". Entsemantisierte Metaphorik als artistisches Verfahren in Wolfgang Koeppens "Tauben im Gras". Reaktion auf den Wertezerfall nach 1945. In: Internationales Archiv für Sozialgeschichte der deutschen Literatur 18 (1993), H. 1, S. 86-122.
Frisch, Max: Biografie: Ein Spiel. In: Ders.: Ges. Werke in zeitl. Folge. Jubiläumsausgabe in sieben Bänden. 1931-1985. Hg. v. Hans Mayer unter Mitwirkung v. Walter Schmitz. Bd. 5: 1964-1967. Frankfurt a. M. 1986, S. 481-578.

Frisch, O. R.: Eine neue Komponente der kosmischen Strahlung. In: Die neue Rundschau 59 (1948), S. 237-240.

Frisé, Adolf: Definitionen. Essays zur Literatur. Frankfurt a. M. 1963.

Fritzsch, Harald: Quarks. Urstoff unserer Welt. München/Zürich 1992.

Gebser, Jean: Abendländische Wandlung. Abriß der Ergebnisse moderner Forschung in Physik, Biologie und Psychologie. Ihre Bedeutung für Gegenwart und Zukunft. Frankfurt a. M. 1956.

Gehlen, Arnold: Die Seele im technischen Zeitalter. Reinbek 1957.

Gentner, Wolfgang: Das heutige Bild der Physik vom Atom. In: Universitas 17 (1962), H. 4, S. 403-409.

Gerlach, Walther: Humanität und naturwissenschaftliche Forschung. Braunschweig 1962.

Ders.: Naturgesetz und menschliche Ordnung. Vortrag. Bremen 1964.

Gesamtverzeichnis des deutschsprachigen Schrifttums (GV) 1911-1965. Hg. v. Reinhard Oberschelp. Bd. 97: On-Oz. München/New York/London/Paris 1979.

Geyh, Karl Walter: Prophetisches in Dichtungen und Kunstströmungen. In: Welt und Wort 1 (1946), H. 5, S. 141f.

Gipper, Helmut: Die Kluft zwischen muttersprachlichem und physikalischem Weltbild. In: Physikalische Blätter 12 (1956), H. 3, S. 97-105.

Ders.: Denken ohne Sprache. 2. erw. Aufl. Düsseldorf 1978.

Ders.: Das Sprachapriori. Sprache als Voraussetzung menschlichen Denkens und Erkennens. Stuttgart - Bad Cannstadt 1987.

Goethe und die Wissenschaften. Jena 1984.

Goethe, Johann Wolfgang von: Schriften zur Kunst. 10. neubearb. Aufl., München 1981 (Werke. Hamburger Ausgabe, Bd. 12).

Göttlicher, Gerd: Die Mathematisierung als Konstruktion theoretischer Denkformen in der Abfolge naturwissenschaftlicher Weltbilder. In: Deutsche Zeitschrift für Philosophie 38 (1990), H. 7, S. 691-695.

Goltschnigg, Dietmar: Robert Musil und Hermann Broch - (K)Ein Vergleich unter besonderer Berücksichtigung von Elias Canettis Autobiographie. In: Romanstruktur und Menschenrecht bei Hermann Broch. Hg. v. Hartmut Steinecke und Josef Strelka. Bern u. a. 1990, S. 135-151.

Gomringer, Eugen: 23 Punkte zum Problem »Dichtung und Gesellschaft«. In: serielle manifeste 1 (1966), H. 4: eugen gomringer. manifeste und darstellungen der konkreten poesie 1954-1966, S. 8f.

Ders.: worte sind schatten. die konstellationen 1951-1968. Hg. und eingel. v. Helmut Heißenbüttel. Reinbek bei Hamburg 1969.

Ders.: konkrete dichtung. In: serielle manifeste 1 (1966), H. 4, S. 7f.

Gomringer, Eugen u. Juergens, Ekkehardt: Wie konkret kann Konkrete Poesie sich engagieren? In: Text und Kritik 1971, H. 30: Konkrete Poesie II, S. 43-47.

Grassi, Ernesto u. von Uexküll, Thure: Über den Begriff der Materie. In: Merkur 5 (1951), H. 7, S. 622-629.

Gribbin, John: Auf der Suche nach Schrödingers Katze. Quantenphysik und Wirklichkeit. 5. Aufl. München/Zürich 1993 (ED München 1987).

Grohmann, Will: Bildende Kunst und Architektur. Berlin 1953.

Ders.: Einleitung. In: Wassily Kandinsky: Farben und Klänge. Erste Folge (Aquarelle). Baden-Baden 1955, S. 5-13.

Großklaus, Götz: Nähe und Ferne. Wahrnehmungswandel im Übergang zum elektronischen Zeitalter. In: Literatur in einer industriellen Kultur. Hg. v. Götz Großklaus u. Eberhard Lämmert. Stuttgart 1989, S. 489-520.

Großklaus, Götz u. Lämmert, Eberhard (Hg.): Literatur in einer industriellen Kultur. Stuttgart 1989.

Gumlich, Hans-Eckhart: Grenzen physikalischer Forschung. In: Wissenschaft und Transzendenz. Hg. v. Günter Abel. Berlin 1992, S. 29-48.

Günther, Gotthard : Das Problem einer trans-klassischen Logik. In: Sprache im technischen Zeitalter (1965), H. 16, S. 1287-1308.

Ders.: Die gebrochene Rationalität. In: Augenblick 3 (1955), H. 3, S. 1-26.
Günther, Joachim: Gottbekenntnisse moderner Naturforscher. In: Neue Literarische Welt 3 (1952), Nr. 24, S. 4.
Ders.: Max Planck und die Philosophie. In: Merkur 1 (1947), H. 3, S. 456-460.
Gunzenhäuser, Rul u. Kreuzer, Helmut (Hg.): Mathematik und Dichtung. Versuche zur Frage einer exakten Literaturwissenschaft. 3. durchges. Aufl. München 1969.
H. E. F. [d. i.: Hans Eberhard Friedrich]: Zu der Erörterung der Kunst und des künstlerischen Heute. In: Prisma 1 (1946/47), H. 8, S. 13f.
H. S. [d. i.: Herbert Saekel] (Rez.): Werner Heisenberg, Erwin Schrödinger und P.[aul] A. M. Dirac: Die moderne Atomtheorie. In: Kölnische Zeitung Nr. 352 (15. 7.1934).
Haar, D. ter: Quantentheorie. Einführung und Originaltexte. Braunschweig 1969.
Haarmann, Hermann u. Siebenhaar, Klaus: "Das Kunstwerk ist in vielerlei Hinsicht eine Art Selbstmord." Weltbild, ästhetische Theorie und literarische Praxis Carl Einsteins. In: Heinrich-Mann-Jahrbuch 4 (1986), S. 204-240.
Haas, Wolf: Sprachtheoretische Grundlagen der Konkreten Poesie. Stuttgart 1990.
Habermas, Jürgen: Technik und Wissenschaft als Ideologie. Frankfurt a. Main 1968.
Haftmann, Werner: Malerei im 20. Jahrhundert. 2 Bde. München 1954/55.
Ders.: Über Georg Meistermann und Fritz Winter. In: Jahresring 54, S. 143-149.
Haller, Michael: Vorwort. In: Friedrich Dürrenmatt: Über die Grenzen. Zürich 1990, S. 7f.
Hamann, Johann Georg: Sämtliche Werke. Bd. 3: Schriften über Sprache, Mysterien, Vernunft (1772-1788). Wien 1951.
Hamm, Peter: Der Musenmörder. In: Du 20 (1960), H. 10, S. 41-44.
Handbuch philosophischer Grundbegriffe. Hg. v. Hermann Krings, Hans Michael Baumgartner u. Christoph Wild. Studienausgabe. München 1973.
Handle, P. v.: Physik und Erkenntnis-Theorie. In: Zeitwende. Monatsschrift 18 (1946/47), S. 399-414.
Hanle, Wilhelm: 50 Jahre Quantentheorie. In: Universitas 5 (1950), H. 12, S. 1441-1450.
Hänsel, Hermann: Genetik und Atomtheorie. In: Merkur 11 (1957), H. 7, S. 636-653.
Hartlaub, Gustav F.: Abstraktion und Invention. Der Umbruch in den bildenden Künsten seit 100 Jahren. In: Die neue Weltschau. Internationale Aussprache über den Anbruch eines neuen aperspektivischen Zeitalters, veranstaltet von der Handels-Hochschule St. Gallen. Stuttgart 1952, S. 181-214.
Ders.: Die Wandlungen Willi Baumeisters. In: Neue literarische Welt 3 (1952), Nr. 23, S. 16.
Hartmann, Hans: Das naturwissenschaftliche Weltbild und sein Werden im Wettstreit der europäischen Nationen. In: Illustrirte Zeitung Leipzig, Weihnachten 1942, S. 140f.
Hartung, Harald: Experimentelle Literatur und konkrete Poesie. Göttingen 1975.
Hartung, Rudolf: Zur Situation unserer Literatur. Strömungen und Möglichkeiten. In: Welt und Wort 1(1946), H. 4, S. 107-110.
Hegel, Georg Wilhelm Friedrich: Vorlesungen über die Ästhetik I. In: Ders.: Werke in 20 Bänden. Bd. 13. Frankfurt a. M. 1986.
Heidegger, Martin: Vorträge und Aufsätze. 5. Auflage Pfullingen 1985.
Heim, Karl: Der Ausgangspunkt für die Auseinandersetzung mit dem heutigen Naturbild. In: Neubau. Blätter für neues Leben aus Wort und Geist 3 (1948), H. 1, S. 7-12.
Ders.: Die Wandlung im naturwissenschaftlichen Weltbild. In: Welt und Wort 6 (1951), S. 445.
Ders.: Die Wandlung im naturwissenschaftlichen Weltbild. Hamburg 1951.
Heimendahl, Eckart: Provokationen der Antimaterie. In: Merkur 19 (1965), S. 1210-1213.
Heinemann, Fritz: Auf der Suche nach Sinn in einer zerbrochenen Welt. In: Die neue Rundschau 60 (1949), S. 85-119.
Heisenberg, Werner: Über den anschaulichen Inhalt der quantenmechanischen Kinematik und Mechanik. In: Zeitschrift für Physik, Jg. 43 (1927), S. 172-198.
Ders.: Kausalgesetz und Quantenmechanik. In: Erkenntnis 2 (1931), S. 172-182.
Ders.: Wandlungen in den Grundlagen der Naturwissenschaft. 8 Vorträge von Werner Heisenberg. 8. erw. Aufl. Stuttgart 1949.

Ders.: Die Quantentheorie. Eine Formel, die die Welt veränderte. In: Frankfurter Hefte 6 (1951), H. 6, S. 395-406.
Ders.: Atomphysik und Kausalgesetz. In: Merkur 6 (1952), H. 8, S. 701-711.
Ders.: Atomphysik und Kausalgesetz. In: Die neue Weltschau. Zweite Internationale Aussprache über den Anbruch eines neuen aperspektivischen Zeitalters, veranstaltet von der Handels-Hochschule St. Gallen. Stuttgart 1953, S. 119-133.
Ders.: Das Naturbild der heutigen Physik. In: Universitas 9 (1954), H. 11, S. 1153-1169.
Ders.: Atomforschung und Kausalgesetz. In: Universitas 9 (1954), H. 3, S. 225-236.
Ders.: Atome mit Haken und Ösen. Über das Verhältnis von humanistischer Bildung, Naturwissenschaft und Abendland. In: Neue Deutsche Hefte 1 (1954), H. 1, S. 21-28.
Ders.: Das Naturbild der heutigen Physik. In: Die Künste im technischen Zeitalter. Dritte Folge des Jahrbuches Gestalt und Gedanke. Hg. v. d. Bayrischen Akademie der Schönen Künste. München 1954, S. 43-69.
Ders.: Das Naturbild der heutigen Physik. Hamburg 1955.
Ders.: Physik und Philosophie. Stuttgart 1959.
Ders.: Die Plancksche Entdeckung und die philosophischen Probleme der Atomphysik. In: Universitas 14 (1959), H. 2, S. 135-148.
Ders.: Physik und Philosophie. Frankfurt a. M. 1959.
Ders.: Sprache und Wirklichkeit in der modernen Physik. In: Wort und Wirklichkeit. Sechste Folge des Jahrbuches Gestalt und Gedanke. Hg. v. d. Bayrischen Akademie der Schönen Künste. München 1960, S. 32-62.
Ders.: Abstraktion und Vereinheitlichung in der modernen Naturwissenschaft 23 (1968), H. 4, S. 337-353.
Ders.: Das Naturgesetz und die Struktur der Materie in der Sicht heutiger Forschung - Physik und Philosophie. In: Universitas 24 (1969), H. 4, S. 337-349.
Ders.: Tradition in der Wissenschaft. Reden und Aufsätze. München 1977.
Ders.: Quantentheorie und Philosophie. Vorlesungen und Aufsätze. Hg. v. Jürgen Busche. Stuttgart 1983.
Ders.: Die Entwicklung der Deutung der Quantentheorie. In: Kurt Baumann/ Roman U. Sexl: Die Deutungen der Quantentheorie. Braunschweig/Wiesbaden 1984, S. 140-155.
Heißenbüttel, Helmut: Literatur als Aufschub von Literatur? Über den späten Wolfgang Koeppen. In: Text und Kritik 1972, H. 34: Wolfgang Koeppen, S. 33-37.
Ders.: Über Literatur. Olten/Freiburg i. Br. 1966.
Heißenbüttel, Helmut u. Vormweg, Heinrich: Briefwechsel über Literatur. Neuwied/ Berlin 1969.
Heitler, Walter: Kausalität und Teleologie in der Sicht der heutigen Naturwissenschaft. In: Universitas 21 (1966), H. 1, S. 1-10.
Hempel, Hans-Peter: Natur und Geschichte. Der Jahrhundertdialog zwischen Heidegger und Heisenberg. Frankfurt a. M. 1990.
Hendry, John: Weimar Culture and Quantum Causality. In: History of Science 18 (1980), S. 155-180).
Hennemann, Gerhard: Die Einheit der Naturwissenschaft. [Rez. v.: Werner Heisenberg: Die Einheit des naturwissenschaftlichen Weltbildes.] In: Kölnische Zeitung Nr. 148 (21.3.1942).
Hermann, Armin: Die Jahrhundertwissenschaft. Werner Heisenberg und die Physik seiner Zeit. Stuttgart 1977.
Ders.: Weltreich der Physik von Galilei bis Heisenberg. Esslingen a. Neckar. 1980.
Ders.: Lexikon Geschichte der Physik A-Z: Biographien, Sachwörter, Orig.-Schr. u. Sekundärliteratur. 3. erg. Aufl. Köln 1987.
Herrigel, Hermann: Bemerkungen über Kausalität und Freiheit. In: Merkur 4 (1950), H. 2, S. 235-239.
Heuser, Ludwig: Natur, Seele und Geist. Das Hauptproblem der modernen Wissenschaft. In: Deutsche Beiträge 2 (1948), H. 2, S. 148-154.
Ders.: Menschentum und moderne Naturwissenschaft. Das Problem der Unanschaulichkeit. In: Deutsche Beiträge 2 (1948), H. 3, S. 253-258.

Hickman, Hannah: Musils Essay 'Literat und Literatur'. Form und Gestalt in Wissenschaft und Kunst. In: Kunst, Wissenschaft und Politik von Robert Musil bis Ingeborg Bachmann. Hg. v. Josef Strutz. München 1986, S 34-50.
Hielscher, Martin: Zitierte Moderne. Poetische Erfahrung und Reflexionen in Wolfgang Koeppens Nachkriegsromanen und in "Jugend". Heidelberg 1988.
Hildesheimer, Arnold: Die Welt der ungewohnten Dimensionen. Versuch einer gemeinverständlichen Darstellung der modernen Physik und ihrer philosophischen Folgerungen. Mit einem Vorwort von Werner Heisenberg. Leiden 1953.
Ders.: Über die Grenzen physikalischer Erkenntnis. In: Merkur 7 (1952), H. 11, S. 1023-1032.
Ders.: Über verborgene Komponenten in der Natur. Zur Frage von Kausalität, Determinismus und Willensfreiheit. In: Merkur 9 (1955), H. 7, S. 606-626.
Hiller, Horst B.: Die modernen Naturwissenschaften. Stuttgart 1974. Hilsbecher, Walter: Wie modern ist eine Literatur. Aufsätze. München 1965.
Ders.: Schreiben als Therapie. Stuttgart 1967.
Hinderer, Walter: Reflexionen über den Mythos. In: Brochs theoretisches Werk. Hg. v. Paul Michael Lützeler. Frankfurt a. M. 1988, S. 49-68.
Historisches Wörterbuch der Philosophie. Hg. von Joachim Ritter u. Karlfried Gründer. Band 1-. Darmstadt 1971-.
Hochgesang, Michael: Mythos und Logik im 20. Jahrhundert. Eine Auseinandersetzung mit der neuen Naturwissenschaft, Literatur, Kunst und Philosophie. 2. Aufl. München 1969.
Hochstätter, Dietrich: Sprache des Möglichen. Stilistischer Perspektivismus in Robert Musils *Der Mann ohne Eigenschaften*. Frankfurt a. M. 1972.
Hocke, Gustav R.: Esoterische Symbolik. In: Zeugnisse der Angst in der modernen Kunst. Hg. v. Hans-Gerhard Evers. o. O. [Darmstadt] o. J. [1963], S. 17-37, hier bes. S. 25f.
Höllerer, Walter: Vorwort. In: Transit. Lyrikbuch der Jahrhundertmitte. Hg. mit Randnotizen von Walter Höllerer. Frankfurt a. M. 1956, S. IX-XVII.
Ders.: Zur Literatur. In: Akzente 8 (1961), S. 490-507.
Ders.: Diese Zeitschrift hat ein Programm. In: Sprache im technischen Zeitalter 1 (1961), H. 1, S. 1f.
Ders.: Wie entsteht ein Gedicht? In: Poetik. Siebente Folge des Jahrbuchs Gestalt und Gedanke. Hg. v. d. Bayerischen Akademie der Schönen Künste. München 1962, S. 93-124.
Ders.: Veränderung. In: Akzente 11 (1964), S. 386-398.
Ders.: Der Autor, die Sprache des Alltags und die Sprache des Kalküls. In: Akzente 14 (1967), S. 211-216.
Hoffmann, Christoph: Goethes Wahlverwandtschaften im Fokus des chemischen Paradigmenwechsels. In: DVjS 67 (1993), S. 417-450
Holst, Erich von: Glaube, Macht und physikalisches Weltbild. In: Merkur 12 (1958), H. 5, S. 401-405.
Holthusen, Hans Egon: Die Bewußtseinslage der modernen Literatur. In: Merkur 3 (1949), H. 6, S. 537-553 u. H. 7, S. 680-689.
Ders.: Die Situation des Menschen in der modernen Literatur. In: Die neue Weltschau. Zweite internationale Aussprache über den Anbruch eines neuen aperspektivischen Zeitalters, a. a. O., S. 7-41.
Ders.: Das Schöne und das Wahre. Neue Studien zur modernen Literatur. München 1958.
Holzhauer, Wilhelm (Rez.): Albert Ducrocq: Roman der Materie. Vom Atom zum Weltall. In: Welt und Wort 21 (1966), S. 66.
Horch, Hans Otto: Experiment. In: Moderne Literatur in Grundbegriffen. Hg. v. Dieter Borchmeyer u. Viktor Zmegac. Frankfurt a. Main 1987, S. 127ff.
Horster, Detlev: Jürgen Habermas. Mit einer Bibliographie von René Görtzen. Stuttgart 1991.
Huber, Martin: Vom Erzählen erzählen und In Geschichten verstrickt. Zu Alfred Anderschs Erzählungen. In: Alfred Andersch. Perspektiven zu Leben und Werk. Kolloquium zum 80. Geburtstag des Autors in der Werner-Reimers-Stiftung Bad Homburg v. d. H. Hg. v. Irene Heidelberger-Leonhard u. Volker Wehdeking. Opladen 1994, S. 88-97.
Hübner, Johannes: Befreiung vom Gegenstand. Die formale Entwicklung der modernen Lyrik. In: Athena 2 (1947/48), H. 1, S. 42-45.

Ders.: Der Begriff der Freiheit. Existentialistisch und surrealistisch. In: Athena 2 (1947/48), H. 5, S. 39-41.

Hübner, Kurt: Über den Begriff der Quantenlogik. In: Sprache im technischen Zeitalter (1964), H. 12, S. 925-34.

Hübscher, Arthur (Rez.): Bernhard Bavink: Weltschöpfung in Mythos, Religion, Philosophie und Naturwissenschaft. In: Welt und Wort 5 (1950), S. 354f.

Ders. (Rez.): H. Groot: Raum und Zeit. Eine Untersuchung der metaphysischen Grundlagen unserer Naturwissenschaft. In: Welt und Wort 5 (1950), S. 525.

Hund, Wulf D.: Zerfall der Werte 1-10. Über den erkenntnistheoretischen Ansatz bei Hermann Broch. In: Literatur und Kritik 4 (1969), H. 36/37, S. 400-410.

Hüppauf, Bernd: Mythisches Denken und Krisen der deutschen Literatur und Gesellschaft. In: Mythos und Moderne. Begriff und Bild einer Rekonstruktion. Hg. v. Karl Heinz Bohrer. Frankfurt a. M. 1983, S. 508-527.

Husserl, Edmund: Aufsätze und Vorträge (1922-1937). Hg. v. Thomas Nenon u. Hans Rainer Sepp. Dordrecht/Boston/London 1989 (Husserliana. Gesammelte Werke, Bd. XXVII).

Ders.: Die Krisis der europäischen Wissenschaften und die transzendentale Phänomenologie. Eine Einleitung in die phänomenologische Philosophie. Hg., eingel. u. mit Registern versehen v. Elisabeth Ströker. 2. verb. Aufl. Hamburg 1982.

Information Sources in the History of Science and Medicine. Ed. by Pietro Corsi and Paul Weindling. London u. a. 1983.

Internationale Bibliographie der Zeitschriftenliteratur. Begr. von Felix Dietrich. Abt. A. Leipzig 1918-1932.

Irmscher, Hans Dietrich: Das Schachspiel als Metapher. Bemerkungen zum »komödiantischen Denken« Friedrich Dürrenmatts. In: Drama und Theater im 20. Jahrhundert. Festschrift für Walter Hinck. Hg. v. Hans Dietrich Irmscher und Werner Keller. Göttingen 1983, S. 333-348.

Jahrhundertwende. Der Aufbruch in die Moderne. 1880-1930. Hg. v. August Nitschke u. a. 2 Bände. Reinbek bei Hamburg 1990.

Jammer, Max: The Philosophy of Quantum Mechanics. The Interpretation of Quantum Mechanics in Historical Perspective. New York 1974.

Jandl, Ernst: Voraussetzungen, Beispiele und Ziele einer poetischen Arbeitsweise. Ein Vortrag. In: Theoretische Positionen zur Konkreten Poesie. Texte und Bibliographie. Mit einer Einführung hg. v. Thomas Kopfermann. Tübingen 1974, S. 41-59.

Jens, Walter: Plädoyer für die abstrakte Literatur. In: Texte und Zeichen 1 (1955), H. 4, S. 505-515.

Ders.: Mythos und Logos. Dichtung im zwanzigsten Jahrhundert. In: Ders.: Statt einer Literaturgeschichte. Pfullingen 1957.

Ders.: Moderne Literatur. Moderne Wirklichkeit. Pfullingen 1958.

Ders.: »Zu Hause im Emmental und unter den Sternen«. In: Friedrich Dürrenmatt: Kants Hoffnung. Zwei politische Reden. Zwei Gedichte aus dem Nachlaß. Mit einem Essay von Walter Jens. Zürich 1991.

Jeske, Wolfgang: Bertolt Brechts Poetik des Romans. Frankfurt a. M. 1984.

Jordan, Pascual: Physikalisches Denken in der neuen Zeit. Hamburg 1935.

Ders.: Die physikalische Unterwelt. In: Die neue Rundschau 52 (1941), S. 16-22.

Ders.: Am Rande der Welt. In: Die neue Rundschau 52 (1941), S. 290-297.

Ders.: Physik im Wandel des 20. Jahrhunderts. Braunschweig 1943.

Ders.: Physik im Vormarsch: In: Das Reich Nr. 1 (2. Jan. 1944).

Ders.: Erschütterte Kausalität. Rückwirkung der Atomphysik auf die Philosophie. In: Prisma 1 (1946/47), H. 2, S. 31f.

Ders.: Max Planck. In: Prisma 1 (1946/47), H. 14, S. 38-40.

Ders.: Die Stellung der Naturwissenschaften zur religiösen Frage. In: Universitas 2 (1947), H. 1, S. 1-9.

Ders.: Das Bild der modernen Physik. Hamburg-Bergedorf 1947.

Ders.: Die Wandlung unseres Naturbildes. Hg. v. der evangelischen Akademie Hermannsburg. Lüneburg 1948.

Ders.: Das Problem der Gesetzlichkeit und die moderne Physik. In: Universitas 4 (1949), H. 1, S. 49-54.
Ders.: Der Ursprung des organischen Lebens. In: Merkur 3 (1949), H. 3, S. 342-54.
Ders.: Das Ende der Ideologien. In: Neue Deutsche Hefte 2 (1955/56), S. 581-594.
Ders.: Atom und Weltall. Einführung in den Gedankeninhalt der modernen Physik. Zugleich 9. neugestaltete u. erw. Aufl. der "Physik des 20. Jahrhunderts". Braunschweig 1956.
Ders.: Wie sieht die Welt von morgen aus? München 1958.
Ders.: Das Bild der modernen Physik. Frankfurt a. M. 1958.
Ders.: Der Naturwissenschaftler vor der religiösen Frage. Abbruch einer Mauer. Oldenburg/Hamburg 1963.
Jünger, Ernst: Sämtliche Werke. Bd. 1-18. Stuttgart 1978-83.
Jungk, Robert: Göttingen: Geburtsstätte der Atomphysik. In: Merkur 10 (1956), H. 9, S. 900-912.
Kafitz, Dieter: Ästhetischer Radikalismus. Zur Kunstauffassung Wolfgang Koeppens. In: Wolfgang Koeppen. Hg. v. Eckart Oehlenschläger, Frankfurt a. M. 1987, S. 75-88.
Kahler, Erich: Die Verantwortung des Geistes. Gesammelte Aufsätze. Frankfurt a. M. 1952.
Ders.: Untergang und Übergang. Essays. München 1970.
Kanitscheider, Bernulf: Wissenschaftstheorie der Naturwissenschaft. Berlin/New York 1981.
Kanitscheider, Bernulf u. Nitschke, August: Das Weltbild der modernen Physik. In: Jahrhundertwende. Der Aufbruch in die Moderne. 1880-1930. Hg. v. August Nitschke u. a. 2 Bände. Reinbek bei Hamburg 1990, S. 118-140.
Karlson, Paul: An den Grenzen unseres Wissens. Feldpost-Ausgabe. Berlin 1943.
Katzmann, Volker: Ernst Jüngers Magischer Realismus. Hildesheim, New York 1975.
Keller, Otto: Die totalisierte Figur. Friedrich Dürrenmatts »Meteor« als Dokument eines neuen Denkens. In: Text und Kritik. 1980, Heft 50/51: Friedrich Dürrenmatt I, 2. rev. u. erw. Aufl., S. 43-56.
Kessler, Dieter: Untersuchungen zur Konkreten Dichtung. Vorformen - Theorien - Texte. Meisenheim am Glan 1976.
Kiefer, Klaus H.: Einstein & Einstein. Wechselseitige Erhellung der Künste und Wissenschaften um 1915. In: Komparatistische Hefte H. 5/6 (1982), S. 181-194.
Kiel, Anna: Erich Kahler. Ein »uomo universale« des zwanzigsten Jahrhunderts - seine Begegnungen mit bedeutenden Zeitgenossen. Vom Georgekreis bis Hermann Broch und Thomans Mann. Bern u. a. 1989.
Kirchberger, Paul: Entwicklung der Atomtheorie. In: Deutsche Allgemeine Zeitung 20.5.1922.
Ders.: Moderne Atomtheorie. In: Berliner Tageblatt 16.8.1922.
Klages, Ludwig: Der Geist als Widersacher der Seele. 5. ungek. Aufl. Bonn 1972.
Knopf, Jan: Brecht-Handbuch. Lyrik, Prosa, Schriften. Eine Ästhetik der Widersprüche. Stuttgart 1984, S. 399-422.
Ders.: Bertolt Brecht und die Naturwissenschaften. Reflexionen über den Zusammenhang von Natur- und Geisteswissenschaften. In: Brecht-Jahrbuch 1978. Hg. v. John Fuegi u. a. Frankfurt a. M. 1978, S. 13-38.
Ders.: Brecht-Handbuch Theater. Eine Ästhetik der Widersprüche. Stuttgart 1980.
Ders.: Bertolt Brecht. Ein kritischer Forschungsbericht. Fragwürdiges in der Brecht-Forschung. Frankfurt a. M. 1974, S. 152-164.
Ders.: Friedrich Dürrenmatt. 4. neubearb. Aufl., München 1988.
Ders.: Sprachmächtigkeiten. In: Facetten. Studien zum 60. Geburtstag Friedrich Dürrenmatts. Hg. v. Gerhard P. Knapp u. Gerd Labroisse. Bern/Frankfurt a.M./Las Vegas 1981, S. 61-81.
Knörrisch, Otto: Die Wandlungen der lyrischen Aussage. In: Neue deutsche Hefte 2 (1955/1956), S. 618-624.
Knust, Herbert: Aufstieg und Fall der Wissenschaftsapostel. Zur Literarisierung der 'Physiker'. In: Sprache im technischen Zeitalter 1986, H. 98, S. 120-134.
Koch, Heinrich: Chaplin und die Atomphysik. In: Athena 1 (1946/47), H. 2, S. 55-63.
Koch, Manfred: Wolfgang Koeppen. Literatur zwischen Nonkonformismus und Resignation. Stuttgart u. a. 1973.
Köhler, Erich: Der literarische Zufall, das Mögliche und die Notwendigkeit. München 1973.

Koelsch, Adolf: Relativitätstheorie und Quantenphysik. In: Neue Züricher Zeitung 26.1.1932.
Koeppen, Wolfgang: Jugend. Frankfurt a. Main 1976.
Ders.: Jakob Littners Aufzeichnungen aus einem Erdloch. Roman. Frankfurt a. M. 1992.
Ders.: Gesammelte Werke in sechs Bänden. Hg. v. Marcel Reich-Ranicki in Verbindung mit Dagmar von Briel und Hans-Ulrich Treichel. Frankfurt a. Main 1986.
Kopfermann, Thomas: Einführung. In: Theoretische Positionen zur Konkreten Poesie. Texte und Bibliographie. Mit einer Einführung hg. v. Thomas Kopfermann. Tübingen 1974, S. IX-LI.
Ders.: Konkrete Poesie - Fundamentalpoetik und Textpraxis einer Neo-Avantgarde. Frankfurt a. M./Bern 1981.
Kopperschmidt, Josef: Literarisches Sprechen im Zeitalter der Wissenschaften. In: Sprachnot und Wirklichkeitszerfall. Dargestellt an Beispielen neuerer Literatur. Hg. v. Elisabeth Meier. Düsseldorf 1972, S. 62-97.
Kraus, Fritz: Die Naturwissenschaft auf Grenzposten. Zu Carl Friedrich von Weizsäckers "Geschichte der Natur". In: Merkur 3 (1949), H. 5, S. 509-515.
Krbek, Franz: Erlebte Physik. Wandel in den Naturwissenschaften. Berlin 1942.
Ders.: Was ist Wahrscheinlichkeit? In: Das Reich Nr. 5 (2. Febr. 1941).
Ders.: Die neue Welt der Physik. Literatur, Kunst, Wissenschaft. In: Das Reich Nr. 8 (22. Febr. 1942).
Kreutzer, Leo: Erkenntnistheorie und Prophetie. Hermann Brochs Romantrilogie 'Die Schlafwandler'. Tübingen 1966.
Krieger, Peter: Das neue Bewußtsein in der Kunst. In: Neue deutsche Hefte 6 (1956/1960), H. 60, S. 331-338.
Kroner, Friedrich: Coincidentia oppositorum. In: Berliner Hefte für geistiges Leben 3 (1948), Bd. 2, H. 12, S. 439-448.
Kudszus, Hans: Das bildlose Weltbild. In: Der Monat 4 (1951), H. 38, S. 205-209.
Kügler, Hans: Weg und Weglosigkeit. Neun Essays zur Geschichte der deutschen Literatur im zwanzigsten Jahrhundert. Heidesheim 1970.
Kühn, Alfred: Die Materie in Atomen und Sternen. Berlin 1934.
Kumleben, Gerhard: Weltanschauung und moderne Physik. In: Die Umschau 3 (1948), H. 4, S. 397-406.
Kunst, Wissenschaft und Politik von Robert Musil bis Ingeborg Bachmann. Hg. v. Josef Strutz. München 1986.
Kurz, Paul Konrad: Über moderne Literatur. Standorte und Deutungen. Frankfurt a. Main 1967.
Laeuen, Harry: Der Machtgedanke im naturwissenschaftlichen Weltbild. In: Athena 1 (1946/47), H. 2, S. 64-67.
Lämmert, Eberhard: Die Herausforderung der Künste durch die Technik. In: Literatur in einer industriellen Kultur. Hg. v. Götz Großklaus u. Eberhard Lämmert. Stuttgart 1989, S. 23-45.
Lampe, Jorg: Nachahmung-Manier-Styl. In: Welt und Wort 3 (1948), S. 371.
Laue, Max von: Geschichte der Physik. Frankfurt a. M. 1959.
Langgässer, Elisabeth: Das Christliche der christlichen Dichtung. Vorträge und Briefe. Olten u. Freiburg i. Brg. 1961.
Dies.: Lyrik in der Krise. In: Berliner Hefte für geistiges Leben 2 (1947), S. 503-506.
Lehnert, Herbert: Fiktionale Struktur und physikalische Realität in Dürrenmatts 'Die Physiker'. In: Sprachkunst 1 (1970), S. 318-330.
Lennartz, Franz: Deutsche Schriftsteller des 20. Jahrhunderts im Spiegel der Kritik. 845 Einzeldarstellungen in alphabetischer Reihenfolge mit Werkregister u. dokumentarischem Anhang. Vier Bde. Stuttgart 1984.
Leonhard, Kurt: Wort wider Wort. Ausgewählte Gedichte 1934-1973. Mainz 1973.
Ders.: Zur Definition des modernen Gedichts. In: Akzente 4 (1957), S. 35-43.
Ders.: Silbe, Bild und Wirklichkeit. Gedanken zu Gedichten. Eßlingen 1957.
Ders.: Moderne Lyrik. Monolog und Manifest. Ein Leitfaden. Bremen 1963.
Ders.: Die heilige Fläche. Gespräche über moderne Kunst. Stuttgart 1947.

Ders.: Die heilige Fläche. Gespräche über moderne Kunst. Objokus. Neue Gespräche. Stuttgart 1966.
Ders.: Ecce homo. In: Expeditionen. Deutsche Lyrik seit 1945. Hg. v. Wolfgang Weyrauch. München 1959.
Leopoldina-Meeting. Zur Edition naturwissenschaftlicher Texte der Goethezeit vom 22. bis 23. Mai 1992 in Halle (Saale). Hg. v. Wolf v. Engelhardt. Halle (Saale) 1992 [Acta historica Leopoldina Nr. 20].
Lewinsohn, R.: Max Plancks Quantentheorie. In: Berliner Tageblatt 14.1.1921.
Literarische und naturwissenschaftliche Intelligenz. Dialog über die «zwei Kulturen«. Hg. v. Helmut Kreuzer. Stuttgart 1969.
Literatur im Industriezeitalter. Eine Ausstellung des Deutschen Literaturarchivs im Schiller-Nationalmuseum Marbach am Neckar. Zwei Bde. Marbach am Neckar 1987.
Ludewig, Paul: Zerlegung der Atome. In: Daheim Jg. 55 (1920) Nr. 24.
Ludwig, Karl-Heinz: Bertolt Brecht. Philosophische Grundlagen und Implikationen seiner Dramaturgie. Bonn 1975.
Lüscher, Edgar: Moderne Physik. Von der Mikrostruktur der Materie bis zum Bau des Universums. Unter Mitarbeit von Ernst Hofmeister. Überarb. u. aktual. Neuausg. München/Zürich 1987.
Lützeler, Paul Michael: Hermann Broch. Eine Biographie. Frankfurt a. M. 1985.
Ders.: Hermann Broch. Ethik und Politik. Studien zu seinem Frühwerk und zur Romantrilogie 'Die Schlafwandler'. München 1973.
Mach, Ernst: Beiträge zur Analyse der Empfindungen. Jena 1886. - Erw. Ausgabe u. d. T.: Ders.: Die Analyse der Empfindungen und das Verhältnis des Physischen zum Psychischen. Jena 1900.
Majovsek, Gabriele: Das Modell der Gestalt als Prinzip 'anfänglichen Denkens' bei Musils Versuch der Erstellung eines 'beweglichen Gleichgewichts'. In: Robert Musils "Kakanien" - Subjekt und Geschichte. Festschrift für Karl Dinklage zum 80. Geburtstag. Internationales Robert-Musil-Sommerseminar 1986. Hg. v. Josef Strutz. München 1987, S. 273-292.
Manstein, Bodo: Naturwissenschaft ohne Vorbild. In: Frankfurter Hefte 15 (1960), H. 1, S. 9-14.
Manthey, Jürgen: Arno Schmidt und seine Kritiker. Bemerkungen zur Artistik in der Zeit. In: Frankfurter Hefte 17 (1962), H. 6, S. 408-416.
Marahrens, Gerwin: Friedrich Dürrenmatts »Die Ehe des Herrn Mississippi«. In: Friedrich Dürrenmatt. Studien zu seinem Werk. Hg. v. Gerhard P. Knapp. Heidelberg 1976.
March, Arthur: Einführung in die moderne Atomphysik in allgemein verständlicher Darstellung. Leipzig 1933.
Ders.: Die kleinste Länge - Die Physik an der Grenze des Messbaren. In: Das Reich Nr. 46 (14. Nov. 1943).
Ders.: Natur und Erkenntnis. Die Welt in der Konstruktion des heutigen Physikers. Wien 1948.
Ders.: Die Denkweise der heutigen Naturwissenschaften. In: Die neue Rundschau 63 (1952), S. 244-259.
Ders.: Die Neuorientierung der Physik. In: Die neue Weltschau. Internationale Aussprache über den Anbruch eines neuen aperspektivischen Zeitalters, veranstaltet von der Handels-Hochschule St. Gallen. Stuttgart 1952, S. 32-51.
Ders.: Die physikalische Erkenntnis und ihre Grenzen. Braunschweig 1955.
Ders.: Das neue Denken der modernen Physik. Hamburg 1957.
Marcuse, Herbert: Der eindimensionale Mensch. Studien zur Ideologie der fortgeschrittenen Industriegesellschaft. Neuwied/Berlin 1967.
Marquard, Odo: Die Unvermeidlichkeit der Geisteswissenschaften. In: Universitas 42 (1987), Bd. 1, S. 18-25.
Marquit, Erwin : Physik. In: Europäische Enzyklopädie zu Philosophie und Wissenschaften. Hg. v. Hans Jörg Sandkühler. Bd. 3: L - Q, Hamburg 1990, S. 713-723.
Martinez-Seekamp, Matias: Ferien von der Kausalität? Zum Gegensatz von »Kausalität« und »Form« bei Carl Einstein. In: Text und Kritik (Juli 1987), H. 95: Carl Einstein, S. 13-22.
Marx, Erich: Lichtquanten und Lichttheorie. In: Leipziger Neueste Nachrichten 21.12.1927.

Mathieu, Georges: Die Auflösung der Form. In: blätter und bilder 2 (1960/61), H. 11, S. 5-14.

MB [d. i.: Max Bense] (Rez.): Heisenbergs Weltbild. In: Kölnische Zeitung 310 (21.6.1942).

Mehra, Jagdish/Rechenberg, Helmut: The Historical Development of Quantum Theory. Volume 1, 2 parts: The Quantum Theory of Planck, Einstein, Bohr and Sommerfeld: Its Foundation and the Rise of Its Difficulties 1900-1925. New York/Heidelberg/Berlin 1982

Meisel, Gerhard: Liebe im Zeitalter der Wissenschaften vom Menschen. Das Prosawerk Robert Musils. Opladen 1991, S. 18-24.

Ders.: Verkehr und Entropie in Robert Musils *Kakanien*. In: Medien und Maschinen. Literatur im technischen Zeitalter. Hg. v. Theo Elm u. Hans H. Hiebel. Freiburg i. Br. 1991, S. 304-332.

Meitner, Lise: Das Atom. In: Die Neue Rundschau 56/57 (1945/46), S. 22-40.

Menges, Karl: Kritische Studien zur Wertphilosophie Hermann Brochs. Tübingen 1970,

Meschkowski, Herbert: Paradoxie und Antinomie. Die Bildung des Menschen durch die exakten Wissenschaften. In: Der Monat 15 (1962), H. 169, S. 47-52.

Metzner, Joachim: Die Bedeutung physikalischer Sätze für die Literatur. In: Deutsche Vierteljahresschrift 53 (1979), S. 1-34.

Meyer-Abich, Adolf: Ist die Natur eine Einheit, eine Vielheit oder eine Ganzheit? In: Die neue Rundschau 54 (1943), S. 26-33 u. 73-79.

Ders.: Naturphilosophie auf neuen Wegen. Stuttgart 1948.

Meyer-Abich, Klaus: Korrespondenz, Individualität und Komplementarität. Eine Studie zur Geistesgeschichte der Quantentheorie in den Beiträgen von Niels Bohr. Wiesbaden 1965.

Meyers Physik-Lexikon. Hg. von der Fachredaktion für Naturwissenschaft und Technik des Bibliographischen Instituts. Mannheim, Wien, Zürich 1973.

Mie, Gustav: Die geistige Struktur der Physik. Güterloh 1934.

Ders.: Die Denkweise der Physik und ihr Einfluß auf die geistige Einstellung des heutigen Menschen. Stuttgart 1937.

Ders.: Die göttliche Ordnung in der Natur. Drei Aufsätze. Tübingen/Stuttgart 1946.

Miller, Gerlinde F.: Die Bedeutung des Entwicklungsbegriffs für Menschenbild und Dichtungstheorie bei Gottfried Benn. New York u. a. 1990.

Mittelstaedt, Peter: Philosophische Probleme der modernen Physik. Mannheim 1963.

Ders.: Die Sprache der Physik. Aufsätze und Vorträge von Peter Mittelstaedt. Mann/Wien/Zürich 1972.

Mittenzwei, Werner: Brecht und die Naturwissenschaften. In: Brecht 73. Brecht-Woche der DDR. Hg. v. Werner Hecht. Berlin 1973, S. 151-196, hier S. 161.

Möbius, Hanno: Der Positivismus in der Literatur des Naturalismus. Wissenschaft, Kunst und soziale Frage bei Arno Holz. München 1980.

Möglich, F. : Über die Indeterminiertheit der atomphysikalischen Vorgänge. In: Aufbau 2 (1946), S. 499-512.

Mon, Franz: Perspektive: Texte über Texte. Neuwied/Berlin 1970.

Monti, Claudia: Musils "Ratioid", oder Wissenschaft als Analogie der Ratio. In: Philologie und Kritik. Klagenfurter Vorträge zur Musilforschung. Hg. u. eingel. v. Wolfgang Freese. München/Salzburg 1981, S. 195-222.

Moser, Walter: Zwischen Wissenschaft und Literatur. Zu Robert Musils Essayismus. In: Verabschiedung der (Post-) Moderne? Eine interdisziplinäre Debatte. Hg. v. Jaques Le Rider und Gérard Raulet. Tübingen 1987, S. 167-196.

Moszkowski, Alexander : Entdeckung und Weltanschauung. Zu den Entdeckungen Plancks und Einsteins. In: Berliner Tageblatt 25.12.1920.

Muller, Marcel: Benjamin Lee Whorf und die Krise der Literatur. In: Sprache im technischen Zeitalter 1 (1962), H. 3, S. 173-183.

Müller, Bodo: Der Verlust der Sprache. Zur linguistischen Krise in der Literatur. In: Germanistisch-Romanistische Monatsschrift N. F. 16 [d. i.: Jg. 47 d. Gesamtreihe] (1966), S. 225-243.

Müller, Klaus-Detlef: Der Philosoph auf dem Theater. Ideologiekritik und 'Linksabweichung' in Bertolt Brechts »Messingkauf«. In: Brechts Theorie des Theaters. Hg. v. Werner Hecht. Frankfurt a. M. 1986, S. 142-182.

Müller, Otto: Los vom Banne der Kausalität. In: Königsberger Hartung'sche Zeitung 2.4.1927.
Müller, Rolf: Komödie im Atomzeitalter. Gestaltung und Funktion des Komischen bei Friedrich Dürrenmatt. Frankfurt a. M. u. a. 1988.
Münster, Arnold: Ordnungen in der Natur. In: Frankfurter Hefte 2 (1947), H. 3, S. 264-274.
Ders.[Sammelrez.]: Naturwissenschaft für Neugierige. In: Frankfurter Hefte 7 (1952), H. 6, S. 466-469.
Muschalek, Hubert: Gottbekenntnisse moderner Naturforscher. Berlin 1952.
Musil, Robert: Gesammelte Werke in 9 Bänden. Hg. v. Adolf Frisé. 9 Bde. 2. verb. Aufl. Reinbek bei Hamburg 1981
Ders.: Tagebücher. Hg. v. Adolf Frisé. 2 Bde. Reinbek b. Hamburg 1976.
Ders.: Beitrag zur Beurteilung der Lehren Machs und Studien zur Technik und Psychotechnik. - Und: Studien zur Technik und Psychotechnik. Reinbek b. Hamburg 1980.
Ders.: Briefe 1901-1942. Hg. v. Adolf Frisé. 2 Bde. Reinbek bei Hamburg 1981.
Mutschler, Hans-Dieter: Spekulative und empirische Physik. Aktualität und Grenzen der Naturphilosophie Schellings. Stuttgart/Berlin/Köln 1990.
Mythos und Moderne. Begriff und Bild einer Rekonstruktion. Hg. v. Karl Heinz Bohrer. Frankfurt a. M. 1983.
Neergaard, Kurt von: Die Aufgabe des 20. Jahrhunderts. Das Weltbild der modernen Physik und seine Bedeutung für die geistige Situation unserer Zeit und für die kulturelle Entwicklung und Zukunft. Erlenbach 1940.
Nettesheim, Josefine: Ursprung und Sinn der Wissenschaftskunst in der Lyrik. In: Literaturwissenschaftliches Jahrbuch. N. F. 3 (1962), S. 315-333.
Neuhaus, Volker: Zur Darstellung von Industrie und Technik in der deutschen Literatur. In: Die nützlichen Künste. Hg. v. Tilmann Buddensieg u. Henning Rogge. Berlin 1981, S. 228-236.
Noble, Cecil A. M.: Sprachskepsis. Über Dichtung der Moderne. München 1978.
Ders.: Spielbewußtsein. Essays zur deutschen Literatur und Sprache. Bern u. a. 1981.
Noeggerath, Felix: Über das Unzeitgemäße der abstrakten Kunst. In: Merkur 5 (1951), H. 11, S. 1005-1019.
Nöth, Winfried: Handbuch der Semiotik. Stuttgart 1985.
Oehm, Heidemarie: Die Kunsttheorie Carl Einsteins. München 1976.
Dies.: Carl Einstein: Zur Wende von der subjektivistischen zur materialistischen Kunsttheorie. In: Exil 1982, H. 1, S. 69-78.
Dies.: Intellektuellenkritik und politische Ästhetik. Bertolt Brecht und Carl Einstein. In: Text und Kritik (Juli 1987), H. 95: Carl Einstein, S. 67-79
Oppenheimer, J. Robert: Atomkraft und menschliche Freiheit. Hamburg 1957.
Ortega y Gasset, José: Gesammelte Werke. Stuttgart 1978.
Paalen, Wolfgang: Welches können wohl die neuen Themen der Malerei sein? In: Meta 2 (Febr. 1949), o. S. [S. 3].
Pagels, Heinz: Quantenphysik als Sprache der Natur. Berlin/Frankfurt a. M./Wien 1983.
Pannenberg, Wolfhart: Person und Subjekt. In: Identität. Hg. v. Odo Marquard u. Karlheinz Stierle. München 1979, S. 407-422.
Peitgen, Heinz O. u. Jürgens, Hartmut u. Saupe, Dietmar: Bausteine des Chaos. Stuttgart 1992.
Penkert, Sibylle: Carl Einstein. Beiträge zu einer Monographie. Göttingen 1969.
Dies.: Explikation - Edition - Interpretation. In: Carl Einstein: Die Fabrikation der Fiktionen. Gesammelte Werke in Einzelausgaben. Hg. v. Sibylle Penkert. Eingel. v. Helmut Heißenbüttel. Mit Beiträgen v. Sibylle Penkert u. Katrin Sello. Reinbek bei Hamburg 1973, S. 329-343.
Peters, Johannes: Information und Signal. In: Philosophie und Kybernetik. Hg. v. Karl Steinbuch u. Simon Moser. München 1970.
Petersen, Jürgen Hans: Der deutsche Roman der Moderne. Grundlegung - Typologie - Entwicklung. Stuttgart 1991.
Philologie und Kritik. Klagenfurter Vorträge zur Musilforschung. Hg. u. eingel. v. Wolfgang Freese. München/Salzburg 1981.

Pietzcker, Carl: Grenzen und Möglichkeiten der "Atomliteratur". In: Ders.: Trauma, Wunsch, Abkehr. Psychoanalytische Studien zu Goethe, Jean Paul, Brecht,zur Atomliteratur und zur literarischen Form. Würzburg 1985, S. 123-190.

Planck, Max: Vorträge und Erinnerungen. 5. Aufl. der "Wege zur physikalischen Erkenntnis". Volksausgabe. Stuttgart 1949.

Ders.: Determination oder Indetermination? In: Europäische Revue 14 (1938), S. 958-972.

Ders.: Sinn und Grenzen der exakten Wissenschaften. In: Europäische Revue 18 (1942), S. 75-88.

Ders.: Determinismus oder Indeterminismus. Vortrag. Leipzig 1938.

Popper, Karl Raimund: Zur Kritik der Ungenauigkeitsrelationen. In: Die Naturwissenschaften 22 (1934), H. 48, S. 807-808.

Ders.: Indeterminism in Quantum Physics and in Classical Physics. In: The British Journal for the Philosophy of Science 1 (1950), S. 117-133 u. S. 173-195.

Ders.: Logik der Forschung. 3. vermehrte Auflage Tübingen 1969.

Ders.: Ausgangspunkte: Meine intellektuelle Entwicklung [Aus d. Englischen v. Friedrich Griese u. d. Autor. Die dt. Fassung v. Autor überarb.]. Hamburg 1979.

Ders.: Quantum Theory and the Schism in Physics. From the Postscript to the Logic of Scientific Discovery. Ed. by W. W. Bartley, III. London u. a. 1982.

Porter, Jeffrey: 'Three Quarks for Muster Mark': Quantum Wordplay and Nuclear Discourse in Russell Hoban's Riddley Walker. In: Contemporary Literature 31 (1990), H. 4, S. 448-469.

Preetorius, Emil: Eröffnung der Vortragsreihe. In: Die Künste im technischen Zeitalter. Dritte Folge des Jahrbuches Gestalt und Gedanke. Hg. v. d. Bayrischen Akademie der Schönen Künste. München 1954, S. 11-14.

Ders.: Die neue Wirklichkeit. In: Der Monat 7 (1954/55), H. 81, S. 248-250.

Ders.: Die Bildkunst. In: Die Künste im technischen Zeitalter. Dritte Folge des Jahrbuches Gestalt und Gedanke. Hg. v. d. Bayrischen Akademie der Schönen Künste. München 1954, S. 109-129.

Radbruch, Knut: Mathematik in den Geisteswissenschaften. Göttingen 1989.

Rasch, Wolfdietrich: Zur deutschen Literatur der Jahrhundertwende. Ges. Aufsätze. Stuttgart 1967.

Reich-Ranicki, Marcel: Literarisches Leben in Deutschland. München 1965.

Reichenbach, Hans: Der Begriff der Wahrscheinlichkeit für die mathematische Darstellung der Wirklichkeit (Diss. Uni. Erlangen). Leipzig 1916.

Ders.: Vom Bau der Welt. Grundgedanken der Physik. In: Die neue Rundschau XLIV (1933), Bd. II, S. 39-60.

Ders.: Kausalität und Wahrscheinlichkeit. In: Erkenntnis 1 (1930), S. 158-188.

Ders.: Atom und Kosmos. Das physikalische Weltbild der Gegenwart. Berlin 1930.

Ders.: Ziele und Wege der heutigen Naturphilosophie. Leipzig 1931.

Ders.: Aufstieg der wissenschaftlichen Philosophie [The Rise of Scientific Philosophy, Berkeley, Los Angeles 1951, dt. Berlin-Grunewald o. J. (1953)]. In: Ders.: Ges. Werke in 9 Bden, hg. v. Andreas Kumlah u. Maria Reichenbach, Bd. 1. Braunschweig 1977, S. 85-450.

Ders.: Philosophische Grundlagen der Quantenmechanik [Philosophic Foundation of Quantum Mechanics. Berkeley/Los Angeles 1944, dt. Basel 1949]. In: Ders.: Ges. Werke in 9 Bänden. Hg. v. Andreas Kamlah u. Maria Reichenbach. Bd. 5, Braunschweig/Wiesbaden 1989, S. 3-196.

Ders.: Die logischen Grundlagen des Wahrscheinlichkeitsbegriffs. In: Ders.: Ges. Werke in 9 Bänden. Hg. v. Andreas Kamlah u. Maria Reichenbach. Bd. 5, Braunschweig/Wiesbaden 1989, S. 341-365.

Ders.: Wahrscheinlichkeitslehre. Eine Untersuchung über die logischen und mathematischen Grundlagen der Wahrscheinlichkeitsrechnung. Leiden 1935. Erweiterte Aufl. (d. i.: The Theory of Probability. Berkeley 1949, dt.) In: Ges. Werke in 9 Bänden. Hg. v. Andreas Kamlah u. Maria Reichenbach. Braunschweig/Wiesbaden 1994, S. 1-518.

Reisner, Erwin: Über den philosophischen Sinn der physikalischen Aporien. In: Neue Deutsche Hefte 4 (1957/58), H. 39, S. 603-615.

Reitz, Hellmuth (Rez.): Otto Willi Gail: Der Griff nach dem Atom. In: Welt und Wort 5 (1950), S. 86.

Reitzammer, Wolfgang: Schriftsteller und Engagement. Zur literarischen Verarbeitung der Remilitarisierungs- und Atombewaffnungsdiskussion in der Bundesrepublik Deutschland der 50er Jahre. In: Diskussion Deutsch 18 (1987), S. 351-372 u. 408-411.

Rentsch, Thomas: Wie ist ein Mann ohne Eigenschaften überhaupt möglich? Philosophische Bemerkungen zu Musil. In: *Paradigmen der Moderne*. Hg. v. Helmut Bachmaier. Amsterdam u. a. 1990, S. 49-76.

Reuter, Karl Hermann (Rez.): Werner Heisenberg: Das Naturbild der heutigen Physik. In: Welt und Wort 11 (1956), S. 164.

Ders. (Rez.): Joseph Meurers: Das Weltbild im Umbruch der Zeit. In: Welt und Wort 14 (1959), S. 30.

Richter, Karl: Fortschritt ohne Zukunft: Literarische Prognosen in 'Physikerdramen' der Moderne. In: Berichte zur Wissenschaftsgeschichte 2 (1979), S. 125-134.

Ders.: Literatur und Naturwissenschaft. Eine Studie zur Lyrik der Aufklärung. München 1972.

Ders.: Literatur und Naturwissenschaft. Eine Studie zur Lyrik der Aufklärung. München 1972.

Riemer, Willy: Mathematik und Physik bei Hermann Broch. In: Hermann Broch. Hg. v. Paul Michael Lützeler. Frankfurt a. M. 1986, S. 260-271.

Ringguth, Rudolf: Erreicht die Physik die Wirklichkeit? Ein Gespräch über das Verhältnis von Physik und Philosophie. In: Merkur 18 (1964), S. 830-845.

Robert Musils "Kakanien" - Subjekt und Geschichte. Festschrift für Karl Dinklage zum 80. Geburtstag. Internationales Robert-Musil-Sommerseminar 1986. Hg. v. Josef Strutz. München 1987.

Roh, Franz: Zur Diskussion um die gegenstandslose Kunst. In: Prisma 1 (1946/47), H. 10, S. 26-28, bes. S. 28.

Ders.: Kunst und Publikum. Thesen und Gegenthesen. In: Meta Nr. 2 (Febr. 1949), o. S. [S. 3].

Romanstruktur und Menschenrecht bei Hermann Broch. Hg. v. Hartmut Steinecke u. Josef Strelka. Bern u. a. 1990.

Rosenthal-Schneider, J.: Kausalität oder Wahrscheinlichkeit. In: Vossische Zeitung 21.10.1931.

Rousseaux, André: Louis de Broglies metaphysische Unruhe. In: Die Umschau 3 (1948), H. 4, S. 407-411.

Russell, Bertrand u. Copleston, Frederick C.: Gespräche über die Existenz Gottes. In: Merkur 4 (1950), H. 4, S. 384-403.

Saura, Antonio: Raum und Geste. In: blätter und bilder 1 (1959/60), H. 4, S. 41-49.

Scheibe, Erhard: Gibt es eine Annäherung der Naturwissenschaften an die Geisteswissenschaften? In: Universitas 42 (1987), Bd. 1, S. 5-18.

Scheibe, Ernst: Logical Analysis of Quantum Theory. Oxford 1973.

Scheler, Max: Die deutsche Philosophie. In: Deutsches Leben der Gegenwart. Hg. v. Philipp Witkop. Berlin 1922, S. 127-224.

Ders.: Ges. Werke Bd. 9: Späte Schriften. Hg. v. Manfred. S. Frings. Bern/München 1976.

Ders.: Ges. Werke Bd. 10: Schriften aus dem Nachlaß. Bd. I: Zur Ethik und Erkenntnislehre. Mit einem Anhang v. Maria Scheler. Hg. v. Manfred S. Frings. 3. durchges. Aufl. Bonn 1986.

Ders.: Ges. Werke Bd. 11: Schriften aus dem Nachlass Bd. II: Erkenntnisse und Metaphysik. Hg. v. Manfred S. Frings. Bern/München 1979.

Schlaffer, Heinz: Kritik und Rettung der Bücher. Zum geschichtlichen Verhältnis von Naturwissenschaften und Geisteswissenschaften. In: Medien und Maschinen. Literatur im technischen Zeitalter. Hg. v. Theo Elm u. Hans Helmut Hiebel. Freiburg 1991, S. 19-26.

Schlant, Ernestine: Hermann Broch and Modern Physics. In: Germanic Review 53 (1978), S. 69-75.

Schlick, Moritz: Gesetz, Kausalität und Wahrscheinlichkeit [Zuerst erschienen als: Gesammelte Aufsätze. 1926-1936. Wien 1938]. Wien 1948.

Ders.: Grundzüge der Naturphilosophie. Aus dem Nachlaß hg. v. Walter Hollitscher und Josef Rauscher. Wien 1948.
Schmeling, Manfred: Die Entgrenzung des "sprachlichen Kunstwerks". Alternatives Erzählen im 20. Jahrhundert. In: Funktion und Funktionswandel der Literatur im Geistes- und Gesellschaftsleben. Akten des Internationalen Symposiums Saarbrücken 1987. Hg. v. Manfred Schmeling. Bern u. a. 1989, S. 129-152.
Schmid, Günther: Goethe und die Naturwissenschaften. Eine Bibliographie. Halle 1940.
Schmid-Bortenschlager, Sigrid: Konstruktive Literatur. Gesellschaftliche Relevanz und literarische Tradition experimenteller Posa-Großformen im deutschen, englischen und französischen Sprachraum nach 1945. Bonn 1985.
Schmidt, Herminio: Heinrich v. Kleist. Naturwissenschaft als Dichtungsprinzip. Bern/Stuttgart 1978.
Schmidt, Siegfried Josef: Das Experiment in Literatur und Kunst. München 1978.
Schmidt-Henkel, Gerhard: Mythos und Literatur. In: Zwischen den Weltkriegen. Hg. v. Thomas Koebner (Neues Hb. d. Literaturwiss. Bd. 20). Wiesbaden 1983, S. 269-288.
Schöfer, Erasmus: Poesie als Sprachforschung. In: Konkrete Poesie, Linguistik und Sprachunterricht. Hg. v. Burckhard Garbe. Hildesheim/Zürich/New York 1987, S. 196-201.
Schramke, Jürgen: Zur Theorie des modernen Romans. München 1974
Schrödinger, Erwin: Das Gesetz der Zufälle. Der Kampf um Ursache und Wirkung in den modernen Naturwissenschaften. In: Koralle 5 (1929/30), H. 9, S. 417f.
Ders.: Gesetz der Zufälle. Der Kampf um die Kausalität. In: Vossische Zeitung 12.12.1929.
Ders.: Was ist Leben? Die lebende Zelle mit den Augen des Physikers betrachtet. 2. Aufl. München 1951.
Ders.: Unsere Vorstellung von der Materie. In: Merkur 7 (1952), H. 2, S. 131-145.
Ders.: Die Atomisten. In: Merkur 9 (1955), H. 9, S. 815-824.
Ders.: Die Natur und die Griechen - Kosmos und Physik. Hamburg 1956.
Ders.: Meine Weltansicht. Frankfurt a. M./Hamburg 1963.
Schüller, Hermann: Über die Philosophie der Unbestimmtheit. Zur Soziologie der Atomphysik. In: Prisma 2 (1948), H. 19/20, S. 28-30.
Ders.: Kosmos, Atom. In: Das Reich Nr. 37 (12. Sept. 1943).
Schulz, Hans-Joachim: Science Fiction. Stuttgart 1986.
Schütz, Erhard (Hg.): HighTech - LowLit? Literatur und Technik. Autoren und Computer. Essen 1991.
Ders. (Hg.): Willkommen und Abschied der Maschinen, Literatur und Technik. Bestandsaufnahme eines Themas. Essen 1988.
Ders.: Der Dilettant in der geschriebenen Geschichte. Was an Wolfgang Koeppens Roman "Das Treibhaus" modern ist. In: Wolfgang Koeppen. Hg. v. Eckart Oehlenschläger. Frankfurt a. M. 1987, S. 275-288.
Schwanitz, Dietrich: Systemtheorie und Literatur. Ein neues Paradigma. Opladen 1990.
Schwedhelm, Karl: Das Gedicht in einer veränderten Wirklichkeit. In: Zeitalter des Fragments. Literatur in unserer Zeit. Hg. v. Horst Lehner. Herrenalb (Schwarzwald) o. J. (1964), S.143-158.
Schwerte, Hans: Der Begriff des Experiments in der Dichtung. In: Literatur und Geistesgeschichte. Festgabe für Heinz Otto Burger. Hg. v. Reinhold Grimm u. Conrad Wiedemann. Berlin 1968, S. 387-405.
Seeliger, Rudolf: Physik des Kosmos und des Atoms. In: Heute und Morgen. Literarische Monatszeitschrift 1 (1947), H. 1, S. 40-45.
Ders.: Physik und Finalität. In: Universitas 2 (1947), H. 7, S. 829-836 u. H. 8, S. 949-956.
Seesholtz, Mel: When the Quarks Come Marching Home, Again. In: Mosaic 21 (1988), H. 2/3, S. 178-192.
Segeberg, Harro: Literarische Technik-Bilder. Studien zum Verhältnis von Technik- und Literaturgeschichte im 19. und frühen 20. Jahrhundert. Tübingen 1987.
Seidelhofer, Waltraud: Physik, Geometrie und Literatur. Spuren von Berührung. In: Freibord 14 (1989), H. 70, S. 127-186.

Selleri, Franco: Die Debatte um die Quantentheorie. 3. überarb. Aufl. Braunschweig 1990 (ED: Braunschweig/Wiesbaden 1983).
Serpan, Jaroslav: Wirklichkeit und Axiomatik. In: blätter und bilder 1 (1959/60), H. 5, S. 27-33.
Shaw, Michael: Ernst Jüngers Vorstellung von einer Intelligenz der Materie. In: Zeitschrift für dt. Philologie 83 (1964), S. 219-227.
Snerbaum, Ulrich u. Broich, Ulrich u. Borgmeier, Raimund: Science Fiction. Theorie und Geschichte, Themen und Typen, Form und Weltbild. Stuttgart 1981.
Snow, Charles Percy: Die zwei Kulturen. Literarische und naturwissenschaftliche Intelligenz [d. i.: The Two Cultures: and A Second Look, dt. v. Grete und Karl-Eberhardt Felten]. Stuttgart 1967.
Sommerfeld, Arnold: Das unendlich Kleine und das unendlich Große in der Physik. In: Deutsche Beiträge 4 (1950), H. 4, S. 269-276.
Söring, Jürgen: Sprach-Reflexion und Sprach-Denken. Martin Heidegger und die Konkrete Poesie. In: Poetica 16 (1984), S. 110-137.
Spranger, Eduard: Kulturphilosophie und Kulturkritik. Ges. Schriften Bd. V. Hg. v. Hans Wenke. Tübingen 1969.
Ders.: Grundlagen der Geisteswissenschaft. Ges. Schriften Bd. VI. Hg. v. Walter Bähr. Tübingen 1980.
Starke, Hermann (Rez.): Bernhard Bavink: Das Weltbild der heutigen Naturwissenschaften und seine Beziehungen zur Philosophie und Religion. In: Welt und Wort 3 (1948), S. 414.
Steinecke, Hartmut: Kunstwerk der Erkenntnis. Hermann Brochs Verständnis des Romans im historischen Kontext. In: Romanstruktur und Menschenrecht bei Hermann Broch. Hg. v. Hartmut Steinecke u. Josef Strelka. Bern u. a. 1990, S. 121-131.
Steiner, George: Der Rückzug vom Wort. In: Merkur 16 (1962), H. 6, S. 501-523.
Stern, Fritz: Kulturpessimismus als politische Gefahr. Eine Analyse nationaler Ideologie in Deutschland (d. i.: The Politics of Cultural Despair, dt. v. A. P. Zeller). Bern/Stuttgart/Wien 1963.
Strauss und Torney, Lulu von: Die Quantentheorie. In: Neue Preußische Zeitung 29.5.1926.
Strolz, Walter (Hg.): Experiment und Erfahrung in Wissenschaft und Kunst. Freiburg/München 1963.
Strutz, Josef: *Der Mann ohne Konzessionen*. Essayismus als poetisches Prinzip bei Musil und Altenberg. In: Genauigkeit und Seele. Zur Österreichischen Literatur seit dem Fin de siècle. Hg. v. Josef Strutz und Endre Kiss. München 1990, S. 11-27.
Szilasi, Wilhelm: Phantasie und Erkenntnis. Bern/München 1969.
Technik in der Literatur: ein Forschungsüberblick und 12 Aufsätze. Hg. v. Harro Segeberg. Frankfurt a. Main 1987.
Technik und Industrie in Kunst und Literatur. Opladen 1988 (5. Akademie-Forum/Rheinisch-Westfälische -Akademie der Wissenschaften).
Theoretische Positionen zur Konkreten Poesie. Texte und Bibliographie. Mit einer Einführung hg. v. Thomas Kopfermann. Tübingen 1974.
The Relations of Literature and Science. An Annotated Bibliography of Scholarship, 1880-1980. Edited by Walter Schatzberg, Ronald A. Waite, Jonathan K. Johnson. New York 1987.
The Relations of Literature and Science: A Selected Bibliographie 1930-1967. Edited by Fred A. Dudley. Ann Arbor 1968.
Thiele, Joachim: Formen der Verwendung naturwissenschaftlicher Begriffe in literarischen Texten. In: Muttersprache 78 (1968), S. 333-341.
Thiess, Frank: Die Wirklichkeit des Unwirklichen. Untersuchungen über die Realität der Dichtung. Hamburg 1954.
Ders.: Machen Mikroben Geschichte? In: Die Neue Literarische Welt 3 (1952), Nr. 24, S. 4.
Ders.: Der Zauberlehrling. Roman. München 1975.
Thomé, Horst: Roman und Naturwissenschaft. Eine Studie zur Vorgeschichte der deutschen Klassik. Frankfurt a. Main [u. a.] 1978.

Todorow, Almut: Publizistische Reiseprosa als Kunstform: Wolfgang Koeppen. In: Wolfgang Koeppen, Hg. v. Eckhart Oehlenschläger. Frankfurt a. M. 1987, S. 158-195.
Treichel, Hans-Ulrich: Das Geräusch und das Vergessen. Realitäts- und Geschichtserfahrung in der Nachkriegstrilogie Wolfgang Koeppens. In: Wolfgang Koeppen. Hg. v. Eckhart Oehlenschläger,. Frankfurt a. M. 1987, S. 47-74.
Ders.: Fragment ohne Ende. Eine Studie über Wolfgang Koeppen. Heidelberg 1984.
Uellenberg, Gisela: Naturforschung und Unerforschlichkeit. In: Merkur 5 (1951), H. 2, S. 201-203.
Uexküll, Thure von: Probleme der naturwissenschaftlichen Erfahrung. In: Merkur 13 (1959), H. 3, S. 215-230.
Ders.: Von den Grenzen der Naturwissenschaft. In: Merkur 6 (1952), H. 3, S. 209-224.
Unger, Georg: Physik am Scheideweg. Die Grundlagen der exakten Wissenschaften in neuer Betrachtungsweise. Kritische Aufsätze im Rahmen der mathematisch-astronomischen und der naturwissenschaftlichen Sektion am Goetheanum. Dornach-Basel 1948.
Veltheim, Hans Hasso von: Die Mikrophysik und das Okkulte. In: Merkur 8 (1954), H. 10, S. 945-954.
Vietta, Silvio: Sprache und Sprachreflexion in der modernen Lyrik. Bad Homburg 1970.
Vietta, Silvio u. Kemper, Hans Georg: Expressionismus. 4. Aufl. München 1990.
Vogel, Thilo: Zur Erkenntnistheorie der quantentheoretischen Grundbegriffe. Diss. Gießen 1928.
Vogt, Guntram: Robert Musil: Politik als Methode. Zum Kontext von Kunst, Wissenschaft und Politik. In: Kunst, Wissenschaft und Politik von Robert Musil bis Ingeborg Bachmann. Hg. v. Josef Strutz. München 1986, S. 146-164.
Ders.: Robert Musils »dichterische Erkenntnis«. Vom mechanistischen zum kybernetischen Denken. In: Mechanik in den Künsten. Studien zur ästhetischen Bedeutung von Naturwissenschaft und Technologie. Hg. v. Hanno Möbius u. Jörg Jochen Berns. Marburg 1990, S. 267-280.
Vormweg, Heinrich: Die Wörter und die Welt. In: Akzente 18 (1966), S. 72-84.
Wagenschein, Martin: Quantentheorie. In: Königsberger Hartung'sche Zeitung 22.9.1928.
Wallach, Armin: Völkische Wissenschaft - Deutsche Physik. In: Deutsche Rundschau 69 (1946), H. 5, S. 126-141.
Walther, Elisabeth: Allgemeine Zeichenlehre. Einführung in die Grundlagen der Semiotik. Stuttgart 1974.
Warnke, Martin: Von der Gegenständlichkeit und der Ausbreitung des Abstrakten. In: Die fünfziger Jahre. Beiträge zu Politik und Kultur. Hg. v. Dieter Bänsch. Tübingen 1985, S. 209-222.
Wedewer, Rolf: Jean Degottex. In: blätter und bilder 3 (1961), H. 14, S. 57f.
Weizsäcker, Carl Friedrich von: Zum Weltbild der Physik. Leipzig 1943.
Ders.: Das Atom in Physik, Chemie und Philosophie. In: Das Reich Nr. 24 (14. Juni 1942).
Ders.: Zum Weltbild der Physik. 3. Aufl. Leipzig 1945.
Ders.: Die Unendlichkeit der Welt. In: Vision 1 (1948), H. 3, S. 246-263.
Ders.: Physik der Gegenwart. Bonn 1952.
Ders.: Atomenergie und Atomzeitalter. 12 Vorlesungen. Frankfurt a. M. 1957.
Ders.: Christlicher Glaube und Naturwissenschaft. Berlin 1959.
Ders.: Ich-Du und Ich-Es in der heutigen Naturwissenschaft. In: Merkur 12 (1958), H. 2, S. 124-128.
Ders.: Philosophische Fragen der Naturwissenschaft. In: Merkur 12 (1958), H. 9, S. 801-820.
Ders.: Christlicher Glaube und Naturwissenschaft. Berlin 1959.
Ders.: Niels Bohr and Complementarity. The Place of the Classical Language. In: Ted Basin (Hg.): Quantum Theory and Beyond. Cambridge 1971, S. 23-31.
Ders.: Die Einheit der Natur. Studien. München 1971.
Wentzel, Gregor: Vereinigung der Wellen- und Korpuskulartheorie in der modernen Physik. In: Neue Züricher Zeitung 1.12.1928.
Wenzl, Aloys: Freiheit und Bindung als Weltprinzip. In: Deutsche Beiträge 2 (1948), H. 2, S. 138-148.

Ders.: Vorstufen des Freiheitsbegriffes im Naturgeschehen 3 (1948), H. 12, S. 1415-1419.
Ders.: Wissenschaft und Weltanschauung. Leipzig 1936.
Westphal, Wilhelm: Die neue Wellenmechanik. In: Frankfurter Zeitung 26.6.1928.
Ders.: Wellenmechanik und Fermische Statistik. In: Frankfurter Zeitung 24.7.1928.
Ders.: Naturwissenschaftliche Berichte: Die Wandlungen der herkömmlichen Begriffe in der Quantentheorie. In: Frankfurter Zeitung 23.12.1930.
Ders.: Probleme der Physik. In: Das Reich Nr. 41 (10. Okt. 1943).
Ders.: An der Grenze des Unerforschlichen - Physikalische Modellvorstellungen. In: Das Reich Nr. 30 (23. Juli 1944).
Weyl, Hermann: Gruppentheorie und Quantenmechanik. Leipzig 1928.
Ders.: Kausalitätskrisis. In: Neue Züricher Zeitung 24.7.1928.
Ders.: Philosophy and Natural Science (vom Autor durchges. u. verm. Übersetzung von: Philosophie der Mathematik und Naturwissenschaft. München 1927). Princeton 1949.
Ders.: Philosophie der Mathematik und Naturwissenschaft. 3. wesentl. erw. Aufl. München/Wien 1966.
Weymann-Weyhe, Walter: Der antike Kosmos, die heutige Naturwissenschaft und das Christentum. In: Frankfurter Hefte 18 (1963), H. 2, S. 109-119.
Weyrauch, Wolfgang: An die Leser. In: Expeditionen. Deutsche Lyrik seit 1945. Hg. v. Wolfgang Weyrauch. München 1959, S. 155-161.
Ders.: Dialog über neue deutsche Lyrik. Itzehoe-Voßkate 1965.
Whitton, Kenneth S.: Dürrenmatt. Reinterpretation in Retrospect. New York, Oxford, Munich 1990,
Wiemann, R: Die Rechte der Physik. In: Kölnische Zeitung 1. März 1936, Nr. 104, 4. Beiblatt.).
Willemsen, Roger: Robert Musil. Vom intellektuellen Eros. München/Zürich 1985.
Wirpsza, Witold: Konkrete Dichtung und Mehrwertlogik. (Bericht über das Seminar "Polnische Logik und konkrete Dichtung", abgehalten an der Technischen Universität Berlin im Wintersemester 1971/1972) In: Sprache im technischen Zeitalter 1973, H. 45, S. 9-17.
Wissenschaft in Berlin. Von den Anfängen bis zum Neubeginn nach 1945. Berlin 1987.
Wolf, Richard: Willensfreiheit im Atom? Zum Streit der Physiker um das Kausalprinzip. In: Deutsche Allgemeine Zeitung 12.1.1930.
Wolfgang Koeppen. Hg. v. Eckart Oehlenschläger. Frankfurt a. M. 1987.
Wundt, Max: Hegels Logik und die moderne Physik. In: Universitas 1 (1946), H. 5, S. 547-556 u. H. 6, S. 703-712.
Würzbach, Friedrich (Rez.): Edmund Whittacker: Von Euklid zu Eddington. Zur Entwicklung unseres modernen physikalischen Weltbildes. In: Welt und Wort 7 (1952), S. 370.
Zimmer, Ernst: Umsturz im Weltbild der Physik. Gemeinverständlich dargestellt. 5. erw. Aufl., 17-21. Tausend, München 1940 (EA 1934).
Ziolkowski, Theodor: Hermann Broch and Relativity in Fiction. In: Wisconsin Studies in Contemporary Literature 8 (1967), S. 365-376.
Ders.: The Ethics of Science from Adam to Einstein. Variations on a Theme. In: Ders.: Varieties of Literary Thematics. Princeton 1983, S. 175-197.
Zissler, Dieter: In der Mannigfaltigkeit die Einheit zu erkennen. Über Natur und Naturwissenschaft im Werk Ernst Jüngers. In: Text und Kritik: Ernst Jünger, H. 105/106 (Jan. 1990), S. 125-140.

Namenregister

ANGELIKA CORBINEAU-HOFFMANN

Paradoxie der Fiktion

Literarische Venedig-Bilder 1797–1984

X, 638 Seiten. Mit 24 Tafeln. 1993. Ganzleinen. ISBN 3-11-012937-X
(Komparatistische Studien, Band 17)

Kafka und Prag

Colloquium im Goethe-Institut Prag, 24.–27. November 1992

Herausgegeben von Kurt Krolop, Hans Dieter Zimmermann

X, 276 Seiten. 1994. Gebunden. ISBN 3-11-014062-4

HANNA LEITGEB

Der ausgezeichnete Autor

Städtische Literaturpreise und Kulturpolitik in Deutschland 1926–1971

VIII, 428 Seiten. 1994. Gebunden. ISBN 3-11-014402-6
(European Cultures, Band 4)

THORSTEN ROELCKE

Dramatische Kommunikation

Modell und Reflexion bei Dürrenmatt, Handke, Weiss

XII, 313 Seiten. 1994. Ganzleinen. ISBN 3-11-014246-5
(Quellen und Forschungen zur Sprach- und Kulturgeschichte der germanischen Völker, NF Band 107 [231])

Walter de Gruyter · Berlin · New York

Rousseau in Deutschland

Neue Beiträge zur Erforschung seiner Rezeption

Herausgegeben von Herbert Jaumann

XII, 326 Seiten. Mit einem Frontispiz. 1994. Gebunden. ISBN 3-11-014078-0

„Die Erfahrung anderer Länder"

Beiträge eines Wiepersdorfer Kolloquiums zu Achim und Bettina von Arnim

Herausgegeben von Heinz Härtl und Hartwig Schultz

XI, 390 Seiten. Mit 5 Abbildungen. 1994. Gebunden. ISBN 3-11-014289-9

JUTTA MÜLLER-TAMM

Kunst als Gipfel der Wissenschaft

Ästhetische und wissenschaftliche Weltaneignung bei Carl Gustav Carus

VI, 254 Seiten. 1995. Gebunden. ISBN 3-11-014618-5
(Quellen und Forschungen zur Literatur- und Kulturgeschichte, Band 1 [235])

Physiognomie und Pathognomie

Zur literarischen Darstellung von Individualität

Festschrift für Karl Pestalozzi zum 65. Geburtstag

Herausgegeben von Wolfram Groddeck und Ulrich Stadler

XIII, 450 Seiten. Mit einem Frontispiz, 6 Abbildungen und 7 Faksimiles. 1994.
Ganzleinen. ISBN 3-11-013716-X

Walter de Gruyter Berlin · New York

Bei Fragen zur Produktsicherheit wenden Sie sich bitte an:
If you have any questions regarding product safety,
please contact:

Walter de Gruyter GmbH
Genthiner Straße 13
10785 Berlin
productsafety@degruyterbrill.com